!

불법 복사·스캔

저작권법 위반으로

처벌대상입니다

3판

안전과 법

안전관리의 법적 접근

3판

안전과 법

안전관리의 법적 접근

정진우 지음

『안전과 법』 책 3판을 내놓게 되었다. 2022년 6월 2판을 출간한 이후 2년 2개월 만이다. 수험서도 아니고 전문적인 데다가 생소한 이 책에 관심을 가져준 '남다른' 독자 여러분에게 감사드린다.

다른 분야와 마찬가지로 안전분야에서도 법의 영향과 지배를 받지 않고 법과 아무런 접촉을 하지 않으면서 생활하는 사람은 없다. 법은 공동체의 본질적 요소이다. 따라서 안전분야에 종사하는 사람들 역시 법과 마주치는 일은 피하려야 피할 수 없다. 따라서 안전에 종사하는 사람들 역시 법에 대한 기본적 지식이 필수불가결하다. 그런데 법을 안다는 것은 법에 쓰인 단어에 얽매이는 것이 아니라 원리에 입각하여 그 의미와 취지를 새길 줄 아는 것이다. 'legal mind'라고 불리는 법학적 사고의 학습이 필요한 이유이다.

어떤 영역이든 현상이 아니라 본질을 들여다봐야 시야가 넓어지고 전체적인 관점으로 문제에 집중할 수 있다. 그래야 눈앞에 닥친 문제만 해결하는 것이 아니라 그 문제를 해결하기 위한 근본적인 답을 찾을 수 있게 된다. 안전에서도 마찬가지다. 안전의 원리를 이해하는 등 본질적으로 안전에 접근하는 개념과 방법을 배운다면 다양한 현실과 상황에 잘 적용하고 응용할 수 있다. 안전에 대한 높은 전문성을 갖추기 위해서는 안전의 본질을 꿰뚫어 보는 안목을 기를 필요가 있는 것이다.

이 책은 안전관리에 대한 법적 접근을 중심으로 독자들이 안전관계법에 대한 legal mind를 기르고 안전의 본질을 이해하는 전문적 식견을 가지는 데 조금이라도 도움을 주기 위하여 저술되었다.

이번 판에서는 명확성의 원칙, 책임주의 등 헌법원칙에 대한 설명을 참고 형식으로 보충하였고, 사고조사체계에 대한 미국의 접근방식을 보론 형식으로 새롭게 추가하였다. 그리고 고의, 과실 등 독자들이 어렵다고 생각하는 부분에 대해서는 이해를 돕기 위해 사례 설명을 보태어 넣는 등 책 전반적으로 보필(補筆)을 하였다. 지난 판 이후로 매스컴에 실린 칼럼 중 책의 해당 부분을 이해하는 데 도움이 될 만한 칼럼도 추가하였다. 그 외에 오해의 소지가 있거나 난해한 부분의 표현을 다듬었고 오탈자도 교정하였다. 그러다 보니 원래의 편집 기준으로는 분량이 50쪽 이상 늘어나게 되었지만, 자간과 줄간격을 조정하여 30쪽 정도만 늘어나도록 하였다.

본서가 안전에 관한 법이론을 익히는 데 안전관계자에게 작은 도움이라도 된다면 필자로서는 큰 기쁨과 보람이 될 것이다. 나아가 본서가 척박하기 이를 데 없는 우리나라의 안전학 발전에 다소라도 자극제와 밑거름이 된다면 기대 이상의 소득이라고 할 수 있다. 본서에 제시된 필자의 분석과 견해에 대하여 독자 여러분의 많은 비판과 조언을 기대한다(jjjw35@hanmail.net).

이번 판의 출간에도 여러 분의 도움을 받았다. 세종사이버대학교 산업안전공학과 최재광 교수는 책의 원고 전체를 읽으면서 오탈자, 문맥을 세심하고 정성스럽게 체크해 주었다. 교문사의 성혜진 팀장님은 필자가 놀랄 정도의 원숙한 전문성과 치밀함으로 본서의 완성도를 높여 주었다. 필자가 학문적으로 성장하는 데 사회과학적 통찰력으로 많은 도움을 준 아내에게도 감사의 인사를 전한다.

2024년 7월
북한산 인수봉을 바라보며
정 진 우

초판이 발간된 후 안전관계법과 관련하여 많은 변화가 있었다. 안전관계법에서 큰 비중을 차지하는 산업안전보건법이 전부개정되었고(일명 '김용균법'), 급기야는 중대재해처벌법이라는 전 세계 초유의 법까지 제정되었다. 이번 개정판에서는 이러한 변화된 내용을 어떻게든 반영하지 않을 수 없었다.

이번 개정판에서는 초판을 급하게 출간하느라 그때 미처 반영하지 못했던 내용을 추가하는 데 주안점을 두었다. 추가된 내용은 주로 안전관리를 법적으로 접근하고자 하는 분들이 안전관리에 관한 법적 사고(legal mind) 형성을 위하여 필수적으로 알 필요가 있는 사항들이다. 한편 책의 분량이 다소 늘어나는 것을 감수하면서 전체적으로 초판의 내용을 이해하기 쉽게 다듬는 데 주력하였다. 그리고 최근 우리 사회에서 안전을 둘러싸고 발생하였거나 발생하고 있는 현안 사항을 생동감 있게 파악할 수 있도록 필자가 일간지, 전문지에 투고한 칼럼을 관련되는 부분 곳곳에 실어 놓았다. 최근의 안전에 관한 법적 쟁점을 이해하는 데 많은 도움이 될 수 있을 것으로 생각한다.

우리 사회에는 학계를 중심으로 안전은 공학적(기술적)인 것이라는 생각이 팽배하다. 국제적으로 안전은 종합학문, 메타학문이고, 특히 관리적으로 접근하는 것의 중요성이 강조되고 있는 흐름과는 많은 괴리가 있다.

그렇다고 우리나라 안전학계가 안전기술 분야에서 산업현장에 기여하고 있는 것 같지도 않다. "무늬만 안전공학과이다", "다른 공학과 차별성이 없다", "안전공학과 교수들부터 안전을 잘 모른다"라는 비아냥이 이곳저곳에서 많이 들리는 이유이다.

안전학계부터 안전학, 산업현장에서의 안전의 위상과 나가야 할 방향에 대한 인식과 관심이 부족하다 보니, 안전이론, 현장의 안전관계자와 안전부서의 정체성을 놓고 혼란과 잘못된 생각이 여전히 많은 것 같다. 이는 우리나라 기업들이 아직도 라인(line) 중심의 안전관리가 아닌 참모(staff) 중심의 안전관리에서 크게 벗어나지 못하고 있는 하나의 원인이기도 하다.

하인리히(H. W. Heinrich)의 말을 빌릴 필요도 없이 "안전은 곧 관리이다."라고 해도 과언이 아니다. 법은 관리에서 불가결한 요소이다. 따라서 안전관리에 종사하는 자가 법적 사고를 갖추는 것은 피할 수 없는 일이다. 그래서 본서는 기획할 때부터 안전관계자들이 법적 사고를 갖춤으로써 안전관리에 대한 역량을 높이는 것을 염두에 두었다.

아무쪼록 이 책이 안전관계자를 비롯하여 안전에 입문하는 분들에게 안전과 법이 별개가 아니라는 점, 아니 안전과 법은 떼려야 뗄 수 없는 관계라는 점, 나아가 안전과 법이 어떤 밀접한 관련이 있는지를 이해하는 데 다소나마 도움이 되기를 간절히 바란다.

이 책의 개정판에도 사회학 박사인 아내가 많은 아이디어를 제공해 준 덕분에 내용의 완성도를 높일 수 있었다. 아내의 날카로운 비판은 필자에게 언제나 지적 자양분이다. 이 책의 교정작업에서도 세종사이버대학교 산업안전공학과 최재광 교수가 많은 도움을 주었다. 오탈자와 어색한 문장을 찾아내는 것은 웬만한 인내심 없이는 어려운 일임에도 교정작업을 훌륭하게 해준 최 교수에게 이 자리를 빌려 고마운 마음을 전한다. 마지막으로 책 원고 전체를 필자가 감동할 정도로 정성들여 꼼꼼하게 읽고 정교하면서도 세련되게 편집해 준 교문사 편집부에도 진심을 담아 고마움을 표하고 싶다. 편집자의 역할에 대한 귀감을 보여준 것 같다.

2022년 4월

인수봉이 선명히 보이는 청명한 날 연구실에서

정 진 우

법은 사회의 질서와 제도를 유지하기 위해 국가기관에서 만든 행위준칙이다. 회사 등 조직의 규칙은 조직의 내부질서와 제도를 유지하기 위해 조직이 만든 행위준칙이다.

안전 역시 사회생활과 회사생활의 중요한 일부분을 구성하는 만큼 안전은 법·규칙과 밀접한 관련이 있다고 할 수 있다. 따라서 안전을 법·규칙의 관점에서 접근하여 고찰하는 것은 필수불가결하다.

본서는 안전관리를 법적 관점에서 조망하고 분석한 국내 최초의 책이다. 안전보건관계자들이 안전관리에 대해 폭넓고 다양한 시각을 갖도록 하기 위한 목적으로 저술하였다. 그리고 안전보건관계자들에게 법적 마인드를 가지고 접근하는 것은 좋든 싫든 숙명과 같은 것이기 때문에, 안전과 관련된 기초적이고 다양한 법지식을 쌓을 수 있는 책이 반드시 출간될 필요가 있다는 생각도 이 책의 주된 집필 동기였다.

그간의 안전에 관한 책은 주로 기술적·공학적으로 접근한 책들이어서 안전보건관계자들이 법적 접근을 포함하여 안전관리를 종합적으로 바라보는 사고력과 통찰력을 기르는 데 있어서는 많은 한계가 있었다.

그러나 안전관리학은 융복합학문이자 실사구시의 응용학문의 성격을 가지고 있기 때문에 법적 접근을 포함하는 종합적 접근이 필수불가결하게 요구된다. 그런 만큼 본서가 이러한 요구를 충족시키는 데 일정한 역할을 할 수 있을 것으로 기대한다.

이 책 역시 필자의 다른 책과 마찬가지로 학교에서 다년간 강의교재로 준비하고 활용했던 내용이 바탕이 되었다. 우리나라 대학에서 유일하게 '안전과 법'이라는 교과목을 개설하여 강의를 하는 것은 본인에게 모험이기도 하였지만, 새로운 학문을 정립하는 기회이기도 하였다.

또한 사명감과 보람으로 밤낮없이 이 주제에 대해 읽고 생각하고 현장과 교감할 수 있었던 소중한 학습의 장이기도 하였다.

본서는 총 6개의 장으로 구성되어 있다.

제1장(위험과 법규제)에서는 리스크(위험)에 대한 법적 접근을 하는 데 있어 기초적인 내용에 대한 설명을 하고 있다. 법적 관점에서 안전을 바라보는 기본적인 틀, 리스크와 법의 구체적인 관계를 소개하고, 소위 '위험사회(리스크사회)'에서 제기되고 있는 각종 법적 쟁점을 어떻게 접근하여야 할지를 제시한다.

제2장(안전과 책임)은 안전을 확보하는 데 실패하였을 때 어떠한 논리에 의해 누구에게 어떠한 법적 책임이 물어지는지를 다룬다. 과실범, 사고조사·수사, 휴먼에러, 비난·제재 등 책임 문제를 둘러싼 다양한 쟁점을 법적 관점에서 살펴본다.

제3장(산재예방과 법)에서는 산업재해 예방을 위하여 기업과 그 구성원은 어떤 역할을 하여야 하는지, 형사적·민사적·행정적·사회적으로 어떤 의무를 부과받고 있는지를 설명한다. 그리고 어떤 근거와 메커니즘에 의해 어떤 벌칙을 부과받는지에 대해서도 구체적으로 서술한다.

제4장(산재보상과 법)에서는 산업재해 발생 후의 문제인 산업재해보상에 대한 이론적 근거, 업무상 인정요건과 보상내용·절차에 대해 상세히 서술한다. 그리고 최근 산재보험으로 편입된 출퇴근재해와 더불어 「산업재해보상보험법」의 보상과 「근로기준법」 등 다른 보상·배상의 관계 등에 대해서도 설명한다.

제5장(안전문화와 규칙)은 사회의 법과 조직의 내부규칙이 안전문화에 어떤 경로를 통해 어떻게 영향을 미치는지를 설명한다. 법규칙과 그 위반의 다양한 유형과 특징을 살펴보고, 법규칙의 제정·운영방안과 더불어 법규칙 준수의 제고방안에 대해 종합적으로 제시한다.

제6장(제조물책임법)에서는 제조물의 안전을 확보하기 위한 중요한 법인 제조물책임법의 이론적 기초와 제조물책임법의 개요, 목적, 구성

요소 및 관련된 개념을 구체적으로 소개한다. 아울러 면책사유·제한 등 제조물책임을 둘러싼 중요쟁점에 대해서도 살펴본다.

이 책이 나오기까지 많은 분들의 도움이 있었다. 먼저 청년 시절 그저 철부지로 보였을 필자의 생각과 판단을 전적으로 존중해 주시면서 놀라운 인내심으로 필자를 품어 주신 부모님의 사랑과 은혜는 한시라도 잊을 수가 없다. 인자하고 검박한 생활이 몸에 배인 부모님이 아니셨다면 현재의 필자도 이 책도 나올 수 없었을 것이다. 사회학 박사이면서 학문적으로 많은 아이디어와 지적 영감을 주고 있는 아내 또한 이 책이 출간되는 데 물심양면으로 많은 도움을 주었다. 항상 감사하고 미안한 마음이다. 교문사의 편집부는 이번에도 정교하고 세련된 솜씨로 멋진 책을 만들어 주셨다. 그리고 조교 임정혜 학사는 이 책의 원고를 꼼꼼하게 읽으면서 적지 않은 오탈자를 바로잡아 주었다.

아무쪼록 이 책이 안전문제에 대한 우리 사회의 학문적 관심과 시고의 지평을 넓히고 심화시키는 데 일조하였으면 하는 바람이다. 학문은 사유와 비판을 먹고 자란다. 많은 분들의 기탄없는 지적과 비판을 기대한다(jjjw35@seoultech.ac.kr).

2019년 7월

서울과학기술대학교 연구실에서

정 진 우

제2장 안전과 책임

제4장 산재보상과 법

제5장 안전문화와 규칙

제6장 제조물책임법

제1장
위험과 법규제

책을 10% 이상 복사/스캔하면 저작권법 위반으로 처벌받을 수 있습니다.

1. 기술에 관한 안전규제

1.1 사전규제와 사후규제

기계·설비에 기인한 사고가 발생하면, 사고를 일으킨 기계·설비를 운용하고 있던 기업은 "기계·설비가 법적 기준에 미달하는 일은 없었고, 다만 이를 취급하는 작업자가 충분한 주의를 하지 않은 탓에 안타깝게도 사고가 발생하게 되었다."는 식의 변명을 하는 경우가 많다. 한편 매스컴에서는 위험한 기계·설비에 대한 법규제가 없거나 지도·감독의 방치상태였던 것에 대해 비난의 화살을 퍼붓는다.

기계·설비 등의 안전성을 확보하고 사고를 예방하기 위한 수단으로서, 사전적으로 사고예방을 위한 다양한 규격, 기준을 구체적으로 마련(규정)하는 것만으로는 유효하지 않다. 기계·설비 등에 기인한 인적·물적 피해가 발생한 것을 계기로 관련자들이 지고 있던 책임에 따라 사후적으로 엄중하게 책임을 추궁하는 것도 사고의 방지로 연결된다. 형벌을 받거나 타인의 손해를 배상하는 것은 어느 누구도 좋아하지 않을 것이므로, 엄중한 책임추궁은 각자가 골똘히 궁리하여 사고를 방지하려고 나름대로 노력하게 하는 효과로 이어지기 때문이다.

이상의 두 가지 접근방법은 사전규제 및 사후규제라고 불리고, 이들은 규제의 대표적인 방법이다. 우리나라에서는 규제라고 하면 대부분이 사전규제로 생각하는 경향이 있지만, 두 가지 방법의 특징을 이해하고 목적, 상황에 따라 구분하여 사용할 필요가 있다.

우리나라에서는 1990년대에 접어들어 오랫동안 작은 정부 이데올로기가 지배하면서 규제완화 정책이 지속적으로 추진되었다. 이때 규제완화라고 하는 것은 사전규제의 완화를 의미한다.

사전규제란 정부가 기업이나 국민에 대하여 사전적으로 세세하게 규제를 하는 것이다. 규제의 근거가 되는 법률은 국회가 입법하지만, 구체적인 규제의 내용에 대해서는 각 부처가 입안하고 제정한다. 이것

여러분은 이미 글과 영상, 음악을 만들어내는 창작자이자 미래의 전문 크리에이터입니다.

은 필연적으로 행정이 입법, 사법에 대하여 사실상 우위에 서는 결과로 연결된다.

제정된 규제의 내용이 합리적이고 이것이 준수되고 있으면 사전규제에 의한 문제는 발생하지 않는다. 하지만 현실에서는 불합리한 규제에 대하여 "악법도 법이다."라고 하면서 집행기관을 통해 그 준수가 강제되거나, 법망을 빠져나갈 수단을 찾아내는 자가 이익을 얻고 정직한 자가 손해를 보는 사태가 발생하는 경우가 적지 않다. 그리고 규제를 받는 측은 자주적이고 창의적인 궁리를 하기보다는 규제당국의 말에 그저 따르는 것이 무난하다는 태도나 대응을 취하기 쉽다. 그 결과 규제를 준수하는 것이 자기목적화(自己目的化), 즉 '규제를 위한 규제'가 되어 버리고, 도대체 무엇을 위한 규제인지를 잊어버리게 될 수 있다. 사고가 발생하여 희생자가 사망하였음에도 불구하고, "법은 위반하지 않았다."는 변명이 나오는 것도 그 폐해의 하나라고 생각된다.

한편, 사후규제란 사고에 의한 피해자에 대한 민사상의 배상책임을 확실히 이행하게 하거나, 필요하면 사고의 원인이 된 행위를 한 자에 대하여 형벌, 과태료[1] 등을 부과하는 것이다. 이러한 조치는 발생한 사고와의 관계에서는 '사후'에 이루어지는 것이지만, 장래의 사고와의 관계에서는 책임의 소재를 명확히 함으로써, 책임을 지는 입장에 있는 자로 하여금 스스로 궁리하여 사고 방지에 노력하도록 유도할 수 있다.

삼권분립을 전제로 하는 민주주의 국가에서 손해배상책임을 인정하거나 형벌 등을 과하는 것의 시비를 판단하거나 하는 역할은 법원이 담당하고 있다. 따라서 사후규제의 강화에는 사법(司法)의 강화가 필요하다. 또한 재판 비용이 많이 들면 피해자가 억울하지만 단념할 수밖에 없는 경우도 있을 수 있고, 형벌에 대해서는 무죄추정의 원칙, 즉 "의심스러울 때는 피고인의 이익으로 한다(In dubio pro reo)."는 형사

1) 과태료는 행정기관이 규범위반자에게 가하는 금전적 · 행정적 제재(처분)다. 과태료는 형벌의 일종인 벌금은 아니며, 따라서 전과자로도 되지 않는다.

소송의 원칙에 따라 피고인이 작심하고 집요하게 다투면 무죄로 될 가능성도 크다고 할 수 있다. 따라서 사후규제의 효과가 기대한 만큼은 나지 않는 경우도 예상된다.

사전규제의 강약과 사후규제의 강약의 조합에 의해 규제의 유형을 네 가지로 나누어 아래 그림과 같이 분류할 수 있다. 어느 정도의 민주화가 진척된 국가의 경우, 두 가지의 규제가 함께 강한 A유형과 두 가지의 규제가 함께 약한 C유형은 제외된다고 볼 때, 사전규제가 강하고 사후규제는 약한 B유형 또는 사전규제가 약하고 사후규제는 강한 D유형의 어느 하나를 기조로 하는 규제로 수렴되어 가는 경향이 있다. 미국, 영국은 사후규제가 강한 D유형에 해당하고, 우리나라, 일본, 독일은 사전규제가 강한 B유형에 해당한다고 할 수 있다.[2)]

미국에서는 교통사고가 발생하면 구급차보다도 먼저 변호사가 온다거나 구급차의 뒤를 쫓아가 의뢰자를 확보하는 변호사가 있다고 한다.

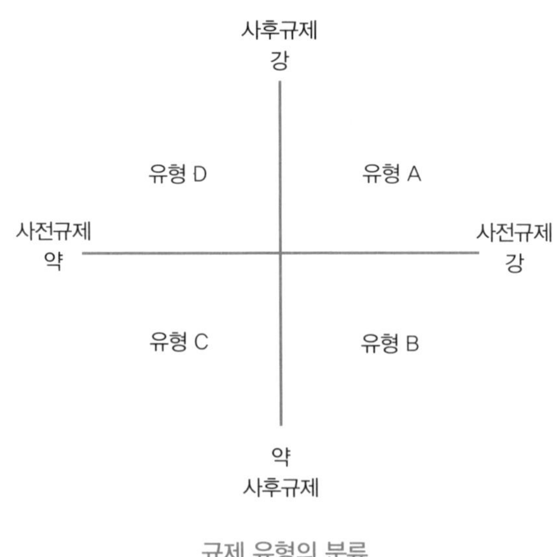

규제 유형의 분류

2) 사후규제에는 형사처벌 외에 민사책임(손해배상)이 포함된다. 영미법을 택하고 있는 국가의 경우 형사처벌보다는 특히 민사책임이 강한 경향이 있다.

저작권을 지켜 콘텐츠의 가치도 지키고 우리의 미래도 지켜주세요.

이야기의 진위의 정도가 어떻든 간에 미국은 무슨 일이든 소송에 의해 해결하는 경향이 있다. 그리고 안정적이고 강력한 관료기구는 없고, 정부의 간부도, 의원의 브레인도 다수가 변호사일 정도로 사회에 대한 변호사의 영향이 강한 것이 발견된다.

이에 반하여, 종래의 우리나라는 관료로 인재를 모으고 관료의 지도로 사회가 더 나아진다는 것을 의심하지 않았다. 사고가 발생하면 "이 문제에 대한 법규제가 턱없이 미흡하다.", "법규제를 강화해야 한다."고 하는 목소리가 나오는 것도 관료에 대한 이 같은 신뢰를 기초로 하고 있다고 생각된다. 관료 역시 사후약방문격의 대처이긴 하지만 그 기대에 부응하는 것을 자랑과 보람으로 여겨 왔다. 그런데 사회가 복잡해지고 전문화되어 가면서 이에 부응하지 못하는 관료에 대한 비난이 강하게 이루어져 왔다. 따라서 앞으로는 관료제도를 전제로 한 사전규제에 대한 신뢰와 기대는 지금까지보다 적어질 것으로 생각된다.

그러나 우리나라가 실질적으로 사후규제에 강하고 사전규제가 약한 D유형의 사회가 될 것이라고는 생각하지 않는다. 그 이유로는 몇 가지를 생각할 수 있다. 가장 큰 이유는 소송을 싫어하는 국민성과 소송을 부담스럽게 만드는 소송비용이라고 생각한다. 무엇이라도 소송에 의해 해결하는 방향으로 국민의 행동원리가 변화하려면 상당한 시간이 걸릴 것이다. 뒤집어 말하면, 우리나라에서는 국민들이 분쟁해결을 위한 비용을 지출하는 것에 적극적이지는 않다. 그리고 국가의 전체 예산에서 법원의 예산이 차지하는 비중은 얼마 안 되지만, 이것을 늘리는 것에 국민들이 쉽게 찬성할 것이라고는 생각하지 않는다.[3] 그러나 변호사의 수가 점차 증가하고 있는 현재의 추세가 앞으로도 계속 유지된다면 과거와 비교할 때 소송에 수반되는 부담이 조금이나마 줄어들고, 이에 따라 소송에 호소하는 비율이 다소 증가할 것으로 예상된다.

---

3) 최근(특히 문재인 정부) 우리 사회가 안전범죄에 대한 법정형에 있어서 엄벌주의 입법 경향을 뚜렷이 보이고 있지만, 법원에서 법정형의 취지에 맞춰 실제 높은 형량을 선고할지는 별개의 문제로서 아직은 미지수다.

사후규제가 실효성을 갖기 위해서는 사고가 발생한 경우에 그 책임의 소재가 명확하게 되는 것이 필요하다. 그러나 실제로 발생한 사고에 대해 공학적으로 납득할 수 있는 설명을 하는 것은 간단하지 않다. 심각하지 않은 교통사고의 재판에서도, 사고의 양태가 다투어진 사례에서는 사고원인에 의문이 남는 경우가 적지 않다. 그 이유는 재판에서 반드시 사실 규명에 우선순위가 두어져 있지는 않기 때문이다.

먼저, 형사재판에서는 전술한 "의심스러울 때는 피고인의 이익으로 한다(In dubio pro reo)."는 형사소송의 원칙이 적용되기 때문에, 변호인이 제시한 가설을 배척할 수 없으면(환언하면, 검사가 합리적 의심의 여지가 없을 정도로 유죄를 증명하지 않으면)[4] 무죄를 선고하지 않을 수 없다. 따라서 사고의 원인 · 양태가 분명하지 않은 경우에는, 「산업안전보건법」과 같은 고의범(주로 미필적 고의범) 혐의사항에 대해서는 검찰에서 기소를 단념하거나 업무상과실치사상죄, 도로교통법 위반 등 입증이 용이한 사항으로 좁혀 기소할 수 있다. 그리고 민사재판에서는 분쟁을 해결하는 것이 목적으로서 반드시 진실의 발견이 요구되지는 않는다.

이상과 같은 문제점을 고려하면, 기계 · 설비 등의 안전성을 확보하기 위하여 우리나라가 취하여야 할 대책은 B유형을 기조로 하면서 D유형의 요소를 도입하여 기업, 기술자의 창의와 자율을 좀 더 살리는 방향을 모색하는 것이라고 생각한다.

---

4) "형사재판에서 유죄의 인정은 법관으로 하여금 (무죄일 수도 있다는) 합리적인 의심을 할 여지가 없을 정도로 공소사실이 진실한 것이라는 확신을 가지게 하는 증명력을 가진 증거에 의하여야 하므로, 그와 같은 증거가 없다면 설령 피고인에게 유죄의 의심이 간다 하더라도 피고인의 이익으로 판단할 수밖에 없다."(괄호는 필자)(대판 2006.3.9, 2005도8675; 대판 2001.8.21, 2001도2823 등). 또는 "형사재판에서 범죄사실의 인정은 법관으로 하여금 합리적인 의심을 할 여지가 없을 정도의 확신을 가지게 하는 증명력을 가진 엄격한 증거에 의하여야 하므로, 검사의 증명이 그만한 확신을 가지게 하는 정도에 이르지 못한 경우에는 설령 유죄의 의심이 가는 사정이 있더라도 피고인의 이익으로 판단하여야 한다."(대판 2023.1.12, 2022도11245; 대판 2011.4.28, 2010도14487 등).

참고 민사관계와 형사관계의 구별

민사관계는 기본적으로 개인과 개인의 사적인 관계이다. 따라서 민사분쟁의 해결절차는 누군가로부터 부당한 손해를 입은 사람이 법원에 민사소송을 제기하면 법원이 그의 정신적 · 금전적 손해에 대하여 배상 등을 명하는 형태로 진행된다.

반면, 형사관계는 범죄를 저지른 개인과 형벌권을 가진 국가 사이의 관계이다. 그러므로 검사가 국가기관을 대표하여 범죄의 혐의자를 대상으로 형사소송을 제기하면, 법원은 피고인이 유죄인지 무죄인지, 만약 유죄라면 어떤 유형의 형벌을 얼마나 부과할 것인지를 결정하는 형태로 진행된다. 다시 말해서, 민사소송과 형사소송은 별개의 문제를 다루는 서로 독립적인 절차이다.

형사소송에서는 합리적인 의심의 여지가 없을 정도로 고도의 개연성을 인정할 수 있는 심증을 갖게 할 만큼 증명되어야 하는[5] 데 반하여, 민사소송은 그보다는 완화된 다른 기준이 적용되고, 즉 경험칙에 비추어 모든 증거를 종합 검토하여 어떠한 사실이 있었다는 점을 시인할 수 있는 고도의 개연성(반대 사실의 존재 가능성을 허용하지 않을 정도의 확실성)[6]을 증명하는 것이고, 그 판정은 통상인이라면 의심을 품지 않을 정도일 것을 필요로 한다. 이와 같이 소송의 성격에 따라 채증법칙의 기준이 다른 이유는, 민사소송에서 패소하면 피고는 금전적인 부담만을 지게 되지만, 형사소송에서는 유죄 확정에 따라 개인의 자유와 권리에 대한 강한 침해를 가져오기 때문이다.

형사소송에 대해 부연하여 설명하면 다음과 같다. 형사소송에서 피고인의 범죄를 입증해야 할 책임은 검사에게 있다. 그렇다면 검사는 어느 정도 입증해야 할까? 범죄사실의 인정은 합리적인 의심이 없는 정도의 증명에 이르러야 한다[형사소송법 제307조(증거재판주의) 제2항]. 다시 말해서, 형사재판에 있어서 유죄로 인정하기 위한 심증 형성의 정도는 합리적인 의심을 할 여지가 없을 정도여야 한다.

이를 좀 더 풀어서 설명하면, 법관이 피고인에게 유죄를 선고하려면, '검사가 주장하는 것이 사실이 아니고 피고인의 주장이 사실이 아닐까?'라는 의심이 들지 않을 정도로 검사가 피고인의 범죄를 입증해야 한다는 것이

5) 대판 2018.6.19, 2015도3483; 대판 1991.8.13, 91도1385

6) 쉽게 설명하면, 증명 대상 사실이 진실일 확률이 80~90% 정도인 상태를 가리킨다.

다. 즉 검사의 주장에 대해서 '합리적 의심'이 든다면, 법관은 피고인에게 무죄를 선고해야 한다는 것이다. 그렇다고 하여 검사가 법관에게 100%의 확신을 주어야 하는 것은 아니다. 검찰의 주장에 대해서 '일말의 의심'도 없어야 하는 게 아니라, 법관에게 '합리적 의심'이 없어야 유죄를 선고할 수 있다는 것이다. 그렇다면 '합리적 의심'이 뭘까? 판례는 다음과 같이 판시하고 있다.

"합리적 의심이라 함은 모든 의문, 불신을 포함하는 것이 아니라 논리와 경험칙[7]에 기하여 요증사실과 양립할 수 없는 사실의 개연성에 대한 합리성 있는 의문을 의미하는 것으로서, 단순히 관념적인 의심이나 추상적인 가능성에 기초한 의심은 합리적 의심에 포함된다고 할 수 없다."[8] 이를 풀어서 쉽게 설명하면, 피고인이 범죄를 저질렀다는 검찰의 주장사실과 피고인의 주장이 다르고, 상식적으로 생각해 보았을 때 피고인의 주장이 그럴법하다는 개연성을 가져서 검찰의 주장이 혹시 틀린 것은 아닐까라는 의심이 합리적 의심이라는 것이다.

개념적으로 보면, 법원이 유죄 선고를 하기 위한 합리적 의심의 요건을 상당히 넓게 보는 것으로 생각할 수 있다. 그러나 실제로 법원은 '합리적 의심'의 요건을 엄격하게 보는 경향이 있어, 즉 검사의 주장에 대해 합리적 의심이 들어 무죄를 선고하는 경우의 범위를 좁게 보는 경향이 있어 무죄를 선고하는 경우보다 유죄를 선고하는 경우가 훨씬 많다.[9]

1.2 안전법제의 운영

우리나라는 일제 해방 후 과학기술과 그 운영법규를 도입하는 과정에서 사회적 차원의 검토와 논의 없이 외국, 특히 일본의 것을 한 세트로 직수입하여 왔다. 그러다 보니 과학기술과 운영법규에 대한 기초와 토

---

7) 경험에서 귀납적으로 얻은 모든 사물·현상의 일반적 성장 및 인과관계에 관한 지식과 법칙을 말한다. 경험법칙이라고도 하며, 일상생활에 속하는 것도 있으나 학술·기술에 속하는 것도 있다.

8) 대판 2011.1.27, 2010도12728.

9) 1심 형사사건 무죄율은 약 3%에 불과하다(법원행정처 사법연감). 헌법재판소 위헌판단, 재심에 따른 무죄 등을 제외한 무죄율은 2023년 기준 0.92%이고 최근 10년간 1%를 넘어선 적이 없다(대검찰청 검찰통계시스템).

대가 허약한 상태에서 그것의 배경과 취지 등에 대한 이해 없이 안전법제를 맹목적으로 운영하거나 준수하도록 하는 문화가 오랫동안 지속되어 왔다. 다시 말해서, 안전에 관한 법제의 디자인은 선진국의 것을 모방해 이식하였지만, 현장에서는 제대로 지켜지지 않았던 것이다.

정부조차 법규의 의미를 충분히 이해하지 못하고, 기업을 대상으로 안전법규를 왜 준수하여야 하는지에 대한 이유를 제대로 설명하지 않은 채, 실제로는 준수되지 않을 것임을 알면서도 법규는 무조건 준수하여야 하는 것이라고 밀어붙이기 일쑤였다. 그 결과 기업은 안전법규를 맹목적으로 준수하는 '수동적 사고'가 기본자세로 굳어져 왔다.

정부는 안전법제를 제·개정하고 수범자가 그것을 준수하지 않으면 처벌하는 것으로 정부의 책무를 다하였다고 생각하는 경향을 강하게 가져 왔다. 기업이 안전법규를 당초의 취지대로 잘 준수할 수 있도록, 즉 사고예방을 선제적으로 할 수 있도록 인프라를 구축하고 확충하는 노력은 상대적으로 등한시하여 왔다. 사고가 발생하면 그 책임이 오로지 기업에게 있는 것으로 간주되고, 지도감독기관은 매스컴에 크게 보도되지 않는 이상 이에 대해 별다른 문제의식이나 책임감을 느끼지 않는 것이 일반적이다. 실제로 지도감독기관에 대하여 법적·행정적 책임을 묻는 경우는 대형사고가 아닌 이상 거의 없어 왔다. 오히려 안전법규 위반자를 강하게 처벌하는 것으로 지도감독기관의 책임을 면피하려는 측면조차 엿보인다.

기업은 "안전법규는 준수하여야 하는 것이다."라는 막연한 인식은 가지고 있지만, 그 구체적 내용과 준수방법에 대해서는 지식과 이해가 부족하다 보니, 안전법규를 형식적으로만 준수하는 경우가 다반사이다. 그리고 법규의 목적과 취지 등에 대한 이해를 바탕으로 법규를 실질적으로 준수하기 위해 노력하기보다는, 정부의 감독 대비용으로 소위 법망을 피하는 것에 목적을 두고 법규를 형식적으로 준수하는 데 급급한 경향이 있어온 것도 부정할 수 없는 사실이다.

게다가 기업은 지금까지도 안전법제만 준수하면 그것으로 책임을 다했다고 생각하고, 안전법규의 구체적인 내용을 뛰어넘는 내용으로 자율적인 안전규제를 하는 것을 당연한 책무라고 생각하지 않아 왔다. 정부와 기업 모두 안전법제에 대해 선제적으로 '다음에 무슨 일이 일어날지, 무엇을 해야 하는지'를 생각하지 않는 경향을 보여 왔고, 생각하지 않다 보니 그 다음의 효과적인 기술, 법규를 스스로 만들지 못하는 한계를 보여 왔다.

한편, 우리나라 국민은 사고가 발생하면 대체로 사법이 피해자 구제와 처벌뿐만 아니라 원인규명도 해줄 것이라고 성선설(性善說)적으로 믿는 경향이 있다. 그러나 경찰과 검찰은 매스컴에 보도되는 '가해자'를 찾아내고 고의 또는 과실을 밝혀내어 입건 · 기소하는 것이 주된 임무이므로, 입건 · 기소에 필요한 증거만을 골라내는 데 집중한다. 그리고 법관은 검찰이 제출한 증거에만 의지하여 유죄인지 무죄인지를 판단한다. 가령 검찰이 공소장에 중요한 증거를 담지 않으면, 그 사고 진실의 원인규명도 엔지니어 등 전문가로부터 영원히 멀어질 수 있다.[10]

이 폐해를 방지하기 위하여, 예컨대 항공업계에서는 전문가 중심의 사고조사위원회가 경찰과는 별도로 구성되어 원인규명과 사고조사를 하도록 되어 있다(항공 · 철도 사고조사에 관한 법률 제4조 제1항). 그리고 정부(국토교통부장관)는 일반적인 행정사항에 대하여는 위원회를 지휘 · 감독하되, 사고조사에 대하여는 관여하지 못하고(동법 제4조 제2항), 사고조사는 민 · 형사상 책임과 관련된 사법절차, 행정처분절차 또는 행정쟁송절차와 분리 · 수행되어야 하며(동법 제30조), 사고조사결과를 경찰 · 검찰이 증거로 유용(流用)하는 것은 원칙적으로 금지되어 있다(동법 제28조). 구미(歐美)에서는, 경찰 · 검찰도 항공기에 대해서는 자신들의 전문영역이 아니라고 생각하는 한편, 사고의 진실을 밝히기 위하여 당사자에게 고의 또는 중과실이 없는 한 당사자가 진실을 자백하면 사법거래(plea bargaining)[11]를 통해 형사처벌로부터

10) 검찰이 기소하지 않으면 재판에서 증거가 공개될 수 없고, 결국 진실을 다툴 기회도 사라지게 된다.

면책을 하기도 한다. 이처럼 구미에서는 사고의 성격이 전문적일수록 엔지니어, 의사 등 전문가는 사고의 원인을 정직하게 밝히면 형사처벌되지 않는 경향이 있다.

한편, 2000년 이전의 우리나라 공업제품은 조악하고, "싸니까 질이 안 좋을 것이다."는 평가를 받기 일쑤였으며, 수출정지가 되는 것을 항상 두려워하였다. 이에 정부는 외국의 안전·품질법규, 설계규격 등을 한국어로 번역하여 기업으로 하여금 수출품으로서의 최저요건을 모방하여 만들도록 하는 등 다각도로 노력하여 왔다. 그 결과 현재 우리나라 공업제품의 안전성·신뢰성은 상당한 수준에 이르렀다고 생각한다.

하지만 우리나라는 선진외국과 비교하면 경제규모에 걸맞지 않게 여전히 사고가 많이 발생하고 있는 국가로 분류되고 있다. 우리 사회의 안전수준을 높이기 위해서는 사고가 발생할 때마다 그 원인을 철저하게 규명함으로써 문제를 근본적으로 개선하는 인프라를 구축하는 것이 필수불가결하다. 안전문제 개선은 대형사고가 일어나고 여론이 비등해지지 않더라도, 작은 문제, 클레임의 단계에서 리스크를 일찌감치 알아차리고 체계적이고 지속적으로 실행되어야 한다. 그리고 이때 유사 사고의 판결문, 안전법규, 설계규격(표준) 등에 존재하지 않는 대책은 불필요하다고 생각해서는 안 된다. 판결문은 검찰의 공소제기에 초점을 맞춘 조사 결과이고, 안전법규와 설계규격 등은 선진외국의 모방이 많으므로, 이것에만 의존하는 것으로는 충분하고 효과적인 안전

---

11) 피의자가 혐의를 인정하는 조건으로 검찰이 가벼운 범죄로 기소하거나, 가벼운 형량을 선고받을 수 있도록 구형을 경감하거나, 다른 혐의에 대하여는 불기소처분 또는 공소를 취소해 주는 제도이다. 영미법 계통에서 발달한 제도이지만, 대륙법 계통의 사법체제를 지닌 이탈리아·스페인·프랑스도 유사한 제도를 도입하여 활용하고 있다. 독일의 경우는 입법화되지는 않았지만 당사자 사이의 협상이 허용되고, 법원은 그 협상 결과에 구속되지는 않지만 이를 존중해야 한다는 판례가 있다. 검사가 수사 대상인 사건과 직접적 또는 간접적으로 관련된 사람으로부터 형량의 감면을 조건으로 증언을 확보하여 사건을 용이하게 해결할 수 있다는 장점이 있다. 반면에 법은 정의를 이념으로 하고 범죄에 대한 형벌은 정의에 부합하여야 한다는 점에서 국가권력이 범죄자와 형량을 흥정한다는 것은 정의 관념에 위배되며, 수사편의주의에 불과하다는 비판의 소리도 크다.

확보가 되기 어렵다. 안전법규와 설계규격을 우리나라의 현실에 적합하면서 실효성 있는 기준이 될 수 있도록 지속적으로 연구·조사하고, 이를 토대로 정교한 내용으로 개선해 나가야 한다. 나아가 우리나라 제품이 국제무대에서 유리해질 수 있도록 국제표준의 안전법규, 설계규격을 선도적으로 설정할 필요가 있다. 이를 위해서라도 신기술의 실패를 신속하게 경험·지식으로 받아들여 특정 분야에서나마 국제안전규격을 최초로 설정해 나가는 것이 향후 기대되는 우리나라의 모습이라고 할 수 있다.

참고 '묻지마 도급규제'는 안 된다[12)]

"진짜 무지는 지식의 결핍이 아니라 학습의 거부다." 과학철학자 칼 포퍼의 말이다. 하청 근로자 사고가 발생할 때마다 등장하는 '위험의 외주화' 프레임에 갇힌 확신 편향과 실효성을 따지지 않는 막무가내식 규제에도 학습 거부의 그림자가 짙게 드리워져 있다.

사고원인을 심층적으로 규명하려 하지 않고 도급 때문에 사고가 발생했다는 식의 접근에서는 도급관리의 공백이 어디에 있는지, 왜 문제가 발생했는지에 대한 탐구심과 진지함을 엿볼 수 없다. 도급 자체가 나쁘기 때문에 도급을 없애야 한다는 관점에서는 사고원인이 도급이라고 진단할 뿐, 도급에 따른 위험을 어떻게 방지할 것인지를 놓고 끈질긴 분석과 구체적 고민을 할 필요가 없다.

국제적으로는 도급 자체가 나쁜 것이 아니라, 도급에 대한 안전관리 불량이 나쁜 것이라는 관점이 지배적이다. 선진국의 법 기준은 도급작업 자체를 막는 것이 아니라 안전한 방법으로 이뤄지도록 하고, 어떤 도급작업이 수행되는지가 아니라 그것을 수행하는 방법에 초점을 맞춘다. 그런데 우리 사회에서는 도급 자체를 악으로 보는 시각이 많다. 산업안전보건법 하위법령을 둘러싸고 일각에서 주장하는 도급금지, 도급승인 대상 확대도 이런 시각의 반영이다.

도급금지 작업이 다른 작업과 비교해 위험하다는 것은 아무런 근거가 없다. 도급금지제도는 해외에서는 유례를 찾아볼 수 없다. 도급을 금지한

12) 정진우, 한국경제, 2019.7.26.

다고 해서 도급해 온 작업 그 자체가 없어지는 것이 아니다. 하청이 작업하던 것을 원청이 작업하는 것으로 바뀔 뿐이다. 따라서 도급을 금지하더라도 안전관리가 충실하지 않으면 재해는 또 일어날 수 있다. 중요한 것은 누가 작업을 하든 충실히 안전관리를 하는 것이다. 도급을 줬다고 해서 하청에만 안전관리 책임을 부과하는 것이 아니라, 원청에도 그 역할에 걸맞은 책임을 부과하면 재해를 예방할 수 있다.

도급승인 역시 외국에는 없는 규제다. 재해 예방효과가 없어서다. 리스크 관점에서 보면 임시돌발작업이 가장 위험하다. 이런 작업은 도급승인 대상으로 할 수 없고, 승인을 받도록 하면 작업 시점을 놓쳐 오히려 사고를 조장할 수 있다. 도급승인을 받더라도 위험요인은 생물처럼 변하기 때문에 사전 승인으로는 후에 발생하는 임시돌발작업과 같은 가변적인 위험요인을 걸러낼 수 없다. 컨베이어 벨트 등 작업을 도급승인에 넣어야 한다는 일각의 주장이 설득력을 갖지 못하는 이유다. '김용균 씨 사고'가 도급승인이 없어 발생한 것인가. 도급승인으로도 해결할 수 없는 위험요인에 대한 안전관리가 부족했기 때문이다.

안전규제라고 해서 '묻지마' 규제가 되는 것은 곤란하다. 도급규제에도 품질이 확보돼야 한다. 그렇지 않으면 재해예방의 실효성은 거두지 못하고 사회적 비용만 늘리게 된다. 또한 도급 자체를 규제하는 것은 중소기업 영역에 대기업이 침투하는 부작용을 낳을 수도 있다.

도급규제의 현장 작동성에는 관심이 없고 실효성 없는 규제를 양산하는 식의 접근으로는 도급에 따른 재해를 줄일 수 없다. 어떻게 규제하는 것이 하청근로자 재해를 막을 수 있는 효과적인 방법인지 충분히 학습하고 정교하게 접근해야 한다. 학습 없는 규제는 위험하기 때문이다.

참고 엉터리 규제 양산하는 입법 '인플레'[13)]

임오경 더불어민주당 의원 등 10명은 지난 1일 '재난 및 안전관리 기본법'(재난안전법) 개정안을 발의했다. 대규모 인원 밀집이 예상될 때는 지방자치단체장이 사고 예방을 위한 안전관리계획을 수립해 조치를 취하고, 행정안전부 장관이 그 이행 실태를 지도 · 점검하도록 하는 게 골자다. 핼러윈 축제의 주최자가 명확하지 않고 법적인 지역축제에도 해당하지 않아 관할

13) 서화동(논설위원), 한국경제, 2022.11.23.

지방자치단체가 별도의 안전관리계획을 수립하지 않은 것이 '10.29 참사'의 주원인으로 지적되자 개정안을 내놓은 것이다.

놀라운 것은 입법 속도다. 사고가 주말에 일어났음을 감안하면 거의 하루이틀 만에 법안을 낸 셈이다. 참사 이후 23일까지 여야 의원들이 대동소이한 내용으로 발의한 법안이 15개나 된다. 다른 법안들도 마찬가지다. 노조의 불법 파업으로 인한 손실에 대한 사측의 손해배상 청구를 제한하는 노조법 개정안도 대여섯 개가 발의돼 있다. 법안 하나에 대개 10여 명씩, 많게는 수십 명이 공동 발의하므로 법안을 내고도 내용을 잘 모르는 경우가 허다하다.

국회의원들의 '입법 인플레'가 심각하다. 우리나라 의원들의 입법 발의 건수는 세계 최고다. 14대 국회(1992~1996) 때 321건이던 것이 15대 1,144건, 20대 2만 3,047건으로 늘었다. 21대 국회 들어서는 지금까지 1만 6,556건이 발의돼 임기 말엔 3만 건을 넘을 가능성이 크다. 한국산업연합포럼은 23일 '국가경쟁력 강화를 위한 입법제도 개선 방안'을 주제로 연 포럼에서 최근 4년간 우리 국회의 의원 발의 건수는 영국의 35.7배, 일본의 53.5배이며 의원 입법 건수는 연평균 2,200건으로 영국의 79배, 일본의 20배, 미국의 11배라고 밝혔다.

시민단체 등의 의정활동 감시를 의식해 함량 미달의 급조한 법안을 남발한 결과다. 국민적 관심도가 높은 사안과 관련된 유사 법안 중복 제출, 공동 발의 제도를 이용한 실적 확보, 복잡한 정부 입법 절차를 회피하기 위해 이름을 빌려주는 '차명 입법' 등이 문제로 지적된다. 더 큰 문제는 이에 따른 규제 양산이다. 의원 입법도 정부 입법처럼 규제영향평가, 입법영향 분석 등을 거치도록 해 과잉 입법을 막아야 한다는 지적이 나오는 이유다.

2. (구체적인) 법적 기준과 자율규제(자율안전보건관리)의 관계

자율규제(self-regulation)에 대한 법적 개념은 아직 정립되어 있지는 않지만, 일반적으로 정부(행정)규제에 대비되는 개념으로 사용되고 있다. 자율규제는 규제의 주체가 정부가 아니고 규제의 상대방인 피규제 사업자(단체)이고, 준수해야 할 기준(규제)을 이들로 하여금 자율

적으로 정하도록 하는 법정책 수단으로서 여러 분야에서 널리 활용되고 있다.[14)]

자율규제를 통해서 규제완화(또는 규제개혁)를 도모할 수는 있으나 자율규제 자체가 규제완화를 의미하는 것은 아니다. 따라서 규제완화의 대안으로서 자율규제를 논할 수는 있지만, 자율규제를 하는 것 자체가 반드시 규제완화로 이어지는 것은 아니다. 종전의 정부규제는 그대로 두고 자율규제를 신규 또는 추가로 도입할 수도 있기 때문이다.

안전보건 분야에서도 자율규제는 규제의 실효성을 높이는 방법으로 일찍이 영국의 로벤스 보고서에 기초한 「산업안전보건법」(1974년) 등 많은 국가의 법제에 채택되어 왔다. 기업(사업장)의 안전보건관리를 내실화하기 위해서는 구체적인(specific) 법적 기준과 자율규제라고 하는 산업안전보건의 양대 축이 필요하기 때문이다. 여기에서 구체적 기준이라 함은 난간·방호장치 설치기준, 작업계획서 작성방법 등과 같은 산업안전보건법령, 엄밀히는 사업장 안전보건관계법령상의 세세한 기준을 의미하고, 자율규제라 함은 구체적인 법적 기준을 상회하는 안전보건관리를 의미하는 것으로서 안전보건 영역에서는 '자율안전보건관리(축약하여 자율관리)'라고도 한다.

구체적인 법적 기준은 명령·통제기준(command and control regulation)이라고도 하며, 안전보건을 확보하기 위한 최저기준(minimum standard)에 해당한다. 구체적인 법적 기준은 전통적으로 일률적(획일적)이며 일반적인 내용으로 구성되어 있는 특징이 있어 개별 사업장의 구체적인 실정(상황)을 반영·고려하기 어렵다는 한계가 있으며, 법령의 특성상 최저기준에 해당하는 수준으로 규정할 수밖에 없는 제한을 가지고 있다. 또한 법규의 특성상 기술 변화 등을 신속하게 반영하지 못하는(사후대응적) 한계도 있다. 즉, 구체적인 법적 기준은 매우 중요한 내용이지만 이것만 잘 준수한다고 하여 근로자의 안전과 보건이 충분히 확보되는 것은 결코 아니다.

---

14) 이런 의미에서 자율규제는 포괄적 규제와는 그 성격이 다르다.

자율안전보건관리(자율관리)는 안전보건 영역에서 이러한 구조적 한계를 극복하기 위해 등장했다. '자율'이라는 수식어가 붙어 있어 많은 사람들이 이를 기업에서 구체적인 법적 기준과 관계없이 임의대로 하는 것, 즉 하면 좋고 안 해도 되는 것으로 오해하는 경향이 있다.

그러나 안전보건 분야에서의 자율관리(자율규제)는 그 등장배경에서 알 수 있는 것처럼 구체적인 법적 기준을 보완하기 위한 것으로서, 이 기준의 준수를 대전제로 하는 것이다.[15] 따라서 양자는 상호보완적 관계에 있지 상호대체적 관계에 있는 것이 아님에 유의할 필요가 있다.

자율관리(자율규제)라고 해서 전적으로 기업의 자율에 맡기는 것은 아니다. 자율관리 중 중요한 사항은 구체적인 법적 기준과 마찬가지로 그 이행이 「산업안전보건법」에서 강제화되어 있다. 다만, 자율관리는 그 강제방식이 프레임(틀)만 강제하고 세부적인 사항은 기업의 선택(자율)에 맡긴다는 점에서 구체적인 법적 기준의 강제방식과 다르다. 자율관리 중 현행 「산업안전보건법」에서 강제하고 있는 것은 제2장 제1절의 안전보건관리체제, 제2장 제2절의 안전보건관리규정, 제36조의 위험성 평가(risk assessment) 등이며, 이 사항을 준수하지 않으면 직·간접적으로 벌칙(과태료) 부과가 수반될 수 있다.

자율관리 관련 규정의 취지는 사업장의 구체적인 실정을 토대로 구체적인 법적 기준에서 포괄하지 못하는 사항까지를 반영하여 안전보건관리를 하여야 한다는 것이다. 다만, 구체적인 내용까지 법령에서 세세하게 정하고 있는 구체적인 법적 기준과는 달리, 자율관리는 세세한 방법·절차 등에 대해서는 기업의 자율(선택)에 맡기고 있다는 차이가 있다.

이처럼 자율관리는 사업장 안전보건을 확보하는 데 있어 중요한 위상을 가지고 있는 것으로서, 현행 「산업안전보건법」은 사업주에게 이

15) 자율규제가 발달된 영국을 비롯한 산재예방선진국 모두 정도 차이가 있을 뿐 방대한 양에 걸쳐 구체적인 법적 기준을 갖추고 있으며, 이 기준 중 상당 부분은 강제성이 있다.

의 형식적인 구축·운영이 아니라 '실질적인' 구축·운영을 분명히 요구하고 있다.

3. 법규제의 한계와 민간기준[16)]

근로자의 안전과 건강을 확보하는 데 있어 산업안전보건법령, 특히 명령·통제기준(command and control regulation)만으로 충분한 목적을 달성할 수 없다는 것은 이론적·경험적으로 확인되고 있다. 특히, 최근 기술변화의 속도가 빨라지고 전문성이 요구되는 상황에서는 「산업안전보건법」상의 구체적 기준의 한계를 제도적으로 보완하기 위한 노력이 반드시 필요하다.

이 문제는 선진외국을 중심으로 산업안전보건 분야에서 이미 오래 전부터 중요한 과제로 취급되어 왔고, 또 이 과제를 다양한 방식으로 산업안전보건법체계에 도입하여 운용하는 중에 있어, 우리나라에서도 현시점에서 이 문제를 검토하는 의의는 충분하다고 생각된다.

여기에서는 먼저 「산업안전보건법」을 포함한 법규제가 일반적으로 가지고 있는 특징과 한계를 분석한다. 그다음으로 「산업안전보건법」의 기본적인 구조와 과제를 살펴본 후, 산업안전보건에 관한 법규제(이하 '산업안전보건법규제'라 한다)와 집행상의 결함을 보완하기 위한 수단으로서 민간규격과 산업안전보건관리시스템(Occupational Safety and Health Management System, 이하 'OSHMS'이라 한다)[17)] 에 대해 고찰하기로 한다.

---

16) 이 부분은 정진우, <산업안전보건법의 한계와 민간기준의 활용에 관한 연구>, 《한국산업위생학회지》, 제24권 제2호, 2014를 수정·보완한 것이다.

17) 안전보건관리시스템, 안전보건경영시스템, 안전보건관리체제, 산업안전보건경영체제, 안전보건관리체계 등의 표현으로도 사용되고 있다.

3.1 법규제의 특징과 한계

가. 법규제의 특징

우리나라에서 사업장 안전보건에 관한 주요한 법령이 「산업안전보건법」이라는 것은 두말할 필요가 없다. 많은 나라에서 사업장 안전보건에 관한 기본법을 가지고 있는데, 우리나라에서는 「산업안전보건법」이 바로 그 역할을 하고 있다고 할 수 있다. 이 「산업안전보건법」을 비롯하여 우리나라 대부분의 사업장 안전보건법령은 행정법적으로 다음과 같은 기본적인 구조를 전제로 하고 있다.

우리나라의 헌법구조상 국회는 유일한 입법기관으로서 사용자·근로자 등의 국민을 구속하고 제재하는 효과를 가지는 법률을 제정한다. 그리고 현행의 많은 법령은 주지하다시피 국회에 의해 완결적으로 제정되는 것이 아니라, 대통령령인 시행령(예: 산업안전보건법 시행령), 부령인 규칙(예: 산업안전보건법 시행규칙, 산업안전보건기준에 관한 규칙) 등 법규명령에 의해 보완되게 된다. 여기에서 중요한 것은, 「산업안전보건법 시행령·시행규칙」, 「산업안전보건기준에 관한 규칙」 등 법규명령의 내용은 국회에 의해 입법권을 위임받은 기관만이 제정할 수 있다는 점이다. 이 경우 입법권을 위임받은 행정기관으로서 대통령, 총리, 부처장관 등이 이 법규명령을 제정하고 있다. 이와 같이 전통적으로는 입법의 수임기관으로서 행정기관만이 상정되어 왔고, 원칙적으로 비정부기구인 민간기관에 입법을 위임하는 것은 상정되지 않아 왔다.

이렇게 제정된 법령은 국민에 의해 자율적으로 준수되는 것이 법의 이상이라고 할 수 있는데, 준수되지 않는 경우, 법적 제도로서 형벌, 과태료 등의 제재가 부과되거나 행정기관에 의해 영업정지명령, 사용금지(중지)명령, 개선(시정)명령 등의 행정처분이 내려진다. 이러한 강제조치는 국민에게 중대한 권리침해를 초래할 수 있으므로, 이를 발동할 때에는 여러 가지 요건을 충족하여야 한다. 특히, 형벌의 부과는 형사절차를 거쳐 부과되고, 일반 행정기관에 의해서가 아니라 사법경찰과 검찰의 손을 거쳐 형사재판에 의해 형벌이 부과되게 된다. 이 경우 형사적 제재 절차를 거치기 때문에 관계자에게 장기간 부담을 주게 되고, 한편 이러한 복잡한 절차로 인해 형벌이 부과되는 것은 전체 행정대상 중 일부에 지나지 않는 것이 대부분의 국가의 공통된 현실이다.[18]

나. 법규제의 한계

법규제(법적 기준)는 일반적으로 명령과 강제를 수반하는 것인데, 외국에서도 이러한 명령·통제기준을 전통적인 규제라고 지칭하면서 그 한계와 문제점에 대해 오래전부터 지적하여 왔다.[19] 구체적으로 보면, 법규제는 규제가 지나치게 이루어지는 점(과잉규제), 세부적인 내용에까지 걸치는 점, 그 유연성이 결여되어 있는 점, 법규제의 준수를 감독하는 공무원(특히, 전문적인 감독관)의 수와 전문성이 많이 부족한 점 등을 이유로 하여 법규제 내용 및 집행상의 결함이 구조적인 문제로 인식되어 왔다.

물론 이러한 명령·통제기준에 의한 직접적인 규제 외에 행정기관에 의한 지도·권고 등의 행정지도에 의한 간접적인 규제가 이루어져 왔다. 하지만 이 경우도 행정자원의 부족 때문에 반드시 충분한 대응이 이루어져 온 것은 아니고, 행정지도가 유연성·신속성은 가지지만 강제력을 갖고 있지 않기 때문에 이것만으로는 충분한 목적을 달성할 수 없다는 점을 지적할 수 있다.

다른 한편에서는 우수한 기업 또는 사업장에 대한 포상제도 등과 같은 인센티브를 부여하는 방법도 행정목적을 달성하는 데 있어 일정한 역할을 해 왔다고 판단되지만, 행정지도와 같이 강제력을 갖지 않고 있다는 점과 비용 대비 인센티브의 크기가 부족한 점 등 때문에 이것

18) 阿部泰隆, 《行政法解釈学〈1〉実質的法治国家を創造する変革の法理論》, 有斐閣, 2008, pp. 619-620 참조.

19) R. A. Susan, “Tort Law in the Regulatory State” in Peter Shuck(ed.), *Tort Law and the Public Interest: Competition, Innovation and Consumer Welfare*, W. W. Norton & Company, 1991, p. 43.

역시 행정목적 달성에 일정한 한계를 가지고 있다.

3.2 산업안전보건법의 기본적 구조

지금까지 설명한 현행 법규제의 기본적인 특징과 한계는 우리나라 「산업안전보건법」에서도 동일하게 나타나고 있다.

「산업안전보건법」은 제1조(목적)에서 "이 법은 산업 안전 및 보건에 관한 기준을 확립하고 그 책임의 소재를 명확하게 하여 산업재해를 예방하고 쾌적한 작업환경을 조성함으로써 노무를 제공하는 사람의 안전 및 보건을 유지 · 증진함을 목적으로 한다."고 규정하고 있다. 여기에는 사업장에서의 근로자의 안전과 건강을 확보하기 위해 최저기준에 해당하는 여러 규제가 규정되어 있는 데 그치지 않고, 쾌적한 작업환경 조성의 촉진을 위한 조치도 함께 규정되어 있다. 다시 말해서, 현재의 「산업안전보건법」에는 명령 · 통제형의 규제뿐만 아니라, 사업주 자체의 물적 · 인적 자원을 사용하여 법규제를 초과하는 내용의 자율적인 쾌적한 작업환경 조성을 촉진하는 것도 그 범위 안에 들어와 있는 것이다. 그러나 「산업안전보건법」은 기본적으로 기계 · 기구, 설비, 물질 등 위험요인과 원재료, 가스, 증기, 소음, 방사선 등 유해요인에 대해 명령 · 통제형의 규제를 하는 것에 중점을 두고 있다. 사업장의 자율적인 쾌적한 작업환경의 조성에 대해서는 여러 가지 한계로 인해 현실적으로 선언적 의미를 크게 벗어나지 못하고 있는 실정이다.

「산업안전보건법」은 주로 전통적인 명령 · 통제형의 수단을 이용하여, 산업재해의 예방을 위한 구체적인 조치와 기계 · 기구, 설비, 물질 등에 대한 인 · 허가 등 다양한 규제를 하는 한편, 사업주 등의 책임소재를 명확히 하고 있다고 할 수 있다.

물론 「산업안전보건법」은 이상과 같은 전통적인 명령 · 통제형의 규제수단에 머무르지 않고 충분치는 않지만 여러 가지 행정수단을 그 나름대로 도입해 놓고 있다. 각종 안전보건관계자를 두도록 하는 안전보건관리체제의 구축을 통해 당해 기업의 인적·조직적 자원을 이용한 자율적 안전보건관리를 이행하도록 하는 방법을 도입하고 있는 한편, 각종 단체의 산업재해예방사업을 통한 보조·지원에 의한 산재예방활동 유도, 산업안전·보건지도사(컨설턴트) 제도 등에 의한 민간 산업안전보건 시장의 활성화 방법도 채용하고 있다.

3.3 산업안전보건법규제의 문제점

우리나라 산업안전보건법제의 중심적인 내용이라고 할 수 있는 전통적인 명령·통제형 규제에 대한 법적 과제를 본격적으로 살펴보기 전에, 여기에서는 먼저 산업안전보건법규제가 가지고 있는 한계와 그 집행상의 결함(문제점)을 각각 고찰하기로 한다.

가. 산업안전보건법규제의 한계

산업안전보건에 관한 법규제는 기계·기구, 설비 등 위험요인에 대한 것과 작업환경을 포함한 유해요인에 대한 것으로 크게 구분할 수 있다. 두 가지 모두 국회에 의한 법률 및 그 위임을 받은 행정입법(위임입법)에 의해 제·개정되는 현재와 같은 전통적인 구조를 취하고 있는 한, 최첨단의 기술수준을 입법내용으로 받아들이는 데에는 한계가 있다. 현행 법규제 또한 고질적으로 내용적인 최신성이 결여되어 있고 환경·기술변화에 신속한 대응이 되지 않고 있다는 것은 주지하는 바와 같다. 그 결과, 실무상 또는 기술적으로 요구되는 기준과 법규제 간에 정합성이 떨어지게 되는 문제가 발생할 가능성이 높다.

우리나라의 산업재해가 감소해 온 요인 중 하나로 「산업안전보건법」에 의한 상세한 규제와 그 준수를 제시할 수 있지만, 기술변화의 속도가 빨라지고 고용형태가 다양해지는 상황에서는 법규제에 의한 대응만으로는 충분하지 않다. 법규제에서 규정하는 내용은 이미 발생한 산업재해를 분석하여 동종 재해의 재발방지 관점에서 최저기준으로서 규정하는 경우가 많고, 일반적으로 새로운 생산시스템, 기계·설비 및 원료의 도입에 따른 새로운 유해위험요인의 발생을 선험적(先驗的)으로 상정하고 있지는 않다. 그렇다고 하여 「산업안전보건법」에 모든 유해위험요인(hazard)을 규정하는 것은 현실적으로 불가능하기 때문에, 사업장의 구체적 실정과 기술·환경변화 등에 대응하여 사업주가 자율적이고 구체적으로 위험을 제거하는 시스템을 구축할 필요가 있다.

(1) 행정기관에 의한 산업안전보건법규제 설정의 한계

산업안전보건법규제는 전술한 바와 같이 다른 법규제와 마찬가지로 입법의 위임을 받은 행정기관인 노동 관련 부처에 의해 제정된다. 이것은 헌법상 입법권은 국회에 의해 독점되어 국회가 위임입법으로 인정한 경우에만 행정기관에 의한 입법이 인정되는 법치주의·민주주의의 기본원칙에 의한 것이다. 여기에서 확인하여야 하는 것은, 지금까지 우리나라를 포함한 많은 나라에서도 전통적으로 입법권의 수임기관은 행정기관이어야 한다는 것이 암묵적인 전제로 되어 왔다는 사실이다. 이는 행정기관이 사회적인 여러 이익으로부터 중립적이고 공정한 동시에, 우리나라의 경우는 국민에 의해 선출된 대통령을 수반으로 한 행정부 및 그 구성원인 각 부처장관에의 이른바 '정통성'의 연계와 이에 근거한 정치적·행정적인 감독이 확보되어 있다는 점이 그 기초에 깔려 있다.

그러나 이러한 정통성이 부여된 행정기관(예: 고용노동부)이라 하여도 법규제를 설정하는 데 있어서의 전문성은 충분히 확보되어 있다고 할 수 없고, 또한 과학기술의 진전과 사회경제상황에 대응한 전문지식과 신속성의 측면에서는 민간의 전문가 및 전문가조직에 뒤떨어지는 점도 있다. 특히 산업안전보건법규제와 같이 기술기준을 많이 포함하고 있는 경우에는 이러한 문제를 더 많이 안고 있다고 할 수 있다. 물론 이러한 결함을 보충하기 위하여 각종 자문기구에 외부전문가를 참여시킴으로써 행정의 전문성이 높아지기는 하였지만, 실제로는 여러 관료제적 한계 때문에 법규제의 설정이 기술변화, 최첨단의 사회상황 등에 대해 전문성과 신속성의 측면에서 충분히 대응할 수 없다는 문제점이 지적되고 있다.[20] 법규제가 일반적으로 가지고 있는 이러한 문제점은 산업안전보건법규제에서도 공통적으로 발견된다.

참고 **산재 규제 강화 … 산업안전보건법 개정**
원청 의무규정 불명확하고 … 보호대상 범위 없어 '혼란'[21]

지난해 말 산업안전보건법 전부개정안이 당리당략 차원에서 졸속으로 처리됐다. 좋은 법보다는 법 개정 자체가 목적이지 않았나 싶다. 그렇다 보니 전부개정이라고 하기엔 절차와 충실성 모두 함량 미달이었다. 좋은 법을 만들기에는 정부도 국회도 진정성과 실력이 부족했고, 국제기준과 동떨어진 실효성 없는 내용이 많은 것은 예견된 일이었다.

법 개정의 출발점부터 문제가 있었다. 원청에 책임을 물을 수 있는 규정은 종전 법에도 여러 조항이 있었음에도 이 조항들이 왜 현실에서 작동하지 않았는지에 대한 진단과 반성이 없었다. 그 결과 정작 원청과 관련된 핵심적 의무는 빠지거나 완화됐고 제2의 김용균을 막기에도 턱없이 부족하다.

그리고 개정법은 헌법에 명백히 위배되는 조항이 적지 않다. 헌법원칙은 법치주의의 표현이자 법의 실효성을 담보하기 위한 철칙이다. 헌법원칙에 반한다는 것은 민주주의와 실효성을 부정하는 것이나 다름없다. 위헌 여부를 둘러싸고 많은 다툼이 있을 것으로 예상된다.

도급과 관련된 의무 주체의 역할과 책임이 매우 불명확하다. 동일한 의무가 하도급과 원청 모두에 부과돼 있다. 양자 간에 역할과 책임이 구분돼 있지 않아 누가 무엇을 어떻게 해야 할지 알 수 없다. 원청이 안전조치를 직접 하라는 것인지, 하도급을 지도감독하라는 것인지, 하도급과 공동으로 하라는 것인지 답을 주지 못하고 있다. 투망식의 자의적인 법 집행이 불 보듯 훤하다. 수범자에게 행동지침을 제시하지 못하다 보니 예방효과 없이 처벌이 능사가 될 우려가 높다.

개정법에서는 도급작업이 원청 사업장에서 행해진다고 하여 원청이 지배관리할 수 없는 부분에 대해서까지 원청에 책임을 지우고 있다. 도급을

20) 吉沢正(監修), 《OHSAS 18001 · 18002 労働安全衛生マネジメントシステム(増補版)》, 日本規格協会, 2004, p. 332.

21) 정진우, 매일경제, 2019.1.10.

준 모든 기업을 범법자로 만들어 규범력의 위기를 초래할 가능성이 높다. 준법의식이 높은 기업 또는 사람조차 지킬 수 없는 법은 현실에서 규범으로 작동하기 어렵다. 준수를 기대할 수 없는 규정으로는 실제 처벌하기도 어려워진다.

개정법은 보호 대상을 노무 제공자로 규정하면서 그 범위를 정하지 않아 법 적용 과정에서 혼란이 불가피할 것으로 생각된다. 또 사업장 안전보건관리능력의 기초인 안전보건관리체제에 관한 의무는 특별한 이유 없이 축소됐다. 디테일에서 안전에 역행하는 내용이 곳곳에서 발견된다.

법은 착한 것만으로는 부족하다. 이념을 앞세우고 실효성에 눈감은 규제는 위험하기까지 하다. 역사는 반복되는가 보다. 5년 전 무분별한 규제로 큰 혼란을 빚었던 화학물질관리법 전부개정의 데자뷔가 느껴진다.

(2) 산업안전보건법규제의 본질적 한계

산업안전보건법제는 일반적으로 사업주 등에 의해 의무적으로 준수되어야 할 기준이고, 따라서 그 비준수 또는 위반이 있으면 형벌을 비롯한 제재의 대상이 된다. 환언하면, 법규제에 적합하면 법령에 따른 형벌 등의 강제조치로부터 면제를 받게 된다. 그런데 이것은 사업주에게 이 기준만 준수하면 무방하고 좀 더 고도의 기준 준수가 가능한 경우에도 법규제까지만 준수하면 되는 것으로 잘못 해석되는 경우도 종종 있다. 즉, 최저기준으로서 법령으로 정하는 산업안전보건법규제가 실제적으로는 최대기준으로 인식·대응되고 있는 경우가 적지 않다.

산업안전보건법규제는 일반적으로 다양한 업종과 사업주를 대상으로 이들을 포괄하여 일률적으로 적용되는 기준으로 제정되기 때문에 최고수준의 대응이 가능한 기업의 수준에 맞추는 것이 아니라, 전반적인 준수가능성, 경제적 비용 부담가능성 등을 고려하고, 나아가 여러 가지 정책적인 고려, 정치적인 역학관계 속에서 결정된다. 다른 분야도 마찬가지지만, 특히 산업안전보건 분야는 법규제 자체에 내재하는 이러한 본질적인 한계가 있다는 것을 인식하고 있을 필요가 있다.

(3) 부분규제의 문제

「산업안전보건법」에 의한 규제에서도 볼 수 있듯이, 유해위험요인을 규제하는 경우 일반적으로 유해위험요인별로 구분하고 일정 수준 이하의 범위(위험성)의 유해위험요인에 대해서는 규제하지 않는 경우가 많다.

그 결과 법령에 의한 규제의 대상이 되지 않은 범위의 유해위험요인에 대해서는 규제가 되지 않기 때문에 그러한 유해위험요인으로부터 발생할 수 있는 산업재해는 예방 대상에서 제외되는 결과를 낳을 수 있다. 다시 말해서, 동종의 유해위험요인에 대하여 어떠한 형태로든 포괄적인 안전보건기준이 제정되어 있지 않으면, 일정 수준 이하의 유해위험요인에 대해서는 방치(사각지대)의 상황을 발생시킬 수 있다.

(4) 소결

산업안전보건법규제는 그 자체가 가지고 있는 본질적인 한계 때문에, 이 한계를 극복하기 위해서는 법규제 설정기관의 중립·공정성 외에도 전문성 확보의 필요성, 기업으로 하여금 법규제를 최저기준으로 삼으면서 더 높은 안전보건 수준을 확보하도록 하는 구조와 인센티브 확보의 중요성, 그리고 기준 그 자체의 포괄성, 즉 유해위험요인에 대한 횡단적(cross-sectional) 규제의 필요성 등의 과제가 있다는 것을 지적할 수 있다.

참고 '위험의 외주화' 프레임에 갇힌 도급규제[22)]

"선의에 찬 우행(愚行)은 악행으로 통한다." 소위 '위험의 외주화' 문제 역시 냉철한 이성 없이 따뜻한 가슴만으로는 해결되기 어렵다. 하물며 따뜻한 가슴마저 없다면 문제해결은 커녕 상황을 오히려 악화시킬 거라는 점은 쉽게 예상할 수 있다.

22) 정진우, 에너지경제, 2021.4.28.

사고가 발생하면 정부는 실효성은 따지지 않고 무작정 처벌과 규제를 강화하는 입법과 정책을 남발하곤 한다. 그 과정에서 취약한 부문의 멀쩡한 규제를 해제시키는 어처구니없는 실수도 다반사로 저지르고 있다. 이에 대해 하청 근로자의 안전을 위한 조치라는 명분 프레이밍을 하지만 보여주기용 술수라고 느끼는 것은 필자만은 아닐 것이다.

하청 근로자의 재해가 다발하는 본질적 원인이 어디에 있는지를 찾아 근본적인 문제를 해결하려고 하기보다는 프레임을 씌우기에 바쁘다. 재해에 미봉적으로 대응하는 근시안과 대중영합주의가 결합된 정치적 제스처이기도 하다. 문제는 실질적 효과보다는 상징적 효과를 기대하는 수단에 의존하면 할수록 본질적인 해결책에서는 그만큼 멀어진다는 점이다.

국제적으로는 외주화 자체가 나쁜 것이 아니라 안전관리의 불량이 나쁜 것이라는 것이 상식이다. 외주화에 따른 위험이 크면 이를 고려하여 합리적으로 규제하면 된다. 안전관리가 불량하면 하청이든 원청이든 가리지 않고 재해로 이어질 수 있다. 외주화를 하지 않는다고 문제가 해결되는 것이 아니다. 하청 근로자가 입던 재해가 원청 근로자의 재해로 회귀할 뿐이다.

한 조직 내에서도 각 계층과 부서의 안전에 대한 역할과 책임을 명확히 설정하는 것은 안전관리의 기본요건이다. 원청과 하청의 관계라 하더라도 이런 원리를 무시하면서 둘 간의 역할 · 책임을 구분하지 않고 원청에 동일한 의무를 부과하면 하청 근로자에 대한 보호기제가 제대로 작동될 리 만무하다. 그런데도 안전법제는 이런 상식을 외면하고 있다. 원청이 크니까 막무가내로 원청이 다 하라는 식이다. 하청의 자율적 책임을 신장하거나 북돋는 법정책은 발견할 수 없다. 위험의 외주화 프레임에서 한 발짝도 나아가지 못하고 있는 것이다.

산업현장에선 도급안전규제가 누더기가 된 채 장식용으로 전락되어 있다는 시각이 팽배하다. 관념적 이념과 생색내기만 보일 뿐이다. 정교하고 세련되지 못한 도급안전규제로는 빈수레처럼 요란하기만 할 뿐 재해예방 효과를 거두지 못한다. 원청에 그 누구도 준수할 수 없는 비현실적 기준을 들이대면서 무엇을 어디서부터 어디까지 해야 하는지를 알려주지 못하고 있다. 그러다 보니 현장에서는 준수하는 척만 하거나 준수를 아예 포기하고 있다. 정부만 이런 현실을 모르고 있는 것 같다. 아니 현실을 애써 무시하고 있다. 도급안전규제의 실효성을 높이려는 시도조차 하지 않는다. 무책임 행정의 표본을 보는 듯하다.

외주화 문제에서는 원청에 대한 처벌과 규제를 강화하는 것이 진보이자 정의인 것처럼 생각하는 얼치기 전문가들이 넘쳐난다. 이 문제를 해결할 실력과 진정성이 없는 정부는 자신들의 입맛에 맞게 떠들어 주는 사이비 전문가들이 고마울 따름이다.

도급이 무조건 나쁘다는 시각은 단선적인 접근이다. 현실을 직시하자. 도급을 금지한다고 해서 그 작업이 사라지는가. 원청이든 하청이든 누군가는 그 작업을 하게 되어 있다. 누가 하든 위험작업을 안전하게 관리하는 것이 중요하지, 위험한 부분이 있으니 하청이 하면 안 되고 원청이 직접 해야 한다는 식의 관점은 흑백논리이다. 이념과 허세가 사실을 이길 수는 없다.

이 정권의 도급안전규제는 애당초 도급을 주는 사람을 적대시하고 응징의 대상으로 삼을 뿐 재해예방 효과에는 도무지 관심이 없다. 도급에 따른 재해위험의 약한 고리가 어디인지에 대한 분석보다는 거친 규제를 쏟아내는 것으로 자신의 존재감을 드러내기에 바쁘다.

더 이상 내지르는 식의 접근을 해서는 안 된다. 무능도 문제이지만 위선은 더 큰 문제이다. 이제라도 도급안전규제의 잘못과 허술함을 솔직하게 인정하고 실사구시의 접근을 해야 한다. 세월호 사고를 배경으로 탄생한 정부가 안전법제를 뒤틀리게 한 정부로 역사에 기록되는 일은 없어야 하지 않겠는가.

나. 산업안전보건법규제 집행상의 결함

행정규제의 기본적인 형태 중에서 가장 강도가 높은 규제는 법령에 의한 금지(위반에 대해서는 형벌 등의 제재)이고, 다음으로 강한 규제는 인·허가를 유보한 금지이다. 법령에 의한 금지는 법규제의 의미가 논란의 여지 없이 분명하고 기술적인 세부사항까지 법규제로 명확하게 규정되어 있는 경우에 가능하다. 법령에 의한 기준이 불명확한 경우 및 감독·단속이 충분히 이루어지지 않는 경우에는 가장 강력한 법령에 대한 금지라 하더라도 그 실효성을 거두기 어렵게 된다. 한편 인·허가를 유보한 금지의 경우는, 금지를 해제하여 일정한 활동을 지향하는 사업주가 사전에 행정기관의 인·허가를 신청하는 절차를 거쳐야 하기 때문에, 행정기관은 법규제를 충족하지 못하거나 행정의 재량기준에 적합하지 않은 신청에 대해서는 그것을 거부하는 방식으로 규제를 할 수 있다.

「산업안전보건법」 또한 이상과 같은 금지규정을 부분적으로 두고 있다. 그리고 「산업안전보건법」은 금지규정 외에도 사업주 등에게 구체적인 의무를 직접적으로 부과하는 규정(예: 제38조, 제39조)을 다양하고 폭넓게 구비하고 있다.

그러나 법령이 이러한 금지 또는 구체적 의무를 통해 강도 높은 규제를 하고 있더라도 규제의 실효성이 자동적으로 높아지는 것은 아니다. 「산업안전보건법」의 경우에도 강력한 규제를 다양하게 하고 있음에도 불구하고 규제의 실효성이 높지 않다고 많은 사람들에 의해 지적되고 있는데, 그 원인은 법규제의 불명확성과 행정기관에 의한 감독의 부실에 기인한다. 즉, 아무리 법령이 엄한 규제를 하고 있더라도 그것만으로는 실효성이 담보되지 않는다.

수범자가 법규정의 적용범위를 충분히 인식할 수 있을 정도, 즉 법이 의사결정규범 · 행위규범으로서 기능할 수 있도록 어떠한 행위(조치)를 해야 하는지를 수범자에게 확실히 알려줄 수 있을 정도로 법문을 구체화하는 것이 필요하고, 또한 그 준수를 감시하고 그 위반(비준수)을 적발하여 그에 대해 형사조치, 과태료, 명령적 행정행위 등의 조치를 취하는 행정기관의 집행활동이 중요하다. 그러한 감시가 충분히 이루어지지 않으면, 규제의 효과는 약할 수밖에 없다. 산업안전보건 감독행정에 의한 감시는 산업안전보건 담당 근로감독관에 의해 이루어지는데, 사업장에 출입하는 감독의 빈도가 낮고 사업장, 특히 중소 사업장에 대한 감독이 충분히 이루어지지 않는 것은 국제적으로 정도의 차이는 있지만 대부분 국가의 공통적인 문제로 인식되고 있다.[23] 또한 불시감독의 원칙이 철저히 준수되지 않는 한, 사업장 측에서 감독에 대비한 조치를 감독 전에 취함으로써 현장의 실제 안전보건문제가 은폐되는 경우가 있을 수 있는 점도 염두에 두어야 할 사항이다.

---

23) A. T. Nichting, "OSHA REFORM: An examination of third party audits, *Chi.-Kent. L. Rev*, 75, 1999, pp. 195-196; N. A. Gunningham, "Towards effective and efficient enforcement of occupational health and safety regulation: two paths to enlightenment", *Comp. Lab. L. & Pol'y J*, 19, 1998, pp. 547-549 참조.

그리고 과거 행정개혁의 흐름 속에서 추진되어 온 행정기관에 대한 전체적인 정원 동결 또는 삭감도 이 문제에 가세한 결과, 행정기관이 법을 집행하기 위한 인적 자원의 부족에 의한 집행의 결함(공백)문제가 발생하여 왔다. 그러나 2014년 4월 16일 세월호 침몰사고 이후에는 안전문제에 대한 전 사회적 관심의 고양으로 안전 관련 행정인력이 수적으로 크게 증가하여 재해예방선진국과 비교하더라도 양적으로는 결코 부족한 상태라고 할 수 없다.

근로자의 안전보건을 확보하고 산업재해를 감소시키기 위하여 행정의 감시능력을 높여야 한다는 것은 말할 필요도 없을 것이다. 그러나 행정인력의 양적 증가만으로는 감시의 실효성에 많은 한계가 있고, 이 경우의 대체적인 감시기능을 어떻게 확보할 것인지가 현실적인 과제로 대두된다.

참고 산업안전 규제도 품질 고려해야 24)

지난해 정부의 산재 사망사고 절반 줄이기 대책에도 불구하고 산재 사고로 사망한 근로자는 오히려 증가했다. 산재 예방을 위한 행정적 자원과 인원이 크게 늘어났음에도 초라한 성적을 거둔 것이다. 기업으로 치면 유례없이 큰 적자가 발생한 셈이다.

게다가 이 실적은 중대재해 발생 공장 전체에 대한 초법적인 작업중지 명령 등으로 어느 때보다 기업에 큰 비용을 치르게 하면서 나온 것이어서 심각하게 받아들여야 할 일이다. 산재 예방정책의 접근방식에 대한 많은 반성과 대대적인 수술이 필요하다는 점을 방증하는 것이다.

그러나 1월에 전면 개정된 산업안전보건법과 최근 입법예고를 거쳐 규제개혁위원회의 심의를 앞두고 있는 하위법령 개정안은 사망사고 감소를 위한 진지한 성찰이 부족하고 법의 취지와 실효성에 대한 고려 없이 행정편의주의와 제재 일변도의 접근을 되풀이하겠다는 것이어서 우려를 금할 수 없다.

그중 대표적인 것이 작업중지 명령 부분이다. 과도하게 광범한 작업중지 명령 규정 자체가 어느 나라에도 없는 것이고 그마저도 불명확하고 모

24) 정진우, 서울경제, 2019.7.25.

호한 표현으로 가득 차 있어 행정기관의 자의적 집행이 불을 보듯 훤하다. 작업중지 명령 요건의 대부분에는 법령이 아니라 행정기관이 제멋대로 정하겠다는 행정독재의 그림자가 짙게 드리워져 있다. 법규가 애매하거나 그 적용범위가 지나치게 불명확한 것은 법치주의의 핵심이자 민주주의 원리인 명확성 원칙에 정면으로 위반된다. 그리고 작업중지 명령 해제를 작업중지의 취지인 급박한 위험의 제거와 무관하게 안전조치의 '충분한' 개선을 전제로 하겠다는 것은 기업이 졸속으로 안전조치를 수립하도록 조장한다. 이는 재해 예방에 도움은커녕 기업의 안전관리를 왜곡하는 결과를 초래한다. 또한 급박한 위험을 제거할 수 있는 다른 '소프트'한 방법이 있는데도 재해원인을 따지지도 않고 무작정 작업중지를 하겠다는 것도 초법적 발상이다. 이는 예방이 목적인 작업중지를 제재 목적으로 오용하려는 데서 기인한다.

이번 개정안에는 법을 준수하게 하는 것이 목적인지, 처벌하는 것이 목적인지를 의심케 하는 규정도 적지 않다. 대표적인 것이 도급 관련 규정이다. '위험의 외주화'라는 프레임에 갇혀 원청업체에 '묻지마 규제'를 하는 데에만 골몰하고 있을 뿐 명분으로 내걸고 있는 하청근로자 보호효과를 실제로 거두기에는 매우 엉성한 접근을 하고 있다. 전문가조차 도급작업에서 누가 어떤 안전조치를 어떻게 해야 할지를 예측 · 판단할 수 없는 상황인데 규제가 현장에서 작동되기를 기대하는 것은 연목구어나 다름없다. 준법의지가 강한 기업조차도 제대로 준수할 수 없다는 것은 명확성 원칙 위반 이전에 법의 규범력에 큰 손상을 입힐 것이다. "도대체 누구를 위한 법 개정인가"라는 장탄식이 현장에서 나오는 이유이다.

정부가 진정 사망사고 절반 줄이기에 의지가 있다면 보여주기 식의 조잡한 규제를 양산하는 데 급급할 것이 아니라 기업이 법을 잘 준수할 수 있는 여건을 조성하는 데 집중해야 한다. 분별력을 갖춘 자조차도 지킬 수 없고 품질을 도외시한 불합리한 규제로는 범법자만 양산하고 많은 사회적 비용만 초래할 뿐이다.

독일의 형법학자 프란츠 폰 리스트가 "최고의 형사정책은 사회정책이다"라고 설파했듯이 산재 예방에서도 중요한 것은 기업에 책임을 떠넘기는 '책임의 외주화'와 처벌에 안이하게 의존하는 것이 아니라 기업의 준법 실천력을 높일 수 있는 인프라를 구축하는 정책이다. 그것의 첫걸음은 정교하고 실효적인 법규를 만드는 것이다.

일찍이 산재 예방의 아버지라 불리는 허버트 윌리엄 하인리히는 "산재 예방은 과학이자 예술"이라고 주장했다. 88년 전의 이 말이 이제라도 우리나라 산재 예방정책에 통할 수는 없을까.

3.4 산업안전보건법규제의 과제

국제적으로 보면, 지금까지 언급한 산업안전보건법규제(명령·통제 기준)의 문제점에 대하여 이를 해결하려는 시도가 이미 다양하게 전개되어 왔다는 것을 발견할 수 있다. 여기에서는, 특히 산업안전보건법규제의 시간적인 지체를 없애고 전문지식을 산업안전보건법규제 속에 실질적으로 반영시키기 위한 구조로서 EU에서 운용되어 온 'New Approach(새로운 접근방법)'에 의한 민간규격 활용의 사고(思考)와 산업안전보건법규제의 집행상의 결함을 보완하기 위해 민간의 자원을 활용하는 시도로서의 OSHMS에 대하여 각각 검토하기로 한다.

가. 민간규격에 의한 기능적 대체

(1) 규격에 의한 기능적 대체

EU에서는 역내 시장을 형성한다고 하는 고유의 목적으로부터 각국의 규제제도 개혁을 추진해 왔다. 그 규제개혁의 하나의 방안으로서, 민간의 전문가조직이 책정한 규격(standards: normen)을 법규제의 구체화 수단으로 이용하는 것을 하나의 내용으로 하는 기술적 정합성과 표준화에 관한 'New Approach 결의(85/C 136/01)'가 채택되었다.[25)]

'New Approach'란 EU 역내에서 기계 등 제품의 안전성 등에 관해 회원국 간에 상이한 법령상의 기준(규격)을 정합화(整合化)하여 역내 시장에서의 상품의 자유로운 유통을 촉진하기 위하여 1984년 7월 16일에 EU이사회(Council of the European Union)에 의해 승인된(1985년 5월 7일에 발표된) EU 역내 기준의 정합화(harmonization) 방식이다. New Approach의 내용을 소개하면, 개략적으로 다음과 같다(Council of the European Union, 1985).[26)]

---

25) Council of the European Union. COUNCIL RESOLUTION of 7 May 1985 on a new approach to technical harmonization and standards(85/C 136/01), 1985. Available from: URL:http://www.rejtechnical.com/images/Documents/New_Approach_Resolution_85_C136_01.mht.

첫째, EU 차원에서 법규제의 조화가 필요한 조치대상을 중요한 필수 안전요구사항(Essential Health and Safety Requirements: EHSRs)에 한정하고 있다. 이 필수안전요구사항에 대해서는 EU지침(directive)에서 정하고 있고, 회원국은 일정한 기한까지 EU지침과 동일한 내용을 국내법령에 반영하는 조치를 취하는 의무가 부과되어 있다. 개별제품은 이 필수안전요구사항에 적합하여야만 공통시장(EU시장)에서의 자유로운 유통판매가 인정된다. 이러한 EU지침으로는 기계류(machinery) 지침, 전자양립성(EMC) 지침, 저전압(LV) 지침 등이 있다.

필수안전요구사항을 정하는 EU지침은, 예컨대 기계류 안전, 저전압기기 안전 등과 같이 제품분야를 불문하고 유해위험요인을 공통(기준)으로 하는 '분야 횡단적' 적용을 예정하고 있다. 그리고 개별제품은 관계되는 '횡단적 지침(즉, 국내화 조치로서의 국내법령)' 모두에 적합해야 한다는 의무가 부과되어 있다.

둘째, 필수안전요구사항을 구체화하는 기술적 사양(요건)은 민간기구로서 유럽표준화기관인 유럽표준화위원회(CEN), 유럽전기표준화위원회(CENELEC) 및 유럽통신규격협회(ETSI)에 위탁되어 있다. 이 3개의 유럽표준화기관이 필수안전요구사항에 적합하기 위해 충족되어야 할 구체적인 기술규격을 현재의 기술수준을 고려하여 정합(整合)규격(harmonized standards)인 EN규격(Europäischen Normen, European Standards)으로 제정하고 있다. 이 규격은 Type A(기본안전규격), Type B(그룹안전규격), Type C(개별안전규격)라는 체계로 구성되어 있다.[27]

26) Ibid.

27) Type A는 모든 기계류에 적용할 수 있는 기본 개념, 설계 원칙, 일반 지침을 다루는 기본적인 규격이다. 그 예로는 EN ISO 12100(기계류의 안전 — 설계의 일반 원칙 — 위험성 평가 및 위험성 감소)이 있다.
Type B는 광범위한 기계류에 적용할 수 있는 안전 측면이나 안전 가드를 다루는 규격이다. Type B는 2가지로 나뉘는데, Type B1은 안전 측면을 다루고 Type B2는 안전 가드를 다룬다. 전자의 예로는 EN ISO 13849-1/-2(제어시스템의 안전 관련 부품), 후자의 예로는 EN ISO 13851(양손제어장치)가 있다.

셋째, EN규격은 임의규격이고, 따라서 이것에 대한 적합은 의무적인 것은 아니다. 그러나 EU 회원국의 관계당국은 EN규격(정합규격)에 적합한 제품은 EU지침이 정하는 필수안전요구사항을 충족하는 것으로 간주할 의무가 있다. 그 결과, EN규격에 적합한 제품은 법령상의 요건(필수안전요구사항)에 적합하다고 추정되어 공통시장에서의 유통을 인정받는 구조로 되어 있다. 이 경우 해당 기업은 EN규격(법령상의 필수안전요구사항)에의 적합성을 위험도가 낮은 제품에 대해서는 스스로 증명(자기적합성선언, Declaration of Conformity: DOC)하고, 위험도가 높은 일정한 제품에 대해서는 공인된 제3자(인증기관, Notified Body: NB)에 의한 평가(적합성인증, Certification of Conformity: COC)를 받아야 한다.[28]

이와 같이, EN규격은 임의규격이지만 제품이 그것에 적합하면 법령상의 요건(필수안전요구사항)을 충족하는 것으로 추정되고, 그렇지 않을 경우에는 필수안전요구사항에 대한 적합성의 증명을 위해 기업 스스로가 기술적·경제적 부담을 져야 하기 때문에, 이러한 임의규격에의 적합에 대한 법적인 추정에 의해 결국 임의규격이 사실상 강제규격으로서의 위상을 갖게 된다.

요컨대 New Approach에 의하면, 필요최소한의 기본적인 안전요구사항만을 각국이 공통적으로 법령에서 정하고, 이것을 구체화하는 기술적 사양은 민간의 전문가단체(기구)에 위임하여 이 단체(기구)의 규격을 참조토록 하는 한편, 그것에 적합하면 안전성 확인을 통과한 것으로 간주하는 구조를 취함으로써, 특별히 유연한 기술적 감시체계가 만들어져 있다고 할 수 있다. 다시 말해서, 규제에 관련되는 역할과 책

Type C는 특정 기계류나 기계류군의 세부적인 안전요구사항을 다루는 규격이다. 그 예로는 EN ISO 16092-3(유압프레스), EN 415, 1-10(포장기계), EN 12409(열성형기계)가 있다.

28) 자기적합성선언(DOC)을 하거나 적합성인증(COC)을 받으면 제품에 CE마크(Conformite Europeenne mark)를 부착할 수 있게 된다. CE마크 부착은 EU시장에 상품을 판매하기 위한 필수적인 요건으로서 EU시장 진출을 위한 상품에 대한 비자(visa)라고 할 수 있다.

임이 정부기관과 민간기구 사이에 분담되고 있는 것이다. ‘EU 입법자’는 공공의 건강 및 안전의 필수안전요구사항에 합치하는 법적 기준(지침)을 작성하고, ‘회원국’은 지침을 통한 법적 기준의 요구사항을 국내법에 채용하는 한편, 민간기구인 ‘유럽표준화기관’은 유럽위원회(European Commission)로부터 위임을 받아 상품의 자유로운 유통의 요건을 정하고 있는 지침의 의무사항에 제품이 적합하도록 하기 위해 산업계가 어떠한 규격을 준수할 필요가 있는지를 정의하는 식으로 각각의 임무와 책임을 분담하는 구조가 취해져 있다.

(2) 민간규격 이용의 법적 과제

EN규격은 산업안전보건법규제의 결함을 효율적으로 보완하고 있는 것으로 평가된다. 다만, 민간규격을 위와 같이 사실상 강제법규처럼 운용하는 것에 대해 민주주의 원칙을 취하는 헌법체계상 문제가 있다는 지적도 일부에서 제기되고 있다.[29)]

필자는 민간기구에 의한 규격을 사실상 법규제로 운용하는 것(직접적·동태적 이용)에 대해서는, 기술기준을 많이 포함하고 있는 산업안전보건 분야의 경우 그 특성상 필요하다고 생각되지만, 법이론적으로 검토되어야 할 과제가 있다고 생각한다. 행정기관도 국민으로부터 직접 민주적인 정통성을 부여받지 않고 있다는 점에서 민간의 전문가단체와 마찬가지이지만, 행정기관의 경우는 전술한 바와 같이 간접적이나마 민주적인 정통성의 연계와 대통령제를 기반으로 한 감독·통제하에 두어져 있다는 점에서 민간의 표준화기구와는 다르다고 할 수 있다.

따라서 New Approach와 같은 방법을 취하기 위해서는 민간의 전문단체(기구)가 행정기관과 동일한 민주적 통제와 중립성·공정성 확보를 위한 제도적 구조하에 두어져 있는지 또는 두어질 수 있는지에 대한 검토가 전제적으로 필요하다고 생각된다. 다시 말해서, 민간규격을 사

29) R. Alexander, “Europäische Techniknormen im Lichte des Gemeinschaftsrechts”, *DVBl*, 47(8), 1996, pp. 1181-1183.

실상의 법규제로 활용하기 위해서는 일정한 전제조건이 필요하고, 이러한 전제조건이 충족된다면 민간규격을 법규제로 활용하더라도 문제가 없다고 할 수 있다.

미국 등 개별국가 차원에서도 일부의 민간전문단체를 사실상 법규제(규격)를 제정하는 기관으로 운용하되, 정부가 일정한 요건과 절차를 통해 이를 인정(통제)하는 방식으로 민간규격을 활용하고 있다.[30] 다만, 여기에서는 민간규격을 법규제로 사실상 직접적으로 활용하기 위한 전제조건의 내용에 대한 본격적인 검토는 유보하고 향후 검토되어야 할 과제로 남겨두는 것으로 한다.

나. OSHMS의 의의와 과제

OSHMS는 안전하고 건강한 사업장을 조성하고, 업무 관련 부상 및 질병을 예방하며, 산업안전보건 성과를 계속적으로 개선하는 것을 목적으로 하는 관리시스템이다.[31] 영국규격협회(British Standards Institution, BSI)가 1996년에 OSHMS의 원형이라고 말해지는 BS 8800을 제정 · 공표한 것을 시작으로, 각국의 규격협회와 심사등록기관이 모여 산업안전보건에 관한 준(準)국제규격으로서 OHSAS 18001(OHSAS Project Group, 1999)과 OHSAS 18002(OHSAS Project Group, 2000)를 개발하였다. 그리고 이 OHSAS는 사업장 내에 OSHMS를 구축하여 그 결과를 자기선언(self-declaration)하거나 외부의 제3자 기구에 의해 심사 · 인증하는 것을 목적으로 개발되었다. ILO(International Labour Organization)에서도 2001년에 OSHMS의 구축 및 이행(개선) 지원을 위한 가이드라인(ILO-OSH 2001)[32]을 제정 · 공표하는 등 OSHMS는 안전보건관리의 국제적인 큰 흐름의 하나가 되고 있다.

---

30) 정진우, 《산업안전보건법론》, 한국학술정보, 2014, 108-109쪽.

31) ISO, ISO 45001:2018 Occupational health and safety management systems - Requirements with guidance for use, 2018.

32) ILO, Guidelines on occupational safety and health management systems (ILO-OSH 2001), 2001. 2009년에 2판이 발행되었다.

한편, ISO(International Organization for Standardization)에서는 ISO 9001(품질), ISO 14001(환경)에 이어 OSHMS를 제정하려는 시도를 지속해 왔고, 몇 차례 실패 끝에 마침내 2018년 3월 12일에 ISO 45001을 제정하기에 이르렀다.

이러한 규격에 의하여 사업주로 하여금 OSHMS를 구축하고 그 심사·인증구조를 만들도록 유도하는 것은 법적으로 어떠한 의미를 갖는 것일까. 여기에서는 사업장의 안전보건의 계속적 개선이라고 하는 본질적인 목적이 추구되고 있다. 사업장의 안전보건 수준을 계속적으로 개선시키는 구조(시스템)를 사업장 내에 구축하고 기업이 이 시스템을 자율적으로 운용함으로써 사업장의 전반적인 안전보건 수준이 향상되는 것을 지향한다. 이를 통해 근로자의 안전보건의 증진과 더불어 조직의 장기적인 효율성 제고를 달성하는 것이 OSHMS의 궁극적인 목적이다. 또한 그것이 제3자에 의해 감사(audit)되고 인증되는 것에 의해 기업의 사회적·객관적인 신뢰성의 향상, 기업에 대한 대내외적인 평가 향상이 기대된다.

OSHMS를 이용한 방법은 시스템적 방법이다. 종래의 명령·통제형 방법은 달성되어야 할 세부기준에 주된 관심사가 있었던 데 반하여, 시스템적인 방법은 시스템의 구축에 의해 조직 내 시스템의 학습·개선능력을 지속적으로 개선하여 안전보건 수준의 향상을 지향하는 것이다.

OSHMS도 사업장 내부에 관리시스템을 구축하고 이것을 운영하는 것을 통해 사업장 수준의 '계속적 개선과 향상'을 지향하는 점에서 종래부터 도입이 추진되어 온 품질관리시스템(Quality Management System, 이하 'QMS'라 한다), 환경관리시스템(Environment Management System, 이하 'EMS'라 한다)과 동일하다. 그리고 선행하는 이 2개의 규격 역시 임의규격이자 자율관리의 수단이고, 법제도상으로 별도의 유인장치의 구조를 취하고 있지 않은 점에서도 동일하다고 할 수 있다.[33]

---

33) 자율안전보건관리의 주요 수단인 OSHMS의 많은 사항을 강한 처벌이 수반되어

참고 실정법상의 안전보건관리체제(체계)와 OSHMS

산업안전보건법 제2장 제1절에 규정되어 있는 '안전보건관리체제'와 중대재해처벌법 제4조 제1항 제1호에 규정되어 있는 '안전보건관리체계'는 둘 다 영문으로는 Occupational Safety and Health Management System (OSHMS)으로 표현되는 것으로서, OSHMS에서 중요한 사항이라고 생각되는 일부 내용이 각 실정법에 강제화된 것이라고 할 수 있다. OSHMS 기준(ISO 45001, ILO-OSH 2001 등)에는 실정법에 강제화되어 있는 사항 외에도 상당히 많은 사항이 요구사항(requirement)으로 규정되어 있다. 그리고 실정법에 규정되어 있는 OSHMS 해당 사항과 OSHMS 기준의 요구사항이 내용상 반드시 동일한 것은 아니며 이질적인 경우도 적지 않다.

(1) OSHMS의 의의

국제적으로 도입되어 온 OSHMS의 의의(장점)는 다음과 같이 정리할 수 있다.

첫째, 법령이 정하는 최저기준으로서의 한정적인 규정을 넘어(상회하여) 자율적인 구조에 의한 사업장의 안전보건 수준의 향상을 기대할 수 있다.

둘째, 사업장이 놓여 있는 기술적·객관적 상황에 부응하여 당해 사업장의 개별적이고 구체적인 특성에 따른 안전보건활동을 기대할 수 있고, 종래 감독, 행정지도 등으로 개별적으로 대응할 수밖에 없었던 법규제에 의한 일률적인 대응의 결점을 극복할 수 있다.

셋째, OSHMS에 대응하는 제3자에 의한 심사·인증의 구조가 제대로 정비·활용되면, 사회적으로 객관적인 평가가 가능하게 되고, 이를 통해 첫째에서 언급한 사업장의 자율적인 안전보건활동을 촉진할 수

있는 중대재해처벌법에 맹목적으로(게다가 OSHMS에 대한 충분한 이해 없이 엉성하게) 반영한 것은 사람의 몸에 맞지 않는 옷을 입힌 것이나 다름없다. 조직들, 특히 중소기업들이 OSHMS를 더욱 형식적으로 구축·운영하는 방식으로 대응할 가능성이 커지게 되었다. OSHMS의 실질적 구축·운영을 위한 인프라를 구축하는 등의 정석적이고 지속적인 노력을 하는 대신 조직들을 대상으로 손쉽게 OSHMS의 외피만을 씌우려는 우를 범하고 말았다.

있게 된다.

넷째, 행정기관의 입장에서는 무엇보다도 제3자에 의한 심사·인증을 받는 구조를 취하는 것이 산업안전보건행정의 인적 자원의 부족을 메우고 전술한 집행상의 결함을 보충할 수 있게 한다.

(2) OSHMS의 과제

OSHMS가 본래의 의의를 충분히 발휘하고 우리나라 기업에 널리 정착되기 위해서는 다음과 같은 과제가 해결되어야 한다고 생각한다.[34]

첫째, OSHMS를 QMS, EMS와 같이 기업에 확산시키기 위한 인센티브의 확보가 필요하다. 특히 QMS, EMS는 국내기업 간의 거래에서도 인증 취득이 중시되는 것 등에 의해 경제적 인센티브가 확보되어 왔다고 할 수 있는 데 반해, OSHMS의 경우는 국내기업 간의 거래에서 적어도 현재는 그러한 경제적 인센티브에 거의 결부되어 있지 않다. 따라서 근로자, 노동조합의 사업장 내 감시 외에, 사회적인 감시·평가와 법제도적 혜택 부여(예: 감독 면제, 산재보험료 할인)를 통해 그 나름의 인센티브를 확보하는 방안을 마련할 필요가 있다고 판단된다.

둘째, OSHMS를 도입할 때부터 산업안전보건법령상의 최저기준의 준수가 전제적으로 필요하고, OSHMS를 심사·인증 또는 사후관리할 때에도 산업안전보건법령상의 최저기준의 준수를 OSHMS의 불가결한 요소로서 심사·점검항목에 포함하는 것이 필요하다.

현행 「산업안전보건법」도 사업주로 하여금 단순히 이 법률에서 정하는 산업재해의 예방을 위한 최저기준의 준수뿐만 아니라 쾌적한 작업환경의 조성과 근로조건의 개선을 통해 사업장에서의 근로자의 안전과 건강을 확보하도록 하여야 한다고 규정함으로써(제5조), 「산업안전보건법」의 구체적 기준 자체가 최저기준임을 주의적으로 확인하

34) A. T. Nichting, "OSHA REFORM: An examination of third party audits", *Chi.-Kent L. Rev.,* 75, 1999, pp. 195-196; N. A. Gunningham, "Towards effective and efficient enforcement of occupational health and safety regulation: two paths to enlightenment", *Comp. Lab. L. & Pol'y J*, 19, 1998, pp. 547-549 참조.

고 있는 것을 상기할 필요가 있다.

셋째, OSHMS의 심사·인증에 관련되는 제3자 기관의 전문성을 향상시킴과 함께, 심사·인증의 객관성·중립성·공정성을 확보하기 위한 제3자 기관에 대한 감시가 중요하다.

제3자에 의한 심사·인증이 감독기관에 의한 그것과 유사한 것으로서 OSHMS의 기능에 대한 확인이 가능하기 위해서는, 제3자 심사·인증기관이 문자 그대로 제3자로서 사업주로부터 일정한 거리, 즉 중립성이 확보되어야 한다. 민간의 제3자 기관이 중립성·공정성을 가지기 위해서는 계약관계로 인해 제3자로서의 전문적인 판단에 영향을 받지 않도록 하는 장치를 마련하는 것이 필요하다. 이러한 의미에서 국제적으로 보급되어 온 ISO/IEC 17021[35]에 준거하여 심사·인증기관에 대한 요구사항을 충족할 필요가 있다.

넷째, QMS, EMS와 OSHMS는 기업 내부에서 통합화를 지향하는 움직임도 있지만, 통합적으로 운영하더라도 이들이 관련되는 권리·이익과의 관계에서 보면 상황이 상당히 다른 점도 있다는 것에 유의하여야 한다. 특히, OSHMS의 경우는 근로자 및 근로자대표(노동조합)와의 관계가 매우 중요하다. OSHMS는 근로자의 권리보장에 직결된 더 중요한 구조라는 인식을 가지고 도입·운영을 하는 것이 중요하다고 본다.

다섯째, 심사·인증받은 조직의 경우, 필요시 제3자 기관에 의한 심사보고서가 어떤 형태로든지 공개될 필요가 있다. 공개에 의해 조직의 안전보건 수준이 사회적으로 인지되는 한편, 제3자 심사·인증기관의 객관성·공정성도 검증되고 결과적으로 신뢰성도 담보될 수 있다고 생각된다.

35) ISO & IEC, Conformity assessment-Requirements for bodies providing audit and certification of management systems(ISO/IEC 17021), 2nd ed., 2011.

3.5 소결

산업재해의 발생을 미연에 예방하기 위한 사업장 안전보건 수준의 향상은 기본적으로 근로자의 권리보호를 위하여 도모되는 것이지만, 장기적으로는 기업 자체의 생산성과 경쟁력을 제고해 나가고 사회 전체의 복리후생 수준을 높이기 위해서도 필요한 과제이다.

이 과제를 해결하는 방안으로 「산업안전보건법」은 그동안 중요한 역할을 해 왔고 이 역할은 앞으로도 계속될 것이다. 그러나 기술변화 등 사업장의 환경이 급변하는 상황에 신속하게 적응하고 사업장의 개별적인 실정에 적합한 산업재해예방활동을 도모하기 위해서는 「산업안전보건법」에 의한 대응만으로는 구조적인 한계를 안고 있기 때문에 이를 극복·보완하기 위한 방안을 모색할 필요가 있다.

여기에서는 전통적인 명령·통제형의 규제방법을 중심에 두고 있는 「산업안전보건법」의 구조적인 한계를 검토하면서, 이를 보완하고 사업장의 안전보건 수준을 전체적으로 끌어올리는 유력한 대안의 하나로서 민간규격의 기능적 활용과 OSHMS의 구축·운영을 제시하였다. 그리고 이것들이 산업안전보건법제에 적절하게 도입되어 기능하기 위한 과제에 대해 법학적 관점에서 이론적으로 고찰해 보았다.

결론적으로, 「산업안전보건법」과 민간기준으로서의 민간규격 및 OSHMS는 산업안전보건의 향상을 위해 상호보완적 관계에 있지만, 법리상 또는 운용상 추가적으로 검토되어야 할 과제를 남겨두고 있다.

우리나라에서는 이 주제가 산업안전보건 영역에서의 중요한 문제임에도 불구하고 아직 학계에서 심도 있는 논의가 이루어지지 않고 있다는 점을 감안할 때, 앞으로 이 문제에 대한 본격적인 논의가 이루어질 필요가 있다. 특히, 이 과제를 산업안전보건법제도에 구체적으로 어떻게 반영할지의 문제를 심도 있게 다룰 필요가 있다.[36]

---

36) OSHMS의 법제화 방식에 대한 사회적 논의가 전혀 이루어지지 않은 채 OSHMS가 중벌주의를 기초로 하는 중대재해처벌법(2022.1.27 시행)에 '안전보건관리체계'라는 이름하에 충분한 이해 없이 졸속으로 도입되었다.

참고 ISO 45001과 KOSHA-MS[37)]

산업안전보건공단은 ISO 45001 제정(2018년 3월)에 맞추어 지난 2019년 5월 공단의 '인증규격'인 KOSHA 18001을 KOSHA-MS로 변경하였다. KOSHA-MS는 ISO 45001을 준용하였다고 하지만, ISO 45001은 OSHMS의 '구축 · 이행' 기준이고 KOSHA-MS는 OSHMS의 '인증' 기준인 점에서 양자 간에는 본질적인 차이가 있다.

양 규격의 요구사항을 살펴보면, 양 규격 간에는 내용도 적지 않은 차이가 있고, KOSHA-MS가 ISO 45001을 제대로 이해하고 있지 못한 점이 많다는 것을 알 수 있다. 이를 구체적으로 살펴보면 다음과 같다.

먼저, ISO 45001은 인증이 아닌 OSHMS 활성화를 목적으로 모든 기업을 대상으로 하는 규격이지만, KOSHA-MS는 인증을 받고자 하는 기업만을 대상으로 하는, 인증 자체에 초점을 맞춘 기준이다.

ISO 45001에는 관리시스템, 프로세스, 산업안전보건 기회 · 리스크, 역량, 아웃소싱 등과 같은 OSHMS 운영에 필요한 중요 용어에 대한 정의가 설명되어 있는 반면, KOSHA-MS에는 그 정의가 누락되어 있다. 안전보건관리시스템, 조직, 사고, 재해, 유해위험요인, 안전, 취업자, 절차 등의 개념의 경우, ISO 45001에는 국제적으로 보편적인 표현을 사용하여 구체적이고 객관적으로 설명되어 있는 반면에, KOSHA-MS에서는 국제적인 관점에서 볼 때 보편적이지 않은 표현을 사용하여 단순하고 임의적으로 설명하고 있을 뿐이다.

법규 및 기타 요구사항의 경우에는, ISO 45001은 이의 준수를 위한 프로세스의 세부내용에 초점을 맞추고 있는 반면, KOSHA-MS는 그 세부내용에 대해 매우 빈약하게 규정하고 있다. 취업자(근로자)의 협의 및 참가에 대해서도 ISO 45001은 이를 다양하게 보장하기 위한 절차 수립 · 이행에 대한 요구사항을 규정하고 있는 반면에, KOSHA-MS는 이에 대한 내용이 매우 빈약하게 규정되어 있다.

취업자(근로자)대표의 활동에 대해서도, ISO 45001에서는 여러 조문을 통해 활동 기회를 보장하고 있지만, KOSHA-MS의 경우 이에 대한 내용이 규정되어 있지 않다. 조직의 역할, 책임 및 권한의 경우를 보더라도 ISO 45001에서는 책임과 권한의 할당 원칙과 방법에 대해 상세하게 설명하고 있는 반면, KOSHA-MS에서는 책임과 권한이 할당되어야 한다는 원칙만

---

37) 정진우, 안전저널, 2023.11.29.

규정하고 있다.

이 외에도 모니터링, 측정, 분석 및 성과평가에 대해, ISO 45001에서는 대상을 광범위하게 규정함과 더불어 구체적인 방법과 절차 등(프로세스)을 수립, 이행 및 유지하도록 규정하고 있는 반면, KOSHA-MS에서는 대상만을 한정적으로 규정하고 있다.

양 규격의 결정적인 차이는 ISO 45001에는 규격을 상세하게 해설하는 부록과 이행을 촉진하는 가이드라인(ISO 45002)이 별도로 마련되어 있는 반면에, KOSHA-MS에는 규격 해설서와 이행 가이드라인이 마련되어 있지 않다. 결국 기업들이 OSHMS 구축 · 적용을 준비하는 데 많은 곤란을 겪을 수밖에 없고, 이는 OSHMS의 형식적인 인증으로 이어질 수 있다. 더 큰 문제는 산업안전보건공단이 이에 대한 문제의식조차 없다는 점이다.

ISO 45001 인증이 매우 부실하게 이루어지고 있는 것은 공공연한 사실이다. KOSHA-MS 인증은 ISO 45001 인증보다는 엄격하게 이루어지고 있지만, KOSHA-MS 인증기준이 대외적으로 내걸고 있는 설명과는 달리 ISO 45001 요구사항을 제대로 반영하지 못하고 있는 것은 큰 문제라고 볼 수 있다. 더 큰 문제는 공단이 이에 대한 문제의식조차 가지고 있지 않다는 점이다.

OSHMS와 유사한 안전보건관리체계를 규정하고 있는 중대재해처벌법 시행으로 기업들의 OSHMS에 대한 관심은 무척 높아졌지만, 그 내용에 대한 이해와 이행은 아직 걸음마 단계에서 크게 벗어나지 못하고 있다. 이 간극을 메우기 위해서는 ISO 45001과 KOSHA-MS 인증기준과 운영 전반에 걸친 대대적인 정비가 필요하다.

참고 안전규제는 규제혁신 성역인가[38]

"하나의 이익을 얻는 것이 하나의 해를 제거함만 못하고, 하나의 일을 만드는 것이 하나의 일을 없애는 것만 못하다." 칭기스칸의 책사인 야율초재의 명언이다. 대형사고가 발생할 때마다 즉흥적으로 안전법이 하나씩 생겨나는 우리나라 현실에 시사하는 점이 많다.

지난 6월 윤석열 정부는 정부의 모든 역량을 총동원해 규제를 혁신하겠다고 발표하면서 강한 규제혁파 의지를 보이고 있다. 그러나 여론을 의식

38) 정진우, 에너지경제, 2022.9.1.

해서인지, 아니면 안전규제의 특징을 잘 몰라서 그런지 규제혁신 대상에서 안전규제는 제외하고 있다. 과연 올바른 접근이라고 할 수 있을까.

모름지기 규제는 실효성과 품질을 확보해야 한다. 규제 자체가 목적이 될 수는 없다. 안전규제도 규제혁신에서 제외되어서는 안 되는 이유다. 안전규제라고 하더라도 실효성을 확보하지 못하고 있는 규제는 당연히 개선되어야 한다.

우리나라 안전규제는 '고비용 저효과' 규제로 악명을 떨치고 있다. 안전을 확보하기는커녕 안전 확보에 걸림돌이 되는 규제가 적지 않다. 특히 전임 문재인 정부에서 안전규제는 실효성을 따지지 않고 졸속으로 확대 재생산되었다. 어느새 안전규제는 공무원의 조직과 권한 확대를 위한 도구로 고착화되고 말았다. 대통령 위에 공무원이 있다는 말이 공무원의 '묻지마' 규제에 대한 집착을 웅변적으로 잘 보여주고 있다. 공무원들에게 규제는 곧 권력이자 무기다. 이러한 점은 안전규제도 결코 다르지 않다.

우리나라 안전규제에는 산업현장과 글로벌 스탠다드에 맞지 않는 '갈라파고스' 규제가 지나치게 많다. 행정기관의 입장에서 손쉬운 답을 찾기 위해 '공무원의, 공무원에 의한, 공무원을 위한' 규제에 과도하게 의존해 온 결과이다. 다른 규제와 달리 '안전규제는 선(善)'이라는 잘못된 믿음이 상황을 악화시켰다. 맹목적인 안전규제는 어느 사이에 관료주의 위에 단단하게 뿌리를 내리고 있다.

우리나라만큼 안전관계 법과 집행기관이 난립되어 있는 국가는 찾아볼 수 없다. 그렇다 보니 규제가 서로 중복되고 충돌되는 경우가 적지 않게 발견된다. 규제의 준수 여건을 조성하거나 규제의 실효성을 확보하는 일보다는 규제를 추가하고 강화하는 일에 혈안이었다. 안전규제가 수범자에게 많은 비난과 냉소의 대상이 되고 있는 주된 이유다.

예측 가능성도 없고 누구도 지킬 수 없는 법을 악법이라고 한다. 악법이야말로 가장 나쁜 규제에 해당한다. 안전분야에도 이론적으로 악법적인 요소가 얼마든지 있을 수 있고 실제로도 나쁜 규제가 곳곳에 있다. 대표적인 것이 도급작업에 대한 규제다. 누가 무엇을 어떻게 해야 하는지 도무지 알 수 없다.

지난 정부에서 안전규제와 공공기관 안전인력을 대폭 확대했음에도, 사망재해자 수가 별다른 감소를 보이지 않고 있는 것은 안전규제의 품질이 불량하기 때문이다. 우리나라 공공기관 안전인력은 근로자 1만 명 기준으로 미국의 약 8배, 일본의 약 4배에 이를 정도로 비대한 상태다. 이들은 자신들의 존재감을 보이기 위해 수단·방법을 가리지 않고 안전규제를 유지하려

한다. 안전규제는 다른 규제와 마찬가지로 그 속성상 생명력과 번식력이 매우 강해 또 다른 규제를 낳는다. 불합리한 안전규제일수록 법집행을 자의적으로 할 수 있어 집행기관의 규제에 대한 집착과 저항이 집요하다.

법령보다 더 고질적인 병폐가 법적 근거 없는 행정지침에 똬리를 틀고 있는 규제다. 눈에 잘 띄지 않는 '그림자 규제'지만 그 폐해는 법령 자체 못지않게 심각하다. 행정기관이 행정편의적으로 만들고 자의적으로 해석할 수 있기 때문이다. 법보다 주먹이 가깝다는 말이 나오는 이유이기도 하다. 문재인 정부에서는 행정지침 왕국이라고 할 정도로 법적 근거 없는 행정지침이 안전규제에서 남발되었다. 정부가 바뀌었지만 이 문제는 아직까지 달라지지 않고 있다.

안전규제도 합리성과 실행 가능성을 고려해야 한다는 것이 국제기준이다. 이를 무시한 안전규제는 규제 전체에 대한 신뢰도를 떨어뜨리고 지속가능하지도 않다. 안전규제를 규제혁신의 성역으로 남겨두면 실효성 없는 불량 안전규제가 더 기승을 부릴 것은 불을 보듯 훤하다. 난마처럼 꼬여 있는 안전규제의 혁신 없이는 재해예방의 성과를 거두기 어렵다는 점을 윤석열 정부는 명심하고 명심할 일이다.

4. 리스크와 법

4.1 리스크사회의 등장

근대의 산업사회는 과학기술의 발전에 의해 재화의 풍부함을 가져오는 것에 기여하여 왔다. 그러나 산업사회는 편리하고 쾌적한 생활을 가져다 준 반면, 과학기술이 초래하는 다대(多大)한 새로운 위험성을 낳고 불투명성도 증대시켰다.

예를 들면, 감염증을 조금이라도 예방하기 위하여 수질개선에 사용되는 약품이 한편으로는 발암(發癌)위험을 낳는다든가, 편리한 용기인 플라스틱의 보급이 그 폐기, 사후처리의 문제를 발생시킨다. 또는 식량사정을 개량하기 위하여 개발된 유전자조작, 안정된 에너지공급을 위한 원자력발전 등과 같이 어디까지 얼마만큼의 피해가 미칠 것인지 장래를 예측하기 어려운 위험이 등장하여 왔다. 그리고 이들 위험은 지금까지의 화재, 교통사고, 범죄피해, 나아가 실업, 빈곤, 질병, 이혼, 폭력, 따돌림, 사생활침해 등과 같은 위험과 상호작용하여 문제를 한층 복잡하게 하고 있다.

현대는 산업사회의 글로벌화에 수반하여 테러행위, 국가 간의 돌발적 분쟁과 같은 예측하기 어려운 위험에 중층적으로 둘러싸여 있다. 게다가 과학기술의 진보와 함께 위험은 가속도적으로 비대화되고 있으며, 그 피해는 종래의 계층, 업종, 국경의 벽을 넘어 확산되고 있다.

과연 현대는 1986년 독일의 사회학자 벡(Ulrich Beck)이 지적했듯이 확실히 '리스크(위험)사회(Risikogesellshaft)'[39]이다. 환경오염, 기후변화, 원자력발전 등과 같은 글로벌 차원의 부작용과 부산물을 동반하는 리스크사회에의 대응은 지금까지의 학문적 틀이 아니라 새로운 학제적(interdisciplinary) 접근이 요구된다. 과학적 합리성뿐만 아니라 사회적 합리성이 함께 요구되기 때문이다.

리스크사회는 산업사회와 표리(表裏)를 이루는 개념이다. 산업사회의 관점이 부를 증대시키고 생활수준을 상승시키는 빛 부분에 초점을 맞춘 반면, 리스크사회의 관점은 산업화가 초래한 그림자 부분, 즉 생활의 불안과 두려움, 불확실성과 제어하기 어려운 장래에 초점을 맞춘다. 즉, 부의 생산과 확대보다도 그것이 초래하는 두려움, 불안 등에 응

---

39) 벡은 1986년에 《리스크사회: 새로운 근대성을 향하여》(*Risikogesellshaft; Auf dem Weg in eine andere Moderne*)라는 책을 내면서 과학기술이 성공을 거둘수록 그 발전의 위험 또한 더욱 빠른 속도로 커지고 있으며, 따라서 과학은 문제를 해결하는 원천이기도 하지만 다른 문제들을 발생시키는 원인이 되기도 한다고 말하였다. 근대성에 기초한 과학기술의 발전이 더 이상 묵과할 수 없는 부정적인 결과들을 지속적으로 산출하였고, 이제 우리는 이러한 위험들에 직면하여 산업사회를 반성적으로 고찰하지 않으면 안 되는 상황에 이르렀음을 강조하였다. 그리고 과학기술의 위험을 근대사회의 본질적 특성으로 파악하고 이를 주도하는 세력인 과학기술 전문가의 폐쇄성을 지적하고 시민사회의 대응과 참여가 중요함을 역설하였다.

답하는 것이고, 이것들의 원인과 해소에 민감해지는 것이다. 따라서 리스크사회의 관점은 산업화가 초래하는 부작용을 체계적으로 해명하고 평가하는 관점을 제공하여 준다.

리스크사회가 가지고 있는 또 하나의 의의는 21세기의 과제인 지속가능한(sustainable) 사회를 구축하는 데 있어서 불가결한 관점이 된다는 점이다. 다른 것과 균형을 개의치 않는 성장, 발전이 아니라, 획득한 풍부함을 유의미하게 활용하여 행복을 지속적으로 추구하려면, 리스크에 대한 취약함을 극복할 필요가 있다. 이를 위해서는, 의료, 건강, 금융, 법, 기업과 산업, 소비, 주거, 근로, 여가, 교육, 가정 등의 각 장면(場面)에서 리스크에 대한 고민과 검토가 이루어질 필요가 있다.

4.2 리스크사회의 의미

리스크사회에서 살아가는 것은 우리들의 피할 수 없는 운명이다. 리스크는 소리도 없이 살며시 다가오고, 주문하지도 않았는데 각 가정의 구석구석까지 무료로 배달된다. 전문가의 식견에 의존하지 않으면 그 존재 자체도 알아차리는 것이 불가능하지만, 그들의 견해는 심하게 대립하고, 리스크 발생의 개연성에 대해서조차 확실한 지식은 얻을 수 없다. 자연을 지배하는 수단이었던 과학·기술은 자연을 오염시키고 왜곡하며, 그렇게 하여 산출된 인공의 환경은 식품안전, 에너지자원, 기후변화 등 여러 가지 국면에서 인간에 대한 복수를 하고 있다.

참고 일상을 바꾼 '코로나19'… 세상을 어떻게 바꿀까[40)]

2019년 10월 18일 미국 뉴욕의 한 호텔에서 흥미로운 행사가 펼쳐졌다. 팬데믹(세계적 대유행병)이 발생할 경우를 상정한 도상훈련 '이벤트 201'이었다. 참가자들에게 다음과 같은 가상의 상황이 주어졌다.

40) 곽노필 선임기자, 한겨레, 2020.3.16.

"팬데믹은 인수공통 신종 코로나바이러스에서 시작됐다. 박쥐에서 돼지를 거쳐 사람에게 왔다. 증상은 경미하지만 전파 속도는 훨씬 빠르다. 브라질 돼지 축사에서 발원해 저소득층 밀집 지역을 거치면서 세계로 급속히 확산된다. 1년 안엔 백신이 나올 가능성은 없다. 감염자가 기하급수적으로 늘어나고, 공포에 휩싸인 세계 경제는 위축된다. 세계 총생산(GDP)이 11% 감소한다. 가짜 정보가 난무해 감염병 퇴치에 애를 먹는다. 18개월이 지나 수천만 명이 희생되고서야 사태는 종료된다."

놀랍게도 코로나19 팬데믹의 전개 양상을 보는 듯하다. 이번 사태는 예견 범주에 있었다는 얘기다. 실제로 전 세계 감염병은 갈수록 늘고 있다. 연간 200개에 육박한다는 보고서도 있다. 특히 2000년 이후 발생한 악명 높은 감염병은 모두 바이러스에서 비롯됐다. 현재 세계보건기구가 잠재적 감염병 후보군으로 추적하는 것만 7천 건에 이른다. 어느 사이엔가 바이러스 감염이 일상이 된 '바이러스 뉴노멀 시대'가 된 셈이다. 단지 우리가 정색을 하고 들여다보지 않았을 뿐이다.

20세기 들어 본격화한 세계화는 번영과 함께 위기도 세계화했다. 세계가 하나로 연결되면서 한 곳의 위기는 인류 전체의 생존 문제로 이어졌다. 핵무기, 기후변화가 대표 사례다. 코로나19는 그 세 번째 후보에 팬데믹을 올려놓는다.

감염병 확산에 불쏘시개 노릇을 하는 몇 가지 흐름이 있다. 우선 세계화의 확대다. 해외 여행객이 급증하고 무역이 활발해지면서 항공편이 바이러스 전파의 가장 큰 통로가 됐다. 연간 40억 명 이상이 항공편을 이용하고 국제 교역 규모는 전 세계 GDP의 60%에 이른다. 둘째는 도시화다. 인구가 밀집된 도시는 바이러스 확산에 아주 좋은 조건이다. 현재 55%인 도시화율은 2050년 70%로 높아질 전망이다. 셋째는 자연 파괴다. 개발로 인해 자연 공간은 축소되고 인간의 공간이 확대됐다. 자연 세계에 머물던 바이러스와 그만큼 가까워졌다. 넷째는 기후변화다. 지구 온난화로 말라리아, 뎅기열 등을 옮기는 모기의 서식지가 확산되고 있다.[41]

14세기 중반 유럽 인구의 3분의 1을 휩쓸어간 흑사병은 노동력 부족 사태를 초래했다. 이는 봉건제 기반을 흔들고 노동력을 대신할 기술 개발을

---

41) 신종 바이러스들은 앞으로 더욱더 빈번히 창궐할 것이다. 왜냐하면 코로나19 사태의 근본적 원인으로 과학자들이 지목하는 현상, 즉 환경 파괴와 기후 변화의 영향으로 서식지를 잃은 야생동물들이 인간사회 가까이로 접근해올 확률은 매우 높고, 그 과정에서 야생동물과 인간이 접촉하면서 바이러스들이 인체로 건너오는 현상이 더욱 빈발할 것이기 때문이다.

촉진시켰다. 코로나19 팬데믹은 사회적 격리 사태를 초래하고 있다. 이는 지금의 세상을 어떻게 바꿔 나갈까? 성급한 질문일 수 있지만 급격히 확산되는 온라인 쇼핑, 재택근무, 화상회의, 원격수업 등에서 그 단면을 엿볼 수 있다. 많은 이들이 코로나19를 계기로, 비대면 방식의 소통과 거래를 전면 경험하고 있다. 처음엔 낯설었지만 시간이 지나면서 적응하는 조직과 사람들이 늘어날 것이다. 새로운 일상은 이를 뒷받침하는 통신, 화상, 증강현실, 플랫폼 등의 기술엔 새로운 기회다. 반면 대면 접촉을 기반으로 한 기존 기술과 사업엔 돌이키기 어려운 위기가 올 수 있다. 업무와 생활 방식의 변화는 그에 걸맞은 사무 공간과 주택 구조를 부를 것이다. 기업은 이를 새로운 효율화 기회로 삼으려 할 것이다. 인공지능, 자동화 확대의 또 다른 명분이 될 수 있다. 전통과 새것의 힘겨루기가 더욱 거세지고, 변화를 통해 얻는 자와 잃는 자 간의 갈등과 충돌이 더 깊어질 수 있다. 팬데믹이 가져올 변화는 삶의 질을 높일까? 세계의 공장 역할을 하던 중국의 지위에도 일정한 변화가 일어날 것이다. 어느날 갑자기 국가 간 장벽이 생길 수도 있음을 목격한 기업들은 앞으로 위험 회피를 위한 해외공장 분산에 더 힘을 쏟지 않을 수 없다.

감염병은 감염자보다 훨씬 더 많은 건강인들의 삶에도 큰 피해를 준다. 세계은행 추산에 따르면 에볼라, 메르스 감염병 당시 감염자와 관련한 경제 손실은 전체의 40%에 불과했다. 60%는 감염을 피하려는 비감염자들의 행동 변화에서 비롯됐다. 질병에 대한 두려움과 근거 없는 공포심, 잘못된 정보가 주된 역할을 했다. '이벤트 201' 참석자들은 미래 감염병 대책으로 7가지를 제안하면서 잘못된 정보, 가짜 뉴스를 다루는 방법을 개발하는 데 더 우선 순위를 둬야 한다고 강조했다. 올바른 미래 설계는 진실을 바탕으로 해야 하기 때문이다. 진실을 만드는 건 정부와 민간 사이의 신뢰다. 정부와 민간을 잇는 언론의 책무가 더 무거워졌다.

1984년 인도 보팔 가스유출 사고, 1986년 우크라이나 체르노빌 원자력발전소 사고, 1985년 이후 계속된 영국에서의 광우병(BSE) 소동, 2011년 일본 후쿠시마 원자력발전소 사고, 2021년 전 세계를 혼란에 빠뜨린 코로나19 팬데믹 등에서 전형적으로 보이는 것처럼, 일단 현실화한 괴멸적인(catastrophic) 큰 손해로부터는 인간이 도망가는 것도, 그것을 봉쇄하는 것도 사실상 불가능하다. 장래 얼마만큼의 인구에 어느 정도의 피해가 발생할 것인가에 대해 확실한 것은 누구도 알지 못한다. 이제 우리들은 과학·기술의 권위를 신뢰할 수 없고, 자기 자신이 참가하는 정치과정의 결정을 포함하여 인간의 지(知)의 모습을 내성(內省)하여야 할 단계에 도달하였다는 주장도 제기되고 있다.

그러나 그렇게 비관할 것까지는 없다고 보는 시각도 있다. 우리들은, 예컨대 중세, 근세와 비교하여 그때보다 위험이 많은 세계에 살고 있는 것은 아니다. 우리들은 위험을 훨씬 효과적으로 관리할 수 있는 기술을 손에 넣고 있다. 오히려 매스컴 보도 등에 의한 위험에 대한 과잉적인 반응은, 예컨대 대규모의 철도사고가 발생하면 사고발생의 리스크가 더 높은 자동차에 의한 통근을 많은 사람들이 선택한다고 하는 '개인적 수준'에서의 비합리적인 행동, 특정 오염물질을 제거하기 위하여 오히려 리스크가 더 큰 대용물질의 이용으로 내닫는 '사회적 수준'에서의 불합리한 정치결정과 비효율적인 규제조치를 초래하는 경향이 있다.[42] 설령 확실한 지식이 없다고 하더라도, 불확실성하에서 합리적인 리스크 평가의 방법은 있는 것이고, 통계적인 추계에 근거한 리스크의 분산은 가능하다. 전문가의 지식과 각계 대표의 현명한 생각을 서로 주고받는 숙의(熟議, deliberation)를 통하여 리스크와 편익을 냉정하게 평가하는 이성적 결정에 이르는 것은 어렵지 않다. 대중이 참가하는 민주적인 정치과정에서도 리스크에 대처하는 숙의민주주의(deliberative democracy)는 가능하다. 오히려, 광범위한 리스크 존재에 대한 인식은 사람들에게 선택의 기회와 그것에 수반하는 책임을 새롭게 자각하게 하는 적극적인 의미를 가질 수 있다.

그런데 인간의 합리성을 어디까지 신뢰하는 것이 가능할까. 개인의 선호는 확고부동하고 항상 약분(約分) 가능할까. 설령 그렇다고 하더라도, 우리들이 그것을 정확하게 수집하고 집계하는 수단을 손에 넣고 있을까. 과학이 확실한 지식을 실증하는 것은 아니고 반증 가능한 가

42) Cass R. Sunstein, *Laws of Fear: Beyond the Precautionary Principle*, Cambridge University Press, 2005, p. 15.

설을 제시하는 데 지나지 않는 것, 가설이 확실한 지식에 도달할 가능성을 부정하고 항상 수정의 가능성을 포함하고 있는 회의적인 인식론을 전제로 하는 것은 전문가 사이에서는 일찍부터 공공연한 비밀이다. 그러나 통상인의 상식으로 판단하면, 과학은 항상 확실한 지식과 예측을, 나아가 전문가의 일치된 판단으로서 제시해 주는 그런 것이다. 현교(顯敎)[43]와 밀교(密敎)[44]의 차이가 과학에 의탁하는 시민의 신뢰를 뒷받침한다. 그런데 이제는 정부도 개인도 과학적 지식의 불확실성을 명백한 전제로 하면서 여러 가지 결정을 강요받는 상황으로 몰리고 있다.[45]

4.3 법학에서의 리스크사회

법학에 있어 '리스크사회'의 등장은 무엇을 의미하는 것일까. 정부의 활동을 컨트롤하는 공법(公法)[46]에 관련된 위험과 리스크의 차이점을 예로 들어 이야기를 전개해 보자. 공법학이 전통적으로 대처하려고 한 것은 '위험'이다. 위험은 사람들에게 바람직하지 않은 해악을 초래할 가능성이 있는 것이다. 각 해악이 얼마나 바람직하지 않는가에 대해서는 통상인의 합리적 판단능력에 기초한 공통의 이해가 있다. 해악 발생의 가능성이 입수할 수 있는 지식에 기초하여 확실한 것으로 예측할 수 있는 정도에 도달하면, 법적인 대응의 필요성, 즉 정부가 개입(활동)할 필요성이 생긴다. 반대로 예측 가능하지 않으면, 설령 해악이 현실적으로 발생하였다고 하더라도 불가항력에 의한 '운명'으로 단념하게 된다.

43) 불교에서 언어·문자상으로 분명히 설시된 가르침, 즉 설명 또는 해석을 할 수 있는 가르침이라는 뜻으로서 밀교에 대응되는 말이다.

44) 불교에서 설명 또는 해석을 할 수 없는 비밀의 가르침을 말한다.

45) J. Steele, *Risk and Legal Theory*, Hart Publishing, 2004, p. 48.

46) 국가와 개인, 국가와 공공단체, 국가와 국가 간의 공적인 생활관계를 규율하는 법으로서 「헌법」, 「형법」, 「행정법」 등이 공법에 해당한다.

위험을 초래하는 것이 외계로서의 자연, 예컨대 폭우에 의해 하천의 제방이 터져 무너질지도 모르는 경우, 그것이 예측 가능한 정도의 폭우라면, 제방의 관리책임자인 국가, 공공단체에는 그것에 대처할 책임이 발생한다. 법에 따라 요구되는 충분한 대응이 이루어지지 않아 제방이 터져 무너지고 주민에게 손해가 발생한 경우, 관리책임자(국가, 공공단체)는 그 손해를 배상하여야 한다.

한편, 위험을 초래하는 인간의 활동이 체육활동, 연설 등의 표현활동, 상품 제조·판매, 서비스 제공 등의 경제활동처럼 일반인에게 자유롭게 인정되고 있는 활동(바꾸어 말하면, 헌법에 의해 보호되는 활동)인 경우에는, 정부는 위험을 억제하는 목적에 적합하고, 국민의 권리를 최소한으로 침해하는 수단이며, 활동의 제약에 의한 비용과 위험억제라고 하는 편익의 균형이 취해지는 조치를 취할 필요가 있다('비례의 원칙'[47]이라고 부른다). 필요 이상의 규제, 비용과 편익의 균형이 취해지지 않는 규제는 사람들의 자유를 위법하게 제한하는 것으로서 금지된다.[48]

이러한 전통적인 공법학의 대처법은 몇 개의 암묵적 전제 위에 성립한다. 첫째, '자연'과 '인위'는 다르다는 전제이다. 자연이 초래하는 위험은 인간에게 있어서는 외계(외측)로부터의 위험이다. 이것은 인간 자신의 행동이 초래하는 위험과는 확연히 구별된다. 둘째, 자연이 어떠한 위험을 초래하는지, 인간의 행동이 어떠한 위험을 어느 정도의 개연성으로 초래하는지에 대해, 이것을 판단하기 위한 확실한 지식을 가지고 있다고 상정된다(불확실하면, 정부의 책임은 발생하지 않는다). 셋째, 자연으로부터의 것이든, 인간의 행동에 기인하는 것이든,

47) 행정권의 발동은 행정목적과 이를 실현하기 위한 수단 사이에는 합리적 비례관계가 있어야 한다는 원칙을 말한다. 세부원칙으로 (수단)적합성의 원칙, 필요성의 원칙(최소침해의 원칙), 상당성의 원칙(이익균형의 원칙)을 포함한다. 비례의 원칙은 헌법에서 이를 명시적으로 규정하고 있지는 않지만 헌법적 효력을 가진다.

48) 형사벌의 대상이 되는 살인, 강도는 일반적으로 자유로운 활동으로서는 인정되지 않으므로 이에 대한 이야기는 별개이다.

위험을 초래하는 해악에 대한 평가에 대해서도 합리적인 판단능력을 가지는 통상인(通常人) 사이에는 특별히 의견 차이가 없다는 것이 전제되어 있다.

그런데 리스크사회의 등장은 전통적으로 상정되어 온 이러한 '위험'과는 다른 '리스크'를 사람들에게 초래하고 있다고 말해진다.

첫째, 리스크는 위험과 달리 해악을 초래할 개연성을 예측하기 어렵다. 유전자공학에 의한 특정 조작이 자연계에 어떠한 영향을 초래하는지, 어떤 파일 교환 소프트웨어가 얼마만큼의 정보유출의 리스크를 포함하고 어느 정도의 경제적 손실을 초래하는지에 대해 전문가 사이에서도 의견이 크게 갈리고 있다. 그렇지만 결과의 (가능한) 중대성, 즉 얼마만큼의 영향이 있을 것인지에 대해 신뢰할 수 있는 확실한 지식이 없다는 이유로 정부가 대응하지 않고 가만히 있어도 된다고 말하기는 어렵다. 소에게 어떠한 사료를 먹일 것인지, 과학자가 어떠한 연구활동을 할 것인지는 개개인의 자유에 맡겨져 온 사항이다. 전통적인 '비례의 원칙'에서는 이러한 국면에서 정부의 적절한 활동 모습을 제시하는 것이 곤란하다. 반면, 환경보호, 안전 등의 국면에서 '사전배려원칙(precautionary prinple)'[49]이 바람직한 원칙[50]으로 주장되는 경우가 있는 것은 전통적인 원칙으로 새로운 리스크의 출현에 적절하게 대응할 수 없다고 하는 인식이 자리 잡고 있기 때문이다.

둘째, 현대사회에서는 인간의 환경은 더 이상 인간의 활동과는 무관계(無關係)한, '그곳에 있는(out there)' 외계가 아니다. 현대는 인간의 활동과 무관계한 '자연'이 거의 소멸한 '포스트 자연(post nature)'의 사회이다. 벡은 현대사회를 산업사회에 산업과 과학에 의해 생성된 위험이 가해져 탄생된 사회, 즉 '리스크사회'라고 명명하면서, "리스크사회의 본질적 특징은 위험의 근원을 사회의 외부에서 찾을 수 없게 된

49) 확실한 증거가 존재하지 않더라도 심각한 위험이 있을 때에는 적기에 관리(규제)하여야 한다는 원칙을 말한다. 이에 대해서는 뒤에서 상세히 살펴보는 것으로 한다.

50) 반드시 요구되는(강제적인) 원칙은 아니다.

것에 있다."고 갈파하였다.[51] 우리들은 더 이상 태풍, 가뭄으로 대표되는 자연이 초래하는 재액(災厄)을 그다지 두려워하지 않는다. 두려워하고 있는 것은 오히려 우리들이 자연에 대하여 무엇을 하였느냐이다(예컨대, 우리들이 소에게 무엇을 먹였느냐). 우리들이 직면하는 리스크는 이제는 외계로부터 주어진 자연 그 자체의 리스크가 아니라, 무엇인가 인간의 손을 거친 리스크가 되고 있다. 생활의 안전을 위하여 고도의 배려를 정부에 요구하는 일이 많은 것은, 문제가 되는 리스크가 인간의 손을 거친 '인공의 리스크(manufactured risk)'인 것에도 기인한다.[52] 손이 닿지 않는 자연이 희소해진 지금, 인공의 리스크로부터 벗어날 방법은 없다. 오늘날의 세계는 최첨단 금융시장에서 달러가 노출되는 리스크, 유전자공학에 의해 산출된 새로운 생물이 초래하는 리스크와 같이, 전형적인 의미에서의 인공의 리스크가 매일 대량으로 생산되고 있다. 인간의 지식 발전은 리스크의 관리와 감축이 아니라 인간의 컨트롤이 미치지 않는 리스크를 부단히 증대시키고 있다.

반대로 말하면, 거의 모든 리스크가 인공의 것이 된 지금, 어떠한 해악에 대해서도 우리들은 그것이 '누구의 탓인가'를 문제로 삼는 것이 가능하다. 그러나 누구에게 어떠한 책임이 있는가를 명확히 하는 것은 점점 어려워지고 있다.

리스크사회의 출현은 법학에 있어 새로운 도전을 의미한다. 전통적인 법 관념은 행위주체로서의 인간, 인간을 둘러싼 자연환경, 자연을 지배하기 위한 과학·기술 등 확연히 분절화된 알기 쉬운 세계상을 전제로 하고 있었다. 그러나 자연을 지배하는 도구였던 과학·기술은 '타자(他者)'였던 자연을 인위적(人爲的)인 것으로 만들고 있고, 나아가 그 귀결에 대하여 개연성의 수준에서조차 확실한 지식을 제공하지 않는다. 그 귀결이 사람들에게 어느 정도의 해악(또는 편익)이라고 말할

51) 홍성태 역, 《위험사회: 새로운 근대(성)를 향하여》, 새물결, 2006(U. Beck, *Risikogesellshaft; Auf dem Weg in eine andere Moderne*, Suhrkamp, 1986), 288쪽.

52) A. Giddens, "Risk and Responsibility", *Modern Law Review* 62, 1999, p. 1.

수 있는지의 가치판단에 대하여 과학·기술이 제공하여 줄 것은 더욱 더 불확실하게 보인다.

이러한 상황에서 행위주체인 인간은 무엇을 근거로 하여 어떠한 책임이 물어져야 하는 것일까. 스스로 컨트롤할 수 없는 조건에 관하여는 책임을 묻지 않는다고 하는 것도 하나의 생각이다. 그러나 과거 고전적인 세계에서조차 인간은 스스로의 행위의 조건을 모두 컨트롤할 수 있었던 것은 아니다. 예를 들면, 숲에서 총을 발사하였을 때 사람이 총에 맞을지 그리고 피해자가 사망할지 여부는 몇 가지의 우연한 사정에 의존한다. 리스크가 있는 행위를 하고 우연히 해악이 현실화되지 않은 자와 같은 행위를 하고 해악이 현실화된 자를 구별할 이유는 있는 것일까. 결과가 현실화될 것인지는 본인에게 있어서는 운수소관인 면이 있는데도, 결국 법적 평가와 도덕적 평가의 면에서 보아 차이가 있다고 하면, 리스크사회의 출현은 컨트롤의 가능성을 고려하지 않은 결과에 대한 엄격한 책임을 각자에게 묻는 것으로 연결될 가능성이 있다.[53] 이 경우 인간은 스스로의 행위의 귀결을 이성적으로 판단하는 자율적 행위주체로서 취급되고 있다고 할 수 있을까.

불법행위법제와 그 특별법으로서의 제조물책임법제는 보험개념도 참조하면서 리스크에 대처하는 방법을 고안하고 있다.[54] 그러나 단 한 번만으로도 괴멸적인 큰 손해를 끼치는 사고, 재해에 관해서는 보험에 의한 위험의 분산도 용이하지는 않다. 핵병기에 의한 테러를 커버하는 보험상품을 판매하려는 보험회사는 아마도 나타나지 않을 것이다.[55]

새롭게 출현한 리스크의 영향이 국경을 초월하고, 때로는 지구적인 규모로 확대되는 것, 그 때문에 리스크에 대한 대처가 때로는 지구적인 규모에 걸치는 협력·조정을 필요로 하는 사실로부터 평등한 개별 주권국가의 집합이라고 하는 고전적인 국제사회관도 부득이하게 수정이 이

53) J. Steele, *Risk and Legal Theory*, Hart Publishing, 2004, pp. 85-120.

54) J. L. Coleman, *Risks and Wrongs*, Cambridge, 1992, pp. 407-429.

55) R. A. Posner, *Catastrophe: Risk and Response*, Oxford University Press, 2004, p. 172.

루어지고 있다. 파탄(破綻)국가의 존재는 그곳에 있는 주민의 복지뿐만 아니라 주변국가로의 인구 유출원(流出源), 국제테러조직의 활동의 온상이 됨으로써 국제사회의 평화와 안전에도 심각한 영향을 미친다. 환경문제, 경제문제도 이에 대처하기 위하여 국제적인 조정, 규율이 필요한 사례는 일일이 열거할 수가 없을 정도로 많다. 경제의 글로벌화가 초래하는 국경을 넘는 생산·조달의 아웃소싱(outsourcing)은 제품의 안전성에 대하여 누구도 책임을 지지 않는 상황을 현출(現出)시키기도 한다. 이제 주권 및 국경의 의미는 점점 상대화 또는 퇴색되고 있다.

5. 리스크와 형법

5.1 서론

법규제라는 말을 하면 제일 먼저 '처벌에 의한 규제'를 떠올리는 사람이 많을 것이다. 그러나 처벌에 의한 규제는 법규제의 극히 일부분을 차지하는 것에 지나지 않는다. 법을 사회를 좋게 하기 위한 약에 비유를 하면, 형벌은 고가인 데다가 부작용도 강한 극약이다. 이것에 너무 많이 기대면 비용이 들 뿐만 아니라 병이 치료되더라도 몸의 다른 부분을 악화시킬 수도 있다. 그러나 보통의 약으로는 효과가 미미하여 불가피하게 극약을 사용하여야 하는 경우도 있다. 형법학은 이러한 형벌이라고 하는 극약의 바람직한 내용과 그 사용방법을 생각하는 학문이다.

병의 질이 변화하면 당연히 극약에 기대되는 역할도 변화하게 된다. 최근 '리스크사회' 또는 '위험사회'라고 불리는 사회변화(또는 실은 사회'관(觀)'의 변화일지도 모르지만)가 큰 흐름으로 보인다고 말해지고 있다. 이러한 상황에서 「형법」의 역할은 종래의 모습에서 어떻게 변화하여야 할까.

리스크사회라는 개념은 사회학에서 유래했지만, 최근에는 형법학에서도 관심을 모으고 종종 논의의 대상이 되고 있다. 형법학에서 이 개념은 어떻게 이해되고 있을까. 주로 범죄 성립요건의 바람직한 모습을 논하는 형법학에서는 현대사회가 여러 가지 리스크로 가득찬 사회이기 때문에, ① 피해로부터 상당히 먼 단계에서의 행위도 처벌하는 '처벌시기의 조기화', ② 직접 가해행위를 행한 자 이외도 처벌의 대상으로 하는 '범죄행위주체의 확산', ③ 법정형을 중하게 하거나 현실의 선고형을 중하게 하는 소위 '엄벌화', ④ 감시카메라의 광범한 도입 등과 같은 '감시의 강화' 등이 발생하는 경향이 있다고 보고 있는 것이 일반적이다. 학설은 단순화하여 말하면 이러한 경향에 찬성하는 자와 형사법의 전통적인 틀을 지키는 것의 중요성을 주장하는 자로 구분되어 있다고 할 수 있다.

그러나 현대사회가 리스크로 가득찬 사회라는 전제와 리스크사회론을 위의 경향과 직결시키는 접근방식에는 의문이 있다. 첫째, 리스크사회의 이해에 의문이 있다. 리스크사회란 반드시 사람에 대한 위험으로 가득찬 사회를 의미하는 것은 아니다. 그것은 오히려 사회에서의 다양한 사건을 리스크, 즉 바람직하지 않은 사건이 발생하는 빈도와 바람직하지 않은 결과의 크기(심각성)로 이루어진 함수의 관점에서 이해하고 구성해 가는 사회를 의미한다.[56] 리스크사회의 기초가 되는 인식이 현대사회에서 사람에 대한 위험의 양이 증대되고 있다는 단순한 접근이어서는 안 된다. 이것은 현대사회에서, 예컨대 100년 전의 사회보다도 사람들의 수명이 훨씬 길어지고 안심하며 생활할 수 있는 가능성도 비약적으로 높아지고 있는 것을 상기하면 바로 이해할 수 있을 것이다.

둘째, 리스크사회론과 상술한 ① ~ ④가 연결된다는 주장에 의문이 있다. 이것들은 모두 리스크사회론에서의 필연적 귀결인 것은 아니고, 무언가의 정치사조와 연결됨으로써 생긴 귀결이라는 측면도 존재하

56) A. Giddens, "Risk and Responsibility", *Modern Law Review*, 62(1), 1999, p. 3.

기 때문이다.

그럼 리스크사회론이 제기하고 있는 실제 문제는 무엇일까. 그리고 이러한 문제제기를 법학, 특히 형법학은 어떻게 받아들여야 할까. 여기에서는 현재의 형법학의 범죄와 형벌에 대한 기본적인 시각을 간단하게 소개한 후에, 리스크사회론이 이러한 형법학에 던진 문제점을 정리하고, 형법학이 이것에 어떻게 대응하여야 할지를 밝히고자 한다.

참고 형벌의 목적

형벌의 목적으로는 응보, 일반예방, 특별예방의 세 가지가 제시되고 있다.

(1) 응보
형벌의 목적으로서의 응보는 범죄인이 피해자나 사회에 고통을 초래하였으므로 범죄인에게도 고통을 주어야 한다는 사고를 말한다. 복수형이나 위하형이 범죄인이 끼친 고통을 대폭 초과하는 고통을 과하는 것을 인정하는 반면, 응보형은 범죄와 형벌의 비례성을 강조한다. '눈에는 눈, 이에는 이'라는 동해보복론(同害報復論)은 한편으로는 복수를 정당화하지만, 다른 한편으로는 '한 눈에는 한 눈, 한 이에는 한 이'로 복수하라는 복수의 한계를 정하는 것이라고 할 수 있다. 이와 같이 합리적으로 통제된 복수를 응보라고 한다.

(2) 일반예방
형벌의 목적으로서의 일반예방은 범죄인을 처벌함으로써 일반인들이 범죄로 나아가는 것을 방지하고자 하는 사고를 말한다. 이에는 소극적 일반예방과 적극적 일반예방이 있다. 전통적인 일반예방론에서는 소극적 일반예방을 강조한다. 소극적 일반예방이란 범죄인을 처벌함으로써 일반인의 심리를 강제하여 범죄로 나아가는 것을 예방하고자 하는 사고이다. 최근에는 적극적 일반예방이 강조되고 있는데, 적극적 일반예방이란 범죄를 처벌함으로써 일반인으로 하여금 규범에 대한 신뢰를 바탕으로 법을 지킬 만한 가치가 있다고 내면적으로 받아들이게 하고(신뢰 기능), 범죄행위에 대한 반가치성을 인식 · 확인시켜 적법행위에 대한 동기를 강화시키려는 것(준법의식 고양 기능)을 말한다.

(3) 특별예방

형벌의 목적으로서의 특별예방이란 범죄인을 교화 · 개선하고 사회복귀시킴으로써 더 이상 범죄를 저지르지 않도록 하는 사고를 말한다. 개선 불가능한 범죄인을 무력화함으로써 재범을 방지하는 것도 특별예방에 속하는 것이지만, 특별예방의 핵심은 범죄인의 교화 · 개선 · 사회복귀를 통한 재범 방지에 있다.[57)]

(4) 검토

응보와 예방을 택일적으로 보지 않고 모두 인정하는 것이 일반적인 견해이다. 다만, 세 목적 중 정당한 목적이 될 수 있는 것은 특별예방뿐이고 응보나 일반예방은 형벌의 목적이라기보다는 '기능'이라고 보아야 할 것이다. 국가는 정당한 목적을 추구해야 하는데, 응보란 맹목적이고 감정적이기 때문에 국가가 응보를 목적으로 설정할 수는 없다. 일반예방은 범죄인을 범죄예방을 위한 수단으로 취급하는 문제점이 있다. 그렇지만 형벌의 현실은 고전적 의미의 응보와 소극적 일반예방이 지배하고 있다. 절충적으로, 고의의 폭력을 수단으로 하는 범죄에 대해서는 응보에, 고의는 있으나 폭력을 수단으로 하지 않는 범죄나 과실범에 대해서는 예방에 각각 초점을 맞추는 것이 타당하다고 생각된다.

5.2 형법학의 전제모델과 리스크론

「형법」은 범죄와 형벌에 관한 법률이다. 양자는 범죄가 법률요건, 형벌이 법률효과라고 하는 관계에 선다. 즉, 범죄(법위반)에 해당하면, 법원에서 행위자에게 형벌(예컨대, 징역형)이 부과된다고 하는 구조이다. 단순화하여 말하면, 현재 우리나라의 형법학은 형벌부과에 관하여 다음과 같은 모델을 전제하고 있다.

범죄 성립요건에 대해서는, 먼저 주로 자연인의 행위자를 염두에 두고, 예컨대 그가 타인의 생명, 신체 등 법에 의해 보호되는 이익(법익)을 해하는 결과를 생기게 하는 것을 알면서(고의범), 또는 주의하면 법

57) 이상은 주로 오영근 · 노수환, 《형법총론(제7판)》, 박영사, 2024, 569쪽 참조.

익침해가 발생할 것이라는 것을 알 수 있었음에도 불구하고(과실범) 행위를 함으로써 결과를 발생시킨 것이 처벌의 대상이 되고 있다. 그리고 국민 일반의 자유보장의 관점에서 무엇을 하면 어떻게 처벌되는지, 즉 범죄에 해당하는 행위의 성립요건과 그것에 부과될 수 있는 형벌의 범위는 미리 법률에 의해 정해져 있어야 한다(죄형법정주의).

참고 죄형법정주의

범죄와 형벌은 법률로써 규정되어 있어야 한다는 원칙을 가리켜 죄형법정주의라고 한다. 죄(범죄)와 형(형벌)은 법률의 정함(법정)이 있어야 한다는 근대 형법원칙을 가리키고, "법률 없으면 범죄도 없고 형벌도 없다."는 의미이다. 법률에 규정되지 않으면 범죄가 성립하지 않고, 범죄가 성립하지 않으면 형벌을 부과할 수 없다는 지극히 상식적인 내용을 담고 있다. 여기에서 범죄구성요건과 관련된 것이 "법률 없으면 범죄 없다."이고, 형벌규정은 "법률 없으면 형벌 없다."로 포섭된다.

죄형법정주의는 국가형벌권의 자의적 행사와 남용으로부터 국민이 부당하게 처벌되지 않도록 개인의 자유와 권리를 보장하고자 하는 법치주의의 형법에 있어서의 구현이다.

형법은 간단히 말하자면 죄와 벌, 즉 범죄와 형벌(엄밀하게는 보안처분을 포함한 형사제재)에 관한 법이라고 할 수 있다. 따라서 어디에 들어 있든지 간에 범죄와 형벌에 관하여 규정하고 있는 법은 모두 형법에 속한다. 이러한 의미의 형법을 '광의의 형법' 또는 '실질적 의의의 형법'이라고 한다.[58]

죄형법정주의는 전통적으로 법률주의(성문법주의), 소급효금지의 원칙, 유추적용금지의 원칙, 명확성의 원칙이라고 하는 파생원칙을 그 내용으로 하고 있고, 죄형법정주의의 현대적 의의에 맞추어 적정성의 원칙[59]이 강조되고 있다.

법률주의(성문법주의)

범죄와 형벌은 성문(成文)의 법률로 정해져야 한다. 여기에서의 법률이란

58) 광의의 「형법」 중 핵심적인 규정들은 「형법」이라는 명칭으로 공포된 법률, 이른바 '「형법전(刑法典)」'에 들어 있다. 이를 '협의의 「형법」' 또는 '형식적 의의의 「형법」'이라고 한다.

59) 앞의 파생원칙이 지켜진다고 하더라도 만일 「형법」의 내용이 정당하지 못하면 죄형법정주의는 아무런 쓸모가 없게 된다. 따라서 실질적 관점에서 '적정성'이 갖추

헌법에 의해 입법기관으로 인정된 국회가 헌법이 규정한 입법절차에 따라서 제정한 형식적 의미의 법률을 말한다.

형법의 법원(法源)은 법률에 국한된다. 사법 등 다른 법 영역과는 달리 형법에서 관습법, 판례, 조리의 직접적인 법원성은 부정된다.

백지형법(위임하는 모법)으로서 일정한 법률의 처벌근거를 규정하고 범죄구성요건[60] 또는 형벌에 관한 세부사항을 하위법규에 위임하는 것은 입법기술상 또는 기타의 이유로 불가피하게 허용된다. 이때에도 일반적 · 포괄적 위임은 허용되지 않고 구체적 · 개별적 위임이어야 하는 것은 다른 법보다 형법에서 한층 더 강하게 요구된다.

소급효금지의 원칙

형법은 효력발생(시행) 이후의 행위에만 적용되고 시행되기 이전의 행위에까지 소급하여 효력을 갖지는 않는다. 형벌불소급의 원칙 또는 사후입법금지의 원칙이라고도 한다. 만일 사후입법(소급입법)에 의하여 행위 시에 적법이었던 행위를 행위 후에 범죄로 만든다면 죄형법정주의의 정신은 근본적으로 무너진다.

유추적용(해석)금지의 원칙

유추적용(해석)이란 아직 법적으로 규율되고 있지 아니한 개별 사건에 대하여 비슷한 개별 사건에 적용되는 기존의 법규를 차용하여 적용하는 기법으로서, 법규의 내용을 문언상 꼭 맞아 떨어지지 않는 유사한 사례에 문언의 의미라는 한계를 넘어 적용하는 것을 말한다. 즉, 유추적용은 법문언의 가능한 의미에 포섭될 수 없는 사례를 구성요건상 사례와 행위 또는 법익침해 등에 어떤 유사성이 있다고 하여 적용하는 것이다. 그것은 구성요건

어져야 한다. 적정성의 원칙은 실질적 법치주의가 「형법」에 구현된 것이라고 할 수 있다. 적정성의 원칙의 구체적 내용으로는 비례의 원칙=과잉금지의 원칙(적합성의 원칙, 필요성의 원칙=최소침해의 원칙, 상당성의 원칙), 책임주의(원칙)[행위자에게 책임 있는(비난가능성이 있는) 경우에 한해서 책임(비난가능성)의 정도를 초과하지 않는(정도에 상응하는) 범위 내에서 형벌이 부과되어야 한다는 원칙], 죄형균형의 원칙(범죄와 형벌 사이에는 적정한 균형이 유지되어야 한다는 원칙) 등을 들고 있다. 책임주의와 죄형균형의 원칙은 비례의 원칙을 형법적으로 구체화한 표현이라고 할 수 있다.

60) 어떤 행위가 범죄로 인정되기 위한 조건으로서 '사람의 살해', '타인의 재물 절취', '안전난간의 설치'와 같이 금지 · 제한 또는 요구되는 행위를 정해 놓은 것을 말한다.

상 문언의 의미 한계를 벗어났기 때문에 법해석이 아닌 법창조이자 일종의 입법에 해당한다.[61]

유추적용의 금지란 법문의 내용을 가능한 문언의 의미 한계를 벗어나 비슷한 사례에 적용해서는 안 된다는 것을 뜻한다. 형법 적용에 있어 유추를 허용한다면 법률에 명시되지 아니한 행위가 법해석자·적용자의 자의로 처벌될 수 있어서 개인의 자유와 권리의 보장이 위태로워진다.[62] 유추적용금지의 원칙은 형법해석은 기본적으로 '엄격해석'에 입각해야 한다는 취지를 담고 있다.[63], [64]

유추해석과 비슷하지만 구별되어야 할 것으로 확장해석(확대해석)[65]이 있다. 해석의 한계를 준수하는 확장해석은 정당한 확장해석이지만, 해석의 한계를 벗어나는 확장해석은 허용되지 않는 확장해석으로서 '해석'이라는 이름에도 불구하고 유추해석의 범주로 넘어가게 된다. 문언의 가능한 의미를 넘어가는 확장해석은 확장해석이기 때문에 허용되지 않는 것이 아니라 (피고인에게 불리한 경우에는) 유추해석이기 때문에 허용되지 않는 것이다.

죄형법정주의 원칙상 형벌법규의 목적론적 해석[66]은 해당 법률 문언의 통상적인 의미 내에서만 가능하다(대판 2013.6.27, 2013도4279).

61) 해석이 올바르게 이루어졌는가를 판단할 때 최후에 주목해야 할 척도는 법문언의 의미한계다. 법규에 기술된 문언을 문자의 의미 그대로 해석하는 문언해석(문리해석, 문법해석)은 법해석의 출발점을 제공하지만 동시에 여러 해석방법에 대하여 최후의 한계로 기능하기도 한다. 형벌법규는 문언에 따라 엄격하게 해석·적용해야 하는 것이 원칙이다.

62) 유추해석은 「형법」에서는 (피고인에게 불리한 경우) 허용되지 않지만, 「형법」이 아닌 다른 법영역(민법 등)에서는 입법의 흠결을 보완하는 수단으로서 널리 사용(허용)되고 있다.

63) 그럼에도 불구하고 법해석자·적용자, 특히 법 집행기관이 유추적용을 하곤 하는 이유는 유추적용을 하지 않으면 법규의 흠결로 말미암아 비난받을 행위를 처벌할 수 없어서 그 결론이 상식에 어긋나고, 따라서 당해 사건에 대해 구체적 타당성이 있는 해결이 불가능해진다고 생각하기 때문이다. 그러나 법규의 흠결이 있는 경우에는 유추적용으로 미봉할 것이 아니라 법규를 제·개정하여 해결해야 한다. 이 경우 법규가 제·개정될 때까지는 비난가능한 행위를 처벌하지 못하는 문제가 있지만, 그것은 행정부·사법부가 아닌 입법부가 해결해야 할 문제이다.

64) 「산업안전보건법」 사건의 경우, 대부분의 대법원 판결이 이 원칙에 충실히 입각하여 해석하고 있지만["산업안전기준에 관한 규칙에서 정한 안전조치 외의 다른 가능한 안전조치가 취해지지 않은 상태에서 위험성이 있는 작업이 이루어졌다는 사실만으로 산업안전보건법 위반죄가 성립하는 것은 아니다."(대판 2014.8.28, 2013도3242; 대판 2010.11.11, 2009도13252; 대판 2009.5.28, 2008도7030), "산업안전

명확성의 원칙

가벌적 행위는 법률상 명확하게 정형적으로 규정되어야 한다. 구성요건은 가벌적 행위를 가능한 한 정확히 기술해야만 한다. 내용상 윤곽이 모호한 개념, 달리 말하자면 애매하고 불분명하여 신축이 자유로운 개념의 사용을 피하고 국가형벌권 행사의 예측가능한 한계선이 지켜질 수 있는 표현을 사용하도록 해야 한다. 형벌법규의 내용이 불명확하고 추상적일 때에는 법집행기관과 법관의 자의적 해석이 쉽게 개입해서 죄형법정주의가 위태롭게 된다. 또 명확하게 규정된 경우에만 국민의 입장에서도 어떠한 행위가 허용되거나 금지되는지를 이해 · 예측하여 준수할 수 있게 되므로 규범안정성을 높일 수 있다.[67]

기준에 관한 규칙에서 정한 안전조치의무를 이행하였다면 산업안전보건법 제23조 제3항(현행 제38조 제3항)에 규정된 안전조치의무를 위반한 경우에 해당하지 않는다."(대판 2009.5.28, 2008도7030), "산업안전기준에 관한 규칙 제219조(현행 산업안전보건기준에 관한 규칙 제38조)의 '작업계획'에 당해 차량계 건설기계의 사용과 관련하여 발생 가능한 모든 상황이 포함되어야 한다거나 세부적인 작업내용의 변경 시마다 반드시 작업계획을 수정하여야 하는 것은 아니다."(대판 2010.2.25, 2009도3835) 등], 최근 이 원칙을 정면으로 거슬러 해석한 대법원 판결도 발견된다["산업안전보건기준에 관한 규칙과 관련한 일정한 조치가 있었다고 하더라도 해당 산업현장의 구체적 실태에 비추어 예상 가능한 산업재해를 예방할 수 있을 정도의 <u>실질적인 안전조치</u>에 이르지 못할 경우에는 산업안전보건기준에 관한 규칙을 준수하였다고 볼 수 없다."(밑줄은 필자), "산업안전보건기준에 관한 규칙 제38조 제1항 제11호 및 별표 4 제11호(중량물의 취급작업)에 따르면, 작업계획서의 내용에 '추락위험, 낙하위험, 전도위험, 협착위험, 붕괴위험'을 예방할 수 있는 안전대책을 포함한 작업계획서를 작성하고 그 계획에 따라 작업을 하도록 규정하고 있지만, (중략) 이 사건 산업현장의 특성을 종합하여 보면, <u>위와 같은 규정의 내용에 더하여</u> '충돌사고'를 방지할 수 있는 구체적인 조치까지 작업계획서에 포함하여 작성하고 그 계획에 따라 작업을 하도록 할 의무가 부과되어 있었던 것으로 볼 수 있다."(밑줄은 필자) 등(이상 대판 2021.9.30, 2020도3996)]. 후자의 판결은 형벌법규의 법익 보호적 기능을 살린다는 명분으로 대법원의 기존 판결을 뒤집고 명문규정의 의미를 피고인에게 불리한 방향으로 지나치게 확장해석(유추해석)을 하고 말았다(대법원 스스로가 죄형법정주의의 원칙을 위반하였다). 게다가 대법원에서 판시한 헌법 · 법률 · 명령 또는 규칙의 해석 적용에 관한 의견을 변경할 필요가 있는 경우에는 전원합의체에서 재판해야 함에도(법원조직법 제7조 제1항 제3호), 이를 어기고 소부(小部)에서 재판하는 잘못을 하기도 하였다.

65) 확장해석은 문언의 가능한 의미의 한계 안에서 지금까지의 구성요건 해석에는 포섭되지 않던 사례를 목적론적 견지에서 최대한 넓게 해석하는 것이다.

66) 해당 법규범의 취지와 목적을 해석의 지침으로 삼는 해석방법.

문제는 구성요건의 명확성이 최소한 어느 정도 지켜져야 하는가라는 점이다. 형사입법에 있어서도 일반조항과 가치충전이 필요한 불명확개념을 사용하는 것은 불가피하다. 그러나 이 경우에도 일반인이 형벌규정의 적용범위를 충분히 인식할 수 있을 정도, 즉 형법이 의사결정규범 · 행위규범으로서 기능할 수 있도록 어떠한 행위가 허용 또는 금지되어 있는지를 국민이 확실히 알 수 있을 정도로 법문을 구체화할 필요가 있다.[68]

구성요건이 어느 정도 명확하여야 하는지에 대해 헌법재판소는 '통상의 판단능력을 사진 사람이라면 누구나 충분히 그 의미를 이해할 수 있는가'라는 기준을 제시하고 있으며(헌재 1992.2.25, 89헌가104)[69], 대법원은 '사물의 변별능력을 제대로 갖춘 일반인의 이해와 판단으로서 그 구성요건에 해당하는 행위유형을 정형화하거나 한정할 합리적 해석기준을 찾을 수 있는가'를 기준으로 삼고 있다(대판 2002.7.26, 2002도1855).

명확성의 원칙은 기본권을 제한하는 모든 입법에 대하여 요구된다. 이에 따라 법률은 명확하게 규정함으로써 적용 대상자에게 그 규제내용을 미리 알 수 있도록 공정한 고지를 하여 장래의 행동지침을 제공하고, 동시에 법해석 · 집행기관에게 객관적 판단지침을 주어 차별적이거나 자의적 법해석을 방지할 수 있어야 한다. 그러므로 규범의 의미내용으로부터 무엇이 금지되는 행위이고 무엇이 허용되는 행위인지를 수범자가 알 수 없다면 법적 안정성과 예측가능성, 나아가 법의 실효성을 확보할 수 없게 될 것이고, 법해석 · 집행기관에 의한 자의적인 법해석과 집행을 가능하게 할 것이다. 일반론으로는 어떠한 규정이 부담적 성격을 가지는 경우에는 수익적 성격을 가지는 경우에 비하여 명확성의 원칙이 더욱 엄격하게 요구되고, 죄형법정주의가 지배하는 형사법에서는 명확성의 정도가 강화되어 더 엄격한 기준이 적용된다.

이 명확성의 원칙은 앞에서 설명한 유추적용(해석)금지의 원칙을 통해 실현될 수 있다.

---

67) 일반론으로 법규를 민사법규와 형사법규로 나누어 볼 때, 민사법규와 형사법규는 모두 재판규범이면서 동시에 행위규범이지만, 형벌법규는 재판규범이기 이전에 행위규범인 측면이 강조되는 데 비해 민사규범은 기본적으로 재판규범의 측면이 강조된다. 또한 형벌법규는 그 내용과 효력이 개인의 자유와 신체에 바로 영향을 미치기 때문에 대부분 재산상 효력에 그치는 민사법규보다 명확해야 한다. 법률의 명확성에 대한 요구는 죄형법정주의가 적용되는 형사법 영역에서는 그 밖의 일반적인 경우보다도 더욱 엄격하게 요구된다(헌재 2000.2.24, 98헌바37 등).

68) 헌법재판소는 법규범이 명확한지를 판단하는 기준으로 ① 그 법규범이 수범자에게

참고 **책임주의**[70]

형법의 영역에서는 "책임 없는 자에게 형벌을 부과할 수 없다."라는 책임주의 원칙이 지배한다. '책임주의'는 행위자에게 책임(비난가능성)이 있는 경우에 한해서 책임(비난가능성)의 정도를 초과하지 않는(정도에 상응하는) 범위 내에서 형벌이 부과되어야 한다는 원칙이다. 즉, 구성요건에 해당하는 위법한(즉, 위법성조각사유가 없는) 행위를 하였더라도 행위자에게

법규의 의미내용을 미리 알 수 있도록 공정한 고지를 하여 예측가능성(장래의 행동지침)을 주고 있는지 여부와 ② 그 법규범이 법을 해석 · 집행하는 기관에게 객관적 판단지침을 주어(충분한 의미내용을 규율하여) 차별적이거나 자의적인 법해석이나 법집행이 배제되는지 여부를 제시하고 있다(헌재 2021.11.25, 2019헌바446; 헌재 2010.11.25, 2009헌바27; 헌재 2000.2.24, 98헌바37 등).

69) 헌법재판소의 또 하나의 기준은 다음과 같다. "불명확한 법률이 무효가 되어야 하는 것은 그것이 수범자에 대하여 '공정한 경고'를 흠결하기 때문이다. 여기에서의 수범자는 준법정신을 가진 사회의 평균적 일반인을 의미하는데, 준법정신을 가진 평균인은 애매한 법문을 자신이 해석할 수 없을 때 자신만의 판단에 의할 것이 아니라 법률전문가나 당해 법령에 보다 정통한 지식을 가진 사람 등의 의견이나 조언을 직접, 간접적으로 듣거나 참조하여 자신의 행동 여부를 결정하게 된다. 특정의 금지규정 내지 처벌규정의 내용을 파악함에 있어서 평균인의 입장에서 전문가의 조언이나 전문서적 등을 참고하여 자기의 책임하에 행동방향을 잡을 수 있고 그러한 결론이 보편성을 띠어 대부분 같은 결론에 도달할 수 있다면 명확성을 인정할 수 있고, 법률전문가 등의 조언을 구하여도 자신의 행위가 금지되는 것인지 아닌지를 도저히 정확히 예측할 수 없다면 그 규정은 불명확하여 무효가 될 수밖에 없는 것이다. (중략) 한편 명확성 원칙의 준수 여부는 문제된 법령의 문구가 확실하지 않음으로써 자의적이고 차별적인 적용을 가져올 수 있는지 여부에 의하여서도 판별될 수 있다. 다만 법령이 그 집행자에게 어느 정도의 재량을 부여한다는 이유만으로 바로 무효로 할 것은 아니고, 집행자에게 신뢰할 수 있는 확고한 기초를 제시하여 그 법령이 원래 의미하고 목적하는 것 이상의 자의적 적용을 방지할 수 있어야 할 것이다. 또한 당해 법령의 성질 및 규제대상 등에 비추어 입법기술상 최고의 상태로 작성되었는지 여부가 명확성 판단의 또 하나의 기준이 될 수 있다. 일반 추상적 표현을 불가피하게 사용한다 하더라도 예시의 방법, 정의규정을 별도로 두는 방법, 주관적 요소를 가중하는 방법(한정적 수식어의 사용, 적용한계조항의 설정) 등으로 보다 더 구체적 입법이 가능함에도 불구하고 이러한 입법적 개선을 하지 아니하고 있는지 여부가 헌법위반의 판단기준이 될 수 있는 것이다."(괄호는 필자)(헌재 2005.3.31, 2003헌바12).

70) 신동운, 《형법총론(제15판)》, 법문사, 2023, 272, 847-848쪽; 이재상 · 장영민 · 강동범, 《형법총론(제11판)》, 2022, 법문사, 316쪽 참조.

비난가능성이 없다면 범죄가 성립하지 않고, 비난가능성이 있더라도 그에 상응하는 형벌이 부과되어야 한다는 원칙이다. 책임이 있는 경우에 한해 책임에 상응하는 형벌만을 가할 수 있다는 책임주의는 근대형법의 기본원칙으로서 형법상 최고원리의 하나이자 지도사상이다. 우리나라 헌법에 책임주의를 명시한 조문은 없지만, 인간으로서 존엄과 가치를 규정한 제10조에서 실정법적 근거를 찾을 수 있다.

헌법재판소는 귀책사유로서의 책임이 인정되는 자에 대해서만 형벌을 부과할 수 있다는 것(책임주의)은 형사법의 기본원리로서 헌법상 법치국가의 원리에 내재하는 원리인 동시에 국민 누구나 인간으로서의 존엄과 가치를 가지고 스스로의 책임에 따라 자신의 행동을 결정할 것을 보장하고 있는 헌법 제10조의 취지로부터 도출되는 원리임을 강조하였다(헌재 2007.11.29, 2005헌가10).[71]

결과만을 가지고 형을 가중하는 것은 책임주의에 반한다. 전술한 대로 책임주의란 비난가능성(책임)이 있는 경우에, 그리고 비난가능성(책임)의 정도에 상응한(책임의 정도를 초과하지 않는 범위 내의) 형벌을 부과해야 한다는 원칙으로서, 무거운 결과 자체는 책임비난의 대상이 되지 못한다. 무거운 결과를 발생시킨 '행위'가 비난의 대상이 되어야 한다.

책임주의에 반대되는 것으로 '결과책임'이 있다. 결과책임이란 고의·과실의 유무에 관계없이 결과가 발생하였다는 사실만으로 형사처벌을 인정하는 것이다. 결과책임을 묻게 되면 중한 결과가 발생하지 않도록 다른 사람에게 겁을 주는 효과(위협효과)를 거둘 수 있다. 그러나 위협효과를 거둘 목적으로 책임비난을 가할 수 없는 사람에게 그리고 책임에 상응하지 않게 형벌을 가하는 것은 책임주의에 반하는 것으로서 허용되지 않는다. 위협효과라는 목적을 위하여 비난가능성의 정도(죄질의 차이)를 구별하지

71) 헌법재판소는 책임주의를 두 가지로 구분하여, 하나는 형벌의 부과 자체를 정당화하는 것으로, 범죄에 대한 귀책사유, 즉 책임이 인정되어야만 형벌을 부과할 수 있다는 것('책임 없는 형벌 없다')이고, 다른 하나는 책임의 정도를 초과하는 형벌을 부과할 수 없다는 것(책임과 형벌 간의 비례의 원칙)이라고 하면서, 일정한 범죄에 대해 형벌을 부과하는 법률조항이 정당화되기 위해서는 범죄에 대한 귀책사유를 의미하는 책임이 인정되어야 하고, 그 법정형 또한 책임의 정도에 비례하여야 하는 바, 귀책사유로서의 책임이 인정되는 자에 대해서만 형벌을 부과할 수 있다는 것은 법치국가의 원리에 내재하는 원리인 동시에 인간의 존엄과 가치 및 자유로운 행동을 보장하는 헌법 제10조로부터 도출되는 것이고, 책임의 정도에 비례하는 법정형을 요구하는 것은 과잉금지원칙을 규정하고 있는 헌법 제37조 제2항으로부터 도출되는 것이라고 설시하기도 했다(헌재 2007.11.29, 2005헌가10).

않고 사람을 처벌하는 것은 목적을 위하여 사람을 수단으로 동원하는 것이다. 즉, 책임비난 이외의 목적을 위하여 형사처벌을 이용하는 것은 인간을 특정 목적을 위한 수단으로 전락시켜 헌법 제10조가 보장하고 있는 인간의 존엄과 가치를 침해하는 일이다.

형법이 규정한 책임조각사유들 역시 책임주의를 근간으로 하고 있다고 할 수 있다.

범죄 중에서도 고의범은 좋지 않은 일이 발생할 것을 알면서 굳이 행위를 한 점에서, 주의하였더라면 결과가 발생할 것을 인식할 가능성(예견가능성)이 있었을 과실범보다 악질이기 때문에, 「형법」은 원칙적으로 고의의 경우만을 처벌하고(예컨대, 과실에 의한 절도는 처벌되지 않는다) 과실범은 특별한 경우에만 처벌하며, 일반적으로 고의범을 과실범보다 중하게 처벌하고 있다(예컨대, 살인죄와 과실치사죄에서 전자의 법정형이 무겁다). 바꾸어 말하면, 과실범은 그것을 처벌하는 명문규정이 있는 경우에만, 게다가 고의범보다도 가볍게 처벌되는 것으로 그친다. 그리고 이 과실조차 없는 경우에는, 적절한 주의를 기울이더라도 결과 발생을 알아차려 범죄를 단념할 계기가 주어지지 않기 때문에 비난이 불가능하고, 따라서 처벌대상에서 제외된다. 이와 같이 「형법」 개입의 한계선을 획정하는 것은 과실의 유무이고, 과실치사상죄의 경우에는 사상(死傷)이라고 하는 중대한 결과가 발생한 경우에 문제 된다. 따라서 과실범의 처벌범위는 「형법」이 사회활동에 어느 범위까지 개입하여야 하는가에 대한 가치판단, 사회의 공통감정의 영향을 받기 쉽다.

이와 같은 고의행위 또는 과실행위를 멈추는 것이 가능하였는데(다른 행위의 가능성), 그것을 단념하지 않고 피해가 생기게 한 것에 대한 비난으로서 형벌이 부과된다. 형벌은 이와 같은 의미에서 응보의 성격을 가지고 있다(심한 정신병 등 때문에 범죄의 의미를 이해할 수 없거나 그것을 단념할 수 없는 심신상실자를 처벌할 수 없는 이유는 다른 행위의 가능성이 없어 비난할 수 없기 때문이다). 그러나 그것은 목적이 없는 단순한 응보가 아니라 동시에 일반인에게 "이러한 행위는 나쁜 것이다."라는 메시지를 전함으로써 사람들의 규범의식을 강화하고(일반예방), 특히 징역 등의 자유형에서는 교도소에서 범죄자 자신을 교정함으로써 그자가 장래 범죄행위를 저지르지 않고 사회에 복귀할 수 있도록 하는 것을 목적으로 한다(특별예방). 그리고 앞에서 언급한 죄형법정주의 때문에 처벌되는 것은 실정법에 의해 미리 범죄라고 정해진 행위로 한정되므로, 어떤 행위를 처벌하는 형벌법규의 존재 그 자체가 "그 행위는 하여서는 안 된다."고 하는 메시지를 사회에 전하고, 결국 일반예방효과를 가지는 측면도 있다.

이와 같이 형벌은 '행위자가 현실적으로 바람직하지 않은 결과를 초래한 것에 대한 응보'를 기본적인 성격으로 하고 있다. 따라서 이것은 실제 손해가 발생하기 전의 개연성 판단인 '리스크'와는 조화되기 어려운 것처럼 보인다. 그러나 「형법」에서도 고의로 실행하였지만 결과가 발생하지 않은 경우에는 미수범이 성립하는 경우가 있고, 또 법익침해에 대한 결과가 발생하지 않더라도 단지 위험상태를 야기하는 것만으로도 처벌하는 위험범[72]도 존재한다.

그리고 형법이론과 리스크의 관점이 전혀 무관계한 것은 아니다. 형법학에는 사회발전을 위하여 일정한 리스크를 무릅쓰는 것을 허용하

---

72) 위험범에는 추상적 위험범과 구체적 위험범이 있다. 추상적 위험범은 그 행위가 현실적인 위험을 야기하지 않아도 일반적인 위험성만 인정되면 범죄의 구성요건이 충족된다. 현주건조물 등의 방화죄(형법 제164조), 현주건조물 등의 일수죄(제177조), 위증죄(제152조) 등이 여기에 속한다. 현주건조물에 대한 방화죄를 예로 들어 화재보험에 가입한 사람이 보험금을 탈 목적으로 자기 소유의 가옥에 불을 질렀다. 이때 자신의 가옥만 불에 타고 타인의 가옥에는 피해가 미치지 않았다고 하더라도 공공의 안전유지라는 사회적 법익을 침해할 위험성을 야기했으므로 방화죄로 처벌된다. 구체적 위험범은 법익에 대한 실질적인 피해가 발생할 위험성이 현실로 야기된 경우에 구성요건이 충족되는 범죄이다. 자기 소유의 일반 건조물 등에 불을 지르거나(제166조 2항) 수해를 일으켜(제179조 2항) 공공의 위험을 발생하게 한 경우가 여기에 속한다. 침해범 또는 결과범은 위험범에 대립되는 개념으로서, 우리나라 「형법」에서 규정한 대부분의 범죄는 침해범 또는 결과범인바, 이는 법적으로 보호받는 이익 또는 가치(법익)를 침해한 결과가 발생해야 구성요건이 충족된다.

여야 한다는 '허용된 위험(erlaubtes Risiko)'의 법리[73]가 있다. 이 법리에 따르면, 자동차 · 항공기운행, 의사의 치료행위, 위험한 구조활동, 신기술의 사용행위, 대규모공사 등과 같이 사람의 생명, 신체에 대하여 일정한 위험을 수반하고 있지만 사회생활상 유용하고도 불가결한 행위에 대하여는 사회적 유용성을 근거로 행위자로 하여금 수반되는 위험을 최소한도로 줄이도록 성실히 배려할 것을 요구하면서(안전을 위한 일정한 규칙을 준수할 것을 요구하면서), 이때에 불가피하게 발생하게 될지도 모르는 법익 침해의 위험을 '허용된 위험'이라 하여, 위험에 결부된 행위를 위법하지 않은 것으로 보고 있다. 그러므로 허용된 위험에 있어서 행위자가 수반하는 위험을 최소한도로 줄이기 위하여 해당 사항에 대한 '검토(심사)의무(Prüfung-spflicht)'를 충실히 이행하였다면, 법익 침해의 결과가 발생하더라도(법익 침해가 현실화되더라도) 해당 행위의 위법성이 부정되어 처벌받지 않는다. 허용된 위험의 법리는 인간의 일상생활을 자유롭고 원활하게 하기 위하여 또는 개인의 결정과 활동의 자유를 보장하기 위하여 사회적 유용성과 필요성의 관점에서 일정한 정도의 법익 위태화를 사회가 감수하도록 한 결과이다.[74] 즉, 현실적인 필요성에 따라 과실범의 객관적 주의의무의 위반을 인정하는 범위를 제한하고자 하는 것이다. 이러한 법리가 등장한 배경에는 벡이 말하는 '단순한 근대(산업사회의 발전과정)'에서 사회 전체의 부를 증대시키기 위하여 일정한 리스크는 허용하고, 그 부

---

73) 결과 발생의 가능성을 예견하였을 경우에 최선의 회피수단은 그러한 행위를 즉각 중지(中止)하는 것이다. 그러나 결과 발생을 방지하기 위하여 오늘날의 발달된 기계문명의 시설을 모두 제거해 버릴 수는 없다. 그렇게 된다면 그것은 문명에 대한 역행이 되기 때문이다. 따라서 일정한 생활범위에 있어서는 예견하고 회피할 수 있는 위험이라 할지라도 전적으로 금지할 수 없는 것이 있다. 그러한 위험을 '허용된 위험'이라고 한다. 허용된 위험은 예컨대 자동차교통에 있어서와 같이 모든 교통규칙을 준수하더라도 타인에게 피해를 입힐 가능성이 항상 내포되어 있는 경우에 인정되는 것이다(이병태 외, 《법률용어사전(2021년판)》, 법문북스, 2021). 허용된 위험에 대해서는 제2장 2. 과실범에서 상술한다.

74) 김일수 · 서보학, 《새로쓴 형법총론(제13판)》, 박영사, 2018, 325쪽; 임웅 · 김성규 · 박성민, 《형법총론(제14정판)》, 법문사, 2024, 215-216쪽 참조.

담은 형사사법의 범위 밖에서 보험제도 등에 의해 사회 전체적으로 인수하여야 한다는 발상이 있었다고 생각된다.

5.3 리스크사회론

리스크사회론의 발상지인 사회학의 논의에 눈을 돌려보자. 이 논의는 사회학에서 1980년대부터 본격화되었다. 이 논의는 그 내용, 방법론에서 매우 다양하게 이루어져 왔는데, 모두 리스크라는 개념을 보는 방법과 그 사회적 위치에 대하여 일정한 입장을 보였다. 그중에서도 형법학에 강한 영향을 미친 것은 역시 벡에 의한 이하의 논의일 것이다.

종래 리스크는 일정한 통계적 확률하에서 발생하는, 계산과 컨트롤이 가능한 대상으로 파악되어 왔다. 이 같은 견해는 소위 복지국가에서 통치의 기본적인 기반을 이루는 것이었다. 예를 들면, 인구조정, 실업대책, 공중위생 등의 분야에서 개별사건을 규율하는 것이 아니라, 통계적 수법과 후술하는 대수(大數)의 법칙에 근거하여 이들 사건을 발생할 수 있는 개연성의 묶음으로 파악하고 그것을 총체적으로 관리하는 접근방식이다. 그리고 이 컨트롤을 더 확실하게 하기 위하여 "지식은 힘이다."라는 전제에 근거하여 위험성 평가의 전제가 되는 정보수집을 중시하고 그 판단을 좀 더 정교화하는 것이 요구되었다.

그러나 벡이 설명하는 리스크는 그와 같은 것이 아니다. 그에 의하면, 현재 발생하고 있는 리스크는 빈곤, 자연재해라는 종래의 그것과는 달리, 인간에 의해 근대의 산업화 과정에서 탄생되고, 게다가 원자력발전소의 사고 등과 같이 일단 그것이 현실화되면 돌이킬 수 없는 사태를 초래할지도 모르는 것이다(사람의 손에 의한 리스크). 예컨대, 어떤 화학물질의 환경적 악영향 등은 일상적인 지각이 불가능하고 그 평가도 과학에 의존하지 않을 수 없다. 그러나 생산성 향상을 암묵적 전제로 하고, 과학의 발전에 수반하는 위험은 경시하는 경향이 있는 과학기술에서의 '합리성'이 기능부전이 되고 있는 상황에서는 과학만으론 문제를 해결할 수 없다. 게다가 사람들은 이러한 리스크를 자신의 무언가의 이익과 교환하여 인수하는 것이 아니라, 이의 없이 숙명적으로 받아들이는 경향이 있다.

이와 같은 사회에서는 부의 분배 대신에 리스크의 분배가 중요한 과제가 되는데, 이러한 리스크의 성질상 과거의 통계자료 등을 참조하여 보험 등에 의해 대처하는 것은 곤란하다. 그리고 이것은 사람으로부터 유래하는 것이지만, 그 성질상 누구에 의해 발생하였는지를 알기 어렵고, 게다가 그것을 만들어 낸 자 자신도 습격하고, 세계적 규모로, 나아가서는 세대 간을 초월하여 확산한다. 이와 같은 상황에서는 과학기술의 발전과 그것에 수반하는 사회의 합리화가 예측가능성을 확보하고, 그것에 근거하여 행정적인 개입을 통해 리스크를 컨트롤하고 해소해 간다고 하는 근대형의 모델('단순한 근대'라고 불린다)에 의지하는 것은 더 이상 적절하지 않다. 그러한 의미에서, 현대는 근대화 그 자체가 낳은 귀결이 스스로에게 되돌아오는 재귀적(reflexive) 근대이다. 나아가, 사회의 개인화에 동반하여 리스크 관리의 개인화가 진행되고 있고, 일정한 속성의 자들이 리스크에 대하여 연대하여 임하는 것도 더 이상 기대할 수 없다.

그는 이상과 같은 인식에 근거하여, 예측 불가능한 리스크에 대한 대처의 필요성에 따라, 기업활동, 사법, 과학연구라고 하는, 종래는 전문가가 독자적 논리에 근거하여 결정을 하여 온 장면(場面) 또한 민주화하여야 한다고 설명한다. 예를 들면, 기업에 의한 기술발전에 대한 의회의 통제 또는 기술·연구 등에 대한 계획수립, 정책결정과정에 시민그룹을 참가시키는, 정치화에 의한 해결책을 취하여야 한다고 역설한다.[75]

이 논의 중에서 법학에 큰 영향을 미친 것은 역시 사람의 손에 의한 리스크의 등장과 그 특질이 명확하게 지적된 점일 것이다. 리스크의

75) 홍성태 역, 《위험사회: 새로운 근대(성)를 향하여》, 새물결, 2006(U. Beck, *Risikogesellshaft; Auf dem Weg in eine andere Moderne*, Suhrkamp, 1986), 350쪽.

양적 증대가 아니라 질적 변화라고도 할 수 있다. 체르노빌 원자력발전소 사고 직후에 이 점이 명시된 것의 역사적 영향은 결코 작은 것이 아니었다. 이러한 인식은 행정법규 분야에서는 이미 어느 정도 받아들여져 환경법규 등에서 상정될 수 있는 피해를 측정하기 어렵고, 게다가 매우 중대하게 될 수 있는 경우에는 인과관계가 확실하지 않은 단계에서도 일정 범위에서 행정의 개입을 인정하는 사전배려원칙(precautionary principle)으로 구체화되어 그 적용범위를 둘러싸고 이미 많은 논의가 축적되어 있다.

그렇다면 이러한 인식은 형사법 이론에 어떠한 영향을 주었을까. 두 가지 점을 생각할 수 있다.

하나는, 공해사건, 약해(藥害)사건과 같은 미지의 분야에서의 「형법」상의 과실(처벌)을 확대하기 위하여 일본의 일부 학자[76]와 판례에 의해 주장된 바 있는 이론으로서, 결과예견의 구체성·특정성(결과 발생에 이르는 구체적 인과과정의 예견)까지는 필요하지 않고, 무언가의 위험이 있을지도 모른다는 추상적 예견가능성[위구감(危懼感)] 또는 불안감 정도의 것만 있으면 결과발생예견가능성을 인정하고 이로부터 결과 발생회피의무가 발생한다고 하는 '위구감설(危懼感說)'[77]을 채용하여야 한다는 주장과 결부되는 것이다. 즉, 일반인이라면 적어도(무슨 일인지 특정할 수는 없지만) 어떤 종류의 결과 발생이 있을 수 있다고 무언가의 위구감을 품는 정도의 것이면, 당사자는 그것을 불식시킬 만한 회피조치를 하여야 하고, 이러한 조치를 태만히 하여 사상(死傷)사고가 발생하면, 당사자는 과실범으로 처벌되어야 한다는 것이다.

---

76) 藤木英雄, 《刑法講義総論》, 弘文堂, 1975, p. 240.

77) 위구감설은 인과관계의 구체적 입증이 어려운 공해사건, 산업재해사고(특히, 직업병), 식품사고, 신제품개발에 수반된 사고 등 '현대형 범죄'에 효과적으로 대처할 수 있는 장점이 있지만, 결과 발생에 대하여 '의심스러워' 했다는 위구감만으로 과실의 유죄판결에 이를 수 있으므로, "의심스러운 때에는 피고인의 이익으로"라는 형사법정신에 위배되는 주장이며 과실책임의 범위가 가혹할 만큼 확대될 우려가 있다고 볼 수 있다(임웅·김성규·박성민, 《형법총론(제14정판)》, 법문사, 2024, 555쪽).

그런데 이것은 새로운 리스크의 특질에 맞는 주장이라고 말하기는 어렵다. 먼저, 그것은 행위자에게 가혹한 처벌이 된다. 벡이 지적하듯이 이러한 위험은 지각은커녕 과학적 파악조차 곤란한 경우가 있다. 이와 같은 위험이 우연히 현실화되어 사람의 사상(死傷)이 발생한 경우에, 그것을 근거로 과실범으로 처벌하게 되면, 운이 나빴기 때문에 처벌되는 결과(결과책임[78]을 묻는 것)가 됨으로써, 「형법」에서 요구되는 '결과 발생에 대한 비난'으로서의 성격이 상실될 수 있다. 즉, 책임주의[79]의 견지에서는 허용되지 않을 가능성이 크다. 나아가 이것은 형벌제도에 대한 사람들의 신뢰를 손상시킬 수도 있다.

더욱이, 과실범에 의한 처벌은 새로운 리스크 상황에 적합한 것도 아니다. 대규모의 원전사고 등을 생각하면 알 수 있듯이, 이와 같은 위험에 대해서는 사상(死傷)이라는 결과로 연결되지 않도록 사전에 대책을 수립하는 것이 중요하고, 그 위험이 실제로 현실화되어 버린 단계에서는 과실범으로 처벌하더라도 때늦은 것이 된다. 사고의 예방을 위하여 정작 필요한 것은 차라리 결과가 발생하지 않은 사례도 포함하여 보다 많은 사고 사례를 집적(集積)하고, 그러한 작업을 통하여 이른바 보이지 않는 리스크를 조금씩 보일 수 있도록 해 가는 것이다. 결과가 발생한 경우에만 문제 삼아 과실치사상죄에 의한 책임추궁을 하는 것만으로는 그와 같은 작업의 중요성이 오히려 덮여 가려질지도 모른다.

또한 위구감설의 채택과는 별차원의 문제이지만, 과실범의 성부(成否)를 생각할 때는, 어떤 행위를 금지하는 것의 리스크(어떤 태도를 취하지 않는 것으로부터 발생하는 대항 리스크[80])의 고려가 중요한 의미를 갖는 것도 잊어서는 안 된다. 예를 들면, 행정에 의해 인가된 어떤

78) 결과책임이란, 전술한 바와 같이 고의·과실의 유무에 관계없이 결과가 발생하였다는 사실만으로 형사처벌을 인정하는 것이다. 결과책임의 반대말이 책임주의다.

79) 전술한 바와 같이 행위자에게 책임이 있는 경우에 한해서 책임의 정도를 초과하지 않는 범위 내에서 형벌이 부과되어야 한다는 원칙으로서, 「형법」상 최고원리의 하나이자 지도사상으로서 헌법적 지위를 누린다. 이는 "고의·과실 없으면 책임 없다.", "책임 없으면 형벌 없다."는 말로 대표된다. 비례의 원칙이 형법에 와서는 책임주의로 표현된다.

80) A. Giddens, *The Consequence of Modernity*, Cambridge, 1990, p. 32.

약품의 부작용으로 사망자가 발생한 경우에, 예견가능성을 지나치게 확대해석하여 새로운 약품의 승인에 신중에 신중이 기해지게 될지도 모르고, 그 결과 약을 사용하면 살았을 가능성이 있는 사람이 죽게 될 우려도 있다. 앞에서 언급한 허용된 위험의 법리는 너무 안이하게 적용되어서는 안 되겠지만, 전면적으로 배제되어서도 안 된다. 사회관의 변화를 기초로 하면서도 그 의의와 한계를 함께 생각하는 것은 현재의 형법학에 부과된 중요한 과제라고 할 수 있다.81)

이상과 같이, 벡이 리스크사회론의 전제로 삼는 현상인식으로부터 과실범의 처벌범위를 확장하여야 한다는 결론을 유도하는 것은 난폭한 것이라고 할 수 있다. 물론 종래의 틀에서 보더라도 과실범의 성립요건이 충족되는 경우에는 당연히 처벌하여야겠지만, 과실범 처벌의 확대에는 부작용과 한계가 있다는 것을 잊어서는 안 된다. 1990년 초반의 독일에서는 리스크사회론을 토대로 과실범의 성립요건을 재검토한 문헌이 적지 않았지만, 결국 이와 같은 인식을 근거로 하여 과실범의 성립요건을 완화하여서는 안 된다는 것으로 거의 의견의 일치를 보았다고 생각된다.82)

또 하나는, 이와 같은 인식은 앞에서 본 처벌의 조기화, 법익의 추상화와 연결시킬 수 있다. 이것은 다양한 분야에서 문제가 될 수 있는 논의이지만, 여기에서는 그 전형이라고 할 수 있는 환경형법의 분야를 예로 들어 설명하기로 한다. 구체적으로는, 예컨대 '공해방지에서 환경보호' 등과 같은 슬로건에서도 알 수 있듯이, 사람의 생명, 신체의 안전과 직접 관련되는, 이른바 공해뿐만 아니라 환경을 악화시켜 장래적으로 사람의 안전한 생활을 위협할 수 있는 행위도 형사처벌하여야 한다는 주장이 등장하였다(이러한 개인의 법익을 직접 침해하지 않는 행위를 처벌하는 것을 '법익의 추상화'라고 부르기도 한다). 또한 법익에

81) 小林憲太郎, 《刑法的帰責—フィナリスムス·客観的帰属論·結果無価値論》, 弘文堂, 2007, p. 264 참조.

82) E. Hilgendorf, "Strafrechtliche Produzentenhaftung" in der *Risikogesellschaft*, Duncker & Humblot, 1993 참조.

대한 위험의 파악방법에 대해서도 변화가 보이게 되었다. 예를 들면, 다이옥신 등의 배출기준에 위반한 행위 그 자체의 환경에 대한 위험은 추상적인 것이다. 그러나 이와 같은 행위가 누적되면 막대한 환경파괴를 초래하고, 장래세대의 환경에 큰 피해를 발생시킬 가능성을 부정할 수 없는 이상, 그와 같은 행위도 「형법」에 의한 처벌 대상으로 삼아야 한다는 것이다.

그와 같은 행위를 처벌의 대상으로 하는 것에 대해 비판적인 입장도 있을 수 있다. 이러한 행위에 대해서는 기본적으로 행정적 규제에 의해 대응하여야 하고, 「형법」은 생명, 신체, 자유, 재산이라고 하는 인간의 개인적 이익에 대한 일정한 구체화된 침해를 대상으로 하여야 한다는 것이다.

그러나 먼저 법익의 추상화라고 불리는 현상에 대해서는 다음과 같이 말할 수 있다. 사람이 양호한 환경을 향수할 권리는 인간에게 있어 생명, 신체의 안전 등과 필적할 만한 매우 중요한 이익이고, 이것을 보호하는 것은 합리적이다. 확실히 이러한 범죄가 직접 보호의 대상으로 하고 있는 것은 환경, 생태계이지만, 이들은 어디까지나 인간에게 있어 중요한 이익이기 때문에 보호되는 것이다. 이와 같은 이익은 종래부터 중요하였지만, 인간이 그 가치를 인식하지 못하고, 최근에 와서야 비로소 그 중요성을 인식한 것에 지나지 않는다. 이와 같은 법익을 보호하는 것을 법익의 추상화라고 평하는 것은 오히려 적절하지 않다.

추상적 위험범에 대해서는 특히 환경형법의 분야에서 종래 생각되고 있던 것보다 처벌범위를 넓히는 경향이 보인다. 상정되는 피해가 중대하고 돌이킬 수 없는 경우에는, 개별행위의 리스크가 낮은 경우라도 규제할 필요가 있다는 접근이 활용되어야 할 것이다. 즉, 상정되는 피해가 환경파괴라고 하는 인류 전체의 이익에 관련되는 경우에는, 개개의 행위가 발생시키는 리스크가 낮아도, 또는 때로는 인과관계가 불명확한 부분이 남아 있어도 범죄화하는 것은 가능하다고 생각된다.

그러나 총론적으로는 이와 같이 말할 수 있다 하더라도, 구체적으로 어떤 행위까지 형사처벌의 대상으로 하여야 할지에 대해서는 신중한 검토가 필요하다. 이러한 상황에서는 행정법규의 위반과 관련지음으로써 처벌범위의 명확성을 확보하는 방법('행정종속성'이라고 한다)이 채택되는 경우가 많다. 먼저 ① 안전장치 없는 위험기계의 사용과 같이 행위유형이 비교적 명확하고, 게다가 개별행위의 해악이 비교적 큰 경우에는, 예컨대 행정상의 허가·인가·인증 등이 없는 행위 등은 그 자체가 범죄로 처벌된다. 그러나 많은 법률은 ② 행정적인 규제'기준'을 정하고 그 위반에 대해 형벌을 이용하거나, 또는 더 신중하게 ③ 행정규제 위반에 대해 개선명령을 발하고, 그 위반을 처벌하는 방법을 이용하고 있다. 그리고 개선명령을 발하기 전에 ④ 권고 등의 행정지도가 이루어지는 경우가 예정되어 있는 경우도 있다(③, ④를 합하여 간접벌 방식이라고 한다). 또 이들 모두와 달리 ⑤ 일정한 보고·신고 의무가 부과되고, 그 위반(무신고, 허위신고)이 처벌되는 경우도 있다. 어떤 분야에서, 어떤 규제방법을 이용하는 것이 합리적일지는 현실의 법집행의 모습 등을 토대로 끊임없이 검증되어야 할 중요한 문제이다.

이 점에 대하여 일반적으로 형벌법규는 강력한 제재이므로 다른 규제수단으로는 실효적인 규제가 불가능한 경우에 한하여 이용되어야 한다고 말해진다(형법의 보충성). 그러나 이와 같은 상황에서 간접벌 방식이 많은 비용이 들고 악질적인 업자에 대하여 신속한 대응을 할 수 없는 사정을 고려하면, 직접벌 방식을 어느 정도 적극적으로 이용하는 것을 생각할 수 있다.

②와 같은 기준 위반에 대해서는 처벌범위의 명확성을 확보하기 위하여 비교적 상세한 기준을 정할 필요가 있고, 그것을 현실에 입각한 것으로 하기 위해서는 당해 분야의 실정에 따라 신속한 대응이 가능한 행정에 의한 기준설정을 전제로 한 형사규제(행정형법[83])가 합리적이다.

83) 행정형법이란, 행정법적 성격의 법률 중 일부에(대부분 법률의 마지막 부분에 벌칙의 형식으로) 규정되어 있는 범죄와 형벌에 관한 규정을 말한다. 예컨대 「산업안전보건법」은 행정법적 성격의 법률이지만, 제167조(벌칙)부터 제173조(양벌규정)까지에서 범죄와 형벌에 관한 규정을 두고 있는데, 이것이 행정형법이다.

그리고 경미한 위반행위에 대해서는 명령 · 규제방식보다는 오히려 경제적 유도방식이 바람직하고, 안이하게 「형법」에 의존하여서는 안 될 것이다.

한편, 벡은 행정적인 결정과정에 다양한 입장에 있는 자의 의견이 반영되도록 하는 구조를 만들고, 그것을 통해 행정규제 그 자체의 신뢰성을 확보하는 것의 중요성을 역설하였다. 우리나라에서도 최근 불확실성하의 예방적 조치에 대해서는, 리스크를 가능한 한 명확하게 하는 것 외에, 사업주, 종업원, 소비자, 주민, 전문가, 행정기관 등 다양한 입장의 사람들 간에 리스크 커뮤니케이션을 행하고 사회적인 합의를 얻는 것이 중시되어야 한다는 주장이 유력해지고 있다. 이 주장은 직접벌, 간접벌을 불문하고 행정종속의 규정을 많이 가지고 있는 행정형법의 해석, 운용에도 의미를 가질 수 있다. 구체적으로는, 그와 같은 적절한 방법에 의해 형성된 합의가 법규범의 형태를 취하는 경우에는, 그것은 보호되어야 할 사회시스템의 일부를 구성하는 것이기 때문에, 설령 과학적 인과관계가 완전하게는 명확하지 않은 규제이더라도, 그러한 규제를 실효화하기 위한 하나의 수단으로서 「형법」이 등장하는 것이 필요하다고 생각된다. 그러나 이러한 생각이 어떻게 제도화되고 운용되어 가야 하는지에 대해서는 앞으로 좀 더 구체적인 검토가 필요할 것이다.

추상적 위험범, 추상적 법익을 보호하는 형벌법규는 실제로 적용되는 경우가 적고, 단순히 상징적인 의미 외에 다른 의미는 갖지 않으며, 게다가 차별적인 법집행을 초래할 수도 있다는 비판이 종종 제기되고 있다. 그러나 형벌법규의 존재 자체가 일정한 예방효과를 가지고 있는 것은 부정할 수 없으며, 비판설이 지적하는 문제점은 형벌법규의 실제 운용에 대해서 개선을 도모하는 것에 의해 해결해 가야 하고, 그것 자체가 입법의 필요성을 부정하는 논거는 될 수 없다고 생각된다. 업무정지 등의 행정규제는 행정적 컨트롤에 순순히 따르는 자에 대해서는 억지효과를 가질 수 있지만, 그것을 아랑곳하지 않는 아웃사이더에 대해서는 의미를 갖지 못한다. 그러한 자에 대항하기 위한 전가의 보도로서 행정형벌법규를 규정해 두는 것에는 여전히 형사정책적 의의가 있다. 물론 행정적 제재금을 충실하게 하여 형사절차를 거치지 않고 행정이 좀 더 신속하게 제재를 부과하는 구조도 하나의 방법으로 상정할 수 있다. 그러나 행정제재로는 충분한 기능을 하기 어려운 사항에 대해서는 「형법」이 행정적 규제를 측면에서 지원하는 '행정법 보강기능'을 다하는 것은 일정 정도 승인하지 않을 수 없다. 형벌을 이용하여 일정한 행정적 시스템을 보강하는 것은, 예컨대 공무집행방해죄, 증수뢰죄 등에서 볼 수 있듯이 「형법전(刑法典)」[84]에서 이미 승인되고 있다. 나아가 형벌과 제재금을 병존시켜 유연하게 구분 사용하거나 또는 병과하는 구조도 있을 수 있다.

이상과 같이, 리스크사회론이 전제로 하는 인식은 일정한 범위에서 처벌의 조기화와 결부된다. 그러나 여기에는 일정의 전제와 제약이 있는 것에 주의를 하여야 한다.

첫째, 리스크사회의 상황에서도 제로 리스크를 추구하는 것은 과잉의 규제로 연결되고 또 현실적이지도 않다. 이러한 경우에는 상정되는 위해의 크기 때문에 일정한 불확실성이 있어도 규제하는 것이 정당화될 수 있다고 하는 데 그쳐야 할 것이다.

둘째, 리스크사회론에서는 현재의 과학으로는 확실한 예측이 불가능하고(따라서 그 평가에 사회적 합의, 가치판단이 필요하다), 게다가 일단 발생하면 사회 전체적으로 돌이킬 수 없는 손해를 발생시키는 리스크가 논의의 출발점에 두어져 있다. 환경보호는 그 전형이고, 생명윤리의 분야 등에서도 이와 같은 관점이 일정 정도 타당한 경우가 있다. 예를 들면, 클론(clone)인간, 키메라(chimera)[85]의 개발은 처벌되

84) 전술한 바와 같이 좁은 의미의 「형법」으로서 1953년 9월 18일 법률 제293호로 공포된 법률을 가리킨다.

85) 생물학에서 하나의 생물체 안에 서로 다른 유전 형질을 가지는 동종의 조직이 함께 존재하는 현상을 뜻한다. 그리스 신화에 등장하는 머리는 사자, 몸통은 염소, 꼬리는 뱀으로 이루어진 괴물 키메라에서 유래했다.

고 있는데, 이는 이러한 관점에서 이해하는 것이 가능하다.

반면, 이와 같은 전제가 들어맞지 않는 처벌의 조기화, 예컨대 범죄행위의 공모를 행한 단계에서 처벌하는 것을 인정하는 공모죄, 마약을 단순히 소지하고 있던 것만으로 처벌되는 마약소지죄의 합리성을 리스크사회론을 강조하여 설명하는 것에는 의문이 있다. 물론 거기에서도 상정되는 손해의 크기, 발생할 확률의 조합에 의해 제재의 합리성을 판단한다는 의미에서는 일종의 리스크론이 이용되고 있지만, 그것은 벡이 당초 염두에 두고 있던 새로운 리스크와는 다르다. 이러한 입법의 당부(當否)는 리스크사회론과는 분리하여 그것 자체로 검토되어야 한다. 물론 국가가 사전에 합리적인 범죄예방대책을 채택하는 것의 중요성은 부정할 수 없지만, 그것은 어디까지나 일정한 조치(수단)에 목적 달성을 위한 적절성이 있고, 그것이 목적 달성을 위한 최소한의 수단이며, 그것이 당해 목적과 명백히 불균형이 있어서는 안 된다고 하는 (전통적인 의미에서의) '비례의 원칙'을 준수하면서 신중하게 이루어져야 할 것이다(물론 테러범죄 등 상정되는 피해가 중대한 경우에는, 비례의 원칙을 전제로 하면서도 어느 정도 강력한 행정개입이 허용될 수 있을 것이다).

범죄행위는 언제 행해질는지 알 수 없고, 특히 살인 등의 중대범죄는 피해자, 유족 측에서 보면 돌이킬 수 없는 것이므로, 새로운 리스크와 동일하게 생각하여야 한다는 반론이 있을 수 있다. 이처럼 생각하면, 처벌의 조기화는 일반적으로 처벌이 목적 달성을 위해 적절하고 국민의 권리를 최소한으로 침해하는 것인지 여부를 엄밀하게 검증하는 것 없이 처벌이 조기에 개입할 여지를 인정하게 된다.

범죄에 대한 사전규제에 있어서도 규제와 억지력 간의 엄밀한 인과관계가 증명되지 않으면 규제가 정당화되지 않는다는 것은 아니다. 형벌의 억지력이 어느 정도 있는지 반드시 명확하다고 할 수 없다는 점에 불확실성이 있기 때문에 규제의 정당성을 둘러싸고 논란이 발생하고 있는 것이고, 만약 규제가 정당하다고 인정되면 전통적 범죄에는 불확실성이 존재하지 않는다. 전통적 범죄에서의 인간의 행동은 전체로 보면 통계적으로 어느 정도 예측 가능한 범위로 정리되고 있고(개별 행위자의 행동이 예측 불능인 것은 이제 와서 시작된 것은 아니다), 상정되는 피해가 인류 전체에 관련되어 있으며, 현재의 시점에선 과학적으로 불확실한 요소를 많이 수반하고 통계적 파악이 곤란한 새로운 리스크와는 다른 것이다. 전자에서 문제가 되고 있는 것은 원리적으로 해명 가능한 위험상태에 대한 '상황적' 불확실성이지만, 후자에서는 그것이 불가능한 '구조적' 불확실성이 문제 되고 있다고 할 수 있다.[86)]

이와 같이 새로운 리스크에 관한 논의가 적합하지 않은 상황에서 그것과 동일한 개념을 이용하여 논의하는 것은, 역시 문제의 본질을 덮어 가리는 것으로 연결되므로 적절하지 않다고 생각된다.

5.4 리스크와 불안

이상에서 살펴본 것처럼, 처벌시기의 조기화는 확실히 리스크사회론과 연결되어 있다. 그러나 이것은 환경보호 등의 한정된 분야에 머물러야 한다. 엄벌화와 감시의 강화는 리스크사회론과는 무관계한 것으로 보인다. 예컨대 엄벌화의 경우, (그 당부 자체는 차치하고) 전통적인 의미에서의 리스크론의 관점에서는 형벌의 강도를 재범 위험에 따라 달리하는 것은 이끌어낼 수 있어도 전면적인 엄벌화까지는 이끌어낼 수 없다. 하물며 벡이 말하는 새로운 리스크와 범죄의 형을 무겁게 하는 것(엄벌화)은 전혀 연결되지 않는다고 생각된다.

그렇다면 왜 이것들이 리스크사회론과 결부되어 논의되고 있는 것일까. 이 점에 대해서는 불안을 매개로 리스크사회론과 처벌 확대 요구의 연결을 강조하는 주장이 있다. 현대사회와 같은 리스크사회에서는 사람들의 '불안', '안전성 희구'가 높아지고 있는데, 이러한 '불안'

---

86) 小山剛, 「法治国家における自由と安全」, 《高田敏先生古稀記念論集》, 法律文化社, 2007, p. 37.

은 범죄에 대해서도 동일하게 높아지는 경향이 있다. 리스크사회에서는 이러한 의미에서 '불안'에 의해 전반적인 처벌의 조기화가 일어나고 있다고 볼 수 있다. 더욱이 최근에는 국제적으로 복지국가관의 쇠퇴와 신자유주의의 흐름에 수반하여 리스크의 관리는 개인이 스스로 하여야 한다는 발상이 강해지고 있다. 이에 따라, 시민들은 자신의 몸은 스스로 지켜야 한다고 생각하면서 '불안'이 증폭된다. 앞에서 말한 감시의 강화는, 특히 사인(私人)에 의한 감시카메라 등의 설치 수 증가는 이러한 점에서 나오는 것으로 보인다. 이러한 불안에서 시민은 자신도 범인이 될 수 있다(또는 범인이라고 의심받을 수 있다)는 생각은 하지 않은 채 자기를 잠재적 피해자로만 인식하게 되고, 매스컴 등도 그러한 시민에게 어필하기 위하여 잠재적 피해자의 입장만을 대변하기 때문에, 이른바 안전성 희구의 무한한 스파이럴(spiral)이 생기고 있다는 지적도 있다.[87)]

게다가 범죄자에 대한 시각에 있어서도 신자유주의는 엄벌화와 연결될 수 있다. 즉, 이러한 사조(思潮)에서는 범죄자는 이해득실을 계산하여 자유로운 판단에 근거하여 해악을 일으키고 그것에 대해 전면적으로 책임을 져야 할 주체로 취급되기 때문에, 그가 범죄에 이른 개별적 원인을 이해하여 그것을 개선한다고 하는 접근방법이 아니라 징벌적·응보적인 처벌을 요구하게 된다.[88)]

---

87) 金尚均, 「刑法の変容とオウム裁判」, 《法律時報76巻9号, 2004, p. 73; 小西由浩, 「新しいリスクとしての犯罪」, 《犯罪社会学研究》 31号, 2006, p. 38 참조.

88) P. O'Mally, "Risk, Power and Crime Prevention", *Economy and Society* 21, 1992, p. 264.

참고 신자유주의적 처벌 국가[89)]

'검찰독재'는 맥거핀(영화에서 이야기 전개에 중요하지 않지만 중요한 것인 양 관객의 주의를 분산시키는 장치)이다. 민생의 기반을 멋대로 허물어버리는 정책적 · 사상적 폭력이 사정 없이 덮쳐오는데, '검찰독재'라는 말에 담기지 않는 진짜 문제들을 보지 못하게 만들기 때문이다. 불투명한 미래에 대응해 해결해야 할 과제들이 쌓여 있고, 하루속히 머리를 맞대도 시간이 부족할 텐데 우리의 시선을 자꾸만 다른 곳으로 돌린다.

우리 앞에 놓인 앞날을 잠깐 들여다보자. 내년도 정부 예산안 이야기다. 정부는 취약계층 공공의료, 지역거점병원 공공성 강화, 지방의료원 현대화 예산을 큰 폭으로 삭감했다. 노인보호기관 예산과 노인요양시설 확충 예산도 줄였다. 고용평등상담실 지원은 중단되었으며, 청소년 노동권 침해 상담 예산과 외국인노동자지원센터 예산은 전액 삭감됐다. '시럽급여'라고 조롱당한 실업급여 예산도 깎았다. 국공립 어린이집 확충과 학교 내 돌봄 공간 조성을 위한 예산도 줄었고, 성 · 인권 교육 예산은 아예 사라졌다. 경찰의 여성 대상 범죄 예방과 보호 예산은 거의 반토막 났다.

'정치복지가 아닌 약자복지'라는 말장난 뒤에 무슨 일이 벌어지고 있나. 이런 기조가 계속되면 사회안전망은 빠른 속도로 훼손되고 취약계층은 더욱 고통받을 것이다. 현 정부의 정책에는 구조적 불평등은 존재하지 않으니 '낙오자'를 구제할 필요도 없다는, '바람직한' 취약계층만 선별해서 지원하겠다는 메시지가 그대로 담겨 있다. 공정한 시장에서 자유롭게 경쟁하며 자기 몫을 알아서 챙기라는 것이다. "국가는 사라져도 시장은 살아남는다." 라고 하니, 시장에서 살아남는 자들은 마치 영원히 건재할 것처럼 말이다. 하지만 과연 그럴까?

신자유주의 정책은 삶의 안정성을 뒤흔들고 사회불안을 높인다. 불평등이 악화하고 삶의 질이 낮아지면, 사회 구성원들 사이의 불만과 적대감도 높아질 수밖에 없다. 지난해 한국의 자산 불평등 지수는 역대 최고치를 기록했으며, 소득 불평등도 5년 만에 다시 악화했다. 불안정 노동과 빈곤으로 내몰리는 사람들이 늘어날수록 우리 안의 고통과 폭력은 증가한다. 그것은 경제협력개발기구(OECD) 국가들 중 자살률과 우울증 발병률 1위라는 통계로 나타날 수도, ('일가족 동반 자살'이라고 잘못 불리는) 일가족 몰살의 비극으로 드러날 수도, 사회 일반을 향한 무차별 범죄의 형태로 우리

89) 김정희원, 한겨레, 2023.9.28.

를 위협할 수도 있다. 증폭되는 사회 갈등과 사회불안에서 초래되는 위험에서 안전한 사람은 아무도 없다.

학자들은 신자유주의가 필연적으로 사회불안을 일으킨다고 말한다. 이 문제의 궁극적 해답은 부의 재분배와 사회안전망 확충이겠지만, 신자유주의 정권에서는 있을 수 없는 일이다. 그렇다면 사회불안을 잠재우기 위한 이들의 해법은 무엇일까? 바로 공권력을 동원하는 것이다.

사회학자 로이크 바캉은 공격적인 처벌 기제야말로 신자유주의 국가의 필수적인 통치 기술이라고 주장한다. 공권력 동원과 처벌 강화는 범죄 불안이 아닌, 신자유주의 기조에서 비롯된 사회불안 때문이다. '잠재적 위험 요소'인 불안정 노동자와 빈곤 계층이 널리 퍼져 있는 사회에서 신자유주의 정권은 사회불안을 통제하기 위해 공권력을 적극 활용한다. 불만을 통제하고, '위험 집단'이라고 낙인 찍고, 국민을 돌보지 않는 권력을 정당화하기 위해 각종 처벌 기제를 전시하고 활용한다. 그래서 바캉은 신자유주의 정부를 '작은 정부'라고 부르는 것은 불완전한 표현이라고 말한다. 경제적 측면만 보면 작은 정부지만, 공권력의 측면에서는 큰 정부이기 때문이다. 즉, 신자유주의 국가는 작은 정부와 큰 정부의 모습을 동시에 띠는 야누스의 얼굴을 갖게 된다. 윤석열 정부의 얼굴도 그렇다.

우리가 마주하고 있는 위기는 그저 '검찰독재'가 아니다. 공권력의 남용과 형벌의 엄포 속에 누구의 삶이 더 취약해지는가? 집회와 시위를 불법화하면 누가 범죄자가 되는가. 우리 사회에 어떤 수준의 절망이 도사리고 있으며, 오늘의 생존을 걱정하는 이는 누구인가? 자포자기한 사람들을 엄벌한다고 사회가 안전해지지 않는다. 더 많은 이들이 삶의 터전을 잃기 전에, 더 많은 재난과 죽음이 닥쳐오기 전에, 이 시급한 위기에 맞서기 위한 밑그림을 그려야 한다. 한국 정치는 언제쯤 이 교착상태를 극복하고, 좀 더 근본적인 의제에 집중할 수 있게 될까?

이상과 같이 생각하면 리스크사회론과 엄벌화가 연결될 수도 있다. 그리고 벡 자신도 리스크사회에서의 사람들의 불안 증가에 대하여 언급하였다.[90] 그러나 엄벌화를 리스크사회론과 직접 연결시킨 후에, 그

90) 홍성태 역, 《위험사회: 새로운 근대(성)를 향하여》, 새물결, 2006(U. Beck, *Risikogesellshaft; Auf dem Weg in eine andere Moderne*, Suhrkamp, 1986), 97, 134쪽.

전체를 수용할 것인지, 비판·거절할 것인지 식으로 단순하게 생각하는 것은 적절하지 않다.

사람들이 자신도 잠재적 범인(또는 피의자)이 될 수 있다는 상상력을 가지고, 그러한 불안의 확대와 공존할 수 있는 사고(思考)방식을 단련하는 것이 중요하다고 생각한다. 이것은 형사법제도의 모습을 생각하는 데 있어 항상 잊어서는 안 되는 관점이다. 그러나 지금까지 본 것처럼 그와 같은 관점을 망각하게 하고 엄벌화 현상을 만들어 내고 있는 것이 사람들의 불안 또는 그 배경에 있는 일정한 정치적 사조라고 한다면, 엄벌화와 감시의 강화에 관하여 그 당부가 검토되어야 할 점은 불안에 대처하는 바람직한 자세, 당해 정치사조의 결점을 보완하는 대책의 당부일 것이다.

왜냐하면, 리스크사회론과 엄벌화를 공통적인 것으로 묶는 것에 의해 새로운 리스크에 대한 독특한 대처의 필요성이라는 리스크사회론의 본래 의의를 놓칠 우려가 있기 때문이다. 아무리 불안을 느끼지 않게 되고 리스크를 문제로 삼지 않게 된다고 하여, 환경 등에 대한 리스크가 소멸하는 것은 아니고 상황은 악화되어 갈 뿐이다.[91] '불안'이라는 개념에 의해 리스크사회론과 엄벌화론을 통합하여 버리면, 엄벌화론에 대한 비판의식과 함께 이러한 점을 놓칠 수도 있는데, 이것은 큰 문제라고 생각한다. 엄벌화, 감시의 강화와 같은 현상은 벡이 지적한 '리스크사회'로부터 필연적으로 도출되는 것은 아니고, 일정한 정치사조가 결부됨으로써 비로소 생긴 것이라는 점을 이해한 후에 그 정치사조 자체의 당부를 논의하여야 할 것이다.

---

91) U. Beck, *Gegengifte : Die organisierte Unverantwortlichkeit*, Suhrkamp Verlag, 1988, p. 98.

참고 '기업 엄벌화'로만 치닫는 안전입법[92)]

최근 우리 사회는 안전 입법에서 가히 '과잉형벌 의존 증후군'이라고 부를 만하다. 사고 예방의 실효성보다는 어떻게 하면 피해 감정을 만족시킬 수 있는가에서만 입법 근거를 찾는 '엄벌화 입법'이 증가하고 있기 때문이다.

문제는 이런 엄벌화 입법의 범죄 억지 및 예방 효과에 대해 검증하려거나, 응보감정을 이성적으로 거르려는 과정 없이 무조건 엄벌만이 곧 정의인양 생각한다는 점이다. 예컨대 대형사고가 발생했을 때 국가의 책임은 묻지 않고, 사고발생 기업에 대해서만 엄벌주의로 대응한다. 물론 가해자에게 책임을 돌려 국가의 책임을 희석시키고 들끓는 여론을 가라앉히는 데 엄벌주의만큼 매력적인 것은 없다. 정치인과 공무원이 가장 선호하는 것이 바로 엄벌주의인 이유다.

엄벌주의 접근은 안전 문제를 개별 기업만의 문제로 여기다 보니, 여기에서 등장하는 인간관계는 '가해자' 대 '피해자'라는 이분법적 구조로 단순화된다. 이 접근은 사고라는 결과에 책임을 묻는 데 집중하고, 사고가 발생하게 된 사회구조적 요인을 간과하는 경향이 있다. 그 결과 가해자인 개별 기업을 적대시하는 태도를 보인다. 특히 안전 문제와 인간이 갖는 사회성은 무시된다. 하지만 사회성을 무시하고 가해자를 희생양 삼는 데 급급한 대응은 그럴듯한 정치 슬로건은 될 수 있어도 사고 예방 효과를 거두기는 어렵다.

엄벌화 입법은 사고 발생 기업에 대해 도산할 정도의 치명적 제재를 가해 사회에서 완전히 배제해야 한다는 생각이 저변에 깔려 있다. 사고발생 기업이라고 해서 사회에서 떼 내어 도태시켜야 한다는 이런 발상은 근대 형법 원리와는 거리가 멀다. 근대 형법은 "범죄는 행위"라는 생각 아래 '범죄'는 사회의 적이지만 '범죄자'는 사회의 적은 아니라는 원리에 기초한다.

처벌 수준은 사회적 규범의식을 도외시할 수 없지만 범죄 예방 효과를 고려해 감성적이 아니라 이성적으로 판단해야 한다. 범죄 예방의 실효성을 따져보지 않고 엄벌화로만 치닫는 것은 국민의 소박한 보복감정에 즉자적으로 대응하는 것이며, 국민의 환심을 사기 위한 '상징 입법'에 지나지 않는다. 범죄를 감소시키려면 엄벌화 외의 요인을 포괄하는 종합적 대책이 동반돼야 한다. 이것이 충실하지 않으면 아무리 무관용으로 처벌을 강화해도 법 위반은 줄어들지 않는다.

---

92) 정진우, 머니투데이, 2020.8.4.

안전 입법에서도 처벌은 당연히 필요하지만 예방 효과가 기대되지 않는 대중 영합적인 엄벌화 입법이 돼선 안 된다. 권력은 남용되기 쉽다는 교훈은 엄벌화 입법에도 그대로 적용돼야 한다. 죄형법정주의를 무시한 형벌은 입법 근거가 된 규제목적을 달성하지 못하고, 사고 예방의 실효성도 담보하지 못한다.

그런데 안전입법에서는 죄형법정주의가 액세서리 정도로 취급되는 경향이 있다. 그러나 죄형법정주의는 민주주의의 산물이자 입법의 효과성을 담보하는 장치이다. 죄형법정주의가 안전 입법에 대한 비판의 기준으로 재삼 강조될 필요가 여기에 있다.

준법 의지가 있는 기업이라면 법을 위반하지 않고도 생산 활동을 할 수 있도록 비현실적이고 불명확한 안전기준을 개선하는 일이 선행돼야 한다. 또한 중소기업들도 어렵지 않게 사고 예방 활동을 할 수 있도록 다양한 사고 예방 기법을 널리 개발해 보급하고 유도하는 등 사고 예방 기반을 정비 · 확충하는 것이 역점적으로 추진돼야 한다.

사고 예방 인프라를 구축하려는 노력은 소홀히 한 채 안전 문제를 단속과 처벌 위주로 접근하고, 사고발생 기업에만 책임을 떠넘기는 것은 현대 국가로서의 면모가 아니라 경찰 국가에서나 보이는 현상이다.

처벌은 목적이 아니라 예방을 위한 수단이라는 점을 명심할 필요가 있다. 기업을 적이라고 생각하지 않는 이상, 처벌만이 아니라 기업이 안전 입법을 위반하지 않도록 인프라를 조성하는 정책적 노력이 강화돼야 한다. 한국의 사고 예방 행정에서 특히 부족한 점이 이러한 포용 정책이다.

참고 중대재해기업처벌법 제정 바람직한가[93]

우리 사회에는 '엄벌주의'라는 유령이 떠돌고 있다. 특히 안전사고에 대해 이념적 진영에 관계없이 '중대재해기업처벌법'을 제정해야 한다는 목소리가 드높다. 원래 정치사조로서의 엄벌주의는 신자유주의 이데올로기에 가깝다. 범죄를 발생시키는 사회의 구조적 문제를 해결하려고 하기보다는 처벌이라는 즉흥적이고 현상적인 접근에 의지하기 때문이다. 아이러니한 것은 신자유주의에 비판적인 문재인 정부에서 어느 때보다 엄벌주의에 의존하고 있다는 점이다.

93) 정진우, KEF e매거진, 2020.11.6.

사실 유럽연합 국가 중 안전사고에 대해 엄벌주의를 택하고 있는 나라는 영국 외에는 발견되지 않는다. 엄벌주의 입장을 취하지 않고도 산재예방에서 우수한 성과를 거두고 있는 국가들이 많다는 점에도 주목할 필요가 있다. 한편, 영국의 중대재해기업처벌법에 해당하는 법인과실치사법이 사망재해 감소에 효과를 거두었는지에 대해서는 영국 내에서 높은 평가를 받지 못하고 있다. 영국은 법인과실치사법을 도입하기 전부터 이미 사망재해율이 낮았다. 이 법을 도입하고 나서 비로소 획기적으로 낮아졌다는 주장은 사실과 명백히 다르다. 그리고 영국의 낮은 사망재해율은 엄벌보다는 전 세계에서 가장 효과적이고 높은 전문성을 갖추었다고 평가받는 산재예방행정조직에 힘입은 바 크다. 이러한 여건이 갖추어져 있지 않았다면 법인과실치사법이 탄생되지도 못했을 것이다.

우리나라의 산재예방 여건과 인프라는 이러한 영국과는 사뭇 다르다. 이를 고려하지 않은 채 처벌이 만능인 것처럼 생각하면서 중대재해기업처벌법 도입을 주장하는 것은 효과는 거두지 못하고 부작용만 키울 수 있다. 게다가 지금 주장되고 있는 중대재해기업처벌법은 벤치마킹의 대상이 되고 있는 영국 법인과실치사법에서도 찾아볼 수 없는 강한 내용으로 되어 있다. 경영진 형사처벌, 법인 형사처벌, 영업정지 같은 행정제재, 징벌적 손해배상 등 가히 '제재의 백화점'이라 할 만하다. 4중 제재라고 할 수 있다. 제재 하나하나도 아주 강하다. 중소기업의 경우에는 문을 닫아야 할 곳이 속출할 것 같다. 법의 준수가 목적이 아니라 제재가 목적인 건 아닌가라는 생각이 강하게 드는 이유이다. 이 대목에서 처벌수위가 끊임없이 높아진 범죄의 가해자와 피해자 모두 약자들인 경우가 많다는 점을 되새겨볼 필요가 있다.

가장 큰 문제는 중대재해기업처벌법 찬성론자들이 산업재해를 실질적이고 효과적으로 예방하는 방안에 대해서는 별다른 관심이 없고 깊은 고민을 하지 않는다는 점이다. 이들은 처벌을 강화하면 사망재해 등 산업재해 문제가 쉽게 해결될 수 있을 것이라고 본다. 산업재해 문제를 단순히 기강과 의지의 문제로 바라보는 시각이 강하다. 그러나 처벌수준을 높이는 것보다 더 중요한 것은 수범자에게 어떤 조치를 해야 하는지에 대한 구체적인 행동기준을 명확하게 제시하는 것이다. 무엇을 어떻게 해야 할지 모르는 상태에서 법정형을 올린다고 해서 산재예방의 효과를 거둘 수 있을까.

기업을 엄벌에 처하는 데에만 관심이 있고 헌법원칙은 소홀히 여기고 있다는 것도 중대재해기업처벌법의 큰 문제이다. 죄형법정주의는 민주주의 산물이자 법의 실효성을 확보하기 위해서도 준수하여야 할 철칙이다.

명확성의 원칙, 비례의 원칙과 같은 헌법원칙을 준수하지 않고는 정의와 공정을 주장할 수 없고 산재예방 효과도 기대할 수 없다. 엄밀히 따져보면, 우리나라의 국민들이 맹목적으로 '엄한' 처벌을 지지한다고 생각하지는 않는다. 국민들의 사망재해에 대한 분노의 행간을 읽을 필요가 있다. 진짜 바라는 건 정작 비난받아야 할 사람이 상응하는 책임을 지는 '정의로운' 처벌일 것이다. 이를 구현하기 위해서는 중대기업처벌처벌법 또한 반드시 헌법원칙에 입각하여야 한다.

아무리 의지와 역량이 강한 기업이라도 법에 지킬 수 없는 내용이 많다면 처벌을 강화하더라도 산업재해 감소로 이어지지 못할 것이라는 점을 간과해서는 안 된다. 중소기업을 비롯한 대부분의 기업은 법의 준수를 도모하기보다 체념 또는 자포자기를 하는 쪽으로 대응할 것이다. 그리고 중소기업이 일차적으로 강한 처벌의 대상이 될 공산이 크다. 게다가 이러한 법은 산업재해 감소에는 거의 기여하지 못한 채 행정기관의 자의적인 법집행의 좋은 재료가 될 뿐이다. 규범력과 실효성을 갖춘 입법을 하는 것이 처벌 강화보다 시급하고 중요한 이유이다.

진정으로 근로자의 사망재해를 대폭 줄이려면 현장에서 산업재해가 왜 발생하는지, 도급작업에서의 산업재해는 어떤 메커니즘으로 발생하고 있는지, 그리고 이 문제를 해결하려면 어떻게 해야 하는지, 선진국은 어떻게 접근하고 있는지 등에 대해 냉철하게 짚어보고 과학적으로 분석하는 것이 무엇보다 중요하다.

엄벌주의에는 많은 시간과 노력이 들지 않는다. 그래서 정치인과 행정가가 이 유혹에 빠지기 쉽다. 그러나 엄벌주의는 근본적인 해법으로 향하는 진지한 노력을 포기하게 만드는 경향이 있다. 자녀에게 공부할 여건을 제대로 만들어 주지 않으면서 공부 못한다고 심하게 매질을 하는 부모 밑에서 공부를 잘 하는 자녀가 나올 수 있을까. 매질이 분노 해소에는 도움이 될지언정 자녀의 학습능력 향상에는 별 도움이 되지 못하는 것과 같은 이치이다.

시간이 다소 걸리고 어렵다고 하더라도 산재예방 역량을 높이는 여건을 충실히 조성하는 것이 선행되어야 한다. 엄벌에만 기댄다면 산업재해 감소에는 거의 기여하지 못한 채 우리사회에 많은 비용과 갈등을 초래할 수 있다. 다른 복잡한 사회문제와 마찬가지로 산업재해 문제 역시 냉철한 이성 없이 따뜻한 가슴만으로는 해결되기 어렵다. "선의에 찬 우행(愚行)은 악행으로 통한다"는 말을 명심할 필요가 있다.

참고 '손댈 곳 투성이' 중대재해처벌법[94]

지난해 산재사망사고가 늘어난 것으로 잠정 집계됐다. 처벌을 대폭 강화한 '김용균법'이 시행된 이후 오히려 사망재해가 늘어난 것이다. 그것도 근로감독관 수와 산업안전공단 직원 수가 크게 늘어난 상황에서의 성적이라서 심각한 결과라고 볼 수 있다. 게다가 코로나19로 인해 취업자수가 많이 줄어든 점을 감안하면 산재예방행정시스템이 고장 나 있다는 방증이 아닐 수 없다.

이 수치는 시스템 개선 없는 처벌강화가 재해감소가 아니라 증가를 초래할 수 있다는 것을 실증적으로 보여준 것이다. 재해를 감소시키려면 엄벌보다 더 중요한 것이 따로 존재한다는 것을 시사하는 대목이기도 하다.

이런 점에서 볼 때, 1월 8일 국회를 통과한 '중대재해 처벌 등에 관한 법률'(중대재해처벌법)은 재해예방에 실효를 거두지 못하고 비용만 많이 초래하는 법이라 할 수 있다.

법 제정과정에서 정치권은 여야 가릴 것 없이 재해 예방을 위한 진지한 논의보다는 들끓는 여론을 잠재우는 정치적 제스처를 취하는 데에만 여념이 없었다.

당초 중대재해처벌법의 모델로 삼은 영국의 법인과실치사법과는 달리 경영책임자 개인에 대한 처벌을 산업안전보건법 등과 중복 규정하는 태생적 한계를 안고 있다 보니, 노사 양쪽으로부터 지탄을 받는 사생아가 탄생했다. 특히 산업안전보건법보다 강하게 처벌할 규범적 근거도 없이 무작정 엄벌에 처하겠다는 무모함 앞에서 이성적 토론과 사유는 설 땅이 없었다.

중대재해가 왜 많이 발생하는지, 어떻게 해야 중대재해를 줄일 수 있는지에 대한 진지한 성찰 없이 엄벌이 마치 중대재해를 줄이는 요술방망이나 되는 것인 양 여론을 호도하기에 바빴다. 산재예방 인프라를 개선하거나 산재예방행정시스템을 혁신할 진정성과 전문성은 어디에서도 찾아볼 수 없었다.

처벌만능주의라는 이념에 사로잡힌 채 중대재해처벌법을 구조적이고 본질적인 문제를 회피하기 위한 알리바이로 삼으려는 정치공학만이 난무했다. 공청회는 요식행위로 단 한 번만 한 채 일정을 무리하게 못 박아 놓다 보니, 졸속심사와 내용부실은 이미 예상됐다. 법안에 많은 문제가 있지만 몇 가지만 지적해 보자.

---

94) 정진우. 중소기업뉴스. 2021.1.18

첫째, 누가 무엇을 어떻게 해야 할지가 불명확하고 모호한 내용이 많다. 예컨대, 한 사업장에서 소유자, 운영자, 관리자가 별도로 있는 경우 실질적으로 지배 · 운영 · 관리하는 사람이 누구인지 도대체 알 수 없다. '이현령비현령식'의 자의적 법집행이 불을 보듯 훤하다. 역할과 책임이 불분명하다 보니, 준법의지가 강한 경영책임자라 하더라도 어디부터 어디까지 예방조치를 해야 할지 몰라 실제조치로 이어지기도 어렵다.

둘째, 경영책임자가 도저히 준수할 수 없는 비현실적 조치 또한 적지 않다. 중소기업에서 도급이나 용역을 준 경우, 이를 받은 영세업체의 재해 재발방지대책 수립이나 영세업체에 대한 관공서 지적사항의 이행조치를 중소기업 측에서 그것도 경영책임자가 직접 해야 한다는 식이다. 준수할 수 없는 기준을 들이대고 강요하는 것이야말로 법치주의에 정면으로 위배된다.

셋째, 징벌적 손해배상은 이를 인정하는 영미법 국가에서조차도 형사처벌이 현실적으로 어려운 경우 대체수단으로 인정되는 것이지, 형사처벌 대상이 되는 행위에 대해 이중제재를 하기 위해 존재하는 것이 아니다. 그런데 중대재해처벌법은 전 세계 유례없이 형사처벌과 병과하는 식으로 징벌적 손해배상을 입법화했다.

넷째, 이 법의 유예기간 동안 사망자의 직접 고용주인 50명 미만 하청업체의 경영책임자는 법적용에서 제외되는데, 사망자와 간접적 관계에 있는 50명 이상 원청업체의 경영책임자는 이 법에 따라 처벌되는 아이러니가 발생할 수밖에 없다.

공부할 여건은 만들어 주지 않고 매질만 하는 부모가 좋은 부모일 수 없듯, 재해 예방의 실질적 여건 조성에 무관심한 정부는 결코 좋은 정부일 수 없다. 준법여건 조성 없이는 처벌 자체가 목적인 법이 되고 만다.

법의 제정 의도가 순수하지 못한 상태에서, 그것도 졸속으로 심사한 만큼 법안 곳곳에서 허점과 무리가 발견된다. 위헌소송이 제기된다면 위헌판결이 날 가능성이 높다. 재해예방의 실효성을 위해서도 그렇고, 현장의 혼란과 부작용을 최소화하기 위해서라도 중대재해처벌법은 대폭 개정돼야 한다. 그것도 하루빨리.

5.5 범죄행위주체의 확산

벡이 지적한 주장 중에서 형사법에 영향을 미친 또 하나의 포인트는 누가 위험을 일으킨 주체인지가 눈에 잘 보이지 않게 되고 있다는 점이다.

이것은 범죄행위주체의 확산과 관련되는데, 다양한 사건을 최종적으로는 인간에게 귀속시키는 틀인 법률 세계에서 매우 중요한 문제이다.

이러한 리스크사회에서의 행위주체의 불명확화, 확산에 대해서는 루만(Niklaus Luhmann)[95]에 의한 다음의 분석이 시사하는 점이 많다. 앞에서 살펴본 것처럼, 벡은 새로운 리스크(Riziko, risk)의 특색을 '근대화와 문명의 발전에 수반하는 위험'으로서 인간으로부터 유래하는(인간이 만들어 낸) 점에서 찾았지만,[96] 이 리스크(Riziko)와 사회의 발전과 무관계하게 외부에서 초래되는 위험(Gefahr, danger)을 용어 사용에 있어 엄밀하게는 구별하지 않았다.[97]

이에 대해, 루만은 리스크가 문제가 되는 차원을 두 가지로 나누어 리스크의 사람에 대한 귀속에 대하여 다음과 같이 분석한다. 그에 의하면, 리스크는 안전과 대비되는 개념(어떤 대상이 위험한가라는 개념)임과 동시에 위험(Gefahr)과 대비되는 개념(대상을 어떻게 볼 것인가라는 개념)이기도 하다. 그리고 후자는 어떤 사건을 어떠한 것으로 간주할 것인가라는 사회적 관찰방법에 대한 구별로서, 리스크는 미래의 손해발생가능성을 '스스로 행한' 결정의 귀결로 보는 경우를, 위험은 그러한 손해발생가능성이 '자신 이외의 누군가 또는 무언가에 의해' 야기되었다고 보는 경우를 말한다고 한다. 따라서 어떤 손해가 발생할 가능성도 결정자의 관점에서 보면 리스크이고, 결정의 피(被)영향자의 관점에서 보면 '위험'이 된다.[98] 이와 같이 위험과 리스크의 차이는 관찰방법의 차이이지만, 현대사회에서는 사회의 복잡화에 수반하여 종래 자연적으로 발생하는 것으로 파악되었던 사건이 누군가의

---

95) 루만은 '사회 체계 이론(Systemtheorie der Gesellschaft)'을 세운 사회학의 대가로서 의사소통 이론으로 유명한 하버마스(Jürgen Habermas)와 함께 20세기 후반 독일 사회학을 양분했다.

96) 현대사회의 많은 위험은 사회의 발전에서 탄생되고 이 발전에 내재하여 발전을 가능하게 하였지만, 이것이 증대하여 사회 자체를 위태롭게 하는 것이 되었다.

97) 벡은 Gefahr라는 용어를 Risiko라는 용어보다는 훨씬 적게 사용하고는 있지만, 반드시 구별하고 있지는 않고, 같은 의미로 사용하는 경우도 많이 발견된다.

98) N. Luhmann, *Soziologie des Risikos*, Walter De Gruyter, 1991, p. 117.

결정에 의해 발생하는 것으로 파악되는 경향이 있고, 게다가 현재 단계에서는 예측이 곤란한 새로운 리스크가 문제 되고 있기 때문에, 피영향자 측에서는 위협, 손해를 누군가가 행한 결정으로 귀속시키는 것에 대한 감수성이 높아지고 있다고 한다.

이와 같은 상황은, 형사법 분야에서는 결과를 직접 발생시킨 자뿐만 아니라, 그것과 먼 존재도 '결정자'로 보이는 경우에는 처벌의 대상으로 한다고 하는 경향과 연결될 수 있다. 앞서 말한 범죄행위주체의 확산 문제이다. 이 점과 관련된 형법학의 문제는 몇 가지 있는데, 여기에서는 하나의 예로서 과실범에서 위험을 관리하여야 하는 자의 과실, 위험한 작업을 행하는 자를 감독하여야 할 자의 과실이라고 하는 의미에서 '관리·감독과실'이라고 불리는 논의를 다루고자 한다.

관리·감독과실에서는 결과를 누구의 행위로 간주하여야(귀속시켜야) 할 것인가라는 주장(과실범의 인과관계론, 객관적 귀속론), 위험을 적극적으로 작출(作出)하지 않고 방치한 자도 위험을 저지해야 했는데 그것을 게을리한 경우에는 처벌되어야 한다는 주장(부작위범론)[99] 등이 문제가 된다.

이러한 관리·감독과실의 적용범위는 최근 확장되고 있는 것으로 보인다. 예컨대 공장 내에서 발생한 사고와 관련하여 안전대책을 취하지 않은 사장 등에 과실범을 인정하거나, 스포츠센터, 요양시설 등 대규모 건조물의 방화설비를 갖추지 않아 화재가 확대되고 내부에 있던 자가 사상(死傷)한 사건에 대하여 건조물 관리책임자(지배인 등), 나아가서는 건물 소유주, 사장(이사장) 등에 대해 업무상과실치사상죄를 인정하는 경향을 보이고 있다. 많은 사건에서 현장과 많이 떨어져 있는 자에 대한 책임추궁은 최근 더 강해지고 있고, 기업이 생산한 제품으로부터 사고가 발생한 경우에 그 제품에 문제가 있었던 것을 이유로 사장이 업무상과실치사상죄로 처벌되는 경우도 있다.

---

99) 관리·감독과실이 항상 부작위범이라는 의미는 아니고, 부작위범이 되는 경우가 많다고 하는 것에 지나지 않는다.

물론 앞에서 살펴본 루만의 논의는 어디까지나 사회현상을 분석한 것에 지나지 않고, 발생한 결과를 누군가에게 (법적으로) 귀속시켜야 하는 것까지 설명하는 것은 아니다. 범죄 성립요건의 바람직한 모습을 논하는 형법학으로서는, 여기에서도 과실범, 부작위범의 성립 여부를 판단하는 기본적 틀을 소홀히 해서는 안 된다.

과실범에 대해서는 별도로 살펴보는 것으로 하고, 여기에서는 후자인 부작위범론에 대해서만 개관하기로 한다. 이 문제에 대해서는 종래 다음과 같은 논의가 있어 왔다. 즉, 적극적으로 위험한 행위를 행하여 결과를 발생시킨 경우(작위)와는 달리, 부작위는 결과를 저지할 수 있었는데 하지 않았다고 하는 소극적 태도이다. 이와 같은 경우에는, 나중에 돌이켜 보면 무언가의 조치를 하였더라면 결과를 피할 수 있었다고 평가될 수 있는 자가 다수 존재한다. 그러한 자 모두를 처벌하는 것은 처벌범위가 무한정이 되고, 누구라도 언제 범죄자가 될는지 알 수 없는 상황이 발생하고 만다. 따라서 학설·판례는 부작위가 처벌되는 것은 '결과 발생을 방지하는 법적 의무(작위의무)가 인정되는' 경우에 한정되는 것으로 보고 있다. 그러나 이러한 의무가 구체적으로 어떤 경우에 인정되어야 할 것인지에 대해 학설·판례는 일치를 보고 있지 않다.

이와 같은 범죄행위주체의 확산과 관련된 중요문제로서 법인, 조직체의 처벌을 둘러싼 논의를 보도록 한다. 현재 「형법전」에는 법인을 처벌하는 규정은 없고, 법인은 「산업안전보건법」 등 개별 행정형법에서 자연인인 행위자가 범죄를 저지른 경우에 법인을 처벌하는 규정(양벌규정)이 있는 한에서 처벌되는 데 그치고 있다(법인을 처벌하는 근거는 일반적으로 법인이 범죄를 행한 임직원의 선임·감독을 태만히 한 과실에서 찾고 있다). 예컨대 기업의 제품에서 발생한 사상(死傷)사고에 대하여 당해 '기업'을 업무상과실치사상죄로 처벌하는 것은 불가능하고, 양벌규정이 있는 경우에도 자연인인 행위자가 특정될 수 없는 경우에는 법인을 처벌하는 것은 불가능하다.

이러한 현상을 재검토하는 입법론이 최근 유력해지고 있다. 이러한 견해를 주장하는 자는 「형법전」에 일반적인 법인처벌규정을 두는 것을 전제로, 현재의 양벌규정이 자연인인 행위자에게 범죄가 성립하는 것을 전제로 하고 있다는 것을 비판하고, 개개인의 태도에 존재하는 부적절한 사정이 미약하고 처벌할 만하지 않은 경우에도, 그들 개인이 하나의 조직체에 속하고 조직체의 행위로 평가할 수 있으며, 게다가 그들의 과실이 집적되어 중대한 과실이라고 평가할 수 있는 경우에는, 다수 자연인의 활동의 결절점인 법인 자체를 처벌대상으로 함으로써 자연인 처벌의 대상이 되지 않는 다수 자연인에게 포괄적으로 범죄억지의 작용을 하도록 하여야 한다고 주장한다.[100] 이미 살펴보았듯이, 법인조직의 부적절한 활동에 수반하여 사람에게 사상(死傷)의 결과가 발생한 경우에 '개인'의 처벌을 무한정으로 확장하는 것에는 문제가 있다. 한편 리스크의 귀속주체를 찾는 사람들의 감각이 강해지고 있는 점도 고려했을 때, 법인 그 자체에 대하여 자연인의 경우와 동일하게 평가할 수 있을 만큼의 사정이 갖추어져 있다면 법인을 처벌하여야 한다고 하는 입법론은 매력적이라고 할 수 있다. 그러나 구체적으로 어떤 사정이 있으면 법인 자체에 고의, 과실(특히 과실)이라고 하는 주관적 사정이 인정될는지에 대해서는 앞으로 한층 더 검토가 필요하다.

5.6 소결

여기에서는 리스크사회론이 형법학에 영향을 미치고 있는 장면, 영향을 미칠 수 있는 장면에 대하여 개관하여 보았다. 마지막으로 중요한 포인트를 정리하기로 한다.

현대사회가 리스크사회이기 때문에 과실범의 성립요건을 완화하자는 주장은 적절치 못하다. 이것은 행동의 자유를 해하는 점에서 문제가 있을 뿐만 아니라 실제상의 효과도 불충분하다. 그리고 리스크사회

100) 樋口亮介, 「法人処罰と刑法理論」, 《刑法雑誌》 46券2号, 2007, p. 195.

에서는 누군가를 결정자로 간주하여 과실범, 특히 과실부작위범의 주체를 넓히려는 경향이 발생할 수 있지만, 거기에도 한계가 있어야 할 것이다. 결과가 발생한 후에 형벌을 부과하는 방법은 결코 만능이 될 수 없다.

환경보호 등 종래의 통계적 방법에 근거한 리스크 컨트롤로는 대처할 수 없는 우려가 있는 장면에서는, 그동안 반드시 명확하게 의식되어 왔다고는 할 수 없는 법익을 새롭게 보호하는 것, 추상적 위험범을 어느 정도 넓게 입법하는 것이 필요하다. 이른바 처벌의 조기화이다. 그러나 여기에서의 구체적 제도설계에 있어서는 행정규제와 「형법」의 관계를 구체적으로 어떤 식으로 하는 것이 적절한 것인지가 신중하게 검토되어야 한다.

전통적인 분야에서의 처벌의 조기화, 엄벌화, 감시의 강화 등의 현상은 리스크사회론과 느슨한 연결은 있을지 모르지만, 논리적으로 연결되는 것은 아니다. 그것은 일정한 정치적 사조 때문에 탄생된 논의이다. 그것들을 리스크사회론으로부터의 필연적 귀결인 것처럼 취급하는 것은 문제의 본질을 덮어 가려버릴 우려가 있다.

참고 중대재해처벌법 시행 1년을 되돌아보며[101)]

'유전무죄 무전유죄 법', '요란한 빈 수레가 따로 없다.' 중대재해처벌법을 두고 세간에서 하는 말이다.

기업과 행정 모두 엄청난 비용을 들였지만 중대재해가 감소하기는커녕 오히려 증가한 데다가 대기업에 대해선 처벌은커녕 단 한 건도 기소되지 않고 있으니, 과장된 평가라고 할 수는 없다.

더군다나 지난 5년간 고용노동부의 직원이 2.3배 증가되고 산업안전보건공단 직원이 700명가량 증가한 상황에서의 실적이라는 점에서 심각하다고까지 할 수 있다. 기업으로 따지면, 경영 실패로 관계자에게 책임을 물어야 할 정도의 초라한 실적이다.

101) 정진우, 기계설비신문, 2023.2.1.

제정할 때만 해도 중대재해를 획기적으로 떨어뜨릴 것으로 전망하면서 이 법의 제정을 적극적으로 요구한 자들은 중대재해처벌법 적용 기업에서 중대재해가 오히려 증가한 현상에 대해 집행의지의 부족이 원인이지 법규정 자체에는 문제가 없다고 강변한다. 이들에게 성찰과 반성이라는 단어는 존재하지 않는 것 같다. 확증편향이 심한 것을 넘어 무책임하기까지 하다.

복잡한 사안일수록 진정성과 더불어 정확한 현실인식과 정교한 대책(전문성)으로 뒷받침되지 않으면 의도와는 반대의 결과를 초래할 수도 있다.

중대재해처벌법은 표를 얻기에 급급했을 뿐 진정성도 전문성도 매우 부족했다. 진보와 보수의 이념 문제 이전에 무지의 결과다.

공자가 강조했듯이 "아는 것을 안다고 하고 알지 못하는 것은 알지 못한다고 하는 것, 이것이 앎이다."

중대재해처벌법 옹호론자들은 그 부작용에 눈을 질끈 감는다. 안전원리와 안전현실에 대한 지식이 없음을 인정하려고도 하지 않는다. 무지에 기반한 선은 악과 동일한 결과를 가져올 수 있다는 점에 대해서도 경계하지 않는다.

중대재해처벌법은 흡사 학습역량이 부족한 자식에게 학습 여건은 마련해 주지 않은 채 막무가내로 다음 번 시험에서 우수한 성적을 거두지 않으면 매타작을 할 거라고 겁박하는 부모와 닮았다.

자녀가 책상에 앉아 있는 시간은 길어지겠지만 성적은 오르지 않을 것이다. 또 초등학교 학생에게 갑자기 대학교 수학문제를 푸는 과제를 주는 선생과도 비슷하다. 초등학생은 답안지를 보고 베끼거나 부모나 과외선생에게 전적으로 내맡길 것이다.

기업들이 로펌과 안전컨설팅기관에 중대재해처벌법 진단을 무작정 의뢰하는 이유다. 문제는 로펌과 안전컨설팅기관이 안전에 대한 실력이 없어 기업의 예방역량 향상에 하등의 도움이 되지 않는다는 점이다.

안전컨설팅 시장을 외형적으로 급성장하게 한 것은 순기능이라고 할 수도 있지만, 컨설팅이 형사처벌 회피가 주된 목적이다 보니 로펌과 안전컨설팅기관의 돈벌이 수단이 되고 있을 뿐이다.

의무주체부터 지배하는 자, 관리하는 자, 운영하는 자가 다를 경우 누가 안전보건조치의무를 이행해야 하는지 신이 아닌 이상 알 수 없다. 시설, 장소를 지배 · 운영 · 관리하는 자와 장비를 지배 · 운영 · 관리하는 자가 다를 경우 누가 안전보건조치의무를 이행해야 하는지도 도저히 알 수 없다.

산업안전보건법과 중복 · 충돌되는 내용이 적지 않은 것은 예측가능성과 이행가능성을 더욱 떨어뜨리고 있다. 예측가능성과 이행가능성이 이처럼 부족하다 보니 재해예방의 실효성을 거두기 어려운 것이다.

기업들이 형식적인 대책으로 대응하는 것은 이미 예견된 일이었다. 대기업은 서류작업을 중심으로 대응하는 척이라도 하지만, 중소기업은 사실상 손을 놓고 있어 처벌의 무방비 상태에 놓여 있다. 기소가 중소기업에 집중되는 이유다. 안전부서 위주로 조직과 인원이 크게 늘어난 것도 외양적으론 좋아 보이지만 안전을 뒤틀리게 하는 부작용을 낳고 있다. 현업부서의 안전역량은 올라가지 않고 안전부서 중심의 안전관리 현상이 더욱 심해져, 기업 전체의 안전역량이 되레 떨어질 수 있기 때문이다.

이처럼 중대재해처벌법은 총체적으로 많은 문제가 있다. 처벌수준만을 손대는 것으로 그쳐서는 안 되는 이유다. 처벌문제 이전에 법의 체계와 내용 전체가 심각한 문제를 안고 있다.

특히 의무주체의 혼선과 산업안전보건법과의 중복 · 충돌문제를 해결하지 않고는 위헌 시비에서도 벗어나기 어렵다. 그런데 최근 중대재해처벌법을 개선하겠다고 구성된 TF 위원들의 면면을 보면 안전전문가는 보이지 않고 대부분 법전문가로 구성되어 배가 산으로 가지 않을지 우려된다. 중대재해처벌법을 종합적으로 개선하기보다는 애당초 처벌문제만으로 한정하려는 의도가 있는 건 아닌지 그 진정성에 의심을 사기에 충분하다.

정치권과 정부는 다시는 극단적인 주장에 끌려다니는 우를 범해서는 안 된다. 중대재해처벌법은 감성과 분노가 아니라 과학과 이성에 터 잡은 법이 되도록 대대적으로 개편돼야 한다. 이를 위해선 정부가 중대재해처벌법의 개편에 진정성과 전문성으로 임해야 한다.

노동자들은 정치권과 정부에 묻는다. 중대재해처벌법의 진정한 목적이 경영책임자 처벌인가, 예방의 실효성 확보인가.

제2장
안전과 책임

안 전 과 법 ● 안 전 관 리 의 법 적 접 근 ●

1. 리스크와 법적 책임 및 대응

생각지 못한 사고가 발생했을 때 문제가 되는 것은 그것을 미연에 방지할 수 없었는가, 그리고 그 책임을 누가 져야 할 것인가이다. 이처럼 잠재적인 리스크가 현실화되었을 때 대체 법이 할 수 있는 것은 무엇일까? 여기에서는 민사상의 책임에 초점을 맞추면서[1] '리스크와 법'에 관한 전체적인 조감도를 그린다. 특히 ① 인과관계의 파악과 과실책임, ② 통계 데이터로 얻을 수 있는 확률과 무과실책임(liability without fault), ③ 예측 불가능한 리스크와 사전배려원칙이라고 하는 법적 책임의 세 가지 체제를 다루고, 다양한 리스크 유형과 법적 수단에 의한 리스크 대처의 관계에 대하여 검토한다. 이런 과정을 통해 '리스크 사회'에서의 법적 리스크 관리의 중층적 구조를 제시한다.

1.1 리스크에 대한 법적 책임

리스크와 법은 떼려야 뗄 수 없는 관계이지만, 또 한편으로 이 주제를 정면으로 다루고 있는 연구는 거의 발견되지 않는다. 그래서 먼저 리스크와 법이 어떻게 관련되어 있는지부터 확인해 보기로 한다.

우리는 지금 일상생활의 구석구석에 이르기까지 다양한 리스크에 둘러싸여 살아가고 있다. 출근하면서 교통사고를 당할 리스크, 고층빌딩에서 엘리베이터에 갇히는 사고에 봉착할 리스크, 길을 걷다가 무언가에 걸려 넘어질 리스크, 여느 때와 마찬가지로 통근 전철을 탔는데 인명사고 발생으로 도착이 지연되어 거래처와 계약이 해지될 리스크, 운동 중 넘어져 평생 장애를 짊어지고 살아가게 될 리스크, 생활용품을 사용하다가 건강상의 피해를 입을 리스크, 지병 치료를 위해 신약을 처방받아 복용했는데 오히려 상태가 악화되거나 병 하나를 더 얻게

1) 형사상의 책임에 대해서는 뒷장에서 별도로 설명하기로 한다.

될 리스크, 경제 상황이 안 좋아지면서 사회가 불안해지고 치안도 나빠져 소위 '묻지마 범죄'를 당하게 될 리스크 등과 같이 리스크와 관련된 말을 사용하여 표현할 수 있는 잠재적 위해는 그 수를 헤아리지 못할 정도로 많다.

이러한 리스크들이 불행하게도 현실화되었을 때 가장 먼저 우리 마음에 떠오르는 것은 누구 탓에 이런 곤욕을 치르게 되었느냐 하는 생각일 것이다. 예를 들어 병원에서 처방해준 약을 먹은 뒤 본인 또는 가족이 큰 장애를 짊어지게 되었을 때, 아마 우리는 그 책임이 누구에게 있는지를 물을 것이다. 잘못된 약을 처방하거나 위험성이 높은 약을 굳이 사용한 의사나 병원을 문책해야 할 것인가, 안정성 테스트를 충분히 하지 않은 제조자에게 책임을 물어야 할 것인가, 아니면 그 약이 시장에 유통되도록 공적 인증을 해준 관할 기관 또는 관청에 책임을 물어야 할 것인가. 이 모두가 '누구에게 책임이 있는가?'에 대한 질문들이다. 그리고 그 '책임'을 더 분석해보면 크게 두 가지로 나눌 수 있다. 먼저, 환자의 신뢰를 배반하고 사회질서에 중대한 해악을 미친 것에 대한 책임이고, 다음으로는 해당 사고 때문에 발생한 손해의 비용, 즉 의료비, 통원비, 간병비, 사는 곳을 턱이 없게 개축하기 위한 비용, 사고가 없었더라면 벌 수 있었을 임금인 일실이익(逸失利益) 등 이 모든 것을 배상할 책임이다. 우리는 통상 전자를 형사책임, 후자를 민사책임이라고 한다.[2)]

다만 일상적인 리스크를 생각할 때는 민사책임 쪽이 당장의 문제가 되는 경우가 많다. 형사책임은 개인의 기본적인 자유나 권리를 빼앗는 중대한 제재를 수반하기 때문에, 「형법전」에 미리 제시되어 있는 (위반)행위 외에는 책임을 물을 수가 없고, 게다가 그 사무를 담당하는 사

---

2) 민사책임은 사인이 사인에게 물을 수 있는 책임이라면, 형사책임은 국가가 사인에게 묻는 책임이다. 민사책임에서는 당사자 한쪽인 사인이 상대방에게 직접 강제력을 행사할 수 없고 예외적으로 재판이라는 국가작용을 통해서만, 즉 국가를 매개로 해서만 상대방에게 강제력을 행사할 수 있는 반면, 형사책임에서는 당사자 한쪽인 국가가 직접 징역, 벌금 등 형벌을 부과하고 상대방은 그러한 형벌을 받게 된다.

람은 경찰, 검찰 등 공무원으로 한정되기 때문이다. 그에 비해 민사책임은 우리가 평상시 일상적으로 관련되는 것일 뿐만 아니라, 이를 주체적으로 활용하지 않으면 손해 회복에 필요한 비용을 영영 확보할 길이 없게 된다. 이러한 이유로, 여기에서는 주로 민사책임에 초점을 맞춰 이론을 전개하기로 한다.

그런데 생각지 못한 사고 등을 통해 잠재적 리스크가 현실화되어 누군가가 그 책임을 짊어져야 할 때 「민법」에서 가장 중요한 역할을 담당해온 것이 불법행위법이다.[3] 불법행위법은 한마디로 사고 등으로 입은 손해 회복에 필요한 비용을 피해자로부터 가해자에게로 전가하는 제도이며, 그런 의미에서 손해비용을 회복하는 데 그 주된 기능이 있다. 이와 동시에 불법행위법은 "……행위를 하면 손해배상의 의무가 생겨 결국 손해다."라는 메시지를 담고 있다. 그런 의미에서 불법행위법에는 일탈행동의 억지라는 (형사법과도 유사한) 부차적 기능도 있다고 할 수 있다. 실제 미국처럼 형사처벌적 억지효과를 명시적으로 기대하는 '징벌적 손해배상(punitive damages) 제도'[4]를 두고 있는 나라도 있다.

그러나 손해의 억제를 위해서는 본래 사후적인 손해비용의 회복을 주안으로 하는 불법행위법보다는, 리스크를 내포한 행위 혹은 리스크를 포함하는 상품이나 서비스의 제공과 유통을 미리 금지한다거나 이에 필요한 규제망을 설치하기 위한 별도의 제도를 만드는 쪽이 실효성 측면에서 더 효과적일 것이다. 이에 따라 잠재적인 리스크에 관하여

---

3) 계약법도 리스크 현실화 때의 비용분배를 사전에 정한다는 의미에서 일정한 리스크 관리적 기능을 담당한다고 할 수 있다. 이러한 의미에서 계약법도 이른바 예방법(豫防法)적인 리스크 대처와 관련이 있다.

4) 민사재판에서 가해자의 행위가 악의적이고 반사회적일 경우 실제 손해액보다 훨씬 더 많은 손해배상을 부과하는 제도이며, 처벌적 손해배상이라고도 한다. 가해자가 피해자에게 악의를 품고 비난 받아 마땅한 무분별한 불법행위를 한 경우, 민사재판에서 가해자에게 징벌을 가할 목적으로 부과하는 손해배상으로서, 실제 손해액을 훨씬 넘어선 많은 액수를 부과하는 제도이다. 즉, 가해자의 악의적·반사회적인 행위에 대하여 일반적 손해배상을 넘어선 제재를 가함으로써 형벌적 성격을 띠고 있다고 볼 수 있다.

법이 할 수 있는 또 하나의 접근으로서 금지청구 방법, 더 나아가 환경법, 약사법, 「산업안전보건법」 등 행정법적 규제를 통한 리스크의 현실화의 '미연방지' 방법을 구상하게 된다.

이와 같이 리스크에 대한 오늘날의 법적 대처는 전통적인 불법행위법에 의한 사후적 구제에 그치지 않고 우리의 인식틀과 리스크관(觀), 더 나아가 (이 양자에 의해 큰 영향을 받은) 피해자의 의식의 변화 등과 보조를 맞추어 다양한 채널을 열어가고 있다. 그리고 그에 수반하여 불법행위법을 비롯한 전통적인 구제제도의 내실도 그 모습을 크게 바꿔나가고 있다. 따라서 여기에서는 이야기를 단순화하기 위해 개별 분야의 세세한 논점들을 파고들어 가기보다는 리스크와 법에 관한 전체적인 조감도를 시간 축을 따라 그려내는 데 집중하고자 한다.

1.2 예견가능성과 과실책임[5)]

앞서 설명한 대로, 잠재적 리스크가 사고 등의 형태로 현실화되어 누군가가 그 책임을 져야만 하는 상황에서 사람들이 가장 먼저 들고 나오는 것이 불법행위법이다. 우리나라 「민법」 제750조는 이를 다음과 같이 일반적이고 포괄적인 방식으로 규정하고 있다.

> 고의 또는 과실로 인한 위법행위로 타인에게 손해를 가한 자는 그 손해를 배상할 책임이 있다.

즉, 생명 · 신체 · 재산 · 생활 · 명예 등에 손해를 입었고 그 손해가 타인에 의해 의도적으로 혹은 그의 과실에 의해 생긴 것이라면, 그것을 회복하는 데 필요한 비용은 그것을 발생시킨 당사자가 부담해야 한다는 것이다.[6)]

---

5) 이하는 주로 橘木俊詔 · 長谷部恭男 · 今田高俊 · 益永茂樹編, 《リスク学とは何か》, 岩波書店, 2013, pp. 90~115를 참조하였다.

6) 사회질서의 유지를 목적으로 하는 형사법 관계에서는 고의와 과실의 차이가 결정적으로 중요하지만, 민사법 관계에서는 '손해를 회복하는 데 드는 비용을 누가 부담해

우리나라 「민법」의 이 규정은 프랑스 「민법」 제1382조 "타인에게 손해를 끼친 사람의 행위에 대해 그것이 어떤 것이든 손해가 과실에 의해 발생한 경우에는, 그 사람이 손해를 배상할 의무가 있다."는 문언에 뿌리를 두고 있고, 멀리는 고대 로마법으로까지도 거슬러 올라갈 수 있다. 물론 여기에서 법학설사(法學說史) 이야기까지 하려는 것은 아니지만, 다음에 유의할 필요가 있다. 우리나라 「민법」이나 프랑스 「민법」에서의 '과실'의 개념은 확실히 고대 로마법의 '선량한 가장(家長)의 신중함'에 기초하여 행동하지 않은 실수(culpa)라는 사고에 그 기원을 두고 있다. 그러나 더 중요한 것은 그것이 17, 18세기의 근대 자연법 사상가들에 의해 근대적인 세계관 혹은 인식론적 틀에 맞추어 다시 쓰인 것이라는 점이다.[7] 다시 말해서, 현재의 과실책임의 기반에는 통상의 지성과 판단력을 가진 '이성인'이라는 근대적인 인간상과 그것을 핵심으로 하는 근대적인 인식과 행위의 연관이 존재한다.

조금 도식적이긴 하나 이 근대적인 인식과 행위의 연관은 다음과 같이 설명할 수 있다. 첫째, 인간은 이성을 지니고 있고 이를 이용하여 자신의 외부세계에 있는 모든 사물의 인과관계를 파악할 수 있다. 예를 들면, 높은 곳에서 꽃병을 떨어뜨리면 조각조각 부서질 뿐만 아니라 때마침 그 낙하점에 있는 물건이나 사람에게 큰 피해를 입힐 수도 있다는 인식 등이다. 물리학을 모델로 하는 전통적인 자연과학의 기본적 발상은 그러한 원인과 결과를 축적하는 것이고, 우리가 초중등 교육과정에서 배우는 이과(理科)교육은 그러한 인과관계와 관련된 지식을 습득하기 위한 것이었다고 할 수 있다.

둘째, 근대적인 인간상의 또 하나의 특징은 인간이 이성뿐만 아니라 자유의사를 행사할 힘을 지니고 있다고 보는 점이다. 그렇기 때문에

야 하는가?'가 우선적으로 문제 되기 때문에, 손해가 고의에 의해서 생긴 것인지, 아니면 과실에 의한 것인지는 반드시 중요한 것은 아니다. 이하에서는 '과실'에 초점을 맞춰 논의를 진행시키기로 한다.

7) K. Zweigert and H. Kötz, *Introduction to Comparative Law*, 3rd ed., Oxford University Press, 1998, p. 377.

인간은 이성을 이용하여 획득한 지식들을 그저 하릴없이 축적만 하는 것이 아니라 외부세계를 제어하는 데 그것을 활용하게 된다. 예를 들어, 꽃병이 베란다에서 떨어지는 것이 위험하다고 판단하면, 자신의 자유의사로 꽃병을 안전한 장소로 옮기거나 난간을 설치하는 것 같은 자기결정(행위)을 하는 것이다.

'이성에 의한 인과관계 파악(인식)'과 '자유의사에 의한 외부세계에의 개입(행위)'이라고 하는 이 근대적인 인식과 행위의 연관은 코페르니쿠스(Nicolaus Copernicus), 뉴턴(Isaac Newton) 등에 의한 이른바 '과학혁명'에 의해 생겨난 것이다. 이 혁명을 거치면서 인간을 둘러싼 자연적 세계와 인간 내부의 정신적 세계, 혹은 객체로서의 '사물'의 세계와 주체로서의 '자기'의 세계가 서로 분리되었고, 물리학을 중심으로 한 자연과학과 철학 등의 정신과학이 각자의 길을 걷기 시작했다. 이 논의에서 특히 중요한 것은 이 근대적인 인식과 행위의 연관 또는 인식론적 틀이 형성됨으로써 '나의 행위가 어떤 결과를 가져오는가'에 관한 '예견가능성'이 비약적으로 커졌다는 것이다. 베버(Max Weber)나 프랑크푸르트학파의 사상가들이 지적했듯이, 이 예견가능성은 과학, 경제, 정치 등 근대사회 모든 인간 활동의 전제가 되었을 뿐 아니라 '법적 책임'의 관념에도 결정적인 영향을 미쳤다.

예견가능성과 법적 책임, 특히 민사상 과실책임의 관련성에 대해서는 다음과 같이 설명할 수 있다. 우선 이성에 의한 원인과 결과 연쇄에 대한 인식과 자유의사에 의한 개입이라는 도식을 전제한다면 자연스럽게 다음과 같은 추론이 도출된다. 통상의 이성과 판단력을 갖춘 인간이라면 당연히 회피해야 하는, 다시 말해 사물의 인과관계를 이해함으로써 예견할 수 있고 그 결과 자유의사를 사용하여 회피해야 할 손해를 자신의 부주의 때문에 발생시켰다면 그 책임은 손해를 야기한 당사자에게 돌아가야 하고, 그 손해 때문에 생긴 비용도 그 당사자가 부담해야 한다. 즉, 결과를 예견할 수 있었음에도 회피를 위한 적절한 조치를 강구하지 않았다는 사실이 과실책임의 기본 출발점이 되는 것이다.

현대를 살아가는 우리에게는 과실책임의 원칙을 이끌어내는 이 같은 추론이 당연하다고 생각될지 모른다. 그런데 이 추론에서 동일하게 도출되는 다음과 같은 결론에 대해서는 사람들이 그다지 주목하고 있지 않은 것 같다.

첫째, 결과의 예견가능성이 과실책임의 전제조건이라고 하면 보통의 이성과 판단력을 가진 사람이라도 인과관계를 파악할 수 없고, 따라서 예견 불가능한 손해에 대해서는 그 책임을 누구에게도 돌릴 수 없게 된다. 그 결과, 그러한 손해는 어느 누구의 탓이 아닌 일종의 '불운'이나 '재난'으로 간주되어 손해의 비용을 피해자 본인이 떠맡게 되는 것이다. 알기 쉬운 예가 지진이나 쓰나미 같은 자연재해다. 사실 이에 대해서는 극히 최근까지도 자선활동 등 타인의 선의 또는 공동체적인 상호부조에 대한 기대를 제외하면 피해자 본인이 손해회복비용의 전액을 부담하는 수밖에 없었다. 다시 말해 피해를 당한 사람들은 단순히 불운으로 치부했던 것이다.

둘째, 어떠한 피해를 입은 사람이 자기가 아닌 타인의 과실 때문에 손해가 야기되었다고 주장하기 위해서는 상대방에게 과실이 있었다는 것, 그중에서도 특히 손해 결과가 예견 가능했다는 것을 피해를 입은 측에서 입증해야 한다.[8] 왜냐하면 가해자 측은 당연히 "결과는 예측 불가능했기 때문에 나에게 책임이 없다."라고 주장할 것이기 때문이다. 이렇듯 과실의 입증은 기본적으로 피해자 측의 부담이 된다. 그리고 그것은 현재도 여전히 불법행위법의 기본원칙으로 통용되고 있다.

그런데 여기에서 잠시 생각해 보아야 할 점이 있다. 인플루엔자의 특효약이라 하는 신약을 의사로부터 처방받아 복용하고 회복불능의

---

8) 「민법」에서 '과실'책임주의라고 할 때는 과실보다 더 중한 고의는 물론(당연히) 책임을 지는 사유에 포함되는 것으로 해석된다. 이러한 법해석방법을 '물론해석'이라 한다. 물론해석은 법문에 일정한 사항이 규정되어 있는 경우 법문에 명기되어 있지 않은 사항이라 할지라도 사물의 성질상 또는 입법정신에 비추어 보아 이것은 당연히 그 규정에 포함된 것이라고 해석하는 방법이다. 예를 들면, '우마차' 통행금지라는 푯말이 붙어 있는 경우에 '자동차'의 통행금지는 물론이라고 해석하는 것이다.

장애를 짊어지게 된 사람이 있다고 하자. 피해자가 의사 등 가해자의 과실을 입증하는 것이 과연 가능할까? 왜냐하면 그 신약에 관한 정보를 가장 많이 보유하고 있는 쪽은 그것을 처방한 의사 내지 제약회사 또는 인허가 권한을 가진 감독관청이기 때문이다. 동일한 문제는 안전장치의 미흡 때문에 작업 도중 큰 부상을 당한 경우나 열차의 탈선 사고 때문에 대량의 사상자가 발생한 경우 등에도 적용된다.[9)]

이와 같이 사람들 간에는 정보격차가 존재하기 때문에, 예견가능성이라는 요건이 사고 피해자에게 가혹한 요구가 되는 경우가 적지 않다. 더 큰 문제는 과실책임의 전제가 된 '인식과 행위의 연관'을 기반으로 대규모의 산업화가 진행된 결과, 이러한 유형의 사고 피해자 수가 급격하게 증가했다는 것이다. 이러한 피해자들을 구제하기 위한 좋은 방법은 없을까?

1.3 통계·보험 및 무과실책임

과실책임의 전제가 된 근대의 '인식과 행위의 연관(또는 인식론적 틀)'은 사회 그 자체에도 일대 변화를 가져왔다. 그것은 일반적으로 산업화라고 하는 과정인데, 이는 동시에 지금까지 없었던 새로운 유형의 사고를 대량으로 만들어 내는 과정이기도 했다. 관점을 다르게 해보면, 산업화의 진전은 사고의 역사라고 해도 과언이 아니다.

산업화 시대인 19세기를 돌아볼 때 눈에 띄는 것은 공장이나 탄광에서 빈발했던 산업재해들이다. 그런데 산재사고의 피해자인 근로자들이 불법행위법에 의해 손해배상을 받기 위해서는, 사고의 원인이 열악한 노동환경이나 기계의 정비 불량 등에 있고 그것이 경영자의 과실 때문임을 입증해야 했다. 그러나 앞서 서술했듯이 이것은 거의 달성이

9) 또 다른 논점으로, 사고방지라는 관점에서 보면 과실책임의 추궁은 단순한 가해자 찾기로 끝나는 경향이 많고, 장래의 사고방지에 도움이 되기 위한 원인규명에 대해서는 오히려 장해가 되는 경우도 있다는 안전학 분야로부터의 지적이 있다.

불가능한 요구였기 때문에, 대부분의 나라에서 산재 사고의 피해자들은 어떤 구제 수단도 보장받지 못한 채 오랫동안 방치되었다. 그러한 법제도는 경영자의 입장에서 보면 확실히 노동비용을 줄여 싼값에 상품을 제조하고 판매하는 데 유리하였다. 그러나 발흥 중이던 국민국가의 입장에선 그것은 국력을 대폭 감쇄시키는, 그렇기 때문에 국가 간 경쟁력에 커다란 악영향을 끼치는 중대한 문제였다. 그 결과 '사회문제'라는 새로운 문제설정 및 (이와 밀접하게 결부된) 통계에 기초하는 '리스크'라는 관념이 돌연 역사의 무대에 등장하게 된다.

이 책에서는 지금까지 리스크란 말을 그다지 엄밀하게 정의하지는 않았다. 최근 흔히 사용하는 리스크 수용(risk taking)이라는 표현은 '손실을 입을 가능성이 있으나 역으로 큰 이익을 볼 가능성도 있기 때문에 감히 해 본다'는 뜻일 것이다. 바꿔 말하면, 이것은 확실하지 않은 것이나 알 수 없는 것, 즉 '불확실성'이나 '미지'의 존재를 충분히 인지한 상태에서 행동하는 것으로, 현대의 의사결정이론이나 조직이론에서는 이러한 광의의 용법이 지배적일 것으로 생각된다. 그러나 여기에서 유념해야 할 것은 '리스크'라는 표현이 애초에 보험 용어로 사용되었고, 그것이 얼마 안 되어 확률이나 통계 관념과 결부되기 시작했다는 점이다.

여기에서 근대적인 보험에 대해 간단하게 말하자면, 그 핵심은 통계와 확률의 발상을 모든 사회적 사건에 적용한 점이다. 예컨대, 주사위를 여러 번 던지면 1의 눈이 나올 확률이 1/6에 한없이 수렴되어 간다. 보험이라는 실천이 발견한 것은, '대수(大數)의 법칙(law of large number)'[10]이라 부르는 이 원리가 인간의 생사를 비롯한 사회적 현상

10) 통계 용어로서 적은 규모 또는 소수로는 불확정적이지만 대규모 또는 다수로 관찰하게 되면 거기에는 일정한 법칙이 있다는 것이다. 사람의 사망에 관해서도 어떤 특정인이 언제 사망할지는 예측할 수 없으나 많은 사람들을 대상으로 관찰해 보면 매년 일정한 비율로 사망자들이 발생하는 것을 알 수 있다. 이를 사망률의 대수의 법칙이라고 부른다. 이와 같은 대수의 법칙은 자연현상뿐만 아니라 사회현상을 관찰하는 데에도 적용될 수 있는 중요한 법칙이다.

에도 적용되고, 따라서 사전에 통계 데이터를 통해 연령별 사망 등의 확률을 산출해 놓으면, 손실보전에 필요한 금액을 보험료의 형태로 합리적으로 산정할 수 있다는 점이다.[11] '리스크'란 말은 원래 '배를 조정하여 단애(斷崖)의 협간(峽間)을 빠져나간다'는 뜻의 라틴어를 어원으로 한다. 이후 대항해(大航海)시대[12]의 모험자본주의 — 그리고 그 시대의 투기적 해상보험 — 와도 관계가 깊은 '용기를 가지고 감히 해본다'는 의미가 된 '리스크'라는 말은, 이렇게 하여 통계 데이터를 전제로 한 손실발생의 확률 내지 손실액의 기대치를 의미하게 되었다. 이와 같은 통계 데이터의 수집과 예견되는 손해의 배분이라는 기본원리에 입각한 최초의 근대적 보험회사는 1762년에 영국에서 설립된 '이퀴터블사(Equitable社)'이다. 이퀴터블사의 창업자들은 합리적 보험사업의 기초가 되는 연령별 사망률 일람표[생명표(life table)]를 작성하였다.

한편, 통계 데이터와 확률에 입각하여 리스크를 파악하는 새로운 방법은 산업재해와 사고 같은 대량 현상에서도 적용할 수 있다. 산재사고는 사용자나 근로자 등 개인의 주의 깊음(다른 말로 표현하면, 이성에 의한 인과관계의 파악과 자유의사에 의한 개입)에 의해 좌우되는 것이

11) 中山竜一,「保険社会」の誕生 ―フ-コ-的視座から見た福祉国家と社会的正義」,《法哲学年報》1994号, 有斐閣, 1994, pp. 154-162 참조.

12) 지금까지 통념으로는 중세의 대항해시대를 서구의 신흥세력들에 의한 이른바 '지리상의 발견'이나 '신항로의 개척'시대로 정의하는데, 이것은 서구문명 중심주의에서 비롯된 발상이다. 왜냐하면 이 시대는 서구가 아닌 동양에 의해 발단되었으며, 이른바 '지리상의 발견'이나 '신항로의 개척'은 다름 아닌 해상실크로드의 환지구적(環地球的) 확대이며 그 전개 시기이기 때문이다. 이렇게 동서양을 아우르는 범지구적 항해시대는 15세기 초에서 17세기 중엽까지로 잡을 수 있다. 이 시대를 대항해시대로 규정지을 수 있는 굵직한 항해사(航海事)로는 정화(鄭和)의 7차에 걸친 '하서양(下西洋)'을 비롯해, 엔히크를 필두로 한 포르투갈인들의 아프리카 서해안 항해, 다 가마의 인도양 해로 개척, 콜럼버스의 대서양 횡단, 마젤란과 엘카노의 세계일주, 아메리고 베스푸치의 남미 대륙 항해, 포르투갈과 스페인의 라틴아메리카 식민화를 위한 해상 활동, 네덜란드와 영국의 해양 패권 경쟁 등을 들 수 있다. 이 시대에는 대범선무역(大帆船貿易)에 의해 동서 간에 도자기와 향료, 농산물과 광물 등 문물교류가 활발하게 진행되었다(정수일, 《실크로드》, 창비, 2013).

라기보다 공장 운영이라는 사업에 일정한 확률로 내재하는 '리스크'로 파악해야 한다. 그리고 이러한 산재사고의 '리스크'는 사고에 관한 과거의 통계 데이터를 수집하여 사고 발생률을 추출하는 방법을 통해 합리적인 산정이 가능하다. 그런 이유로 공장 운영처럼 위험을 수반하는 사업을 운영하는 경영자는 사업에 뒤따르는 리스크와 사업 수익을 저울질한 다음, 그러한 사업을 시작한 이상 전문적 지식과 자금을 동원하여 리스크가 현실화하는 것을 '미연에 방지'해야 할 책임이 있다. 그리고 만에 하나 리스크가 현실화되었을 때는 설사 경영자에게 과실이 없다고 해도 일정한 리스크를 내포한 사업에서 이익을 얻는 만큼, 그 책임을 떠맡아 손해를 배상할 의무가 있는 것이다. 이것이 바로 '무과실 손해배상책임'이라고 하는, 책임을 파악하는 새로운 방식이다.

일본의 「민법」을 통해 우리나라 「민법」 형성에 간접적으로 큰 영향을 미친 프랑스에서는 이렇게 책임을 파악하는 새로운 방식이, 보일러 폭발사고에서 사용자 측 책임을 인정한 1896년 9월 16일 프랑스 대법원 판결을 통해 판례법(보통법, common law)의 형태로 출현하였다. 이 사건의 재판관들은 본래 과실책임 시스템에서 보조적 규정에 지나지 않았던 「민법」 제1384조 제1항의 '사람은 자신의 행위가 일으킨 손해뿐만 아니라 자기가 책임져야 할 타인 또는 자기가 보관하는 물건이 일으킨 손해에 대해서도 책임을 진다'는 내용을 경영자의 무과실책임을 규정한 것으로 재해석하였다. 이어 당시의 법학자들이 무과실책임이라는 이 새로운 책임관을 리스크이론(theorie du risque)으로 정식화하였고, 급기야 1898년에 무과실책임을 입법에 반영한 「근로자재해보상법」이 제정되기에 이르렀다. 그리고 20세기에 들어와 이러한 '판례를 통한 무과실책임화'의 흐름은 1930년의 프랑스 대법원 판결을 통해 교통사고라는 새로운 대량 현상에까지 파급되었다.

자동차의 보급은 현대사회에 많은 혜택을 가져다 준 한편, 수많은 교통사고 피해자를 만들어 냈다. 음주운전이나 무면허운전처럼 운전자에게 형사상 과실책임을 엄중히 추궁해야 하는 경우도 있는데, 운전자의 과실이 입증되지 않는 한 피해자는 어떤 배상도 받을 수 없다는 것은 피해자 구제의 관점에서 볼 때 너무 가혹하다. 그래서 자동차 운전이라는 행위 그 자체에 일정한 리스크(이것은 과거 교통사고 통계로부터 산출될 수 있다)가 포함되어 있다고 간주하여, 운전자가 그러한 리스크를 인수한 이상 과실 유무에 관계없이 현실화된 리스크에 책임을 져야 한다는 것을 인정하게 되었다. 이에 따라, 자동차 운전이라는 행위를 운전자 전체의 리스크로 파악하여 운전자 모두에게 강제적으로 보험에 가입하게 하고(책임보험), 만에 하나 교통사고가 일어났을 때는 운전자의 과실 유무에 관계없이 피해자에게 사고비용을 보상하는 제도를 구상하게 되었다. 우리나라의 「자동차손해배상 보장법」은 이에 가까운 제도이다.

개인주의적인 과실책임의 원리로부터 집합적 리스크 개념을 기반으로 하는 무과실책임으로의 전환은 단지 앞에서 설명한 프랑스만의 현상은 아니다. 프랑스에 이어 우리나라 「민법」에 간접적으로 큰 영향을 미친 독일에서도 산업재해 피해자 및 그 가족의 구제를 위하여 제정된 1871년의 「제국배상책임법」을 통해 일찍이 무과실책임의 원리를 도입하였고, 1884년에는 이를 세계 최초의 사회보험에 해당하는 「재해보험법」으로 발전시켰다. 독일에서는 그 후에도 철도, 자동차, 항공기, 광업에 관한 특별법이나 위험책임(Gefahrdungshaftung)[13]을 둘러싼 학설들을 통해 무과실책임 체제로의 전환이 진척되어 갔다.[14] 또한 독일에서는 탈리도마이드(thalidomide) 약해(藥害)사건[15]을 계기로

13) 무과실책임을 인정하는 이론적 근거는 사회에 대해 위험을 만들어내고 있는 자는 그것에 의해 생긴 손해에 대해 과실의 유무를 불문하고 책임을 져야 한다는 발상이다. 이에 대해서는 뒤에서 상세히 설명한다.

14) 浦川道太郎, 「無過失損害賠償責任」, 星野英一編, 《民法講座(6) 事務管理 · 不当利得 · 不法行為》, 有斐閣, 1985, p. 204.

15) 1957년 독일의 제약사 그루넨탈(Grunental)에서 처음으로 탈리도마이드가 출시되었다. 이 약은 일종의 진통제(진정제)로 당시에는 별다른 부작용도 없고 많이 복용하여도 독성이 거의 없는 기적의 약(wonder drug)으로 알려졌었다. 특히 이 약은 임산부의 입덧 방지에 뛰어난 효과가 있는 것으로 알려져 입덧으로 고생하는 많은 임산부에게 처방전 없이 자유롭게 판매되었다. 그런데 이 약이 발매된 다음 해부터

일찍이 1976년 「약사법」을 개정하여 의약품의 부작용에 관한 무과실 책임을 일찍 인정했는데, 이것은 특필(特筆)할 만한 일이라고 하겠다.

영국에서는 1880년의 「사용자책임법」이 무과실책임법의 효시이고, 1897년의 「근로자재해보상법」 제정으로 발전되었다. 그리고 이와 병행하여 근로자들에게 불리한 판례법 법리들이 순차적으로 폐지되었다. 그리고 최종적으로 제2차 대전 중의 국민총동원체제를 배경으로 과실에 대한 피해자 측의 입증책임[16]을 전면적으로 면제했으며, 더 나아가 산업재해뿐만 아니라 일반질병에 의한 손실보상, 최저수입보장까지도 커버하는 종합적인 복지국가프로그램(National Health Service: NHS)을 실현하기에 이르렀다.[17]

개인의 자유를 중시하는 정치문화가 특징인 미국에서도 1960년대의 여러 판례를 통해 '엄격책임(strict liability)[18]' 또는 '절대책임(absolute liability)'의 이름 아래 무과실책임을 채택한 「제조물책임법」이 발전했는데, 이것은 이후 유럽 여러 나라와 일본, 우리나라의 입법에도 큰 영향을 미쳤다.

무과실책임이란 고의 또는 과실 없이도 부담하는 손해배상책임으로서 과실책임에 대비되는 개념이다.[19] 근대법은 자기의 고의나 과실

팔과 다리가 짧거나 없는 기형아들이 출산되기 시작했다. 1961년 말 이 약이 시장에서 철수되기 전까지 유럽과 아프리카, 일본을 포함하여 40여 개국에서 사용되었고, 그 사이 출산된 기형아 수는 10,000명을 상회하였다. 1950년대 당시에는 독성 시험자료 제출이 현재와 같이 엄격하지 않았기 때문에 이러한 비극이 발생하게 된 것이라고 할 수 있다.

16) 입증책임이란 소송 등 분쟁해결 절차에서 각 당사자가 자신이 주장하는 사실이 진실이라는 것을 입증할 책임을 의미하며, 증명책임 또는 거증책임이라고도 한다. 입증책임은 소송법상의 증거의무로서 의무자가 법원을 설득할 수 있는 증거를 제출하지 않는 경우 소송상 불이익을 당하게 된다.

17) P. W. J. Bartrip, *Workman's Compensation in Twentieth Centry Britain*, Avebury, 1987, p. 124.

18) 행위자의 고의·과실의 입증을 요하지 않고 발생한 결과에 대해 책임을 지게 하는 원칙으로서 절대책임, 무과실책임과 동일한 의미로 이해되고 있다.

19) 무과실책임 사안에서는 책임 확장에 따른 폐단을 방지하는 방법으로 고의·과실의 개념을 활용하는 방법은 통하지 않는다. 책임주의가 지배하는 형사법 영역과는 달

이 있는 행위로 인하여 발생한 손해에 대해서만 배상책임을 지는 과실책임주의를 원칙으로 해 왔고, 현행 「민법」도 과실책임주의가 원칙이다. 그러나 18세기 후반부터 산업혁명의 진전으로 위험한 사업에 의한 위험이 증대하는 과정에서 발생된 손해의 경우 가해자의 고의·과실의 존재를 입증하기가 매우 어렵고, 특별한 위험은 가해자의 과실 없이도 손해가 발생하기도 하였다. 이에 따라 20세기에 들어와 사회정의나 공평을 기하기 위하여 과실책임주의를 완화하여 일정한 경우에는 손해발생에 있어서 고의 또는 과실이 없는 경우에도 배상책임을 지게 하는 무과실책임주의가 대두하게 되었다. 그 배경으로는, 근대산업의 발전으로 많은 위험이나 공해를 유발하는 기업은 막대한 이윤을 취하는 반면, 그 과정에서 손해를 입는 자는 발생한 손해에 대하여 과실책임주의로는 배상을 받을 수 없는 사회적 불공평이 생기게 되었기 때문이다. 그리하여 이러한 사회적 불공평의 시정책으로 무과실책임주의가 등장하게 되었는데, 그 이론적 근거는 기계·설비, 시설, 물질, 기타 유형화(有形化)된 위험원으로부터 위험이 현실화되어 타인에게 손해를 야기한 경우에 그 위험원의 점유자·소유자 또는 관리자는 그 손해에 대하여 과실의 여부를 불문하고 책임을 져야 한다는 '위험책임'이다.[20]

과실책임이 행위자의 위법한 행위에 대한 책임인 데 반하여, 위험책임은 책임자의 특정한 위험의 지배 그 자체에 대한 책임이다. 즉, 위험책임은 위험원의 운영에 위험의 완전방지가 불가능한 추상적 위험이 내포되어 있음에도 불구하고 그 사회적 유용성 때문에 법질서에 의해 허용된 경우, 그 위험이 현실화되어 손해가 야기된 것에 대한 책임이다.

리 민사법 영역에서는 고의·과실이 전혀 없어도 책임이 인정되는 경우가 있기 때문이다. 따라서 민사법 영역에서는 책임범위를 제한하기 위하여 어느 행위로부터 어느 결과가 발생하는 것이 상당하다고 판단될 때 인과관계가 인정되는 상당인과관계설이 등장하게 되었고, 이것이 현재 일반적인 기준으로 통용되고 있다.

20) 무과실책임이나 위험책임에서는 고의·과실 여부를 따지지 않기 때문에 책임 범위를 제한하기 위해 상당인과관계설이 등장하게 되었고, 현재 일반적인 기준으로 통용되고 있다.

따라서 위험책임의 성립에는 과실책임과는 달리 가해행위의 위법성이나 유책성이 문제 되지 않는다.[21] 위험책임의 이론적 근거로는, 이익을 추구하는 과정에서 타인에게 손해를 끼쳤다면 그 이익추구의 대가로 손해에 대해 책임을 져야 한다는 '보상책임설', 손해의 원인을 제공한 자는 그로부터 발생한 손해를 배상하여야 한다는 '원인책임설', 배상책임의 결정은 공평 또는 정의에 기하여야 한다는 '공평책임설' 등이 있다.[22]

우리나라 「민법」에서는 감독자의 책임(제755조), 사용자의 배상책임(제756조)에서 무과실의 입증책임을 이들에게 전환시키고 무과실의 입증을 곤란케 하거나 받아주지 않음으로써 무과실책임에 가까운 결과책임을 부담시키고 있으며, 또 공작물의 점유자 또는 소유자의 배상책임(제758조)도 무과실책임으로 구성되어 있다.[23] 한편, 「국가배상법」상의 국가 또는 지방자치단체의 영조물의 설치 및 관리의 하자에 대한 배상책임(제5조)도 무과실책임을 규정하고 있다.

우리나라에서 무과실책임주의는 오래 전에 광업법 등 특별법으로 규정되기 시작하였고, 판례에서 이를 채택해 왔다. 그러나 과실책임주의가 폐기된 것은 아니며, 일반적으로 과실책임주의를 취하면서 과실책임으로는 손해배상책임을 지울 수 없는 특수분야에서 예외적으로 공평을 기하기 위하여 무과실책임을 취하고 있다. 우리나라 「민법」 외 다른 법에서의 '무과실 손해배상책임 제도'에 대해 정리해 보면 다음과 같다.

---

21) 윤용석, <위험책임론>, 《법학연구》 제31권 제1호, 부산대학교 법학연구소, 1989, 223쪽.

22) 「민법」상으로는 무과실책임 이론이 가능하지만, 「형법」상으로는 어떠한 경우에도 '무과실'행위를 처벌할 수는 없다. "고의·과실 없으면 책임 없다."라는 책임주의는 「형법」상의 철칙에 속한다.

23) 공작물의 점유자는 면책 항변이 인정되는 과실책임[정확히는 손해의 방지에 필요한 주의를 해태하지 않았음을 입증하지 않는 한 그 책임을 면할 수 없는(과실책임과 무과실책임의 중간에 있는) 중간책임]을 지고, 공작물의 소유자는 면책 항변이 인정되지 않는 주의의무 해태(과실)와 관련 없는 무과실책임을 진다.

첫째, 다른 나라와 마찬가지로 우리나라에서도 무과실책임을 본격적으로 도입하는 계기가 된 것은 1960년대 이후의 급속한 산업화가 초래한 산업재해이다. 다발하는 근로자의 업무상 재해를 신속하고 공정하게 보상하기 위하여 1963년에 「산업재해보상보험법」(이하 '산재보험법'이라 한다)이 제정되어 근로자가 업무상 부상을 당하거나 질병에 걸리거나 사망했을 경우 사용자는 본인 또는 그 가족에게 보상해야 한다는 내용의 사용자 무과실책임이 제도화되었다. 우리나라 사회보장제도의 핵심은 이 산재보험과 기타 사회보험들(건강보험, 고용보험, 국민연금 등)을 결합하여 만들어졌다.

둘째, 환경 피해자 구제 분야가 있다. 일제 식민지 시대부터 광산 개발로 인한 대규모 토양오염, 석탄 채굴에 따른 지반 함몰 등이 빈발함에 따라, 1951년에 「광업법」을 제정하여 광물을 채굴하기 위한 토지의 굴착, 갱수나 폐수의 방류, 폐석이나 광재의 퇴적 또는 광연(鑛煙)의 배출로 인한 손해, 즉 광해(鑛害) 피해자에게는 고의나 과실 유무에 관계없이 기업이 배상을 하게 되었다(제60조).[24] 그리고 급속한 산업화 과정에서 심각한 환경 피해에 대한 보상문제가 사회문제로 부상함에 따라, 1990년에 제정된 「환경정책기본법」에서는 환경오염으로 피해가 발생한 경우에는 해당 사업자가 그 피해를 배상하여야 한다는 무과실책임을 규정하였다(제31조).[25] 2012년 발생한 구미 불산가스 누출사고를 계기로 2014년에 제정된 「환경오염피해 배상책임 및 구제에 관한 법률」 역시 사업자의 환경오염 피해에 대한 무과실책임을 명기하고 있다(제6조).

셋째, 자동차사고를 둘러싼 무과실책임에 대해서는 자동차의 증가에 따라 일본의 제도를 모델로 한 「자동차손해배상 보장법」이 1963년에 제정되었다. 동법 제3조는 가해자에게 자동차의 운행에 과실이 없었고, 피해자 또는 제3자에게 고의 또는 과실이 있으며, 자동차의 구조

24) 현행 「광업법」에서는 제75조에 규정되어 있다.

25) 현행 「환경정책기본법」에서는 제44조에 규정되어 있다.

상 결함이나 기능상 장해가 없었다는 것을 입증하지 못할 경우, 가해자에게 손해배상의 책임이 있다는 것을 명기하고 있는데, 실제로 가해자의 과실이 전혀 없다고 판결하는 일은 거의 없다는 것을 생각하면, 사실상 무과실책임제도라고 할 수 있다.

넷째, 「제조물책임법」이 2000년에 제정되어 2002년부터 시행되었다. 동법 제3조는 결함 있는 제품에 의해 생명, 신체, 재산에 손해를 입은 경우 제조업자 측에게 무과실책임이 있음을 규정하고 있다. 다만, 제품에 결함이 있다는 것과 결함과 피해 사이의 인과관계에 대한 입증책임은 피해자 측이 부담하는 것으로 되어 있다.

다섯째, 1969년에는 「원자력손해배상법」이 제정되었는데, 동법 제3조는 원자력사업자의 무과실책임이 명기되어 있다. 만에 하나 원전사고가 일어났을 때 손해의 회복은 보험적 수단(원자력손해배상책임보험계약 및 원자력손해보상계약의 체결) 및 국가의 원조를 통해 행하도록 하였다.

이와 같이 우리나라에서는 규제영역별로 특별법을 제정하는 방식을 통해 무과실책임제도를 도입해 왔는데, 사실 이 방식에는 문제가 있다. 우선 많은 사고가 발생하여 사회적 압력이 있고 나서야 비로소 입법화에 나서는 방식이었기 때문에, 아무래도 규제 대상이 산발적이고 세분화된 측면을 가지고 있다. 예를 들어, 자동차사고에 대해서는 사실상 무과실책임을 인정하고 있으면서도 동일한 고속 교통기관인 항공기나 철도사고에 대해서는 인정하지 않고 있고, 원전사고에 대해서는 무과실책임을 적용하고 있으면서도 그 밖의 에너지 관련 시설들에 대해서는 적용하지 않고 있다. 이처럼 산발적이고 세분화된 규제는 영역 간 불평등이라는 부정의(不正義)를 만들어 내고 있다.

또 다른 문제점은, 그 입법과정에서 이것을 어디까지나 과실책임원칙의 예외로 자리매김하여 왔기 때문에, 현실의 재판실무에서는 이러한 무과실책임 규정이 반드시 유효하게 활용되고 있다고는 할 수 없고, 역시 과실책임에 의한 해결이 우선되고 있는 경우도 적지 않다는 점이다.

무과실책임제도 도입의 전제가 되는 것은 리스크가 미리 산정되어 있는 것, 즉 상정되는 손해와 그 비용에 관한 통계 데이터가 존재하는 것이었다. 그러나 역사를 돌이켜 보면 알 수 있듯이, 각종 사회적 손해에 대한 통계 데이터의 수집은 결코 자명(自明)한 것은 아니다.

매우 흥미롭게도, 1990년대 쿤(Thomas Kuhn)이나 해킹(Ian Hacking)과 같은 연구자들을 세계각지에서 모아 독일 빌레펠트대학에서 조직된 학제적 연구그룹은 코페르니쿠스, 뉴턴의 과학혁명에 필적할 만한 또 하나의 과학혁명이 18세기 말 무렵부터 20세기 초에 걸쳐 있어났던 것이 아닌가 하는 가설을 제기하였다. 그들은 이를 '확률혁명(probabilistic revolution)'이라고 명명하면서 대략 다음과 같은 것을 지적하였다.[26)]

18세기 말부터 19세기에 걸쳐, 앞 절에서 설명한 '외적 세계의 인과관계 파악과 자유의사에 의한 개입'과 같은 근대적인 인식론적 틀 위에 포개지듯이 통계 데이터와 확률을 기반으로 하는 새로운 세계상, 새로운 '인식과 행위의 연관'이 출현하였다. 확률을 둘러싼 논의 자체는, 예컨대 도박의 판돈 계산이나 화재보험, 연금 등의 보험 수리(數理), 천체 관측 등 그 이전부터 시작되었다. 여기에 국민국가의 형성과 병행하여 각국에서 수집되기 시작한 다양한 통계 데이터가 결부됨으로써 새로운 인식과 행위의 연관이 탄생하게 된 것이다. 인간의 생사를 비롯한 모든 사회적 사건에 '대수(大數)의 법칙'을 적용하는 것이 가능하다는 것을 발견한 것이 근대적인 보험사업이었다는 사실은 이미 확인하였고, 발흥 중이던 국민국가들은 이 원리를 산업재해뿐만 아니라 국력의 유지 및 증강과 관련된 그 밖의 다양한 영역, 즉 빈곤, 위생, 범죄, 연령, 질병, 자살 등 다양한 사회문제에 적용하기 시작하였다. 실제로 서구 각국은 18세기 말부터 19세기 초의 세기 전환기에 경쟁적으로 '통계부처'를 창설하여 '국민'에 관한 여러 가지 데이터를 수집하기 시작하였다. 그리고 그렇게 문제영역별로 수집된 통계 데이

---

26) L. Krüger, L. J. Daston(Editor) and M. Heidelberger(eds.), *The Probabilistic Revolution*, vol. 1, A Bradford Book, 1990, p. 87 이하.

터들이 구분화되고 계층화되어 많은 표준(norm, standard)이 도출되었다. 그리고 그 표준에서 벗어난 개인이나 집단은 일정한 리스크가 있다고 간주되어 행정기관의 일정한 개입 또는 개선조치의 대상이 되었다. 또한 제반 사회문제를 사회에 내포되어 있는 불가피한 리스크로 파악하고, 통계 데이터를 참조해 그러한 리스크의 현실화에 대비하는 새로운 통치 기술이 탄생하였다.[27)]

이 새로운 통계기술은 현대 행정활동의 기본이라 할 수 있다. 예전의 (단일)통계부처는 '인쇄된 통계지표'를 눈덩이처럼 증가시키면서 얼마 안 있어 현재 우리에게 익숙한 다수의 행정관청으로 조직이 분화되어 갔다. 국민의 건강, 수입, 환경위생, 학교교육, 형사행정 등 그 주제가 무엇이든 그곳의 주된 활동은, '표준'으로부터 일탈한 대상(target)의 특정(特定), 조사, 시책 입안, 실시, 평가라는 주기의 반복이었다. 그리고 이러한 활동의 기반이 된 것이, 바로 특정 사상(事象)을 대량으로 관찰하여 해당 사상에 대한 리스크를 특정하는 통계학적 세계상(世界像)이고, 더 나아가 그렇게 산출된 확률을 참조해 리스크의 현실화를 미연에 방지하려고 노력하고, 만에 하나 리스크가 현실화되는 경우에 대비하여 손해 회복에 필요한 비용을 사전에 축적한다고 하는 새로운 인식과 행위의 연관과 다름이 없다. 그렇다면 이른바 '복지국가'의 토대가 되고 있는 것도 바로 이러한 새로운 인식과 행위의 연관 또는 인식론적 틀이라 할 수 있다. 왜냐하면 적어도 오늘날 우리가 이해하는 '복지국가'란 각종 보험이나 세금정책을 통한 리스크 재분배 시스템 이외의 아무것도 아니기 때문이다. 우리나라에서도 산업재해, 공해, 교통사고 등에 의한 피해와 관련하여 리스크 현실화를 미연에 방지한다거나 현실화된 리스크의 손해를 회복하는 데 일정한 역할을 수행해 온 것은 그것을 대량 현상으로 관찰할 수 있는 입장에 있는

---

27) 정혜경 역, 《우연을 길들이다: 통계는 어떻게 우연을 과학으로 만들었는가?》, 바다출판사, 2012(Ian Hacking, *The Taming of Chance*, Cambridge University Press, 1990), 197쪽 이하.

행정기관이었다. 이른바 한국형 복지행정·국가에 대해 생각할 때도, 한국적 특수성에만 관심을 둘 것이 아니라, 이러한 보편사적 맥락을 염두에 둘 필요가 있다.

1.4 리스크사회와 법적 규제의 한계

법의 한 국면인 사법제도는 이미 일어난 사건의 해결을 주된 임무로 한다는 점에서 과거지향적인 성격의 제도인 이상, 여기서 채택되는 수단도 (손해배상이 전형적으로 그렇듯이) 사후적 구제라는 색채를 띠게 된다(물론 최근에는 헌법상의 인격권을 근거로 금지청구에 의한 사전 개입을 인정하는 것이 대단히 중요한 논점이 되고 있지만). 그러나 법의 또 다른 측면을 입법 또는 행정활동에서 찾는다면 일정한 행위와 회피·방지를 위한 조치를 사전에 조치(명령)할 가능성을 생각할 수 없는 것은 아니다. 이렇게 해서 법제도는 손해 발생의 인과관계 혹은 손해발생의 확률이나 그 기대치인 리스크가 분명하게 보이고 일정한 예측가능성이 존재하는 경우에는, 입법이나 행정을 통해 미연 방지를 위한 시책을 스스로 행하게 하거나, 그러한 조치를 취하도록 개인이나 기업에게 명하게 된다. 건축, 식품위생, 약품, 공업제품 등의 안전성에 관련된 광범한 행정적 규제영역들은 이와 같은 방식으로 형성되었다. 덧붙이자면, 법의 일반 이론에서는 이러한 일련의 행정적 규제를 가리켜 '관리형 법'이라 부르기도 한다.

그러나 오늘날처럼 과학기술이 고도화되고 전문적 지식이 더욱 세분화하고 있는 시대에는, 복잡한 인과관계를 파악하거나 바람직하지 못한 사상이 일어날 확률 또는 손해의 기대치, 즉 리스크를 산정하는 것이 누구에게나 가능한 것은 아니다. 대다수의 사람들은 최신형 자동차의 내부 구조에 대해서, 매물로 나온 아파트의 내진(耐震)기준이나 그 심사방법에 대해서, 유전자 변형 식품이나 신약의 제조과정 또는 거기에 포함된 잠재적 리스크를 측정하는 방법에 대해서, 보험료 산정의 전제가 되는 통계 데이터나 보험 수리(數理)에 대해서, 투자신탁의 포트폴리오 작성에 사용된 복잡한 수식에 대해서 상세한 것은 거의 알지 못한다. 그런 상품이나 서비스들은 우리에게는 블랙박스와 다름없으며, 그저 생산자나 제공자(그리고 그것에 인증을 부여한 행정관청)들을 '신뢰'하고 그것들을 구입하는 판단을 하는 데 그칠 뿐이다. 그런 상품이나 서비스의 안전성에 일말의 불안을 느낄 때 우리에게 가능한 선택지는 구입 자체를 단념하거나 각종 사보험(私保險)에 가입하는 정도밖에 없다. 이러한 현실을 굳이 '리스크'란 말을 사용하여 표현한다면, 미연방지를 위해 전문적 지식이나 기술을 동원하여 적극적으로 대처하는 전문가들과는 달리, 일반 개인에게 가능한 것은 (넓은 의미에서) 리스크를 수용하느냐 마느냐 하는 판단, 그리고 리스크를 수용할 때는 만일의 경우 손해 회복에 대비하여 얼마만큼의 지출이 가능할까라는 판단에 한정된다.

이처럼 오늘날의 사회에서는 전문가와 일반개인 간 지식의 불균형이 너무 크다. 그리하여 인과관계의 해명이나 리스크의 산정을 통해 예측가능성을 확보하는 것, 그리고 이를 기초로 미연 방지를 위한 조치를 신속하게 취하는 것은 사실상 과학적 지식 또는 기술적 수단을 소유한 기업이나 행정기관 내 '전문가의 책임'으로 간주된다. 그러나 만약 고도의 지식과 기술을 갖춘 전문가조차 인과관계의 해명은커녕 일정하게 신뢰할 수 있는 리스크 산정조차 불가능한 경우가 생긴다면 어떻게 되는 것일까? 이 경우 전문가의 판단에 모든 것을 맡기는 것이 과연 현명하다고 할 수 있을까? 그런데 그러한 사태야말로 바로 우리가 현재 직면한 '리스크사회'의 새로운 현실이다.

요즘에는 '리스크사회'라는 말을 당연한 것처럼 사용하고 있지만, 원래 이 표현은 벡(Ulrich Beck)이 장래에 대한 전망이 점점 더 불투명해지고 있는 현대사회를 가리키는 키워드로 사용하였다.[28] 일찍이 우

---

28) U. Beck, *Risikogesellshaft; Auf dem Weg in eine andere Moderne*, Suhrkamp, 1986.

리는 지식의 증대나 사회기술의 진보가 우리 일상생활을 좀 더 편리하고 풍족하게 하며 안심이나 안전을 보장해 줄 것으로 믿어 의심치 않았다. 그러나 오늘날의 현실은 어떠한가? 베버(Max Weber) 등 예전의 근대화 이론에 따르면, 근대화란 생활과 지(知)의 제반 영역에서의 합리화 과정이었기 때문에, 많은 사람들은 근대화가 당연히 행위와 예측가능성을 크게 확대시켜줄 것으로 기대하였다. 그러나 오늘날의 현실을 보면 지식 증대나 기술 혁신이 예측가능성을 확보하는 데 유용하기는커녕 오히려 예측불가능성을 키우고 있는 것이 아닐까? 설사 과거 산업화 시대에는 사고나 공해 등 부정적인 결말이 초래되었다고 해도 지식의 증대나 과학기술의 진보가 반드시 이 모든 것을 극복해 줄 것이라고 낙관할 수 있었다. 그러나 원전사고, 삼림파괴, 오존층 파괴, 지구온난화, 식품오염, 약해(藥害) 같은 20세기 중엽 이후 출현한 리스크들은 그 귀결의 규모나 심각성을 더 이상 예견할 수 없다는 의미에서 지금까지와는 다른 '새로운 리스크들'이라고 불러야 하지 않을까? 이것들은 바로 인간의 지식이나 기술이 산출한 리스크[기든스(Anthony Giddens)의 말에 따르면, '인간의 손에 의해 만들어진 불확실성(manufactured uncertainty)]'인 것이다. 그리고 여기에는 '이것이 리스크인지 아닌지'의 인지(認知)와 판단 등을 포함하여 재차 인간의 지식이나 기술에 의존하는 재귀적(再歸的) 구조가 존재하는 한편, 개인생활, 시장(market), 지역공동체를 뛰어넘어 지구 전체를 삼킬 수 있는 글로벌한 성격도 존재한다는 것을 간과해서는 안 된다.[29]

이런 새로운 리스크들에 직면할 때 기존의 행정적 통제는 기능부전에 빠져 버리는 경우가 많았다. 그 이유는 불충분한 정보를 바탕으로 한 규제가 오히려 예견 불가능한 새로운 리스크를 만들어 내는가 하면, 대체 무엇이 리스크이고 어디에 리스크가 있는가라는 것 자체가 사회적으로 규정되고 지식과 기술에 의해 변동되는 성질을 가지고 있어, 행정적 개입에 의해 새로운 리스크가 발생할 수도 있기 때문이다.

29) A. Giddens, "Risk and Responsibility", *The Modern Law Review*, 62(1), 1999, p. 1.

리스크사회에서의 '근대'는, 이른바 근대화 과정이 야기한 귀결이 자신에게 되돌아오는 단계, 즉 '재귀적 근대화'의 단계라고 할 수 있는데, 이 단계에서는 전문적인 지식과 행정적 개입에 의한 관리에 모든 것을 맡기는 것이 더 이상 불가능하다.

만약 리스크사회의 성격이 그렇다면, 리스크사회에서는 개인의 생활양식뿐만 아니라 집단적인 의사결정의 방식도 바뀌어야 한다. 그래서 벡은 식품의 위생관리, 쓰레기 소각장이나 발전소 등의 설치, 허용 가능한 유전자 진단이나 생식기술의 정도 등을 사례로 들어, 예견 불가능한 리스크를 품고 있는 문제에 대해서는 그 결정권한을 전문가나 행정관료의 손에만 맡기지 않고 시민이나 시민단체(NGO) 등을 포함한 다양한 관계자나 집단이 참가하는 새로운 숙의(deliberation)의 장으로 옮겨야 한다고 주장하였다. 그리고 바로 그러한 '정치'의 재창조야말로 리스크사회가 요구하는 하나의 귀결이라고 주장하고 있다.[30)]

저널리스트로 활약하기도 했던 벡의 이러한 시대 진단에는 확실히 탁월한 감각으로 새로운 시대의 핵심을 파악하는 예리함이 있다. 그러나 여기에서의 관심에서 본다면 약간의 부족한 점도 있다. 그 하나는 벡이 사용한 '리스크'의 의미에 애매함이 있고, 리스크사회 내의 다양한 난제의 해결을 대체적으로 '정치'에서 구하고 있다는 점이 그것이다.

이미 언급했듯이, '리스크'란 말은 오늘날 통상 두 가지로 사용된다. 우선 리스크를 불확실성이나 미지(未知)와 유사한 의미로 사용하는, 의사결정이론이나 조직이론에서 쓰이는 용법(이른바 광의의 리스크)이 그 하나이고, 또 하나는 통계 데이터나 확률과 결부된 이해로서 공학, 생물학, 의학 등의 자연과학에서 사용하는 용법(이른바 협의의 리스크)이다. 그런데 여기에서는 주로 두 번째 용법에 초점을 맞추었다. 이 관점을 취하지 않으면 인식론적인 틀과 사회 변화에 대응하여 그 모

---

30) 홍성태 역, 《위험사회: 새로운 근대(성)를 향하여》, 새물결, 2006(Ulrich Beck, *Risikogesellshaft; Auf dem Weg in eine andere Moderne*, Suhrkamp, 1986), 359쪽 참조.

습을 변화시켜온 법적 책임의 흐름을 볼 수 없게 되기 때문이다. 그런 이유로 여기에서는 벡의 시대 진단을 더욱 진전시켜 '새로운 리스크'의 성격을 다음과 같이 이해하기로 한다. 리스크사회에서의 '새로운 리스크'란, 단순히 불확실성이나 비지(非知)의 의미라기보다는 잠재적 리스크가 현실화된 경우의 손해규모와 영향의 크기를 사전에 파악하기가 대단히 어렵고, 신뢰할 수 있는 통계 데이터가 존재하지 않거나 측정방법 자체가 지닌 한계 때문에, 발생확률도, 부정적인 기대치도 산정하는 것이 일반적으로 불가능한 리스크를 말한다.

이렇게 이해한다면, 원전사고, 지구온난화, HIV(인체면역결핍 바이러스) 감염, 예방접종을 매개로 한 간염감염, BSE(광우병) 오염 등의 '새로운 리스크'에 직면했을 때, 전문가의 의견을 바탕으로 한 행정적 수단에 의한 미연방지도, 무과실책임 원리와 보험적 방법을 통한 사고비용의 사후적 회복도 좀처럼 기능하기 어려운 이유를 잘 알 수 있게 될 것이다. 이런 리스크들의 경우, 과거의 통계 데이터가 대량으로 존재하는 산재사고나 교통사고의 경우와 달리, 수중에 긴급대책이 필요한 시점에서 실험실의 일정한 제약 아래 산출된 어떤 종류의 수치가 있다고 하더라도, 과거의 실제 통계 데이터는 극히 적은 수밖에 존재하지 않는 데다가 손해의 파급효과가 어디까지 미칠 것인지도 한정하기가 대단히 어려우므로, 결과적으로 대수(大數)의 법칙[31]이 잘 적용되지 않아 리스크 산정이 곤란하기 때문이다.

이와 같이 우리가 지금까지 근거로 해온 '인식과 행위의 연관' 내지 '인식론적 틀'이 근저에서부터 변하고 있어 리스크의 미연방지라는 중책을 전문가들에게만 맡겨놓는 것이 이제는 곤란한 상황이기는 하다. 하지만 그렇다고 (이것은 벡에 대한 두 번째 불만과 연결되는 것이지만) 정치 되살리기로 건너뛰는 것이 충분한 방법이 될 수 있을까? 확

31) 전술한 바와 같이 통계 용어로서 대수관찰(대량관찰) 결과 나온 통계는 동일한 사정에 있는 다른 경우에도 거의 적용된다는 법칙으로서, 어떤 일을 몇 번이고 되풀이할 경우 일정한 사건이 일어날 비율은 횟수를 거듭할수록 일정한 값에 가까워진다는 경험법칙이기도 하다.

실히 '새로운 시민운동'을 모델로 하는 문제영역별 비당파적이고 잠정적인 미시적(micro) 정치는 다양한 관계자들(stakeholders) 간의 토의를 활성화하고 새로운 해결책의 개별적이고 구체적인 창출을 촉진함으로써 리스크사회에서 의사형성의 중요한 장이 될 것임에 틀림없다. 그러나 '새로운 리스크'들에 대한 긴급한 대처가 피할 수 없는 일상적 과제가 되고 있다면, 그러한 숙의의 틀을 확보해 줄 수 있는 제도적인 통로 또는 좀 더 안정적이고 일상화된 규범이나 절차를 정식화해 두는 것도 동시에 필요한 것이 아닐까? 다시 말해, 리스크사회에서도 일정한 '법적' 구상은 피할 수 없다고 말할 수 있다.

리스크사회의 근저에 있는 새로운 인식론적인 틀은 법의 영역에서도 이미 새로운 변화를 일으키기 시작하였다. 그리고 이러한 변화를 명확하게 표현하는 것이 '사전배려원칙(precautionary principle)'이라는 새로운 법원리인 것이다.[32] (근래의) '사전배려(precaution)'의 발상은 환경이나 건강보호를 비롯한 여러 법영역에서 확산되고 있는데, 이 발상은 기존의 '미연방지(prevention)'형 접근이나 과실책임 및 무과실책임의 원리를 중심으로 하는 법적 책임에 관한 기존 시스템의 근본적인 재편을 요구하고 있다.

1.5 사전배려원칙

사전배려원칙(precautionary principle)은 사전배려접근(precautionary approach)이라고도 불리는 행동규범으로서 '지속가능한 발전(sustainable development)' 원칙의 파생원칙이다. 사전배려원칙의 일반적 정의는 '비록 원인(환경 또는 건강을 위협하는 활동 또는 물질·기술)과 피해 사이에 과학적 증명이 명확한 형태로 존재하지 않더라도 심

32) 'precautionary principle'이라는 표현은 '사전예방원칙'이라고 번역되기도 한다. 그러나 인과관계의 해명을 전제로 한 '사전예방(prevention)'과의 차이를 명확히 하기 위해 여기에서는 '사전배려원칙'이라는 표현을 사용하기로 한다.

각하고 불가역적인 리스크가 있는 경우에는 사전에 배려하는 조치를 취해야 한다'는 것이다.[33] 예를 들어, 1992년의 UN환경개발회의에서 채택된 '환경과 개발에 관한 리우데자네이루 선언(Rio Declaration On Enviroment And Development, 이하 '리우 선언'이라 한다)'의 제15원칙은 다음과 같이 규정하고 있다.

> 환경을 보호하기 위하여 각국은 그 능력에 따라 광범하게 사전배려적 접근(precautionary approach)을 적용해야 한다. 심각하거나 불가역적인 피해가 발생할 우려가 있는 경우에는 완전한 과학적 확실성이 없다는 사실이 환경 악화 방지를 위한 비용 대 효과가 큰 조치들을 지연시키는 이유로 사용되어서는 안 된다.

이 원칙은 1970년대 독일에서 환경정책의 수립 원칙으로 도입된 이래, 1980년대에 산성비에 의한 삼림 파괴나 구(舊)소련의 체르노빌 원자력발전소 사고 같은 심각한 피해를 목도한 후부터 환경보전과 경제발전의 양립을 위한 기본원리로 확립되었다. 이 원칙은 1987년 '북해 보호에 관한 선언' 등의 국제 문서, 1992년 EU 설립에 관한 '마스트리히트 조약', 같은 해의 '리우 선언'과 '기후변화조약', '생물다양성조약', 2000년 '생물학적 연구에 있어서의 안전성(biosafety)에 관한 카르타헤나 의정서' 등의 국제조약들에서 속속 채택되었고, 더 나아가 EU 가맹국들과 미국의 국내법에도 반영되었다. 또한 오늘날에는 프랑스「헌법」의 환경헌장 제5조 및 EU「헌법」조약초안 III-233조 같은「헌법」문서에도 명기되는 등 지속적으로 확산되는 추세이다. 그 적용영역 또한 환경법의 틀을 벗어나 유전자 변형 작물이나 BSE(광우병) 규제와 같은 식품위생의 영역, HIV 또는 간염 감염의 우려가 있는 혈액제제(製劑)의 규제와 같은 의사법(醫事法)의 영역 등 인간의 생명 또는 생활과 관련된 광범위한 영역으로 확대되고 있다.

---

33) 藤岡典夫,《環境リスク管理の法原則: 予防原則と比例原則を中心に》, 早稲田大学出版部, 2015, p. 3 참조.

그러나 한편에서 이 원칙에 대한 여러 가지 비판이 있다는 것도 무시해서는 안 된다. 예를 들면 "사전배려원칙은 '의심스러운 것은 모두 금지'와 같은 제로 리스크의 발상에 따른 것으로 과학기술의 발전을 위축시키고 자유로운 경제활동을 가로막는다."라든지, "비용편익분석(cost-benefit analysis)을 기반으로 하는 합리적 선택의 가능성을 무시하고 일반 대중의 비합리적 공포에 안이하게 영합하는 잘못된 포퓰리즘(populism)이다."라는 의혹이 산업계나 학계 일부에 강하게 나타나고 있다.[34] 또한 이와 관련해 미국이 사전배려원칙을 도입하는 데 적극적인 EU 가맹국들에 비해 이 원칙을 도입하는 데 상당히 회의적인 자세를 보이고 있는 것처럼, 각국이 엇갈린 보조를 취하고 있는 것도 눈에 띈다.

물론 이러한 회의나 비난을 이해할 수 없는 것은 아니다. 그러나 이미 보았듯이 리스크사회의 '새로운 리스크'가 기존의 리스크와 근본적으로 다른 것이라면, 인과관계가 해명되고 통계 데이터가 충실해짐으로써 미연방지형 시책이 가능해질 때까지 아무것도 하고 있지 않은 사이에 돌이킬 수 없는 결과가 발생하는 최악의 시나리오에 대해서도 진지하게 검토하여야 한다. 그러나 다행히 이미 우리는 사전배려원칙에 대한 회의나 비난에 정면으로 대응하면서 그 운용가능성에 대하여 검토한 학제적 연구 성과들을 손에 넣고 있다. 그것이 바로 앞으로 거론할 2000년 2월 2일자 '사전배려원칙에 관한 유럽위원회 보고(Communication from the Commission on the precautionary principle, COM/2000/0001 final, 이하 '유럽위원회 보고'라 약칭한다)'이다.[35] 다음에서는 제5절 '사전배려원칙의 구성요소들'과 제6절 '사전배려원칙의 적용지침'을 중심으로 그것의 기본적인 내용을 소개하고, '사전배려원칙'이 법적 책임에 대해 미치는 영향에 대해 고찰해 보고자 한다.

---

34) C. R. Sunstein, *Laws of Fear: Beyond the Precautionary Principle*, Cambridge University Press, 2005, p. 126.

35) Commission of the European Communities, *Communication from the Commission on the Precautionary Principle*, COM(2001) 1 final, 2000.

'유럽위원회 보고' 제5절에서는 우선 다음과 같은 내용을 확인할 수 있다. '사전배려원칙'은 일반적으로 ① 리스크 결정(risk evaluation),[36] ② 리스크 관리(risk management), ③ 리스크 커뮤니케이션(risk communication)의 세 단계 중 리스크 관리에 관한 법원리이다. 즉, 과학적 불확실성이 존재하기 때문에 리스크에 대한 완전한 결정(판단)이 불가능하고, 동시에 환경이나 인간 또는 동·식물의 적절한 보호가 위기에 처할 우려가 있다고 결정권자가 판단할 때, 사전배려원칙의 적용이 리스크 관리의 일환으로 이루어진다. 구체적으로 말하면, 먼저 '잠재적인 부(負)의 효과에 대한 파악'이 이루어지고, 그 다음으로 그러한 리스크의 '과학적 평가'를 행한다. 세 번째로 리스크 평가의 결과가 '과학적 불확실성'을 피할 수 없다고 판단될 때 비로소 사전배려원칙을 적용할 조건이 갖추어진다. 사전배려원칙의 이름 아래 구체적으로 어떤 조치가 채택될 것인가에 관한 결정은, 적극적인 행동을 무엇도 취하지 않는 선택지를 포함하여, 해당 사회에서의 여론 방향이나 거기에서 허용될 수 있는 리스크의 정도 등을 감안하여 정치적으로 이루어진다. 나아가, '보고'는 '사전배려원칙'에 대한 호소가 반드시 사법적 심사와 결부되는 법적 효과를 가지는 수단을 강구하는 것은 아니라고도 말한다. 결정권자는 연구·조사 프로그램에 대한 자금제공 또는 제품이나 서비스가 초래하는 유해한 영향에 관한 정보제공 등 모든 수단을 강구하는 것이 허용된다.

'유럽위원회 보고'는 제6절에서 사전배려원칙을 적용할 때의 여섯 가지 원칙을 다음과 같이 제시하고 있다.

첫째, 사전배려원칙하에서 이루어지는 조치는 바람직한(요구되는) 보호수준에 걸맞는 것이어야 하고(균형성), 언제나 제로 리스크를 지향하는 것이어서는 안 된다(비례성). 잠재적 리스크의 성격에 따라 완전 금지가 지나친 경우가 있는가 하면, 완전 금지 외에는 방법이 없는 경우도 있다.

---

36) '리스크 판단'이라고 번역할 수도 있다.

둘째, 사전배려원칙하에서 이루어지는 조치는 동일한 상황에서는 동일한 방법으로 실시되어야 하고, 어느 나라, 어느 지역의 제품이라든가, 어떤 생산과정을 통해 만들어졌다는 이유로 자의적 판단이 이루어져서는 안 된다(비차별성).

셋째, 사전배려원칙하에서 이루어지는 조치는 기존에 취해진 동일한 조치와 일관된 형태로 행해져야 한다(일관성).

넷째, 장기와 단기의 두 관점에서 어떤 조치를 행하는 경우와 행하지 않을 경우에 대한 비용편익의 검토가 실시되어야 한다(비용편익의 검토). 그렇지만 어떤 조치에 대한 시비를 '경제적인 비용편익' 분석만으로 환원해서는 안 된다. 가능하고 적절하다고 간주될 경우 조치의 시비를 둘러싼 논의의 일부에 비용편익 분석이 포함되는 것은 바람직하지만, 동시에 이러한 논의는 더 광범하고 다양한 비경제적인 고려 또한 포함하는 것이어야 한다. 그리고 다른 선택지의 효과나 채택가능성도 고려하여야 하고, 가령 일반 사람들이 환경이나 건강 등의 이익을 보호하기 위해 자진해서 더 높은 대가를 지불하고 있다면 그쪽을 우선해야 한다('보고'는 "위원회는 유럽 사법재판소의 판례에 따라, 공중보건의 보호와 관련된 여러 가지 요구들은 경제적인 고려보다 더욱 중요하다는 것을 확인한다."라는 문장을 추가하고 있다).

다섯째, 사전배려원칙하에서 이루어지는 조치는 과학적 데이터가 부적절·부정확·불확정적이며, 해당 리스크가 너무도 크다고 생각되는 한 유지되어야 한다. 그렇다고 해서 과학적 지식의 진전에 따라 조치의 재검토의 가능성을 반드시 배제하는 것은 아니다(과학적 발전의 검토).

여섯째, EU와 그 가맹국들은 이미 약품, 농약, 식품첨가물 같은 특정 제품들에 대해서는 판매 전 사전승인(positive list)의 절차를 시행하고 있는데, 이것은 과학적인 입증책임을 전환하는 하나의 방법에 해당한다.[37] 다만, 그러한 사전승인이 기능하는 것은 '선험적으로(a pri-

37) 제조물책임소송, 의료소송 등 증거의 구조적 편재가 심화되어 있는 영역에서 증명책임의 일반원칙에 따라 손해배상 발생사실의 입증책임을 피해자에게 부담하게

ori)' 유해하다고 간주되는 물질 또는 일정 수준을 섭취하면 유해한 것으로 인정되는 물질들에 한정된다. 사전승인의 절차가 존재하지 않는 영역에서는 일반 개인이나 소비자단체, 시민 또는 공적 기관 등이 제품이나 과정 등의 위험성을 입증하게 될 것이지만, 사전배려원칙의 이름하에 행해지는 조치 중에는 생산업자나 수입업자로의 입증책임의 전환이 포함되어 있다. 다만, 그러한 의무를 체계적으로 일반원칙화하는 것은 어렵고 개별적인 검토를 요한다.

이상이 '유럽위원회 보고'의 개요이다. 사전배려원칙이 이와 같은 방식으로 운용된다고 한다면, 우리는 거기에서 무엇을 이끌어낼 수 있을까?

첫째로, 사전배려원칙은 원인과 결과의 인과관계도, 양자 간 통계 데이터에 기초한 확률이나 기대치도 도출할 수 없는 종류의 잠재적 리스크에 대해서만 적용된다. 인과관계가 명백하거나 통계에 의거해 도출되는 리스크값을 신뢰할 수 있는 경우에는 종래의 미연방지형 접근을 택하면 되기 때문이다. '보고'는 유해물질에 관한 동물실험을 비롯한 정량적 · 정성적 조사도 장려하고 있지만, 우리들이 오늘날 직면하는 '새로운 리스크'에서는 손해 원인으로 상정되는 것과 결과 발생 사이에 상당히 큰 시간 차이가 존재하기 때문에, 실험실에서의 데이터에 기초한 미연방지가 매우 어렵다는 현실도 함께 직시해야 한다.

둘째는 손해의 규모와 성질에 대한 것이다. 사전배려원칙이 적용되는 것은 개인 또는 비교적 소수가 피해자인 종래의 리스크와는 달리 한 번 현실화할 경우 한 사회 전체 또는 지구 전체에 파멸적 손해를 초래할 우려도 있는 리스크이다. 현 세대에는 피해가 나타나지 않다가 미래 세대가 되어 비로소 피해가 나타날 리스크, 또는 금전적 배상이나

하면 공정한 재판을 기대하기 어렵다. 예컨대 피해자가 일반인이고 가해자가 기업인 경우, 대부분 기업에게 사고와 관련된 자료가 편재되어 있는 경우가 많으므로 피해자에게 모든 증명책임을 부담시키면 실질적으로 피해자가 구제받을 길이 부족해지기 때문이다. 증명책임의 일반원칙에 예외적으로 수정을 가하는 방법으로 증명책임의 전환 또는 완화가 있다. 증명책임의 완화방법으로는 법률상의 추정과 일응의 추정이 있다.

사후적 시책으로는 회복이 불가능한 리스크도 여기에 포함된다. 불법행위법에 의한 개별적 배상이든 사회보장제도 등에 의한 공적 구제이든, 사후적·금전적 보상의 사고방식은 이들 새로운 리스크가 만들어내는 손해의 규모와 성질에는 어울리기 어렵다. 사전배려원칙에 의한 조치가 유해위험성에 대한 검사나 정보 개시(開示) 등뿐만 아니라, 최악의 상황이 상정되는 궁극적인 경우에 있어서는 제품의 유통 또는 사업 그 자체의 중단까지도 불사하는 것은 그 때문이다.

셋째로는 사전배려원칙이라는 발상의 배경에는 '리스크수용' 행위를 둘러싼 비용 대비 효과의 의미전환을 볼 수 있다. 일찍이 산업재해 사고나 교통사고의 리스크가 문제 되던 때는 기본적으로 비용편익 분석에 기초하여 문제해결을 도모할 수 있었다. 예를 들어, 공장 조업의 가부에 관한 결정은 단순하게 말하면, 공장 운영에 의한 이익과 사고, 소음 등에 대한 보상금 등의 손실을 저울에 올려놓아 이익이 많으면 조업을 계속하고, 손실이 많으면 조업 정지를 결정하였다. 또 자동차 등 위험한 탈것의 경우 사회가 그것을 허용할 것인가 말 것인가는, 그것으로 얻을 수 있는 이익과 편리와 사고나 소음 등으로 인한 손실을 비교하여 결정하였다. 그러나 그에 비해 사전배려원칙의 의사결정단계에서는 손실이 어디까지 확산될 것인지 알 수 없거나 계산이 불가능한 종류의 리스크를 대상으로 한다.

예를 들어, 원자력발전소나 관련 시설의 조업 또는 식품첨가물의 시비가 문제가 되는 경우처럼 전문가들이 실험실 데이터에 기초하여 산출하는 리스크값은 대단히 작고 이익 쪽이 아주 크다고 제시되었더라도, 일반인들은 비용편익 분석의 결과보다 만에 하나를 생각하여 극히 작은 리스크에 더 민감하게 반응하는 경우를 자주 볼 수 있다. 예전 같으면 "일반인들에게는 전문적 지식이 결여되어 있기 때문에 그들의 리스크 인지에는 편향이 존재한다."고 지적한 다음, 일반인과 전문가의 추가의 리스크 커뮤니케이션의 필요성을 이야기하면, 그것으로 족했다.

확실히 최근의 행동경제학이나 안전심리학이 지적하고 있듯이, 리스크 인지에는 일반적으로 일정한 편향이 존재한다. 그러나 그와 동시에 리스크의 질이 근저에서부터 변했기 때문에 예전 같으면 합리적인 리스크 수용이라고 생각되던 행동이라도 이제는 합리적이라고 간주할 수 없는 경우도 있다는 것을 직시해야 한다. 원인으로 상정되는 물질 혹은 과정과 결과 간에 상당한 시간차가 존재한다는 것, 파급효과의 범위를 어디까지로 할 것인가를 확정하기 어렵다는 것, 그리고 실험실이라는 특수한 조건하에서 산정된 수치에는 원리상의 불확실성이 따라붙기 마련이라는 것 등을 진지하게 고려한다면, 그러한 수치들에 기초한 비용편익 분석의 결과를 맹목적으로 신뢰하는 것이 반드시 합리적이지는 않음을 알 수 있다. '보고'가 '비용편익의 검토' 항에 비(非)경제적 이익에 대한 고려의 필요성을 삽입한 이유도 단기적인 '합리적 선택'을 뛰어넘은, 일반인들의 장기적인 '합리성'을 상정하기 때문은 아닐까.

넷째는 전문가의 역할 변화와 결정 참가자의 확대이다. 이미 검토했듯이 이전에는 전문가들이 인과관계나 통계학적 확률의 해명을 통해 사업 · 제품 · 실천이 가져올 결과를 보장하고 사실상 그들이 각종 시책의 결정권자 역할을 하였다. 그러나 사전배려원칙이 대상으로 하는 새로운 리스크들은 전문가들에게도 감당하기 어려운 과업일 것이다. 만약 전문적인 지식이 있는데도 이러한 리스크들이 어떤 결과를 가져올 것인지를 예견하는 것이 원리상 곤란하다면, 그 결정권한은 해당 잠재적 리스크의 영향을 받을 가능성이 있는 모든 관계자(stakeholders)에게로 확대되어야 할 것이다. 그리하여 국가나 국제사회 차원에서부터 지방공공단체나 주민활동의 미시적(micro) 정치에 이르는 다양한 수준에서 숙의민주주의(deliberative democracy)가 널리 활성화될 필요가 생기는 것이다. 다만 이를 위해서는 숙의나 결정의 전제로서, 잠재적인 리스크에 노출되어 있는 다양한 관계자가 결정 과정에 원활히 참여할 수 있는 제도적 · 절차적 조건이 정비되어야 하며, 설사 본질적으로 불확실성을 지닌 것들이라 해도 입수할 수 있는 모든 정보를 개시하고 공유하는 시스템을 갖추는 것 등이 선결되어야 할 것이다.

다섯째로, 사전배려원칙은 입증책임의 전환의 흐름을 점점 강화시키고 있다. 전통적인 불법행위법처럼 과실책임의 원리가 지배하는 영역에서는, 과실 유무의 입증은 위해가 현실적으로 가해진 '사후에' 피해자 측이 해야 했다. 그러나 이미 논했듯이, 산업재해나 제조물책임 등 무과실책임과 보험원리가 기능하는 영역에서의 입증책임은, 리스크의 유무나 정도에 대해 가장 풍부한 정보를 가지고 있고 사고를 미연에 방지할 수 있는 입장에 서 있는 사용자나 생산자 측으로 이동하였다. 그리고 더 나아가 사전배려원칙에 있어서는 무언가의 사업이 이루어져 약품, 식품 등이 시장에 유통되기 전에 그러한 사업을 행하거나 생산하는 측이 '사전에' 그 잠재적 리스크가 허용 가능한 정도라는 것을 증명할 의무를 지게 된다. 다만, 사업자나 생산자 측도 잠재적 리스크의 정도나 성질에 대해서는 불확실한 지식만을 지니고 있다는 점에서 여타 관계자와 다를 바 없는 이상, 여기에서 기대되는 것은, 과거의 무과실책임의 시대처럼 단지 리스크의 현실화를 막기 위한 인센티브를 제공하는 것에만 그치지 않고, 사업이나 제품에 관한 모든 정보를 개시할 의무를 부과함으로써, 그러한 리스크에 관여할 수밖에 없는 다양한 사람들이 리스크를 수용할 것인지의 자기 결정을 하기 위한 전제 조건을 제공하는 것이다. 그리고 이러한 입증책임의 전환에 따라 앞으로 '금지청구'가 제기될 기회가 증가하는 것도 충분히 예상된다.

1.6 리스크와 법의 현재와 미래

여기에서는 인식과 행위의 상관성, 특히 행위 결과의 예견가능성이 법적 책임을 바라보는 방식에 어떤 영향을 가져왔는가에 초점을 맞추어 법과 리스크의 관계에 대해 검토하였다. 그리고 이를 통해 ① 인과관계의 파악과 과실책임, ② 통계 데이터에 기초한 리스크 계산과 무과실책임, ③ '리스크사회'에서의 예측 불가능한 리스크와 사전배려원칙과 같은 방식으로, 법적 책임을 3개의 층으로 나누어볼 수 있었다. "사고의 책임을 누가 져야 하는가?" 하는 물음을 중심으로 하는 민사책임에 관한 이 같은 큰 흐름을 좀 더 넓은 문맥에서 바라본다면, 이것은 개인이나 기업 등의 행위를 그저 사적인 일로 인식하던 시대로부터 그 파급효과의 상대성 때문에 공공적인 의미를 지닐 수밖에 없게 된 시대로의 추이에 대응하는 것으로 볼 수 있다. 그렇다면 이제 개인이나 기업이 취해야 할 태도는, 각자의 행위에서 "상당히 주의를 기울였는가?" 또는 "미연방지를 위해 충분한 조치를 취했는가?"를 묻는 데 그쳐서는 안 되고, 충분히 개시된 정보를 바탕으로 한 관계자들 간의 숙의를 포함하여 "사전배려를 위해 가능한 절차를 확실하게 밟았는가?"를 묻는 데까지 나아가야 한다. 그리고 현재 그러한 방향으로 나아가는 추세다.

마지막으로, 앞으로의 검토 과제로 남겨 놓은 몇 가지 논점에 대해 언급하려고 한다.

첫째는 과실책임, 무과실책임, 사전배려원칙들의 상호관계에 대한 것이다. 여기에서는 편의상 역사적 출현 순서로 설명을 시도했으나, 그렇다고 옛것이 새로운 것에 의해 극복되거나 폐기되는 그런 관계를 의미하는 것은 아니다. 단층의 표면에 서로 다른 복수의 시대층(時代層)이 노출되어 있는 것처럼, 이 세 가지 책임원리는 오늘날에도 서로 공존하면서 각각 중요한 역할을 수행하고 있다. 예를 들어, 최근 사회문제가 되고 있는 산부인과 의사의 부족을 해소하기 위해서는, 우선은 신뢰할 수 있는 통계 데이터를 정비하고, 의료과오 리스크를 커버하는 무과실책임보험제도를 확립하는 것이 하나의 현실적 대책이 될 수 있을 것이다.

나아가 이들 세 원리는 서로 영향을 주고받으며 각자의 구체적인 존재방식을 바꿔가는 중이라고도 할 수 있다. 예를 들어, 무과실책임을 탄생시킨 동일한 사회변화에 의해, ('손해를 초래한 본인이 실제로 결과를 예견할 수 있었는가'가 아니라, '표준적인 사람이라면 예견할 수 있었는가'라는 객관화된 규준에 의거하여 과실 유무를 판단하는 것 같은) i) '과실책임의 객관화'라고 불리는 현상, ii) 개인·기업·행정이 마땅히 취해야 할 조치를 취하지 않고 아무것도 하지 않는 것의 과실을 묻는 부작위 과실책임의 강화 등과 같은 형태로 과실책임 그 자체의 내용도 변화하고 있으며, 피해자 구제 면에서는 무과실책임과 기능적으로 거의 동일한 효과를 만들어 내고 있다.[38)]

또한 이러한 문제를 생각할 때에는, 민간보험회사가 제공하는 제3자 책임보험의 보급 같은 기술적 요소를 함께 고려해야 한다. 예를 들어, 유전자 정보와 질병 리스크의 관계가 더 많이 밝혀진다면 리스크 세분형(細分型) 보험이 더 많이 보급될 것이고, 그로써 민사책임을 파악하는 방식도 크게 영향을 받을 것이라는 가정을 할 수 있다.

사전배려원칙의 현재 운용 상황은, 유럽재판소의 판례(예컨대, 2002년 9월 11일의 '화이자 애니멀헬스사 대 EU이사회' 사건이나 같은 날의 '알파머사 대 EU이사회' 사건 등)에서 볼 수 있듯이, 약품이나 식품의 인허가에 관한 사례가 중심을 이루고 있지만, 앞으로 이 원칙이 다양한 영역에 침투해 들어간다면 금지청구에 대한 위치 부여를 비롯해 법적 책임의 전체적 편성에 커다란 변용을 초래할 것으로 예상된다. EU법에서와 같은 일부 법체계에서는 사전배려원칙이 일부 법영역에서 법적 기준이 되고 있다. 그리고 우리나라와 비슷한 법체계를 가지고 있는 일본에서도 이미 새집증후군 등 화학물질 과민증과 민사상의 과실책임의 관련성을 추궁하면서 사전배려원칙의 중요성을 지적하는 새로운 연구가 오래 전부터 나타나고 있다.[39)]

둘째는 여기에서의 고찰 대상에서 일부러 제외한 '형사법'과 리스크의 관련성에 대한 것이다. 근대「형법」은 민사상 과실책임과 마찬가지로 인과관계 파악과 자유의사의 행사라는 '인식과 행위의 연관'을

---

38) 橋本佳幸, 《責任法の多元的構造—不作為不法行為·危険責任をめぐって》, 有斐閣, 2006, p. 155 참조.

39) 潮見佳男, 「化学物質過敏症と民事過失」, 棚瀬孝雄編, 《市民社会と責任》, 有斐閣, 2007, p. 152.

기초로 하고, 그런 이유로 책임능력이나 '범의(犯意, mens rea)'의 유무 등이 처벌하느냐 마느냐를 둘러싼 중요한 논점이 되었다. 오늘날 큰 논쟁을 일으키고 있는 심신상실(心神喪失), 심신모약(心神耗弱) 소년의 형사책임능력 및 법에 저촉되는 행위를 한 정신장애인을 둘러싼 논의도 우선 이런 문맥에서 파악할 필요가 있다. 이러한 근대「형법」의 기본사상과의 연장선상에서, (통계에 의거한 리스크 관리와 동일한 발상에 입각한) '사회문제'로서의 범죄나 '리스크'로서의 범죄자로부터 사회를 방위하는 것, 이에 더해 범죄자의 신체와 내면의 쌍방을 대상으로 교정(矯正) 또는 훈육을 실시하는 것과 같은, 19세기 이래의 형사정책적인 발상들이 이제는 사회 구석구석에 침투하고 있는 것도 간과할 수 없다. 그러나 '리스크사회'를 그 연장선상에 있는 것으로 보고 (여러 가지 자유의 침해와 연결되는) 첨단감시기술에 대한 안이한 의존이나 안전 확보의 이름으로 행해지는 예방적 구금(preventive detention)과 같은 것들을 사전배려원칙과 동일한 발상인 것으로 정당화한다고 하면, 이는 리스크사회를 지나치게 단순화하는 것이다. 왜냐하면, 환경이나 생명보호를 위해 어쩔 수 없이 경제활동이나 연구에 일정한 제약을 가하는 사전배려원칙과 치안(사회안전)이라는 이름하에 적정 절차를 밟지 않고 신체를 구속하거나 불가양(不可讓)의 개인적 자유에 큰 제약을 가하는 사회관리의 방법을 동일 선상에 놓고 논하는 것은 원리상의 곤란을 잉태하고 있기 때문이다(말할 것도 없이 이것은 복수의 자유의 우선순위라든지 '인간의 존엄성'의 원리를 둘러싼 법철학적 논의와 관련된 쟁점들이지만 여기서는 더 이상 파고들지 않는다).

셋째는 현재의 국제정치와 관련된다. 사전배려원칙의 발상을 이라크 전쟁 같은 '예방적 전쟁(preventive war)'과 결부시켜 논하는 것을 종종 듣는데, 이는 논외로 해야 할 것이다. 우리나라에서는 역어로 'prevention'과 'precaution'의 차이가 명확하게 구분되지 않고, 통일적인 번역어도 존재하지 않는 것이 사태를 더 복잡하게 하고 있는데, 양자의 의미상 차이가 어느 정도 명확한 유럽과는 대조적으로 미국 등의 영어권에서도 양자의 개념상의 차이는 그다지 명확하게 의식되고 있지는 않다. 'prevention'과 'precaution' 혹은 미연방지, 예방, 사전배려와 같은 말의 개념 혼란으로 글로벌화된 관리국가의 디스토피아를 불러들이는 구실이 되지 않도록, 법의 제도와 실천은 그 밖의 여러 사회과학이나 자연과학과의 협력 아래, 그러한 개념의 사상적 내실을 명확히 하여 누구든 공통의 언어로 논쟁할 수 있는 조건을 먼저 갖추어야 할 것이다.

2. 과실범

2.1 과실의 개념

인간은 사회생활을 영위함에 있어서 항상 자신의 행위로 인해 다른 사람이 피해를 입지 않도록 노력해야 할 의무가 있는데, 이를 주의의무라고 한다. 이러한 주의의무를 위반하여 타인에게 피해를 끼치는 결과를 발생시켰을 때에 이를 민사제재나 행정제재로 해결하는 방법도 있을 것이다. 그러나 발생된 결과가 중대한 경우에는 형사제재를 과함으로써 행위자와 일반인에게 주의의무를 준수할 것을 촉구해야 한다. 이와 같이 주의의무 위반으로 인해 타인의 법익을 침해하는 결과를 발생시키고 그로 인해 형사처벌되는 행위를 과실범이라고 하고, 과실범을 범할 당시(과실행위 시) 행위자의 내심상태를 과실이라고 한다.[40)]

그러나 인간이 항상 주의[41)]를 기울이고 산다는 것은 불가능하기 때

40) 과실은 주의를 게을리하여(부주의하여) 자기의 행위로 범죄사실이 야기된다는 것을 예견하지 못한 심리상태라고 설명하기도 하지만, 객관적 주의의무 위반이라고 보는 것이 일반적이다.

41) 과실범에서 기울여야 할 주의는 사회생활에서 요구되는 '정상적으로 기울여야 할 주의'다.

문에, 주의의무 위반이 있다고 하더라도 일정한 결과를 발생시키지 않으면 처벌하지 않는다. 즉, 과실범은 과실행위와 결과 발생이 있는 기수(旣遂)만 벌하고, 주의의무 위반행위만이 있는 미수는 벌하지 않는 결과범이다.[42] 과실범에서 요구되는 결과 발생은 사상(업무상과실치사상), 장물취득(업무상과실장물취득) 등과 같은 실제 법익침해 발생인 경우도 있지만, 공공의 위험 발생(실화죄, 과실일수죄 등) 등과 같이 법익에 대한 구체적 위험 발생인 경우도 있다. 과실범의 성립에 어떤 결과가 발생해야 하는가는 각 과실범의 구성요건에 규정되어 있다.[43]

2.2 과실의 체계적 지위

과실에 있어 '불법'의 중심은 '행위불법[행위반가치(行爲反價値)]'[44]에 있다. 법질서는 누구나 법익침해의 위험을 적시에 인식하고 회피하기 위하여 '일반적 · 객관적으로 필요한' 주의의무를 다할 것을 요구하고 있으며, 이러한 주의의무를 다하지 못한 행위에 대하여 사회윤리적 관점에서 부정적 가치판단을 내린다.

다음으로 과실에 있어서의 '책임비난'은 행위자의 '심정반가치(心情反價値)'에 가해진다. 법질서는 누구나 법익침해의 위험을 적시에 인식하고 회피하기 위하여 자신에게 개인적으로 가능한 주의력을 기울일 것을 요구하고 있다. 과실책임의 심정반가치는 위험의 회피가 가능함에도 불구하고 회피하지 아니함에 있어서 타인의 법익에 대한 무관심,

42) 현행 「형법」은 과실의 미수에 대해서는 처벌하지 않는 것으로 되어 있다. 고의에 비하여 과실은 그 불법과 책임의 정도가 낮은 까닭에 입법자는 당벌성의 관점에서 처벌할 가치가 없다고 본 것이다.

43) 「형법」에서 과실범을 처벌하는 특별규정을 둔 경우는 실화죄(제170조), 과실폭발성물건파열죄(제173조의2), 과실일수죄(제181조), 과실교통방해죄(제189조), 과실치사상죄(제266조~제268조), 업무상과실장물취득죄(제364조) 등 여섯 가지이다. 그리고 「고압가스 안전관리법」 제38조(벌칙) 제2항, 「액화석유가스의 안전관리 및 사업법」 제65조(벌칙) 제4항 · 제5항, 「환경범죄 등의 단속 및 가중처벌에 관한 법률」 제5조(과실범) 등 행정형법에도 과실범을 처벌하는 규정을 두고 있다.

44) '반가치(反價値)'는 '나쁘다' 또는 '옳지 않다'는 의미다.

배려의 결핍, 무모함과 같은 행위자의 심정적 결함을 보일 때 긍정된다.

책임의 판단 대상은 위법'행위'인데, 책임에서는 이 위법'행위'를 행위자의 심정반가치가 발현되었다는 점에서 문제 삼는다. 책임비난은 위법행위에서 드러난 행위자의 결함 있는 태도, 즉 심정반가치에 관심을 갖는다. 고의행위에 있어서는 행위자의 법에 대한 적대적 태도가, 과실행위에 있어서는 법에 대한 무관심 등의 태도가 발현된다. 그런데 심정반가치는 행위자의 법에 대한 지속적 태도 자체를 분리해서 문제 삼는 것이 아니고, 어디까지나 위법행위에서 직접 발현된 태도만을 문제 삼는다. 따라서 책임판단의 실마리(Anknüpfungspunkt)가 되는 것은 위법행위이다. 이러한 관점에서 형사책임은 '개별행위책임'이지 '행위자책임' 내지 '성격책임'이 아니다.[45)]

일상생활에 있어서 항상 엄청난 위험을 안고 살아가는 기술문명의 시대에 많은 불행한 사고가 인재(人災)인 만큼, 법규범은 일면 각자가 사회생활상 객관적으로 필요한 수준의 주의의무를 다할 것을 요구하면서, 다른 한편 개인적으로 가능한 주의능력도 고려하고 있다.

2.3 과실의 종류

가. 인식 없는 과실과 인식 있는 과실

인식 없는 과실이란 주의의무에 위반하여(주의의무를 다하지 않아) 구성요건이 실현될 가능성을 인식(예견)조차 하지 못한 경우이고, 인식 있는 과실이란 구성요건이 실현될 가능성을 인식하였으나 주의의무에 위반하여(주의의무를 다하지 않아) 그것이 실현되지 않을 것으로 믿은 경우이다. 인식 있는 과실은 위험에 대한 과소평가, 자신의 능력에 대한 과대평가 또는 단순히 행운을 바라는 마음 등이 그 원인으로 작용한다. 예를 들면, 옆에 휘발유가 있다는 사실을 모르고 담배를 피

45) 임웅·김성규·박성민, 《형법총론(제14정판)》, 법문사, 2024, 306쪽.

우다가 화재를 발생시킨 경우는 인식 없는 과실이고, 옆에 휘발유가 있어 불이 날 수도 있지만 괜찮을 것으로 생각하고 담배를 피우다가 화재를 발생시킨 경우는 인식 있는 과실이다.

인식 없는 과실과 인식 있는 과실은 이론상의 구별이고, 「형법」상의 구별은 아니다. 양자의 차이는 양형에서 나타난다. 주의의무에 위반하여 구성요건이 실현되는 것을 인식조차 하지 못하였다는 점에서 보면 인식 없는 과실의 경우에 형량이 더 높아질 여지가 있다. 그러나 역으로 구성요건이 실현될 수 있음을 인식하면서도 주의의무에 위반하여 구성요건이 실현되지 않을 것으로 함부로 신뢰한 점에서 인식 있는 과실의 경우에 비난의 여지가 더 높아지는 상황도 배제할 수 없다. 결국 인식 있는 과실과 인식 없는 과실의 구별을 기준으로 하는 양형의 경중은 구체적인 사정을 토대로 할 때 판단할 수 있으며, 양자의 양형상 차이를 일률적으로 말할 수 없다.[46)]

인식 있는 과실은 미필적 고의(未必的 故意)와의 구별에 있어서 각별한 의의가 있다. 이 둘의 구별에 대해서는 뒤에서 상세하게 설명한다.

「형법」 제14조에서 "정상적으로 기울여야 할 주의(注意)를 게을리하여 죄의 성립요소인 사실을 인식하지 못한 행위"라고 함으로써 인식 없는 과실행위만을 규정하고 있는 것은 타당하지 못하다. 입법론상 '인식'이란 표현에 대한 개정 검토를 요한다.

나. 일반과실과 업무상과실

일반과실은 업무상과실이 아닌 과실을 가리키고, 업무상 과실은 '업무상' 요구되는 주의의무를 위반하는 것을 가리킨다. 업무상과실에서의 '업무'란 '사람이 사회생활상의 지위에서 계속적으로 행하는 사무'를 말한다. 예컨대, 비계공, 장비운전자, 화약취급자 등의 과실이 업무상과실에 해당한다. 우리나라 「형법」은 업무에 종사하는 자에게 보통사람보다 무거운 주의의무를 부과하고, 그에 위반한 업무자를 보통사람

46) 신동운, 《형법총론(제15판)》, 법문사, 2023, 254쪽.

보다 무겁게 처벌하고 있다(업무상과실치사상죄). 즉, 업무자라는 신분관계로 인하여 책임이 가중된다(부진정신분범[47]).

단지 건물 소유자로서 건물을 비정기적으로 수리하거나 건물의 일부분을 임대하였다는 사정만으로는 업무상과실치사상죄의 업무로 인정할 수 없다. 건물 소유자는 안전배려 내지 안전관리 사무에 계속적·반복적으로 종사한다는 사회생활상의 지위를 가지지 않기 때문이다.[48] 이 경우 건물 소유자(임대인)에 대해서는 보통의 주의의무 위반을 이유로 과실치사상죄가 성립할 수 있다.[49]

'사회생활상의 지위'와 관련해서는, 자연적인 생활행위(예: 식사, 산책, 수면)나 자연적인 생활상의 지위(예: 가사노동)는 사회생활상의 지위에 해당하지 않는다. '계속성'과 관련해서는, 객관적으로 상당한 횟수 반복하여 행해지거나 반복할 의사로 행해진 것이어야 한다. 따라서 단 1회 행한 것만으로는 업무라고 할 수 없지만, 1회의 행위라도 계속하여 행할 의사를 가지고 행하면 업무이다. '사무'와 관련해서는, 직업·영업임을 요하지 않고, 사무의 적법·위법도 가리지 않는다. 그리고 보수의 유무나 영리·비영리, 공무(公務)·사무(私務), 주된 사무(본업)·부수적 사무를 구분하지 않으며,[50] 해당 사무에 대한 각별한 경험이나 법규상의 면허를 필요로 하지 않는다.[51]

업무상과실은 업무상 필요한 주의의무를 태만히 하는 것으로서 업무와 관련한 일반적·추상적인 주의의무 위반만으로는 부족하고 그 업무와 관련하여 다해야 할 구체적이고 직접적인 주의의무를 할 수 있었음에도 과실로 이를 하지 아니한 경우를 가리킨다.[52] 따라서 구체적

---

47) 일정한 신분이 없는 자가 저지른 일도 범죄로 성립할 수는 있지만 신분이 있는 자가 저질렀을 경우 형량이 더 가중되거나 감해지는 범죄.

48) 대판 2017.12.5, 2016도16738; 대판 2009.5.28, 2009도1040 등.

49) 대판 2017.12.5, 2016도16738.

50) 예컨대, 완구상 점원으로서 완구 배달을 하기 위하여 오토바이를 타고 소매상을 돌아다니는 일을 하고 있었다고 하면, 그는 오토바이를 운전하는 업무에 종사하고 있다고 보아야 할 것이다(대판 1972.5.9, 72도701 참조).

51) 면허나 허가 없이 자동차를 운전하거나 의료업을 하는 경우도 업무가 된다.

이고 직접적인 주의의무가 있다고 하기 어려우면 업무상과실치사상죄는 성립되지 않는다.

업무상과실로 사람을 사상에 이르게 하면 과실치사상죄에 비해 무겁게 처벌한다(업무상과실치사상죄, 제268조). 그 이유는 i) 업무영역에서 생명 · 신체에 대한 위험이 더 크고, ii) 업무자에게는 일반인보다 무거운 주의의무가 부과되어 있기 때문이며, iii) 업무자에게는 일반적으로 위험방지능력과 인명피해의 발생에 대한 예견가능성이 높다는 데 있다.[53]

업무상과실치사상 외에 「형법」상 업무상과실을 가중처벌하는 별개의 규정으로는 업무상실화(제171조), 업무상과실폭발성물건파열(제173조의2 제2항), 업무상과실교통방해(제189조 제2항)가 있고, 일반의 과실을 처벌하지 않으면서 업무상과실은 처벌하는 것으로 업무상과실장물취득(제64조)이 있다.

독일의 「형법」은 일반과실과 업무상과실을 구별하지 않는 점에서 우리나라와 일본의 「형법」과 다른 특색을 보이고 있다.

다. 보통의 과실(경과실)과 중대한 과실(중과실)

「형법」 제14조는 '정상적으로 기울여야 할 주의를 게을리하여'라는 표현을 사용하고 있다. 이것은 평균적인 보통사람이 기울여야 할 주의의무를 다하지 아니한 것을 의미한다. 이와 같이 사회의 일반인이 기울여야 할 주의의무를 다하지 아니한 것을 가리켜서 보통의 과실 또는 경과실이라고 한다. 경과실은 중대한 과실, 즉 중과실에 대응하는 개념으로서 중과실이 아닌 모든 과실을 통칭한 것이다. 형벌법규에서 '과실'이라 함은 이 경과실을 의미한다.

---

52) 대판 2002.5.31, 2002도1342; 대판 2002.4.12, 2000도3295; 대판 1997.11.28, 97도1740; 대판 1989.11.24, 89도1618; 대판 1989.1.31, 88도1683; 대판 1986.7.22, 85도108; 수원지판 2014.10.31, 2013고단6589; 창원지법 통영지원판 2019.5.7, 2017고단940, 2018고단368(병합).

53) 이상돈, 《형법강론(제4판)》, 박영사, 2023, 388쪽.

중과실은 주의의무의 위반이 심한 경우, 현저한 경우이다. 조금만 주의하였더라면 결과 발생을 예견하거나 회피할 수 있었을 경우이다. 예컨대, 담배를 피우면서 휘발유를 주입하다가 불을 낸 경우이다. 판례 또한 중과실을 "통상인에게 요구되는 정도의 상당한 주의를 하지 않더라도 약간의 주의를 한다면 손쉽게 위법·유해한 결과를 예견할 수 있는 경우임에도 만연히 이를 간과함과 같은 거의 고의에 가까운 현저한 주의를 결여한 상태"라고 판시하고 있다."[54]

경과실과 중과실의 구별은 구체적인 경우에 사회통념을 고려하여 결정될 문제이다.[55]

경과실에 비하여 중과실은 더 무겁게 처벌되는데, 우리 「형법」은 업무상과실의 처벌규정을 둔 경우에 항상 업무상과실에 병행하여 중과실을 규정하고 있다(예: 제268조의 업무상과실·중과실치사상, 제171조의 업무상실화·중실화).[56] 그리고 동일한 행위에서 업무상과실과 중과실이 경합하는 경우에는 양자가 택일관계에 있다고 본다.

2.4 과실범의 의의

과실은 고의 또는 불가항력과 구별되어야 한다. 과실범에는 범죄사실에 대한 인식이나 범죄 실현에의 인용[57]이 결여되어 있다는 점에서 고의범과 차이가 나고, 그 불법과 책임의 정도 또한 낮다. 그리고 발생한 구성요건적 결과가 행위자의 주의의무 위반에 기인한다는 점에서 불가항력 내지 우연한 사고와 다르다.

---

54) 대판 2021.11.11, 2018다288531; 대판 2003.2.11, 2002다65929; 대판 2000.1.14, 99다39548; 대판 1996.8.23, 96다19833 등.

55) 대판 1980.10.14, 79도305.

56) 즉, 중대한 과실은 과실행위의 가벌성(구성요건에 해당하고 위법하며 유책한 행위)이 중대하여 업무상과실과 같은 정도로 평가된다.

57) 인용이란, 구성요건이 실현되어도 할 수 없다는 행위자의 내심상태(소극적 의지의 상태)를 말한다.

과실범이 고의범보다 사회적 위험성이 반드시 적다고 말할 수 없다. 각종 대형사고에서 볼 수 있는 것처럼 수십 명, 수백 명을 사상케 하는 일이 종종 발생하기 때문이다. 그럼에도 불구하고 과실범은 법률이 "과실로 인하여"라는 표현을 사용하는 등 형사처벌을 명시하고 있는 경우에만 예외적으로 처벌할 수 있고, 처벌할 경우에도 그 형벌이 고의범에 비하여 현저히 낮게 법정되어 있다. 그 이유는 과실범은 법질서를 위반하려는 내심상태가 없어서[58] 고의범에 비해 비난가능성이 적기 때문이다. 일반적으로 "과실범은 위험하고 경솔하지만, 고의범처럼 사악하지는 않다."라고 말해지고 있다.[59]

전술한 대로 고의에 비하여 과실의 불법과 책임의 정도는 낮다. 그러나 과실은 고의의 약한 형식에 불과한 것이 아니라 고의와는 전혀 다른 '독자성'을 지니고 있다. 과실의 본질적 요소는 사회생활을 영위함에 있어서 법질서가 요구하는 주의의무를 다하지 못했다는 규범적 측면에 있다.

따라서 '사회생활상 요구되는 주의의무에 위반하여 범죄구성요건의 객관적 요소에 해당하는 사실을 인식하지 못하고 행하거나 사실을 인식하였으나 의지 없이 행한 경우'를 과실행위라 정의할 수 있고, 나아가 '구성요건적 결과가 발생'하면, 즉 타인의 법익을 침해하는 결과를 발생시키면 과실범이 성립한다. 여기에서 주의의무는 자신의 행위로 인하여 혹시나 구성요건적 결과가 발생하지 않을까 하고 예견하여야 하고, 이를 예견한 경우에는 그 결과의 발생을 회피하여야 할 의무

58) 과실이란, 정상적으로 기울여야 할 주의를 게을리함으로써 죄의 성립요소인 사실을 인식하지 못하거나, 인식은 했으나 결과에 대한 의욕이 없는 경우를 말한다. 즉, 주의의무를 위반함으로써 범죄구성요건을 실현하는 것을 인식하지 못했거나(인식 없는 과실), 인식은 했으나 이를 실현할 의사가 없는(결과에 대한 의욕이 없는) 경우(인식 있는 과실)다. 간단히 말하면, 과실범은 범죄를 저지를 의사가 없는 상태에서 실수로 범죄를 저지른 경우다. 예컨대 업무담당자의 부주의로 안전조치를 하지 않아 재해가 발생한 경우다.

59) 그러나 단지 과실을 저질렀을 뿐이라는 이유로 책임을 완전히 피할 수 있는 것은 아니다. 즉, 단순히 의도가 없었기 때문에 억울하다는 식의 주장은 가해자의 면책 사유가 되지 않는다.

를 말한다(결과발생예견의무 + 결과발생회피의무).

과실범은 산업사회의 진전과 함께 사회의 거의 모든 부문에서 양적으로 엄청나게 팽창하였고 과실에 의한 피해규모도 대형화되었다. 특히, 교통(자동차, 철도, 선박, 항공기 등) 영역에서 발생하는 많은 범법행위가 과실범에 해당한다. 이러한 범죄현실은 종래의 형법이론이 고의범을 중심으로 하여 구성된 까닭에 상대적으로 등한시되었던 과실연구의 중요성을 환기시키는 계기가 되었고, 과실의 체계론을 비롯한 이론적 관심도 새로이 고조되는 등 최근 형법학에 있어서 과실범은 고의범과 다른 특성에 입각해서 별개의 독립적인 연구영역으로서 다루어지고 있다.

2.5 과실범과 고의범의 비교

과실범과 고의범은 다른 구조를 지니고 있다. 고의범에서는 행위자가 행위 당시에 구성요건의 실현을 인식하고 의욕 또는 인용한 내심상태에 있는 반면, 과실범에서는 행위자가 구성요건의 실현을 인식하지 못했거나 인용하지 않은 내심상태에 있다는 점에서 차이가 있다.

예컨대 공장에서 지게차 운전자가 짐을 운반하다가 일하고 있던 작업자를 치어 사망하게 한 경우, 운전자가 인식하고 의욕 또는 인용하였던 것은 짐을 운반하기 위해 이동하는 것이었고 사망은 아니었다. 따라서 사망에 대해서는 고의가 아닌 과실이 성립할 뿐이다(과실범).[60] 만약 사망을 인식하고 인용했다면 사망에 대한 고의범(살인)이 된다. 과실범에서 형법적으로 중요한 것은 운전자가 주의의무를 다하지 않아 사망사고를 일으켰다는 규범적 평가이다.

60) 물론 이 경우 과실범이 성립하기 위해서는 행위자가 사망을 예견하고 방지할 주의의무에 위반했어야 한다.

2.6 과실범의 처벌과 형법규정

「형법」 제14조는 “정상적으로 기울여야 할 주의를 게을리하여 죄의 성립요소인 사실을 인식하지 못한 행위는 법률에 특별한 규정이 있는 경우에만 처벌한다.”라고 규정하고 있다. 이 법문의 “정상적으로 기울여야 할 주의를 게을리하여 죄의 성립요소인 사실을 인식하지 못한 행위”가 바로 과실행위인바, 같은 법문에서 법률에 과실행위도 처벌한다는 특별한 규정이 있는 경우에 한하여 처벌됨을 밝히고 있다. 특별한 규정의 대표적인 예가 과실치상죄(제266조), 과실치사죄(제267조)다.

문제는 행정범에 있어서 명문의 규정이 없는 경우에도 과실행위(과실범)가 처벌되는 경우가 있을 수 있는가 하는 점이다. 판례는 일반형사범과 달리 행정범의 경우에는 과실행위(과실범)를 처벌한다는 명문의 규정이 있는 경우뿐만 아니라, 관련 행정형벌법규의 해석에 의하여 과실행위(과실범)도 처벌한다는 뜻이 명확한 경우에는 과실행위(과실범)도 처벌된다고 보고 있다.[61] 해석상 과실범도 벌할 뜻이 명확한 것의 예로는 종업원의 위법행위에 대하여 당해 종업원 이외에 사업주[62]도 벌한다는 종전[헌법재판소 결정(헌재 2007.11.29, 2005헌가10) 전]의 양벌규정이 있다.[63], [64]

---

61) “행정상의 단속을 주안으로 하는 법규라 하더라도 명문규정이 있거나 해석상 과실범도 벌할 뜻이 명확한 경우를 제외하고는 「형법」의 원칙에 따라 ‘고의’가 있어야 벌할 수 있다.”(대판 2010.2.11, 2009도9807; 대판 1986.7.22, 85도108) “위 법의 입법목적이나 제반 관계규정의 취지 등을 고려하면, (중략) 고의범, 즉 자동차의 운행자가 그 자동차에서 배출되는 배출가스가 소정의 운행 자동차 배출허용기준을 초과한다는 점을 실제로 인식하면서 운행한 경우는 물론이고, 과실범, 즉 운행자의 과실로 인하여 그러한 내용을 인식하지 못한 경우도 함께 처벌하는 규정이라고 해석함이 상당하다.”(대판 1993.9.10, 92도1136)

62) 법인회사의 경우에는 법인 그 자체, 개인회사의 경우에는 경영주를 말한다.

63) 종전의 양벌규정은 문언상 사업주가 종업원에 대한 관리감독상 주의의무를 다하였는지 여부에 관계없이 과실행위를 처벌한다는 명문의 규정이 없는데도 사업주를 처벌하도록 규정하고 있었다. 종전 양벌규정의 일반적인 입법형식은 다음과 같았다. “법인의 대표자, 법인 또는 개인의 대리인, 사용인 기타의 종업원이 그 법인 또는 개인의 업무에 관하여 본법에 규정하는 위반행위를 한 때에는, 행위자를 벌하는 외에 그 법인 또는 개인에 대하여도 본조의 벌금형에 처한다.”

양벌규정에 의하여 사업주가 처벌되는 것은 종업원의 책임을 대위하여 지는 것이 아니고, 종업원이 위반행위를 행하지 않도록 주의·감독할 의무를 태만히 한 책임, 즉 감독의무해태의 과실책임으로 볼 수 있다.[65] 헌법재판소도 "행정형벌법규에서 양벌규정으로 위반행위를 한 자를 처벌하는 외에 사업주인 법인 또는 개인을 처벌하는 것은 위반행위를 한 피용자에 대한 선임 감독의 책임을 물음으로써 행정규제의 목적을 달성하려는 것"(밑줄은 필자)이라고 판시하고 있다.[66]

앞의 헌법재판소 결정에 따라 모든 양벌규정에 "다만, 법인 또는 개인이 그 위반행위를 방지하기 위해 해당 업무에 관하여 상당한 주의와 감독을 게을리하지 아니한 경우에는 그러하지 아니하다."라는 단서가 면책조항으로 추가되었는바,[67] 이는 과실행위(과실범)에 대해 처벌한다는 규정을 명시적으로 두고 있는 것이다.

이처럼 과실범은 해석에 의하여 과실행위도 처벌한다는 뜻이 명확한 예외적인 경우 외에는 법률이 그 처벌을 명시하고 있는 경우에만 벌할 수 있다. 전술하였듯이, 현행 「형법전」은 과실치사상 및 업무상과실·중과실치사상[68](제266~268조), 업무상과실·중과실장물취득(제364

64) 일반형사범에서는 법인은 범죄능력이 없고 범죄행위자만이 처벌되므로 법인은 형사벌의 대상이 되지 않는다.

65) 법인의 대표자의 범죄행위에 대한 법인의 책임은 법인의 직접책임이고, 법인의 대리인·사용인 기타 종업원의 범죄행위에 대한 책임은 종업원에 대한 감독의무를 해태한 책임, 즉 과실책임이다.

66) 헌재 2000.6.1, 99헌바73.

67) 감독의무해태(과실책임)의 유무에 관한 판단은 양벌규정의 취지, 법인의 행위자에 대한 감독가능성과 구체적인 지휘·감독관계, 법인이 위반행위 방지를 위하여 행한 조치, 실제로 야기된 피해 또는 결과의 정도, 법인의 영업규모 등을 전체적으로 종합하여 내려진다(대판 2018.7.12, 2015도464).

68) 업무상과실·중과실치사상죄(형법 제268조)는 과실치상죄(제266조) 및 과실치사죄(형법 제267조)에 대한 가중처벌규정이다. 단순한 과실치상죄는 반의사불벌죄(형법 제266조 제2항)다. 그러나 업무상 및 중과실(형법 제268조)로 인한 경우는 과실치상일지라도 반의사불벌죄가 아니다. 이론적으로 보면 과실치상죄와 과실치사죄가 기본적 구성요건이고, 업무상과실치사상죄는 업무자라는 신분을 이유로, 중과실치사상죄는 주의의무의 위반 정도가 현저함을 이유로 각각 가중된 구성요건이다. 그러나 실제로는 업무상과실치사상죄가 「형법」 각칙 제26장에 규정된 '과실치사상의 죄'의 핵심을 이룬다.

조), 실화(제170조, 제171조), 과실폭발성물건파열(제173조의2), 과실일수(제181조), 과실교통방해(제189조)에 대해서 과실범을 처벌하고 있다. 행정형법까지를 포함하더라도 과실범에 대한 처벌규정이 많다고는 볼 수 없지만, 과실범의 현실적 비중은 매우 높다고 할 수 있다.

> **제266조(과실치상)** ① 과실로 인하여 사람의 신체를 상해에 이르게 한 자는 500만원 이하의 벌금·구류 또는 과료에 처한다.
> ② 제1항의 죄는 피해자의 명시한 의사에 반하여 공소를 제기할 수 없다.
> **제267조(과실치사)** 과실로 인하여 사람을 사망에 이르게 한 자는 2년 이하의 금고 또는 700만원 이하의 벌금에 처한다.
> **제268조(업무상과실·중과실치사상)** 업무상과실 또는 중대한 과실로 인하여 사람을 사상에 이르게 한 자는 5년 이하의 금고 또는 2천만원 이하의 벌금에 처한다.

현행 「형법」이 처벌하고 있는 과실범은 대체로 '결과범'이다. 과실치사상죄도 결과범으로서 과실범에 속한다(과실결과범).

2.7 형법과 민법의 과실

과실이라 함은 법률적으로는 어떤 사실(결과)의 발생을 예견(豫見)할 수 있었음에도 불구하고, 부주의로 그것을 인식하지 못한 심리상태를 의미한다. 즉, 행위자가 통상적으로 기울여야 하는 주의의무를 다하지 않은 것을 말한다. 고의와 함께 법률상 비난 가능한 책임조건을 말한다. 과실은 「형법」과 「민법」에서 서로 다른 기능을 한다.

「형법」상의 과실의 경우 이로 인하여 결과가 발생하더라도 법질서 파괴 의사가 없고 사회적인 비난가능성도 적은 것은 분명하다. 그러나 일반인에게 어느 정도 주의의무 준수를 강제함으로써 일정한 결과 발생을 방지할 필요가 있어 「형법」은 몇 가지 과실범을 처벌하고 있다.

과실로 인한 범죄, 즉 과실범에 있어서 중요한 것은 단지 주의의무 위반이 있다고 해서 무조건 처벌받는 것이 아니라 주의의무 위반으로 인하여 결과가 발생해야 하는, 즉 주의의무 위반과 결과 사이에 인과관계가 있어야 한다. 예를 들면, 의사가 일정한 검사를 하지 않은 잘못이 있지만 검사를 했더라도 피해자의 사망이라는 결과 발생을 피할 수 없었던 경우에는 인과관계가 없다고 볼 수 있다.

「형법」상의 과실은 인식 없는 과실과 인식 있는 과실, 일반과실과 업무상과실, 보통의 과실과 중대한 과실 등으로 구분된다. 인식 없는 과실은 행위자가 행위 당시 주의의무를 위반하여 구성요건 실현을 인식(예견)하지 못한 경우를 말하고, 인식 있는 과실은 행위자가 행위 당시 구성요건 실현을 인식하였지만 인용(용인, 감수)하지 않은 경우[69]를 말한다.[70] 과실과 고의의 중간 영역에 있는 심리상태로서 미필적 고의와 인식 있는 과실의 구별이 어렵다. 그러나 미필적 고의는 결과 발생을 인용(認容)한(소극적으로 긍정한) 경우고, 인식 있는 과실은 그 결과 발생을 인용하지 않고 부정(否定)한 심리상태(결과가 발생하지 아니할 것으로 믿은 상태)인 점에서 구별된다.[71]

「민법」상의 과실은 「민법」상의 고의와 함께 불법행위 또는 채무불이행의 책임조건이 되어 손해배상, 기타의 책임을 지는 요건이 된다. 그러나 「민법」상의 과실은 「형법」상의 과실과는 달라서 고의와 동등한 법률효과가 발생하고, 그 책임에 경중이 없으므로 특히 고의와 구별할 실익이 없다.[72],[73] 「민법」상의 과실은 그 전제가 되는 주의의무

---

69) 구성요건이 실현되지 아니할 것으로 믿고 결과 발생을 회피하지 아니한 점에 주의의무 위반이 있는 경우다.

70) 예컨대 유증기가 발생하고 있다는 사실을 모르고 담배를 피우다가 화재를 발생시킨 경우는 인식 없는 과실이고, 유증기가 발생하고 있어 불이 날 수도 있지만 괜찮을 것이라고 생각하고 담배를 피우다가 화재를 발생시킨 경우는 인식 있는 과실이다.

71) 일상적인 말로 표현하자면, "결과가 발생할지도 몰라. 하지만 그래도 할 수 없지." 라고 생각했으면 미필적 고의고, 이에 반해 인식 있는 과실은 "결과가 발생할지도 몰라. 그러나 괜찮을 거야(발생하지 않을 거야)."라고 생각한 경우다. 행위결과를 인용(용인, 감수)하지는 않았지만 부수적 결과로 받아들이면(소극적 긍정의 태도) 미필적 고의가 된다.

의 성질에 따라 추상적 과실과 구체적 과실, 주의의무 위반의 정도에 따라 경과실과 중과실로 나누어진다.

추상적 과실이란 추상적으로 일반 보통인을 기준으로 하여 요구되는 주의(예: 선량한 관리자의 주의)를 태만히 한 경우를 말하는데, 그 사람이 속하는 사회적 지위나 직업 등에 따라 각기 구체적 사례(事例)에 있어서 기대되는 추상적 일반인의 주의의무를 위반한 경우다. 불법행위나 채무불이행에 있어서의 과실이란 바로 이 추상적 과실을 의미한다. 구체적 과실이란, 그 사람의 현실생활에 있어서의 보통의 주의(예: 자기 재산과 동일한 주의, 자기를 위하여 하는 것과 동일한 주의, 고유재산에 있어서와 동일한 주의 등)를 태만히 한 경우를 말한다. 「민법」상 과실은 추상적 과실이 원칙이고, 구체적 과실은 예외적으로 무상수치인(695조), 친권자(922조), 상속인(1044조) 등에게 요구되는 주의의무다.

경과실이란 가벼운 주의의무 위반을 말하고, 중과실은 중대한 주의의무 위반으로서 부주의의 정도가 특히 심한(현저한) 것인바, 행위자가 조금만 주의하였더라면 결과 발생을 예견하거나 회피할 수 있었음에도 불구하고 부주의로 이를 인식하지 못한 경우를 말한다.

경과실·중과실의 구별은 전술한 추상적 과실과 구체적 과실에 관하여 각각 있을 수 있으므로, 「민법」상의 과실은 결국 추상적 경과실, 추상적 중과실, 구체적 경과실, 구체적 중과실의 4종으로 나눌 수 있게 된다. 그러나 구체적 과실에 있어서는 경과실만이 문제 되고, 구체적 중과실

---

72) 민사책임은 개인에게 발생한 손해배상에 목적이 있으므로 손해라는 결과에 중점을 두고 손해발생의 원인이 고의냐 과실이냐는 중요시하지 않고 고의와 과실을 별 차이 없이 취급한다. 심지어 민사책임에서는 무과실책임(위험책임)도 인정된다. 이에 반하여 형사책임은 손해에 중점이 있는 것이 아니라 행위자에 대한 비난이 그 본질이므로 어떠한 의사를 가졌느냐를 중시하여 귀책사유(고의, 과실)를 요구하고 고의와 과실을 구별한다(고의와 과실은 법률 효과 면에서 큰 차이가 있다).

73) 「민법」과는 달리 「형법」에서는 책임주의가 결코 예외를 허용할 수 없는 철칙으로 되어 있어, 책임주의의 포기 – 예컨대 무과실책임의 인정 – 는 항상 피고인에게 불리한 방향으로 작용하므로 죄형법정주의의 포기를 의미한다(임웅·김성규·박성민, 《형법총론(제14정판)》, 법문사, 2024, 105쪽).

을 요건으로 하는 경우는 실제로는 없다. 실화책임의 경우에는 경과실의 경우 손해배상액의 경감을 할 수 있다(실화책임에 관한 법률 제3조).

참고 형법과 민법의 과실 차이(요약)

「형법」상의 고의와 과실(過失)이 효과 면에서 천양지차인 것과는 달리, 「민법」에서 고의와 과실은 원칙적으로 별 차이 없이 다루어진다. 따라서 「민법」에서 넓은 의미의 과실은 고의를 포함하는 개념이며 이 원칙의 이름이 그냥 '과실' 책임의 원칙인 것도 그 때문이다. 「민법」상의 과실은 일정한 결과의 발생을 인식했어야 함에도 불구하고 부주의로 말미암아 인식하지 못하는 것을 말한다. 책임조건으로서는 고의와 과실을 구별하지 않고 책임의 경중의 차도 인정하지 않는 것이 원칙이며, 「민법」 규정에서는 단순히 과실만을 드는 것이 보통이고 고의는 당연히 포함되는 것으로 여긴다.

「형법」상의 과실이란 정상의 주의를 게을리함으로써 죄의 성립요소인 사실을 인식하지 못한 것(형법 제14조), 즉 주의의무에 위반하여 구성요건적 결과를 실현하는 것을 말한다. 「형법」상의 범죄는 고의범을 원칙으로 하지만 예외적으로 과실범을 처벌하는 경우가 있고 이때 과실범은 고의범에 비하여 그 형벌이 경미하다. 즉, 책임조건으로서 고의와 과실의 차이를 인정하지 않는 것을 원칙으로 하는 「민법」과는 달리, 「형법」에서 고의와 과실은 그 형의 경중에도 큰 차이가 있다.

2.8 과실범의 성립요건

범죄가 성립하기 위해서는 행위가 있어야 하고, 그 행위에 구성요건해당성과 위법성이 있어야 하며, 행위자에게 책임을 물을 수 있어야 한다. 이 중 어느 것 하나라도 없으면 범죄가 성립하지 않는다. 이는 고의범[74]뿐만 아니라 과실범에도 동일하게 적용된다.

가. 구성요건해당성

과실범의 불법내용은 행위불법(행위반가치)과 결과불법(결과반가

74) 고의범의 성립요건에 대해서는 제3장 제3절에서 설명하기로 한다.

치)[75]의 두 측면에서 찾아볼 수 있다. 과실범의 행위불법은 객관적 주의의무 위반에 있고, 결과불법은 (구성요건적) 결과의 발생에 있다.

즉, 과실범의 구성요건에 해당하기 위해서는 ① 객관적 주의의무 위반, ② 구성요건적 결과의 발생, ③ 객관적 주의의무 위반과 결과 발생 사이의 인과관계, ④ 객관적 예견가능성이 있어야 한다.

(1) 객관적 주의의무 위반

주의의무 위반은 '사회생활상 필요한 주의의무의 불이행'이다. 간략히 말하면 '부주의'라고 할 수 있고, 「형법」 제14조의 표현을 인용하자면 '정상적으로 기울여야 할 주의를 게을리하는 것'이라고 할 수 있다. 과실을 처벌한다는 것은 법질서가 일반국민에게 (구성요건적) 결과가 발생하지 않도록 객관적으로 필요한 '주의의무'를 다할 것을 요구함을 의미한다.

(가) 주의의무의 내용[76]

주의의무의 내용은 결과 발생을 '예견'할 의무와 결과 발생을 '회피'하기 위하여 필요한 조치를 취할 의무이다. 이처럼 주의의무는 '결과발생예견의무'와 '결과발생회피의무'를 두 기둥으로 하고 있는데, 결과 발생을 예견한 후에야 결과발생회피조치가 있을 수 있기 때문에 결과발생예견의무는 논리적으로 결과발생회피의무에 앞선다.

주의의무는 주의의 '가능성'을 전제로 하므로 주의의무의 내용이 되는 결과발생예견의무와 결과발생회피의무는 결과발생예견가능성과 결과회피가능성을 전제로 한다. 또 결과발생예견의무가 논리적으로 결과발생회피의무에 앞서는 것에 상응하여, 결과발생예견가능성은 결과발생회피가능성의 전제가 된다. 요컨대, 기본적으로 결과발생예견가능성 → 결과발생예견의무 → 결과발생회피가능성 → 결과발

---

75) 행위불법이란 결과가 어떻든 간에 행위가 나쁘다는 의미이고, 결과불법이란 행위가 어떻든 간에 결과가 나쁘다는 의미이다.

76) 임웅 · 김성규 · 박성민, 《형법총론(제14정판)》, 법문사, 2024, 554-556쪽 참조.

생회피의무의 판단순서가 채용되고 있다.

예견'가능'한 결과 또는 회피'가능'한 결과에 대해서만 과실책임을 물을 수 있고, 예견이나 회피가 불가능한 결과의 발생은 불가항력적 사고에 속하는 것으로서 과실책임을 지울 수 없다. 예컨대, 상해의 결과는 예견 가능했지만 사망의 결과는 예견할 수 없었을 경우에 비록 사망의 결과가 발생했다고 하더라도 과실치사죄는 성립하지 않고 과실치상죄의 문제가 된다.

결과발생예견가능성은 결과 발생에 대한 '구체적인' 예견가능성과 아울러 '인과과정의 본질적 윤곽'에 대한 '구체적인' 예견가능성도 의미한다(구체적 예견가능성설).[77]

결과발생예견의무는 주로 정신적 영역에 속하는 '내적' 의무이다.[78] 결과발생예견의무는 행위자가 처한 상황, 행위의 경과, 부수사정 등에 비추어 자신의 행위가 어떠한 결과를 발생시킬 것인가를 인식하고 예상하여야 할 의무이다. 또 결과발생가능성의 예견은 일정한 유해물질이 암을 발생시킬 개연성이 높다는 새로운 의학적 발견에서 보이는 것처럼 '과학의 발전'에 따른 영향을 크게 받는다. 법관은 결과발생예견의무 위반 여부를 판단함에 있어서 행위자의 행위시점을 기준으로 삼아 장래전망적으로 검토를 행하여야 한다. 발생된 결과를 놓고 소급하여 이를 판단의 대상에 포함시켜서는 안 된다.[79]

결과발생가능성을 예견한 경우에는 구성요건적 결과의 발생을 회피하여야 할 의무가 따르게 된다. 결과발생회피의무는 행위와 관련된 '외적' 의무이다. 이 회피의무에는 결과를 발생시킬 가능성이 있는 행위 자체를 소극적으로 그만두어야 할 '부작위의무' 또는 행위에 결부된 결과발생가능성을 적극적으로 방지 · 차단하거나 허용치 이하로 낮

---

77) 구체적인 예견 '가능성' 유무를 의미하고 실제 구체적으로 예견하였는지 여부를 의미하는 것이 아니다.

78) 결과발생예견의무가 반드시 내적 의무인 것은 아니고, 위험을 예견하기 위한 감지기, 경보기 등을 설치해야 할 의무와 같이 외적 의무일 수도 있다.

79) 신동운, 《형법총론(제15판)》, 법문사, 2023, 260쪽.

추어야 할 '안전조치의무(작위의무)'가 있다. 그리고 결과 발생을 회피하기 위하여 일정한 지식이나 정보가 필요한 경우에는 필요한 지식을 얻기 위한 '문의 · 조회의무'도 포함된다.

(나) 주의의무의 표준

법질서가 요구하는 주의의무의 표준을 어디에 둘 것인가 하는 문제에 관하여는 기본적으로 행위자 개인인가, 평균인인가라는 점에서 견해가 대립한다. 물론 주의의무의 표준에 있어서 '완벽한' 주의의무 내지 '최상의' 주의의무, 즉 이상인(理想人)의 주의능력을 일단 상정해 볼 수도 있겠으나, 뒤에서 상술하는 허용된 위험(erlaubtes Risiko)의 법리에서 보듯이 일정한 결과발생가능성을 본질적으로 수반하고 있는 기술문명의 시대에 법질서가 요구할 수 있는 주의의무의 수준은 '사회적으로 상당한 정도'를 상한선으로 보아야 한다.

평균인, 사회 일반인의 주의능력을 표준으로 하여 주의의무 위반을 판단하자는 견해, 즉 '평균인표준설' 또는 '객관설'이 우리나라의 통설 및 판례의 입장이다. 이 학설에 의하면, 평균인을 능가하는 주의능력을 가진 자는 평균인의 주의를 다함으로써 족하고, 평균인에 미달하는 주의능력자는 평균인 수준의 주의를 하여야 한다.[80] 결국 법질서는 누구에게나 사회생활을 영위함에 있어서 객관적으로 필요한 주의의무를 다할 것을 요구하고 있다.

그런데 평균인표준설에서의 '평균인'은 실수를 할 수도 있는 '보통사람(현실사회의 일반인)'이라는 의미가 아니고, '주의 깊은' 평균인이다. 달리 표현하자면, 행위자가 속한 집단의(행위자와 같은 업무 · 직무에 종사하는) 신중한, 성실한, 사려 깊은, 통찰력 있는, 조심성 있는

80) 행위자의 주의능력의 부족은 책임단계(판단)에서 고려한다. 즉, 평균인보다 주의능력이 떨어지는 사람이 자신으로서는 최선의 주의를 했지만 범죄의 결과를 발생시킨 경우, 평균인이라면 그러한 상황에서 결과를 발생시키지 않았을 것이라고 판단된다면 행위자의 과실(객관적 주의의무 위반)은 인정되는 것이고(행위의 위법성에는 영향이 없고), 주의능력이 떨어진다는 행위자의 개인적 사정은 책임을 감경하거나 조각하는 사유가 될 수 있을 뿐이다.

평균인이다.[81] 이 평균인이 '행위 당시의' 구체적 상황과 '행위자가 속한 사회생활권'에 처하였을 경우에 준수해야 할 주의의무가 표준이 된다.

'업무상과실'에 있어서는 '행위자가 속한 업무상의 생활권'에서의 '주의 깊은 업무자'에게 '객관적으로' 요구되는 주의의무를 표준으로 한다. 따라서 같은 의사라도 전문의는 일반의가 아니라 자신이 전공하는 의료영역에서의 신중한 전문의로서의 주의의무를 다하여야 한다.

과실의 작위범에서와 달리 과실의 '부작위범'에서는 평균인표준설에 따르더라도 행위자의 '개인적' 행위능력(주의능력)이 주의의무의 표준이 된다. 이는 부작위범의 특수성에 기인한다. 예컨대, 난청인 인부가 사고 직전에 있는 동료직원의 구조요청 소리를 듣지 못하여 부작위에 의한 사망사고가 발생한 경우 난청이라는 개인적 행위능력을 불법구성요건의 단계에서 고려함으로써 과실불법이 부정되는 결과가 된다.[82]

(다) 주의의무의 범위와 허용된 위험의 법리

주의의무 위반에 있어서 주의 깊은 평균인의 주의능력을 표준으로 한다고 하더라도 법질서는 결과 발생을 예견하고 회피할 '모든' 주의의무, '완벽한' 주의의무를 요구하는 것이 아니고, '사회적으로 상당한 범위'의 주의의무만이 요구된다. 가장 확실한 결과 발생의 회피방법은 결과 발생의 위험이 있는 행위를 처음부터 하지 않는 것이지만, 사회생활상의 거의 모든 행위가 중단되고 마비되는 그러한 정도의 주의의무를 법질서가 요구할 수는 없다. 즉, 필요한 주의의무의 '범위'는 무제한한 것은 아니고, 사회생활상 '상당한' 범위, '정상적인' 범위에 그

---

81) 고의범에서는 현실사회 일반인이라면 충분히 하지 않을 수 있고 또 하지 않는 행위를 한 사람, 즉 현실사회 일반인 '미만'의 행위를 한 사람만을 처벌한다. 현실사회 일반인처럼 행위를 할 것만을 요구하고, 현실사회 일반인 '초과의' 행위를 할 것을 요구하지 않는다. 그러나 과실범에서는 현실사회 일반인이 할 수 없는 혹은 하지 않는 행위, 즉 현실사회 일반인 '초과의' 행위를 할 것을 요구한다는 점에서 차이가 난다.

82) 임웅·김성규·박성민, 《형법총론(제14정판)》, 법문사, 2024, 559-560쪽 참조.

친다. 이와 관련하여 「형법」 제14조가 "정상적으로 기울여야 할 주의" 라는 표현을 하고 있는 점에 주목할 필요가 있다. 만일 사회공동생활을 함에 있어서 구성원으로서 상당하고도 정상적인 범위의 주의의무를 다했음에도 불구하고 발생한 위험은 사회생활상 부득이한 것으로 허용될 수밖에 없으며, 여기에서 주의의무의 범위를 '한정'하는 '허용된 위험'[83]의 법리가 도출된다.

현대사회는 고도의 기술문명사회인 동시에 많은 위험이 곳곳에 산재하고 있는 사회로서, 위험한 기업활동, 철도·자동차·항공·해운, 건설공사, 지하자원의 채굴, 원자력·가스·전기 등 에너지시설의 운영 등과 같은 생활영역에서의 행위는 필요한 안전조치(주의의무)를 다하더라도 타인의 법익을 침해할 위험을 완전히 제거할 수 없다(즉, 항상 일정한 위험을 내포하고 있다). 그러나 그 사회적 유용성으로 말미암아 이들 행위와 전형적으로 결부되어 있는 위험은 사회적 상당성이 있는 것으로 법질서가 허용하고 있다(허용된 위험)[84]. 사회구성원들에게 주의의무를 높은 수준으로 부과하면 법익보호에 도움이 될 수 있지만, 지나치게 과도한 주의의무를 부과하면 사회생활에 꼭 필요한 활동들이 크게 위축될 우려가 있기 때문이다.[85] 허용된 위험은 인간의 일상생활을 자유롭고 원활하게 하기 위하여 또는 개인의 결정과 활동의 자유를 보장하기 위하여 사회적 유용성과 필요성의 관점에서 일정한 정도의 법익위태화를 사회가 감수하도록 한 것이다.

예를 들면, 현대사회에서 자동차교통은 많은 사망자를 내고 있다. 그러나 자동차의 편리성을 생각하는 경우 자동차운전을 전면적으로 금지하는 것은 불가능하다. 자동차는 위험한 것이지만, 그 편리성과의

83) 허용된 위험이란 정확하게 말하면 위험을 허용하는 것이 아니라 위험을 수반하는 행위를 허용한다는 의미이다.

84) 임웅·김성규·박성민, 《형법총론(제14정판)》, 법문사, 2024, 561-562쪽.

85) 허용된 위험의 법리에 따르면, 실질적으로 위험한 행위이고 예견 가능하고 회피 가능한 위험을 내포하는 행위라 하더라도, 그 행위가 다른 더 큰 구체적 법익을 보호하기 위해 행해진 경우에는 위법성이 조각된다.

비교형량에 의해 허용되고 있다. 따라서 사전적으로는 사람의 생명을 침해할 가능성(위험)이 있고, 현실적으로도 종종 사망결과가 발생한다고 하더라도, 그것이 허용된 위험의 범위 내의 행위이면, 그 행위를 위법으로 보아서는 안 된다고 하는 것이다. 또 다른 예로서, 「건축법」이 정하는 내진기준을 준수한 건축이면, 설령 그 이상의 지진이 발생할 가능성이 있더라도 안정된 주택 등의 공급을 위하여 허용된다고 할 수 있다. 이러한 의미에서의 허용된 위험은 고의범에도 적용될 수 있다. 성공할 확률이 낮은 수술이더라도, 그것 외에는 구명할 방법이 없는 경우에는 환자가 사망하는 것에 미필의 고의가 있더라도 위험한 수술을 단행하는 것이 허용되는 것이다.[86]

물론 허용된 위험에 있어서도 행위자는 '위험을 최소화하기 위한 상당한 주의의무'를 이행하여야 한다. 도로교통법 등 안전관계법규는 여러 가지 주의의무(기준행위)를 규정하고 있다. 어느 수준까지의 주의의무를 다해야 하는가는 구체적 상황에 의한다. 즉, 구체적 예견가능성의 존부에 의해 결정된다.[87]

(라) 관리 · 감독과실[88]

결과의 발생에 대하여 여러 명의 과실이 병존하는 경우를 과실의 경합이라고 한다. 「형법」상의 과실에는 「민법」의 불법행위에서와 같은 과

86) 물론 이 경우에 환자, 가족의 동의를 얻는 것은 필요하다.

87) 허용된 위험은 상식을 개념화한 것에 지나지 않고 그 독자성을 인정하기는 미흡하며 우리 사회가 안고 있는 다양한 위험원천을 형법적 의미에서 총체적으로 정당화하는 관념적 기능밖에 하지 못하고 이와 관련된 문제는 정당행위, 긴급피난, 과실범이론 등 대부분 실정법으로 해결이 가능하다고 지적하면서, 허용된 위험이 객관적 주의의무를 제한하는 데 구체적으로 기여할 수 있는 부분은 없다는 문제제기도 있다(배종대, 《형법총론(제17판)》, 2023, 500-501쪽).

88) 여기에서 말하는 '관리 · 감독과실'에는 협의의 감독(supervision)과실(책임) 외에 관리(management)과실(책임)도 포함된다. 학계에서는 일반적으로 '감독과실'이라는 용어를 사용하고 있는데, 이 경우의 감독과실은 뒤에서 설명하는 협의의 감독과실과 관리과실을 포괄하는 광의의 감독과실을 의미한다. 즉, 광의의 감독과실은 관리 · 감독적 지위에 있는 자(경영진을 포함한 상급관리자, 중급관리자, 하급관리자, 현장감독자)의 과실책임을 의미하고, 협의의 감독과실(이하 '감독과실'이라 한다)과 관리과실 둘 다를 포함한다.

실상계라고 하는 관념은 인정되지 않지만, 과실이 경합한 경우에 일방의 과실이 타방의 과실에 일정한 영향을 미치는 경우가 있다.

과실의 경합 중 특히 문제가 되는 것은 과실이 중층적으로 경합하는 경우이다. 예를 들면, 호텔 화재에서의 경영책임자의 과실과 현장종업원(직접행위자)의 과실과 같이 경합하는 과실행위자 간에 업무, 기타 사회생활상의 관계에서 감독자[89]-피(被)감독자라고 하는 상하관계·주종관계가 보이는 경우이다.

이 중 감독과실은 피감독자의 과실행위에 대하여 그 지휘·감독[90] 의무(이하 '감독의무'라 한다)를 다하지 않은 것(감독의무의 불이행)에 의해 인정되는 것이고, 이것을 '협의의 감독과실'이라고 한다.[91] 화재사고, 산업재해, 약품·식품사고, 팀의료에서의 사고 등에서는 직접행위자의 과실책임 외에 이와 같은 감독자의 과실책임이 문제가 된다. 즉, 감독과실이란, 현장작업자 등 피감독자가 실수를 하여 사고가 발생한 경우에, 이와 같은 실수가 발생하지 않도록 지휘·감독하여야 하고, 이 감독의무를 이행하였으면 결과의 발생 또는 확대는 회피할 수 있었다고 볼 수 있는 경우를 말한다.

감독과실에서의 주의의무는 자기의 행위에 의하여 피감독자의 과실행위가 일어나고, 범죄적 결과를 발생시키는 것에 대한 예견가능성을 전제로 하고 있는 점에 그 특색이 있다.[92] 예를 들면, 호텔 화재에 의한 사상사고의 경우에는, 사상의 결과 외에 그것과 결부된 화재의 발생 및 그때의 종업원의 부적절한 행동 등이 결과에 이르는 인과경과로서 예견이 가능하여야 한다.

종업원 등 피감독자의 과실행위를 매개로 하는 이상에서 설명한 '감

---

89) 관리자와 감독자는 그 지위와 역할이 다르므로, 관리·감독자라는 용어가 더 타당하지만, 이 절에서는 설명의 편의를 위해 '감독자'라고 표현하기로 한다.

90) 지휘·감독에는 지도, 교육, 명령 등도 포함된다.

91) 曽根威彦, 《刑法総論(第4版)》, 弘文堂, 2008, pp. 178-179 참조.

92) 예견가능성이 긍정되는 경우에도 추가적으로 감독의무의 이행에 의해 결과회피가 가능하였다는 것이 충분히 입증될 필요가 있다.

독과실'(간접방지형: 직접행위자를 지휘 · 감독하는 것에 의해 사고를 방지할 의무에 위반한 간접적인 과실) 외에, 관리자(특히 경영진을 포함한 상급관리자)로서의 입장에서 사고 발생을 미연에 방지하거나 사고 발생 시 그 피해의 확대를 방지하기 위한 물적 설비 · 기구, 인적 체제 등을 구축(정비)할 안전체제확립의무에 위반한 '관리과실'[직접개입형: 종업원 등 피감독자의 과실행위라고 하는 중간항을 매개로 하지 않고 관리자에 의한 물적 설비 · 기구, 인적 체제 등의 불비[93] 자체가 결과 발생으로 직결되는 직접적인(스스로의) 과실]도 발생할 수 있다. 이 관리과실에서의 주의의무는 실질적으로 안전체제의 확립을 결정 · 명령하는 권한을 가지고 있는 자에게 존재하는 것이다. 예를 들면, 호텔 경영자가 스프링클러, 방화셔터 등의 설비를 설치하지 않거나 종업원의 방재 · 피난대피훈련을 실시하지 않아 화재사고에서 사상의 결과가 발생하는 경우가 이에 해당한다.[94]

간접방지형(감독과실) — 사람에 대한 지휘 · 감독

직접개입형(관리과실) — 안전체제확립의무 ┬ 인적 체제 구축
└ 물적 설비 · 기구 구축

관리 · 감독과실의 경우에도 문제가 되는 것은 「형법」 제268조의 업무상과실치사상죄의 규정이고, 이것과 다른 특별한 과실규정이 있는 것은 아니다. 따라서 이 경우에도 과실범의 성립 여부는 통상의 과실범 성립요건에 따라 검토되어야 한다.

이 관리 · 감독과실의 이론은 일본에서 개발된 이론으로서, 기업형 범죄에서 현장의 말단 종업원의 직접책임 이외에 관리 · 감독하는 위치에 있는 자의 형사책임을 추궁할 수 있다는 실천적 의의가 크다.[95]

93) 인적 체제의 불비란 관리자의 타자에 대한 지휘 · 감독의 불철저, 미실시를 가리킨다. '결과방지를 위한 일정한 조치를 부하직원에게 하도록 했어야 했다'라는 관리자 자신의 주의의무의 해태가 그 예이다.

94) 西田典之, 《刑法総論(第3版)》, 弘文堂, 2019, pp. 291-292 참조.

95) 임웅 · 김성규 · 박성민, 《형법총론(제14정판)》, 법문사, 2024, 556쪽 참조.

구성요건적 결과를 직접 발생시킨 자(직접행위자)를 감독하는 자가 감독의무, 즉 피감독자의 부적절한 행위를 방지하기 위하여 필요한 구체적이고 직접적인 주의의무를 위반한 경우[96] 외에, 관리자 스스로가 안전체제를 확립하기 위하여 필요한 구체적이고 직접적인 주의의무를 위반한 경우에도 관리·감독과실을 인정하여 발생한 결과에 대한 과실책임을 지우고자 하는 이론이라고 할 수 있다.

(마) 주의의무의 근거

주의의무의 근거는 법률, 명령, 규칙 등과 같은 법규에 규정되어 있는 경우가 많은데, 그중 행정적 단속법규가 중요하다. 예컨대, 「산업안전보건법」, 「소방관계법」, 「도로교통법」, 「자동차관리법」, 「의료법」, 「약사법」, 「건축법」, 「식품위생법」 및 각각의 법률에 대한 명령, 규칙 등이다.

그러나 구체적 상황에 즉응하여 필요한 주의의무를 모든 법규에 유형화하여 망라한다는 것은 입법기술상 불가능하므로, 2차적인 근거로서 신의성실의 원칙이나 사회상규 또는 관습·조리(條理)[97]상의 주의

96) 관련된 판례로는 1994년 10월 21일에 발생한 '서울 성수대교 붕괴사고' 판결이 있다. "……이 사건 교량의 시공을 맡은 동아건설 주식회사 부평공장의 당시 기술담당 상무이사인 피고인 5와 같은 공장의 철구부장인 원심 공동피고인 6은, 이 사건 트러스를 설계도대로 정밀하게 제작하도록 지휘·감독할 직접적이고 구체적인 업무상의 주의의무가 있음에도 불구하고, 설계도면상으로는 수직재 하부에만 엑스(X)자형 용접으로 표시되어 있으나 그 상부에 엑스표시를 하지 않았다고 하더라도 상부와 하부는 구조가 동일하고 트러스 제작 당시 적용되었던 특별시방서에 완전용접을 하도록 요구하고 있고 건설부의 용접강도로교표준시방서에도 응집력이 집중되는 용접 부위는 당연히 각 용접 부분을 브이(V)자형으로 개선한 후 이를 맞대어 완전 용접하도록 되어 있으므로 수직재의 용접 부위를 엑스자형 용접으로 개선하여 용접하게 하는 등 트러스의 제작에 참여하는 자들을 제대로 지휘·감독하지 못함으로써, 아이(I)자형 용접을 하면서 용접도 양쪽을 각 1회씩만 하고 이를 충분히 하지 않아 용입부족 등으로 용접불량이 되게 하였고, 더욱이 당시 부평공장에는 용접공이 부족하여 일부를 외부 용접공에 하도급주어 트러스 제작에 투입하는바 일반적으로 외부 용접공의 기량이 부평공장의 용접공에 비하여 떨어지는 경우가 있음에도 이들에 대해 무리하게 트러스 제작 공기 단축을 독려하고 감독을 소홀히 하여 위와 같은 부실용접을 방치하였으며,……"(대판 1997.11.28, 97도1740).

97) 조리는 일반사회의 정의감에 비추어 반드시 그리하여야 할 것이라고 인정되는 사회규범을 말하며, ⅰ) 해석의 기본원리로서, ⅱ) 성문법·관습법·판례법이 모두 없는 경우의 최후의 보충적 법원으로서의 중요성을 가진다. 사법(私法)에서는 조리

의무와 판례상 요구되는 주의의무가 고려된다.[98] 따라서 행위자가 법규를 모두 준수하였다는 것만으로 과실책임을 면할 수는 없고, 업무의 성질과 행위 당시의 구체적 사정에 비추어 관습, 조리, 판례에 근거하여 발생하는 구체적인 주의의무까지도 준수하여야 한다.[99] 예컨대, 자동차운전자는 관련법규 이외에 날씨, 노면상태, 도로의 혼잡도 등에 따라 그때그때 필요한 조리상의 주의의무까지를 준수하여야 한다. 그러나 결과 발생을 예견하고 회피할 '모든' 주의의무, '완벽한' 주의의무를 요구하는 것이 아니고, '사회적으로 상당한 범위'의 주의의무만을 요구한다.[100]

(바) 신뢰의 원칙

오늘날 주의의무의 범위를 한정하는 원리로서 전술한 허용된 위험의 법리가 구체화된 '신뢰의 원칙'이 판례에 의해 정착되어 있다.[101] 신뢰의 원칙이란, "행위자가 어떤 행위를 하는 데 있어 피해자 또는 제3

의 법원성을 명문으로 규정하고 있는바(민법 제1조), 특히 행정법규에는 ⅰ) 통칙적 규정이 없고, ⅱ) 그 규율대상인 행정 자체가 복잡다기하여 법규가 예상하지 못한 사태가 발생하는 일이 많으며, ⅲ) 우리나라 행정법규에는 모순·결함이 많으며 법규 상호 간에 횡적 통일이 없는 경우가 많기 때문에, 조리는 다른 분야에서보다도 법원으로서 중요성을 가지고 있다. 판례 중에서도 종종 '사회통념에 비추어', '사회일반의 정의관념에서 보아'라든가, '조리상'이라는 표현이 보이는바, 이는 조리법의 존재를 전제하고 법원이 이에 의거하여 판단하고 있음을 나타낸 것이라고 할 수 있다. 앞의 신의성실의 원칙이나 사회상규도 조리의 다른 표현이라고 할 수 있다. 다만, 조리는 사회규범으로서 도덕, 윤리와 구별된다.

98) 김일수·서보학, 《새로쓴 형법총론(제13판)》, 박영사, 2018, 322쪽; 배종대, 《형법각론(제14판)》, 홍문사, 2023, p. 86; 임웅·이현정·박성민, 《형법각론(제14정판)》, 법문사, 2024, 105쪽; 대판 2015.11.12, 2015도6809; 대법 2009.4.23, 2008도11921; 대법 2008.2.28, 2007도9354; 대판 2007.5.31, 2006도3493; 대법 1996.9.6, 95도2551; 대법 1992.2.11, 91도2951; 창원지법 2020.2.21, 2019노941 참조.

99) 일정한 직업영역 내에서의 업무의 성질 및 구체적 사정에 비추어 조직 내 안전 관련 규정(과학기술적 행위규범·기준 등)도 '사회상규 또는 관습, 조리에 해당하는 것이라면' 주의의무의 근거가 될 수 있다.

100) 임웅·김성규·박성민, 《형법총론(제14정판)》, 법문사, 2024, 561쪽 참조.

101) 허용된 위험의 법리와 신뢰의 원칙이 「형법」에 명문의 근거는 없지만, 객관적 주의의무를 제한하는 일반원리로 적용되고 있다.

자가 적절한 행동을 하는 것을 신뢰하는 것이 상당한 경우에는, 피해자 또는 제3자의 부적절한 행동에 의해 설령 (법익 침해의) 결과가 발생하더라도, 행위자가 그것에 대하여 책임을 지지 않는다."고 하여 과실범의 성립을 부정하는 원칙을 말한다.[102] 신뢰의 원칙은 주로 교통사고에 관하여 발전해 온 이론이지만, 현재는 팀의료와 같은 분업체제에 의한 활동 등에까지 적용되고 있다.[103]

일반적으로 신뢰의 원칙이란 "행위자가 스스로 주의의무를 다하면서 타인도 주의의무를 준수할 것이라고 신뢰하는 것이 상당한 경우에는, 타인이 주의의무를 준수하지 않음으로 말미암아 법익 침해의 결과가 발생하더라도 행위자는 그 결과에 대하여 과실책임을 지지 않는다는 원칙"을 가리키는데, 특히 교통사고에서는 "스스로 교통규칙에 따라 적합하게 행동하는 교통관여자는 특별한 사정이 없는 한 다른 교통관여자도 역시 교통규칙에 따라 적합하게 행동하리라는 것을 신뢰하여도 좋고, 다른 교통관여자의 부적절한 행동으로 말미암아 발생한 결과에 대하여 과실책임을 지지 않는다는 원칙"으로 널리 적용되고 있다. 신뢰의 원칙이 적용되면, 다른 교통관여자가 교통규칙에 위반하는 행동을 함으로써 발생될 결과까지를 예견하거나 회피할 주의의무가 없다. 여기에서 교통관여자란 자동차운전자, 보행자, 자전거운전자 등을 포괄하는 넓은 개념인데, 자동차운전자 상호 간에 있어서의 신뢰의 원칙은 상대방 운전자가 교통규칙을 위반할 것까지 예상해서 방어운전을 할 필요는 없다는 의미를 지니고 있다.

신뢰의 원칙은 과실에 있어서 주의의무, 즉 결과발생예견의무와 결과발생회피의무의 범위를 한정하는 기능을 수행하고, 분업적 공동작

---

102) 西田典之, 《刑法総論(第3版)》, 弘文堂, 2019, p. 287.

103) 예컨대, 외과의사와 마취과의사가 공동으로 수술을 하는 경우에 한 의사는 다른 의사가 주의의무를 다할 것으로 신뢰할 것이며, 상대방이 적절치 못한 처치를 하지나 않을까 하고 서로 조사·확인할 주의의무까지는 없다고 할 수 있고, 약사가 의약품을 판매하거나 조제함에 있어 그 의약품의 표시를 제대로 확인하였다면 그 표시를 신뢰하고 그 약을 사용한 점에 과실이 있었다고 볼 수 없을 것이다.

업 등에 참가한 다수자 사이에 '주의의무 내지 위험부담의 적정한 분배기능'을 수행한다고 할 수 있다.[104] 신뢰의 원칙의 적용이 긍정되면, 현장작업자의 과실을 인정하면서도 그 작업자가 적절한 행동을 할 것을 신뢰한 감독자의 과실은 부정될 수 있고, 간호사의 과실을 긍정하면서 감독자에 해당하는 의사에 대해서는 과실이 부정될 수 있다. 이와 같이 감독과실에 대해서도 신뢰의 원칙을 적용할 여지는 있지만, 감독자에게는 그 입장상 피감독자와의 관계에 있어서 고도의 주의의무(지휘·감독의무)가 부과되어 있다고 생각되므로 신뢰의 원칙의 적용에는 자연히 일정한 제약이 있다.

(2) 결과의 발생

과실범의 미수(未遂)는 처벌하지 않기 때문에 설사 주의의무 위반행위가 있다 하더라도 결과가 발생하지 않으면 과실범이 성립하지 않는다.

과실범에서 요구되는 결과는 사상[과실치사상, 업무상과실·중과실치사상(형법 제266조~제268조)], 장물취득[업무상과실·중과실장물취득죄(형법 제364조)] 등과 같은 법익침해의 '실제(침해범)'인 경우도 있지만, 공공의 위험발생[과실일수죄(형법 제181조) 등], 공중의 생명 또는 신체에 대한 위험발생 또는 상수원오염을 통한 공중의 식수사용에 대한 위험발생(환경범죄단속에 관한 특별조치법 제5조) 등과 같이 법익침해의 '위험(위험범)'인 경우도 있다.

과실범의 성립에 어떤 결과가 발생해야 하는가는 각 과실범의 구성요건에 규정되어 있다.[105] 한편, 작위에 의한 과실범뿐만 아니라 부작위에 의한 과실범도 가능하다.

(3) 인과관계

객관적 주의의무 위반과 결과 발생이 있다고 하여 바로 과실범의 구성

104) 임웅·김성규·박성민, 《형법총론(제14정판)》, 법문사, 2024, 565쪽 참조.
105) 오영근·노수환, 《형법총론(제7판)》, 박영사, 2024, 159쪽.

요건에 해당하는 것은 아니다. 객관적 주의의무 위반과 결과 발생 사이에 인과관계가 있어야 한다. 객관적 주의의무 위반과 결과 발생이 있어도 인과관계가 인정되지 않으면 과실범의 미수가 되는데, 과실범의 경우 미수를 처벌하는 규정은 없다. 고의범에서는 인과관계가 되지 않는 경우에도 미수범이 성립될 수 있는 것과 비교할 때, 인과관계는 과실범에서 좀 더 강력한 의미를 갖는다.

학설에 의하면, 과실범이 성립하기 위해서는 과실행위와 결과 사이에 인과관계가 존재해야 할 뿐만 아니라 발생한 결과를 행위자에게 객관적으로 귀속시킬 수 있어야 한다(객관적 귀속론). 판례는 상당인과관계설을 취하면서 인과관계 유무만을 문제 삼고 객관적 귀속에 대해서는 언급하지 않는다.[106]

상당인과관계설은 행위와 결과 사이에 상당인과관계가 있을 때 형법적 인과관계를 인정하는 견해다. 이때 상당인과관계란 일정한 행위로부터 일정한 결과가 발생하는 것이 사회생활상의 일반적인 지식경험에 비추어 상당하다고 평가되는 인과관계다. '사회생활상의 일반적인 지식경험에 비추어 상당하다'는 말은 어느 행위로부터 어느 결과가 발생하는 것이 통상적이라고 판단되는 것을 말한다. 사회생활상의 일반적인 지식경험의 범위 내에 속하지 않는 사태진행은 모두 형법적 인과관계의 고찰 대상에서 제외된다. 결과 발생에 대하여 이례적인 조건이나 희유(稀有)한 조건 또는 통상적인 사태진행과정에 속한다고 볼 수 없는 조건은 발생된 결과에 대하여 인과관계가 부정된다.[107] 즉, 결과에 대해 상당히 개연적인 조건(상당히 보편적인 것)만이 원인으로 인정된다.[108]

판례는 어떠한 행위가 피해자의 사상이라는 결과를 발생케 한 유일

---

106) 상당인과관계설을 취하면, 결과의 귀속은 인과관계에 포함되기 때문에 객관적 귀속을 별도로 검토할 필요가 없게 된다. 상당인과관계설은 인과관계의 확정과 객관적 귀속의 문제를 한꺼번에 해결하는 일원적 확정방법이기 때문이다.

107) 신동운, 《형법총론(제15판)》, 법문사, 2023, 188쪽.

108) 배종대, 《형법총론(제17판)》, 홍문사, 2023, 507쪽.

하거나 직접적인 원인이 된 경우만이 아니라 그 행위와 결과 사이에 피해자나 제3자의 과실 등 다른 사실이 개재되었어도 그와 같은 사실이 통상 예견될 수 있는 것인 경우[109], 피고인의 행위가 다른 원인과 결합하여 피해자에게 사망의 결과를 발생하게 한 경우[110], 또는 피고인의 행위가 결과 발생의 직접적 원인은 아니었다 하더라도 이로부터 발생된 다른 간접적 원인이 결합되어 결과를 발생하게 한 경우[111]에도 그 행위와 결과 간에 상당인과관계가 있다고 보고 있다. 그런데 이 판례들은 공통적으로 문제되는 행위(위법행위) 외의 다른 행위(원인)가 개재되었더라도, 당해 위법행위가 결과 발생의 '1차적 원인'으로 작용하고(행위자가 당해 위법행위를 하지 않았더라면 '확실에 가까운 개연성'의 정도[112]로 결과가 발생하지 않았을 것이고), 이 1차적 원인인 위법행위가 다른 원인 또는 행위(결과 발생의 직접적인 원인 또는 행위)를 '유발한'(결과 발생의 직접적 원인의 유발에 피해자 또는 제3자의 과실 등 다른 원인이 개재되었거나 영향을 미쳤다고 하더라도) 사례들로 한정되어 있음에 유의할 필요가 있다.

행위자는 인과관계를 일상적인 생활경험법칙에 비추어 예견 가능한 범위 내에서 또는 본질적인 윤곽에 있어서 예견하였거나(인식 있는 과실의 경우) 예견할 수 있었어야 한다(인식 없는 과실의 경우).[113]

(4) 객관적 예견가능성

행위자가 행위 당시에 객관적으로 인식·예견할 수 없었던 결과 발생은 행위자에 귀속시킬 수 없다. 발생된 구성요건결과가 행위 시점에 '일반생활경험'으로 미루어 볼 때 상당한 것, 행위의 비정상적인 결과

109) 대판 2014.7.24, 2014도6206; 대판 1994.3.22, 93도3612.

110) 대판 2012.3.15, 2011도17648.

111) 대판 1982.12.28, 82도2525.

112) 이 정도에 미치지 못하면 '의심스러운 때에는 피고인의 이익으로'라는 형사법 정신에 따라 무죄 판결을 내려야 한다.

113) 대판 2014.7.24, 2014도6206; 대판 2012.3.15, 2011도17648 등.

가 아닌 것이라고 판단되면 객관적 예견가능성은 존재한다. 객관적 예견가능성은 결과 그 자체에 대해서뿐만 아니라 결과에 이르는 중요과정(사건진행과정의 본질적 부분=인과과정의 본질적 윤곽)에 대해서도 존재해야 한다. 누구도 예상할 수 없을 만큼 일반생활경험에서 벗어난 과정을 거쳐 발생한 결과는 객관적 예견가능성이 없기 때문에 과실범이 성립하지 않는다.[114)]

나. 위법성

고의범에서와 마찬가지로 과실범에 있어서도 구성요건해당성이 있으면 정당화사유(위법성조각사유)가 존재하지 않는 한 위법성은 추정된다. 즉, 형법총칙상의 정당화사유(위법성조각사유)에 의해서 과실범의 위법성은 배제될 수 있다. 과실범의 개별적 정당화사유(위법성조각사유)로는 정당행위, 정당방위, 긴급피난, 피해자의 승낙 등을 생각할 수 있다.

경찰관이 저항하는 강도범을 체포하기 위하여 경고사격을 한다는 것이 잘못하여 총상을 입힌 행위는 과실범의 정당행위로, 강도를 당하여 방위의사로 경고사격 하였는데 실수로 부상케 한 경우는 과실범의 정당방위로 각각 해당 과실행위가 정당화될 수 있다. 그리고 과실행위는 긴급피난에 의해서도 정당화가 가능하다. 주로 도로교통분야에서 문제되는데, 교통규칙 위반으로 보존하고자 하는 이익이 교통규칙 준수이익보다 우월하면 긴급피난이 성립한다. 예컨대, 중환자를 병원으로 급히 이송하는 과정에서 발생한 과실로 교통사고를 내어 보행자를 부상케 한 과실행위는 긴급피난에 해당하여 위법성이 조각된다.

피해자의 승낙에 의한 과실행위의 정당화는 주의의무 위반행위를 염두에 두고 그 위험성을 승낙하면 되고 침해결과에 대한 승낙은 필요없다. 예컨대, 운동경기 중 과실로 상대방에게 부상을 입힌 경우는 피해자 승낙에 의한 과실범으로서 위법성이 조각된다.

---

114) 배종대, 《형법총론(제17판)》, 홍문사, 2023, 507쪽; 임웅 · 김성규 · 박성민, 《형법총론(제14정판)》, 법문사, 2024, 554-555쪽 참조.

다. 책임

과실범의 책임표지는 고의범과 동일한 책임능력, 위법성 인식(가능성), 기대가능성 외에 과실범 특유의 것으로 주관적 과실이 있어야 한다.

(1) 책임능력

과실범에서도 행위자는 유책하게 행위할 수 있는 책임능력(형법 제9조[115], 제10조[116])을 갖추어야 한다.

(2) 위법성의 인식(가능성)

고의범과 마찬가지로 과실범의 책임에 있어서도 '객관적으로 요구되는 주의의무를 다하지 못한 자신의 행위가 법질서에 반한다는 인식, 금지된다는 인식'으로서의 위법성의 인식(가능성)이 필요한데, 위법성의 '현실적' 인식[117] 이외에 '잠재적' 인식[118]의 형태로 존재할 수도 있다.

결과 발생을 예견하지 못한 '인식 없는 과실범'에게는 대체로 위법성의 잠재적 인식이 존재하겠지만, 이것조차도 결여되어 있다면 위법성의 인식의 반면(反面)인 위법성의 착오(법률의 착오)의 문제로서 「형법」 제16조[119]가 적용된다.

---

115) 제9조(형사미성년자) 14세가 되지 아니한 자의 행위는 벌하지 아니한다.

116) 제10조(심신장애인) ① 심신장애로 인하여 사물을 변별할 능력이 없거나 의사를 결정할 능력이 없는 자의 행위는 벌하지 아니한다.
② 심신장애로 인하여 전항의 능력이 미약한 자의 행위는 형을 감경한다.
③ 위험의 발생을 예견하고 자의로 심신장애를 야기한 자의 행위에는 전2항의 규정을 적용하지 아니한다.

117) 예컨대, 소화장비를 전혀 갖추지 않고 화재의 위험이 큰 시설을 운영하는 경우에 위법성의 현실적 인식이 존재할 것이다.

118) 위법성의 인식은 '현실적으로' 존재하는 경우가 많다(위법성의 '현실성' 인식). 그러나 위법성이 행위자의 머릿속에 표상되지 아니하고 심층에 잠재되어 있는 경우에도 위법성의 인식은 존재한다고 보아야 한다.

119) 제16조(법률의 착오) 자기의 행위가 법령에 의하여 죄가 되지 아니하는 것으로 오인한 행위는 그 오인에 정당한 이유가 있는 때에 한하여 벌하지 아니한다.

위법성 인식의 '대상'은 위반하게 될 구체적인 형벌규정이나 구성요건 자체가 아니다.[120] 또한 형법규범의 위반인지 혹은 행정법규범이나 민법규범의 위반인지를 알 필요도 없고, 단지 자신의 행위가 공동체의 법질서에 위배된다는 것, 즉 실질적으로 위법하다는 것, 법적으로 금지된다는 인식을 가짐으로써 충분하다. 법률전문가로서의 불법통찰이 요구되는 것은 아니고 문외한으로서의 소박한 인식으로 족하다고 보는 것이 통설의 입장이다.

(3) 기대가능성

기대가능성이란 적법행위의 기대가능성을 말한다. 행위 당시의 여러 사정을 종합하여 볼 때 구성요건에 해당하고 위법한 행위를 한 사람이 위법행위를 하지 않고 적법행위를 할 수도 있었을 것이라고 인정될 때에 기대가능성이 있다고 한다.

기대가능성의 판단기준에 대해서는 일반인 또는 평균인이 행위자와 동일한 사정하에 있을 때 어떻게 행위했을지를 기준으로 기대가능성을 판단해야 한다고 보는 평균인표준설이 다수설이다. 이에 따르면, 행위자의 비난 여부를 행위자의 능력과 사정에 따라 판단하는 것이 아니라 사회일반인의 관점에서 판단해야 한다.

책임은 비난가능성인데, 비록 위법행위를 한 자라고 하더라도 행위 당시 행위자가 위법행위 이외에 다른 행위를 할 수 없었다고 한다면, 즉 적법행위의 기대가능성이 없는 경우에는 행위자를 비난할 수 없고 행위자의 책임이 조각된다.

과실범의 경우, '행위 당시의 외부적 사정에 비추어 보아 행위자에게 주의의무를 준수할 것을 기대할 수 있을 때'에 행위자에 대하여 과실책임을 물을 수 있고, 행위자에게 주의의무의 준수를 기대할 수 '없을 때'에는 과실책임이 조각된다(책임조각사유로서의 기대불가능성). 예컨대, 인근의 가스저장소에서 갑자기 대규모의 가스폭발사고

120) 대판 1987.3.24, 86도2673.

가 발생한 바람에 심한 쇼크 상태에 빠진 자동차운전자가 주의의무를 다하지 못하고 보행자를 부상케 한 경우에, 외부적 정황에 비추어 행위자에게 주의의무를 준수할 것을 기대할 수 없다고 보아 책임이 조각될 수 있다. 적법행위의 기대가능성이 있다고 하더라도 그것이 매우 적은 경우에는 책임이 조각되지는 않지만 경감된다.

(4) 주관적 과실

주관적 과실은 과실범의 고유한 책임요소다. 주관적 과실은 주의의무를 충족하는 결과를 예견할 수 있는 행위자 개인의 주관적 능력을 기준으로 한다. 아무리 객관적 주의의무 위반과 객관적 예견가능성이 있더라도 그것이 행위자 개인의 주관적 능력(정신적 · 신체적 능력[121])을 벗어난 때에는(개인적 능력의 결함으로 객관적 주의의무를 다할 수 없는 경우에는) 그의 책임으로 돌릴 수 없다.[122]

(가) 주관적 주의의무 위반

과실범의 책임은 과실행위를 한 행위자 개인에게 가해지는 비난가능성이다. 과실범의 책임성립에도 고의범의 경우와 마찬가지로 책임능력, 위법성 인식(가능성), 기대가능성이 필요한데, 과실범의 고유한(특유한) 책임요소로는 '주관적' 주의의무 위반(주관적 과실)이 있다. 객관적 주의의무 위반을 '구성요건적 과실' 또는 '불법과실'이라고 명명한다면, 주관적 주의의무 위반은 '책임과실'이라고 할 수 있다.

주관적 주의의무 위반이란 '행위자의 개인적' 주의능력(지식, 경험, 연령, 지능, 신체조건 등)에 비추어 객관적 주의의무의 준수가 '가능'했음에도 불구하고 주의하지 않았음을 의미한다. 주관적 주의의무 위반의 판단에 척도가 되는 것은 행위자의 행위 시 구체적으로 갖고 있었던 정신적 · 신체적 능력의 모든 잠재력이다. 즉, 행위자는 개인적으로 객관적 주의의무를 충족할 수 있는 상황에 있어야 한다. 여기에서는

---

121) 정신적 능력에는 지식과 경험, 즉 지적 능력과 경험적 지식이 포함된다.

122) 배종대, 《형법총론(제17판)》, 홍문사, 2023, 510쪽.

행위자가 그의 행위의 결과를 자신이 갖고 있는 모든 능력을 투입했을 때 예견하고 회피할 수 있었는지가 중요한 기준이 된다. 다시 말해서, 행위자는 일반인들에게 요구되는 주의의무를 개인적으로 인식하고 이에 부응할 수 있었어야 한다. 따라서 주관적 주의의무 위반은 일반적으로 제정신을 가지고 행위한 행위자가 (처한) 구체적인 행위상황에서 발휘할 수 있었으리라고 추정되는 그의 정신적·신체적 능력의 잠재력에 따라 판단되어야 할 것이다.

행위자가 갖고 있는 정신적 능력에는 전술한 바와 같이 지적 능력과 경험적 지식이 속한다. 그리고 그의 신체적 조건에는 연령, 성별, 건강상태, 신체적인 숙련도 등이 속한다. 신체적인 미숙이나 부자유가 주관적 주의의무 위반에 필요한 척도를 제한할 수 있으며, 따라서 그의 신체적 능력을 넘어서 발생한 주의의무 위반에 대해서는 과실을 인정할 수 없다.

한편, 행위자 개인이 지니고 있는 부주의한 '성격적' 결함 내지 '정서적' 결함은 행위자에게 책임을 '지우는' 방향으로 작용한다. 즉, 행위자의 성격적 또는 정서적 결함은 그것이 건전한 사회인의 수준에 못 미치는 것이라 할지라도 주관적 주의의무 위반의 판단에서 고려해서는 안 된다. 예컨대, 환경이나 교육의 잘못 탓으로 행위자가 갖게 된 냉혹성·공격성·무사려(無思慮)·무관심·경솔·덤벙댐 따위가 성격 내지 정서적 결함의 실례들이다. 이러한 결함은 주관적 주의의무 위반의 원인이 될지언정 그 배제사유가 될 수는 없다. 이러한 성격이나 정서적 결함은 행위자의 인격이 법익을 준수하는 건전한 사회인의 인격수준에 못 미치는 경우로서 행위자에 대한 개인적인 비난가능성에 관련된다.

과실범의 책임에서 확인되는 '심정반가치'는 행위자의 '법에 대한 무관심한 태도'이다. 이는 사회생활을 영위함에 있어서 드러나는 행위자의 '부주의한 심정', '조심성 없는 태도 내지 마음가짐', '위험불감증' 등 선량한 양심과 사회적 규범의식에 반하는 마음가짐을 의미한다.

그런데 주관적 주의의무 위반 여부를 구분하는 행위자 개인의 주관적 주의능력은 책임능력과 구별되어야 한다. 주관적 주의능력은 구성요건적 결과 발생에 대한 인식가능성과 회피가능성의 관점에서 행위자의 정신적·신체적 능력을 문제 삼는 것이고, 책임능력은 과실행위에 즈음하여 법과 불법을 판별함으로써 스스로 적법하게 의사를 결정하고 행동할 수 있는 정신적 능력을 문제 삼는 것이다.

한편, 행위자가 자신의 능력에 벗어나는 일을 스스로 하겠다고 나선 경우에는 과실책임이 인정된다. 이것을 두고 '인수(引受)책임' 또는 '인수(引受)과실'이라고 한다. 행위자가 인수한 일의 요구를 이행하지 못하리라는 점이 개인적으로 인식 가능할 때, 그는 위험행위를 회피하여야 하며, 그럼에도 불구하고 그 위험행위를 감행하였다면 그러한 인수행위에 대해서는 과실범의 책임이 수반된다.

(나) 주관적 예견가능성

행위자는 행위의 결과와 사건진행과정의 본질적 부분(결과에 이르는 중요과정=인과과정의 본질적 윤곽)을 예견할 수 있는 개인적 능력을 구비하고 있어야 한다.[123] 행위자가 처한 상황에서 과연 법익 침해의 위험성을 예견할 수 있었는가 하는 점이 주관적 예견가능성의 판단기준이라고 할 수 있다. 이것은 인식 없는 과실의 경우에만 문제된다. 인식 있는 과실행위자는 결과발생가능성을 이미 예견하고 있는 사람이다.

3. 사고조사와 책임

3.1 서론

사망자 또는 다수의 부상자가 나오는 큰 사고가 발생하면, 경찰·검찰에 의한 사고수사가 이루어진다. 사고가 고의로 발생되었다면 범죄인

123) 배종대, 《형법총론(제17판)》, 홍문사, 2023, 511쪽 참조.

것은 당연하지만, 설령 단순한 과실이 원인이었다고 하더라도 사고책임자에게 업무상과실치사상죄의 책임을 추궁하는 형사수사가 이루어질 수 있다. 여기에서의 형사수사는 누가 나쁜지를 특정하고 피해자를 대신하여 벌을 주는 응보 목적의 사고수사이다.

한편, 사고의 원인규명에는 처벌을 목적으로 하지 않고 두 번 다시 사고를 일으키지 않게 할 목적으로 행해지는 사고조사도 있다. 즉, 사고의 원인규명에는 책임추궁을 목적으로 하는 경찰·검찰에 의한 사고수사와 사고의 재발방지를 목적으로 하는 사고조사가 있다.

위 양자(사고수사와 사고조사)가 상호보완하여 사회적으로 적절한 수사·조사가 이루어질 수 있으면 바람직하지만, 실제로는 이념적으로도 현실적으로도 사고수사가 사고조사를 저해하는 경우가 있다. 죄가 물어지게 되면 사고관계자의 입은 무겁게 되지 않을 수 없고, 때로는 자신의 책임을 면하기 위하여 위증, 증거인멸마저 이루어질 수 있다. 그리고 사고수사에서 압수된 증거자료는 재판에서 공표되는 것 외에는 일반에 공개되지 않기 때문에 사고조사에서 이용하는 것은 곤란하고, 그 결과 설령 중요한 지견(知見)이 있었다고 하더라도 재발방지를 위하여 활용할 수 없는 경우도 많다.

이와 같이 사고수사에서는 재발방지를 위한 사고조사를 불충분하게 할 가능성이 많이 존재하고, 이에 대한 시정의 필요성은 이전부터 지적되어 왔다. 이것은 '사고의 사실'과 '사고의 책임'이라는 문제로 요약될 수 있다.

사고수사를 통해 책임을 묻는 것만으로는 합리적인 사고조사를 할 수 없고, 그 결과 재발방지대책이 불충분하게 되어 사회가 입는 손실이 발생할 수 있다. 다른 한편, 사소한 실수 정도라면 형사책임을 묻지 않고 충분한 사고조사를 함으로써 명백해진 지견에 근거한 재발방지대책의 마련을 통해 얻을 수 있는 이익이 적지 않다. 사고조사에 독자적인 의의가 존재하는 것은 자명하다고 생각한다. 그러나 현실에서는 사고조사의 의의가 제대로 인식되지 않고 있고, 그 결과 충분히 살려지지도 않고 있다. 도대체 왜 그럴까.

단순한 사고라면 몰라도, 복잡한 요인이 얽혀 있어 단독의 원인으로 돌릴 수 없는 조직사고(organizational accident)와 같은 경우, 책임추궁에 급급하는 것은 핀트에서 벗어날 뿐만 아니라 장래의 안전을 확보하는 데 있어서도 마이너스이다. 그러나 "책임을 추궁하지 않아도 무방하다."라고는 순순히 인정하기 어려운 면이 분명히 있다. '사고의 책임'이라고 하는 관념은 확고하게 사회에 뿌리를 내리고 있기 때문이다.

사고를 교훈으로 하여 장래의 안전을 도모하려고 하는 입장에서는 이 책임론이 때로는 장해라고 여겨진다. '책임'이란 어떠한 개념이고 그 존재근거는 무엇인가. 그것을 재검토하는 것은 안전을 우선하려고 하는 입장에서도 유익하다고 생각된다. 여기에서는 사고수사와 사고조사에서의 책임 개념에 대한 접근방법의 차이를 고찰하고, 현대사회에서 점점 커지고 있는 사고조사의 의의를 제시하고자 한다.

3.2 '사고의 책임'의 개념

사고의 책임으로 통상 관념되고 있는 것은, 당해 사고가 발생한 원인은 무엇이고, 그 원인에 대하여 누가 어떻게 관련되어 있으며, 그 결과로서 어떠한 부담(형벌·손해배상 등)이 발생하는가라는 점이다.

사고가 왜 발생하였는가라고 하는 원인에 대해 법학에서는 '사건생성책임'이라는 표현으로 말하는 경우가 있다. 정식화하면, "어떤 사건 Y가 일어난 것과 동일한 상황에서 만약 X가 일어나지 않으면 Y도 일어나지 않았을 것이라고 말할 수 있는 경우에, X는 Y에 대하여 책임이 있다."가 된다. 그러나 이 경우, 책임은 원인과 동일하고, 또 인간뿐만 아니라 사건과도 관련된다. 통상적으로 "책임은 인격을 가진 주체와 관계한다."고 이해되고 있다. 이하에서는, 이 의미에 대해서는 '책임'의 용어를 사용하지 않고 '원인'이라는 용어를 사용하기로 한다.[124]

---

124) "난파는 폭풍우의 책임이다."라고 말하지 않고 "폭풍우 탓이다."라고 말한다. 자

그리고 위의 의미에서의 원인이 된 인간의 행위 모두에 대해 책임이 물어지는 것은 아니다. 그 행위에 비난의 대상이 되는 무언가의 규범위반이 인정되는 경우에만 책임이 문제가 된다.[125] 예를 들면, 열차 통과 직전에 사람이 플랫폼에서 떨어져 치인 경우, 운전사의 행위는 그것이 없으면 사고가 일어나지 않았다고 하는 의미에서의 원인에는 해당하지만, 그 행위에 규범위반이 없으면 운전사에게 책임이 물어지는 것은 있을 수 없다. 이상의 설명을 토대로, 사고의 책임을 사고라는 결과를 초래한 원인에 상응한 부담의 추궁이라는 의미에서 '인과책임'이라고 부르기로 한다.[126]

사고수사는 그 인과책임론에 근거하여 이루어지고, 사고원인에 관련되는 인간을 찾아내어 법적 규범으로부터의 일탈의 유무와 정도를 수사한다. 사법(司法)은 그 결론에 따라 원인책임자를 특정하고, 피해자와 사회를 대신하여 처벌을 한다. 나아가, 규범위반은 처벌된다고 하는 사실이 억지효과를 가지므로 사고의 재발방지에도 도움이 된다고 주장되고 있다.

다른 한편, 사고조사도 사고가 일어났다고 하는 결과에 관련된 원인을 조사하는 것에는 차이가 없다. 차이는 무엇을 위하여 원인 · 결과를 밝히는가 하는 목적에 있다. 그렇지만 세간에서는 양자 간에 목적이 달라도 사고의 인과관계의 설명 자체에는 차이가 없다고 일반적으로 생각되고 있다. 그러나 그렇다고 말할 수 있을까. 다음에서 그 점을 검토해 보기로 한다.

연물이 주된 원인이면, 사람에게 할 수 있는 것은 체념 이외에는 없다. 단, 자연재해를 체념하는 수밖에 없는 것으로 방치하는 사회에 대해서는 별도의 책임을 묻게 될 것이다.

125) 「형법」에서는 범죄가 성립하기 위해서는 구성요건에 해당하는 위법한 행위에 대하여, 나아가 그 행위자에 대하여 비난이 가능한 것이 요구된다. 즉, '비난가능성이라는 의미에서의 책임'이다. 비난 가능한 것이 되기 위해서는, 그 행위가 '자발적'인 것이 요건이다. '자발적인 행위에는 칭찬, 비난 등이 주어지고, '비자발적' 인 행위에는 용서가, 때로는 연민조차 주어진다. 위반이 추궁되는 규범의 상위(相違)에 따라 법적 책임, 도덕적 책임이라는 차이가 발생한다.

126) 여기에서의 인과책임은 법학에서의 용법과는 다를 수 있다.

참고 행위자에 대한 비난(가능성)으로서의 형사책임

어느 행위가 구성요건에 해당하고 위법하다고 하여 바로 범죄가 성립하는 것은 아니고 행위자에게 책임이 인정되어야 범죄가 성립한다. 책임은 구성요건에 해당하고 위법한 행위를 한 '행위자'에 대한 비난(가능성)이다. 위법성이 구성요건에 해당하는 '행위'에 대한 비난(가능성)인 데 대해, 책임은 '행위자'에 대한 비난(가능성)이다. 비난(가능성)이란 '나쁘다'는 판단이다. 구성요건에 해당하고 위법한 행위가 있더라도 그 행위자를 나쁘다고 할 수 없으면 범죄는 성립하지 않는다.

3.3 인과책임론의 의미

우리들은 원인이 있어 결과가 발생한다고 생각한다. 또는 모든 사건에는 원인이 있다고 생각한다. 하지만 그것은 우리들이 현실을 이해하는 인식양식인 것이지, 모든 주관을 배제하고 존재하는 객관적 진리라는 것을 의미하는 건 아니다.

흄(David Hume)은 필연성의 개념을 분석하여 우리들이 원인이라고 부르는 대상과 결과라고 부르는 대상이 필연성의 관계에 있다고 인식하는 것은 2개의 대상이 시간과 장소에서 인접하여 발생하고, 전자가 후자에 선행하며, 이것들이 항상 인접과 계기(繼起)의 관계를 가지고 반복하기 때문이라고 말한다. 여기에서 우리들은 원인과 결과의 인과론적 설명을 만들어 내는 것이다.[127] 그리고 흄은 객관적 진리로서 원인·결과가 있고 그것을 우리들이 인식하는 것이 아니라, 우리들의 해석으로서 원인·결과가 있는 것이며, 우리들이 그것을 믿는 이유는 사회에 유익하기 때문이라고 주장한다.[128]

이 점을 역사가인 카(Edward Hallett Carr)를 통하여 생각해 보면 다음과 같다. 그는 먼저 다음과 같은 사례를 든다.

---

127) 大槻春彦訳(D. Hume), 《人性論 〈1〉》, 岩波書店, 1948, pp. 240-242.
128) 大槻春彦訳(D. Hume), 《人性論 〈3〉》, 岩波書店, 1951, p. 199.

> 존스가 파티에서 평상시의 주량을 넘어 술을 마신 후 귀가하다가 나중에 브레이크에 결함이 있는 것으로 판명된 자동차로 거의 앞을 분간할 수 없는 컴컴한 코너에서 마침 그 길모퉁이에 있는 가게에서 담배를 사기 위해 길을 건너고 있던 로빈슨을 치어 죽게 하였다.[129)]

사고의 원인으로서 음주운전, 브레이크의 고장, 앞이 잘 안 보이는 도로 등을 생각할 수 있다. 그런데 여기에서 "로빈슨에게 담배가 떨어지지 않았더라면, 그는 도로를 횡단하지 않았을 것이고 또 죽지도 않았을 것이다. 따라서 로빈슨의 담배에 대한 욕구가 그의 사망의 원인이다."라고 하는 주장이 나온다면 어떻게 생각하여야 할까. 로빈슨이 애연가였기 때문에 죽은 것은 사실이고, 애연가라는 사실이 선행의 사건생성책임의 한 요소를 구성하고 있기는 하다. 그러나 우리들은 그러한 주장을 일고(一考)조차 하지 않을 것이다. 그것은 왜 그럴까.

카가 그 예를 든 것은 '역사란 무엇인가'를 명확히 하기 위해서이다. 그는 계속하여 "여기에서 문제가 되고 있는 사례에 대하여 말하면, 운전자의 음주벽을 단속하거나, 브레이크의 상태를 더욱 정밀하게 검사하거나, 도로형태를 개량한다면, 교통사고로 인한 사망자 수를 줄인다는 목적에 기여할 수 있으리라고 추정하는 것은 이치에 닿는 것이다. 그러나 사람들에게 담배를 피우지 못하게 하면 교통사고로 인한 사망자 수가 감소될 수 있다고 추정하는 것은 어불성설이다. 우리의 구분기준이란 이런 것이다. 그리고 그것은 역사에서의 원인에 대한 태도에 대해서도 마찬가지로 통용된다."[130)]라고 주장한다.

무엇을 결과에 대한 원인으로 볼 것인가. 사건생성책임에서는 등가(等價)였을 여러 원인도 어떤 목적에 적합한 의미로 선별되지 않으면 무의미하다. 역사를 구성하는 사실도 여러 가지이지만, 이들 중 무엇을 채택하고 무엇을 채택하지 않을지는 역사가의 자의에 의한 것이 아

---

129) 김택현 역, 《역사란 무엇인가》, 까치, 2015(Edward Hallett Carr, *What Is History?*, Vintage, 1967), 143-144쪽.

130) Ibid., 147쪽.

니라, 역사를 쓰고자 하는 목적의식에 의한 것이다. 목적의 관념은 필연적으로 가치판단을 포함한다. "역사에서의 해석은 언제나 가치판단과 밀접하게 연관되며, 인과관계는 해석과 밀접하게 연관된다."[131]

사고수사가 행하는 인과설명과 사고조사의 그것은 다른 목적을 가진 다른 설명이다. 동일한 사건을 취급하고 있기 때문에 각각의 목적에 배치되지 않는 범위에서는 일치하지만, 목적에 맞지 않는 부분에서 서로 다른 사실이 채택되고 다른 해석이 제시되더라도 그것은 당연하다고 할 수 있다. 누가 어떠한 목적으로 역사를 쓸 것인지에 따라 같은 역사적 사실에 대해서조차 해석이 다른 사례는 얼마든지 많이 존재하고, 이것이 일반적으로 인정되고 있는 것과 마찬가지다. 동일한 것이 사고의 인과관계, 사고의 책임에 관해서도 적용된다고 할 수 있다. 이것을 인정한 후에 생각하여야 하는 것은 두 가지 중 어느 것이 사회에 더 유익한가이다.

3.4 사고수사와 사고조사의 목적과 문제점

가. 사고수사의 목적과 문제점

사고수사의 목적(임무)은 전술한 바와 같이 위법행위를 한 사고책임자를 찾아내어 처벌하고, 그것을 통해 예방효과를 노리는 것이다. 이러한 처벌 전제의 수사는 실제로 처벌되는 입장에 있는 사람들로부터 강한 의심을 받아 왔다. 데커(Sidney Dekker)는 휴먼에러는 일반적으로 범죄가 아니라고 주장하면서, 의료업계, 항공업계 등에 종사하는 전문적 실무자의 휴먼에러가 범죄화되고 있는 상황을 묘사하고 여기에는 다음과 같은 문제점이 있다고 지적하고 있다.

첫째, 관계자가 비협력적으로 되는 문제이다. 재발을 방지하는 데 기여하기 위하여 정직하게 실패를 보고하면, 그것을 문제 삼아 책임이

131) Ibid., 148쪽.

물어지는 경우가 있다. 실패를 알릴 경우 어려운 상황으로 몰릴 가능성이 있다고 생각하게 되면, 사고(incident)는 잘 보고되지 않게 된다. 데커는 그것을 "전문가가 실수 때문에 재판에 넘겨지게 되면 거의 반드시라고 말해도 좋을 정도로 안전(safety)이 희생된다. 조직의 구성원 또는 전문적 직업의 종사자들은 안전을 개선하기 위해 정력을 들이기보다는 그들 스스로를 수사기관의 수사로부터 보다 잘 보호할 수 있도록 방어적 자세로 나올 것이다. 법적 조치는 안전 관련 정보의 흐름을 촉진하기는커녕 그 흐름을 차단한다. 안전 보고가 법정에서는 종종 심한 공격을 받는 재료가 되기도 한다."[132]라고까지 말하고 있다.

둘째, 수사가 공정하지 않다고 생각하는 문제이다. 사람들은 어떤 실패가 중한 결과를 초래하였을 때 그렇지 않은 경우보다 죄가 무겁다고 간주하는 경향이 있다. 이른바 '사후확신 편향(hindsight bias)'[133]이다. 결과가 나쁘면 나쁠수록 더 많은 설명이 요구되고, "그것에 주의했어야 했다."고 비난받는다. 사후확신 편향에 의해 어떤 실패가 있었는지를 찾는 것은 용이하다. 그러나 사후확신 편향 때문에 사소한 과실도 죄로 인정되거나 가벼운 죄도 무겁게 처벌되기 쉽다. 이 사후확신 편향은 심리학에서 정설로 받아들여지고 있음에도 불구하고, 수사에서는 배려되고 있지 않다.[134]

셋째, 수사가 실무자들의 업무성과를 저하시키는 문제이다. 실무자들은 책임이 물어질지도 모른다고 생각하여 스트레스, 고독감 등을 느낀다. 그리고 실무에서 질이 높은 작업에 쏟아야 할 주의력이 어떻게 하면 법적 트러블에 말려들지 않을까에 집중되어 버린다.[135]

---

132) S. Dekker, *Just Culture: Balancing Safety and Accountability*, 2nd ed., CRC Press, 2012, p. 21.

133) 후지혜(後智惠) 편향이라고도 한다. 이에 대한 상세한 설명은 정진우, 《안전심리(제4판)》, 교문사, 2023, 228쪽 이하 참조.

134) S. Dekker, *Just Culture: Balancing Safety and Accountability*, 2nd ed., CRC Press, 2012, pp. 66-67 참조.

135) Ibid., p. 99.

넷째, 수사가 반드시 피해자가 만족할 만한 것이 되지 않는다는 문제이다. 자칫하면 재판은 최일선의 실무자에게만 책임을 묻고, 사건의 전체 모습도, 배후의 책임자도 밝히지 못한 채 끝나는 경우가 많다. 그러나 피해자측에게 남은 바람 중의 하나는, 사고의 재발방지와 자신 또는 유족이 경험한 고통을 다른 사람에게는 피하게 하고 싶다는 것이다.[136)]

다섯째, 사고수사에서 밝혀진 것만이 사고원인인 것으로 여겨질 경우에는 사고의 재발방지대책 수립에 큰 한계와 부작용을 노정하게 된다. 사고수사에서 밝혀지는 것은 형사처벌 대상에 해당하는 사고원인으로 국한되기 때문에, 그것에 해당하지 않는 사고원인은 중요함에도 불구하고 세상의 빛을 보지 못하고 재발방지대책 수립으로 이어지지 못할 수 있다.

마지막으로, 수사가 사회를 분단시키는 문제이다. 책임자가 특정되어 재판에 넘겨지면, 거기에는 반드시 승자와 패자가 나오게 된다. 그때 사회는 적과 우리 편으로 나뉘어 공통의 이익을 소실(消失)시키고 신뢰가 저버려지며 공유가치가 유린되거나 무시되고 관계성이 망가진다.[137)]

한편, 데커는 수사 목적의 하나인 예방효과도 우리의 통상적인 짐작이나 판단과 다르다고 주장한다.[138)] 데커는 휴먼에러를 범죄로 취급하는 것에 의해 사법제도의 원래 목적이 촉진될 것이라는 근거는 없고, 실무자를 비난하고 처벌하는 것으로 다른 실무자가 좀 더 주의 깊게 될 것이라는 생각은 착각이라고 주장한다. 그것은 그가 휴먼에러를 '원인'이 아니라, 시스템 내부의 깊은 곳에 있는 문제가 발현한 '병상(病狀)'이라고 생각하기 때문이다.[139)] 아울러, 데커는 휴먼에러 문제에 대하여 무언가를 하기 위해서는 사람들이 일하는 시스템(기계·설

136) Ibid., p. 107.
137) Ibid., p. 148.
138) Ibid., p. 96.
139) Ibid., p. 131.

비의 설계, 작업절차의 실효성, 목적 간의 충돌, 생산 압력, 감독의 불충분, 교육훈련의 부족 등)에 주의를 기울여야 한다고 주장한다.

행해서는 안 되는 행위라고 이해하고 있어도, 인간인 탓에 일으키기 쉬운 잘못된 행위가 존재하기 마련이다. 휴먼에러는 '인간의 본성'이기도 하다. 그러한 에러는 크고 작은 비율로 일어나기 마련이다. 사고가 되기 이전의 트러블 또는 사고가 발생하였을 때, 그 발현을 허용하고 만 시스템에 눈을 돌려 재발방지에 노력해야 하는 것이다.

이러한 점을 매우 심층적으로 연구한 학자가 리즌(James Reason)이다. 그는 사고를 그 영향이 개인 레벨에서 수습되는 '개인사고'와 조직 전체에 미치는 '조직사고'로 구분하고, 조직사고에 대해서는 '즉발적(active) 에러(최일선에 있는 개인의 불안전행동)'뿐만 아니라 잠재적 원인에 문제가 있는 '잠재적 상황(latent condition)'도 보아야 한다고 주장한다. 시스템의 안전은 다중방호(defences in depth)에 의해 확보되고 있지만, 각 방호벽에는 구멍이 있다. 통상적으로는 그 구멍의 위치가 모두 일렬로 되는 경우는 없기 때문에 사고가 발생하지 않는데, 작업장의 상황에 따라서는 각 방호벽이 프레임 안팎으로 움직이거나 조정, 보수, 시험 동안에 또는 에러와 위반의 결과로 제거되는 경우가 있다(추가되어야 하는데 그렇지 않은 경우도 있다). 마찬가지로 각 방호벽의 구멍도 작업자의 행위, 작업장의 사정에 기인하여 이곳저곳으로 움직이거나, 생겼다가 사라지거나, 수축되거나 팽창하기도 한다. 아주 드물게 여러 방호벽의 구멍이 나란히 정렬되는 경우가 있는데, 그 상황(잠재적 원인에 문제가 있는 상황)에서 최후의 보루인 최일선에 있는 개인의 '즉발적 에러'가 발생하면, 그때 큰 사고가 발생하는 것이다. 이른바 '스위스 치즈 모델(Swiss Cheese Model)'이다.[140] 수사는 책임을 이 불운한 개인에게 떠넘겨 버리는 경우가 많다.[141]

140) J. Reason, *Managing the Risks of Organizational Accidents*, Ashgate, 1997, pp. 9-13.

141) '불운'이라고 말하는 이유는, 그가 에러를 범한 것이 사실이라 하더라도, 다른 시기였다면, 즉 방호벽의 구멍이 나란히 정렬되어 있지 않았다면, 사고는 일어나지

수사의 장(場)에서의 수사관과 피의자의 심정에도 문제가 있다. 수사관이 '피해자의 원통함을 풀어주고 싶다'고 강하게 생각하면 생각할수록, 그리고 피의자가 호된 조사를 견뎌내지 못하고 '가벼운 죄라면 인정해도 무방하겠지'라고 생각하면 할수록, 사고의 진상규명은 멀어지고 누군가가 억울하게 뒤집어쓰는 일이 발생하기 쉽다.

한편, (재발 방지를 위한) 사고조사에서의 인과관계와 (책임추궁을 위한) 사고수사[142]에서의 인과관계를 동일시하게 되면 사고조사에서의 원인규명을 위축시킬 수 있다. 책임을 묻는 것을 목적으로 하는 사고수사에서는 사고원인에 대해 우리가 물을 수 있는 질문의 범위가 축소된다. 그리고 개인의 형사처벌에 초점을 맞추면 사고의 구조적 · 조직적 문제를 드러내지 못할 우려도 있다. 게다가 사고조사와 사고수사가 혼재되어 이루어지면, 사고와 관련된 자들이 법적 책임의 부담으로 솔직한 진술을 기피하게 되어 정확한 원인규명이 어려울 수 있다. 따라서 사고조사와 사고수사는 분리될 필요가 있다.

사고조사와 사고수사는 요구받는 입증 수준이 다르다. 사고조사에서는 원인과 결과 사이에 개연성(probability)이 있는 것으로 '추정'되는 것이 증명되면 인과관계가 인정될 수 있지만, 사고수사에서는 원인과 결과 사이의 개연성이 '합리적인 의심의 여지가 없을 정도로(beyond a reasonable doubt)' 증명되어야 인과관계가 인정된다. 따라서 사고조사 결과를 사법적 증거로 활용한다고 하더라도 요구되는 입증 수준의 차이 때문에 책임자 처벌의 열망을 충족시키지 못할 가능성이 크다.

않았을 것이기 때문이다. 구멍이 나란히 정렬되어 있는지 여부는 그의 통제 밖에 있다. '운'의 요소는 다른 것에도 있다. 사고 피해자의 구급운송이 정체에 말려들지 여부, 치료를 담당한 의사가 명의(名醫)일지 여부는 에러를 범한 사람의 의지와는 관계없는 요인이다. 그러나 피해자가 살아나는지 여부는 사후확신 편향이 작동하는 상황에서는 중요한 문제가 된다.

142) 기업 내부의 경우 수사는 이루어질 수 없으므로, 기업에서는 이 사고수사에 해당하는 것이 책임추궁을 위한 조사라고 할 수 있다.

나. 사고조사의 목적과 문제점

다음으로 사고조사의 목적과 문제점을 검토해 보기로 한다. 사고조사의 주된 목적(임무)은 두 가지로 요약할 수 있다. 하나는, 사고 및 인적피해의 발생원인을 명확히 밝히는 것이고, 또 하나는, 조사결과로부터 사고의 재발방지대책을 제시하는 것이다. 리스크요인을 찾아냄으로써 조직의 안전성을 높이고, 널리 사고의 재발방지를 도모하며, 이를 통해 사회의 안전을 구축하는 데 기여하는 것이 목적인 것이다. 즉, 책임추궁은 목적으로 하지 않는다. 따라서 사고조사가 책임추궁으로부터 독립하고 조사 대상자로부터 그 취지에 대해 이해를 얻는 것이 중요하다고 할 수 있다.

그런데 '책임추궁을 하지 않는다'는 것이야말로 사고조사의 문제점이라고 할 수 있다. 이에 대한 것은 다음의 세 가지로 정리할 수 있다.

첫째, 책임추궁을 하지 않으면 예방의 효과도 없어진다는 것이다. 앞서 살펴보았듯이, 책임을 추궁하는 것을 통해 예방효과가 손상받는다는 주장에는 일리가 있지만, 이것은 책임추궁을 하지 않는 것으로부터도 발생할 수 있다. 무엇을 해도 책임을 묻지 않고 처벌받지 않게 되면, 사람이 신중한 행동을 취하려고 하는 인센티브도, 다른 사람의 실패로부터 교훈을 배우려고 하는 의욕도 감소하고 만다. 그리고 스위스치즈 모델을 인정한다고 하더라도, 여전히 현장의 제일선의 실무자가 '최후의 보루'가 되고 있는 사실은 변함이 없고, 그 주의력을 높여 사고를 방지하는 것은 중요하다. 에러를 저지르면 처벌받는다고 하는 사정이 사람들에게 주의환기가 되고 있는 점은 부정할 수 없다. 적어도 책임추궁에 의해 어떤 에러가 있었는지가 널리 알려지고 일정한 기간은 효과가 있다고 일반적으로 믿어지고 있다.

둘째, 전문적 실무자와 일반인 간의 균형의 문제이다. 업무상과실치사상죄에 물어지는 것은 전문가만이 아니다. 일반인도 예컨대 자동차 사고를 일으키면 그 과실에 대한 죄(자동차운전과실치사상죄)가 물어질 수 있다. 가령 외형적으로 같은 과실인데도 전문가가 일으킨 경우는 재발방지에 역점을 두어 죄를 묻지 않고, 일반인이 일으킨 흔한 사고의 경우에는 죄가 물어진다고 하면 사회적인 이해를 얻기 어려울 것이다. 이 관계는 조직사고와 개인사고에 대해서도 말할 수 있다. 조직사고에는 잠재적 상황이 있으므로 당사자 에러를 문제로 삼지 않을 수 있지만, 개인사고는 그 성격상 당사자 에러를 문제 삼지 않으면 의문이 생길 것이다. 어딘가에서 균형을 취하지 않으면 안 된다.

셋째, 책임추궁을 하지 않으면 응보목적을 달성할 수 없다고 하는 점이다. 근대국가는 피해자의 가해자에 대한 개인적 보복을 인정하지 않고, 국가가 응보행위를 대리한다. 어떻게 처벌이 될지는 법과 재판에 의하게 되는데, 피해자 또는 사회의 보복감정을 전혀 배려하지 않고 결정하는 것은 곤란하다. 다수의 피해자가 나온 경우는 더욱 그럴 것이다. 사실 사고의 책임이 있기 때문에 처벌하는 것은 아닐지도 모른다. 니체(Friedrich Nietzsche)는 자신의 저서 《도덕의 계보학》에서 "인간 역사의 매우 긴 기간에 걸쳐 나쁜 행위를 한 자는 그 행위에 책임이 있기 때문이라는 이유로 처벌되었던 것은 아니다. (중략) 현대에도 부모가 화가 나서 자식을 체벌하는 경우가 있는 것처럼, 가해자가 초래한 피해의 크기에 대한 분노 때문에 벌이 가해진 것이다."고 주장하였다.[143] 범죄는 분노, 슬픔 등을 초래한다. 그 감정적 반응이 책임자를 찾고 처벌을 가하게 하는 측면이 현실적으로 강하게 존재한다는 것을 부정하기 어렵다. 즉, 사건을 일단락 짓기 위하여 책임자가 찾아지고 처벌되는 구도라고 할 수 있다. 사회를 옹호하기 위한 이러한 구도에 대해서는 데커 또한 현실의 사례를 토대로 동일한 지적을 하고 있다.[144]

이상에서 설명한 바와 같이, 사고조사와 사고수사는 각각의 목적을 가지고 있고, 각자의 한계 또한 가지고 있다고 생각된다. 단, 사고조사

---

143) 中山元訳, 《道徳の系譜学》, 光文社, 2009, p. 110.

144) Sidney Dekker, *Just Culture: Balancing Safety and Accountability*, 2nd ed., CRC Press, 2012, p. 149.

와 사고수사 모두 각각의 의미에서의 '안전'을 목적으로 하고 있다고는 할 수 있다. 즉, 사고조사의 '안전'은 물리적인 안전이고, 사고수사의 '안전'은 그것에 추가하여 '사회의 안전(치안)', 즉 피해를 초래한 자를 처벌함으로써 결말을 짓고 질서를 회복하는 것이다.

공통되는 '물리적인 안전'이라고 하는 부분에서는 그 방법은 다르더라도 양자(사고조사, 사고수사)가 모두 필요한 것은 틀림없다. 그리고 사고조사는 책임추궁을 목적으로 하지 않는다고는 하지만, 어떤 과실도 면죄(免罪)하여야 한다고 주장하는 것은 아니다. 사고수사도 재발방지를 희생으로 해서라도 책임자만 처벌하면 된다고 주장하는 것은 아니다. 사고조사에 무게를 두는 자에게도 '허용되지 않는 과실'의 개념은 중요한 것이고, 사고수사에 종사하는 자도 책임추궁과 사회의 이익 간의 균형을 생각하여야 할 것이다.[145] 이 부분에서 타협이 이루어지는 것은 충분히 있을 수 있는 일이고, 이것을 도모하는 것은 바람직한 일이기도 하다.

문제는 치안목적이다. 다음에서는 이 점에 주목하여 사고조사를 사고수사에 우선하여야 할 이유가 있는지에 대하여 생각해 보기로 한다.

3.5 현대사회에서의 사고조사의 의의

사고조사와 사고수사의 대비는 원리적인 것이고, 현실에서 양자의 존재양태는 여러 가지이다. 양자의 긴장관계가 그다지 없는 경우도 있고, 반대로 높은 관계도 있다. 어떠한 양태인지는 아마도 사회가 사람들의 물리적 안전과 치안이라는 의미에서 사회의 안전에 대해 각각 어떻게 생각하고 있는가라는 가치관과 관련되어 있다고 생각된다. 이러한 가치관의 차이는 사회의 발전이 지체되어 있는지 여부와는 관계가 없고, 사회에서의 합의(consensus)의 함수라고 할 수 있다. 그리고 이 합의는 불변은 아니고 상황에 따라 변하는 것이기도 하다.

---

145) 미국의 사법거래제도는 이러한 것에 해당한다.

물리적인 안전과 치안(사회의 안전) 중 어느 것을 우선할 것인지는 어려운 문제이다. 치안의 요체는, 사회 자체는 나쁘지는 않고 나쁜 것은 항상 그 일부 또는 외부이며, 이것을 바로잡음으로써 사회의 기능이 회복한다는 것을 세간의 사람들에게 납득시키는 것이다. 범죄는 사회에 대한 모욕이고 반역이며, 사회질서에 대한 도전이다. 사회는 그것에 감정적으로 반응하고 범죄의 심벌(symbol)을 파괴하는 의식을 통해 질서를 회복한다. 이 범죄의 심벌이 '책임자'이다. 치안의 관점에서는 사회적인 감정을 침정(沈靜)시키고 이 납득을 얻기 위해서라면 희생양(scapegoat)을 만들어 내는 것도 마다치 않는다. 사고도 사회의 분개를 일으키는 '나쁜 일부'로 간주되고, 전술한 바와 같은 문제점이 있더라도 책임자가 처벌되어 온 것이다.

그러나 오늘날 우리들의 '사고관'이 이러한 정도에 머무르는 것은 더 이상 허용되지 않는다. 고도로 복잡하고 시스템적으로 거대해진 현대사회에서의 사고는 '나쁜 일부'가 일으키는 문제는 아니다. 예컨대 후쿠시마 원자력발전소 사고는 '누가' 나빴던 것일까. 책임자를 추적하여 찾다 보면 거기에서 발견되는 것은 평범한 샐러리맨, 공무원, 연구자, 정치가 등이다. 그들은 우연히 그곳에 있었던 것이고, 경우에 따라서는 그곳에 있었던 자가 다른 누군가(우리들)였더라도 이상하지 않다고 볼 수도 있다. 그들이 그때그때의 사정과 조직의 논리로 작은 결정을 계속해 나가던 끝에 발생한 사고라고 할 수 있는 것은 아닐까.[146]

한편, 벡(Ulrich Beck)은 "고도로 세분화된 분업체제로 인해 사회는 일반적으로 복잡해지고 있고, 이 복잡성에 의해 일반적으로 책임소재가 불분명해진다. 각각이 원인이자 결과이고, 그와 동시에 원인이 아닌 상황이 되고 있다. 등장인물과 무대, 작용과 반작용이 항상 바뀔 가능성이 있어 원인이 소멸되어 버린다. 따라서 시스템적 사고의 필요성이 당연한 것으로 받아들여진다."고 주장하였다.[147] 벡에 의하면, 현

146) 아렌트가 《예루살렘의 아이히만》에서 말한 '악의 평범성'이 상기된다.

147) 홍성태 역, 《위험사회: 새로운 근대(성)를 향하여》, 새물결, 2006(U. Beck,

대 사회의 고도로 세분화된 분업체제가 전반적인 무책임체제를 초래하는 상황이 되고 있고, 일반화된 타자(他者)라고 할 수 있는 분업체제가 개인에게 영향을 미치고 개인의 행동을 통해 사회에 영향을 미친다는 것이다. 결국 나쁜 일부가 존재한다기보다는 있다고 하면 '나쁜 전체', '나쁜 사회', 즉 위험사회가 있는 것이라고 말할 수도 있다.

따라서 '치안 = 사회의 안전'의 과제는 나쁜 일부(또는 외부)를 사회로부터 분리하여 처벌하는 것만으로는 더 이상 충분하지 않다. 일부만의 책임을 끄집어내어 규탄하더라도 사회 그 자체를 위협하는 위험을 온전히 제거할 수는 없다. 사회 자체에도 책임이 있는 것을 확인한 우리들은 냉정하게 그 내부에 메스를 가하여 안전대책을 강구하여야 한다. 그런 의미에서 사고조사는 치안에도 공헌할 수 있는 것으로서 수사에 의해 저해되어서는 안 된다. 사고조사의 의의는 점점 높아지고 있다.

3.6 사고조사의 필요성 및 원칙

사고조사의 중요성을 강조하는 목소리가 점점 강해지고 있다. 왜 사고의 철저한 원인조사가 필요한 것일까.

첫째, 사고의 피해자·유족의 정신적 치유에 있어 매우 중요하기 때문이다. 특히 유족은 어떻게 해서 이런 일이 발생하게 되었는지, 도대체 그 원인은 무엇인지 등 몹시 괴로운 생각을 계속해서 품게 된다. 사랑하는 사람을 잃은 깊은 슬픔, 사랑하는 사람을 빼앗긴 분노는 간단하게 치유될 것은 아니다. 그러나 사고원인을 명확하고 정확하게 아는 것은 적어도 남겨진 사람들의 치유의 출발점이 된다.

둘째는 사고의 원인을 규명하여 동종 사고의 재발 방지에 도움을 주기 위해서이다. 사고의 직접적인 원인뿐만 아니라 그 원인에 이른 여러 배후요인, 다양한 유인(誘因)도 분석·해명하고, 거기에서 얻어진

Risikogesellshaft; Auf dem Weg in eine andere Moderne, Suhrkamp, 1986), 72쪽.

지견을 현장에서 활용한다면 사고의 재발 방지에 도움이 되는 사고조사가 될 수 있다.

셋째, 다른 종류의 사고원인이 될 수 있는 하드웨어, 소프트웨어상의 결점·결함의 발견이다. 즉, 당해 사고의 원인을 규명할 뿐만 아니라, 장래 일어날 수 있는 사고, 사건의 싹을 제거하기 위해서이다. 사고를 국소화(localization)하지 않고 일반화(generalization)함으로써 동종·유사사고의 재발 방지, 별종(다른 종류) 사고의 발생 방지로 연결시킬 수 있다. 이를 통해 안전성이 향상되는 것은 많은 피해자·유족의 염원에 맞는 것이기도 하다.

넷째는 생존요인(survival factor)의 발견이다. 생존요인이란 사고가 발생한 경우의 생존율을 높이는 요소를 말한다. 어떤 사고에 수반하는 희생자 발생의 메커니즘, 피난·구조의 방법 등을 검증함으로써 생존요인을 적출하고, 예컨대 차량의 내장(內裝), 긴급연락·구급구조체제의 개선 등이 이루어지면, 동종의 사고가 발생한 경우에 희생자의 수를 감소시키는 것이 가능해지는 것이다.[148)]

따라서 사고조사의 궁극의 목적은 동종 사고의 재발 방지, 다른 종류의 사고의 발생 방지, 생존요인의 적출에 의한 안전성 향상에 두어져야 하지, 형사책임의 추궁, 단속 등의 행정목적의 수행에 두어져서는 안 된다. 형사책임의 추궁을 위한 사고수사에서는, 관계자는 책임을 면하려고 진실을 숨기려고 하거나, 사실의 공개에 입을 닫으려고 한다. 이 때문에 가장 본질적인 정보가 표면에 드러나지 않게 되어 사고원인이 밝혀지지 않은 채 끝나버리는 경우가 종종 발생하고 있다. 안전성의 향상을 최우선적인 목적으로 하는 조사야말로 이용자, 국민을 위한 사고조사이다.

한편, 사고의 재발 방지를 목적으로 하는 사고조사가 그 성과를 충분히 달성하기 위해서는 다음과 같은 원칙이 충족될 필요가 있다.

---

148) 鉄道安全推進会議編, 《鉄道事故の再発防止を求めて—日米英の事故調査制度の研究》, 日本経済評論社, 1998, pp. 199-200 참조.

첫째, 독립성의 원칙이다. 사고가 발생한 경우, 그 사고원인을 둘러싸고 사업자, 시설·설비·차량·물품 등의 제조사, 그리고 감독관청(규제당국) 등 다양한 이해관계자가 착종하게 된다. 따라서 어떤 이해관계자에도 치우치지 않는 공평하고 중립적인 사고조사가 수행되는 것이 무엇보다도 중요하다. 공평하다고 인정된 사고조사이면, 그 조사결과도 설득력을 가진다. 이것은 사고에 의해 실추된 국민으로부터의 신뢰를 회복시키는 것으로도 이어진다. 이를 위해서는 사고조사를 담당하는 기관이 관계기업, 행정기관 등으로부터 고도의 독립성을 확보하여야 한다.

둘째, 전문성의 원칙이다. 예컨대 현대의 철도는 CTC(집중원격제어), ATC(자동열차제어장치) 등 복잡한 시스템하에서 운행되고 있다. 따라서 설령 조사가 공평하고 중립적으로 이루어지더라도, 이러한 복잡한 시스템, 운항기술에 숙련된 자가 조사를 담당하지 않으면, 공연히 조사시간이 많이 소요될 뿐만 아니라, 조사결과도 정확성, 타당성을 잃은 것이 될 수 있다. 이러한 사태에 빠지는 것을 피하기 위해서는, 조사는 사고조사에 숙련된 전문가집단에 의해 이루어질 필요가 있다.

셋째, 공개의 원칙이다. 조사에서의 객관성, 중립성을 담보하기 위해서는, 그리고 조사의 결과가 관계자에 의해 활용되어 안전의 향상에 기여하도록 하기 위해서는 조사과정, 조사결과가 관계자뿐만 아니라, 널리 국민 일반에게 공개될 필요가 있다. 조사과정의 공개는 사고의 최대 피해자인 유족의 "사고의 전체 모습과 원인을 알고 싶다."는 강한 원망(願望)에 응하는 것이기도 하다.

넷째, 교훈화의 원칙이다. 조사에 의해 얻어지는 사실과 지식은 교훈화되어야 한다. 바꾸어 말하면, 사업자, 감독관청, 제조사 등에 의해 사고원인이 된 여러 요인에 대한 개선대책이 마련되어 실시될 필요가 있다.[149)]

---

149) 鉄道安全推進会議編, 《鉄道事故の再発防止を求めて—日米英の事故調査制度の研究》, 日本経済評論社, 1998, pp. 201-202 참조.

참고 아리셀 참사에서 우리는 무엇을 배워야 할까[150)]

6월 24일 경기도 화성시에 소재한 리튬 배터리 제조업체 아리셀 공장에서 국내 제조업체 역사상 최악의 폭발사고가 발생했다. 정부와 언론은 이번 참사의 본질과 근본적 원인을 꿰뚫지 못하고 외국인 근로자가 다수 사망했다는 현상 중심으로 사안을 바라보고 있다. 이번 참사가 내국인, 외국인 근로자 할 것 없이 우리나라 중소기업 안전보건관리의 고질적이고 구조적인 문제의 축소판이라는 점은 외면하거나 간과하고 있다.

이번 참사의 본질이 위험성평가, 안전보건교육 제도를 포함한 산재예방 법제의 엉성함에 있다는 점에도 주목해야 한다. 실효성이 없고 거친 법제가 이번 참사의 배경으로 작용했음에도 정부는 '제도' 자체를 손대지 않고 이에 기반한 '사업'만 손대려고 한다. 예컨대 엉성하게 개악해 놓은 위험성평가 제도 자체는 그대로 둔 채 이에 기초한 위험성평가 인정사업만을 전면 개편한다는 식이다. 참사를 다루는 정부의 진정성과 능력을 보면 앞날이 몇 배 더 걱정스럽다.

정부가 중소기업의 안전보건에 어느 재해예방 선진국보다도 많은 예산을 쏟아부으면서도 그 수준이 올라가지 않고 제자리걸음을 하는 건 중소기업의 안전보건역량을 끌어올리는 기법을 개발 · 보급하는 데는 소홀하고 비효율적인 재정지원과 물량 위주의 사업에 치중하고 있기 때문이다. 화재 · 폭발사고 예방관리도 중대산업사고 예방센터를 중심으로 공정안전보고서(PSM) 제출 대상업체에만 집중하고 사고 예방에 정작 취약한 중소업체는 중대산업사고 예방센터, 지방고용노동관서 모두의 예방관리 대상에서 비켜나 있어 사실상 법집행의 공백상태에 있다.

안전보건교육은 오래 전부터 산업안전보건 제도 중 가장 형식적이라는 비판을 받아왔다. 그럼에도 정부는 현장의 문제제기를 귓등으로만 듣고 방치해 왔다. 비교법적으로 교육 시간, 교육 대상 등 현실에 맞지 않는 과잉규제가 대기업, 중소기업 할 것 없이 기업들의 형식적 안전보건교육의 주범이라는 인식 자체가 부족하다. 정부는 이를 개선하려고 하지 않은 채 법정교육 실시만을 강조하다 보니, 기업들은 시간을 채우거나 서류를 허위작성하는 데 급급한 모습을 보이고 있다.

이번 참사로 안전보건공단의 엉성한 인증과 심사의 민낯이 적나라하게 드러난 측면도 간과해선 안 된다. 아리셀은 안전보건공단으로부터 3년간 위

150) 정진우, 노동법률, 2024.7.10.

험성평가 우수업체 인정을 받기까지 했다. 이번에 표출된 위험성평가 인정뿐만 아니라, 안전보건공단이 맡고 있는 안전보건경영시스템(KOSHA-MS) 인증, 유해위험방지계획서 심사, 공정안전보고서 심사제도 모두 이번 기회에 확실히 손을 봐야 한다.

위험성평가 인정사업의 경우 고용노동부와 안전보건공단이 실적에 집착해 스스로 이 사업의 부실화를 조장한 것이 이번 참사의 한 원인을 제공했다고 볼 수 있다. 고용노동부는 2017년 7월 1일 사업장 위험성평가에 관한 지침(고시)을 개정해 상시 근로자 수 20명 미만의 경우에는 '위험성 추정'을 생략할 수 있도록 했다. 위험성 추정이 위험성평가의 필수적인 절차인 점을 고려할 때 위험성 추정을 생략하는 것은 더 이상 위험성평가라고 할 수 없다는 점에서 이 개정은 위험성평가의 개념에 대한 몰이해에서 비롯된 개악이다. 이 잘못된 개정은 급기야 2023년 5월 22일 고시 개정 시 위험성평가 절차에서 위험성 추정을 삭제하는 것이나 다름없는(위험성평가 제도를 사실상 폐지하는) 터무니없는 개악으로 이어지는 단초를 제공했다. 고용노동부 주연, 안전보건공단 조연으로 위험성평가를 형해화시킨 것이다.

KOSHA-MS는 큰 사고가 날 때마다 사고발생업체가 KOSHA-MS 인증을 받았다는 사실이 밝혀지면서 그때마다 고용노동부에서 폐지하겠다고 발표했지만 구두선으로 그치고 말았다. 안전보건공단이 그 존속을 위해 전방위적으로 로비를 하고 있어 고용노동부가 폐지를 하지 못하고 있다는 후문이다. 고용노동부가 안전보건경영시스템에 대한 철학과 전문성이 없다 보니 외부의 가벼운 청탁성 지적에도 쉽게 흔들려 약속한 폐지는 기대난망일 것 같다.

유해위험방지계획서와 공정안전보고서 심사 제도도 부실하기는 도긴개긴이다. 두 제도의 경우 보고서 작성을 업체 스스로 할 생각은 하지 않고 외부업체에 전적으로 의존하다시피 하고 있는 것이 공공연한 사실이다. 고용노동부 보고와 획일적인 이행상태평가와 같은 선진외국에선 찾아볼 수 없는 행정편의주의적 규제가 기업들의 형식적 대응을 조장하고 있다. 특히 공정안전보고서 심사업무를 담당하는 안전보건공단이 사고 예방이라는 염불보다는 퇴직 후 일자리 보장용으로 무작스러운 규제를 온존 · 강화시키는 잿밥에 관심이 많다는 것은 산업현장에 널리 알려진 사실이다.

또 이번 사고는 고용노동부가 중대재해처벌법 처벌에 집중하고 감독 · 점검을 생색내기 좋은 대기업에 집중해 온 부작용이 나타난 것이라고도 볼 수 있다. 안전보건이 취약한 중소업체 아리셀이 설립 후 5년간 단 한 번도 고용노동부의 감독 · 점검을 받지 않았다는 사실은 고용노동부의 감독행정이 얼마나 편중됐는지를 방증하는 것이라고 할 수 있다. 문재인 정부 5년간 고용노동부의 산업안전보건 인력과 산재예방 예산이 2.3배나 늘어나고 안전보건공단 직원이 700명 이상 (준비되지 않은 상태에서) 파격적으로 증가했지만 중소기업의 안전보건수준을 높이는 데에는 아무런 기여를 하지 못한 것으로 보인다.

공무원과 안전보건공단 직원의 전문성의 부족도 지적할 수 있다. 이 문제는 지금까지 지적한 문제를 낳은 핵심적 원인에 해당한다. 안전보건공단 직원 중에는 기술사 · 지도사 자격과 박사학위를 가지고 있는 사람도 많다고 항변할지 모르겠지만, 안전보건 자격증과 학위가 대부분 실질적 전문성과는 거리가 멀다는 것은 주지의 사실이다. 안전보건에 관한 기본서 한 권 읽지 않고도 관련 자격증과 학위를 어렵지 않게 취득할 수 있는 것이 사실 아닌가. 자격과 학위가 전문성을 올리는 계기로 작용하지 못하고 간판을 따는 수단으로 전락한 지 오래다. 많은 대학이 노골적으로 '학위 장사'를 하는, 학문적 양심이 의심되는 실력 없는 교수로 가득 찬 상황에서 자격과 학위가 전문성을 높이는 데 별다른 도움이 되지 못할 것은 쉽게 예상할 수 있다.

제조업 역대 최악의 참사가 아이러니하게 중대재해처벌법 시행 이후에 발생했다는 점에도 착목할 필요가 있다. 중대재해처벌법이 기업의 안전보건수준을 높이는 데 기여하기는커녕 오히려 약화시키는 쪽으로 작용하고 있다는 경고 사인으로 받아들여야 한다. 중대재해처벌법으로 기업들이 실질적인 안전보건으로 대응하기보다는 공포분위기에 휩쓸려 수동적이고 형식적인 안전보건을 하는 데 매몰되는 현상이 두드러지고 있다. 겉으로는 안전보건에 대한 투자와 관심이 증가하는 등 그럴듯해 보이지만 속으로는 안전보건이 멍들고 뒤틀리고 있는 것이다.

아리셀 참사를 특정 기업의 특수한 문제인 양 국소적이고 피상적으로 바라봐서는 안 된다. 우리 사회의 내부 깊숙이 잠재돼왔던 문제가 표면화된 사고로 일반화해야 한다. 이렇게 접근할 때 비로소 이번 참사로부터 재발방지를 위한 많은 교훈과 학습을 이끌어낼 수 있다. 참사로 희생되신 분과 유족들을 진정으로 위로하는 길이기도 하다.

구조적이고 심층적인 원인 도출과 근본적 제도개편 없이 우선 성난 여론을 잠재우고 봐야겠다는 생각에 사고업체 엄벌과 단편적이고 즉흥적인 정책으로 미봉하는 것은 이번 참사로 희생된 분들과 유족들에게 씻을 수 없는 죄를 저지르는 것이다. 중소기업의 취약한 안전보건수준과 조악한 안전보건 제도라는 엄중한 현실에 대한 진지한 반성과 성찰을 바탕으로 전반적이고 근본적인 개선안을 내놓아야 한다.

3.7 사고의 법적 책임

가. 사고의 원인과 책임

사고가 일어나 피해가 발생하였을 때 제일 먼저 논의되는 것은 사고의 원인이 어떤 것이고 누가 책임을 지는가에 대해서일 것이다. 양자는 문제영역이 중첩되는 것도 있지만, 완전히 중첩되지 않고 독자적인 문제로서 고찰되는 경우도 있다. 예를 들면, 천재지변이 주요한 원인이 되어 사고가 일어났을 때, 원인은 열심히 논의되지만, 책임은 거의 논의되지 않는다. 그런데 실제로는 사고의 원인과 책임은 밀접한 관련성을 가지고 있다. 사고의 책임을 명확히 하려면 사고의 원인이 규명되지 않으면 안 되고, 사고 원인을 해명하는 과정에서 사고의 책임이 어디에 그리고 누구에게 있는지가 명확히 되는 경우도 많다. 그런 의미에서 사고의 원인만 독립하여 논해지는 경우는 거의 없고, 사고의 원인이란 기본적으로는 사고의 책임을 추궁하는 것을 포함한 용어라고 말하는 것도 가능하다.

그러나 최근에는 책임추궁과 원인조사는 준별되어야 한다고 보면서, 책임추궁을 목적으로 하지 않고 사고 재발방지를 목적으로 한 원인조사를 중시하는 생각이 점점 유력해지고 있다.

이하에서는 사고가 일어났을 때 어떤 책임이 문제가 되는지를 검토하기로 한다. 사고가 일어난 경우의 책임이라 해도, 그 내용은 매우 광범위하게 미친다. 예를 들면, 법적 책임(법적 책임에도 형사책임, 민사책임, 행정책임이 있다), 설명책임, 경영상의 책임, 도의적 책임, 사회적 책임, 정치적 책임 등이 있다. 여기에서는 그중에서도 법적 책임에 대하여 검토하는 것으로 한다.

나. 민사책임과 형사책임의 분리

사람이 사회의 질서에 반하여 제3자에게 손해를 끼친 경우, 가해자에게 제재를 가하는 것은 인류의 역사에서 오래전부터 발견되는 부분이다.

제재의 목적으로서는 ① 가해자의 처벌, ② 피해자의 만족, ③ 피침해(被侵害) 이익의 전보(塡補), ④ 사회질서의 회복, ⑤ 반사회행위의 예방 등이지만, 형사적 제재(책임)와 민사적 제재(책임)가 미분화된 상태가 오랫동안 계속되었다.

18세기 이후의 근대법에서 민사책임과 형사책임은 완전히 분리되기에 이르렀다. 로마법을 비롯한 고대법에서는 민사책임과 형사책임이 엄격히 분리되지 않았었다. 민사책임과 형사책임은 반(反)규범적 행위를 억제함으로써 사회질서를 유지하고자 하는 점에서 공통점을 갖는다. 그러나 근대법 이후에 민사책임과 형사책임은 침해된 보호법익, 구제방법, 구제절차 등에서 차이를 보이게 되었다.

이윽고 민사책임과 형사책임이 분화되고 「형법」과 「민법」(불법행위법)이 그 기능을 구별하게 되자, 「형법」의 기능에서는 ③이 탈락하고 ①과 ④에 집중되는 한편, 「민법」(불법행위법)의 기능에서는 ①의 색채가 크게 엷어지고 ③이 강조되고 있다.[151]

다. 사고의 민사책임(민법상의 불법행위책임)

사고가 발생하고 손해가 발생한 경우 근대법제 아래에서는 민사책임으로 손해배상의무가 발생한다. 우리나라의 경우 「민법」 제750조(불법행위의 내용)에서 이것을 "고의 또는 과실로 인한 위법행위로 타인에게 손해를 가한 자는 그 손해를 배상할 책임이 있다."고 규정하고 있다.[152] 사고에서 주로 문제가 되는 것은 과실이다. 과실이란 주의의무 위반이다. 예를 들면, 안전보건관계법규에서 정하고 있는 안전기준을 위반하여 재해를 발생시키거나, 교통법규가 규정하고 있는 신호준수, 속도제한 등의 규제를 위반하여 적신호를 무시하고 나아가거나 속도를 초과한 결과 교통사고를 일으킨 경우이다. 민법학에서 이 주의의무

151) 我妻·有泉亨·川井健, 《民法2 債権法(第三版)》 勁草書房, 2009, p. 408.

152) 불법행위책임 외에 손해배상청구의 또 다른 사유에 해당하는 채무불이행책임으로서의 안전배려의무 위반에 대해서는 제3장 제7절에서 상술한다.

위반은 결과발생예견의무와 결과발생회피의무를 두 기둥으로 한다.

불법행위에 의해 손해가 발생한 경우, 가해자는 그 손해를 배상할 의무를 진다. 손해의 배상에 대해서도 무한히 책임을 지는 것이 아니라 과실과 상당인과관계가 있는 손해에 대해 배상책임을 진다.

사고는 한 사람에 의해 발생하는 경우도 있지만, 선박사고, 항공기사고, 원전사고 등과 같이 조직적 차원에서 발생하는 경우도 있다. 이른바 '조직사고(organizational accident)'라고 말해지는 것이다. 이와 관련하여 우리나라 「민법」은 "법인은 이사 기타 대표자가 그 직무에 관하여 타인에게 가한 손해를 배상할 책임이 있다."고 규정하고 있다(민법 제35조 제1항 전문). 법인의 행위능력을 부정하는 의제설의 입장에서는 법인의 불법행위를 인정하지 않지만, 법인에 대한 오늘날의 통설인 법인실재설의 입장에 따른 책임설에 따라 법인이 불법행위에 대하여 책임을 지는 경우도 점차 확장되는 경향이 있다. 법인의 불법행위의 성립요건은 다음과 같다.

① 대표기관의 행위이어야 한다. 「민법」 제35조에서 말하는 "이사 기타 대표자"란 대표기관이라는 의미이다. 이사 이외의 대표자로는 임시이사(민법 제63조), 특별대리인(민법 제64조), 청산인(민법 제82조)이 있다.
② 직무에 관하여 타인에게 손해를 끼쳐야 한다. 대표기관은 그가 담당하는 직무행위의 범위 내에서만 법인을 대표한다. '직무에 관하여'라는 말도 널리 외관상 법인의 기관의 행위라고 인정되는 행위이면 진정한 직무행위가 아니라도 이에 해당하며, 또 이와 적당한 상호관계가 있는 것이라면 충분하다고 해석된다.
③ 불법행위에 관한 일반적인 요건이 있어야 한다. 즉, 고의나 과실이 있어야 하고, 가해행위가 위법해야 하며, 피해자가 손해를 입어야 한다. 이사의 행위에 의하여 법인이 불법행위의 책임을 질 경우에는, 이사 자신이 책임을 지는 것은 물론이고, 법인도 이사

와 함께 부진정연대채무를 지게 된다.[153)]

라. 사고의 형사책임

무릇 형벌은 무엇을 목적으로 하는 것일까. 일반적으로는 응보주의와 예방주의를 겸하고 있다. 나아가 예방주의는 일반예방주의와 특별예방주의 두 가지를 포함한다. 구체적으로 말하면, 사고를 일으킨 자에게 형사적 제재(전형적인 것은 징역형을 과하여 교도소에 수용하는 것)를 부과함으로써, 사고를 일으킨 책임을 보상(속죄)하게 하고(응보), 행위자에게 두 번 다시 잘못을 일으키지 않도록 자각과 반성을 촉구하는 한편(특별예방), 사회 전체에 대하여 사고의 책임을 보여 사고방지를 위한 주의를 촉구한다(일반예방).

그런데 최근 인간공학 연구에 의해 인간의 에러는 피하기 어렵다는 것이 밝혀지고 있고, 특히 특별예방주의로서 형사책임의 추궁에는 얼마만큼의 효과가 있는지가 논의되고 있다. 그리고 조직사고의 경우에 특정 행위자에게만 응보형으로서의 형사제재를 과하는 것의 불평등감, 불공정감의 지적도 점점 커지고 있다. 앞으로 형법학과 안전학 간에 진지한 대화가 기대되는 과제이다.

사고가 일어나 사람의 사망 또는 부상이라는 결과가 발생한 경우에 우리나라의 「형법」에서는 업무상과실치사상죄가 문제 된다.

형사책임의 성립요건으로서의 과실은 민사책임의 과실과 기본적으로 동일하고 법률상의 주의의무를 위반하여 이루어진 행위이다. 단, 주의의무의 내용은 행위자의 입장, 지식 · 경험, 업무내용에 따라 크게 다르기 때문에, 주의의무 위반이라고 하는 것만으로는 판단기준으로서 너무 불명확하다. 예를 들면, 거대한 항공기의 조종과 보통 승용차의 운전은 주의의무의 내용이 전혀 다르다고 하면 이해할 수 있을 것이

---

153) 공무원이 그 직무를 수행함에 있어서 불법행위를 하면 국가 또는 지방자치단체가 배상책임을 지는바(국가배상법 제2조 제1항), 적어도 외형상으로 공무원의 직무행위라고 보이는 것에 대해 국가 등에서 책임을 지는 것은 「민법」의 경우와 다를 바 없지만, 공무원 자신은 책임을 지지 않는 점이 다르다.

다. 지금까지 많은 판례에 의해 주의의무의 내용이 보충되어 어느 정도의 객관적 기준이 되고 있다.

형사책임의 추궁에서도 조직사고에 대한 대응과 관련해서는 문제가 있다. 현재 우리나라의 「형법전」에서는 주의의무 위반(과실범)에 대한 형사책임은 기본적으로 개인에 대한 책임이고 법인조직에 대해 형사책임이 물어지는 일은 없다. 조직 전체적으로 여러 가지 안전상의 문제를 가지고 있는데도, 그것을 특정 개인에 대한 형사책임의 추궁이라는 형태로만 묻는 것은 문제가 있다는 것이 명백해지고 있다. 앞으로 「형법전」에 법인에 대한 형사책임을 묻는 규정을 두어야 할지가 본격적으로 논의되어야 할 것이다.

참고 이태원 참사, 국정조사가 최선인가[154]

이태원 참사에 대한 국정조사 여부를 둘러싸고 여야 간에 입씨름을 벌이고 있다. 문제는 여야 모두 염불에는 관심 없고 잿밥에만 관심이 있다는 점이다. 야당은 정치적 공세의 수단으로 이용하려 하고 있고, 여당은 관계자에 대한 저인망식 수사로 수세적 상황을 하루라도 빨리 모면하려는 것 같다. 진정성 없이 정치적 이해득실만 따지는 것은 그간의 많은 참사에서도 반복되어 왔다.

야당은 국정 '조사'라는 외피를 썼지만 사실 정치적으로 공격하고 책임을 추궁하는 데 주된 목적이 있는 것 같다. 여당은 처벌을 통해 물타기를 하면서 야당의 공격을 수세적으로 방어하는 데만 급급하지 대응의 진정성은 통 보이지 않는다.

사고수사는 책임추궁을 목적으로 하기 때문에 참사의 심층적인 원인을 파악하고 이를 토대로 재발방지대책을 수립하는 데 한계가 있을 수밖에 없다. 따라서 재발 방지에 초점을 맞춘 사고조사를 별도로 진행해야 한다. 국정조사도 조사의 일종이긴 하지만 그 성격상 전문성과 객관성을 담보하기 어렵다. 당파성을 떠나 전문가들이 중심이 된 특별사고조사위원회를 설치 · 운영하는 것이 타당하다.

154) 정진우, 에너지경제, 2022.11.15.

사고조사를 할 경우 그 성과를 달성하기 위해선 다음과 같은 원칙이 충족되어야 한다. 첫째, 독립성의 원칙이다. 사고가 발생한 경우 그 사고원인을 둘러싸고 다양한 이해관계자가 착종하게 된다. 어떤 이해관계자에도 치우치지 않는 공평하고 중립적인 사고조사가 수행되는 것이 무엇보다 중요한 이유다. 공평하다고 인정된 사고조사면, 그 조사결과도 설득력이 있다. 이것은 사고로 실추된 국민의 신뢰를 회복하는 것으로도 이어진다. 이를 위해선 사고조사 담당기관이 행정기관, 정치권 등으로부터 고도의 독립성을 확보해야 한다.

둘째, 전문성의 원칙이다. 설령 조사가 공평하고 중립적으로 이루어지더라도, 전문적이고 숙련된 자가 조사를 담당하지 않으면, 공연히 조사시간이 많이 소요될 뿐만 아니라 조사결과도 정확성, 타당성을 잃을 수 있다. 이런 사태에 빠지는 것을 피하기 위해선, 조사는 사고조사에 숙련된 전문가들에 의해 이루어질 필요가 있다.

셋째, 공개의 원칙이다. 조사에서의 객관성, 중립성을 담보하기 위해선, 그리고 조사의 결과를 관계자가 활용하여 안전의 향상에 기여하도록 하기 위해선 조사과정과 결과가 관계자뿐만 아니라 국민 일반에게도 공개되어야 한다. 조사과정의 공개는 유족의 "사고의 전체 모습과 원인을 알고 싶다"는 강한 바람에 응하는 것이기도 하다.

넷째, 교훈화의 원칙이다. 조사로 얻어지는 사실과 지식은 사회적 자산이 되어 교훈화돼야 한다. 즉, 사고원인이 된 여러 요인에 대한 개선대책이 마련돼 실시되어야 한다.

이태원 참사를 통해 우리가 배워야 할 것은 우리 사회의 사고 예측능력을 높여야 한다는 점이다. 엄벌을 통한 공포감 조성보다 예방의 사각지대를 찾고 예방기준의 실효성을 높이는 것이 훨씬 더 정의로운 일이다. 처벌도 필요하지만, 처벌은 적정 수준이면 된다. 예측능력을 높이는 일은 대중적 인기도 별로 없고 쉽지 않지만 끊임없이 지속돼야 한다. 한 사회의 안전수준은 예측능력이 좌우한다고 해도 과언이 아니다.

정치권은 그간 사회의 위험감수성을 높이는 일은 소홀히 하고 들끓는 여론을 잠재우는 데 가장 손쉬운 방법인 엄벌에만 과도하게 의존해 왔다. 그 화룡점정이 중대재해처벌법이다. 그 점에서 여야 모두 이번 사고에서 자유롭지 못하다. 엄벌에만 몰빵할 시간의 일부를 예방 사각지대를 찾는 데 할애했더라면 이번 참사를 막을 수도 있지 않았을까 하는 아쉬움이 든다.

정확한 사고조사는 피해자와 유족의 정신적 치유에 매우 중요하다. 특히 유족은 어떻게 해서 이런 일이 발생하게 되었는지, 도대체 원인은 무엇인지 등 몹시 괴로운 생각을 계속해서 품게 된다. 사랑하는 사람을 잃은 슬픔, 사랑하는 사람을 빼앗긴 분노는 간단히 치유되지 않는다. 사고원인을 정확하게 아는 것은 피해자와 유족들을 치유하는 출발점이다.

그간 우리 사회는 사회적 참사에서 참된 교훈을 이끌어내지 못하다 보니 제대로 배우지도 못했다. 이번 이태원 참사에 대해서도 책임을 추궁하는 데만 급급하고 희생양 만들기로 면피하려는 꼼수를 부린다면, 당장 여론을 잠재우고 표에 도움은 될지 모르지만, 이는 고인들을 두 번 죽이고 유족에게 몹쓸 짓을 하는 것이다. 물론 역사의 심판에서도 자유로울 리 없다.

3.8 사고조사의 강화를 위해서는

가. 사고 원인규명의 충실화 방안

선인(先人)들의 지혜에는 실제로 발생하였던 사고, 고장(장애)에서 얻어진 정보도 포함된다. 사고 관련 법제를 '피재자의 피로 쓴 문자'라고 하는 것도 이런 이유 때문이다. 실제로 발생하였던 사고를 그 후의 안전대책에 활용할 수 있는 것은 사고에 진지하게 대처하여 배웠을 때뿐이다. 그런데 지금의 우리나라의 법체계는 사고, 고장(장애)으로부터 배우는 것이 매우 어려운 시스템으로 되어 있다. 이것이 '책임추궁'과 '원인규명'을 둘러싸고 우리나라에서 발생하고 있는 심각한 문제이다.

지금 우리나라의 법률체계하에서는 피해자가 있는 사고에 대해 사법기관이 원인을 규명하고 책임을 추궁하는 것으로 되어 있다. 많은 사람들은 사법기관을 통한 원인규명과 책임추궁이 억지력으로 작용하여 사고의 재발방지로 연결될 것이라고 믿고 있다. 그런데 이것은 대체로 오해인 경우가 많다.

현실에서 사법기관은 어디까지나 범법자를 잡아 책임을 추궁하는 일에만 집중하고 있다. 그들이 하고 있는 원인규명은 그것을 위한 것이고, 많은 사람이 기대하고 있는, 원인을 객관적 · 과학적으로 규명하고 이 규명된 원인을 사고의 재발방지대책에 활용하는 활동과 같은 것은 제대로 이루어지고 있지 않다. 그런데 사법기관이 이것을 하지 않는다고 하여 터무니없이 이상한 것이라고 보기는 어렵고, 원래의 체계(구조)가 그렇게 되어 있기 때문에 어쩔 수 없는 측면이 없지 않아 있다.

그렇다고는 하지만 이러한 체계(구조)에 의한 폐해가 발생하고 있는 것 또한 부정할 수 없는 사실이다. 사고조사와 사고수사가 동일한 기관에서 진행되는 경우에는[155] 사고조사가 사고수사에 종속적으로 이루어지는 경향이 강하다. 다시 말해서, 명확한 원인규명과 이를 토대로 한 동종·유사 사고의 재발방지를 위한 업무는 형식적으로 이루어지고, 사고조사가 마치 책임추궁에 초점을 맞추어 진행되는 사고수사의 한 부분(과정)인 것처럼 운영되고 있다.

사고조사기관이 사고수사기관과 별도로 설치·운영되고 있는 항공기·철도사고의 경우에는 국토교통부의 항공·철도 사고조사위원회가 사고원인의 명확한 규명을 통한 동종·유사 사고방지를 위한 사고조사를 목적으로 별도로 설치되어 있지만, 지금의 체계(구조)로는 항공·철도 사고조사위원회의 조사보다 사법기관의 수사가 우선되므로 생각한 대로 조사활동이 이루어지기가 쉽지 않다. 공판유지를 위하여 사법기관은 중요한 증거를 압수하고 사정을 청취한 관계자에게는 들은 내용을 입 밖에 내지 않도록 함구령이 내려지곤 한다. 즉, 과학적으로 무엇이 일어났는지를 조사하기 전에 책임추궁이 이루어짐으로써 사고의 명확하고 객관적인 원인규명이 어려워지고 있는 것이다.

책임추궁과 원인규명을 한 세트(set)로 행하면, 실제 원인이 명확히 밝혀지지 않을 위험이 있다. 책임추궁을 받는 측의 입장에서 보면, 원인규명의 조사에 협조하는 것은 자신의 목을 베는 것으로 연결될지 모른다. 이 때문에 사실관계를 의식적으로, 때로는 무의식적으로 다르게 진술하고, 자신에게 불리한 사실을 숨기려고 하는 경우도 왕왕 발생한다.

---

155) 산업재해의 경우 명목상으로는 고용노동부에서 사고조사와 사고수사를 모두 담당하고 있지만 사고조사는 사실상 이루어지지 않고 있다.

물론 사법기관을 통해 책임추궁을 하는 것은 법위반의 억지력으로 연결되므로 사고방지에 일정한 효과가 있는 것은 틀림없는 사실이다. 그러나 다른 한편으로 분야에 따라서는 책임을 묻는 것에 의한 폐해가 발생하고 있는 것도 사실이다. 특히 문제가 발생하고 있는 것은 항공기, 철도, 선박 등 사고, 고장(장애)의 피해가 큰 분야이다. 이러한 분야에서는 책임추궁을 강하게 실시하면, 전술한 대로 가해자가 처벌을 피하기 위해 원인을 숨김으로써 사고를 통해 얻을 수 있는 중요한 지식이 현 사회 및 다음 세대로 전달되지 않게 되고, 그 결과 대형사고의 방지에 도움이 되는 귀중한 정보를 얻지 못할 우려가 있다. 이러한 문제를 피하기 위해서는, 원인규명이 확실하게 이루어질 수 있는 동시에, 거기에서 얻어진 지식이 다음의 사고가 일어나지 않도록 하기 위한 안전대책에 충분히 활용되는 체계(구조)를 만드는 것이 요구된다.

사법기관에 의한 원인규명에는 재판이 이루어지지 않으면 내용이 공개되지 않는 문제도 있다. 피의자가 기소되어 재판이 이루어지면, 보통은 책임추궁을 위한 재판 중에 사법기관이 조사한 내용이 밝혀지게 되지만, 이 경우에도 책임추궁에 필요한 것으로 한정되어 있고 전부는 아니다.

문제는 원인이 누구의 잘못도 아니라고 판단된 경우이다. 이러한 경우, 피의자는 불기소되므로 원인규명을 위하여 수집된 자료는 재판의 장에서 빛을 보지 못하게 된다. 즉, 조사한 내용이 공개되지 않은 채 그대로 사라져 버릴 수 있다. 당해 사고가 없었던 것과 동일하게 되어 버리는 것이다.

이상의 설명으로 판단컨대, 사고재발방지에 초점을 맞춘 사고조사와 책임추궁에 초점을 맞춘 사고수사를 전술한 대로 어떠한 형태로든 분리하여 운영하는 것이 필요하다고 생각한다. 먼저 사고의 재발방지를 목적으로 하는 원인규명을 우선적으로 실시하고, 거기에서 얻어진 지식을 공개하여 사회의 공유재산으로 하는 것이 우선되어야 한다. 물론 사고조사의 과정에서 책임추궁이 필요하다고 판단되면, 책임을 확실히 추궁함으로써 형사처벌을 사고의 억지력으로 적극적으로 활용하여야 한다.

요컨대, 사고재발방지에 초점을 맞춘 사고조사와 책임추궁에 초점을 맞춘 사고수사에 대해 종래와는 우선순위를 달리할 필요가 있다. 사고수사가 아니라 사고조사 쪽에 무게중심을 둠으로써 사고방지에 기여하는 정보를 사회가 공유할 수 있도록 하는 시스템을 구축하는 것이 바람직한 접근방법이라고 생각한다.

실제로 항공기 · 철도에 대한 사고원인조사를 행하는 국토교통부의 사고조사위원회는 이와 같은 역할을 기대하고 만들어진 조직이다. 설립 취지로서는 바람직하다고 할 수 있지만, 그것이 당초의 취지대로 잘 기능하고 있지 않는 것이 문제이다. 사고, 고장(장애)으로부터 얻어진 지식을 확실하게 안전대책에 살리기 위해서는 지금의 시대, 사회의 상황에 맞는 구조로 변화시키는 것이 필요하다고 생각된다.[156)]

한편, 사고를 일으킨 자를 처벌함으로써 처벌에 대한 공포심으로부터 사고를 예방할 수 있다는 접근방식을 '징벌주의'라고 하는데, 징벌주의만으로는 사고예방대책으로서 유효하지 않다는 것은 오래전부터 해운업계에서 지적되어 왔다. 해운업계가 사고재발방지를 위해서는 원인조사에 무게를 두어야 한다는 '원인탐구주의'로 변화한 계기가 된 것은 1912년 타이타닉호 사고이다. 징벌주의에서 원인탐구주의로의 대전환은 현재 세계 각 국가에서 항공을 포함한 많은 산업영역에서 받아들여지고 있고, 이와 같은 흐름 속에서 국제민간항공기구(International Civil Aviation Organization: ICAO)의 국제민간항공조약(Convention on International Civil Aviation)[157)]에서도 '원인탐구주의' 철학이 채용되었다.

156) 개선방안은 다음 절에서 후술하기로 한다.

157) 1944년 시카고 국제회의에서 채택된 민간항공 운영을 위한 기본조약으로서 시카고조약이라고도 한다.

나. 사고조사기관의 역할 제고방안

사고에는 기계·설비적 요인 외에 인적 요인(심리적 요인), 관리적 요인, 작업적 요인 등이 복합적으로 작용하는 경우가 많다는 것이 일반적 견해이다. 그런데 현재 우리나라의 사고조사시스템은 기술전문가 중심의 조사가 이루어지는 결과, 사고에 대한 종합적인 분석이 되기 어렵고 사고의 일면(一面)만을 보게 될 가능성이 높다.

그런데 사고조사의 국제적인 추세에 의하면, 공학적 접근에서 한 걸음 나아가 사고의 근본적 원인으로 안전관리시스템이 곧잘 지적되고, 사고의 조직적 책임이 강조되면서 조직 내의 역할분담과 책임체제를 확립하는 것에 대한 조직 최고경영자의 책임을 중요시하고 있다. 즉, 사고조사에 대한 올바르고 균형적인 접근을 위해서는 공학적 접근 외에 심리학적 접근, 관리적 접근을 아우른 종합적 접근이 필요한 것이다. 사고조사기관이 이러한 종합적 관점에서 역할과 기능을 수행하도록 하기 위해서는 부처 중심이 아니라 사고 중심으로 그 위상이 정립되어야 한다.

우리나라의 경우, 현재와 같은 특정 행정부처에 소속된 위원회(철도·항공사고)·심판원(해양사고) 편제하에서는 특정 행정부처의 사고만을 담당하게 될 것이고, 그렇게 되면 담당업무가 적고 좁아 현실적으로 다양한 전문가를 두기 어려울 것이다. 반면 사고조사기관의 기능을 부처와 관계없이 중요사고를 모두 담당하도록 하면, 즉 중요사고 중심으로 사고조사기관을 설치·운영한다면 부처별로 사고조사기관을 두는 것보다 사고조사기관의 대형화와 전문화, 나아가 종합화가 가능해져 사고조사에 필요한 다양한 전문가를 상근직원으로 골고루 충분히 둘 수 있게 될 것이다.

사고조사위원회가 제대로 기능하기 위해서는 미국의 국가교통안전위원회(National Transportation Safety Board: NTSB),[158] 화학안전

---

158) NTSB는 1967년 4월에 연방교통부 내의 독립조직으로 설립되었다. 당초에는 교통부와 강하게 연결되어 있었지만, 1975년에 제정된 독립안전위원회법

위원회(Chemical Safety Board: CSB)[159]와 같이 다른 행정기관으로부터 완전히 독립된 기관으로 운영될 필요가 있다. 우리나라와 같이 국토교통부, 해양수산부 등 행정부처의 소속기관으로 되어 있는 형태로는 실질적인 독립성을 확보하기가 어렵고, 사무국 직원의 경우 해당 부처 소속으로서 순환보직의 틀에서 벗어나기 어렵기 때문에 사무국 직원의 전문성을 확보하는 데에도 구조적으로 한계가 드러날 수밖에 없다.

또한 사고조사위원회는 미국의 NTSB, CSB와 같이 정부부처, 관련단체 등 관련기관·단체에 대해 안전기준·제도 및 운영 개선을 위한 사항을 권고·건의하는 역할도 수행할 필요가 있다.[160] 이 역할을 명실상부하게 공정하고 객관적으로 수행하기 위해서라도 정부부처를 포함한 각종 단체로부터 독립적으로 운영되는 것이 필수적이다.[161]

사고조사기관이 특정 행정부처 소속으로 있는 것이 아닌 특정 행정

(Independent Safety Board Act)에 의해 완전한 독립기관이 되었다. 육상, 항공, 해상 등 모든 종류의 교통사고(항공기·고속도로·선박·파이프라인·위험물질 운송·철도사고)를 조사한다. 5명의 위원으로 구성되며, 위원은 5년의 임기로 대통령의 지명과 미국 상원의 승인을 거쳐 임명된다. 교통부와는 완전히 독립적으로 운영된다.

159) 고정된 산업시설의 화학사고의 근본적인 원인을 조사하기 위하여 의회에 의해 1990년에 창설되어 1998년부터 운영되기 시작한 연방사고조사기관이다. NTSB와 동일하게 5명의 위원으로 구성되고 위원은 5년의 임기로 대통령의 지명과 미국 상원의 승인을 거쳐 임명된다. NTSB의 성공적인 모델에 따라 EPA(환경청) 및 OSHA(산업안전보건청)와는 완전히 독립적으로 운영된다.

160) 우리나라의 「항공·철도 사고조사에 관한 법률」(제26조 제1항)에서도 항공·철도 사고조사위원회는 항공·철도사고 등의 재발방지를 위한 대책을 관계기관에게 안전권고 또는 건의할 수 있다고 규정하고 있고, 「해양사고의 조사 및 심판에 관한 법률」(제5조의2)에서는 해양안전심판원은 심판의 결과 해양사고를 방지하기 위하여 시정하거나 개선할 사항이 있다고 인정할 때에는 해양사고 관련자가 아닌 행정기관이나 단체에 대하여 해양사고를 방지하기 위한 시정 또는 개선조치를 요청할 수 있다고 규정하고 있다[해양사고 관련자에게는 시정 또는 개선을 권고하거나 명하는 재결을 할 수 있다(제5조 제3항)].

161) 우리나라의 경우에도 「항공·철도 사고조사에 관한 법률」(제4조 제2항)에서는 국토교통부장관은 일반적인 행정사항에 대하여는 항공·철도 사고조사위원회를 지휘·감독하되, 사고조사에 대하여는 관여하지 못하도록 규정하고 있다.

부처로부터 완전히 독립되어 입법, 사법, 행정 등 3부 어디에도 소속되지 않은 독립기관으로 운영된다면,[162] 그 위상이 현재보다 훨씬 높아져 조사권한과 전문성에 있어 경찰·검찰로부터 존중을 받을 수 있게 되고, 수사기관의 처벌에 초점을 맞춘 '처벌주의'보다는 사고조사기관의 '원인탐구주의'가 더 우선시되는 구조를 만드는 데 기여하게 될 것이다. 다시 말해서, 경찰·검찰의 수사(조사)와 완전히 독립하여 '원인탐구주의'에 초점을 둔 심층적인 조사에 초점을 맞추기 위해서는, 행정부처 소속 위원회가 아니라 국가인권위원회와 유사하게 특정 행정부처로부터 완전히 독립된 기관으로서의 위상을 분명히 한 독립위원회로서 자리매김할 필요가 있다. 그렇게 되면, 책임추궁 또한 전문성이 부족한 경찰·검찰의 수사(조사)에 전적으로 바탕을 두기보다는 전문적인 사고조사기관의 심층적이고 종합적인 원인탐구에 기초하여 이루어질 수 있을 것이다.

요컨대, 명실상부하게 독립된 사고조사기관이 되기 위해서는, 조직뿐만 아니라 인사, 예산 면에서도 특정 행정부처뿐만 아니라 입법·사법·행정부로부터 완전히 독립적으로 운영되는 것이 필요하다.

보론 법적 관점에서의 사고조사체계 발전방향: NTSB에서 배워야 할 점을 중심으로[163]

교통기관을 둘러싼 사고 방지를 논하는 데 있어서는 원인규명에 근거한 적절한 대책의 실시와 법적 책임추궁에 따른 제재의 균형을 어떻게 도모해 나가는가가 중요한 논점이다. 원인규명과 (법적) 책임추궁 양면을 고려하여 미국의 해양사고를 포함한 교통사고를 둘러싼 안전확보를 위한 법시스템의 모습을 제시하고자 한다.

162) 우리나라의 경우 국가인권위원회가 입법부, 사법부, 행정부 어디의 업무 지휘도 받지 않는 독립된 중앙행정기관에 해당한다.

163) 이 글은 2021년 4월 9일 개최된 '해양재난 사고조사 체계의 발전 방안 모색을 위한 전문가 토론회'(주최: 가습기살균제 사건과 4.16 세월호 참사 특별조사위원회)에서 발표한 자료의 일부분이다.

1. NTSB의 임무와 권한

NTSB는 미국 내의 모든 항공사고 및 철도, 도로, 해상, 파이프라인 사고 중 중요한 사고에 대해서 조사하고, 장래의 사고를 방지하기 위하여 안전권고를 발하는 권한을 의회에서 부여받은 독립 연방정부기관이다.

NTSB가 소관행정부처, 미국연방검찰국(Federal Bureau of Investigation: FBI)과 근본적으로 다른 것은 사고원인을 규명하여 사고의 재발 방지 도모를 임무로 한다는 점이다.

조사의 대상은 '사고(accident)'뿐만 아니라 사고에 이르지 않았지만 운항의 안전에 지장을 주는(또는 줄 가능성이 있는) '사건(incident)'도 포함한다.

NTSB는 사고원인 조사에 우선권이 있으며(49CFR831.5), FBI, 소관행정부처, 보험회사 등 NTSB와 독립하여 조사를 행하는 자는 NTSB의 허가 없이 증거, 잔해를 이동하거나 목격자를 심문하는 것 등은 불가능하다.

2. NTSB의 사고조사 권한

NTSB는 사고조사의 실효성을 담보하기 위하여 목격자를 심문하고, 문서 파일을 열람하며, 시설, 교통수단에 출입하고, 공정을 조사하거나 컴퓨터 데이터를 조사할 (강제적) 권한이 있다. 그리고 사고물의 잔해, 화물, 운행기록을 유치(留置)할 독점적 권한도 있다(The Independent Safety Board Act).

당사자, 목격자가 자료의 제출, 질문의 요청에 따르지 않는 경우, NTSB는 벌칙부(附) 소환영장(subpoena), 법원명령(court order)에 따라 강제적인 권한을 행사하는 것도 가능하다(병원으로부터 진료기록을 제출하게 할 때 등에 사용된다고 한다). 고의로 조사를 방해하는 자에게는 1,000달러 이하의 과태료(civil penalty)를 부과할 수 있다(위반이 계속되면 일 단위로 추가 부과)(The Independent Safety Board Act).

3. NTSB와 법무부 · FBI의 관계

가. 법무부 · FBI의 관여

NTSB의 조사는 사고원인을 규명하여 안전 확보 및 사고의 재발 방지를 목적으로 하며, 관계자의 법적 책임추궁은 목적이 아니다. 그러나 사고가 발생한 경우 관계자가 민사책임 외에 행정처분, 형사제재를 받을 가능성이 있는 것은 우리나라와 동일하다. 이 중 행정처분에 대해서는 미국연방항공국(Federal Aviation Agency: FAA)이 조사 및 결정의 주체가 되고, 형사제재에 대해서는 FBI 및 주의 수사당국이 수사의 주체가 된다. 따라서 NTSB의 조사와 이들 기관의 활동과의 조정 및 NTSB에 의한 조사결과의 법적 책임 추궁에의 이용가능성에 대해 살펴볼 필요가 있다.

(1) 조사 주도권의 이행

NTSB의 조사는 연방법상 연방정부, 기타 정부기관이 행하는 어떠한 조사(수사)에 대해서도 우선권이 있다(49 U.S.C. 1131(a)(2)(A)). 따라서 다른 기관에 의한 조사(수사)는 NTSB의 조사에 지장을 주지 않는 범위에서만 할 수 있다(49 CFR 831.5). FBI도 NTSB의 사고조사를 저해하지 않는 범위에서 수사를 진행할 수 있다.

유일한 예외가 있다. 법무부장관이 NTSB 위원장과 협의하여 그 사고가 고의의 범죄행위(intentional criminal act)로 발생된 것이 여러 정황으로 보아 합리적이라고 판단하고, 그 뜻을 NTSB에 통지한 경우에는, 조사(수사)의 우선권이 NTSB로부터 FBI로 양도된다(49 U.S.C 1131(a)(2)(B)). 이 규정은 1996년 TWA800편 추락사고에서 FBI의 수사와 NTSB의 조사 간에 마찰이 생긴 것을 계기로 2000년 법(The Independent Safety Board Act) 개정에 의해 도입된 것이다.

그렇지만, FBI에 주도권이 양도된 경우에도, NTSB는 기술적 조언자로서 계속하여 관여할 수 있고, 범죄 이외의 사고원인에 대한 조사가 필요하면, FBI의 수사를 저해하지 않는 범위에서 NTSB가 조사를 속행하는 것도 인정되고 있다(The Independent Safety Board Act section 1131(2)(B)).

(2) 조사수행에서의 NTSB와 법무부 · FBI의 연계

TWA800편의 추락사고에서는 현장의 증거 보존을 둘러싸고 FBI와

NTSB 간에 마찰이 발생하였지만, 그 이후에는 NTSB와 FBI 간의 마찰이나 긴장관계가 완화되었다. 즉, FBI가 현장 보존을 독점하려고 하지 않고, NTSB 측도 고의의 범죄 혐의가 있는 경우, 조사방법, 진행방법에 대해 가급적 FBI의 의견을 듣고 조정을 도모하기 때문이다.

(3) 사고에 대한 형사소추

미국에서 사고 발생 시 형사처벌의 대상은 원칙적으로 고의 또는 중대한 과실이 있는 경우이고, 경과실, 인식 없는 과실은 형사책임이 물어지는 경우가 거의 없다. 다만, 주(州)에 따라서는 제정법으로 과실치사죄(negligent homicide)라는 범죄유형을 정하고 있는 곳도 있는데, 이 범죄규정이 교통사고에 적용되는 것은 사실상 자동차사고에 한정되고, 다른 영역의 교통사고에는 거의 적용되지 않는다.

항공사고, 해양사고 등은 자동차사고와 달리 목격자가 적고 발생과정이 복잡한 경우가 많으며 사고원인의 특정이 어렵다는 점, 형사벌의 적용이 사고조사에의 협력을 저해하고 자발적인 진술을 이끌어 내거나 잘못을 인정하는 것을 어렵게 하는 등 사고조사에 위축효과를 초래할 수 있는 점 등 때문에, 사고원인의 규명 필요성이 형사소추의 필요성을 상회하는 것이 그 주된 이유라고 설명되고 있다. 이 때문에 테러, 납치 · 강탈을 제외하면, 항공사고, 해양사고에 대해 형사소추가 이루어지는 사례는 매우 드물다.

나. 민사상 사고조사보고서의 취급

(1) NTSB 보고서의 유용 제한

NTSB 보고서, 조사에서 수집한 증거는 대부분 일반에 공개된다. 그러나 그 모두가 소송의 증거로 활용할 수 있는 것은 아니다. 민사소송에서는 NTSB 보고서를 증거로 활용해서는 안 된다는 점이 법률에 규정되어 있다(section 701(e) of the Federal Aviation Act of 1958(FA Act), and section 304(c) of the Independent Safety Board Act of 1974 (49 U.S.C. 1154(b))

이것은 ① NTSB 조사관이 본래의 임무에만 시간을 사용하도록 하는 것, ② NTSB를 본래의 임무와는 무관계한 법적 분쟁으로부터 격리하는 것, ③ NTSB 이외의 목적에 공공의 자금을 지출하지 않도록 하는 것, ④ NTSB의 공평성을 담보하는 것, ⑤ 의견에 대한 증거개시를 금지하는 것을 목적으로 한다(49 CFR 835.1).

그러나 1988년 12월의 법 개정에 따라 원인분석을 포함한 최종보고서는 증거로 사용할 수 없지만, 사실보고서는 활용이 가능한 것으로 되었다(49 CFR 835).

이것을 받아들여 다수의 소송에서 순수한 사실은 물론 개별 NTSB 조사관의 견해 등도 포함하여 사실보고서의 내용이 폭넓게 소송의 증거로 허용되고 있다.

(2) NTSB 조사관의 증언·증서의 제한

NTSB 조사관이 민사사건에 대해 법정에 출두하여 증언하는 것은 법률로 금지되어 있지만(49CFR835.5(a)), 법정에 증언녹취서(deposition)를 제출하는 것은 가능하다.

증언녹취서에는 사실은 기술해도 좋지만 의견은 기술할 수 없다고 되어 있다. 그러나 사실보고서에 의견이 기재되어 있는 경우는 예외로서 의견의 기술도 인정된다(49 CFR 835.3(b)).

증언녹취서에는 조사관 본인이 직접 수집한 다른 방법으로 얻을 수 없는(그 조사를 담당한 조사관만의 독특한) 사실만이 인정된다. NTSB의 다른 조사관이 수집한 사실에 대해서는 인정되지 않는다(49 CFR 835.3(c)). 그리고 사실보사보고서에 관련하여 발표되는 보도자료도 인정되지 않는다(49 CFR 835.3(d)).

증언녹취서의 제출을 요구하는 경우는 NTSB 내의 법무관실(Office of General Counsel)의 허가를 얻는 것이 필요하다(49 CFR 835.6(a)). 사실보고서의 공개 전 또는 공청회의 개시 전에 증언녹취서를 제출하는 것은 허가되지 않는다(49 CFR 835.6(b)).

조사관은 증언할 때 기록을 환기하기 위하여 사실보고서의 복사본을 활용하고, 이것을 참조 또는 언급할 수 있다(49 CFR 835.4(a)). 단, 1인의 조사관의 증언(증언녹취서)는 예컨대 하나의 사건에 관하여 복수의 소송이 제기된 경우이더라도 1회의 조사에 관련하여 1회만으로 한정된다(49 CFR 835.5(c)).

4. 우리나라 해양사고조사에 대한 시사점

우리나라 해양사고조사 담당조직은 국제적으로 가장 선진적이라고 평가받는 미국의 NTSB와 비교하여 볼 때 다음과 같은 문제를 안고 있다고 생각된다.

첫째, 조직의 기능강화와 조사능력의 향상 문제이다. 제3자 기관에 의한 사고조사시스템이 사회로부터 신뢰를 받기 위해서는 무엇보다도 사고조사보고서의 내용이 타당하고 적절한 것이어야 한다. 이를 위해서는 조사기관이 기능을 강화하고 조사·연구능력, 외부에의 정보 발신력 등을 높여 나갈 필요가 있다.

둘째, 독립성의 문제이다. 제3자 기관에 의한 사고조사에서 가장 중요한 것은 모든 이해관계자로부터의 독립이다. 이 경우의 이해관계자에는 단순히 사고를 일으킨 원인관계자뿐만 아니라 규제당국인 해양수산부 등의 행정기관도 포함된다. 독립성을 확보하기 위해서는 어떤 조직형태가 바람직한지에 대한 심도 있는 검토가 필요하다.

셋째, 경찰·수사기관과의 문제이다. 책임추궁이 아닌 재발방지를 목적으로 하는 사고조사기관에 의한 사고조사가 원활하게 실시되기 위한 권한이 법령에 규정되어야 한다. 범죄행위가 사고원인이 아닌 한 사고조사는 사고조사기관에 맡겨지는 것이 바람직하다.

넷째, 정보공개의 문제이다. 사고조사기관은 사고조사과정에서의 정보공개를 포함하여 사고조사에 관한 일련의 자료를 신속하고 정확하게 공개할 필요가 있다.

4. 사고에 대한 책임 묻기

4.1 희생양 찾기와 생명 구하기[164]

법적 책임은 매우 효과적이지만 때로는 의료계의 휴먼테크 혁명에 방해가 되기도 한다. 입법자가 환자에게 피해를 주는 것을 의도하지는 않았지만, 그들이 제정한 법률은 조직이 경험을 통해 잘못을 바로잡는 것을 불가능하게 하는 경우가 적지 않다. 미국의 제조물책임법을 살펴보면 이런 사실이 잘 드러난다. 제조물책임법은 만일 회사가 사고 후에 제품의 디자인을 개선한다면, 그런 디자인 변화는 소송에서 회사 측에 불리한 증거로 원고 측에 의해 원용될 수 없다고 규정하고 있다. 만일 제품을 개선한 것 때문에 벌을 받아야 한다면 회사는 절대 제품에 변화를 주지 않을 것이다. 그 결과 피할 수 있는 사고가 더 많이 일어날 것이다. 이 때문에 제조물책임법은 제품을 개선했다는 사실이 생산자의 과실을 입증하는 증거로 사용될 수 없다고 규정한 것이다.

그러나 그 법은 완벽하지 않다. 원고 측 변호사는 회사 측이 사고 이후 디자인을 바꾸었는지의 여부를 얼마든지 알아낼 수 있다. 그리고 그 사실을 언급함으로써 회사 측이 처음부터 디자인의 개선이 기술적으로 가능했음을 알고 있었다고 배심원단에게 주장할 수 있다. 이때 재판관은 그 증거를 태만을 추정하기 위해서가 아니라 개선이 있었는지 여부를 결정하기 위해서만 사용하도록 배심원단에게 지시할 수 있다. 그러나 법률 전문가가 지적한 것처럼 배심원석에는 법률이 가정한, 완벽하게 이성적인 인간이 앉아 있는 것이 아니라 피와 살로 만들어진 진짜 인간이 앉아 있다. 그들에게는 그런 지시가 거의 영향력을 미치지 못한다. 배심원단은 기술적으로 디자인을 개선하는 것이 가능했음에도 사고가 난 뒤에야 디자인을 바꿨다는 소리를 들으면 그런 증

---

164) K. Vicente, *The Human Factor: Revolutionizing the Way People Live with Technology*, Routledge, 2006, pp. 207-214 참조.

거가 어떻게, 왜 나오게 된 것인지 또 재판관이 어떤 지시를 내렸는지에 상관없이 회사에 유죄 판결을 내릴 것이다. 회사 측이 사고를 막을 수 있었는데도 막지 않았다고 믿을 가능성이 높기 때문이다. 그래서 디자인을 바꾸는 회사는 거액의 배상금을 지불할 위험에 노출된다. 이것은 디자인 개선을 유도해 생명을 살리기에는 별로 좋은 방법이 아니다.

법적 책임만이 치명적인 의료사고를 영속시키는 데 일조하는 것은 아니다. 사실 재판 시스템이 환자의 안전에 미치는 역효과가 너무 커서 법률학자 리앵(Brian Liang) 교수는 '의료 실수: 개혁에 장애가 되는 법률'이라는 기사에서 그들을(전부가 아닌 일부를) 묘사하는 데 32페이지를 할애하였다. 이 기사는 원래의 의도와는 달리 환자에게 계속 피해를 주는 법률의 '보이지 않는 손'을 탁월하게 분석해냈다. 법률 용어와 판례를 들기보다는 사례를 하나 소개하겠다.

아주 널리 알려진 덴버 간호사 소송은 재판시스템이 의료개혁에 얼마나 걸림돌이 되는지를 보여준다. 그 사건의 기본적인 사실에 대해서는 이론이 없다. 1996년 10월 15일, 세 아이를 둔 32세의 엄마가 분만을 위해 병원에 왔다. 그녀는 1980년대 초에 매독이 걸렸었지만 어떤 치료를 받았는지 진료 기록은 없었다. 임신 중 매독 검사 결과가 양성으로 나타났다. 의사는 임신 중 어떤 치료도 하지 않았다. 오전 9시 59분 산모는 남자아이를 낳았다. 의사들은 아기도 매독에 감염되었는지를 알아내기 위해 수많은 검사를 실시했다.

검사 결과가 나오기까지 시간이 조금 걸렸기 때문에 의사들은 즉시 아기를 치료하기 시작했다. 아기에게는 특정한 유형의 페니실린이 처방되었다. 그런데 2개의 주사기를 준비하면서 약사가 실수를 저질렀다. 약사는 원래 처방된 페니실린보다 10배나 많은 양을 주사기에 넣고도 알아차리지 못했던 것이다.

아기에게 페니실린을 투여하는 데에는 세 명의 간호사가 관련되어 있었다. 원래 아기에게 처방된 페니실린은 근육주사(IM)로 놓아야 했지만 간호사 중 한 명이 정맥주사(IV)로 놓아야 한다고 주장했다. 그들은 책을 뒤져 페니실린은 정맥주사로 놓아야 한다는 대목을 찾아냈다. 간호사들은 두 가지 종류(수성과 점성)의 페니실린이 있는 것을 몰랐다. 아기에게는 점성의 페니실린이 준비되었다. 수성 페니실린은 정맥주사로 놓지만 점성 페니실린은 근육주사로 놓아야만 안전하다. 그들이 참고한 책에는 이런 사실이 언급되어 있지 않았다. 결국 간호사들은 근육주사 대신 정맥주사를 놓았다.

10월 16일 오후 2시 18분, 태어난 지 하루 된 남자 아기는 첫 번째 주사를 맞았다. 간호사 중 한 명이 아기의 팔과 다리를 잡았다. 주사를 놓는 동안 최악의 악몽이 현실화되었다. 아기는 몸이 늘어지더니 심장 발작을 일으켰다. 간호사들은 인공호흡을 시도했고, 50분 뒤 아기의 심장은 다시 뛰었다. 그러나 나중에 다시 심장 발작이 나타났고, 결국 오후 5시 4분 아기는 사망했다. 같은 날 아기에게 실시했던 매독 검사 결과가 나왔다. 모두 음성이었다. 아기는 매독에 걸리지 않았던 것이다.

이 사건은 가족, 약사, 간호사 등 관계된 모든 사람에게 비극이었다. 이들이 겪은 감정적 트라우마의 수준은 상상할 수 없을 정도다. 덴버 간호사 소송은 그렇게 시작되었다. 그 다음에 벌어진 일은 모든 사람을 놀라게 하고 미국은 물론 전 세계 의료계에 충격을 안겨주었다. 애던 카운티의 검사 그랜트(Robert G. Grant)는 과실치사죄(criminally negligent homicide)로 세 간호사를 기소했지만 약사나 의사는 기소하지 않았다. 그런 상황에서 죽은 아기의 가족이 병원을 상대로 손해배상소송을 제기한 것도 놀라운 일은 아니었다. 때로 금전적인 배상은 과실에 의한 환자의 부상과 죽음에 대한 정당한 치유책이 된다. 그러나 간호사 셋을 기소한 검사의 목표는 단순히 비극적인 손실에 대한 배상이 아니었다. 그의 결정에는 책임을 지우고 벌을 주겠다는 의도가 담겨 있었다. 대규모의 배심원단이 소집되었고 기소 이유가 충분하다는 결정이 내려졌다.

간호사 가운데 두 사람은 법정 밖에서 사건을 해결하였지만 세 번째 간호사는 재판까지 갔다. 그녀의 담당 변호사는 토레스(Charles

Toress)였다. 그는 자신의 의뢰인을 훌륭하게 변호하였다. 배심원단은 1시간도 숙고하지 않고 간호사에게 무죄 판결을 내렸다.

그렇다면 기소는 정당했는가? 1998년 11월 란초 미라지(Rancho Mirage)에서 열린 아넨버그 학회의 주제는 덴버 간호사 소송이었고, 이 자리에서 그 질문에 대한 간접적인 대답을 얻을 수 있었다. 그 비극적인 사건이 발생했을 당시 병원에서 보험 담당으로 일하던 사람이 그 사건의 주변 상황을 알려주기 위해 그 자리에 참석했다. 그녀는 어느 편도 들지 않았다. 검사 그랜트도 자신의 기소 결정을 옹호하기 위해 그 자리에 참석했다. 변호사 토레스도 왜 자신의 의뢰인이 무죄인지, 그리고 왜 그랜트가 세 명의 간호사를 나쁜 사람으로 몰아갔는지에 대해 자신의 생각을 전하기 위해 그 자리에 참석했다. 그랜트와 토레스는 치열한 법률 싸움의 당사자였다. 이제 그들은 환자의 안전에 관심이 많은 300명의 청중 앞에 섰다. 공기 중에 팽팽한 긴장감이 느껴졌다.

지방 검사인 그랜트는 기본적으로 법적 책임에 관심이 있었다고 한다. 태어난 지 하루 된 아이가 죽었다. 누군가는 정의를 위해 책임을 져야 했다. 다시는 그런 일이 벌어지지 않도록 막기 위해 누군가를 기소해야 했다. 이런 논리는 수긍이 갈 뿐만 아니라 익숙하게 들린다. 우리 모두는 잘못이 있다면 책임 있는 사람이 책임을 져야 한다고 느낀다. 이런 관점으로 보면 기소는 분명 정당하다. 사실 그 논리는 너무나 당연해서 제3의 대안은 없는 것처럼 보인다. 우리가 어떤 다른 일을 할 수 있을까? 피고의 죄를 면제시켜야 했을까?

휴먼테크 관점에서 그 질문은 토론의 시작일 뿐이고 하나 이상의 대안이 존재한다. 만일 덴버의 간호사들이 고의적으로 태만했다면, 당연히 기소를 통해 책임을 물어야 한다. 나쁜 사람은 그렇게 처리되는 게 당연하다. 그러나 만일 간호사들이 본의 아닌 실수를 한 것이라면 그들을 기소해도 효과가 없을 것이다. 그들은 이미 양심적이고 성실한 사람이기 때문이다. 그렇다면 덴버의 간호사들은 어떤 부류에 속할까? 나쁜 사람들, 중대한 실수를 저지른 좋은 사람들, 아니면 그 사이?

신생아는 고통스러운 검사 과정을 거친 후 울고 있었다. 페니실린은 바늘 굵기가 19게이지나 되는 주사기 안에 들어 있었다. 큰 바늘로 아기의 피부를 뚫음으로써 아기에게 더 큰 고통을 주는 근육주사 대신 간호사들은 그 약을 정맥주사로 놓을 수는 없는지 확인했다. 토레스가 말한 것처럼 그들은 나쁜 사람이 아니었다.

재판에서 감정증인(鑑定證人)으로 증언했던 '안전한 약물 사용을 위한 기구' 의장 코헨(Mike Cohen)은 나중에 이렇게 말했다. "50가지 시스템 실패(에러)가 있었고, 그 대부분은 간호사의 통제를 벗어난 것이었습니다. 그런데 그 모든 것이 동시에 합쳐지면서 그들을 비극 속으로 떠밀었습니다." 이를테면 여러 요소 간의 상호작용에 의한 죽음이라는 의미이다. 토레스는 그런 결론을 뒷받침하는 수많은 사실을 제시했는데, 그중 일부를 소개한다.

- 신생아 병동에서는 페니실린이 거의 사용되지 않기 때문에 간호사들은 그 약을 다루는 데 익숙하지 않았다. 태어난 지 하루 밖에 안 된 아기에게는 대개 매독이 없다.
- 책은 간호사들이 아기에게 투여한 페니실린을 특정해 언급하지 않았기 때문에 불완전한 정보를 담고 있었다. 간호사들은 정맥주사로 약을 투여함으로써 책의 지시를 따랐다.
- 간호사들은 기소된 반면 10배나 많은 페니실린을 처치해 죽음의 원인을 제공한 약사는 기소되지 않았다. 왜? 그랜트는 약사가 '휴먼에러'가 아니라 '의약품사용에러'를 저질렀다고 주장했다. 이것은 오늘날까지 나를 당황스럽게 하는 이상한 구분이다.
- 검사 측 증인으로 나선 간호사 또한 기소된 간호사들과 똑같은 수학적 실수를 저질렀다. 그녀는 똑같은 실수를 여덟 번에서 아홉 번이나 저질렀고 배심원이 그 사실을 지적할 때까지 자신이 실수를 저지른 것도 몰랐다. 배심원은 그녀로부터 계산기를 넘겨받아 자신이 직접 계산하기 시작했고 검사는 배심원이 아닌 그녀가 증인이니 그녀에게 계산기를 돌려주라고 말해야 했다. 나중에 그 증인

은 "우리는 모두 인간이다. 간호사들은 실수를 한 것뿐이다."라는 취지의 말을 했다.

- 검사 측 감정증인으로 나선 약사 역시 실수를 여섯 번 저질렀고 검사 측은 그를 다른 약사로 교체했다. 얄궂게도 교체된 증인은 변호사 측에 유리한 증언을 했고 검사는 분개해 그를 비난했다. 결국 재판관이 검사를 진정시킨 후 그 약사를 증인으로 세운 것은 검사 측임을 주지시켰다.
- 아기의 주치의는 간호사들이 근육주사가 아닌 정맥주사로 약을 투여해도 되는지 미리 물었어야 했다면서 그랬다면 자신이 허락하지 않았을 것이라고 증언했다. 그러나 다른 간호사들의 주장은 달랐다. 즉, 공식적으로는 주치의에게 물어야 하지만 실제로 그런 걸 물었다면 의사는 알아서 하라고 했을 것이라는 말이었다. 의사들은 늘 "중요한 문제가 아니면 나를 귀찮게 하지 마시오."라고 말한다는 것이다.
- 토레스에 따르면, "나중에 배심원들과 이야기를 나누어본 결과 그들은 검사 측 증인을 신뢰할 수 없다고 느꼈고 검사가 자신들에게 거짓 정보를 제시하려 한다고 느꼈다."라고 한다.

이런 사실을 종합할 때 진실은 너무나 분명했다. 배심원단은 간호사들이 암적인 존재(bad apple)가 아니고, 신생아의 복지에 관심이 있었지만, 간호사들이 실수가 벌어질 가능성이 높은 상황에 처했던 것뿐이라고 결론 내렸다. 결론에 도달하는 데는 1시간도 걸리지 않았다.

간호사들을 과실치사죄로 기소하는 대신에, 이런 비극적인 실수가 벌어진 이유를 알아내기 위해 애쓰는 것이 더 건설적인 치유책이 되었을 것이다. 만일 인간의 생명이 소중하다고 믿는다면(아마 우리 모두 그럴 것이다) 법정으로 달려가려는 충동에 맞서야 한다. 우리는 그런 비극이 어떤 상황에서 발생했는지 면밀히 조사하고 더 많은 질문을 던져야 한다. 형사소추가 비슷한 상황에서 환자의 안전을 개선하거나 태어난 지 하루 된 신생아의 죽음을 막아줄까? 그러면 더 이상 어떤 부모도 막을 수 있는 사고로 아들이나 딸을 잃고 평생 슬픔을 간직한 채 살지 않아도 될까? 형사 소추의 근거는 개인에게 잘못이 있어야 한다는 점이다. 개인이 실제로 잘못을 저질렀을 수도 있다. 그러나 경우에 따라서는 시스템 설계가 잘못되었을 수도 있다. 만일 희생양을 찾아 책임을 뒤집어씌우는 데만 골몰한다면 시스템 설계의 결함에는 관심을 갖지 않을지도 모른다. 그럴 경우 자질을 갖춘 선량한 사람들을 실수하게 만드는 시스템적 요소의 문제점은 해결할 수 없게 되고, 결국 환자의 안전을 개선하기 위해 시스템을 재설계하는 일은 불가능하게 된다. 과거를 되돌릴 수는 없다. 그러나 미래로 눈을 돌림으로써 과거로부터 배울 수 있다.

코헨은 간호사들이 속한 기술 시스템의 설계와 인간 본성 사이의 현저한 부조화를 강조함으로써 덴버 간호사 소송의 기본적인 교훈을 다음과 같이 요약하였다. "우리는 경험으로부터 배우는 것을 통해 인간 본성과 잘 부합하는 조직을 설계해야 한다. 개인을 비난하는 것을 넘어, 개인의 행동을 형성하고 에러가 발생하는 상태(조건)를 야기하는 복합적이고 잠재적인 시스템 실패에 초점을 맞추어야 합니다. 덴버의 배심원이 가르쳐주고자 했던 교훈이 바로 그것입니다."

참고 대법, 이대목동병원 신생아 집단사망 사건 의료진 7명 무죄 확정[165)]

2017년 발생한 '이대목동병원 신생아 집단사망' 사건으로 재판에 넘겨진 의료진 7명의 무죄가 확정됐다.

대법원 2부(주심 민유숙 대법관)는 이대목동병원 소아청소년과 교수와 간호사 등 7명의 업무상 과실치사 혐의 상고심에서 7명 모두에게 무죄를 선고한 원심을 최근 확정했다고 30일 밝혔다.

재판부는 "원심은 이 사건 피해자들이 모두 동일한 시트로박터 프룬디균에 의한 패혈증으로 동시에 사망했다고 하더라도 검사가 제출한 증거들만으로는 피해자들에게 투여된 주사제가 시트로박터 프룬디균에 오염됐

165) 최석진 법조전문기자, 아시아경제, 2022.12.30.

고, 그와 같은 오염이 이 사건에서 주사제의 분주(주사기에 적정용량씩 나눠 담음) · 지연 투여로 인해 발생했다는 점이 합리적 의심 없이 증명되지 않았다고 판단했다"고 전제했다.

이어 "원심은 따라서 피고인들에 대한 공소사실에 대해 범죄의 증명이 없다고 봐 이를 무죄로 판단한 1심 판결을 그대로 유지했다"며 "원심의 판단에 논리와 경험의 법칙을 위반해 자유심증주의의 한계를 벗어나거나 채증법칙을 위반한 잘못이 없다"고 검사의 상고를 기각한 이유를 밝혔다.

'이대목동병원 신생아 집단사망' 사건은 2017년 12월 16일 이대목동병원 신생아 중환자실 인큐베이터에서 치료받던 신생아 4명이 감염에 의한 패혈증으로 사망한 사건이다.

사망 전날 지질영양 주사제(스모프리피드)를 맞은 4명의 신생아가 다음날 오후 5시44분부터 오후 9시8분 사이에 차례로 심정지 상태에 빠졌고, 의료진이 심폐소생술을 시도했지만 9시30분경부터 불과 80여분 만에 4명의 신생아가 순차적으로 사망했다.

검찰은 간호사들의 과실로 주사제가 시트로박터 프룬디균에 감염돼 주사를 맞은 신생아들이 패혈증으로 사망한 것으로 판단, 업무상 과실치사 혐의로 간호사들을 기소했다.

또 이들 간호사에 대한 관리 · 감독 책임을 물어 신생아 중환자실장과 소아청소년과 교수 등을 업무상 과실치사 혐의로 함께 기소했다. 수사 과정에서 경찰이 관련자들에 대한 구속영장을 신청, 간호사들에 대한 구속영장은 기각됐지만 3명의 교수는 구속되기도 했다.

경찰과 검찰은 당시 보험 처리를 위해 1인 1병 투약이 원칙인 스모프리피드 1병을 여러 환자들에게 나눠서 투약한 사실과, 2~8도 냉장 보관이 필요하고 개봉 즉시 사용해야 할 주사제를 상온에서 5시간 이상 방치한 사실 등을 확인했다. 숨진 신생아들의 신체와 주사기에서는 시트로박터 프룬디균이 공통으로 검출됐다.

하지만 앞서 1심과 2심 재판부는 7명 모두에게 무죄를 선고했다. 의료진이 감염관리 주의의무를 충실히 이행하지 않은 과실은 있지만 그 같은 과실이 신생아들의 사망의 원인이 됐다는 점, 즉 인과관계에 대한 검사의 증명이 부족하다는 이유였다.

같은 주사제를 맞은 다른 신생아에게선 균이 검출되지 않은 점, 숨진 신생아들이 다른 경로로 감염됐을 가능성을 완전히 배제할 수 없다는 전문가들의 감정 결과 등이 근거가 됐다.

1심 재판부는 "피해자들에게 투여된 스모프리피드가 시트로박터 프룬디균에 오염된 사실이 합리적 의심 없이 입증되지 않은 이상, 스모프리피드 투여 준비 과정에서의 과실로 인해 스모프리피드가 시트로박터균에 오염됐고, 그로 인해 피해자들이 시트로박터 프룬디균에 의한 패혈증이 발생해 사망에 이르렀다는 공소사실 기재 인과관계 역시 합리적 의심 없이 입증됐다고 보기 어렵다"고 이유를 밝혔다.

또 1심 재판부는 의료진이 사망한 신생아 중 한 명의 대변배양검사 결과를 제때 확인하지 못한 과실이 사망의 원인이 됐다는 검사의 주장에 대해서도 "검사가 제출한 증거만으로는 로타바이러스 감염으로 인해 피해자들의 면역력이 저하되는 등의 사정으로 사망에 영향을 미쳤는지가 합리적 의심이 없을 정도로 증명됐다고 보기 어렵다"고 결론 내렸다.

2심 재판부의 판단도 같았다.

2심 재판부는 "이 사건은 같은 신생아 중환자실에 입원해 있던 피해자 4명이 거의 동시에 동일한 원인으로 사망한 사건으로서, 유사한 전례를 찾기 어려운 매우 이례적인 사건이다"라면서도 "그러나 이는 관련자들을 단죄하고 엄중한 책임을 물어야 할 이유가 될 수도 있지만, 다른 한편 자칫 법리와 증거가 아닌 감정과 직관에 호소하는 결과가 되지 않도록 보다 신중한 판단이 필요한 사정이기도 하다"고 밝혔다.

또 2심 재판부는 "이 사건 공소사실은 기본적으로 추론에 근거하고 있고, 더욱이 여러 부분에서 피고인들에게 유리한 가능성은 배제한 채 불리한 가능성만을 채택 · 조합하고 있는바, 이 사건을 예기치 못한 불행한 사고가 아닌 예고된 인재로서 피고인들에게 업무상 과실치사죄가 성립한다고 하기 위해서는 형사재판의 원칙에 따른 엄격한 증거판단이 필요하다"고 지적했다.

2심 재판부는 "12월 15일 스모프리피드의 시트로박터 프룬디균 오염 외에 무시할 수 없는 다른 가능성들이 엄연히 존재하고, 설령 12월 15일 스모프리피드가 시트로박터 프룬디균에 오염됐다고 보더라도 그것이 반드시 이 사건 분주 · 지연투여로 인해 발생했다고 단정하기 어려운 상황에서, 단순히 국가기관의 선의와 가능성의 상대적 우월에 근거해 유죄 판단을 할 수는 없다"고 밝혔다.

이어 "요컨대, 이 사건 피해자들이 모두 동일한 시트로박터 프룬디균에 의한 패혈증으로 동시에 사망했다고 하더라도, 검사가 주장하는 감염원인, 즉 12월 15일 스모프리피드가 시트로박터 프룬디균에 오염됐고, 그와 같은 오염이 이 사건 분주 · 지연투여로 인해 발생했다는 점이 합리적 의심

없이 증명되지 않은 이상, 그에 관한 피고인들의 과실 여부와 무관하게 이 사건 공소사실은 증명됐다고 할 수 없다"고 무죄 선고의 이유를 밝혔다.
대법원 역시 이 같은 하급심의 판단에 문제가 없다고 봤다.

4.2 비난과 모욕 문화[166)]

의사와 간호사가 실수를 받아들이기 두려워하는 것은 단지 법적 책임이 두려워서만이 아니다. 의료 분야는 시스템과는 상관없이 개개인이 실수에 대한 법적 책임을 져야 한다는 견해를 전통적으로 믿어왔다. 의사는 30시간 동안 자지 않은 상태에서도 초인간적인 지혜와 능력을 지닐 것으로 기대된다. 이런 기대 때문에 실수가 발생하면 의사나 간호사에게 초점이 맞추어진다. 그리하여 그는 비난을 받고, 주의하라는 경고를 받고, 재교육을 받고, 징계를 받고, 심지어는 해고된다. 이것은 비밀도 아니고 개인적인 주장도 아니다. 조사로 확인된 논쟁의 여지없는 사실이다. 상황은 조금씩 변하기 시작하고 있지만, 의료과실을 다루는 데 있어 전통적인 '비난하고 모욕 주는' 접근은 여전하다(특히 수사기관). 물론 법적 책임과 마찬가지로 징벌조치나 교정조치는 암적인 존재나 실제로 태만한 사람에게는 적절할 수 있다. 그러나 사람들이 이미 최선을 다하고 있고 훈련도 잘 되어 있는 경우라면, '비난하고 모욕 주기' 전략은 문제의 근본원인을 해결하지 못하기 때문에 부적절하다.

실은 '비난하고 모욕 주기 전략'은 부적절한 것이 아니다. 그것은 에러발생에 기여할 수 있기 때문에 부적절한 것이 아니라 나쁘다고 할 수 있다. 작업환경은 고려하지도 않고 일이 잘못되었을 때 당장 비난할 누군가를 찾는 것은 항상 실수한 사람을 향해 비난의 손가락을 들어 올릴 준비가 되어 있는 거대한 '보이지 않는 손'을 만들어 내는 것과 같

166) K. Vicente, *The Human Factor: Revolutionizing the Way People Live with Technology*, Routledge, 2006, pp. 214-222 참조.

다. 그런 상황에서는 유능한 의료 전문가가 의료시스템의 결함을 알리기 위해 앞으로 나서지 않을 것이고, 그만큼 환자의 안전도 위협받게 된다.

영국에서 열세 번째의 빈크리스틴(vincristine)[167] 사고가 발생한 뒤 보스턴에 본부를 둔 의료개선학회 회장 버윅(Don Berwick)은 사람들의 분노를 알아차리고 이렇게 물었다. "어떻게 이런 일이 또 벌어질 수 있죠?" 그의 대답은 우리 생각을 자극한다. "놀라울 정도로 인간적인 측면에서 대답할 수 있습니다. 우리는 인간이고, 인간은 실수를 저지릅니다. 분노에도 불구하고, 슬픔에도 불구하고, 경험에도 불구하고, 우리의 노력에도 불구하고, 우리의 가장 깊은 희망에도 불구하고, 우리는 실수하지 않을 수 없게 태어났고, 앞으로도 실수하지 않을 수 없을 것입니다." 개인의 실수를 의료과실의 유일한, 심지어 근본적인 원인으로 지목한다면 환자안전은 개선되지 못한다. 그럼에도 그런 일은 되풀이된다. 2000년 영국에서 빈크리스틴 사고가 발생한 뒤 '용의자'가 본보기로 징계를 받았다. 의사는 자격이 정지되었고 더 열심히 노력하라는 권고를 받았다. 그러나 빈크리스틴 사고 그리고 다른 의료과실로 인한 사망이 계속 발생했다는 사실은 이런 접근법이 효과가 없음을 의미한다. 버윅이 말한 것처럼 "인간의 행동이 완벽하기를 기대하거나 의사나 간호사에게 실수로 환자를 죽이지 않도록 단순히 열심히 노력하라고 말하는 것은 아무 도움이 안 된다." 대부분의 의료 전문가는 이미 열심히 노력하고 있다. 드물게 발견되는 쓰레기 같은 인간을 제외하면 아무도 환자가 다치거나 죽는 것을 보고 싶어 하지 않는다. 의료서비스 제공자가 완벽하기를 기대하는 것은 그들에게 인간처럼 행동하지 말라고 요구하는 것과 같다. 변화해야 할 것은 의료시스템의 설계다.

---

167) 빈플라스틴, 빈류로이신, 빈류이딘 등과 함께 빙카(Vinca rosea)에 함유되어 있는 활성 이량체의 알칼로이드로서 임상의학에서는 항암제, 특히 급성 백혈병, 호지킨병, 림프육종에 사용된다.

항상 '죄인'을 찾고 싶어 하는 기본적이고 인간적인 유혹이 너무 강력하여 어떤 경우에는 실수를 저지른 의료인을 비난하고 벌주는 것이 비생산적인 일이라는 생각을 하지 못할 수도 있다. 버윅은 실수는 필연적이므로 징계 받아서는 안 된다고 말한다. 그는 세계에서 가장 존경받는 의료안전 분야의 전문가지만, 이런 의견은 비주류적인 것으로 치부되기 쉽다. 그래서 여기에 더 강력한 증거를 소개한다. '비난하고 모욕 주는' 문화는 상황을 더 나쁘게 만들 뿐이라는 사실은 항공안전보고시스템(Aviation Safety Reporting System: ASRS) 등장 전후의 항공산업을 비교함으로써 분명하게 드러난다. 이것은 세계 최고의 의학 저널에 실린, 국제적으로 유명한 연구자들에 의해 보고된 결과이고 U.S. IOM(Institute of Medicine: 미국에서 가장 명성 있고 권위 있으며 공정한 의료 전문가그룹)의 지지를 받았다. 의료 전문가가 편집하는 명성 있는 인쇄물에 실리기 전에 이 연구결과가 얼마나 엄격한 검증과정을 거쳤을지 생각해 보라.

개인에게 모든 책임을 돌리는 주장은 의료과실을 방지하기 위해 이미 존재하는 억제책(환자에게 해를 입혔을 때 많은 의사가 느끼는 고통과 회한)을 간과하고 있기 때문에 실패할 수밖에 없다. 힐피커(David Hilfiker) 박사는 <뉴잉글랜드 의학 저널(New England Journal of Medicine)>에 실린 1984년 기사에서 이런 억제책에 대해 묘사했다. 기사에서 그는 자신이 저지른 실수를 고백했다. 당시 힐피커는 지방에 사는 친구들인 바브와 루스 부부의 출산을 돕기로 했다. 바브의 임신 테스트 결과가 음성이었다는 것 한 가지만 제외하면, 임신은 잘 진행되고 있는 것으로 보였다. 처음에 힐피커는 임신 초기라서 그러려니 하고 생각했다. 그는 바브에게 다음 주에 다시 검사를 해보라고 했다. 그러면 이미 눈으로도 뻔히 알 수 있는 사실, 즉 바브가 임신을 했다는 사실을 명확히 확인할 수 있을 것이라는 말이었다. 그러나 두 번째 검사도 음성이었다. 초음파 검사를 실시할 수도 있었지만 그러려면 바브가 175킬로미터나 떨어져 있는 힐피커의 병원까지 와야 했다. 게다가 비용도 적지 않게 들었다. 그래서 그는 한 달 뒤 세 번째 검사를 하기로 했다. 이때까지 바브에게는 생리가 없었고 그녀의 자궁은 계속 커지고 있었다. 그러나 세 번째 검사 역시 음성이었다.

힐피커는 이 모순적인 사실을 설명할 수 있는 방법은 단 한 가지밖에 없다고 결론 내렸다. 그는 힘들게 이야기를 꺼냈다.

> 임신을 했지만 아기는 몇 주 전에 죽은 것 같습니다. … 불행히도 유산으로 태아와 태반에서 죽은 조직을 제거하지 못했기 때문에, 몇 주 안에 유산을 하지 않는다면 다시 임신 테스트를 해보고, 역시 음성일 경우 임신중절수술을 해야 합니다.

2주일을 기다렸지만 바브는 자연 유산도 하지 않았고 네 번째 임신 테스트도 음성이었다. 그래서 이틀 뒤 외과적 절차를 밟기로 했다. 힐피커는 수술 중 벌어진 일을 다음과 같이 묘사했다.

> 바브의 골반을 검사했다. 만져보니 자궁은 이틀 동안 더 커진 것 같다. 그러나 모든 임신 테스트가 음성이었기 때문에 자궁이 커질 수가 없었다. 나는 수술을 계속했다. … 아기는 훨씬 이전에 죽었을 텐데 자궁에서 떼어낸 부분은 예상했던 것보다 훨씬 컸다. 게다가 내가 예상한 것처럼 부패하지도 않았다. 이것은 최근까지 살아 있던 몸의 일부다! 나는 점점 커져가는 공포를 억누르고 수술을 끝내려 했다. … 태아가 살아 있었다면 네 번의 임신 테스트 결과가 음성으로 나오는 것은 통계적으로 불가능하다는 병리학자의 확언에도 불구하고, 바브의 살아 있는 아기를 유산시켰을지도 모른다는 무시무시한 생각이 점점 커졌다. 그리고 그 병리학자의 보고서는 내 최악의 두려움을 확인해 주었다. 나는 13주 된 살아 있는 태아를 유산시켰다. 임신 테스트가 음성으로 나타난 것은 무엇으로도 설명할 수 없다. 그 주가 끝나갈 무렵 나는 바브를 진찰했다. 정말 힘든 일이었다. 무엇으로도 그 견디기 힘든 현실을 가릴 수 없었다. 내가 바브와 루스의 아기를 죽인 것이다.

힐피커는 자신이 느낀 죄책감과 분노를 계속 묘사했다. 그는 마음속으로 그 모든 사건을 다시 재현해 봄으로써 자신이 어떻게 할 수 있었을지를 생각했다. 그는 자책했다. 그리고 환자에게 실수로 해를 입힌 뒤 의사가 경험하게 되는 극심한 감정적 충격에 대해 설명했다.

> 물론 모든 사람이 실수를 하고 아무도 그 결과에 즐거워하지 않는다. 그러나 의료 실수가 가져오는 잠재적인 결과는 너무 엄청나서 의사는 심리적으로 건강하게 자신의 실수를 받아들이지 못한다. 대부분의 사람들 — 의사나 환자 모두 마찬가지다 — 은 의사가 완벽할 것이라는 기대를 마음 깊이 간직하고 있다. 의사들도 다른 사람처럼 실수를 한다는 단순한 사실을 받아들일 준비가 되어 있는 사람은 아무도 없다.

힐피커의 용감한 고백은 의료 실수의 대가가 실수를 저지르는 사람에게도 얼마나 큰지를 보여준다. 힐피커의 느낌은 이하에서 설명할 브라운드(Donnalee Braund)의 경험과도 일치한다. 딸 코트니가 빈크리스틴 사고로 죽고 1년 반이 지났을 무렵 브라운드는 딸을 치료했던 의사를 만났다. 자신의 분노를 분출하고 싶어서였다. 그러나 의사를 만난 뒤 브라운드는 'W-5' 방송 프로그램에 출연해 이렇게 말했다. "그는 나보다 더 안 좋았어요." 아이들을 치료하는 데 헌신했던 의사는 괴로워하고 있었다. 그는 정신과 치료를 받고 있었지만 자신이 저지른 실수와 그 실수가 네 살배기 코트니에게 가져온 치명적인 결과를 받아들이지 못하고 있었다. 결국 브라운드는 실수를 저지른 의사를 용서했다.

일단 이런 관점을 갖게 되면 의료 관련 직업은 이미 그 종사자의 마음과 정신에 아주 강한 억지력 — 할피커가 생생하게 묘사하고 브라운드가 생생하게 증언한 강력한 심리적 트라우마 — 을 가지고 있는 것처럼 보인다. 이처럼 의사와 간호사에게 실수를 피하도록 동기를 부여하는 보이지 않는 손이 내장되어 있다면 소송, 자격정지, 징계 등의 위협은 추가적인 동기로서 별 의미가 없다. 버윅도 같은 견해다.

> 열심히 노력한다고 초인이 되는 것은 아니다. 징계나 자격정지도, 대서특필된 분노도, 유죄 판결조차도 크게 도움이 되지 않는다. 오늘 실수를 저지른 모든 의사의 자격을 정지한다 해도 실수할 확률은 … 내일도 정확히 오늘과 같을 것이다. 영웅이나 슈퍼맨을 찾는 식으로는 아무런 해결책도 없다. 오늘처럼 내일도 우리는 인간일 것이다. 해결책은 작업시스템을 바꾸는 데 있다. 해결책은 설계에 있다.

나는 이 문제에 대해 많은 사람과 이야기를 나누었고 나의 주장은 때로 커다란 저항에 직면했다. 이를테면 이런 식이었다. "그래서 아무런 제재 없이 의료과실을 저지른 사람의 책임을 면제해 주자는 소리요? 농담이겠죠. 처벌 없이 어떻게 의사와 간호사가 제대로 일을 하게 할 수 있죠?" 그러면 나는, 환자가 기준 이하의 처치로 해를 입은 경우 금전적인 배상이 주어져야 하고, 만일 의사가 돌팔이라면 의사 자격을 박탈해야 하며, 의사와 간호사가 의도적으로 환자를 다치게 한 경우에는 기소해야 한다고 말한다. 그러나 의료 서비스 제공자의 실수를 막는 유일한 방법은 '비난하고 모욕 주는 것'이라고 생각하는 사람은 실수를 피하고 싶다는 그들의 욕구가 얼마나 강력한지를 알지 못한다. 우리 모두는 직업상의 실수를 저지른다(사소한 실수까지 포함한다면 매일 말이다). 우리 대부분은 자신의 행동으로 사람이 다치고 불구가 되고 죽는 환경에서 일하는 것이 어떠한지를 잘 모른다. 그렇지만 힐피커와 마찬가지로 누군가를 죽였다는 사실이 유쾌하지 않을 것이고, 환자의 가족에게 환자의 죽음을 알리고 그들의 충격과 비탄을 지켜보는 것은 힘든 상황일 것이라는 사실은 상상력이 그리 풍부하지 않아도 알 수 있다.

토론은 거기서 멈추지 않는다. 이런 이야기를 자주 듣곤 한다(대개는 강한 어조로). "용서하고 잊어버리라고 말하는 건 쉽죠. 하지만 당신 친척 중 누군가에게 그런 일이 벌어진다면 의사를 고소하거나 고발하고 싶지 않을까요?" 내 대답은 간단하다. 내가 사랑하는 사람 중에도 의료과실로 피해를 입은 분이 있다. 어느 겨울 포르투갈에 사시던 할머니가

캐나다를 방문하셨다가 그만 눈이 덮인 길에서 미끄러져 다리가 부러지고 말았다. 할머니를 진찰한 의사는 수술보다는 깁스를 하기로 했다. 그런데 의사는 깁스를 제대로 하지 못했고 한쪽 다리가 다른 쪽 다리보다 짧아진 할머니는 20년 동안 다리를 절며 사셨다. 우리 가족이 화를 냈느냐고? 당연하다. 우리가 의료시스템에 더 큰 기대를 하고 있었을까? 물론이다. 그럼 그 의사를 고소했을까? 그렇지는 않다.

또한 이런 질문도 받는다(대개는 좀 더 강한 어조로). "당신 아이가 의료과실로 죽어도 당신은 책임져야 할 사람에게 책임을 묻지 않겠다는 소리요? 그런 상황에서 당신은 어떤 느낌이 들 것 같소?" 정직하게 대답하면 이렇다. 내가 어떻게 반응할지는 모르겠다. 그런 비극을 겪는다는 게 어떤 것인지를 상상할 수도 없다. 추측하건대, 최소한 처음에는 내 삶이 더 살 가치가 없다고 생각할 것 같다. 그러나 내가 어떻게 반응하고 싶을지는 안다. 빈크리스틴 사고로 죽은 워커(Kristine Walker)의 부모처럼 행동하고 싶다. 상황의 복잡성을 인정한 그들은 '죄인'을 처벌하고 싶다는 충동에 저항하고 용기와 지혜를 모아 건설적이고 분별 있는 말을 남겼다. "우리 딸은 다른 사람들을 위해 자신의 목숨을 주고 갔습니다. 의료시스템을 점검함으로써 다른 모든 아이들에게 유용한 권고안이 만들어지도록 말이죠. 이 사건은 긍정적인 변화를 위한 기회입니다. 그것이 우리 딸이 남긴 유산입니다." 정말 인상적인 말이지만 워커 부부의 반응이 특별한 것은 아니었다. 비숍(Ryan Bishop)은 아들의 주치의를 고소하지 않았고 브라운드는 죽은 딸의 주치의를 용서했다. 이런 반응은 일반적이지 않은 것인지 어떤지는 모르겠지만, 의료과실로 아이를 잃은 부모조차 의료시스템을 전체로 보려는 각별한 노력을 하고 있음을 보여준다.

그러나 몇몇 개혁의 증거를 제외하면 의료 업계는 '비난하고 모욕주는' 접근법을 계속 고수함으로써 휴먼테크 접근의 폭넓은 채택에 방해가 되는 거대한 심리적 장애물을 만들어 낸다. 목화에 농약을 과도하게 뿌리면 목화다래바구미가 더 기승을 부리듯이, 과도한 항생제 처방이 슈퍼박테리아를 만들어 내듯이, 반테러를 표방한 보복이 과도하면 더 많은 폭력이 발생하듯이, 의료 분야의 무차별적인 '비난하기와 모욕 주기' 문화는 뜻하지 않게 의료과실이라는 불길을 부채질할 수 있다.

만일 우리가 복수보다 인간의 생명을 소중하게 생각한다면 (이해할 만한) 응보의 욕구보다 생명을 구하라는 요구를 우선시해야 한다. 간단히 말해, 막을 수 있는 죽음과 부상의 사이클에 종지부를 찍기 위해서는 의료계도 항공 산업의 예를 따라 학습조직을 설계해야 한다. 다행히도 경험에 바탕을 둔 학습을 가능하게 하고 의료과실 방지에 도움이 되는 정보의 교환을 강조하는 조직구조 설계의 실현가능성이 전보다 더 높아지고 있다.

참고 망신주기 청문회로는 산업재해 못 줄인다[168]

"산업재해 예방은 과학이자 예술이다."

산업재해 예방의 아버지라 불리는 허버트 윌리엄 하인리히가 1931년 자신의 저서 서문에서 밝힌 말이다. 산업재해에 과학적으로 접근하기보다는 엄벌만능주의와 면박주기가 능사가 되고 있는 우리 사회의 모습과 극명하게 대비된다.

최근 국회는 중대재해가 발생한 대기업을 대상으로 산업재해청문회를 열기로 했다. 중소기업, 행정기관, 공기업은 제외하고 대기업만 부르는 이유가 무엇일까. 생명에도 기업의 성격이나 규모에 따라 차이가 있는 것인가. 선거를 앞두고 산업재해 영역에서의 '욕받이 만들기'라는 의구심이 나오고 있다.

하지만 '네 죄를 네가 알렸다'식 추궁으로 산업재해 문제가 해결될 것 같으면 진작 해결됐을 것이다. 문제는 실질적 효과가 없는 보여주기식 쇼에 의존할수록 정작 산업재해 문제 해결과 멀어진다는 점이다. 청문회로 정치권이 산업재해 해결에 의지를 가지고 있다는 심리적 효과를 얻을 순 있겠지만, 근본적인 대책을 마련해야 할 국회가 오히려 책임을 회피하는 눈가림으로 작용할 수도 있다. 과학적으로 접근해야 할 산업재해 문제까지 이

168) 정진우, 동아일보, 2021.2.17.

념과 과시로 치환하려는 식의 움직임은 선진국에서는 찾아보기 어렵다.

심각한 것은 여야가 경쟁이라도 하듯 도가 지나칠 정도의 강공책으로 치닫고 있다는 점이다. 표심을 노린 정치적 퍼포먼스가 아닌가 하는 의심이 들 수밖에 없는 이유다. 국회 환경노동위원회가 억지로나마 존재감을 보여주려는 발상이 아닌가 싶기도 하다. 과학적이고 이성적인 접근보다 감성적이고 비이성적인 접근에 능숙한 정치권의 자화상을 보는 듯해 못내 씁쓸하다.

국회는 이미 기업인에 대한 강력한 처벌 조항을 담은 '중대재해처벌법'이라는 유례없는 법을 만들었다. 이마저도 모자라 이제는 군기 잡기를 대표 브랜드로 내세울 기세다. 산업안전 분야의 잘못으로 따지면 기업도 문제가 많지만 국회의 잘못이 더 클 수도 있다. 산업안전보건법을 온갖 규제로 점철된 누더기로 바꾸고, 준법 의지가 강한 기업조차도 지키기 어려운 중대재해법을 만든 장본인이 국회가 아니던가. 법 공동체의 공동책임과 책임정치 태도는 보이지 않으면서 '군기반장'을 자임하고 있다.

산업재해를 효과적으로 줄일 수 있는 인프라를 구축하거나 시스템을 혁신하려는 노력 대신 비현실적이고 실효성이 낮은 입법을 양산하면서 책임은 기업에 떠넘기는 데 급급한 '내로남불' 정치로는 산업재해를 줄일 수 없다.

국민들은 여론에 즉자적으로 편승하는 국회가 아니라 문제의 원인을 차분하게 진단하고 진정성을 갖고 예방책을 고민하는 국회, 선거용이 아니라 상시적으로 대안을 제시하는 공부하는 국회, 정치공학이 아닌 실사구시의 국회를 보고 싶어 한다. 이런 국회가 되도록 우리 모두 두 눈 부릅뜨고 감시해야 한다. 무책임의 정치를 더 이상 하지 못하도록.

5. 사고·재해와 엄벌

5.1 안전사고에서의 정의와 엄벌

정의란 무엇인가? 사회를 구성하고 유지하는 공정한 도리를 가리킨다. 한마디로 사회원리의 핵심이다. 정의는 플라톤을 비롯한 많은 철학자들의 전통적인 주제이고 현대사회의 가장 중심적인 화두이기도 하다. 그런데 위정자를 포함한 많은 사람들에 의해 정의라는 말만큼 많이 오용되는 말도 없는 것 같다. 안전사고에 연루된 사람을 비난할 때에도 정의라는 이름하에 잘못된 접근을 하는 경우가 많이 목도된다.

우리들은 어떤 문제를 일으킨 사람들에 대해 보수진영, 진보진영을 가릴 것 없이 엄중한 처벌을 외치곤 한다. 사후확신 편향에 사로잡혀 결과만 보고 상황과 과정을 보지 못하는 경우도 자주 발견된다. 기업 등 조직이나 정부 스스로에 대한 책임을 회피하기 위하여 본질적이고 구조적인 문제[169]는 도외시한 채 사고가 발생한 현장 관계자 처벌에만 열을 올리면서 희생양을 찾기까지 한다.[170] 때로는 보복감정을 정의라는 말로 포장하고 있는 것은 아닌지 의심이 들기도 한다. 모두 정의에 반하는 접근이다.

안전사고를 일으킨 자에 대해 엄벌한다고 해서 문제가 해결되는 것일까. 엄벌 주장이 구조적인 문제를 덮어버리는 미봉책으로 악용되고 있는 것은 아닐까. 혹여 처벌하는 것만을 전부라고 포장하면서 실제로는 구조적인 문제를 애써 무시하거나 덮으려는 '구조맹(構造盲)'이 되고 있는 것은 아닐까. 이런 것이 진정한 정의일까. 정의를 외치는 것만으로 정의가 실질적으로 구현되는 것은 아니다.

사실 안전사고가 발생할 때마다 봇물처럼 쏟아져 나오는 엄벌화 주장은 범죄자에 대한 신자유주의 관점과 연결될 수 있다. 신자유주의 사조에서 위반자는 이해득실을 계산하여 자유로운 판단에 근거하여 해악을 일으키고 그것에 전면적으로 책임을 져야 할 자율적 주체로 취급된다. 그 결과 법위반에 이른 개별적 원인을 심층적으로 분석하여 그것을 개선한다고 하는 접근보다는 징벌적·응보적인 처벌이 강조된다. 근본적인 문제는 건드리지 않으면서 성난 여론을 쉽게 달랠 수 있

169) 법규제(기관)의 잘못도 이 문제에 해당한다.

170) 제재하는 위치에 있는 자의 문제를 희석시키거나 그들에게 행할 비난의 화살을 다른 곳으로 돌리기 위한 목적도 있다고 생각한다.

는 접근이 엄벌에 처하겠다는 공언이다. 그러다 보니 문제해결을 위한 실질적인 접근은 시간이 걸리고 힘들다는 이유로 채택되지 않고 '간편한' 엄벌주의가 선호된다. 이는 엄벌주의가 진정한 정의와 부합하지 않을 수도 있다는 점을 시사한다.

어떤 특정인의 불안전행동이 관여하여 발생한 재해 또는 중대사고에 직면하였을 때, 정의로운 대응을 하기 위해서는 '치환(대체) 테스트(substitution test)'를 거치는 것이 필요하다. 당사자를 동일한 활동분야에서 동등한 자격과 경험을 가진 다른 사람으로 치환하고 사건의 전개양상 등을 고려할 때 그 치환된 개인이 다르게 행동하였을 가능성이 없는 경우인데도 당사자를 비난하는 것은 시스템적 결함을 모호하게 하고 희생자를 만드는 것 외에는 아무런 역할도 하지 못한다. 이러한 경우에도 개인을 처벌하는 것은 정의롭지 못한 대응이라고 할 수 있다.

물론 상황적 요인이 작용하지 않은 개인 잘못에 대해서는 엄벌에 처해야겠지만, 개인의 위반에는 잘못된 시스템이 배경으로 영향을 미친 경우도 적지 않다. 희생양을 찾아 책임을 지우는 데만 골몰한다면 시스템 설계에는 관심을 두지 않아도 될지 모른다. 하지만 그럴 경우, 역량을 갖춘 선량한 사람들을 실수하게 만드는 시스템의 문제점은 해결할 수 없게 된다.

독일의 형법학자로서 세계적으로 유명한 리스트(Franz von Liszt)가 "최고의 형사정책은 사회정책이다."라고 주장한 것도 처벌 위주의 대증요법만이 아니라 사회정책이라는 근본적 해결방안을 더 중요하게 여기는 것이 실질적 정의라는 점을 역설한 것이라 할 수 있다.

정의는 정치영역에서만 실현되어야 하는 것은 아니다. 산업현장이라는 사회적 공간에서도 응당 실현되어야 할 보편적 가치이다. 안전사고에서 정의를 구현하기 위해서는 그것의 구조적·조직적 원인을 찾아내고자 하는 태도와 찾아낼 수 있는 눈을 갖는 것이 무엇보다 중요하다. 안전사고에서의 정의의 실현 역시 의욕만이 아니라 올바른 접근방법이 함께 요구되는 것이다.

참고 포퓰리즘 입법의 태생적 한계와 보완방향[171)]

연말연시를 뜨겁게 달구었던 '중대재해 처벌 등에 관한 법률'(중대재해처벌법)이 우여곡절 끝에 제정되었다. 경영책임자, 기업 등에게 큰 영향을 미치는 법, 그것도 쟁점이 매우 많았던 제정법을 일정을 못 박아 놓고 번갯불에 콩 볶듯 졸속 심의를 했다. 엉성한 법이 탄생하는 것은 예고된 것이나 다름없었다.

우리나라에서 중대재해가 많은 가장 큰 이유가 처벌이 낮기 때문이라는 생각부터가 사실관계와 달랐다. 중대재해처벌법 제정 이전부터 우리나라의 법정형은 재해예방선진국과 비교할 때 결코 낮은 편이 아니었음에도, 중대재해가 많은 본질적인 이유는 외면한 채 처벌만 강화하면 이 문제가 해결될 듯이 주장했다.

우리나라에 경영책임자를 처벌할 수 있는 법이 마치 없는 것처럼 여론을 호도한 대목에서는 법 제정의 진정성을 의심케 한다. 기존법의 벌칙체계를 정교하고 효과적으로 개선하려는 조치와 예방행정시스템을 혁신하려는 노력은 하지 않고 이러한 조치와 노력의 해태를 가리려는 수단으로 중대재해처벌법을 들고 나왔다.

잘못된 인식과 진정성이 결여된 의도로 출발한 입법이 올바른 내용을 담고 있을 리 없다. 법사위 심의과정에서 문제점이 다소 수정되긴 했지만, 발의안에 워낙 문제가 많았던 터라 법리, 안전원리 및 실효성의 면에서 여전히 많은 문제점을 갖고 있다. 문맥이 맞지 않거나 상호 모순되는 용어, 표현도 곳곳에서 발견된다.

무엇을 해야 할지를 집행기관의 자의적 판단에 맡기는 법, 도저히 지킬 수 없는 사항을 규정해 놓고 이를 위반할 경우 처벌하겠다고 하는 법을 우리는 악법이라고 부른다. 중대재해처벌법은 이 악법 기준에 딱 들어맞는다. 악법의 문제는 수범자에게 언제든지 처벌될 수 있다고 잔뜩 겁을 주지만 실질적 효과는 거두지 못한다는 것이다.

독일의 법학자 벨첼(Welzel)은 "법치주의는 불명확한 형벌규정을 통해 무너진다"고 역설하였다. 지나친 형벌을 규정하는 법도 문제이지만 이보다 무서운 것이 이현령비현령식의 해석이 될 수 있는 불명확한 법이다. 중대재해처벌법은 이 자의적 법집행에 날개를 달아주었다. 법집행기관에게는 참으로 편리한 법이 만들어진 셈이다.

171) 정진우, KEF e매거진, 2021.2.4.

특히 경영책임자가 어디에서부터 어디까지 안전보건조치를 해야 하는지 어느 누구도 알 수 없는 애매하고 모호한 의무를 부과하고 있다. 이런 식의 규정으론 경영책임자를 공포에 떨게 하면서 '군기'는 잡을 수 있을지 모르겠지만, 실제 중대재해를 줄일 수 있을지는 의문이다.

강도, 절도, 폭행과 같은 자연범과 달리 행정범에 대해선 명확하게 규정해야 수범자에게 재해예방을 위한 행동기준으로 작용할 수 있다. 특히 형벌이 강할수록 명확하게 규정되어야 한다. 그런데 중대재해처벌법은 준법의지가 있는 경영책임자, 나아가 전문가라도 안전조치를 어떻게 이행해야 할지 행위유형의 실질을 파악할 수 없는 규정이 수두룩하다.

중대재해처벌법은 경영책임자에게 현실적으로 불가능한 것을 하라고 강제하고 있는 부분도 적지 않다. 안전조치의무라는 건 전 계층에 의해 이행될 수 있는 것임에도, 경영책임자가 이를 직접 다 이행하라는 식으로 규정하고 있는 것은 안전원리에 맞지 않을 뿐만 아니라 과잉금지의 원칙에도 반한다.

불법의 정도, 비난가능성 등의 측면에서 산업안전보건법보다 강하게 처벌할 규범적 근거가 없는데도 산업안전보건법보다 훨씬 강한 형벌을 규정하고 있는 건 형벌체계의 정당성과 균형을 상실한 것으로서 평등의 원칙에 위반된다.

도급, 용역, 위탁과 관련해서는, '위험의 외주화'라는 프레임에 갇혀 원청에게 하청 종사자에 대해 형사책임에서는 허용되지 않는 위험책임, 연대책임, 대위책임을 부과하고 있다. 이는 자기책임의 원칙에 위배된다. 최상위 원청에게만 하청 종사자 보호를 위해 작업행동에 대한 조치를 포함하여 모든 차원의 조치를 직접 하도록 하는 식의 불합리하고 거친 규제로는 하청문제를 풀 수 없다. 소문난 잔치에 먹을 게 없는 거나 진배없다.

이처럼 중대재해처벌법에 위헌소지가 많고 안전원리에 맞지 않는 부분이 많다는 것은 이 법이 실효성보다는 보여주기에 급급한 또 하나의 무책임한 포퓰리즘 입법임을 보여주는 증좌이다. 수범자의 입장은 고려하지 않고 오로지 처벌만이 강조되고 있는 이유이기도 하다. 이런 접근으로는 중대재해를 줄이기는커녕 사회적 비용과 혼란만 증가시킬 뿐이다.

시스템 개선 없는 생색내기 입법이 중대재해 감소에 도움이 되기는 커녕 걸림돌이 될 수 있다는 점을 방증하는 수치가 최근 발표됐다. 코로나로 취업자수가 외환위기 이후로 가장 많이 감소한 상황 속에서 지난 해 산재 사망자수가 27명이 증가한 것으로 잠정 집계되었다. 처벌을 대폭 강화한 '김용균법' 시행 후의 성적이어서 처벌강화가 중대재해에 어떤 영향을 미치는지를 실증적으로 보여준 것이기도 하다. 막무가내로 김용균법을 밀어붙였던 정치권 등은 이 수치 앞에서 뭐라고 할 것인가. 그때도 그 법이 통과되면 원하청문제 등이 해결될 듯이 강변하지 않았는가.

중대재해처벌법 제정을 빌미로 산재예방시스템은 개선하지 않고 산재예방행정인력을 또 늘리는 꼼수를 부릴 수도 있는 점도 우려되는 지점이다. 그간에도 현 정부는 행정인력을 늘리는 손쉬운 방법에만 의존해온 터라 이런 의심이 들 수밖에 없다. 우리나라는 근로자수를 감안할 때 선진국 어느 나라와 비교해도 행정인력이 부족하지 않다. 미국보다 6배 이상 많고 일본보다도 4배 이상 많은 상태다. 이 상태에서 시스템 개선 없이 인력증원이라는 헛물을 켠다면 성과 없이 행정비용만 잔뜩 늘렸다는 역사적 평가에서 결코 자유롭지 못할 것이다.

중대재해처벌법은 하위법령으로 위임한 사항도 매우 적은 상태이다. 그래서 하위법령에서 상세히 규정하는 것만으로는 위헌소지, 실효성 등의 문제를 해결하기에 많은 한계가 있을 수밖에 없다. 그러기에는 문제가 차고 넘치는 데다가 태생적이고 근본적이다. 하위법령 제정이 미봉책이 될 수밖에 없는 이유이다. 명분으로 내건 입법취지를 살리기 위해서라도 법을 전면 개정하는 방법 외에는 달리 뾰족한 수가 없다. 국회가 자율적으로 문제해결에 나서지 않으면, 위헌소송이라는 타율적 방법에 의해 문제해결이 도모될 것 같다. 어느 길을 택할 것인가.

5.2 산업재해 엄벌만능주의의 함정[172)]

악법과 정법(正法)의 구분기준이 뭘까. 현실적 준수 가능성과 예측 가능성 여부가 그 기준이 될 것이다. 수범자에게 준법의지가 있어도 지킬 수 없고 어떻게 지켜야 할지 알 수 없는 법은 제정 의도에 관계없이 악법으로 분류된다.

예측가능성이 없으면 법이 준수되기도 어렵거니와, 법의 준수 여부에 대한 판단을 집행기관이 자의적으로 결정하게 되어, 수범자는 항상 불안감을 안고 살게 된다. 지킬 수 없는 것을 강요하다 보니 수범자의

172) 정진우, 에너지경제, 2021.3.23.

'군기'를 잡는 데는 효과 만점이다. 엄벌을 전면에 내세우고 있는 '중대재해처벌법'이야말로 이러한 악법의 요소를 모두 갖추고 있다.

문제는 치밀하고 세련된 범죄구성요건으로 뒷받침되지 않은 엄벌은 대어는 못 잡고 송사리만 잡게 된다는 점이다. 실질적 엄벌이 되기 위해선 책임 있는 자가 빠져 나가지 못하도록 범죄구성요건이 정교해야 한다. 그렇지 않으면 엄포로 그치거나 무리한 법집행으로 이어질 뿐이다. 엄벌을 규정하는 것보다 범죄구성요건 자체가 훨씬 더 중요한 이유이다.

게다가 구조적 문제의 해결이 전제되지 않은 엄벌은 의도와 달리 그 칼끝이 기득권에서 비켜난 약자에게로 집중되는 경우가 많다. 강한 처벌이 아니라 '정의로운' 처벌이 강조되어야 하는 이유가 여기에 있다. 정의로운 처벌을 위해선 법정형을 올리는 것보다 확실하게 처벌되도록 하는 것이 효과적이다.

그런데 우리 사회는 언제부터인가 엄벌에만 너무 쉽게 의존하는 분위기가 팽배하다. 엄벌이 마치 정의인 것처럼 둔갑하고 있다. 이것이 현실에서 잘 먹혀들다 보니, 최근 정치권과 행정기관은 사고가 터질 때마다 엄벌을 전가의 보도처럼 사용한다. 가히 '엄벌만능주의'의 시대라 할 만하다. 엄벌주의 입법은 차분하게 원인을 진단하고 근본적인 예방책을 고민하기보단 사람들의 분노를 이용하여 표심을 얻는 데 급급하다는 점에서 폐해가 크다.

그렇다 보니 엄벌은 구조적이고 본질적인 문제를 회피하거나 가리는 알리바이로 작용하는 경우가 많다. 정치권과 행정기관에게는 그간 등한시하거나 방치해 온 숙제를 눈가림하면서 자신들의 존재감을 과시할 수 있는 매력적인 수단이기도 하다. 민도가 높지 않으면 엄벌경향에 브레이크가 걸리지 않는다. 엄벌에만 기대면 진정한 문제해결은 하지 못하고 사회적 갈등만 더 심해질 수 있다는 점에 문제의 심각성이 있다.

현실적으로 도저히 준수할 수 없는, 누가 무엇을 해야 할지 알 수 없는 법기준을 그대로 놔둔 채, 툭하면 실효성 없는 규제를 강화하고 엄벌로 다스린다고 안전수준이 올라갈 수 있을까. 그간의 경험으로 볼 때 올라가기는커녕 법과 현실 간의 괴리가 커지면서 법규범에 대한 냉소적인 반응만 커지게 된다.

칭기스칸의 책사인 야율초재는 "나라를 개혁할 수 있는 좋은 방법이 없겠느냐?"라는 질문에, "하나의 이익을 얻는 것이 하나의 해를 제거함만 못하고, 하나의 일을 만드는 것이 하나의 일을 없애는 것만 못하다."고 답했다. 이 말을 안전에 적용하면, 규제의 품질을 생각하지 않고 규제를 습관적으로 추가하는 것보다 비현실적이거나 실효성 없는 규제를 제거하는 것이 훨씬 낫다.

중대재해가 발생한 대기업을 대상으로 특별감독을 실시할 때마다 정부는 매번 수백 건의 법위반사항을 적발했다고 치적인 양 떠들곤 한다. 과연 이게 자랑거리인가. 재해예방선진국에서는 볼 수 없는 살풍경이다. 작은 기업도 아니고 감시하기 용이한 대기업에서 감독 때마다 법위반사항이 무더기로 나온다는 것은 법기준과 정부의 지도감독에 큰 문제가 있다는 것을 방증하는 것에 다름 아니다. 그럼에도 과시용 엄벌을 통해 자신의 잘못을 숨기려는 면피 의도가 강하다 보니 이 문제를 깨닫지 못하는 것 같다.

국민들이 엄벌주의의 부작용과 불순한 의도가 있다는 것을 간파할 때 비로소 정부로부터 진정성 있고 실질적인 개선을 이끌어낼 수 있다. 생색내기용의 졸속입법이 아니라 진정성 있고 올바른 해법으로 향하도록 감시의 눈을 부릅뜨고 있어야 하는 이유가 여기에 있다.

참고 중대재해처벌법은 정의로운 법인가[173)]

"누가 무엇을 어떻게 해야 할지 도저히 알 수 없다.", "주무부처도 답변하지 못한다.", "알면 알수록 미궁에 빠진다." 중대재해처벌법을 두고 현장에서 아우성이다. 입법 취지를 들먹이며 아무리 미사여구를 사용하더라도 형사법의 생명인 예측가능성과 이행가능성이 결여된 법을 정의로운 법이라고는 할 수 없다. 재해예방의 실효성도 없고 애꿎게 처벌될 수 있다는 점에서 정의를 참칭한 악법이라고 보는 것이 정확할 것이다.

이는 전 세계에서 그 유례를 찾아볼 수 없는 내용과 절차로 제정된 결과이다. 더 큰 문제는 법의 모호성, 비현실성과 엄벌 공포 등에 기대어 자의적 법집행 · 해석이 남발되고 있다는 점이다. 어느 법이든 형벌권의 남용은 그 자체가 악이고 국가에 의해 저질러지는 범죄이다. 이러한 폐해를 생각지 않는 것은 중대재해가 발생하기만 하면 경영책임자를 불법적 수단을 써서라도 어떻게든 범죄자로 만들겠다는 것이나 다름없다. 그 폐해는 중소기업일수록 크다.

중대재해처벌법처럼 강한 처벌이 수반되는 형사법은 행정실무나 입법정책상의 필요만을 이유로 문언의 가능한 범위를 벗어나 수범자에게 불리한 방향으로 확대해석해서는 안 된다. 특히 문제 있는 형사법은 가능한 한 그 적용범위를 제한하는 방향으로 좁게 해석해야 한다. 그래야만 악법의 폐해를 조금이라도 줄일 수 있기 때문이다.

법을 정비하기 전에라도 실체법적으로 법개념을 제한적으로 해석하거나 절차법적으로 엄격증명의 요구 등 절차규칙을 엄격하게 적용해야 한다. 이러한 방향성을 갖지 못하면 법집행 · 해석기관은 실정법의 노예라는 비난을 면하기 어렵고 악법에 부화뇌동하는 꼴이 된다.

그런데 정부는 중대재해처벌법을 정비하거나 법치행정을 할 의지가 없는 것 같다. 중대재해처벌법은 지난 정부 때 제정됐지만, 현 정부는 야당 눈치 보기에 급급할 뿐 국민을 상대로 그 문제점에 대해 설명하고 설득하려는 자세와 노력은 통 보이지 않는다. 수사기관에 막강한 권한을 준 이 법을 즐기면서 무분별한 법집행 · 해석에 안주하고 있는 건 아닌가라는 의구심마저 든다.

그 대신 정부는 안전원리에 맞지 않는 생색내기용 미봉적 정책만 양산하고 있다. 지난 정부 때부터 산재예방행정이 가성비가 형편없는 수준으로

173) 정진우, 에너지경제, 2024.8.5.

전락됐지만, 현 정부는 전문성과 진정성의 부족으로 '고비용 저효과' 행정을 바로잡기는커녕 조장하고 있다. 위험성평가를 형해화시키지를 않나, 안전관리자를 벽돌 찍듯이 단기 속성으로 배출하지를 않나, 정체불명의 공동안전관리자를 통해 사업주의 안전관리에 대한 책임의식을 약화시키지를 않나 그 아마추어리즘에 어안이 벙벙할 정도이다.

산재예방 선진화를 위한 인프라의 핵심에 해당하는 산업안전보건청 설립은 정부가 앞장서 추진해도 모자랄 판에 조직이기주의를 앞세워 반대를 한다. 비대할 정도의 방대한 행정조직으로도 산재예방 효과를 거두지 못하고 있는 현실에 대한 문제의식은 도무지 찾아볼 수 없다.

중대재해처벌법 담당자였던 고용노동부 본부 국장과 과장은 고액의 연봉을 보장받고 대형 로펌에 들어가는 비상식적인 행태를 서슴지 않았다. 공직을 로펌에 줄 대는 수단으로 생각하는 도덕불감증이 놀라울 정도이다. 중대재해처벌법이 '공무원 일자리 보장법'이라는 세간의 비아냥이 들리지 않는가.

전문성과 진정성 밑천이 약할수록 엄벌에 의지할 가능성이 높다. 필자의 경험으로도 안전을 잘 모르거나 '잿밥'에 관심이 있는 사람일수록 엄벌을 마냥 선호하는 경향이 강하다. 전문성과 진정성이 있어야 올바른 산재예방정책이 가능하다. 보여주기가 엄벌만능정책으로 나타난다. 엄벌만능주의가 권위주의 성향의 정부에서 많이 발견되는 이유이다. 처벌이 필요한 건 당연하지만, 정교하고 실효적인 예방정책이 처벌보다 훨씬 더 중요하다는 것을 새삼 강조하고 싶다.

6. 불완전행동과 책임

6.1 휴먼에러와 범죄

"휴먼에러에 의해 다른 사람에게 부상을 입히거나 물건을 망가뜨렸을 때 그것이 범죄가 됩니까?" 이러한 질문을 주위로부터 받는 경우가 종종 있다. 한마디로 대답하기는 어려운 문제이다. 무릇 형법학에서의 인간상과 휴먼에러를 다루는 안전심리학에서의 인간상에는 차이가 있기 때문이다.

형법학에서는 나쁜 행위를 그 동기에 따라 다음 네 가지로 구분한다.

① 확정적 고의: 부상을 입히거나 물건을 망가뜨리는 것 등과 같은 좋지 않은 결과가 일어날 것을 확실히 인식하면서 이를 목적으로 하여(의욕하여) 저지른 행위
② 미필적 고의: 부상을 입히거나 물건을 망가뜨리는 것 등과 같은 좋지 않은 결과가 일어날 것을 인식하면서 그래도 할 수 없다고 생각하거나 괜찮다고 생각하는 것 등과 같이 좋지 않은 결과를 인용(용인, 감수)하여[174] 저지른 행위
③ 인식 있는 과실: 설마 부상을 입을 것이라고는 생각하지 못하거나 물건이 망가질 것이라고는 생각하지 못한 것 등과 같이 좋지 않은 결과를 인용하지는 않았지만 발생하지 않을 것이라고 믿고 결과 발생을 회피하지 않은 행위
④ 인식 없는 과실: 부상을 입히거나 물건을 망가뜨리는 것 등과 같은 것의 발생가능성을 인식조차 하지 못한 행위

예1 비 오는 날 식당 우산꽂이통에서 자신의 우산과 유사한 타인의 우산을 들고 간 경우, 행위자의 내심상태는 ① 남의 우산이지만 그냥 이걸 쓰고 가자(확정적 고의 → 절도죄 성립), ② 남의 우산일지도 몰라. 그래도 할 수 없어. 그냥 이걸 쓰고 가자(미필적 고의 → 절도죄 성립), ③ 남의 우산일지도 모르지만 내 우산일 거니까 이걸 쓰고 가자(인식 있는 과실 → 절도죄 미성립), ④ 내 우산이니 이걸 쓰고 가자(인식 없는 과실 → 절도죄 미성립)로 구분할 수 있다.

---

174) 구성요건이 실현되어도 할 수 없다는 내심상태를 말한다.

예2 안전조치의 이행이 의무화되어 있는(위반 시 형사처벌이 수반되는) 작업이 예정되어 있는 상황에서 안전조치가 이루어지지 않은 경우, 행위자의 내심상태가 ① 안전조치를 해야 하지만 많은 비용이 들어가니 하지 말자(확정적 고의 → 안전조치 위반죄 성립), ② 안전조치를 해야 하는 상황일지도 몰라. 하지만 그래도 어쩔 수 없어(미필적 고의 → 안전조치 위반죄 성립), ③ 안전조치를 해야 하는 상황일지도 모르지만 안 해도 괜찮을 거야(인식 있는 과실 → 안전조치 위반죄 미성립), ④ 안전조치를 안 해도 되니 하지 말자(인식 없는 과실 → 안전조치 위반죄 미성립)로 구분할 수 있다.

고의적 행위는 명백히 범죄에 해당되는바, 재해의 경우라면 확정적 고의 또는 미필적 고의로 안전보건기준을 위반하여 사람을 다치게 하는 경우이다.[175] 과실은 경솔하다는 비난을 받을 만한 행위 또는 부주의라고 말하지 않을 수 없는 행위를 가리킨다. 예컨대, 강풍이 불고 있음에도 불구하고 괜찮을 것이라고 생각하고 모닥불을 피우다가 결과적으로 화재를 일으키는 것이 인식 있는 과실이고, 바람이 불지 않을 때에 모닥불을 피웠는데 돌풍이 불어 모닥불이 갑자기 높이 타올라 화재가 발생한 경우는 인식 없는 과실이라고 할 수 있다. 인식 없는 과실도 재해라는 결과를 발생시키면 범죄(처벌 대상)가 될 수 있지만, 결과를 발생시키지 않으면 일반적으로 처벌되지 않는다.

불길이 타오른다는 인식은 없었다고는 하지만, 일단 화재라는 결과가 발생하면 모닥불의 위험을 생각했어야 한다는 비난의 목소리가 터져 나오는 경우가 보통이고, 특히 결과가 중대하면 중대할수록 그 목소리는 커지기 마련이다. 기본적으로 하나의 사회는 사회의 구성원으로서의 모범적인 인간상을 기대하고 있다. 그것으로부터 일탈하면 그 자는 좋지 않은 인간이고, 그렇기 때문에 그자를 처벌해야 한다는 사

175) 안전보건기준 위반의 경우 미필적 고의가 대부분이다.

고방식이 일반적이다. 옳고 그름을 떠나서 그것이 설령 인식 없는 과실이더라도 마찬가지이다.

한편, 아무리 선량한 사람이라도 완벽한 사람은 존재할 수 없고 착각, 실수, 누락 등을 하는 경우가 심심찮게 존재한다. 소위 '휴먼에러'라고 하는 것이다. 휴먼에러는 대체로 「형법」의 인식 없는 과실에 해당한다. 따라서 재해 등의 결과가 발생하지 않으면 휴먼에러를 저질렀다는 이유로 처벌되지 않는 것이 일반적이지만, 결과가 발생하면 휴먼에러라 하더라도 처벌될 수 있다. 그런데 이와 같은 휴먼에러, 즉 의도하지 않게 발생한 불안전행동에 대해서는 이것을 발생시킨 사람을 비난하더라도 재발방지에 한계가 있는 경우가 많다. 인간이라고 하는 동물은 약한 존재이고 휴먼에러는 그 생래적 한계의 발현인 경우가 많기 때문이다. 휴먼에러에 대해서는 의도하여 일으킨 위반과는 다른 접근이 필요한 이유가 여기에 있다.

휴먼에러에 대해서는 선량하지만 약한 인간상을 전제로 하여 어떻게 하면 구성원들로 하여금 안전한 행동을 하도록 할 수 있을까를 생각하는 접근방식이 필요하고, 위반에 대해서는 편하고 간단한 것을 선호하는 인간상을 전제로 하여 어떻게 하면 구성원들로 하여금 규칙을 준수하는 쪽을 택하도록 할 것인가를 생각하는 접근방식이 필요하다. 즉, 휴먼에러와 위반은 둘 다 불안전행동에 해당하지만 그 성격과 발생메커니즘이 다르기 때문에 다른 방지대책이 필요한 것이다.

6.2 불안전행동 원인분석과 입증방법

사고는 불행한 사상(事象, event)이 관련되었을 때에 일어난다. 각 사상에도 그 배후에는 여러 가지 요인이 관련되어 있는 경우가 대부분이다. 불안전행동 또한 여러 가지 요인의 영향을 받아 발생하는 것이므로, 눈에 보이는 것만을 채택하고 즉흥적인 대책을 강구하는 것만으로는 문제해결이 되지 않는다.

SHELL 모델[176]을 예로 들어 말하면, 불안전행동의 배후요인으로 L과 SHEL의 어디에 미스매치가 있었는지, 즉 작업절차, 작업지시와 같은 소프트웨어에 문제가 있었는지, 작업에 사용되는 기계 · 설비에 문제가 있었는지, 작업환경에 문제가 있었는지, 지시 · 명령을 하는 상사, 동료와 같은 인적인 요소에 문제가 있었는지 등 불안전행동의 배후요인을 찾아 당면 문제와 함께 가능한 한 근본적인 문제까지도 대응할 필요가 있다. 그렇지 않으면 장소를 바꾸어, 사람을 바꾸어, 시간을 바꾸어 머지않아 유사한 불안전행동이 발생할 가능성이 높다.

그런데 (재발 방지를 목적으로) 불안전행동의 원인을 분석할 때 고민스러운 것이 '어디까지 분석하면 좋을까'라는 것이다. 이 '어디까지'라는 것에는 '어디까지 거슬러 올라가면 좋을까'라는 것과 '어디까지 정확히 분석하면 좋을까'라는 것이 있다고 생각된다. 이것은 분석하는 목적과 대상에 따라 결정된다. 예를 들면, 형사벌, 행정벌 등 제재(불이익)로 이어질 수 있는 사고 · 재해분석의 경우에는 최대한 정확한 분석을 하고 단정(사실)과 추정(추찰)을 준별하여 표기할 필요가 있다. 반면, 제재(불이익)로 연결되지 않는 아차사고나 경미한 재해 분석의 경우는 요구되는 엄밀성이 상대적으로 약해질 것이다.

불안전행동의 원인을 분석해 갈 때 아무리 해도 추정이 들어갈 수밖에 없는 경우가 적지 않은 것이 현실이다. 실제의 원인, 사실관계라고 하는 단어에 지나치게 집착하면 운신(파악)하는 것이 매우 어려워질 수 있다. 물론 불안전행동의 원인분석은 엉성하게 이루어져도 된다는 의미는 결코 아니다. 가능한 한 정확하게 분석하는 것이 당연히 요구된다. 부적절한 분석은 부적절한 대책을 수립하게 하고, 나아가 사람의 명예를 훼손하는 일을 초래하게 된다.

---

176) 불안전행동은 중심의 L(Liveware: 작업자 본인)과 주변의 S(Software), H(Hardware), E(Environment), L(Liveware: 주변인) 간의 접촉면에 간극이 생겼을 때 발생한다고 설명하는 모델. 이에 대한 상세한 설명은 정진우, 《안전심리(4판)》, 교문사, 2023, 182쪽 이하; 정진우, 《산업안전관리론-이론과 실제-(개정5판)》, 중앙경제, 2023, 161쪽 이하 참조.

사고조사에서의 불안전행동 원인분석은 '책임추궁'을 목적으로 하는 것이 아니고, 그것의 원인을 분석함으로써 불안전행동의 '재발 방지'를 위한 교훈을 이끌어내는 것을 목적으로 한다는 점에 유념할 필요가 있다.

그렇다면 원인을 단정할 수 없고 추정이라는 것이 될 수밖에 없는 경우, 어느 정도까지 정확할 필요가 있는 것일까. 이것에 대해서는 민사소송의 인과관계 증명의 접근방법이 많은 참고가 될 것이다.

민사소송은 당사자 간의 복잡하게 얽힌 이해관계, 법률관계를 서로가 납득하는 형태로 매듭짓는 것이 목표로서, 민사소송에서의 사실 또는 인과관계 입증에 대해 설명하면 다음과 같다.

민사소송에서 (필요한) 사실 또는 인과관계의 증명은 한 점의 의혹도 허용되지 않는 자연과학적 증명을 하는 것이 아니라, 특별한 사정이 없는 한 경험칙(경험법칙)에 비추어 모든 증거를 종합적으로 검토하여 어떠한 사실이 어떠한 결과 발생을 초래하였다고 시인할 수 있는 고도의 개연성[177]을 증명하는 것으로서, 그 판정은 통상인이라면 의심을 품지 않을 정도일 것을 필요로 하고 그것으로 충분하다.[178] 일반적으로 민사소송상의 증명은 실험결과에 의해 확인될 수 있는 정도의, 즉 추호의 의혹도 있어서는 아니되는 '자연과학적 증명'이 아니다. 자연과학적 증명은 '진실' 그 자체를 목표로 하는 것에 반하여, 민사소송상의 증명은 '진실에 대한 고도의 개연성'으로 만족한다. 즉, 통상인의 관점에서 누구라도 의심을 품지 않을 정도로 진실답다는 확신을 얻을 수 있으면 증명이 되었다고 할 수 있다. 이상이 민사소송 증명의 일반적 법리이다.

한편, 의료과오 민사소송과 같이 고도의 전문적 지식을 필요로 하는 분야로서 원고(환자) 측에서 피고(의료진)의 과실을 증명하는 것이 쉽지 않고 의료과실과 손해 사이의 인과관계를 증명하는 것이 어려운 경

177) 고도의 개연성은 반대 사실의 존재 가능성을 허용하지 않을 정도의 확실성을 의미한다.

178) 대판 2018.4.12, 2017두74702; 대판 2010.10.28, 2008다6755; 대판 2000.2.25, 99다65097; 대판 1990.6.26, 89다카7730 참조.

우에는, 원고 측이 의료행위 당시 임상의학 분야에서 실천되고 있는 의료 수준에서 통상의 의료인에게 요구되는 주의의무의 위반, 즉 진료상 과실로 평가되는 행위의 존재를 증명하고, 그 과실이 환자 측의 손해를 발생시킬 개연성이 있다는 점을 증명한 경우에는, 진료상 과실과 손해 사이의 인과관계를 추정하여 인과관계 증명책임을 완화하는 것이 타당하다.[179] 다만, 해당 과실과 손해 사이의 인과관계를 인정하는 것이 의학적 원리 등에 부합하지 않거나 해당 과실이 손해를 발생시킬 막연한 가능성이 있는 정도에 그치는 경우에는 증명되었다고 볼 수 없다. 이상은 민사소송 증명의 완화 법리에 따른 것이다.

불안전행동의 원인을 분석할 때 인과관계를 좁게 설정할 필요가 있는 경우에는 전자의 법리(민사소송 증명의 일반적 법리)를 적용하고, 인과관계를 넓게 설정할 필요가 있는 경우에는 후자의 법리(민사소송 증명의 완화 법리)를 적용하는 것이 적절하다고 생각된다. 조직에서 징계책임을 물을 때에는 전자의 법리를 적용하고, 사고조사 차원에서 재발방지를 목적으로 할 때는 후자의 법리를 적용하는 것이 바람직할 것이다.[180]

참고 민사소송과 형사소송 증명의 차이

민사책임(행정법규 위반에 대한 책임을 포함한다)과 형사책임은 지도이념과 증명책임의 부담, 증명의 정도 등에서 서로 다른 원리가 적용된다. 위법행위에 대한 형사책임은 사회의 법질서를 위반한 행위에 책임을 묻는 것으로서 행위자에 대한 공적인 제재인 형벌을 그 내용으로 하는 데 반하여, 민사책임은 다른 사람의 법익을 침해한 데 대하여 행위자의 개인적 책임을

179) 대판 2023.8.31, 2022다219427.

180) 형사책임 여부가 다투어지는 형사재판에서는 인과관계 증명에 있어서 엄격한 증거에 따라 '합리적인 의심이 없을 정도'의 증명을 요하고, 민사사건에서의 인과관계 추정 법리가 적용되지 않는다. 따라서 동일 사안에서 형사재판과 민사재판의 판단은 다를 수 있다(대판 2023.8.31, 2021도1833; 대판 2023.1.12, 2022도11163; 대판 2011.4.28, 2010도14102 참조).

묻는 것으로서 피해자에게 발생한 손해의 전보를 그 내용으로 하고 손해배상제도는 손해의 공평 · 타당한 부담을 그 지도원리로 한다. 따라서 형사상 범죄를 구성하지 않는 침해행위라고 하더라도 그것이 민사상 불법행위 또는 행정상 징계사유를 구성하는지는 형사책임과 별개의 관점에서 검토해야 한다.[181)]

다시 말해서, 형사재판에서 법 위반행위가 있었다는 점을 합리적 의심을 배제할 정도로 확신하기 어렵다는 이유로 공소사실에 관하여 무죄가 선고되었다고 하여, 그러한 사정만으로 민사소송에서의 불법행위나 행정소송에서의 징계사유의 존재를 부정할 것은 아니다.[182)]

민사소송이나 행정소송에서 사실의 증명은 추호의 의혹도 없어야 한다는 자연과학적 증명이 아니고, 특별한 사정이 없는 한 경험칙에 비추어 모든 증거를 종합적으로 검토하여 볼 때 어떤 사실이 있었다는 점을 시인할 수 있는 고도의 개연성을 증명하는 것이면(고도의 개연성을 증명하는 것으로서, 그 판정은 통상인이라면 의심을 품지 않을 정도이면) 충분하다.[183)]

형사재판에서는 인과관계를 증명할 때 '합리적인 의심이 없을 정도'의 증명을 요하므로 그에 관한 판단이 동일 사안의 민사재판과 달라질 수 있다.[184)]

7. 명령적 행정행위와 행정절차

「산업안전보건법」은 불가역적인 성격을 가지고 있는 근로자의 건강과 생명을 다루는 법이니만큼, 법위반에 대한 처벌과 별개로 시정명령을 비롯한 명령적 행정행위(행정처분)가 발달되어 있다는 것이 특징 중 하나이다. 벌칙(형사처벌, 과태료)이 법을 위반한 것에 대해 대가를 치르

181) 대판 2022.6.9, 2020다208997; 대판 2021.6.3, 2016다34007; 대판 2018.4.12, 2017두74702.

182) 대판 2018.4.12, 2017두74702.

183) 대판 2021.3.25, 2020다281367; 대판 2019.11.21, 2015두49474(전원합의체); 대판 2018.4.12, 2017두74702; 대판 2017.5.31, 2015다22496 등.

184) 대판 2023.8.31, 2021도1833; 대판 2011.4.28, 2010도14102.

게 하는 것인 반면, 명령적 행정행위는 산업재해를 미연에 방지하기 위하여 벌칙과 별개로 현재의 문제 있는 상태를 바로잡기 위한 것이다.

현행 「산업안전보건법」에는 시정(개선)명령, 사용중지명령, 작업중지명령, 안전보건진단명령, 안전보건개선계획명령 등 다양한 명령적 행정행위가 규정되어 있다. 그런데 문제는 현재 지방고용노동관서에서 광범위하게 내려지고 있는 이러한 명령적 행정행위 중 상당수가 실체적 요건과 절차적 요건에 적합하지 않게 발령되고 있다는 점이다.

국가권력이 행정대상의 권익을 제한하는 경우에는 당사자의 권익을 보호하기 위한 적정한 절차를 거쳐야 한다는 적법절차의 원칙은 형사절차상의 영역에 한정되지 않고 명령적 행정행위와 같은 공권력의 작용에도 적용된다. 이 적법절차의 원칙은 헌법적 효력을 가지며 명령적 행정행위 절차에도 적용되는 것으로서 적법한 절차에 따르지 않는 명령적 행정행위는 위법하게 된다.[185]

현행 「행정절차법」은 모든 행정작용에 관한 일반법으로서 명령적 행정행위에 대해서도 거쳐야 할 여러 행정절차를 명시적으로 정하고 있으나, 현재 「산업안전보건법」에 따라 발령되는 명령적 행정행위 실태를 보면, 행정절차법상의 행정절차를 거치는 않는 경우가 적지 않게 발견된다.

현행 「행정절차법」에 따르면, 행정청으로 하여금 당사자에게 의무를 부과하거나 권익을 제한하는 처분(명령)을 하는 경우 ① 처분하려는 원인이 되는 사실과 처분의 내용 및 법적 근거, ② ①의 사항에 대하여 의견을 제출할 수 있다는 뜻과 의견을 제출하지 아니하는 경우의 처리방법, ③ 의견제출기한 등을 미리 당사자 등[186]에게 통지해야 하고

185) 행정법의 일반원칙(법치행정의 원칙, 비례의 원칙, 권한남용금지의 원칙, 신뢰보호의 원칙 등) 등 행정법 총칙을 명문화하고 일반행정작용법적 성격을 갖고 있는 행정 공통사항(법적용, 재량행사, 제재처분 등의 기준, 행정상 강제 등)을 규정한 「행정기본법」이 2021년 3월 23일 제정되어 2021년 9월 24일부터 시행되고 있다.

186) ⅰ) 행정청의 처분에 대하여 직접 그 상대가 되는 당사자, ⅱ) 행정청이 직권으로 또는 신청에 따라 행정절차에 참여하게 한 이해관계인(행정절차법 제2조 제4호).

(행정절차법 제21조 제1항), 행정청이 당사자에게 의무를 부과하거나 권익을 제한하는 처분을 할 때는 청문 실시 또는 공청회 개최를 하거나 당사자 등에게 의견제출의 기회를 주어야 한다(행정절차법 제22조 제1항 내지 제3항). 이는 형사절차상의 기본적 원칙인 미란다 원칙(Miranda rights)[187]에 해당한다.

사전통지를 하지 아니하는 경우 행정청은 처분을 할 때 당사자 등에게 통지를 하지 아니한 사유를 알려야 한다. 다만, 신속한 처분이 필요한 경우에는 처분 후에라도 그 사유를 알려야 한다(행정절차법 제21조 제6항).

또한 행정청이 처분을 할 때에는 당사자에게 그 처분에 관하여 행정심판 및 행정소송을 제기할 수 있는지 여부, 그 밖에 불복을 할 수 있는지 여부, 청구절차 · 기간, 그 밖에 필요한 사항을 알려야 하고(행정절차법 제26조), 행정청은 당사자가 말로 의견제출을 하였을 때에는 서면으로 그 진술의 요지와 진술자를 기록해야 한다(행정절차법 제27조 제3항)고 규정하고 있다.

이와 같이 이해관계인에게 의견진술의 기회를 부여하거나 행정처분에 이유를 제시하도록 하는 등의 절차를 거치도록 하는 것은 행정기관의 재량권 행사가 자의적으로 행사되는 것을 막고 합리적으로 행사되도록 하는 기능을 갖는다.

그러나 고용노동부에서는 「산업안전보건법」 상의 절차규정만을 생각하고 「행정절차법」 상의 절차규정은 도외시하고 있는 것으로 보인다. 이는 기본적으로 행정절차의 일반법인 「행정절차법」 에 대한 인식 자체가 부족하고, 행정의 민주화 및 적정화, 국민 권익의 보호의 요청 등에 대한 마인드가 미흡한 것에 기인한다고 판단된다.

적법절차의 원칙은 법적 요구사항으로 그치는 것이 아니라 행정기

187) 수사기관이 범죄용의자를 체포할 때 체포의 이유와 변호인의 도움을 받을 수 있는 권리, 진술을 거부할 수 있는 권리 등이 있음을 미리 알려 주어야 한다는 원칙을 가리킨다.

관이 기업 등 국민으로부터 신뢰를 받고 정책의 실효성과 투명성을 확보하기 위해서도 필수불가결하게 요구된다.

참고 산업안전보건청 설립은 시대적 과제다[188)]

지난 3일 보건복지부 질병관리본부를 질병관리청으로 승격하는 내용을 담은 정부조직법 개정안이 입법예고됐다. 이 소식을 접하면서 가장 먼저 든 생각은 일반 국민과 관련된 문제는 쉽게 주목을 받지만, 노동안전 문제는 대형사고가 발생하더라도 여론 달래기용의 미봉적 대책만 난무하고 근본적 해결책은 제시되지 않는다는 아쉬움이었다.

보편성과 우선순위로 보면 질병관리청 못지않게, 아니 그 이상으로 산업안전보건청 설립이 급한 일인데 산업안전보건청에 대해서는 정치권과 정부의 관심이 전혀 보이지 않는다. 감염병은 이따금씩 발생하는 문제지만 노동안전은 매년 일상적으로 발생하는 문제인 데다가 감염병 문제 이상으로 높은 전문성이 요구되고 심각한 상태인데도 말이다.

산업안전보건이라는 전문적 문제에 효과적으로 대처할 수 있는 행정시스템을 갖추는 것은 선진적인 산업안전보건을 달성하는 데 있어 충분조건은 아니지만 필요조건에는 해당한다. '몸으로 때우는' 산재예방행정이 아닌 '과학적으로 접근하는' 역량 있는 산재예방행정이 되기 위해서는 산재예방행정조직이 인사 · 조직의 독립성을 확보할 수 있어야 한다. 이를 위한 기반이 외청조직인 산업안전보건청이다. 산재예방의 아버지로 불리는 하인리히가 역설한 "산재예방은 과학이자 예술"이라는 말을 실현하기 위해서도 행정조직부터 전문화해야 한다.

최근 화두가 되고 있는 중대재해기업처벌법의 모델인 법인과실치사법을 운영하고 있는 영국에서 배울 것은 처벌만이 아니라 전문적인 행정조직이다. 영국이 세계에서 가장 낮은 사망발생률을 보이는 것은 강한 처벌보다는 세계에서 가장 전문적인 산재예방행정조직을 갖추고 있기 때문이다. 영국의 안전보건청과 우리나라 산재예방행정기관의 역량을 비교하면 대학생과 초등학생에 비유할 수 있을 정도로 수준 차가 크다. 영국에서 강한 처벌이 사회적으로 수용된 것도 전문적 산재예방행정조직이 있었기 때문이다.

---

188) 정진우, 매일노동뉴스, 2020.6.9.

영국은 차치하더라도 우리나라만큼 산재예방행정조직의 전문성이 약한 사례는 우리가 알 만한 국가 중에서는 보이지 않는다. 고용노동부의 전문성이 민간보다 떨어지다 보니 기업의 안전관리에 도움이 되기는커녕 오히려 걸림돌이 되고 있다는 지적이 많다. 최첨단 무기로 무장한 적군에 재래식 무기로 응전하고 있는 형국이다 보니 당연한 귀결이라고 할 수 있다. 문제는 시간이 지남이 따라 산재예방행정에 대한 불신이 심해지고 있다는 점이다.

더 이상 행정조직의 인원수 부족이 문제가 아니다. 근로자수 대비 산재예방행정 인력 비율로 보면 우리나라가 결코 적은 편이 아니다. 조직적 능력에서 차이가 매우 크다는 점이 문제다. 한마디로 '고비용 저효과' 행정구조다. 이를 그대로 두고 현 정부 임기 내에 사망사고를 절반으로 줄이겠다는 목표는 가상하기는 하지만 달성하기 어렵다는 것이 세간의 중론이다.

산업안전보건 같은 고도의 전문성이 요구되는 분야에서는 행정의 전문성을 확보하지 않고는 행정에 의한 산재예방 기여도가 매우 제한적일 수밖에 없다. 전문성이 약한 행정조직에서는 대증요법에 의존할 가능성이 크고, 소극적인 행정과 '선무당이 사람 잡는' 행정이 될 위험이 상존한다. 지식과 경험이 축적되지 않는 비효과적인 조직 · 인사구조로는 근로감독제도의 취지를 살릴 수도 없다.

행정의 전문성을 확보하기 위해서는 채용 · 경력관리 · 교육이 삼위일체로 전문화해야 한다. 이것은 산업안전보건청 같은 조직적 기반이 전제되지 않고는 불가능하다. 영국 · 미국 · 독일(주정부) 등 많은 산재예방선진국이 왜 산업안전보건청과 같은 전문예방조직을 운영하고 있는지를 깊이 생각해 볼 일이다. 일본만 하더라도 일본 특유의 방법으로 높은 전문성을 유지하고 있다.

기업의 효과적인 안전관리조직을 구축하는 데에 최고경영자(CEO)의 의지가 매우 중요하듯, 효과적인 산재예방행정조직을 구축하기 위해서는 한 국가의 CEO에 해당하는 대통령의 지혜로운 리더십이 필수적이다. 사망사고 절반 감축 목표가 공염불이 되지 않기 위해서라도, 요란만 떨고 정작 실질적 개선은 없었다는 평가를 듣지 않기 위해서라도 산업안전보건청 설립은 시대적 과제다. 행정조직의 전문화 없이는 산재예방의 선진화를 결코 기약할 수 없기 때문이다. 선진적인 산업안전보건의 초석을 놓은 대통령으로 역사에 기억되기를 간절히 기대한다.

제3장

산재예방과 법

1. 산업안전보건법과 기업의 책임

어느 국가를 불문하고 산업재해는 18세기 산업혁명 이후 근대적 기계생산방법의 도입으로 인해 수적으로 크게 증가하였고, 산업화에 불가피하게 수반된 어두운 산물로서의 측면을 가지고 있다. 그러나 산업재해는 피재자가 되는 근로자뿐만 아니라 그 가족의 생활기반을 빼앗고, 본래 행복해야 할 인생을 일거에 불행으로 빠뜨리는 비참한 결과를 초래한다.

우리나라에서도 급속한 산업발전 과정에서 선진국과 동일하게, 아니 그 이상으로 산업재해의 증가를 초래하여 왔다. 이로 인해 근로자의 산업재해 위험의 방지를 위해서는 정부 차원에서 규제와 단속을 실시할 필요가 있다는 사회적 요구가 커져갔다. 이에 따라 정부에서는 1953년 「근로기준법」을 제정한 이래로 산업재해의 방지를 추진하여 왔지만, 본격적인 안전보건관리는 1981년 「산업안전보건법」의 제정을 기다려야 했다.

그러나 경제의 고도성장과정에서 생산활동의 활성화, 기술혁신의 진전, 고용정세의 변화 등에 의해 산업재해는 증가 일로를 걸었고, 중대한 산업재해도 지속적으로 다발하게 되는 등 근로자의 생명과 신체를 산업재해로부터 지키는 것은 좀처럼 효과를 거두지 못하였다. 이에 따라 본격적이고 체계적인 산업재해 방지를 위해서는 「근로기준법」과 「산업안전보건법」 이중규율체제에서 벗어나 산업안전보건만을 목적으로 하는 종합적이고 전문적인 「산업안전보건법」이 1990년에 전문개정 형식으로 새롭게 탄생되기에 이르렀다.

동법은 산업재해가 기업활동으로부터 불가피하게 발생할 가능성을 가지고 있는 점과 산업재해 방지기준은 최저노동기준이라는 점을 고려하여, 경영주체인 사업주(법인의 경우 법인 그 자체, 개인의 경우 개인경영주)에 대해 벌칙 등을 배경으로 조치의무를 강제하였다. 즉, 근로자에 대한 안전보건의 준수확보를 경영책임으로 공식화하고 경영 주체인 사업주의 책임이라는 점을 명확히 하였다. 사업주가 안전보건에 대해 최고책임을 지고 있다는 점은 「산업안전보건법」 제5조를 비롯하여 동법 전체에 관통하는 논리이다. 그렇다면 산업재해 방지의 책임은 사업주에게만 있고 그 아래에 있는 담당자(경영자, 관리·감독자)에게는 실제 책임이 부과되어 있지 않은 것인가라는 의문이 제기될 수 있다.

이 점에 대해 「산업안전보건법」 제173조에서는 양벌규정을 두어 경영자(예컨대, 법인으로 말하면 대표이사 등)뿐만 아니라, 대리인, 사용인, 기타 종업원으로서 위반행위를 한 행위자라면 누구나 다 처벌한다고 함으로써, 경영자 등 행위자도 이 「산업안전보건법」에 위반하여서는 안 되는 책임을 부과하고 있다. 이렇게 하여, 일면에서는 사업주의 안전보건에 대한 최고책임의 소재를 명확히 함과 아울러, 다른 면에서는 사업주를 위하여 일하는 경영자 등 행위자에 대해서도 위반행위에 대한 책임을 묻는 형태로 산업재해 방지의무를 명확히 하였다. 이 두 가지가 어울려 경영자 측의 책임의 명확화가 도모되고 있다는 점이 「산업안전보건법」의 큰 특징을 이룬다. 이것은 기업 구성원의 안전보건의 확보가 기업의 경영책임이라는 점을 확실하게 밝힌 것이라고 할 수 있다.

2. 사업주의 안전보건에 대한 법적 책임

산업재해가 발생하는 등 사업장에서 안전보건 문제가 발생하면, 사업주(법인회사의 경우에는 법인 그 자체, 개인회사의 경우에는 개인경영주)에게는 법적으로 다음과 같은 책임이 물어진다.

2.1 형사책임

「산업안전보건법」은 사업주(법인)에 대하여 산업재해의 방지조치를 의무로 하고 있다. 산업재해의 발생 유무를 불문하고 「산업안전보건법」상 형사처벌(행정형벌)이 부과되는 조항을 위반하면 양벌규정(제173조)에 의해 위반행위자와 사업주에게 각각 형사책임이 물어진다.

또한 업무상 근로자의 신체, 건강에 대한 위험방지의 주의의무를 태만히 하여 근로자를 사상(死傷)하게 한 경우에는 위반행위자에게 업무상과실치사상죄(형법 제268조)가 물어지게 된다.

형사책임은 '책임주의'와 '자기책임의 원칙'을 전제로 한다. '책임 없으면 형벌 없다'는 책임주의는 책임이 형벌을 정당화하는 의미(형벌 근거적 책임)와 책임을 초과한 형벌이 금지된다는 의미(형벌 제한적 책임)를 지니고 있다. 자기책임의 원칙은 형사책임이 행위자에 대한 비난가능성이므로 각 행위자에 따라 서로 다른 독자적인 판단이 내려지게 되고, 타인과의 연대책임이라든가 단체책임, 대위(代位)책임, 전가(轉嫁)책임은 인정될 수 없다는 것을 의미한다. 즉, 「형법」에서는 항상 개인책임의 원칙, 책임개별화의 원칙이 지배한다.

2.2 민사상의 손해배상책임

산업재해가 발생한 경우, 사업주는 피재근로자 또는 유족으로부터 산업재해를 입은 손해에 대하여 불법행위책임, 안전배려의무 위반(채무불이행)으로 손해배상을 청구받는 경우가 있다. 산재보험급여가 이루어진 경우, 사업주는 산재보험급여의 가액의 한도에서 민사상의 손해배상책임을 면제받게 된다.

그러나 산재보험급여에서는 정신적 고통에 대한 위자료 등 손해의 전부를 포함하고 있지 않다. 산재보험급여의 가액을 초과하는 손해에 관해서는 민사상의 손해배상책임이 물어진다.

사업주에게 민사상의 손해배상책임이 물어지는 법적 근거는

① 고의 또는 과실에 의해 산업재해를 발생하게 한 경우에 가해자가 지는 불법행위책임[1](민법 제750조)
② 피용자가 사용자(타인을 사용하여 어느 사무에 종사하게 한 자)의 사무집행에 관하여 산업재해를 발생하게 한 경우에 사용자가 부담하는 사용자책임(민법 제756조)
③ 근로계약의 부수의무로서 안전배려의무를 다하여 근로자를 재해로부터 보호하여야 하는 채무를 고의 또는 과실에 의해 불이행한 채무불이행책임[2](민법 제390조)
④ 기계 · 설비, 제조물 등 공작물[3]의 설치 또는 보존의 하자로 인하여 산업재해를 발생하게 한 경우에 그 점유자 또는 소유자[4]의 책임이 되는 공작물책임(민법 제758조)

최근에는 ③의 안전배려의무 위반에 의한 손해배상을 인정하는 판례가 많이 발견된다. 안전배려의무는 판례법과 학설에 의해 정착되어 있는데, 사업주가 「산업안전보건법」을 준수하는 것만으로는 근로자 등에 대한 안전보건책임을 법적으로 완전히 이행한 것이 되지 않는다. 「산업안전보건법」은 어디까지나 준수하여야 할 최저한의 것이고, 사업주는 법규제 준수의무 이외에 근로자 등의 안전보건 확보를 위한 안전배려의무를 지고 있는 것이다.

따라서 「산업안전보건법」상의 형사책임 등 책임을 지는 것과 민사상의 손해배상책임은 반드시 일치하는 것은 아니다. 즉, 「산업안전보

1) 불법행위책임은 계약관계와 상관없이 누구에게라도 발생할 수 있는 손해에 대한 책임을 말한다.
2) 채무불이행책임은 계약관계에서 채권 · 채무가 존재하는 중에 발생하는 손해에 대한 책임을 말한다.
3) 일반적으로 인공적 작업에 의하여 만들어진 물건을 말하지만, 토지에 부착하여 설치된 토지의 공작물을 가리키기도 한다. 건물, 탑, 다리와 같은 지상물 외에 도로, 터널, 제방, 개천 등도 이에 포함된다.
4) 소유자의 책임은 아무런 면책사유를 인정하지 않는 무과실책임이다.

건법」 위반에 따른 책임은 지지 않더라도 민사상의 손해배상책임을 지는 경우는 발생할 수 있다.

2.3 민사책임과 형사책임의 차이

민사책임과 형사책임은 별개이고 그 성질을 달리한다. 민사책임에서는 전술한 바와 같이 개인에게 발생한 손해의 배상에 목적이 있으므로, 손해라고 하는 결과에 중점을 두고 손해발생의 원인이 고의냐 과실이냐는 중요시하지 않으며, 심지어 무과실책임(위험책임)도 인정되지만(민사책임의 객관화 현상), 형사책임에서는 책임주의의 관철이 요청되므로 행위자가 아닌 자에게 제재를 가하는 대벌(vicarious punishment)[5)]이라든가 귀책사유(고의·과실) 없이 행위 내지 결과만 있으면 제재를 가하는 엄격책임(절대책임, 무과실책임)은 인정되지 않는다(형사책임의 주관화 현상). 민사책임에서는 고의와 과실 간의 경중을 묻지 않지만, 형사책임은 손해(피해)에 중점이 있는 것이 아니라 행위자에 대한 비난이 그 본질이므로 어떠한 의사를 가졌느냐가 중시되어 고의를 무겁게 처벌하고 과실은 예외적으로, 가볍게 벌하는 점에서 차이가 난다.[6)]

한편, 동일한 사안이지만 형사재판과 민사재판의 결과가 다를 수 있다. 즉, 형사처벌은 면했지만 민사책임을 지는 경우는 종종 있는 일이다. 이는 형사소송과 민사소송의 개념과 목적이 근본적으로 다르기 때문에 빚어지는 일이다.

형사소송은 형벌권을 쥔 국가(검사)와 피고인 간의 싸움이다. 이때의 법관은 '심판자'이다. 국가기관이 누군가를 처벌할 권리를 함부로 휘둘러서는 안 되기에, 형사재판에서 법관은 합리적인 의심을 배제할

---

5) '대위책임' 또는 '전가책임'이라고도 한다. 「민법」 및 「행정법」과는 달리 '자기책임'이 지배하는 형사책임에서는 대위책임 또는 전가책임은 인정되지 아니한다.

6) 임웅·김성규·박성민, 《형법총론(제14정판)》, 법문사, 2024, 305쪽; 이재상·장영민·강동범, 《형법총론(제11판)》, 박영사, 2022, 316-318쪽 참조.

정도의 확신을 가지게 하는 증명이 있어야만 유죄를 선고한다. 반면, 민사소송에서 법관은 사람들 사이의 갈등을 조정하는 '중재자'에 가깝다. 법관은 죄가 되는지를 따지기보다 피고가 원고에게 끼친 피해에 집중해 배상범위를 판단한다. 같은 사안의 형사소송보다 상대방 책임을 인정할 여지가 큰 이유다. 어떤 경우에는 아예 형사적으로 기소되지 않은 사람이 불법행위에 따른 배상책임을 져야 하는 경우도 있다.

대법원도 민사판결과 형사판결의 관계에 대해 다음과 같은 입장을 취하고 있다. "불법행위에 대한 형사책임은 사회의 법질서를 위반한 행위에 대한 책임을 묻는 것으로서 행위자에 대한 공적인 제재(형벌)를 그 내용으로 함에 비하여, 민사책임은 타인의 법익을 침해한 데 대하여 행위자의 개인적 책임을 묻는 것으로서 피해자에게 발생한 손해의 전보(塡補)를 그 내용으로 하는 것이고, 손해배상제도는 손해의 공평·타당한 부담을 그 지도원리로 하는 것이므로, 형사상 범죄를 구성하지 아니하는 침해행위라고 하더라도 그것이 민사상 불법행위를 구성하는지 여부는 형사책임과 별개의 관점에서 검토하여야 한다."[7] "관련 형사판결에서 인정된 사실은 특별한 사정이 없는 한 민사재판에서도 유력한 증거자료가 된다. 하지만 민사재판에 제출된 다른 증거 내용에 비추어 형사판결의 사실 판단을 그대로 수용하기 어렵다고 인정될 경우에는 이를 배척할 수 있다."[8]

판례는 형사문제와 민사문제는 구분하여 취급하여야 하고, 민사책임에 있어서는 형사책임과 달리 손해의 공평·타당한 분담을 그 판단 기준으로 하고 있음을 알 수 있다. 민사재판의 판단 폭이 더 넓은 셈이다. 그렇다고 형사재판과 민사재판의 충돌과 괴리가 칼로 무 자르듯 간단한 것은 아니다.

결론적으로 형사법원의 판단은 민사법원에서도 유력한 증거가 되지만, 반드시 양 법원의 판단이 일치해야만 하는 것은 아니다. 형사사

---

7) 대판 2008.2.1, 2006다6713 등.

8) 대판 1998.9.8, 98다25368; 대판 2015.10.29, 2012다84479 등.

건과 민사사건은 추구하는 이념도 다르고, 그 절차도 다르며, 판단하는 주체 또한 서로 다른 판사일 수 있기 때문이다.

참고 민사책임과 형사책임의 구분

민사책임과 형사책임은 지도이념, 증명책임의 부담과 그 증명의 정도 등에서 서로 다른 원리가 적용된다. 위법행위에 대한 형사책임은 사회의 법질서를 위반한 행위에 대한 책임을 묻는 것으로서 행위자에 대한 공적인 제재인 형벌을 그 내용으로 하는 데 반하여, 민사책임은 다른 사람의 법익을 침해한 데 대하여 행위자의 개인적 책임을 묻는 것으로서 피해자에게 발생한 손해의 전보를 그 내용으로 하고 손해배상제도는 손해의 공평·타당한 부담을 그 지도원리로 한다. 따라서 형사상 범죄를 구성하지 않는 침해행위라고 하더라도 그것이 민사상 불법행위를 구성하는지는 형사책임과 별개의 관점에서 검토해야 한다.[9]

형사책임의 원인이 되는 범죄는 피해자에 대한 침해임과 동시에 공중·공익에 대한 침해이며, 국가가 공익의 대표자로서 형사소송을 통해 범죄자를 처벌한다. 민사책임(특히 불법행위책임)에서는 피해자의 사익에 대한 침해를 책임원인으로 하며, 구제절차인 민사소송도 피해자가 제기·수행하고, 그 구제방법은 가해자의 비용으로 피해자의 손해를 배상하도록 하는 것이다.

형사처벌의 대상이 되는 범죄행위는 죄형법정주의에 따라 제한적으로 열거되어 규정되어야 하며, 그러한 법규의 해석에서도 엄격한 해석원리에 따라야 한다. 반면에 민사책임은 개개의 유형을 제시함이 없이 일반조항에 따라 포괄적인 원칙을 제시하는 것도 허용되며, 법규의 해석도 시대나 상황에 맞게 탄력적으로 할 수 있다.[10]

민사책임과 형사책임의 차이

구분	민사책임	형사책임
목적	배상	처벌
원리	위험책임, 무과실책임 인정	책임주의 적용
고의/과실	고의와 과실의 경중을 묻지 않음	원칙적으로 고의에 대해서만 처벌, 과실은 예외적으로 처벌
대상	재산	신체

9) 대판 2022.6.9, 2020다208997; 대판 2021.6.3, 2016다34007.
10) 이은영, 《채권각론(제5판)》, 박영사, 2005, 728쪽.

2.4 재해보상책임

근로자가 업무상 부상을 입거나 질병에 걸린 경우, 사용자는 그 과실의 유무를 불문하고 「근로기준법」 제8장(재해보상)에 따른 재해보상책임을 지게 되지만,[11] 「산재보험법」에 따른 산재보험급여가 지급되는 경우에는 그 책임을 면책받게 되고, 그 범위에서 민사상의 손해배상책임도 면제되는 것으로 되어 있다(근로기준법 제87조 참조).[12]

2.5 행정적 책임

산업재해의 발생 유무를 불문하고 「산업안전보건법」상 과태료가 부과되는 조항을 위반하면 사업주는 과태료(행정질서벌)를 부과받게 된다. 그리고 「산업안전보건법」 위반에 대해 형사처벌, 과태료 부과와 별개로(병행하여) 다양한 시정(개선)명령(행정처분)을 부과받을 수 있다. 또한 산재발생의 급박한 위험이 있는 경우에는 기계·설비 등에 대해 사용중지·작업중지명령 등의 명령적 행정행위도 받게 된다. 그 외에, 사망재해가 발생하거나 산업재해를 은폐한 경우에는 공공기관의 발주공사에서 입찰참가자격 제한 등의 불이익을 받을 수 있다.

참고 형사책임과 민사책임, 행정적 책임, 윤리적 · 정치적 · 조직적 책임

형사책임은 민사책임과 구분된다. 형사책임과 민사책임은 양자 모두 법적 책임이지만 그 목적, 요건, 대상 등에서 차이가 난다. 첫째, 민사책임은 재산상 손해에 대한 공평한 보전을 목적으로 하지만, 형사책임은 행위자를 벌하는 데에 그 목적이 있다. 둘째, 이 때문에 민사책임에서는 고의 · 과실책임뿐만 아니라 무과실책임도 인정하고 그 효과도 별 차이가 없다. 그러

11) 근로자가 중대한 과실로 업무상 부상 또는 질병에 걸리고 또한 사용자가 그 과실에 대하여 노동위원회의 인정을 받으면 휴업보상이나 장해보상을 하지 아니하여도 된다(근로기준법 제81조).

12) 이에 대해서는 제4장에서 상술한다.

나 형사책임에서는 무과실책임을 인정하지 않고, 원칙적으로 고의범만을 벌하며, 과실범은 예외적으로 벌하고, 형벌도 고의범에 비해 훨씬 가볍다. 셋째, 민사책임의 궁극적 대상은 행위자의 재산이지만, 형사책임의 궁극적 대상은 원칙적으로 행위자의 신체다. 따라서 민사책임을 추궁하는 행태는 강제집행이고, 형사책임을 추궁하는 행태는 생명이나 신체의 자유를 박탈 · 제한하는 것이다.

행위자에 대한 비난(가능성)으로서의 형사책임은 어디까지나 법적 책임이므로 윤리적 · 정치적 또는 조직적(징계) 책임과는 구별된다. 예컨대, 길에서 죽어가는 사람을 보았으나 그냥 지나간 사람의 경우 윤리적 책임은 질 수 있지만, 형사책임은 인정되지 않는다. 반대로 실정형법이 악법이어서 그것을 지키지 않은 사람(양심범)의 경우 윤리적 책임은 지지 않을 수 있지만, 형사책임은 질 수 있다.

형사책임과 민사책임, 행정적 책임, 윤리적 · 정치적 · 조직적 책임은 양자택일의 문제는 아니다. 형사책임과 민사책임, 행정적 책임, 윤리적 · 정치적 · 조직적 책임은 모두 물을 수도 있다. 그리고 형사책임이 없다고 해서 민사책임, 행정적 책임, 윤리적 · 정치적 · 조직적 책임까지 면제되는 것은 아니다. 반대로 민사책임, 행정적 책임, 윤리적 · 정치적 · 조직적 책임이 있다고 해서 형사책임을 지는 것은 아니다.

3. 산업안전보건범죄의 성립요건

행정형벌은 행정법규 위반으로 성립되는 범죄(행정범)에 대한 법률상의 효과로서 범죄행위자에게 과해지는 제재이다.

이때 범죄란 구성요건에 해당하고 위법하며 유책한 행위를 말한다. 즉, 범죄는 구성요건해당성, 위법성, 책임성이라는 세 가지 성립요건을 개념요소로 한다. 과실범에서와 마찬가지로 고의범인 「산업안전보건법」 위반죄[13]도 그 성립을 위해서는 이 세 가지의 요건, 즉 범죄 성

13) 「산업안전보건법」에서 위반 시 형사처벌이 부과되는 조항에 한정된다.

립요건을 충족하여야 한다. 이에 대해 소개하면 다음과 같다.14)

3.1 구성요건해당성

「산업안전보건법」 위반죄는 「산업안전보건법」에 규정되어 있는 구성요건에 해당하는 행위이다. '구성요건'이란 통상적 의미로는 형벌을 부과할 행위를 유형적·추상적으로 파악하여 법률에 기술해 놓은 것을 말한다. 예컨대, 「산업안전보건법」 제171조 제3호에서 "제125조 제6항을 위반하여 해당 시설 ·설비의 설치·개선 또는 건강진단의 실시 등의 조치를 하지 아니한 자"라고 기술해 놓은 부분이 구성요건이다. 어떠한 사실이 구성요건에 해당하면 후술하는 위법성조각사유, 책임조각사유가 존재하지 않는 한 범죄가 성립한다.

구체적 범죄사실(삼단논법에서의 소전제)이 추상적·법률적 구성요건(대전제)에 합치(포섭)되면 구성요건해당성(결론)이 '있다'고 하고, 합치되지 아니하면 구성요건해당성이 '없다'고 하거나 구성요건해당성이 '부정' 또는 '배제'된다는 표현을 사용한다. 그리고 구성요건에 해당하는 구체적 범죄사실을 '구성요건 해당사실'이라고 한다.

고의의 체계적 지위와 관련해서는, 과거에는 고의를 책임판단의 대상, 즉 책임요소로 이해하는 견해가 많았으나, 현재는 이 주장을 지지하는 학자는 거의 없는 상태이고, 오늘날은 고의를 주관적 '구성요건' 요소(구성요건의 주관적 요소)로 파악하는 구성요건요소설이 설득력을 얻고 있다. 우리나라에서는 고의가 구성요건요소임과 동시에 책임요소이기도 하다는 고의의 이중적 기능을 인정하는 이중적 지위설이 다수설의 입장이다.15)

---

14) 이하는 주로 오영근·노수환, 《형법총론(제7판)》, 박영사, 2024, 77-79쪽; 임웅·김성규·박성민, 《형법총론(제14정판)》, 법문사, 2024, 95-97쪽을 참조하였다.

15) 김일수·서보학, 《새로쓴 형법총론(제13판)》, 박영사, 2018, 126쪽; 임웅·김성규·박성민, 《형법총론(제14정판)》, 법문사, 2024, 169쪽 참조.

죄형법정주의에서는 구체적인 인간의 행위가 범죄로 되기 위해서는 맨 먼저 형벌법규가 규정하는 일정한 구성요건에 해당하여야만 한다. 법률상의 구성요건만이 범죄를 만들 수 있다. 따라서 아무리 반도덕적·반사회적인 행위라고 하더라도 법률이 정하는 구성요건에 해당하지 아니하면 범죄가 되지 아니한다.

3.2 위법성

범죄는 '위법'한 행위이다. '위법성'이란 구성요건에 해당하는 행위가 법질서 전체적 관점에서 허용되지 아니한다는 부정적 가치판단을 말한다. 즉, 특정 구성요건에 해당하는 행위가 전체 법질서에 '모순', '배치'된다고 하는 성질을 의미한다. 따라서 위법성이란 구성요건에 해당하는 행위가 법에 어긋나는 성질을 가진 것 또는 구성요건에 해당하는 '행위'에 대한 비난가능성이라고 할 수 있다.

구성요건은 원래 위반행위를 유형적으로 규정해 놓은 것이므로 구성요건에 해당하는 행위는 일단 위법할 것이라고 '추정'할 수 있다. 그러나 법질서는 일정한 행위를 '금지·명령'하는 규범만으로 구성된 것은 아니고, 일정한 사정하에서의 행위를 '허용'하는 규범도 가지고 있다. 즉, 구성요건에 해당하는 행위가 일정한 사정하에서는 비난받지 않고 허용된다(구성요건에는 해당하지만 위법성이 없다). 따라서 위법성이 있는 행위는 모두 구성요건해당성이 있지만, 구성요건해당성이 있는 행위라고 하여 모두 위법성이 있는 것은 아니다. 논리적으로 표현하면, 구성요건해당성은 위법성의 필요조건에 불과하고 필요충분조건은 아니다.

일정한 행위의 허용규범, 즉 구성요건 해당행위를 위법하지 않도록 하는 조건을 '위법성조각사유' 또는 '정당화사유'라고 하고, 「형법」 제20조~24조에 규정된 정당행위, 정당방위, 긴급피난, 자구행위, 피해자의 승낙에 의한 행위가 이에 속한다.

3.3 책임

범죄는 책임 있는, 즉 '유책(有責)'한 행위이다. 범죄가 성립하기 위해서는 일정한 행위가 구성요건에 해당하는 위법한 행위일 뿐만 아니라, 행위자 개인을 비난할 수 있는 유책한 행위이어야 한다. 책임이란, 위법행위를 한 '행위자 개인'에 대한 비난가능성을 말한다. 구성요건해당성과 위법성 판단의 대상이 '행위'인 데 비해(객관적 판단) 책임성 판단의 대상은 '행위자'이다(주관적 판단). 책임성 판단도 위법성 판단과 마찬가지로 법질서 전체적인 관점에서의 평가이다.

행위자에 대한 비난을 '불가능'하게 하는 사유를 '책임조각사유' 또는 '면책사유'라고 하고, 비난의 정도를 '저하'시키는 사유를 '책임경감사유'라고 한다. 책임무능력(형법 제9조,[16] 제10조 제1항[17]), 강요된 행위(형법 제12조), 정당한 이유 있는 위법성 인식의 결여 또는 법률의 착오(형법 제16조),[18] 기대불가능성[19],[20] 등이 책임조각사유가

16) 형사미성년자(만 14세 되지 아니한 자).

17) 심신상실자.

18) 행정청의 허가가 있어야 함에도 불구하고 허가를 받지 아니하여 처벌대상의 행위를 한 경우라도, 허가를 담당하는 공무원이 허가를 요하지 않는 것으로 잘못 알려주어 이를 믿었기 때문에 허가를 받지 아니한 것이라면 허가를 받지 않더라도 죄가 되지 않는 것으로 착오를 일으킨 데 대하여 정당한 이유가 있는 경우에 해당하여 처벌할 수 없다(대판 1992.5.22, 91도2525). 위법성 인식에 대해서는 뒤에서 상술한다.

19) 기대가능성이란 '행위 당시의 구체적 사정에 비추어 보아 행위자에게 위법행위 대신에 적법행위로 나아갈 것을 기대할 수 있는 것'을 말한다. 적법행위의 기대가능성이 있었음에도 불구하고 행위자가 위법행위로 나아갔을 때는 행위자에게 책임비난이 가능하고, 만일 적법행위를 기대할 수 없는 사정에 처하여 불가피하게 위법행위를 한 것이라면 책임비난이 불가능해질 것이다. 따라서 기대불가능성은 책임조각사유가 된다. 우리나라 다수설과 판례[대판 1987.7.7, 86도1724(전원합의체) 등]는 기대불가능성을 초법규적 책임조각사유로 이해하고 있다. 기대가능성의 판단기준에 대해서는 사회의 평균인을 기준으로 행위자와 그 상황에서 적법행위(위법행위와는 다른 행위)를 할 수 있었느냐의 여부를 판단하자는 '평균인 표준설'이 다수설이자 판례(대판 2008.10.23, 2005도10101)의 입장이다. 다만, 평균인 표준설에 있어서의 평균인은 보통사람이라는 의미의 평균인이 아니라 '양심적인 평균인'을 의미한다는 점에 유의해야 한다.

20) 우리나라 안전관계법의 형벌규정은 상대적으로 구성요건상의 문언이 불명확하고 치밀하지 못하며 내용이 엄격하여 이를 그대로 강행할 경우에 피고인에게는 과도

되고, 한정책임능력(형법 제10조 제2항,[21] 제11조[22]))은 책임감경사유가 된다.

참고 부작위범

형법상의 행위에는 일정한 행위를 한다는 적극적인 태도로서의 작위와 규범적으로 요구(기대)된 일정한 행위를 하지 아니한다는 소극적 태도로서의 부작위가 있다.

작위범과 부작위범은 두 가지 기준으로 나눌 수 있다. 먼저, 구성요건의 규정 형식이 "…한 자"와 같이 작위로 되어 있으면 작위범이고, "…하지 아니한 자"와 같이 부작위로 되어 있으면 부작위범이다. 다음으로, 범죄의 현실적인 실현 형태를 기준으로 하여 적극적인 작위로 범죄를 실현하면 작위범이고, 소극적인 부작위로 실현하면 부작위범이다.

「산업안전보건법」 등 안전관계법은 일부의 작위범을 제외하고는 대부분 부작위범이고, 앞의 기준에서 볼 때 전자의 기준에 의한 부작위범에 해당한다. 부작위범은 구성요건적 상황에서 창출된 규범적 요구에 부응하는 행위를 하지 않은 때에 성립한다. 따라서 행위자가 작위의무를 다하였지만 효과가 없었을 때에는 적어도 고의에 의한 부작위범은 성립하지 않는다.

부작위범에는 진정부작위범과 부진정부작위범이 있다. 진정부작위범은 구성요건의 규정 형식이 부작위로 되어 있는 경우(부작위 형식의 구성요건은 현실적으로도 항상 부작위로만 실현할 수 있다)를 말하고, 부진정부작위범은 규정 형식이 작위로 되어 있는 구성요건을 현실적으로는 부작위로 실현하는 경우를 말한다. 대부분의 안전관계법 위반죄, 다중불해산죄(제116조), 집합명령위반죄(제145조 제2항), 퇴거불응죄(제319조 제2항) 등

한 처벌로 받아들여지기 쉬운 까닭에(형벌권의 남용 또는 과도한 형벌은 그 자체가 하나의 악이요, 국가에 의해 저질러지는 범죄라는 인식이 있어야 한다), 구체적 사정에 따라 기대불가능성을 초법규적 책임조각사유로서 인정하여 형벌권의 행사를 완화할 수 있는 통로를 열어놓을 필요가 있다. 그리고 우리나라의 안전관계 행정형법상 책임조각사유에 관한 규정이 충분하지 못하다는 사정을 고려할 때, 초법규적 책임조각사유로서의 기대불가능성에 의하여 구체적 타당성 내지 구체적 정의를 도모할 필요가 있다(임웅 · 김성규 · 박성민, 《형법총론(제14정판)》, 법문사, 2024, 371쪽).

21) 심신미약자.

22) 농아자.

이 진정부작위범의 예가 되고, 익사 직전의 사람을 구조하지 아니하여 살인죄(제250조)를 실현한 경우는 부진정부작위범의 예가 된다.

진정부작위범과 부진정부작위범을 묻지 않고 부작위범이 성립하기 위해서는 작위범과 마찬가지로 범죄의 일반적 성립요건을 갖추어야 한다.

1. 부작위범의 구성요건해당성

① 구성요건적 상황이 존재해야 한다. 부작위범은 작위로 나아가라는 규범적 요구가 있는 경우에만 성립한다. 이 규범적 요구는 일정한 사실관계에서 비롯되는데, 사실관계를 구성요건적 상황이라고 한다. 구성요건적 상황을 달리 말하면 작위의무의 구체적 내용을 인식할 수 있는 상황이라고 할 수 있다. 진정부작위범의 구성요건적 상황은 관계법에 명문으로 상세히 규정되어 있다.

② 요구된 행위의 부작위가 있어야 한다. 작위의무를 다했음에도 결과가 발생한 경우는 구성요건에 해당하지 않는다. 작위의무는 행위자가 규범적 요구의 대상자(수범자)인 경우에 지게 된다.

③ 개별적 행위가능성이 있어야 한다.[23] 작위행위가 행위자에게 구체적으로 가능한 것을 가리켜서 개별적 행위가능성이라고 한다. 이것의 유무는 행위자가 처한 외적 여건과 행위자의 내적 능력에 의하여 판단된다. 작위행위 수행의 장소적 근접성, 적절한 실행수단의 확보 등은 외적 여건의 예이다. 이에 대하여 체력이나 지식, 기량 등은 내적 능력의 예이다. 수행해야 할 작위행위는 행위자의 인식범위에 들어오거나 주의를 기울이면 인식 대상에 들어올 수 있는 것이어야 한다. 작위행위가 행위자의 인식 대상에 들어올 수 없는 것인 때에는 개별적 행위가능성이 부인된다. 작위행위가 행위자의 인식 대상에 들어올 수 있는지의 문제는 객관적 관찰자의 입장에서 부작위의 시점을 기준으로 장래전망적으로 판단하여야 한다.

④ 구성요건결과가 발생해야 한다.

⑤ 부작위와 구성요건결과 사이에 인과관계가 있어야 한다.

---

23) 부작위의 전제가 되는 작위행위는 그 이행이 기대 가능한 것이어야 한다. 작위행위의 이행을 일반인들에게 기대할 수 없다면 처음부터 행위라는 것이 인정될 수 없다. 사람 일반에게 작위행위의 이행이 불가능한 것을 요구하는 작위의무는 있을 수 없다. 이러한 경우는 '행위성'이 부정된다.

2. 부작위범의 위법성 및 책임

작위범과 마찬가지로 부작위범 구성요건해당성은 위법성을 징표한다. 위법성이 위법성 배제사유로 배제될 수 있는 점도 작위범과 동일하다. 부작위자의 책임 역시 이것이 인정되기 위해서는 작위범과 마찬가지로 책임능력, 위법성 인식, 기대가능성의 요건을 갖추어야 한다.

참고 증거재판주의

범죄사실의 인정은 감정이나 추측, 직관이 아닌 증거에 입각해야 하고, 유죄판결을 하려면 논리와 경험칙에 비추어 합리적인 의심이 들지 않을 정도로(beyond reasonable doubt) 증명되어야 한다. 그렇지 않으면 무죄가 된다. 이를 '증거재판주의'라고 한다. 판례에는 이를 뒷받침하는 표현이 자주 나온다.

"형사재판에서 공소제기된 범죄사실에 대한 입증책임은 검사에게 있는 것이고, 유죄의 인정은 법관으로 하여금 합리적인 의심을 할 여지가 없을 정도로 공소사실이 진실한 것이라는 확신을 가지게 하는 증명력을 가진 증거에 의하여야 하므로, 그와 같은 증거가 없다면 설령 피고인에게 유죄의 의심이 간다 하더라도 피고인의 이익으로 판단할 수밖에 없다."(대판 2023.1.12, 2022도14645; 대판 2006.3.9, 2005도8675 등)(밑줄은 필자).

증거재판주의는 합리적인 관점에서 무죄의 가능성을 생각하기 어려울 정도의 엄격한 증명이 있어야 한다는 것으로, "열 명의 범인을 놓치더라도 한 명의 무고한 죄인을 만들어서는 안 된다."는 법언(法諺)에 대응하는 근대형사소송법의 대원칙이다. 즉, 근대국가는 모두 이 증거재판주의에 따르고 있다.

그러나 증거재판주의가 상식처럼 되어 있는 요즈음에 이르러서도 현실에서는 여전히 여론재판이나 마녀사냥에 가까운 일이 벌어지기도 한다.

> 형사소송법 제307조(증거재판주의)
> ① 사실의 인정은 증거에 의하여야 한다.
> ② 범죄사실의 인정은 합리적인 의심이 없는 정도의 증명에 이르러야 한다.

행정형법인 「산업안전보건법」에서는 법적 의무주체와 행위(범죄)주체가 분리되어 있는 것이 특징이다. 법인사업주의 경우는 의무주체이더라도 범죄주체는 될 수 없다.[24] 범죄주체는 법인으로부터 위임을 받은 행위자이다.

그런데 「산업안전보건법」 상의 의무이행의 위임은 사업주가 일정한 의무이행을 관리감독자 등 종업원의 임무로 정하는 것만으로는 충분치 않고, 의무이행을 가능하게 하기 위한 기타의 조건을 충족하여야 한다(권한의 부여). 정당하게 의무이행의 위임이 이루어져 있는 경우에는 위임에 의해 사업주를 위해 의무를 이행하는 임무를 지는 종업원이 의무자가 되고, 사업주는 그 선임·감독에 대해 주의의무를 부담하지만 본래의 의무에서는 벗어난다.

「산업안전보건법」 의 형사책임은 사업주(법인은 법인 그 자체)가 지는 것으로 되어 있지만, 법인의 경우 법인 그 자체는 손도 발도 없기 때문에 법적 조치를 실행할 수 없다. 따라서 법인의 대표자(사장)가 일응 법인을 대신하여 법적 의무조치에 대한 실행책임과 형사책임을 부담한다.

그러나 법인의 대표자인 사장 본인이 매일 제조공장, 건설현장 등에 나가 직접 조치의무를 실행하는 것은 특히 대기업과 같은 경우 곤란하다. 이 때문에 원칙적으로 법인의 대표자가 조치의무의 실행책임을 진다고 해도, 실제로는 사업주인 법인의 「산업안전보건법」 상의 조치의

---

24) 법인도 범죄의 주체가 될 수 있는가, 범죄능력을 갖는가에 대해서는 학설이 대립하고 있지만, 우리나라 다수학자와 판례는 부정설을 취하고 있다. 부정설은 법인의 범죄능력(범죄주체)을 부정하면서도 실정법(행정형법)상의 양벌규정의 존재 때문에 법인의 '형벌'능력만큼은 긍정하고 있다. 부분적 긍정설은 형사범(자연범)에 있어서는 법인의 범죄능력(범죄주체)을 부정하고 행정범(법정범)에 대해서는 긍정한다. 행정범은 윤리적 색채가 약한 반면 합목적적·기술적 색채가 강한 특수성이 있으므로 행정범에 한하여 법인의 범죄능력을 인정할 수 있다는 논거를 제시한다. 형사범과 행정범의 차이에 대한 상세한 설명은 후술한다.

무를 실행하는 사람은 사장 외에 기업조직상 법인으로부터 그 의무에 대한 권한을 위임받고 있는 '대리인, 사용인, 그 밖의 종업원'이다(법 제173조).

사장(법인 대표) → 공장장 → 제조부장 → 기계과장 식으로 의무(권한)가 위임(사무분장)되고 누가 그 의무를 이행해야 할지가 결정된다. 그리고 그 의무를 위임받고 있는 사람이 해당 의무를 이행하지 않으면 그에게 법적 책임이 물어진다. 결국 사업주가 어디까지나 법률상의 의무자이지만 사업주로부터 의무이행을 위임받은 자가 사업주에 대해 사업주를 위하여 의무를 행할 사법(私法)상의 의무를 질 뿐만 아니라 양벌규정의 해석에 의해 「산업안전보건법」상의 의무자가 된다.

개인기업이든 법인기업이든 기업조직의 내부에서는 사업주의 권한은 분할되고 순차적으로 조직 하부의 자에게 그 권한이 위임되어, 이들 권한을 위임받은 자들이 각각의 업무를 수행하고, 사업주는 이와 같은 유기적인 조직체인 기업 전체를 총괄관리하여 사업을 행한다. 사업주(법인은 대표자)가 스스로 조치를 이행하지 않을 경우에는 사업주의 책임으로 조치를 이행해야 할 자를 정하고 그자로 하여금 이행하게 하는 것도 인정하고 있다.

이와 같이 사업주 자신은 스스로에게 부과된 조치의무에 대하여 그 이행을 제3자에게 위임할 수 있지만, 그 위임에 의해 사업주가 본래 지고 있는 의무에 대한 이행상의 책임을 일체 면제받는 것은 아니다. 즉, 사업주가 자신의 조치의무를 제3자에게 위임했다는 이유로 사업주의 책임(accountability)이 소멸하는 것은 아니다. 사업주를 대신하여 의무이행을 담당할 종업원에 대해 의무위반을 방지하도록 주의·감독할 의무가 의무이행의 위임에 수반하여 당연히 사업주 측에 생기는 것이라고 해석되어야 한다. 사업주는 이 주의·감독 의무를 지기 때문에(지는 것을 전제로) 의무이행을 종업원에게 위임하고 스스로의 의무이행 책임에서 벗어나는 것이 가능하게 된다.

「산업안전보건법」상 위험방지를 위한 각종의 조치의무를 이행하여야 할 책임을 지고 있는 사업주(법인인 경우는 대표자)가 동법상의 의무를 태만히 하였다고 하여 형사책임을 추궁받는 경우는 다음과 같은 세 가지로 정리할 수 있다.

첫째, 종업원(법인의 대표자를 제외한다)에게 의무이행의 위임을 하고 있지 않은 상황에서 사업주 스스로가 의무에 위반하는 행위를 한 경우(사업주 스스로도 조치를 하지 않은 경우)이다.

둘째, 종업원에게 의무이행의 위임을 하고 있지만 그 이행에 필요한 권한을 종업원에게 주고 있지 않은 상황에서 의무위반이 발생한 때이다.

셋째, 의무이행의 유효한 위임이 이루어지고 있어도, 사업주 자체에게 위반행위가 있다고 평가할 수 있는 때이다. ① 사업주가 부작위의무에 위반한 경우, ② 종업원에게 의무이행의 위임이 이루어진 후, i) 사업주가 (종업원에 의한) 의무위반의 계획을 알면서 그 방지에 필요한 조치를 하지 않은 경우, ii) (종업원에 의한) 의무위반이 계속되고 있음에도 이를 방치(묵인)한 경우(의무위반행위를 알면서 그 시정에 필요한 조치를 하지 않은 경우), 또는 iii) (종업원에게) 의무위반행위를 지시하는 등의 행위에 나선 경우 등이다.

위 세 가지의 경우에 대하여 상술하면 다음과 같다.

• 첫 번째의 경우

사업주가 자신이 갖고 있는 의무의 이행을 사용인(使用人), 그 밖의 종업원에게 위임하고 있지 않은 경우에는, 결국 사업주 자신이 이행하지 않으면 안 되고, 법인의 경우에는 대표자 자신이 의무를 이행해야 한다.

법규는 사업주에 대해 스스로의 손으로 그 의무를 이행해야 할 것을 요구하고 있지 않고, 종업원에게 그 의무의 이행을 위임하는 것을 인정하고 있다. 즉, 양벌규정은 종업원이 사업주를 위하여 위반행위를 한 경우 그 종업원을 행위자로 처벌하는 것으로 하고, 사업주에 대해서는 주의·감독의무 위반을 이유로 하여 과실책임만을 묻는 것으로 하고 있다. 이는 종업원에 대한 의무이행의 위임을 인정하는 것을 전제로 규정된 것이다. 의무이행의 위임이 이루어지지 않으면, 종업원은 의무자가 되지 않고, 의무위반의 책임이 물어지는 일도 없다. 종업원은 사업주의 의무를 분담하고 그 의무의 이행을 대행하는 범위에서 법적 의무의 위반행위자로 될 수 있다.

반대로, 사업주로부터 종업원에 대해 의무이행의 위임이 이루어지면, 위임을 받은 종업원이 의무이행의 책임을 지게 되고, 사업주는 원칙적으로 그 책임이 물어지지 않는다.

그러나 종업원에 대한 의무이행의 위임에 의해, 사업주가 본래 지고 있는 의무에 대해 이행상의 책임이 일체 면해지는 것으로 해석하는 것은 타당하지 않다. 스스로를 대신하여 의무이행을 담당하는 종업원에 대해 그 의무위반을 방지하도록 주의·감독을 다할 의무가 의무이행의 위임에 수반하여 당연히 사업주 측에 생기는 것으로 해석되어야 한다. 사업주는 이 주의 · 감독의무를 지기 때문에 의무이행을 종업원에게 위임하고 스스로의 의무이행의 책임에서 벗어나는 것이 가능하게 된다.

이와 같이 사업주의 주의 · 감독의무가 의무이행을 종업원에게 위임하는 것에 의해 생기는 것으로 보면, 이 주의 · 감독의무는 양벌규정을 기다려 비로소 생기는 것이 아니라, 양벌규정의 유무에 관계없이 당연히 사업주가 지는 것이라고 보아야 한다.

• 두 번째의 경우

사업주가 자신이 갖고 있는 의무의 이행을 종업원에게 위임하였지만 그 이행에 필요한 권한을 종업원에게 부여하지 않아 위반이 발생하는 경우에는 사업주에게 형사책임이 물어지게 된다. 종업원이 위반한 의무는 원래 사업을 행함에 있어 사업주에 대해 부과된 것이기 때문에, 사업주는 자신을 대신하여 종업원이 의무를 잘 이행하도록 모든 권한을 부여해야 할 필요가 있다.

위임받은 종업원에게 권한이 있고 이행할 수 있었는데도 이행하지 않은 경우에는, 사업주에게 그 이행에 대해 책임이 있다고 하더라도 과실책임이 있는 것으로 그친다. 그러나 의무를 이행하게 하면서 종업원에게 그 권한을 부여하지 않은 경우에는, 그 종업원은 단순한 메신저 또는 일반의 사용인(使用人)적인 역할에 지나지 않기 때문에, 사업주는 자신의 형사책임을 면하지 못한다.

사업주가 그가 지고 있는 의무의 이행을 종업원에게 위임하는 것에 의해 자신의 손으로 이행하여야 할 책임에서 벗어나 처벌을 받지 않는 것은 의무이행을 종업원에게 위임하는 것을 통해 종업원이 그 의무를 이행할 수 있는 것으로 충분히 기대되기 때문이다. 종업원이 의무를 불이행한 경우에는, 사업주는 자신을 대신하여 종업원에게 의무를 이행해야 하는 자로서의 권한과 지위를 부여하고 감독을 다했는지가 문제가 되고, 권한을 주었다는 것만으로는 책임에서 벗어나지 못한다.

• 세 번째의 경우

사업주로서 종업원에게 의무이행의 필요한 권한과 책임을 부여하면서, 스스로가 위반행위를 일부러 방지하지 않는 것에 의해 결과를 성립하게 한 경우 등을 말한다. 사업주가 본래 지는 의무의 이행을 면할 수 있는 것은, 일반적으로 의무이행의 위임에 의해 종업원이 사업주를 위하여 의무를 이행하는 것으로 기대되고, 사업주는 종업원의 의무이행을 주의·감독하는 의무를 부과받기 때문이다. 종업원이 사업주를 위하여 위반행위를 한 경우, 양벌규정을 통해 종업원을 행위자로 처벌하고, 사업주에 대해서는 주의 · 감독의무를 태만히 한 것을 이유로 과실책임을 묻고 있다.

사업주가 종업원에게 위반행위를 지시하거나 고의로 그 위반행위를 묵인하는 것은 종업원으로 하여금 위반행위를 하게 한 경우이고, 사업주 자신의 위반행위라고 평가해야 한다. 즉, 사업주가 위반행위를 알고 그 방지에 필요한 조치를 하지 않은 경우, 위반행위를 알고 그 시정에 필요한 조치를 하지 않은 경우 또는 위반을 교사한 경우에는 사업주도 행위자로서 형사책임이 물어지게 된다.

5. 관리감독자의 위상과 역할

무릇 사업장에서 안전보건은 생산과 분리될 수 없고 생산과 일체로 운용되어야 한다. 그런 만큼 사업장 안전보건의 실효성을 확보하기 위해서는 생산활동에서 작업자들을 지휘·통솔하는 관리감독자로 하여금 안전보건에 대한 관심을 가지고 책임을 다하도록 하는 것이 중요하다. 이 경우 관리감독자는 관리자와 감독자를 통틀어 일컫는 의미이다.

일반적으로 관리자란 조직에서 간부직에 있는 사람으로서 다수의 부하직원에 대한 지휘·감독과 인사고과, 업무분장 등에 관한 권한을 갖고 있는 자로서 사장(대표자)·임원·공장장·부장·과장 등이 이에 속한다. 그리고 감독자는 작업자를 직접 지휘하는 계장·직장·반장 등으로서 일선감독자 또는 현장감독자라고 일컫고, 관리자와는 당연히 그 역할이 다르다.

그러나 직함(직위와 직책의 명칭)에 따라 일률적으로 관리자, 감독자가 되는 것은 아니고, 실제 수행하는 역할과 부여받은 권한을 토대로 판단해야 한다. 직함이 과장, 차장, 팀장이라 하더라도 경영조직에서 생산과 관련되는 업무와 그 소속 직원을 직접 지휘 ·감독하는 일을 한다면 그는 감독자에 해당할 것이다.

이러한 관리감독자에 대하여 산업안전보건법령에서는 어떻게 규정하고 있을까. 「산업안전보건법」 제16조(관리감독자) 제1항에서는 “사업장의 생산과 관련되는 업무와 그 소속 직원을 직접 지휘·감독하는 직위에 있는 사람”으로 정의하고 있고, 「산업안전보건기준에 관한 규칙」 제35조(관리감독자의 유해·위험 방지업무) 제1항에서는 “건설업의 경우 직장·조장 및 반장의 직위에서 그 작업을 직접 지휘·감독하는 관리감독자"라고 규정하고 있다.

여기에서 '생산'이란 사전적 의미로 볼 때 재화와 서비스를 만드는 활동을 의미한다. 따라서 생산은 물건을 제조하는 것만이 아니라 서비스를 하는 것도 포함하므로, 제품을 직접 생산하는 업무는 물론 제품생산을 위한 원재료를 운반하는 부서, 생산기기 등을 관리하는 지원부서도 포함되고, 제조업에만 해당하는 것이 아니라 대부분의 업종에 적용된다.

'직접' 지휘·감독하는 직위에 있는 사람이란 직함의 명칭에 관계없이 어떠한 형태로든 일정한 작업을 '직접' 지휘·감독하는 위치에 있는 자를 말한다. 실제에 있어 '생산과 관련되는 업무와 그 소속 직원을 직접 지휘·감독하는 직위에 있는 사람'이란 현장감독자를 의미하는 자로서 영어의 supervisor, foreman에 해당한다. 하인리히(Herbert William Heinrich)는 이들이 사업장 안전보건관리를 하는 데 있어 독특하고 중요한 위치에 있다고 보고 이들을 '산재예방의 키맨'이라고 부른 바 있다.[25] 요컨대, 「산업안전보건법」 제16조에서 말하는 관리감독자는 스태프조직의 하나인 안전관리자, 보건관리자와 달리 라인(계선)조직의 담당자로서 직장, 조장, 반장 등 작업근로자를 직접 지휘·감독하는 현장감독자를 가리킨다.

따라서 영어의 manager로 번역되는 (일반적 의미의) 관리자에 해당하는 자는 '직접' 지휘·감독하는 위치에는 있지 않기 때문에 「산업안전보건법」 제16조(관리감독자)에서 말하는 관리감독자에는 해당되지 않는다.[26] 그렇다면 「산업안전보건법」상 관리자는 아무런 역할이 주어져 있지 않는 것일까. 그렇지는 않다. 관리자는 스스로가 근로자로서 사업주에 의한 법적 보호 대상이기도 하고, 다른 한편으로는 사

25) H. W. Heinrich, D. Petersen and N. Ross, *Industrial Accident Prevention: a safety management approach*, 5th ed., McGraw-Hill, 1980, pp.21, 76-77.

26) 따라서 「산업안전보건법」 제16조에서의 '관리감독자'라는 표현은 그 개념에 부합하게 감독자, 작업주임자 등으로 변경하는 것이 바람직하다.

업주를 대리하는 자로서 그의 법적 의무를 이행하기도 하여야 한다.

1인 사업자를 제외하곤 기업은 권한의 위임이라는 원리에 따르지 않을 수 없다. 이에 따라 사업주의 법적 의무는 사업주가 직접 이행하는 것이 아니라 관리자, 감독자를 통해 이행된다. 따라서 관리자, 감독자에게는 설령 법에서 명시적으로는 의무가 부과되어 있지 않더라도 (법령상의 규정과 관계없이) 각자의 소관 업무영역에서 사업주의 법적 의무가 자신의 의무가 되기 때문에 사업주를 대리하여 그의 법적 의무를 이행하여야 한다.

관리자, 감독자가 자신의 소관 업무영역에서 「산업안전보건법」에 규정된 사업주의 의무를 이행하지 않으면, 「산업안전보건법」 뿐만 아니라 「형법」(업무상과실치사상죄)에 의해서도 위반행위자로 처벌될 수 있다. 이처럼 관리자, 감독자가 「산업안전보건법」 위반죄 또는 「형법」상의 업무상과실치사상죄로 처벌되는 것은 그들이 사업주를 대리하여 일정한 역할을 하는 위치에 있기 때문이다.[27]

결국 「산업안전보건법」에 설령 관리감독자에 관한 규정이 없다고 하더라도 관리감독자는 소관 업무범위 내에서 「산업안전보건법」상의 각종 의무를 이행해야 하는 책임이 있다. 그렇다면 「산업안전보건법」상의 관리감독자(현장감독자) 규정을 어떻게 이해하여야 할까. 입법적으로 정비하여야 하는 과제가 있지만, 현 상태에서는 현장감독자의 역할과 책임 중에서 특별히 강조하여야 할 사항을 확인하는 형태로 규정해 놓은 것이라고 보아야 할 것이다.

---

27) 실무적으로 보면, 「산업안전보건법」 위반죄로는 관리자에 해당하는 자(안전보건관리책임자) 한 명이 단독범으로 처벌되고, 업무상과실치사상죄로는 관리자, 감독자에 해당하는 여러 명이 공범으로 처벌되는 것이 일반적이다.

6. 근로자의 의무

「산업안전보건법」은 의무주체가 다양하다는 점이 큰 특징 중의 하나이다. 「산업안전보건법」상 의무주체의 하나인 근로자는 「산업안전보건법」의 보호대상이면서 의무주체라는 이중적 지위를 가지는 점에서 다른 의무주체와는 다르다고 할 수 있다.

근로자는 「산업안전보건법」의 일반적 의무조항인 「산업안전보건법」 제6조에 따라 "이 법과 이 법에 따른 명령으로 정하는 기준 등 산업재해 예방에 필요한 사항을 지켜야 하며, 사업주 또는 「근로기준법」 제101조에 따른 근로감독관, 공단 등 관계인이 실시하는 산업재해 예방에 관한 조치에 따라야 한다." 그리고 이 일반적 의무와 별개로 근로자의 구체적 의무에 해당하는 내용은 「산업안전보건법」 제40조에 근거한 「산업안전보건기준에 관한 규칙」을 비롯하여 산업안전보건법령의 여러 조항에서 정하고 있다.

「산업안전보건기준에 관한 규칙」에 규정된 근로자의 의무를 유형화하여 살펴보면, 개인보호구 착용의무, 유해위험구역 출입금지의무, 신호 및 제한속도 준수의무, 유도자의 유도준수의무, 작업지시 이행의무, 일정한 장소에서의 흡연금지의무 및 음식물 섭취금지의무 등 다양하게 규정되어 있다는 것을 알 수 있다. 그 외에도 공정안전보고서 준수의무, 건강진단 수진의무 등이 규정되어 있다.

한편, 근로자의 의무내용을 보면, 근로자의 독자적인 의무라기보다는 대부분 사업주의 의무이행을 전제로 하는, 사업주에 협력하는 성격의 의무이다. 이 점이 다른 의무주체의 의무내용과 질적으로 다른 점이다. 따라서 근로자의 의무이행 여부에 대한 확인은 사업주의 의무이행 여부와 세트로 실시하는 것이 필요하다. 예컨대, 근로자가 보호구를 착용하고 있는지만 확인할 것이 아니라, 사업주가 보호구를 지급하였는지 그리고 보호구를 착용하도록 제대로 지시하였는지를 함께 확인하여야 한다. 근로자의 보호구 착용 위반만 적발하는 것으로 그치면, 사업주의 의무위반은 방치하는 꼴이 되어 버린다.

근로자가 의무주체에도 해당하는 만큼 그가 자신의 의무를 위반하면 다른 의무주체와 마찬가지로 벌칙이 부과되도록 되어 있다. 현재는 근로자가 구체적 의무조항인 「산업안전보건법」 제40조 등을 위반하면 동법 제175조(과태료)에 의거하여 과태료를 부과받는다. 그리고 동법 제175조 제6항의 위임을 받아 규정된 과태료 부과기준(시행령 제119조 별표 35)에서는 각 개별조항별로 기준(개별기준)을 정하고 있는데, 근로자의 의무위반에 대해서는 최근 2년간 기준으로 1차 위반 시에는 5만원, 2차 위반 시에는 10만원, 3차 위반 시에는 15만원을 부과하도록 정해져 있다.

근로자의 의무는 「산업안전보건법」에 정해져 있는 것 외에, 회사가 자체적으로 내부규정(안전보건관리규정 또는 취업규칙)에서 안전수칙 등을 정하고, 이를 위반할 경우 얼마든지 그에 대한 제재규정을 둘 수 있다. 이 제재규정을 두는 것은 안전보건관리규정(취업규칙)의 필수적 기재사항이기도 하다. 현실적으로 근로감독관이 전국의 그 많은 근로자의 의무이행상황을 확인하는 데에는 물리적으로 많은 한계가 있다. 따라서 근로자의 의무이행을 담보하는 데에는 기업(사업장)의 내부확인시스템 작동이 훨씬 효과적일 수 있다.

7. 안전배려의무

7.1 안전배려의무의 개념

안전배려의무는 사용자(사업주)가 근로자에게 부담하는 근로계약(고용계약)상의 의무로서, 근로자의 노무제공을 위해 설치하는 장소(시설), 설비 또는 기계 · 기구 등을 사용하거나 사용자의 지시하에 노무를 제공하는 과정에서 근로자의 생명, 신체 등을 위험으로부터 보호하도록 배려하여야 할 의무이다.

즉, "사업주가 근로자를 채용할 때에 당해 근로자의 생명과 건강을 유지하기 위하여 주의의무를 다하면서 근로하게 한다."는 것이 암묵적인 계약내용으로 되어 있고, 이 안전배려의무에 위반하여 재해를 입게 한 경우에는 채무불이행책임이 발생한다.

안전배려의무는 피용자인 근로자가 사용자의 지휘·감독에 따라 성실하게 업무수행에 임해야 할 의무에 대한 반대급부로서 신의칙상 인정되는 것이다.

안전배려의무는 근로계약에 부수하는 의무이기 때문에 근로계약과 관계가 없는, 즉 업무와 관계가 없는 재해(예컨대, 사적 행위에 의해 발생한 재해)에 대해서까지 의무가 미치지 않는 것은 당연하다. 환언하면, 손해배상청구의 대상이 되는 손해(부상, 질병 또는 사망)와 업무 간에 인과관계가 존재하지 않으면 안전배려의무는 없게 된다.

우리나라에서 안전배려의무는 현재까지 실정법상 개념 또는 근거가 명시되어 있지는 않고 1990년대부터 판례와 학설에 의해 확립되어 왔다.

7.2 안전배려의무의 내용

판례는 안전배려의무의 내용에 대해 대체로 근로자가 노무를 제공하는 과정에서 생명, 신체, 건강을 해치는 일이 없도록 물적 및 인적 환경을 정비하는 등 필요한 안전보건조치를 강구할 의무라고 보고 있다. 실제 소송에서는 개별적이고 구체적인 안전배려의무의 내용이 인정되고 있다. 안전배려의무의 구체적인 내용은 지금까지의 판례, 학설을 토대로 다음과 같이 분류할 수 있다.

<설비 · 작업환경>

① 시설, 기계 · 설비의 안전화 또는 작업환경의 개선대책을 강구할 의무
② 안전한 기계 · 설비, 원재료를 선택 · 사용할 의무
③ 기계 등에 안전장치를 설치할 의무
④ 근로자에게 보호장구를 제공하게 할 의무 등

<인적 조치>

① 관리감독을 철저히 할 의무
② 충분한 안전보건교육을 실시할 의무
③ 질병유소견자 등 건강상태가 좋지 않은 자에 대해 치료를 받게 하는 등 적절한 건강관리나 업무경감 등을 행하고 필요에 따라 배치전환을 할 의무
④ 유해위험업무를 유자격자, 특별교육 이수자 등의 적임자로 하여금 담당하게 할 의무 등

7.3 안전배려의무의 예방책임

안전배려의무는 재해발생을 미연에 방지하기 위하여 물적 · 인적 관리를 다할 의무로서 결과책임은 아니다. 따라서 산업재해가 발생한 경우라도 사회통념상 상당하다고 생각되는 방지수단을 다하였으면 안전배려의무 위반에 근거한 손해배상책임은 면제된다. 즉, 문제가 된 재해에 대해 예견가능성이 없었다거나 예견가능성이 있었더라도 사회통념상 상당한 재해예방(위험회피)조치를 취하였다면 안전배려의무 위반은 아니다. 그러나 법원에 의한 예견가능성 또는 재해방지조치에 관한 판단은 일반적으로 사업주 측에 대해 엄격하게 판단되고 있다.

7.4 안전배려의무의 등장시기

우리나라에서는 종래 사용자의 귀책사유로 근로자에게 재해가 발생하여 근로자가 사용자에 대해 민사책임을 묻는 손해배상청구를 하는 경우에 불법행위책임(민법 제750조에 의한 불법행위책임, 「민법」 제756조에 의한 사용자의 배상책임, 「민법」 제758조에 의한 공작물의 설치·보존하자책임)을 근거로 하는 것이 일반적이었다. 대법원 판례에서 근로계약의 특수성을 고려하여 신의칙[28]상 인정되는 부수적 의무로서 안전배려의무 또는 보호의무라는 개념이 등장한 것은 1997년에 들어와서부터이다.

대법원은 1997년 4월 25일 판결[29]에서 도급인이 수급인에 대하여 특정한 행위를 지휘하거나 특정한 사업을 도급시키는 노무도급의 경우, 도급인이 수급인에 대하여 사용자의 지위에 있다고 보면서, 도급인은 수급인이 노무를 제공하는 과정에서 생명·신체·건강을 해치는 일이 없도록 물적 환경을 정비하고 필요한 조치를 강구할 보호의무, 즉 안전배려의무를 부담하며, 이러한 보호의무는 실질적인 고용계약의 특수성을 고려하여 신의칙상 인정되는 부수적 의무로서, 만일 실질적인 사용관계에 있는 노무도급인이 고의 또는 과실로 이러한 보호의무를 위반함으로써 노무수급인의 생명·신체·건강을 침해하여 손해를 입힌 경우, 노무도급인은 노무도급계약상의 채무불이행책임과 경합하여 불법행위로 인한 손해배상책임을 부담한다고 보고, 사용자의 안전배려의무(보호의무)를 처음으로 인정하였다.

28) 「민법」상 '신의성실의 원칙'을 말한다. 신의성실의 원칙은 계약 등 법률행위는 당사자 간의 신의에 맞게 행하여야 한다는 의미로서, 우리나라 「민법」 제2조 제1항은 이를 명문화하고 있다("권리의 행사와 의무의 이행은 신의에 좇아 성실히 하여야 한다."). 신의성실의 원칙은 사실상 우리나라 「민법」 전체를 지배하는 원칙일 뿐 아니라 「상법」과 「공법」 등 거의 모든 법률행위에 적용되는 법 원리라 할 수 있다.

29) 대판 1997.4.25, 96다53086.

7.5 안전배려의무의 구체적 내용

사업장에 종업원 '일반'에 대한 안전보건관리체제가 구축되어 있다고 하더라도, 예컨대 정신적으로 심하게 압박받고 있던 '특정' 개인에 대한 중대한 산업보건문제에 대응이 적절히 이루어지지 않았다고 하면, 사업장에 일반적·획일적 제도를 구축·운영한 것만으로는 근로자의 건강에 대한 안전배려의무를 충분히 이행하고 있다고는 할 수 없을 것이다.

'종업원 일반'에 관한 작업환경을 일정한 수준으로 유지하였더라도, 그것만으로는 기업이 종업원에게 안전배려의무를 충분히 다하였다고 간주되는 것은 아니며, 예컨대 정신적으로 상당한 압박(pressure)을 받고 있는 '특정' 근로자에 대해서는 '특별한' 배려조치를 확보하는 것이 요구된다. 즉, 특별한 위험에 있는 근로자에 대해서는 특별한 배려조치가 요구된다. 이 의미에서 '특정' 근로자에 대한 안전배려의무까지 요구받는 것이다. 기업은 근로시간관리, 건강관리에 대해 일반적인 지침을 제시하여 근로자를 전체적으로 지도하는 한편, 근로자 '개개인'의 일하는 모습에도 충분한 주의를 기울여 근로자 모두의 건강하고 안전한 작업이 관철되도록 노력할 필요가 있다.

안전배려의무의 구체적 내용은 근로자의 직종, 근로내용, 근로제공장소 등 안전배려의무가 문제되는 당해 구체적 상황 등에 따라 달라진다. 따라서 근로자의 위험이 특별한 위험에 이른 단계에서는 사용자의 고도의 법적 책임을 긍정하여야 할 것이다. 즉, 사용자는 특별한 위험의 단계에 이른 근로자에 대해서는 본인의 신청, 의사의 지시 유무 등에 관계없이 질병방지 및 악화회피의 의무를 진다. 이때 특별한 위험의 유무는 근로자의 연령, 업무상황, 작업시간, 심신의 건강상태 등을 감안하여 판단하여야 한다.

일반적 안전보건관리조치로서 사업장에 제도·체제를 만드는 것도 중요하지만, 중요한 것은 그것을 실질적으로 기능하게 하는 것이다.

따라서 사업장에 관리제도의 설계(구축)는 되어 있었지만, 그 이행이 실제로는 형해화되어 있었다면 안전배려의무의 준수가 불충분하다고 판단될 것이다.

7.6 산업안전보건법과 안전배려의무의 관계

「산업안전보건법」은 노무제공 시의 위험방지와 구체적인 위험의 종류에 따라 일반적으로 예상되는 산업재해의 위험방지조치를 행하도록 사업주에 대해 벌칙을 배경으로 강제하고 있다.

「산업안전보건법」의 구체적인 안전보건조치기준은 사업주가 준수하여야 할 최저한의 사항이고, 스스로가 부담하는 안전배려의무의 중요한 부분을 구성하지만, 그 전부는 아니다. 「산업안전보건법」이 정하는 구체적 기준의 내용은 행정단속을 통해 일반적으로 적용되는 것을 예정한 획일적(일률적)인 것이고, 개별 사안에서의 안전배려의무의 내용과는 일치하지 않는 경우가 있다.

따라서 사업주가 「산업안전보건법」에 근거한 구체적인 산재방지조치기준을 다 준수하였다고 하더라도(즉, 법령상의 의무를 모두 이행하

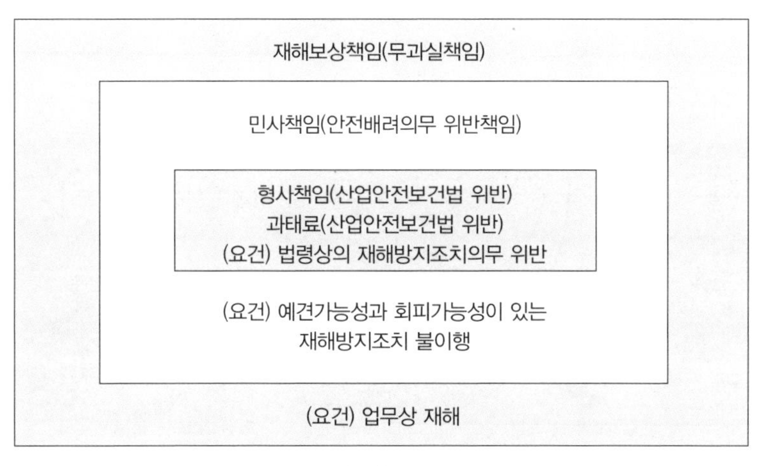

산업재해 및 사용자(사업주)의 책임범위

고 있었더라도), 상황에 따라서는 좀 더 고도의 배려조치가 필요한 경우도 있을 수 있고, 그 결과 근로계약의 내용으로서의 안전배려의무를 다한 것이 되지 않는 경우가 발생할 수 있다.

다시 말해서, 「산업안전보건법」상의 형사처벌, 과태료(행정질서벌) 등의 처벌을 면하더라도, 안전배려의무 위반에 의한 민사상의 손해배상책임을 지는 경우가 있을 수 있게 된다.

7.7 산재보상보험과 안전배려의무의 관계

안전배려의무는 사업주가 노무제공에 관하여 생명, 신체, 건강을 해치는 일이 없도록 재해로부터 보호할 의무로서 산재보험에의 가입 유무를 묻지 않고 부담하는 의무이다.

산업재해가 발생한 경우, 피재근로자 또는 그 유족에게 산재보험급여가 지급되지만, 산재보험이 피재자의 손해를 모두 커버하고 있는 것은 아니다. 따라서 안전배려의무 위반에 기인하여 산업재해가 발생한 경우, 피재근로자 또는 그 유족은 그 차액에 대해 손해배상을 청구할

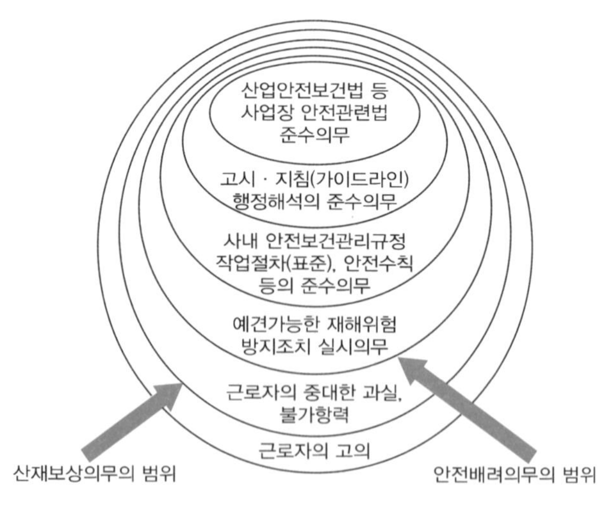

산업안전보건법, 안전배려의무 및 산재보상의무의 범위

수 있다. 즉, 산재보상보험에 가입하고 있다고 해서 안전배려의무 위반책임이 물어지지 않는 것은 아니다.

그리고 산업재해가 발생한 경우, 사용자에게 고의, 과실이 있었던 경우는 물론이고 과실이 없는 경우에도 재해보상책임을 진다(무과실책임제라고 한다). 산업재해에 관한 사용자의 책임 중 재해보상책임이 가장 넓은 범위를 커버하고 있다.

그러나 수급권자가 산재보험급여를 받은 경우, 사용자는 동일한 사유에 대하여 「근로기준법」에 따른 재해보상책임이 면제되고(산재보험법 제80조 제1항), 그 급여액의 한도에서 「민법」상의 손해배상책임 또한 면제받는다(산재보험법 제80조 제2항). 바꾸어 말하면, 산재보험급여를 초과하는 범위에 대해서는 민사손해배상의 대상이 된다.

7.8 안전배려의무와 예견가능성

사용자(사업주)의 안전배려의무 위반이 성립하기 위해서는 채무불이행의 일반원칙에 따라 채무의 내용에 좇은 이행을 하지 아니한 객관적 상태의 존재와 함께, 그것에 대해 채무자(사용자)의 귀책사유가 필요한 것은 말할 필요도 없다. 귀책사유는 책임져야 하는 사유라는 「민법」상의 개념으로서 고의, 과실 및 신의칙상 이것과 동일시할 수 있는 사유를 말하는데,[30] 안전배려의무의 경우 귀책사유로 사용자의 고의, 과실을 요한다(민법 제390조 후문).

여기에서 과실이란 당해 사회적 입장에서 일반적으로 요청되는 주의를 태만히 하여 채무불이행을 발생시킨 것을 말하는데, 결과 발생에 대해 예견가능성이 없는 경우에는 과실(귀책사유)이 없는 것이 된다. 안전배려의무도 재해 또는 질병의 위험성에 대해 구체적인 방지조치

30) 귀책사유(歸責事由)는 일정한 결과를 발생케 한 데 대하여 법률상 책임의 원인이 되는 행위를 의미하는 것으로서, 귀책사유의 판단은 공평하고 적정한 책임의 분담을 실현하는 데 의미가 있다.

를 취하는 등 일정한 배려를 할 의무이기 때문에, 상기의 위험성의 존재를 객관적으로 예견할 수 없는 경우, 즉 위험성에 대해 예견가능성이 없는 경우에는 사용자의 안전배려의무 위반은 성립하지 않게 된다.

판례에서도 "안전배려의무 위반을 이유로 손해배상책임을 묻기 위하여는 특별한 사정이 없는 한 그 사고가 피용자의 업무와 관련성을 가지고 있을 뿐만 아니라, 또한 그 사고가 통상 발생할 수 있다고 하는 것이 예측되거나 예측할 수 있는 경우라야 할 것이고, 그 예측가능성은 사고가 발생한 때와 장소, 사고가 발생한 경위 기타 여러 사정을 고려하여 판단하여야 한다."고 판시하면서 사고 발생의 예측가능성을 손해배상책임의 요건으로 삼고 있다.[31]

7.9 안전배려의무와 상당인과관계

산업재해에 대하여 사용자에게 안전배려의무 위반을 이유로 하여 손해배상책임이 인정되기 위해서는 당해 부상, 질병 또는 사망이 안전배려의무 위반에 의해 발생하였다고 인정하는 것이 상당하다는 것, 즉 부상·질병 또는 사망과 안전배려의무 위반 간에 상당인과관계가 존재하는 것이 요건이 된다.

산재보험급여를 위한(산재보험법에 따른) 업무상 인정에서는 상당인과관계에 해당하는 '업무기인성'의 유무가 자주 문제가 되는 반면, 산업재해 민사소송(이하에서는 '산재민사소송'이라 한다)에서는 안전배려의무 위반과 부상·질병 또는 사망 간의 상당인과관계[32]의 유무가 주요한 쟁점이 되는 경우가 많다. 특히, 업무기인성의 판정이 곤란한 질병 등이 산재민사소송에 등장하는 사례에서 그러하다.

산재민사소송에서의 상당인과관계와 산재보험법상의 업무상 인정

---

31) 대판 2006.9.28, 2004다44506; 대판 2001.7.27, 99다56734.

32) 안전배려의무를 다하지 않은 것과 부상·질병 또는 사망 간의 상당인과관계를 말한다.

에서 문제가 되는 업무기인성(상당인과관계)은 본래 같은 것이라고는 할 수 없지만, 후자가 인정되면 전자는 그것에 근거하여 용이하게 인정되는 경향에 있다. 단, 산재민사소송의 경우에는 상당인과관계가 긍정되더라도 안전배려의무 위반(재해예방조치 미실시 + 고의 또는 과실)의 존재가 또 하나의 요건이 된다.

7.10 안전배려의무의 책임범위

가. 서설

안전배려의무의 책임을 지는 것은 근로계약상의 고용주(사업주)인 법인, 개인경영자이다. 그런데 실제로 법인을 운영하는 것은 공장장, 부장, 과장, 현장감독자 등이고, 이들 관리감독자는 안전배려의무의 이행보조자라고 간주된다.

「민법」 제391조(이행보조자의 고의, 과실)에 따르면, 채무자가 타인을 사용하여 이행하는 경우 피용자의 고의나 과실은 채무자의 고의나 과실로 본다.[33] 따라서 이행보조자인 관리감독자에게 고의, 과실이 있는 경우에는 안전배려의무의 채무자인 사용자(사업주)에게 고의, 과실이 있다고 간주되어 사용자가 책임을 진다.

한편, 안전배려의무는 계약관계 또는 이에 준하는 법률관계가 존재하는 경우에 인정된다. 안전배려의무가 사용자의 지휘·감독권에 부수하는 의무인 점에 비추어 그러한 의무는 반드시 직접적인 고용계약 당사자 사이에만 존재하는 것은 아니고, 피용자가 사용자의 지휘·감독하에 노무에 종사하는 법률관계, 즉 사용자가 당해 피용자의 노무를

33) 전술한 바와 같이 「형법」에서는 자기(개인)책임이 지배하지만 「민법」과 「행정법」에서는 대위책임, 전가책임이 인정된다. 행정법 영역에서의 대위책임·전가책임의 대표적인 예로는, 법인의 대표자, 법인 또는 개인의 대리인·사용인 및 그 밖의 종업원이 업무에 관하여 법인 또는 그 개인에게 부과된 법률상의 의무를 위반한 경우, 법인 또는 개인의 고의·과실 유무에 관계없이, 법인 또는 그 개인에게 과태료를 부과하는 규정을 들 수 있다(질서위반행위규제법 제11조 참조).

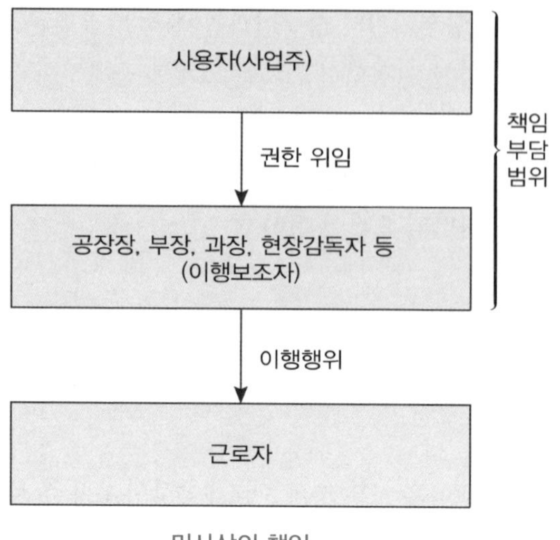

민사상의 책임

지배·관리하는 법률관계의 개재가 인정되는 경우에는 비록 당사자 사이에 직접적인 계약관계가 존재하지 않더라도 인정할 수 있다.[34)]

나. 수급인(하청업체)의 근로자에 대해서도 안전배려의무를 지는가?

어떤 자가 수급인(하청업체)에 의하여 고용되어 있더라도 수급인이 사업주로서 독자성이 없거나 독립성을 결하여 도급인의 노무대행기관과 동일시할 수 있는 등 그 존재가 형식적·명목적인 것에 지나지 않고, 사실상 당해 수급인의 피고용인이 도급인과 종속적 관계에 있으면서 실질적으로 임금을 지급하는 자도 도급인이고, 노무제공의 상대방도 도급인이어서 당해 피고용인과 도급인 사이에 묵시적 근로계약관계가 성립되어 있다면 당해 피고용인은 도급인의 근로자라고 할 수 있다.

즉, 직접적인 고용관계가 없는 경우라도 도급인이 자사의 부하 근로자에 대해서 행하는 것과 동일하게 수급인(하청업체)의 근로자에 대하여 직접 작업지휘를 행하는 등 도급인과 수급인 근로자의 관계가 상

34) 대구고판 2011.6.29, 2010나9475 참조.

당한 지휘명령관계[35]에 있는 특별한 관계에 있다고 인정되는 경우에는, 도급인에게 수급인의 근로자에 대해 신의칙상의 의무로서 안전배려의무가 인정된다.

다. 도급인은 수급인에 대해서도 안전배려의무를 지는가?

도급인이 수급인에 대하여 특정한 행위를 지휘하거나 특정한 사업을 도급시키는 노무도급의 경우에는 도급인이 수급인에 대하여 사용자의 지위에 있기 때문에, 도급인 또한 수급인에 대하여 보호의무(안전배려의무)를 부담한다.

예를 들면, 건축공사의 일부분을 하도급받은 자가 구체적인 지휘·감독권을 유보한 채 재료와 설비는 자신이 공급하면서 시공 부분만을 시공기술자에게 재하도급하는 경우와 같은 노무도급의 경우에, 그 도급인과 수급인의 관계는 실질적으로 사용자와 피용자의 관계와 다를 바가 없으므로, 그 도급인은 수급인이 노무를 제공하는 과정에서 생명·신체·건강을 해치는 일이 없도록 물적 환경을 정비하고 필요한 조치를 강구할 보호의무(안전배려의무)를 부담한다. 이 경우 안전배려의무는 실질적인 고용계약의 특수성을 고려하여 신의칙상 인정되는 부수적 의무로 인정되는 것이고, 만일 실질적인 사용관계에 있는 노무도급인이 고의 또는 과실로 이러한 보호의무(안전배려의무)를 위반함으로써 그 노무수급인의 생명·신체·건강을 침해하여 손해를 입힌 경우 그 노무도급인은 노무도급계약(실질적으로는 사용자와 피용자의 관계)상의 채무불이행(안전배려의무 위반)책임을 부담한다.[36]

35) 종전의 판례는 '구체적·개별적'인 지휘감독명령관계라는 표현을 사용하여 왔는데, 최근의 판례는 '상당한' 지휘명령관계라는 표현을 사용하고 있다(대판 2006.12.7, 2004다29736과 그 이후 판결 대부분).

36) 대판 1997.4.25, 96다53086 참조. 채무불이행책임과 경합하여 불법행위로 인한 손해배상책임을 부담한다.

라. 사용사업주는 파견근로자에 대해 안전배려의무를 지는가?

근로자파견에서의 근로 및 지휘 · 명령 관계의 성격과 내용 등을 종합하면, 파견사업주가 고용한 근로자를 자신의 작업장에 파견받아 지휘 · 명령하며 자신을 위한 계속적 근로에 종사하게 하는 사용사업주는 파견근로와 관련하여 그 자신도 직접 파견근로자를 위한 안전배려의무를 부담함을 용인하고, 파견사업주는 이를 전제로 사용사업주와 근로자파견계약을 체결하며, 파견근로자 역시 사용사업주가 위와 같은 안전배려의무를 부담함을 전제로 사용사업주에게 근로를 제공한다고 봄이 타당하다.

이에 따라 근로자파견관계에서 사용사업주와 파견근로자 사이에는 특별한 사정이 없는 한 파견근로와 관련하여 사용사업주가 파견근로자에 대한 안전배려의무를 부담한다는 점에 관한 묵시적인 의사의 합치가 있다고 할 것이고, 사용사업주의 안전배려의무 위반으로 손해를 입은 파견근로자는 사용사업주와 직접 고용 또는 근로계약을 체결하지 아니한 경우에도 위와 같은 묵시적 약정에 근거하여 사용사업주에 대하여 안전배려의무의 위반을 원인으로 하는 손해배상을 청구할 수 있다고 할 것이다.[37]

마. 과로사, 과로자살에서도 안전배려의무 위반이 문제되는가?

안전배려의무에는 근로자의 건강을 해치고 있는 경우, 그 내용 · 정도에 비추어 필요에 따라 건강관리의 관점에서 근로의 경감 등의 조치를 취할 의무가 포함되어 있다. 따라서 과로사, 과로자살에서도 업무와 사망 간에 인과관계가 인정되고, 뇌 · 심장질환에 의한 사망, 자살에 대해 예견이 가능하였던 경우에, 사용자가 이와 같은 의무를 다하지 않았을 때에는 안전배려의무 위반에 따른 손해배상책임을 지게 된다.

37) 대판 2013.11.28, 2011다60247; 대구고판 2011.6.29, 2010나9475 참조.

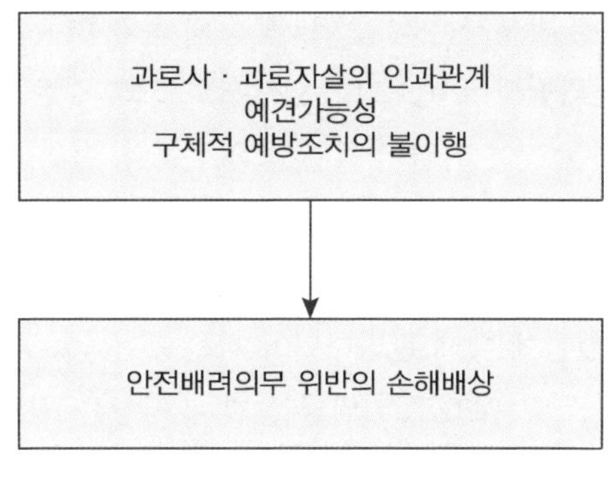

안전배려의무 위반에 의한 손해배상책임

기업이 안전배려의무 위반의 책임을 회피하기 위해서는 근로자의 발증(發症) 또는 자살을 방지하기 위하여 업무를 경감하는 등의 구체적인 예방조치를 취하는 것이 필요하다. 이와 같은 작업내용 경감조치 등의 구체적인 안전배려의무의 내용은 사용자가 근로자의 건강상태를 알고 나서야 비로소 정해지는 것이라고 할 수 있다. 따라서 사용자로부터는 "알 수 없었다.", 즉 "예견가능성이 없었다." 등의 주장(항변)이 이루어지는 경우가 있다. 그러나 사용자는 건강진단을 실시할 의무가 있고, 사회통념상 그 소견으로부터 과로사, 과로자살의 예견이 가능하였다고 판단되는 경우, 근로자의 일상에서의 이상한 언동(言動) 등으로부터 이의 예견이 가능하였다고 판단되는 경우에는, 이와 같은 주장은 인정되지 않는다.

과로사의 경우에는 원래 고혈압, 동맥경화 등의 기초질환이 있는 경우도 많이 보이는데, 이러한 경우에는 통상 기업의 책임이 인정되더라도 손해배상액을 감액받게 될 것이다.

바. 종업원의 건강배려도 안전배려의무의 내용에 포함되는가?

근로자의 건강을 해치고 있는 경우에 그 내용 · 정도에 비추어 필요에 따라 근로경감 등의 배려를 하여야 할 의무 또한 안전배려의무의 일종이다.

예를 들면, 분진작업에 종사하고 있던 근로자에게 발생하는 분진 ·

소음 작업장에서 발생하는 직업성난청 등의 직업병은, 그 업무 자체에 질병에 이환될 위험성이 내재되어 있으므로, 그와 같은 직업병에 이환되지 않도록 하는 것은 기업이 져야 할 의무이다. 이러한 경우에는, 업무에 내재하는 질병이환의 위험을 방지하는 건강배려의무가 안전배려의무의 일종으로 사업주에게 있다고 할 수 있다.

한편, 건강 일반에 대해 관리하여야 하는 것은 근로자 개개인이다. 근로를 제공하고 그 대가로서 임금을 받는 이상은, 근로자가 충분한 노무를 제공할 수 있도록 스스로 건강에 주의를 하는 것은 당연한 것이다. 과로사와 같은 경우에는, 근로자의 기초적 질환 외에 그 근로자의 일반적 건강관리의무(주의의무의 일종) 위반과 사용자의 안전배려의무 위반 양쪽이 원인이 되는 경우가 많다. 이 경우는 과실상계에 의해 손해액이 조정되게 된다.

사. 재해의 원인이 근로자에게도 있는 경우에는 과실상계가 되는가?

산업재해에서 피재근로자에게 과실[38]이 있으면, 그 정도에 따라 과실상계[39]가 이루어진다. 과실상계란, 근로자 측에 과실이 있는 경우에는 피해의 전액을 사용자(가해자)에게 부담하게 하는 것은 공평하지 않다는 생각에 기초하여, 즉 공평의 관점에서 피재근로자의 과실에 따라 손해배상액을 감액(조정)하는 법률상의 구조를 말한다.

근로자 측의 과실은 중대한 불안전행동, 금지행위 위반, 이미 건강을 해치고 있는 것을 알면서 생활습관을 고치지 않는 자기관리의무의 태만, 사용자로부터 받은 안전보건교육·지시의 내용을 무시하는 것과 같은 사업주 측의 재해방지노력으로서의 안전보건조치에 대한 협력의무 위반 등, 즉 사회적으로 기대되는 주의의무의 위반이 있었던

38) 과실상계에서의 과실은 가해자의 과실과 달리 사회통념이나 신의성실의 원칙에 따라 공동생활에 있어 요구되는 약한 의미의 부주의를 가리킨다(대판 1997.12.9, 97다43086).

39) 채무불이행의 경우는 「민법」 제396조, 불법행위의 경우는 「민법」 제763조가 각각 그 근거가 된다.

경우에 인정된다.

산업재해는 대부분 사용자의 안전배려의무를 소홀히 한 과실과 근로자의 자기보호의무를 소홀히 한 과실이 경합하여 발생한다. 그런데 산업재해는 재해발생 유형이 다양하고, 많은 원인이 복합적으로 관련되며, 동일한 현장에서 발생한 재해라 하더라도 그 발생원인과 피해근로자의 지위, 업무숙련도 등에 따라 각각의 과실의 재해발생에 대한 기여도가 각각 다르기 때문에 과실비율을 정형화한다는 것은 거의 불가능하다. 교통사고의 경우에는 가해자와 피해자 사이에 특별한 인적 관계가 없는 경우가 대부분이어서 객관적인 상황만을 고려하여 사고의 기여도를 정할 수 있기 때문에 상황에 따른 과실비율의 정형화가 어느 정도 가능하다. 그러나 산업재해의 경우에는 가해자와 피해자 사이에 인적 관계가 있고, 이와 같은 인적 관계를 통하여 알게 된 주관적인 사정까지 고려하여[40] 과실비율을 정해야 하기 때문에 더욱 과실비율을 정형화하기 곤란하다.[41]

불안전행동을 하는 자에게 주의조치를 행하는 것은 당연하지만, 소송에서는 평상시부터 지도를 하고 있었다는 사실을 증명할 수 없으면 의미가 없다. 구두에 의한 주의조치만으로는 불안이 남는다. 따라서 안전보건교육의 실시상황, 작업 중에 안전하게 작업하도록 평상시 지도를 해 온 내용 등을 기록해 두는 것, 안전보건관리규정 등의 위반 정도가 심한 경우에는 가벼우나마 징계 등의 제재조치를 하는 것도 필요하다.

아. 안전배려의무의 내용과 입증책임

안전배려의무의 법적 구성에서 원고(피재근로자 측)가 입증해야 할 사항은 무엇일까. 안전배려의무의 내용을 특정하고 의무위반에 해당하는 사실을 입증하는 책임은 채무불이행에 근거한 손해배상청구의

---

40) 사용자는 피고용인의 능력, 업무숙련도, 건강상태 등을 알고 고용계약을 맺게 되고, 피고용인은 자신이 행하게 될 업무의 내용, 위험성 등에 대해 충분히 알고 업무에 임하게 되기 때문이다.

41) 서울중앙지방법원, 《손해배상소송실무(교통 · 산재)》, 사법발전재단, 2017, 529쪽.

입증원칙에 따라 원고에게 있다. 원고는 추상적 안전배려의무의 존재를 주장하는 것만으로는 충분하지 않고, 그와 같은 추상적 의무를 당해 재해의 상황에 적용한 경우의 구체적 안전배려의무의 내용(예를 들면, 어떤 종류의 안전조치를 실시할 의무, 해당 기계의 정비·점검을 충분히 행할 의무, 어떤 사항에 관한 안전보건교육을 충분히 실시할 의무)을 특정하고, 그 불이행을 입증하여야 한다(귀책사유가 없는 것에 대한 입증책임은 사용자에게 있다).[42]

안전배려의무는 근로자의 직장에서의 안전과 건강을 확보하기 위하여 충분한 배려를 할 채무이지만, 안전과 건강 그 자체를 책임지는 결과채무가 아니라, 그 목표를 위하여 여러 조치(수단)를 강구하는 채무에 그친다.

단, 사고원인에 관한 기본적인 정보격차를 고려하면, 원고가 주요사실로서 입증해야 할 구체적 안전배려의무의 내용은 어느 정도 추상적인 것으로 족하고, 원고가 입수 가능한 자료에 의해 그와 같은 의무 위반을 추인하게 하는 간접사실을 입증하는 한, 피고(사용자)가 보다 상세한 간접사실에 의한 반증을 하는 것이 요구된다. 그리고 사고가 천재지변 등 사용자에게 귀책시킬 수 없는 사유에 의해 발생한 것의 입증책임은 사용자에게 있다.

자. 기업으로서 안전배려의무를 다하기 위해서는?

안전배려의무를 다하기 위해서는 산업재해 발생위험을 예견하고 그 위험을 회피하는 조치를 강구하는 것이 필요하다.

예를 들면, 많은 안전관계자는 재해가 발생한 후에야 그 원인에 대해 검토하고 "아! 사전에 이렇게 하면 좋았을 것을!", "이러한 설비를 설치해 두고 있었더라면!", "이렇게 주의를 하고 있었더라면 재해는 막을 수 있었을 텐데…."라고 생각하는 경우가 많다. 그렇다고 하면 평상시에 작업장을 확인하고, 예컨대 고소작업에서 추락·낙하가 예상

---

42) 형사재판에서는 모든 입증책임은 검사가 지는 것이 원칙이다.

되는 경우에는 난간, 안전방망을, 기계에 손이나 손가락이 말려들어갈 위험이 있는 경우에는 안전장치를, 들어가면 위험하다고 생각되는 곳에는 울, 표지판을 설치하는 것이 필요하다.

요컨대, 위험이 예상되는 작업, 장소 등을 발견하고 재해를 미연에 방지하기 위한 조치를 취함으로써 안전배려의무를 다할 수 있는 것이다. 사람의 생명, 신체, 건강이 무엇보다도 중요하고, '안전제일'의 대원칙에 서서 판단하는 것이 안전배려의무를 다하는 것으로 연결된다고 할 수 있다.

안전배려의무를 다하기 위해서는 「산업안전보건법」을 준수하는 것에 머무르지 않고 산업재해의 발생위험을 미연에 방지하기 위한, 즉 위험회피를 위한 예방조치를 충분히 강구하는 것이 요구된다.

7.11 안전배려의무 및 불법행위 구성

「민법」상의 손해배상청구에서 안전배려의무(채무불이행) 구성과 불법행위 구성은 여러 가지 점에서 접근하고 있다. 최근의 판결에서도 사용자가 안전배려의무를 위반하고 채무불이행책임을 지는 경우는 동시에 불법행위를 구성한다고 판단하는 예가 증가하고 있다.

안전배려의무 구성의 경우에도 근로자가 사용자의 안전배려의무의 구체적인 내용 및 그 위반을 입증해야 하므로 안전배려의무 구성 쪽이 반드시 유리하다고는 할 수 없다. 그리고 불법행위법상의 주의의무의 내용이 산업재해를 방지하기 위한 고도의 예견의무 및 결과회피의무가 부과되어 있는 것으로 구성되면, 사용자 의무의 내용·정도에 있어서도 양자의 실질적 차이는 미미하게 된다. 단, 양 구성에 대해서는 입증책임,[43] 시효,[44] 유족 고유의 위자료,[45] 지연손해금의 기산점[46] 등

43) 채무불이행에 기한 손해배상청구의 경우 재해가 사용자의 책임으로 돌아갈 사유(귀책사유: 고의 또는 과실)가 아닌 사유(천재지변 등 불가항력)에 의해 발생한 것에 대한 입증책임이 사용자에게 있는 데 반해, 불법행위에 기한 손해배상청구는 채권자인 피해자(근로자)가 채무자인 가해자(사용자)에게 귀책사유가 있었음을 입증해야 한다.

에서 중요한 차이가 인정된다.

근로자의 손해배상청구에 관한 '재판규범'으로서는 안전배려의무 구성과 불법행위 구성 간에는 큰 차이가 없다고 볼 수 있다. 그러나 안전배려의무의 효과로서 의무내용의 특정을 요건으로 이행청구권47)이 긍정될 수 있는바, 이 점에서 안전배려의무는 중요한 의의를 가진다. 그리고 사용자의 '행위규범'을 명확화하는 관점에서 볼 때 안전배려의무 구성 쪽이 타당하다. 불법행위 구성은 주의의무의 내용이 명확해지고 있다고는 하나, 본래 계약관계에 없는 당사자 간에 발생한 재해(위법행위)에 대한 사후적인 금전적 구제이고, 사용자가 사전에 무엇을 해야 하는지를 명확히 하는 데에는 그다지 적합하지 않다. 이러한 행위규범의 설정은 안전배려의무를 계약상의 의무로 구성하는 것과 정합적이고, 여기에 안전배려의무 구성의 의의가 인정된다.

8. 고의의 성립요소

고의란 구성요건의 객관적 요소에 대한 인식과 의지적 태도인 의욕[의도 또는 인용(용인, 감수)48)]이다. 구성요건의 객관적 요소에는 행위의 주체, 행위의 객체, 행위의 태양, 행위의 상황, 결과범에서의 결과와

44) 채무불이행에 기한 손해배상청구권은 채무불이행이 있었던 날로부터 10년이 소멸시효인 데 반해, 불법행위에 기한 손해배상청구권은 손해 및 가해자를 안 날로부터 3년이 소멸시효이다.

45) 채무불이행 구성의 경우, 사용자와 유족 간에는 근로계약 또는 이에 준하는 법률관계가 존재하지 않기 때문에, 유족은 채무불이행을 이유로 하는 고유의 위자료 청구가 인정되지 않는다.

46) 불법행위 구성에서는 재해 발생일로부터, 채무불이행 구성에서는 청구일의 다음 날로부터 기산한다.

47) 안전배려의무의 이행청구권은 안전배려의무 위반에 대한 사전의 법적 규율이 될 수 있는 수단이다.

48) 묵인이라고도 할 수 있다.

구체적 위험범에서의 위험 발생, 인과관계 등이 있다. 그리고 구성요건의 객관적 요소는 그 문언의 의미 전달도에 따라 서술적·기술적 요소와 규범적 요소로 구분된다.

고의가 성립하기 위해서는 '지적 요소'로서 객관적 구성요건요소의 사실(적 측면) 및 사실의 의미에 대한 인식[49]과 함께 '의지적 요소'로서 구성요건적 결과 발생에 대한 의도 또는 인용이 필요하다.

8.1 지적 요소

가. 사실 인식과 사실의 의미 인식

고의의 지적 요소는 구성요건적 사실과 그 의미(내용)를 인식하는 것이다. 즉, 고의의 지적 요소에는 사실의 단순한 외형적 표상에 대한 인식뿐만 아니라 사실의 의미에 대한 인식도 필요한 것으로 이해되고 있다.

행정형벌의 경우 종래에는 그것이 행정목적의 실현수단이라는 점을 중시하여 사실의 외형적 표상에 대한 인식만으로 족한 것으로 보는 주장도 있었지만, 오늘날은 행정형벌도 형벌의 성질을 가진다는 점과 행정형벌의 정책적·기술적 성격과 빈번한 법개정으로 인하여 사인(私人) 쪽에서 보면 외형적 인식과 그 의미의 인식이 일치하지 않는 경우가 많다는 점을 이유로, 형사벌의 경우와 같이 고의의 성립에 사실의 의미에 대한 인식도 필요하다고 본다. 그리고 지적 요소로서의 인식은 확정적 인식뿐만 아니라 미필적 인식으로도 족하다.

구성요건의 서술적·기술적 요소는 구성요건상의 문언이 단순히 기술적·사물적이어서 사실판단만으로도 그 의미(내용)가 확정될 수 있는 요소이므로 이에 대한 인식은 별 문제가 없으나, 구성요건의 규범

49) 고의는 모든 객관적 구성요건 요소를 인식하는 경우에 성립하므로 객관적 구성요건 요소 중 어느 하나의 요소에 해당하는 것에 대한 인식이 없으면 원칙적으로 고의는 성립되지 않으며, 결국 고의범으로서의 구성요건해당성이 부정된다.

적 요소[50]는 구성요건상의 문언 자체만으로는 그 의미가 쉽게 이해될 수 없다.[51] 행위자는 규범적 요소에 해당하는 사실의 '의미'를 어느 정도 인식하여야 하는지가 문제된다.

만약 규범적 구성요건요소에 대해 법률전문가에게 요구되는 정도의 인식까지 필요하다고 하면, 즉 규범적 구성요건요소에 대해 세세한 법률관계까지를 인식하여야 한다면, 법률가들만이 고의범죄를 저지를 수 있는 결과가 된다. 따라서 구성요건의 규범적 요소에 대한 의미의 인식은 정확한 법적 의미에서의 인식을 요구하는 것이 아니라 '일반인 내지 보통사람들 수준에서의 인식' 또는 '일반인(문외한)으로서의 소박한 인식'으로 충분하다고 본다.

나. 행위의 주체

구성요건이 일정한 신분을 가진 자만을 행위의 주체로 한정하고 있는 신분범에 있어서는, 행위자는 그 신분을 인식해야 한다. 신분범이란 구성요건인 행위의 주체에 일정한 신분을 요하는 범죄를 말한다. 여기에서 말하는 신분이란 범인의 인적 관계인 특수한 지위나 상태를 말한다. 예컨대 「산업안전보건법」 제63조 도급인의 안전보건조치 위반죄에서는 도급인(都給人) 사업주라는 인식을, 동법 제84조 안전인증 위반죄에서는 제조자 또는 수입자라는 인식을 해야 한다.

다. 행위의 객체

구성요건상 행위의 객체가 규정되어 있는 경우에는 행위자는 그 객체를 인식해야 한다. 행위의 객체에 대한 인식이 없는 경우 과실범이 될

---

50) 재물의 타인성, 물건의 음란성, 정당한 이유, 진술의 허위성 등 규범적 구성요건요소는 경우에 따라서는 세세한 법률관계를 살펴보아야 제대로 알 수 있다.

51) 엄밀히 보면 구성요건의 서술적·기술적 요소와 규범적 요소의 구별이 명확하지 않고 「형법」이 사용하는 모든 개념은 원칙적으로 일정한 규범성을 전제한 것으로 보아야 하기 때문에, 서술적·기술적 요소의 사실인식은 규범적 의미인식을 포함하는 것으로 볼 수 있다.

수 있을 뿐이다. 문제가 되는 법에 과실범을 처벌하는 규정이 없을 경우 행위자는 처벌되지 않는다. 「산업안전보건법」 제38조 안전조치 위반죄에 있어서의 기계적 · 전기적 · 화학적 위험요인 등이 그 예이다.

라. 행위의 태양 및 상황

구성요건에 행위의 태양(방법)이 규정되어 있는 경우가 있는데, 이 경우에는 행위자는 이 행위의 태양을 인식해야 한다. 예컨대 살인죄에서의 '살해', 강도죄에서의 '폭행 또는 협박', 재물 또는 재산상의 이익의 '취득' 등을 인식해야 고의가 성립할 수 있다.

구성요건상 행위가 일정한 외부적 상황하에서 행해질 것을 명시하고 있는 경우에는 그 상황을 인식해야 한다. 예컨대 중대재해 원인조사 방해죄에서의 '중대재해가 발생하였을 때'(산업안전보건법 제56조), 야간주거침입절도죄에서의 '야간에'(형법 제330조), 진화방해죄에서의 '화재에 있어서'(형법 제169조) 등 특수한 행위상황이 규정되어 있는 경우 이를 인식해야 한다.

마. 결과범에서의 결과와 구체적 위험범에서의 위험 발생

결과범에서는 일정한 결과가, 구체적 위험범에서는 법익침해에 대한 위험의 발생이 구성요건요소로 규정되어 있으므로, 행위자는 발생할 결과 또는 위험발생에 대한 인식이 있어야 한다. 행위자가 결과 또는 구체적 위험발생을 인식하지 못한 경우에는 고의가 인정되지 아니한다.[52)]

52) 추상적 위험범에 있어서는 위험에 대한 인식이 범죄의 요소로서 고려되지 않으나, 구체적 위험범에 있어서는 '위험의 발생'이 구성요건요소이므로 위험에 대한 인식과 인용이 고의의 내용으로 고려된다. 추상적 위험범에 있어서 해석상 도출되는 추상적 위험은 구성요건요소로 되어 있지 않고 일정한 행위가 있으면 당연히 법익에 대한 추상적 위험이 발생한 것으로 간주되는 반면, 구체적 위험범에서는 위험의 발생이 구성요건요소로 규정되어 있고, 그 구성요건은 대체로 '…에 대한 위험을 발생시킨 자는'이라는 형식으로 되어 있다.

바. 인과관계

인과관계(인과과정)도 객관적 구성요건요소에 속한다. 따라서 고의가 성립하기 위해서는 범죄행위와 결과 발생 사이의 인과관계에 대한 인식이 필요하다. 다만, 인과관계에 대한 정확한 인식은 전문가들만이 할 수 있으므로,[53] 인과관계에 대한 인식의 '정도'는 행위와 결과 사이의 모든 인과과정을 상세하게 인식할 필요는 없고, "일상적인 생활경험법칙에 비추어 예견 가능한 범위 내에서의 인식" 또는 "본질적인 부분에 대한 인식"이 있으면 충분하다고 본다.[54]

따라서 행위자가 인과관계의 본질적인 부분을 인식한 경우, 즉 행위자가 인식한 인과관계와 실제 발생한 인과관계가 일치하지 않지만 그 불일치가 중요하지 않은 때에는 결과 발생에 대한 고의가 인정된다. 그러나 그 불일치가 중요한 때에는 발생된 결과에 대한 고의가 인정되지 않는다.

사. 위법성의 인식

고의의 성립에 구성요건요소의 인식 외에 위법성의 인식도 필요한지에 대해서는 고의설과 책임설이 대립한다. 고의설은 위법성의 인식이 고의의 구성요소라고 하고, 책임설은 위법성의 인식이 고의와는 상관없는 독자적인 책임요소라고 본다. 책임설이 오늘날의 통설이다. 위법성의 인식에 대해서는 후술한다.

8.2 의지적 요소

고의의 의지적 요소는 구성요건적 결과 발생에 대한 의욕(의도 내지

---

53) 예를 들어 사람의 심장을 칼로 찔렀을 때 어떤 과정을 거쳐서 사람이 사망하는지는 의료전문가들이나 알 수 있는 일이다.

54) 사람의 심장을 찔렀을 때 어떤 과정을 거쳐 사망하는지를 자세히 모르더라도 사람의 심장을 칼로 찌르면 죽는다는 정도의 평범한 인식이면 족하다.

인용)이다. 의도를 가진 고의를 확정적 고의, 의도에는 못 미치지만 인용하는 상태를 미필적 고의라고 한다. 구성요건적 결과 발생을 인식하였으나 인용도 하지 않았으면 인식 있는 과실이 된다. 미필적 고의와 인식 있는 과실은 결과 발생을 인식하였고 그것을 의도하지는 않았다는 점에서는 차이가 없고, 결과 발생을 인용했는가 그렇지 않았는가의 차이밖에 없다.

이와 같은 작은 차이를 이유로 미필적 고의와 인식 있는 과실을 구분하고 그 형법적 효과에 커다란 차이를 두는 것이 과연 타당한가 하는 의문이 제기될 수 있다. 이런 문제점을 피하기 위해 영미법에서는 미필적 고의와 인식 있는 과실을 모두 포괄하는 recklessness라는 개념을 사용하고 있다. recklessness란 행위에서 발생할 수 있는 결과에 무관심하거나 결과를 예상하면서도 행위를 지속하는 행위자의 내심상태를 말한다.[55] recklessness는 경미과실이나 경과실보다 중한 개념이다. 다른 사람의 생명이나 안전을 침해할 것을 의도하지는 않더라도 침해가 발생할 수 있는 상황하에서 침해결과를 무시하거나 침해결과에 무관심한 경우 recklessness가 인정된다.

9. 미필적 고의범

9.1 서론

우리 「형법」에서는 원칙적으로 고의범만을 처벌대상으로 하고, 과실범은 예외적으로 법률에 특별한 규정이 있는 경우에 한하여 처벌한다(형법 제13조, 제14조). 또 과실범의 처벌은 예외적일 뿐만 아니라, 처벌하는 경우에도 고의범에 비하여 법정형이 낮기 때문에 고의와 과실

55) 오영근 · 노수환, 《형법총론(제7판)》, 박영사, 2024, 155쪽 참조.

의 구별은 중요하고 그 실제적 영향이 지대하다.[56)]

예컨대, 일정한 행위로 타인이 사망한 경우 사망에 대한 고의가 인정되면 보통살인죄로서 사형·무기 또는 5년 이상의 징역형으로 처벌받는 데 비하여(제250조 제1항), 사망에 대하여 과실이 인정되면 과실치사죄로서 2년 이하의 금고형 또는 700만원 이하의 벌금형, 업무상과실이 인정되면 업무상과실치사상죄로서 5년 이하의 금고형 또는 2천만원 이하의 벌금형으로 처벌받으므로(제268조), 피고인의 입장에서는 고의범인지, 과실범인지는 매우 중대한 문제라고 할 수 있다.

그렇다면 고의와 과실을 어떻게 구별할 것인가. 이 중에서도 미필적 고의와 인식 있는 과실을 어떻게 구별할 것인가라는 문제가 고의의 본질론의 핵심적인 논의대상이 되고 있다. 미필적 고의는 고의 중에서 가장 불확정적인 고의의 형태이므로 인식 있는 과실과의 구별이 모호하다. 그러나 고의와 과실은 형벌의 경중에서도 커다란 차이가 있으므로 그 구별을 확실히 할 필요가 있다.

「형법」 제8조에 따르면, 다른 법령에 특별한 규정이 있는 경우를 제외하고는 「형법」 총칙(제1편)은 다른 법령에 정한 죄에도 적용한다고 규정하고 있다. 따라서 다른 법령에 해당하는 「산업안전보건법」 위반 시에도 형사처벌이 수반되는 위반행위가 범죄로 되기 위해서는 「형법」 총칙의 규정(제13조)에 따라 위반행위자에게 고의가 있는 것이 필요하다.[57)] 그런데 「산업안전보건법」의 경우는 그 특성상 확정적 고의범에 해당하는 경우보다는 미필적 고의범에 해당하는 경우가 많을 것으로 판단된다. 그리고 「산업안전보건법」 위반 문제도 주로 미필적 고의에 해당하는지 여부를 둘러싸고 발생하고 있다. 미필적 고의범에 해당하면 처벌받게 되고 인식 있는 과실범에 해당하면 처벌을 면하게 되므로, 「산업안전보건법」 영역에서 미필적 고의와 인식 있는 과실의 구분은

56) 고의와 과실은 행위반가치(행위불법)의 내용인 불법판단과 심정반가치의 내용인 책임판단에서 차이가 있다. 과실에 비해 고의에 대한 책임비난이 훨씬 강하고, 고의 중에서도 확정적 고의가 미필적 고의보다 강한 책임비난을 받는다.

57) 「산업안전보건법」에는 고의 없이도 처벌한다는 규정을 두고 있지 않다.

피고인의 유죄와 무죄를 결정짓는 중요한 문제가 되는 것이다.

9.2 미필적 고의: 인식 있는 과실과의 비교를 중심으로

미필적 고의(未必的 故意)란, 불확정적 고의의 하나로서 '조건부 고의'라고도 하는데, 자기의 행위로 인하여 어떤 범죄사실(결과)이 발생(구성요건의 실현)하는 것에 대한 확실한 인식(예견)까지는 아니지만 그 (결과 발생) '가능성'을 인식(예견)하면서(발생 가능성을 불확실한 것으로 표상하면서) 결과 발생을 희망하지는 않았지만 그 결과가 발생해도 할 수 없는 것으로 인용하는 심리상태를 말한다.[58] 결과 발생의 인용이란, 현실화될 위험(위반)행위를 회피하지 아니하고 위험(위반)행위로 나아가는 긍정적인(감수하는) 태도를 의미한다. 따라서 결과 발생의 희미한 가능성만을 인식했다고 하더라도 현실화된 위험행위를 회피하지 아니하고 작위로 나아가는 긍정적 태도를 보인 이상 고의의 성립이 인정된다. 바꾸어 말하면, 미필적 고의란 자기의 행위로부터 어떤 결과가 '발생할지도 모른다.'는 것을 알면서도 '발생해도 할 수 없다, 어쩔 수 없다.'고 인정하는 심리상태를 말한다. 예를 들어, 엽총으로 새를 쏘는 경우에 자칫하면 주변에 있는 사람이 맞을지도 모른다고 생각하면서 발포하였는데, 아닌 게 아니라 마침 주위에 있던 사람이 맞아 사망하였을 경우에는 미필적 고의에 의한 살인죄가 성립된다.

사람을 사망에 이르게 한 경우에 이를 고의범이라 하여 살인죄로 물을 것인가, 아니면 과실치사죄로 취급할 것인가라는 문제가 제기되는데, 이는 대단히 미묘한 문제이다. 왜냐하면 당사자에게는 분명히 살인을 의도한 고의는 없었기 때문이다. 그러나 사람이 맞더라도 할 수 없다고 하는 태도, 즉 "결과가 발생해도 할 수 없다."는 내심상태는 사망이라는 결과의 발생을 인용하고 있는 것으로 인정하여 고의범으로

58) 반면에 구성요건의 실현(가능성)을 '확실히' 인식하면서 이를 '적극적으로 희망하는'(즉, 의도하는) 심리상태를 '확정적 고의'라고 한다.

취급된다. 즉, '미필적 고의'가 있는 범죄로 취급된다. 이에 반해 '인식 있는 과실'은 결과 발생을 내심으로 거부하거나 희망하지 않은 경우로서 "결과가 발생할 수 있겠지만 그렇지 않을 것이다."고 생각하는 것이다. 위의 예로 설명하면, 새를 쏜 경우 주위에 사람이 있을 수 있음을 인식하고는 있었으나 자기의 솜씨를 과대평가하거나 위험을 과소평가하여 사람이 맞는 일은 없을 것으로 생각하고 발포한 경우에는 만일 사람에게 맞아 그 사람이 사망하더라도 그는 사망이라는 결과의 발생을 부정하고 쏜 것이므로 인식 있는 과실에 해당한다.

또 다른 예로, 보험금을 탈 목적으로 밤에 자기의 집에 방화(放火)할 때에 혹시 옆집까지 연소하여 잠자던 사람이 타죽을지도 모른다고 예견하면서도, 타죽어도 할 수 없다고 생각하고 방화한 경우를 생각해 보자. 보험금 사취(詐取)를 위한 방화에 대해서는 확정적 고의가 있으나, 그로 인한 옆집 사람의 연소사(延燒死)의 결과에 대해서는 미필적 고의가 있게 된다. 방화로 인하여 옆집에 연소함으로써 잠자던 사람이 타죽을지도 모른다고 예견한 점에서는 미필적 고의와 인식 있는 과실이 공통하지만, 다만 타죽어도 할 수 없다고 인용한 심리상태는 미필적 고의가 되고, 아직 초저녁이어서 깊이 잠들지 않아 곧 깨어나서 타죽지는 않을 것이라고 확고히 믿는 심리상태는 인식 있는 과실이 된다.

판례 또한 미필적 고의라 함은 결과(범죄사실)의 발생가능성을 불확실한 것으로 표상하면서 이를 용인하고 있는 경우를 말하고, 미필적 고의가 있었다고 하려면 결과(범죄사실)의 발생가능성에 대한 인식이 있음은 물론, 나아가 결과 발생(범죄사실이 발생할 위험)을 용인하는 내심의 의사가 있음을 요한다고 판시하고 있다.[59] 예컨대, 인화물질 근처에서 담배를 피우는 것이 위험하다는 것을 알면서도 불이 나도 좋다고 생각하고 담배를 피우다가 화재가 발생한 경우가 이에 해당한다.

59) 대판 2004.5.14, 2004도74; 대판 2004.2.27, 2003도7507; 대판 1995.1.24, 94도1949; 대판 1992.1.17, 91도1675; 대판 1991.5.10, 90도2102; 대판 1987.2.10, 86도2338; 대판 1987.1.20, 85도221; 대판 1985.6.25, 85도660; 대판 1982.11.23, 82도2024; 대판 1969.12.9, 69도1671 등.

즉, 미필적 고의가 성립하려면 결과발생가능성에 대한 인식(인화물질 근처에서의 흡연은 위험하다는 인식)이 있음은 물론, 나아가 결과 발생을 용인하는 내심의 의사(화재가 발생하여도 어쩔 수 없다는 범의)가 있음을 요한다. 결국 판례에 따르면, 행위자가 결과발생가능성을 인식하면서도 이를 인용한 경우는 미필적 고의이고, 인용하지 않은 경우는 인식 있는 과실이 된다.[60)]

미필적 고의와 인식 있는 과실은 다 같이 결과발생가능성을 인식하고 있는 점에서는 차이가 없다. 그러나 미필적 고의는 가능하다고 인식한 결과의 발생에 내심으로 동의하거나, 결과가 발생해도 부득이한 것으로 용인(할 수 없는 것으로 받아들이는 긍정적 태도)하거나 결과발생의 위험을 감수("결과가 발생해도 괜찮다."라고 감수)한 점에서, 이를 부정한 인식 있는 과실과 구별된다.[61)]

미필적 고의는 고의와 과실의 중간영역에 위치하는 인식 있는 과실과 이론상 위와 같이 구별되지만 실제 그 구별은 쉽지 않다.[62)] 구체적 범죄사실에 있어서 행위자가 가능하다고 인식한 결과의 발생에 대해 어떠한 의지적 태도를 가지고 있었는지를 판단하는 것은 행위자의 내

---

60) 판례 중에는 "살인죄에 있어서 범의는 반드시 살해의 목적이나 계획적인 살해의 의도가 있어야만 인정되는 것은 아니고, 자기의 행위로 인하여 타인의 사망의 결과를 발생시킬 만한 가능 또는 위험이 있음을 인식하거나 예견하면 족한 것이고 그 인식 또는 예견은 확정적인 것은 물론 불확정적인 것이라도 이른바 미필적 고의로 인정된다."고 하여 인용에 대한 명시적 언급이 없는 것도 많이 있다(대판 2006.4.14, 2006도734; 대판 2004.6.24, 2002도995; 대판 1998.6.9, 98도980; 대판 1994.12.22, 94도2511; 대판 1994.3.22, 93도 3612; 대판 1988.6.14, 88도692; 대판 1988.2.9, 87도2564; 대판 1987.7.21, 87도1091; 대판 1966.3.15, 65도966 등). 이에 대하여, 다수설은 판례에서 말하는 결과발생가능성에 대한 인식 또는 예견에는 인용이 함축되어 있다고 해석하고 있다.

61) 결과발생회피의무위반은 과실범에도 존재하지만, 고의범의 경우에는 결과 발생을 '긍정'하면서(현실화될 위험행위로 나아가는 긍정적 '태도'를 가지면서) 결과발생회피의무를 이행하지 않은 것임에 반하여, 과실범의 경우에는 결과 발생을 '부정'하면서(현실화될 위험행위로 나아가는 긍정적 '태도'를 갖지 않으면서) 결과발생회피의무위반이 발생하는 점에서 차이가 난다.

62) 미필적 고의와 인식 있는 과실은 인용 유무라는 작은 차이를 가지고 있다고 볼 수도 있지만, 형법적 효과에 있어서는 커다란 차이가 있다.

면적인 심리에 들어가서 그 미묘한 차이를 읽어내야 하는 문제로서 형사소송상 매우 복잡한 사실증명이 필요할 것인데, 행위의 수단·방법, 구체적 행위정황, 피해상황, 행위자의 전력 및 성격, 피해자와의 관계, 보호법익에 대한 행위자의 태도, 행위 시 혹은 행위 후의 진술 등을 고려하여 판단을 내리게 될 것이며, 그 판단은 종종 간접증거(정황증거)에 의거한 법관의 추단에 귀착하게 될 것이다. 이 점과 관련하여 판례도 "그 행위자가 범죄사실이 발생할 가능성을 용인하고 있었는지의 여부는 행위자의 진술에 의존하지 아니하고 외부에 나타난 행위의 형태와 행위의 상황 등 구체적인 사정을 기초로 하여 일반인이라면 당해 범죄사실이 발생할 가능성을 어떻게 평가할 것인가를 고려하면서 행위자의 입장에서 그 심리상태를 추인하여야 한다."[63]고 판시하고 있다.

참고 안전보건조치 미이행과 미필적 고의

행위자가 안전보건조치가 이행되지 않는 결과가 발생할 가능성이 희박한 것으로 인식하였더라도, 그가 결과 발생이 가능한 행위를 할 것인가, 말 것인가의 여부를 결정할 수 있고 결과 발생 여부가 행위자의 지배범위에 있다면, 행위자는 그 결과 발생을 회피할 법적 의무(안전보건조치의 미이행이라는 결과 발생이 가능한 행위를 하지 아니할 작위의무)가 있으며, 만약 결과 발생이 가능한 부작위로 나아가는 의지적 태도를 보인다면 고의범으로서의 형벌적 비난을 가해야 할 것이다.

따라서 결과 발생의 희박한 가능성만을 인식했다고 하더라도 현실화될 위험행위(안전보건조치 미이행)를 회피하지 아니하고 부작위로 나아가는 긍정적 태도를 보인 이상, 안전보건조치 미이행의 미필적 고의에 대해서도 고의의 성립을 인정하는 것이 타당하다.

63) 대판 2004.5.14, 2004도74.

9.3 세월호 침몰사고와 미필적 고의
: 선장의 부작위에 의한 살인의 미필적 고의

세월호 침몰사고 판결에서 법리적으로 가장 논란이 되었던 쟁점은 승객이나 다른 승무원들을 구호하지 않고 퇴선한 선장 등을 포함한 피고인들(선장, 1등 항해사, 2등 항해사, 기관장)에게 살인의 미필적 고의를 인정할 수 있는지의 문제였다. 사망한 승객들에 대한 살인죄의 경우 제1심 법원은 피고인 전원에게 무죄판결을 선고하였으나,[64] 항소심 법원은 선장에 대해서만 미필적 고의에 의한 살인죄의 성립을 인정(용인하는 내심의 의사를 인정)하여 유죄판결을 선고하였으며, 대법원도 이를 유지하였다.[65]

"범죄는 보통 적극적인 행위에 의하여 실행되지만 때로는 결과의 발생을 방지하지 아니한 부작위에 의하여도 실현될 수 있다. 형법 제18조는 "위험의 발생을 방지할 의무가 있거나 자기의 행위로 인하여 위험발생의 원인을 야기한 자가 그 위험발생을 방지하지 아니한 때에는 그 발생된 결과에 의하여 처벌한다."라고 하여 부작위범의 성립 요건을 별도로 규정하고 있다. (중략) 또한 부진정 부작위범의 고의는 반드시 구성요건적 결과발생에 대한 목적이나 계획적인 범행 의도가 있어야 하는 것은 아니고 법익침해의 결과발생을 방지할 법적 작위의무를 가지고 있는 사람이 의무를 이행함으로써 결과발생을 쉽게 방지할 수 있었음을 예견하고도 결과발생을 용인하고 이를 방관한 채 의무를 이행하지 아니한다는 인식을 하면 족하며, 이러한 작위의무자의 예견 또는 인식 등은 확정적인 경우는 물론 불확정적인 경우이더라도 <u>미필적 고의</u>로 인정될 수 있다."(밑줄은 필자).[66]

---

64) 제1심 법원은 선장이 자신의 행위로 인하여 피해자들이 사망에 이를 수도 있다는 가능성을 인식한 것을 넘어 이를 용인하는 내심의 의사까지 있었다고 인정하기에는 부족하다는 이유로 살인의 미필적 고의를 부정하였다.

65) 세월호 선장에게 선고된 부작위에 의한 살인죄 판결은 인명사고와 관련해 부작위에 의한 살인죄를 인정한 대법원 최초의 판단이다.

66) 대판 2015.11.12, 2015도6809(전원합의체).

9.4 산업안전보건법에서의 미필적 고의

「산업안전보건법」은 과실범을 따로 규정하지 않고 있고, 해석상으로도 종업원의 위반행위에 대하여 사업주도 처벌한다는 양벌규정을 제외하고는 과실범도 처벌할 뜻이 명확한 조항을 가지고 있다고 보기 어렵기 때문에,[67] 「산업안전보건법」 위반 시 '형벌'이 수반되는 조항의 위반죄는 양벌규정을 제외하고는 모두 고의범이라고 할 수 있다. 그런데 「산업안전보건법」의 경우는 전술한 바와 같이 그 특성상 고의범 중에서도 확정적 고의범보다는 미필적 고의범이 주로 문제가 될 것이다. 「산업안전보건법」 위반의 미필적 고의범은 "산업안전보건기준을 위반할지도 몰라. 하지만 그래도 어쩔 수 없지."라고 생각하는 경우에 해당한다. 그러나 "산업안전보건기준을 위반할지도 몰라. 그러나 그럴 리 없을 거야(위반하지 않을 거야)."라고 생각한 것으로 인정되면 인식 있는 과실에 해당되어 미필적 고의가 있었다고 볼 수 없게 되고, 따라서 처벌할 수 없게 된다.

판례도 형벌이 부과되는 「산업안전보건법」 위반죄가 최소한 미필적 고의범일 필요가 있다는 것을 확인하고 있다. "사업주가 사업장에서 안전조치가 취해지지 않은 상태에서의 작업이 이루어지고 있고 향후 그러한 작업이 계속될 것이라는 사정을 미필적으로 인식하고서도 이를 그대로 방치하고, 이로 인하여 사업장에서 안전조치가 취해지지 않은 채로 작업이 이루어졌다면 사업주가 그러한 작업을 개별적·구체적으로 지시하지 않았더라도 위 죄는 성립하며"[68](밑줄은 필자)라고 판시하고 있다. 판결문에서 "그대로 방치"했다는 것은 결과 발생을 용인했다는 것을 의미한다고 볼 수 있기 때문에, 형벌이 부과되는

---

67) 「산업안전보건법」과 같은 행정형법은 과실에 의한 행위에 대해 명문의 규정이 있는 경우뿐만 아니라 해석상 과실범도 벌할 뜻이 명확한 경우에도 처벌될 수 있다고 해석되고 있다(대판 2010.2.11, 2009도9807; 대판 1993.9.10, 92도1136; 대판 1986.7.22, 85도108).

68) 대판 2011.9.29, 2009도12515; 대판 2010.11.25, 2009도11906 등.

「산업안전보건법」 위반죄가 성립하기 위해서는 최소한 결과 발생의 희박한 가능성 인식과 현실화될 위험을 회피하지 아니하고 용인하는 태도, 즉 미필적 고의가 필요하다고 판단하고 있는 것이다.

10. 위법성의 인식과 법률의 착오

「형법」 제16조는 '법률의 착오'[69]라는 제목하에 "자기의 행위가 법령에 의하여 죄가 되지 아니하는 것으로 오인한 행위는 그 오인에 정당한 이유가 있는 때에 한하여 벌하지 아니한다."라고 규정하고 있다.[70] 이에 따르면, 법률의 착오란 죄가 되는 행위를 하는 자가 행위 당시에 자기의 행위가 법령에 의하여 죄가 되지 않는 것으로 오인한 경우를 말한다고 할 수 있다. '죄가 되지 않는 것으로 오인한다'는 것은 객관적으로는 행위자의 행위가 구성요건에 해당하고 위법함에도 불구하고 행위자는 자신의 행위가 위법하다는 것을 알지 못하는 것을 말한다.

이와 같이 법률의 착오는 위법한 행위를 하는 사람이 자기 행위가 위법하다는 인식 없이 그 행위를 하는 경우를 말한다. 따라서 법률의 착오를 이해하기 위해서는 위법성 인식의 의미를 파악하여야 한다.

10.1 위법성 인식의 개념

행위자가 자신이 실현한 행위가 위법함을 인식하는 것은 책임의 필수

69) 법률의 착오는 위법성의 착오, 금지의 착오라고도 한다.

70) 정당한 이유가 있는 법률의 착오라고 판단한 대표적인 판례 하나를 소개하면 다음과 같다. "국민학교 교장이 도 교육위원회의 지시에 따라 교과내용으로 되어 있는 꽃 양귀비를 교과식물로 비치하기 위하여 양귀비 종자를 사서 교무실 앞 화단에 심은 것이라면 이는 죄(마약법 위반)가 되지 아니하는 것으로 오인한 행위로서 그 오인에 정당한 이유가 있는 경우에 해당한다고 할 것이다."(대판 1972.3.31, 72도64).

적인 성립요건이다. 위법성의 인식이 없었다면 책임은 성립하지 않는다는 것은 책임주의의 요청이다. 하지만 법공동체의 구성원이라면 사회적 통합의 기초인 형법규범을 알 의무가 있다. 그렇기 때문에 「형법」 제16조는 위법성의 불인식을 이유로 책임을 배제시키기 위해서는 행위자에게 정당한 이유가 있을 것을 요구하고 있다.[71]

위법성 인식이란 위법한 행위를 하는 자신의 행위가 '법질서'에 위반하여 허용되지 않는다는 행위자의 인식, 즉 '법적' 금지에 대한 인식을 말한다.[72] 따라서 단순히 윤리·도덕이나 관습에 위반된다는 인식은 위법성 인식이 될 수 없다. 법적 인식이라고 하여 금지하고 있는 구체적인 법조문까지 인식할 필요는 없다. 법이 보호하는 이익을 침해한다는 인식, 법질서나 법적 가치 위반에 대한 인식으로 충분하다. 법질서의 타당성에 의문을 품는 경우에도 위법성의 인식이 있다고 할 수 있다. 따라서 윤리적·종교적 확신범 또는 정치적 양심범의 경우 위법성의 인식이 있다고 인정된다.

또한 형법규범 위반인지 혹은 행정법규범이나 민법규범의 위반인지를 인식할 필요는 없고(형법이든 행정법이든 민법이든 무언가 법질서에 반하다고 인식하였으면 위법성의 인식이 있다고 보아야 하고), 단지 자신의 행위가 공동체의 현행 법질서에 위배된다는 것, 즉 실질적으로 위법하다는 것, 법적으로 금지된다는 인식을 가짐으로써 충분하다.[73] 따라서 법률전문가로서의 불법통찰이 요구되는 것은 아니고, 비전문가(문외한)로서의 소박한 인식(판단)으로 족하다. 그리고 현실적 인식뿐만 아니라 잠재적 인식 혹은 미필적 인식으로 족하다.

그러나 위법성 인식은 법의식의 영역에 속하는 문제이므로 전술한

---

71) 이상돈, 《형법강론(제4판)》, 박영사, 2023, 207쪽.

72) 자신의 행위가 위법하다는 것을 인식하면서도 위법한 행위를 한 사람에 대해서는 비난이 가능하고, 따라서 그는 자신이 행한 위법행위에 대해 책임을 져야 한다.

73) 위법성의 인식을 좁게 보는 소수설은 「형법」 위반의 인식이 있어야 위법성의 인식이 있다고 한다(형법적 위법성설). 소수설에 의하면 위법성의 인식 범위를 지나치게 좁혀 법전문가만이 위법성을 인식할 수 있는 것으로 보게 되는 위험이 있다.

바와 같이 자신의 행위가 도덕이나 윤리가치 또는 관습에 반하다고 하는 단순한 도덕적 죄의식만으로는 충분하지 않다. 판례가 위법성 인식을 넓게 파악하여 사회정의와 조리(條理)에 어긋난다는 것을 인식하면 족하다고 보는 것[74]은 위법성 인식이라는 문자적 개념과 너무 동떨어져 있고 위법성 인식과 반윤리·반도덕의 인식을 동일하게 취급하여 지나치게 가벌성의 범위를 넓힐 우려가 있다.[75]

10.2 위법성 인식의 태양

행위자가 살인·방화·강도와 같이 핵심형법에 속하는 범죄를 저지르는 경우에는 위법성을 '분명히' 인식하는 것이 대부분이다(위법성의 확정적 인식). 그러나 조세범·교통사범과 같이 행정형법에 속하는 범죄에 있어서는 위법성에 대한 확실한 인식보다는 법질서에 반할 '가능성'을 행위자가 인용함으로써 족할 것이기 때문에 이른바 위법성의 '미필적' 인식도 인정된다.

위법성의 인식은 '현실적으로' 존재하는 경우가 많다(위법성의 '현실적' 인식). 이는 특히 범죄가 장기간 치밀하게 준비·수행된 경우에 허다하다. 그러나 위법성이 행위자의 머릿속에 표상되지 아니하고 심층에 잠재하고 있는 경우에도 위법성의 인식은 존재한다고 보아야 할 것이다(위법성의 '잠재적' 인식).

10.3 행정형법과 법률의 착오

법률의 착오는 일반형법에서도 문제되지만, 우리나라와 같이 광의의 형법이 비대화되어 있는 나라에서는 행정형법에서 특히 법률의 착오가 많이 문제될 수 있다.

---

74) 대판 1987.3.24, 86도2673.

75) 오영근·노수환, 《형법총론(제7판)》, 박영사, 2024, 337쪽.

우리나라에는 행정의 확실한 집행성을 확보하기 위해 행정법규 위반행위에 대해 형벌을 과하는 규정들을 두고 있는 행정법률들이 다수 존재한다. 이러한 법률들은 기술적 · 전문적 성격을 가졌기 때문에 많은 사람들이 자신의 행위가 이러한 법률상의 범죄구성요건에 해당하고 위법하다는 사실을 알지 못한 채 위반행위를 하게 되는데, 이 경우 대부분 법률의 착오가 문제될 것이다. 실제로 판례에서 문제되는 법률의 착오 사례는 대부분 행정범적 성격을 지닌 것들이다.

10.4 법률의 부지

법률의 부지란 일정한 행위를 처벌하는 법규를 전혀 알지 못하고 그 법규에 위반하는 행위를 하는 경우를 말한다. 효력의 착오 또는 해석의 착오에서는 행위자가 처벌법규의 존재 자체는 알고 있지만 그 규범의 효력이나 의미 혹은 해석 · 적용상의 착오를 일으킨 것인 데 비해, 법률의 부지에서는 행위자가 처벌법규의 존재 자체도 모르고 있다는 점에서 차이가 있다.

학설은 법률의 부지를 법률의 착오의 한 유형으로 보고 있지만, 판례는 법률의 부지는 「형법」 제16조의 법률의 착오에 속하지 않는다는 입장을 고수하고 있다.[76] 즉 판례에 따르면, 법률의 부지는 위법성의 인식이 있는 경우로서 「형법」 제16조가 적용되지 않고, 따라서 행위자는 정당한 이유의 유무에 관계없이 책임이 물어진다(행위자는 정당한 이유 유무에 대한 심사조차 받을 수 없다). 이러한 판례의 입장은 명백히 부당하다고 하겠다. 법률의 부지로 인하여 위법성의 인식이 결여된 경우도 법률의 착오에 당연히 포함된다고 보아야 할 것이다(당연해석).[77], [78]

---

76) 대판 2008.5.29, 2007도10914; 대판 2008.3.14, 2007도11263; 대판 2007.11.15, 2007도6775; 대판 2006.5.11, 2006도631; 대판 2006.3.10, 2005도6316; 대판 2004.2.12, 2003도6282; 대판 1995.12.22, 94도2148; 대판 1994.4.15, 94도365; 대판 1992.10.13, 92도1267; 대판 1990.1.23, 89도1476 등.

로마법 이래의 전통적인 법원칙 가운데 "법률의 부지는 용서[79]되지 않는다."는 법언이 있다. 이 법원칙은 독일 「형법」으로 이어졌고, 독일 「형법」을 본받은 일본 「형법」 제38조(고의)는 법률의 부지가 고의에 영향을 미치지 않는다는 명문의 규정을 두었다. 그러나 우리 「형법」에는 법률의 부지에 관한 명문의 규정이 없다. 그런데도 명문규정이 있는 일본 판례에서 유래한 해석론이 우리 판례에 그대로 적용되고 있는 것은 문제라고 할 수 있다.

판례에서 법률의 부지 이론(법률의 부지가 범죄 성립에 영향을 미치지 않는다는 주장)으로 해결하고 있는 사례들 대부분 행정법규 위반행위이다. 역사적으로 볼 때 "법률의 부지는 용서될 수 없다."는 법언은 원칙적으로 자연범에나 타당한 이론이다. 살인, 상해, 강도 등과 같은 자연범을 범하고 그것을 금지하는 법률이 있음을 몰랐다고 하는 변명을 받아들이기는 곤란할 것이기 때문이다.[80] 그러나 행정범에게까지 법률의 부지 이론을 적용하는 것은 문제이다.[81] 오늘날 양산되고 있는 수많은 행정형법 속에 들어 있는 처벌법규를 모두 안다는 것은 일반인에게는 물론이거니와 법률전문가에도 거의 불가능하기 때문이다.[82]

---

77) 임웅 · 김성규 · 박성민, 《형법총론(제14정판)》, 법문사, 2024, 353쪽 참조.

78) '법률의 부지'라는 용어는 정확하게 말하면 '법률의 부지에서 야기된 법률의 착오'라고 할 수 있다. 「형법」 제16조는 단순히 '법률의 착오'라고 규정하고 있는 것이지 '법률의 부지에서 야기된 법률의 착오를 제외한 법률의 착오'를 규정하고 있는 것은 아니다. 「형법」 제16조가 법률의 부지를 제외하고 있다고 해석하는 것은 피고인에게 유리한 규정을 축소해석하는 것으로서 허용되지 않는 해석이다(오영근 · 노수환, 《형법총론(제7판)》, 박영사, 2024, 346쪽).

79) 용서는 정확히는 면책을 가리킨다(조규창, 《로마형법》, 고려대학교 출판부, 1998, 82-83쪽.

80) 자연범의 성격이 분명한 범죄에 대해서는 법률의 부지 이론이 설득력이 있다.

81) 오영근 · 노수환, 《형법총론(제7판)》, 박영사, 2024, 345-346쪽.

82) "법률의 부지는 용서받지 못한다"는 원칙에 따르면, 설사 개개인이 자신의 행위가 전체 법질서에 위반하지 않는 것으로 오인한다고 하여도 이러한 오인에 형법적 의미를 부여할 필요는 없다. 어느 행위가 전체 법질서의 관점에서 "옳다" 또는 "그르다"라고 판단하는 것은 전체 법공동체 구성원들의 몫이라는 것이다. 1952년 독일 연방대법원은 "법률의 부지는 용서받지 못한다"는 이 전통적 인식을 과감히 수정하면서 구체적 행위자에게 자신의 행위가 전체 법질서에 반하다는 인식(즉, 위법성의

법률의 부지가 문제가 되는 것은 주로 행정형법인데, 행정형법에 대해서까지 법률의 부지에 대해 면책가능성을 인정하지 않는 것은 과잉금지원칙에 위배된다.[83)]

참고 형사범과 행정범의 구별[84)]

범죄의 분류방법 가운데 형사범과 행정범의 구별이 있다. 이 분류방법은 저촉된 형사법규에 어느 정도 사회윤리적 비난의 요소가 깃들어 있는가를 표준으로 한 것이다. 살인, 강도, 강간 등의 범죄는 사회윤리적으로 강력한 비난이 개재되어 있는 범죄유형이다. 강력한 비난의 징표는 이러한 범죄들이 형법전에 수록되어 있다는 사실 자체에서 이미 발견할 수 있다. 대표적인 범죄유형들을 추출해서 한 곳에 모아 놓은 것이 형법전이기 때문이다. 사회윤리적 비난의 정도가 강한 범죄는 형법전 이외에 각종 특별형법[85)]에서도 찾아볼 수 있다. 형법전이나 기타 특별형법에서 규정한 범죄유형을 가리켜서 형사범이라고 한다. 형사범은 사회윤리적 비난이 강한 범죄유형이다.

형사범에 대립하는 개념으로 행정범이 있다. 행정범은 일정한 정책목표를 달성하기 위하여 형벌을 강제수단으로 규정해 놓은 법령에 위반된 범죄유형을 말한다. 행정범은 사회윤리적 비난보다는 특정한 정책목표의 달성이 전면에 등장한다. 행정범은 법정범이라고 부르기도 한다. 이 경우 법정범은 사회윤리적 비난을 바탕으로 한 것이 아니라 입법자의 인위적 결정에 근거한 범죄유형이라는 뜻을 갖는다. 이에 반해 형사범은 특별한 인위적 개입을 요구하지 않는다. 입법자의 인위적 개입 없이 일반인의 사회윤리적 비난에 기초하고 있는 점에서 형사범을 자연범이라고 부르기도 한다.

인식)이 없다면 그 행위자를 처벌할 수 없다는 결론을 제시하기에 이르렀다. 독일 연방대법원은 그 이유에 대해 책임은 비난가능성인데 책임비난을 가하려면 구체적 행위자가 법과 불법을 판단할 수 있었음에도 불구하고 불법을 택하였다는 점이 인정되어야 한다고 판시하였다(신동운, 《형법총론(제15판)》, 법문사, 2023, 440쪽).

83) 이상돈, 《형법강론(제4판)》, 박영사, 2023, 213-214쪽.

84) 신동운, 《형법총론(제15판)》, 법문사, 2023, 408쪽 참조.

85) 특정한 범죄에 대하여 무겁게 처벌을 하는 법률이다. 그 예로 폭력행위 등 처벌에 관한 법률, 특정범죄가중처벌 등에 관한 법률, 성폭력범죄의 처벌에 관한 특례법 등이 있다.

형사범과 행정범의 구별은 획일적은 것은 아니다. 사회윤리적 비난의 강약을 일률적으로는 판단할 수 없기 때문이다. 행정범이 시간의 경과에 따라 형사범으로 전화(轉化)되는 경우도 있을 수 있다. 행정범의 반사회성 · 반도덕성에 대한 인식이 시간의 경과에 따라 일반인의 의식에 형성되면 형사범으로 전화될 수 있기 때문이다.

책임판단의 출발점이 되는 책임능력의 영역에 있어서는 형사범과 행정범의 구별이 별다른 의미를 갖지 않는다. 양자의 구별은 책임능력 이후의 단계에서 위법성의 인식이나 법률의 착오의 문제를 판단할 때 의미를 가질 수 있다.

10.5 법률의 착오와 정당한 이유

「형법」 제16조는 정당한 이유가 있는 경우에만 법률의 착오가 처벌되지 않는다고 한다. 여기에서 정당한 이유가 있다는 것이 무엇을 의미하는지가 문제된다. 우리나라에서는 정당한 이유 유무를 법률의 착오의 회피가능성 유무로 판단하고, 회피가능성 유무는 곧 법률의 착오에서의 과실의 유무라고 보고 있다. 판례도 정당한 이유 유무를 착오에 대한 과실 유무로 판단한다.[86]

법률의 착오를 회피하기 위하여 행위자는 적어도 양심을 긴장시킬 것이 요구된다. 양심을 긴장시켜야 할 정도는 구체적인 행위정황과 행위자 개인의 인식능력[87] 그리고 행위자가 속한 생활권 및 직업권을 고려해서 정해진다.[88] 이때 행위자는 모든 정신적 인식능력을 사용하고, 의문이 생기면 숙고하며 필요에 따라 전문지식을 갖춘 신뢰할 만한 곳

86) 대판 1983.2.22, 81도2763.

87) 죄가 되지 않는다는 오인은 개인에게서 비롯되는 현상이기 때문에 일반인이나 평균인 또는 건전한 상식을 가진 사람 등으로 규범화해서 판단할 문제가 아니다. 따라서 보통사람들에게는 상식에 속하는 문제라도 행위자 개인에게 회피할 수 없었던 특별한 사정도 있을 수 있다. 이러한 판단은 행위자 개인이 처한 구체적 상황(예컨대, 나이, 학력 또는 직업 경험 등)을 토대로 인식에 필요한 주의를 다하였는가를 기준으로 내려야 한다(배종대, 《형법총론(제17판)》, 홍문사, 2023, 319쪽).

88) 대판 2006.3.24, 2005도3717 참조.

에 자문을 구하여 그 의문을 해소해야 한다.[89] 따라서 각 개인은 사회생활상의 일반적 영역에 속하거나 또는 직업상의 특별한 생활영역에 속하거나 간에 자신의 행위의 적법 여부를 의심할 만한 계기가 생긴다면 관계되는 규범을 알아보아야 할 '문의의무' 내지 '조사의무'가 있다.[90]

10.6 정당한 이유의 유무에 대한 판례

우리 판례는 법률의 착오에 대한 정당한 이유를 극히 제한된 범위에서만 인정하고 있다. 즉, 정당한 이유를 인정한 사례의 대부분은 담당공무원이 잘못 알려준 것을 믿은 경우이고, 그 밖의 경우에 정당한 이유를 인정한 판례[91]는 거의 없다.

그러나 이와 같이 정당한 이유를 제한된 범위에서만 인정하고 있는 판례의 태도는 바람직하다고 할 수 없다. 정당한 이유 유무에 대한 판례에서 문제된 범죄들을 보면, 「형법전」이나 「형사특별법」에 규정되어 있는 범죄는 거의 없고, 대부분이 행정법적 성격을 가진 법률(의 벌칙규정)에서 범죄로 되어 있는 것들이기 때문이다.[92]

「형법전」에 규정되어 있는 범죄행위를 하면서 위법성을 인식하지 못한 것은 정당한 이유가 있다고 보기 어렵지만, 행정법규에 규정되어 있는 기술적 내용에 위반되는 범죄들에 대해 일반국민들이 모두 아는

89) 법 없이도 살 사람이라고 하더라도 법에 무지한 경우에는 법의 무지를 극복해서 법률의 착오를 회피할 의무가 있다.

90) 임웅 · 김성규 · 박성민, 《형법총론(제14정판)》, 법문사, 2024, 350-351쪽 참조.

91) 전술한 바와 같이 허가를 담당하는 공무원이 허가를 요하지 않는 것으로 잘못 알려주어 이를 믿었기 때문에 허가를 받지 않더라도 죄가 되지 않는 것으로 착오를 일으킨 데 대하여 정당한 이유가 있다고 본 사례(대판 1992.5.22, 91도2325), 국민학교 교장이 도 교육위원회의 지시에 따라 교과내용으로 되어 있는 꽃 양귀비를 교과식물로 비치하기 위하여 양귀비 종자를 사서 교무실 앞 화단에 심은 행위를 법률의 착오에 해당된다고 한 사례(대판 1972.3.31, 72도64) 등이 있다.

92) 오영근 · 노수환, 《형법총론(제7판)》, 박영사, 2024, 347-348쪽.

데는 어려움이 많다. 따라서 행정범적 성격을 가진 범죄에 대해 위법성을 인식하지 못하는 경우는 자연범에 비해 정당한 이유를 좀 더 넓게 인정할 필요가 있다.

11. 결과적 가중범

11.1 의의

결과적 가중범이란 고의의 기본범죄가 본래의 구성요건결과를 넘어 행위자가 예견하지 못한 중한 결과를 발생시킨 경우에 형이 가중되는 범죄를 말한다. 즉, 고의의 기본범죄와 과실의 중한 결과 발생이 결합된 범죄유형을 말한다. 예컨대, 상해행위(형법 제257조 제1항[93])가 행위자의 인식을 초과하여 더 중한 결과인 피해자의 사망을 초래한 때, 중한 결과인 사망으로 인하여 형이 가중되는 상해치사죄(형법 제259조 제1항[94])로 처벌되는 경우, 이 상해치사죄가 바로 결과적 가중범이다.

「형법」상 결과적 가중범에는 상해치사죄(형법 제259조 제1항), 폭행치사죄(형법 제262조), 강도치사상죄(형법 제337조, 제338조), 교통방해치사상죄(형법 제188조) 등이 있다. 「산업안전보건법」 제167조의 "제38조 제1항부터 제3항까지, 제39조 제1항 또는 제63조를 위반하여 근로자를 사망에 이르게 한 자는 7년 이하의 징역 또는 1억원 이하의 벌금에 처한다."는 규정도 결과적 가중범에 해당한다.[95]

---

93) 사람의 신체를 상해한 자는 7년 이하의 징역, 10년 이하의 자격정지 또는 1천만원 이하의 벌금에 처한다.

94) 사람의 신체를 상해하여 사망에 이르게 한 자는 3년 이상의 유기징역에 처한다.

95) 사망에 이르게 하지 않은 경우에는, 「산업안전보건법」 제38조 제1항부터 제3항까지 또는 제39조 제1항을 위반한 자는 5년 이하의 징역 또는 5천만원 이하의 벌금에 처하고(산업안전보건법 제168조 제1호), 「산업안전보건법」 제63조를 위반한 자는 3년 이하의 징역 또는 3천만원 이하의 벌금에 처한다(산업안전보건법 제169조 제1호).

결과적 가중범에는 진정 결과적 가중범과 부진정 결과적 가중범이 있다. 전자는 고의에 의한 기본범죄에 기하여 과실로 중한 결과를 발생하게 한 경우이며, 상해치사상죄 등이 이에 해당된다. 후자는 고의에 의한 기본범죄에 기하여 고의로 중한 결과를 발생시키는 것을 말하며, 현주건조물방화치사상죄, 특수공무집행방해치사상죄, 교통방해치사상죄 등을 그 예로 들 수 있다. 「산업안전보건법」상의 결과적 가중범은 진정 결과적 가중범이다.

11.2 결과적 가중범의 구조

결과적 가중범의 구조는 '고의의 기본행위(범죄) + 과실에 의한 중한 결과(사망)의 발생'으로 되어 있다. 우리 「형법」은 예외 없이 기본행위(기본범죄)가 '고의범'인 결과적 가중범만을 규정하고 있으며 과실의 결과적 가중범은 인정하지 않는다.[96] 「형법」은 제15조 제2항에서 "결과 때문에 형이 무거워지는 죄의 경우에 그 결과의 발생을 예견할 수 없었을 때에는 무거운 죄로 벌하지 아니한다."고 규정하여 중한 결과의 발생에 대한 '예견가능성', 즉 과실을 결과적 가중범의 성립요건으로 하고 있다.

책임주의에 입각한 형법규정에 비추어 보면, 결과적 가중범은 고의 있는 기본행위와 중한 결과 발생에 대한 과실을 요건으로 하여 성립하게 되므로, 결과적 가중범의 구조를 '고의와 과실의 결합형식'이라고 표현할 수 있게 된다.

96) 다만 행정형법의 영역에서는 기본행위(기본범죄)가 '과실범'인 결과적 가중범이 일부 존재한다. 예를 들면, 「건축법」 제107조 제2항에서는 '업무상과실'로 제106조 제2항의 죄를 범한 자(제1항의 죄를 범하여 사람을 죽이거나 다치게 한 자)를 10년 이하의 징역이나 금고 또는 1억원 이하의 벌금에 처하고 있다. 그리고 「환경범죄 등의 단속 및 가중처벌에 관한 법률」 제5조는 '업무상과실 또는 중대한 과실'로 제3조의 죄를 범한 자(오염물질을 불법배출함으로써 사람을 죽거나 다치게 한 자 등)를 10년 이하의 징역 또는 1억 5천만 원 이하의 벌금 등에 처하고 있다.

11.3 결과적 가중범의 성립요건

결과적 가중범의 객관적 구성요건으로는 ① 고의의 기본행위(범죄)가 있을 것, ② 중한 결과가 발생할 것, ③ 기본행위(범죄)와 중한 결과 발생 사이에 인과관계가 존재할 것을 필요로 하며, 주관적 구성요건으로는 중한 결과의 발생에 대하여 과실이 있어야 한다.

가. 고의의 기본범죄(행위)가 있을 것

현행 「형법전」은 기본범죄(행위)를 고의범에 한정하고 있다. 고의의 기본범죄(행위)는 일정한 범죄의 실행행위를 의미한다.

나. 기본범죄(행위)를 초과하여 중한 결과가 발생할 것

중한 결과의 발생은 결과적 가중범의 객관적 처벌조건에 불과한 것이 아니라 결과적 가중범의 '불법내용(결과불법)'을 이룬다. 중한 결과는 대부분 치상 또는 치사로 규정되어 있어서 법익이 침해될 것을 요한다.

다. 기본범죄(행위)와 중한 결과 발생 사이에 인과관계가 존재할 것

결과적 가중범도 결과범에 속하는 이상 당연히 기본범죄(행위)와 중한 결과 발생 사이에 인과관계가 있어야 한다. 여기에서 인과관계에 대한 판단은 상당인과관계설, 그 가운데에서도 객관적 상당인과관계설에 따른다. 기본범죄(행위)로부터 중한 결과가 발생한 것이 지금까지의 일반적 경험법칙에 비추어 개연성이 있다고 판단되면 인과관계는 인정된다. 상당성·개연성에 대한 판단은 제3자나 법관이 행위 당시의 모든 사정을 종합하여 일반인의 인식·예견가능성을 기준으로 내린다. 이것은 우리나라의 통설·판례의 태도이기도 하다.

라. 중한 결과의 발생에 대하여 과실이 있을 것

결과적 가중범에 있어서도 '책임주의'가 관철되어야 할 것이므로 중한 결과에 대하여 '과실'이 있어야 한다는 결론에 대하여 학자들의 견해가 일치되어 있다. 「형법」 제15조 제2항은 "그 결과의 발생을 예견할 수 없었을 때"라고 규정하여 결과적 가중범의 성립요건을 중한 결과 발생에 대한 '예견가능성'으로 표현하고 있는데, 이는 과실을 의미하는 것이라고 해석된다(통설). 이 예견가능성의 유무는 엄격하게 가려야 하며, 예견가능성의 범위를 확대해석함으로써 위 조항이 결과적 가중범에 책임주의를 조화시킨 취지를 몰각하고 과실책임의 한계를 벗어나 형사처벌을 확대해서는 안 된다.[97]

결과적 가중범의 성립요건인 과실에 있어서 '객관적(결과 발생)' 예견가능성은 구성요건요소로서, 그리고 '주관적(결과 발생)' 예견가능성은 책임요소로서 검토된다. 즉, 중한 결과 발생이 객관적으로 예견가능한 경우에도 행위자의 정신적·신체적 능력을 기준으로 그것을 예견할 수 없을 때는 결과적 가중범으로 처벌하지 않는다.

결과적 가중범에 있어서 중한 결과에 대하여 과실이 있느냐 하는 판단의 기준 시기는 기본범죄(행위)의 실행행위 시이다.

참고 형사법에서의 인과관계

인과관계는 구성요건적 행위만 있으면 성립하는 거동범[98]에서는 문제되지 않고 구성요건적 행위 이외에 결과 발생을 요하는 결과범에서만 문제된다. 결과범은 구성요건적 행위와 결과 사이에 인과관계가 있어야 성립될 수 있다.

① 고의결과범: 살인죄나 상해죄와 같은 고의결과범에서 인과관계는 범죄의 기수 · 미수를 결정하는 기능을 한다. 예컨대 갑이 A를 살해하는 행위를 했고 A가 사망한 결과도 발생하였으나 갑의 살해행위

97) 대판 1990.9.25, 90도1596 참조.

98) 어떤 범죄가 성립하기 위한 구성요건으로 결과의 발생을 요구하지 않는 범죄다. 형식범이라고도 한다. 특정한 결과를 요구하지 않는다는 점에서 결과범과 구분된다. 예컨대, 폭행죄, 위증죄, 무고죄, 명예훼손죄 등이 이에 속한다. 법정범(행정범)에 그 예가 많다.

와 A의 사망 사이에 인과관계가 인정되지 않으면 갑은 살인기수가 아닌 살인미수의 죄만 성립한다.

② 과실결과범: 과실결과범에서 인과관계의 유무는 과실결과범의 성립 유무를 결정하는 기능을 한다. 주의의무 위반도 있고 결과도 발생하였지만 양자 사이에 인관관계가 없는 경우 과실범의 미수가 되는데, 과실범의 미수는 처벌하지 않기 때문이다.

③ 결과적 가중범: 결과적 가중범에서 인과관계의 유무는 결과적 가중범이 성립하는가 아니면 기본범죄만이 성립하는가를 결정한다. 기본범죄행위가 있고 중한 결과도 발생하였지만 양자 사이에 인과관계가 없는 경우 기본범죄만 성립하고 결과적 가중범은 성립하지 않는다.

12. 양벌규정과 행위자 처벌의 근거

12.1 양벌규정

형사범에서는 범죄를 행한 자만을 벌하지만, 「산업안전보건법」 등 각종 행정형법(행정범)의 영역에서는 직접 행위를 한 자연인(행위자) 외에 법인 또는 업무주(개인사업주)[99]를 처벌하는 것으로 규정하고 있는데, 이것을 '양벌규정'이라 한다.

법인의 범죄능력과 수형능력을 부인하는 입장에서도 행정형법은 윤리적 요소가 비교적 약하며 합목적적·기술적 요소가 강하다는 특수성을 강조하면서 양벌규정을 통해 '법인' 또한 처벌하는 예외를 인정하고 있다. 즉, 많은 행정형법에서는 해당 법률의 목적을 달성하기 위하여 법률에서 특별히 규정하고 있는 경우에는 행위자를 벌하는 외에 법률효과가 귀속되는 법인(업무주)에 대해서도 벌금형을 부과하고 있다.

99) 법인 또는 업무주(개인사업주)를 통틀어 사업주라고 한다. 즉, 사업주에는 법인 또는 업무주(개인사업주)가 있다.

법규위반의 성질상 자연인(위반행위자) 또는 법인(업무주) 어느 한 쪽만 처벌하는 것으로 그칠 사안이 아닌 경우에, 양쪽 다 처벌함으로써 범죄예방의 실효성을 높이려는 데 그 취지가 있다.

오늘날 반사회적 법익침해활동에 대하여 법인 자체에 직접적인 제재를 가할 필요성이 강하게 인정된다 할지라도, 형벌이 부과되는 이상 형벌에 관한 헌법상의 원칙인 책임주의가 적용된다. 따라서 양벌규정을 근거로 법인 또는 개인(사업주)을 처벌함에 있어서도 법인 또는 개인(사업주) 스스로의 고의·과실에 근거해서만 처벌이 가능하다(책임주의).[100]

따라서 법인 역시 종업원 등의 위반행위와 관련하여 스스로 선임·감독상의 주의의무를 다하지 못한 과실이 있는 경우에만 양벌규정에 의해 처벌을 받게 된다(과실책임).[101] 「산업안전보건법」에서도 양벌규정의 단서에서 "다만, 법인 또는 개인이 그 위반행위를 방지하기 위하여 해당 업무에 관하여 상당한 주의와 감독을 게을리 하지 아니한 경우에는 그러하지 아니하다."는 면책규정을 두어, 선임·감독상의 과실이 없으면 처벌이 면책되고 선임·감독상의 과실이 있으면 처벌을 받게 된다.

한편, 법인은 기관인 자연인을 통해 행위하므로 법인이 대표자를 선임한 이상 그의 행위로 인한 법률효과는 법인에게 귀속되어야 하고, 법인 대표자의 범죄행위에 대하여는 법인 자신이 자신의 행위에 대한 책임을 부담하여야 하는바, 법인 대표자의 법규위반행위에 대한 법인의 책임은 법인 자신의 법규위반행위로 평가될 수 있는 행위에 대한 법인의 직접책임으로서, 법인 대표자의 고의에 의한 위반행위에 대하여는

100) 헌재 2007.11.29, 2005헌가10.

101) 양벌규정의 이론적 근거를 정확히 설명하자면, 사업주의 대표자, 종업원(임직원)에 대한 '고의 또는 과실'에 의한 감독의무를 해태한 책임이라고 함이 타당하지만, 과실보다 더 중한 고의는 물론(당연히) 책임을 지는 사유에 포함되는 것으로 해석되기 때문에(물론해석) 또는 고의가 있었다는 입증은 과실의 경우보다도 훨씬 어려울 것이기 때문에, 일반적으로 '과실'에 의한 책임이라고 이론구성을 한다.

법인 자신의 고의에 의한 책임을, 법인 대표자의 과실에 의한 위반행위에 대하여는 법인 자신의 과실에 의한 책임을 부담하는 것이다.[102]

12.2 산업안전보건법상 행위자 처벌의 근거

대부분의 행정형법은 벌칙규정에서 양벌규정(쌍벌규정)을 두고 있다. 그런데 「산업안전보건법」상의 양벌규정은 일반 양벌규정과 구조가 다르다. 양벌규정은 일반적으로 행위자의 처벌을 별도의 처벌조항(벌칙 각 본조)에서 규정하고, 양벌규정에서는 행위자 이외의 자의 처벌만을 규정하는 구조이지만, 「산업안전보건법」에서는 행위자가 아닌 법인(사업주)이 법률상 의무이행주체인 경우 의무를 위반한 법인이 정범(正犯)에 해당하고, 법인의 대표자, 대리인, 사용인, 기타 종업원은 단순히 사실상의 행위자로서 의무이행주체가 아님에도 양벌규정에 의해 처벌되는 구조로 되어 있다.

여기에서 법인의 대표자, 대리인, 사용인, 기타 종업원 등 행위자가 「산업안전보건법」에 의하여 처벌되는 근거는 「산업안전보건법」 제173조의 양벌규정 중 "그 행위자를 벌하는 외에"라는 부분이다.[103] 다시 말해서, 벌칙 각 본조에서 사업주를 범죄주체로 규정하고 있는 경우(범죄주체로 사업주에게만 존재하는 일정한 신분을 요구하고 있는 경우), 행위자는 양벌규정에 의해 창설된 새로운 구성요건에 의해 비로소 처벌될 수 있다.[104]

---

102) 헌재 2010.7.29, 2009헌가25 등. 법인의 '대표자' 관련 부분은 대표자의 책임을 요건으로 하여 법인을 처벌하는 것이므로 책임주의에 반하지 아니한다.

103) 「산업안전보건법」상의 양벌규정(제173조): 법인의 대표자나 법인 또는 개인의 대리인, 사용인, 그 밖의 종업원이 그 법인 또는 개인의 업무에 관하여 제167조 제1항 또는 제168조부터 제172조까지의 어느 하나에 해당하는 위반행위를 하면 그 행위자를 벌하는 외에 그 법인 또는 개인에게도 해당 조문의 벌금형을 과한다. 다만, 법인 또는 개인이 그 위반행위를 방지하기 위하여 해당 업무에 관하여 상당한 주의와 감독을 게을리하지 아니한 경우에는 그러하지 아니한다.

104) 실무상 행위자에 의해 벌칙 각 본조 위반의 죄를 묻는 경우에는, 양벌규정도 적용범죄로 포함하는 것이 필요하다.

이에 대해, 판례 또한 "산업안전보건법상 정해진 벌칙 규정의 적용 대상은 사업자임이 규정 자체에 의하여 명백하나, 한편 구(舊) 산업안전보건법 제71조[105]는 법인의 대표자 또는 법인이나 개인의 대리인, 사용인(관리감독자를 포함한다[106]), 기타 종업원이 그 법인 또는 개인의 업무에 관하여 제67조[107] 내지 제70조[108]의 위반행위를 한 때에는 그 행위자를 벌하는 외에 그 법인 또는 개인에 대하여도 각 본조의 벌칙 규정을 적용하도록 양벌규정을 두고 있고, 이 규정의 취지는 각 본조의 위반행위를 사업자인 법인이나 개인이 직접 하지 아니하는 경우에는 그 행위자나 사업자 쌍방을 모두 처벌하려는 데에 있으므로, 이 양벌규정에 의하여 사업자가 아닌 행위자도 사업자에 대한 각 본조의 벌칙규정의 적용 대상이 된다."[109](밑줄은 필자)고 판시하여, 「산업안전보건법」에서 법인의 대표자, 종업원(위반행위자)을 처벌하는 근거는 양벌규정이라는 것을 확인하고 있다.

양벌규정에 의한 사업주의 처벌은 위반행위자인 종업원의 처벌에 종속하는 것이 아니라, 독립하여 그 자신의 종업원에 대한 선임감독상의 과실로 인하여 처벌되는 것이므로, 종업원의 범죄 성립이나 처벌이 사업주 처벌의 전제조건이 될 필요는 없다.[110]

따라서 양벌규정에 의해 사업주를 처벌하는 경우, 그 대표자 또는

---

105) 현행 제173조에 해당한다.

106) 「산업안전보건법」상의 사업주의 조치의무는 기업조직에서 순차적으로 하위의 자(관리감독자)에게 위임되는 것이 실제이고, 현장의 안전보건관리의무를 수행하는 관리감독자 그 자신도 고용되어 있는 자이지만, 사업주로부터 위임을 받아 (근로자에게 지휘명령을 하여) 사업주의 조치의무를 수행하고 있는 한, 「산업안전보건법」의 실행행위자로서의 형사책임을 지는 입장에 있음을 유의할 필요가 있다.

107) 현행 제168조에 해당한다.

108) 현행 제172조에 해당한다.

109) 대판 2011.9.29, 2009도12515; 대판 2007.7.26, 2006도379; 대판 2001.5.14, 2004도74; 대판 1995.5.26, 95도230(같은 취지: 대판 2007.12.28, 2007도8401; 대판 1999.7.15, 95도2870; 대판 1991.11.12, 91도801 등.

110) 대판 2007.11.16, 2005다3229; 대판 2006.2.24, 2005도7673; 대판 1987.11.10, 87도1213 등.

종업원이 그 법인 또는 개인의 업무에 관하여 소정의 위반행위를 한 것이 증명되면 그것으로 충분하고, 행위자가 기소·처벌되는 것을 요건으로 하는 것은 아니다. 결국, 위반행위자는 처벌되지 않고 사업주만이 처벌될 수도 있다.

한편, 「산업안전보건법」 중에는 의무주체가 사업주에 한정되어 있지 않고 폭넓게 일반인을 규제의 대상으로 하고 있는 조항이 마련되어 있다. 예를 들면, 황린 성냥 등의 제조·수입·양도·제공 또는 사용을 금지하는 제117조가 그것이다. 본조에 위반하는 행위를 한 자에 대해서는, 설령 그것이 사업주(법인 또는 개인)의 업무에 관하여 행하여진 경우라 하더라도, 양벌규정을 기다릴 필요도 없이 「산업안전보건법」 제117조의 위반자를 처벌하는 것을 규정하고 있는 「산업안전보건법」 제168조만을 근거로 하여 처벌할 수 있다.

13. 산업재해 관계 형법

13.1 산업안전보건법 위반죄와 업무상과실치사상죄 비교

「형법」 제268조에서는 업무상과실치사상죄를 규정하고 있고, 재해에 의해 근로자 등이 사망하거나 부상을 입은 사실이 있으면, 위법한 행위를 실행한 개인들(공범이 성립하기도 한다)[111]에 대해 「산업안전보건법」 위반의 수사와 병행하여 일반경찰관에 의한 업무상과실치사상죄 위반의 수사가 이루어진다.

하나의 재해에 대해 지방고용노동관서(특별사법경찰관)와 경찰서(일반경찰관) 양 기관에서 동시에 수사가 이루어져 법 위반이 확인되

111) 업무상과실치사상죄의 경우에는 위반행위자 개인만 처벌 대상자가 되고 양벌규정에 의해 위반행위자 개인이 아닌 사업주(법인 자체 또는 개인경영자)가 처벌되는 일은 없다.

면 검찰에 송치된다. 항상 양 기관 모두가 검찰에 송치하는 것은 아니고, 어느 한 기관만 송치하는 경우도 있고, 어느 법에 대해서도 위반사항이 없으면 두 기관 모두 송치하지 않는 경우도 있다. 송치된 사건에 대해 검찰에서는 법적 책임의 유무(기소 여부)를 판단하기 위하여 조사하고 그 결과에 따라 필요한 경우 기소를 하게 된다.

「산업안전보건법」상의 안전보건조치의무 위반내용(사망재해가 발생하지 않는 경우와 「산업안전보건법」상의 안전보건조치의무 위반과 사망재해 발생 간에 인과관계가 없거나 사망재해 발생에 사업주 측에 과실이 없는 경우, 즉 결과적 가중범[112]이 성립되지 않는 경우를 전제로 한다)과 업무상과실치사상죄에서의 업무상 주의의무 위반내용이 동일한 경우에는 1개의 행위(동일한 행위)로서 상상적 경합(관념적 경합)[113]이 되고(형법 제40조),[114] 양자가 달라 경합하지 않을 때에는 「산업안전보건법」 위반죄와 업무상과실치사상죄가 별개로 성립되어 실체적 경합(경합범)이 된다(제37조). 실무와 「산업안전보건법」에 결과적 가중범이 도입(2006.3.24)되기 이전 판례[115]에서는 「산업안전보건법」 위반죄와 업무상과실치사상죄를 상상적 경합 관계에 있는 것으로 보고 있다.[116]

---

112) 전술한 것처럼 결과적 가중범에는 진정 결과적 가중범과 부진정 결과적 가중범이 있다. 전자는 고의에 의한 기본범죄에 기하여 과실로 중한 결과를 발생하게 한 경우이며, 후자는 고의에 의한 기본범죄에 기하여 고의로 중한 결과를 발생시키는 것이다. 「산업안전보건법」상의 결과적 가중범은 진정 결과적 가중범이다.

113) 그러나 판례는 「산업안전보건법」상의 안전보건조치의무 위반과 업무상과실치사상 간의 관계와 유사한 「도로교통법」 위반과 업무상과실치사상 간의 관계에 대해 「도로교통법」 위반범죄와 업무상과실치사상죄의 실체적 경합이 된다고 보고 있다(대판 1972.10.31, 72도2001). 예컨대 무면허운전을 하다가 업무상과실치사상의 결과가 발생하면, 무면허운전행위 이외에 별개의 업무상과실행위가 존재한다고 보아 무면허운전죄(도로교통법 제152조 제1호)와 업무상과실치사상죄의 실체적 경합범이 성립한다고 판단하고 있다.

114) 이 경우 고의(산업안전보건법상의 안전보건조치의무 위반)와 과실(주의의무 위반)이 동시에 존재하게 된다. 행위의 동일성은 고의범과 과실범 사이에서도 가능하다.

115) 대판 1991.12.10, 91도2642.

116) 「산업안전보건법」에 결과적 가중범이 신설된 이후에는 「산업안전보건법」상의

상상적 경합이 성립하면 경합한 범죄 중 가장 중한 죄에 정한 형으로 처벌하고(형법 제40조), 실체적 경합이 성립하면 원칙적으로 가중주의가 적용되고 흡수주의와 병과주의가 예외적으로 적용된다. 「산업안전보건법」 위반죄와 업무상과실치사상죄에 정한 형이 사형 또는 무기징역이나 무기금고 이외의 같은 종류의 형이므로 가장 무거운 죄에 대하여 정한 형의 장기 또는 다액(多額)에 그 2분의 1까지 가중하되 각 죄에 대하여 정한 형의 장기 또는 다액을 합산한 형기 또는 액수를 초과할 수 없다(형법 제38조 제1항 제2호). 이때 징역과 금고는 같은 종류의 형으로 간주하여 징역형으로 처벌하고(형법 제38조 제2항), 유기의 자유형을 가중하는 때에는 50년을 넘지 못한다(형법 제42조 단서).

1개의 행위가 수 개의 범죄구성요건을 실현하였으나 구성요건 상호간에 배척현상이 일어나서 하나의 구성요건만 적용되고 다른 구성요건의 적용이 배척되는 경우에는 법조경합이 성립한다. 「산업안전보건법」상의 안전·보건조치 또는 도급인의 안전·보건조치 위반으로 근로자를 사망에 이르게 한 경우(결과적 가중범, 산업안전보건법 제167조), 이 결과적 가중범은 산업안전보건조치의무 위반죄 또는 업무상과실치사죄의 특례를 규정하여 가중처벌함으로써 근로자의 생명보호라는 개인적 법익을 보호하기 위한 것으로서, 이 범죄가 성립되는 때에는 업무상과실치사죄는 그 죄에 흡수되어 별죄를 구성하지 아니한다

결과적 가중범과 업무상과실치사죄의 관계는 더 이상 상상적 경합의 관계라고 볼 수 없고 법조경합(특별관계)으로 보는 것이 타당하다. 「산업안전보건법」상의 결과적 가중범은 기본행위와 업무상과실치사행위의 결합범이기 때문에 「산업안전보건법」상의 결과적 가중범만 적용되고 업무상과실치사죄의 적용은 배제되기 때문이다. 상해치사죄가 과실치사죄에 대해 특별관계에 있는 것과 동일한 구조이다. 업무상과실치사죄와 근로자 사망으로 인한 「산업안전보건법」 위반죄 간의 관계와 유사한 업무상과실치사죄와 위험운전치사죄의 관계에 대해 판례는 업무상과실치사상죄를 내용으로 하는 「교통사고처리 특례법」 위반죄는 「특정범죄 가중처벌 등에 관한 법률」상의 위험운전치사상죄(제5조의11)에 흡수된다(법조경합 관계)고 보고 있다(대판 2008.11.13, 2008도7143). 위험운전치사상죄는 1개의 구성요건에 음주운전행위와 업무상과실치사상행위가 결합된 결합범으로서 음주운전을 하다가 '치사상'의 결과가 발생하면 업무상과실치사상죄는 별죄를 구성하지 않고 위험운전치사상죄만이 성립하게 된다는 것이다.

고 보아야 할 것이다.[117],[118] 즉, 「산업안전보건법」상의 결과적 가중범의 구성요건이 업무상과실치사죄의 구성요건을 이미 포함하고 있어(배척하여) 양 죄는 법조경합 관계[119]에 있다고 할 수 있으므로, 「산업안전보건법」상의 결과적 가중범만 적용되고 업무상과실치사죄의 적용은 배제된다.[120]

「산업안전보건법」 위반죄와 업무상과실치사상죄를 비교하면 다음과 같다.

산업안전보건법 위반죄와 업무상과실치사상죄 비교

구분	산업안전보건법 위반죄	업무상과실치사상죄(형법)
범죄의 성격	고의범(대부분 미필적 고의범)	과실범
범죄 구성요건	산업안전보건기준 위반(사상자 발생과 무관) 단, 사망에 이르게 한 경우에는 가중처벌(결과적 가중범)	과실(주의의무 위반) + 사상자 발생
처벌 대상	개인(위반행위자) + 사업주[법인: 법인 그 자체, 개인: 개인경영주(사장)]	개인(위반행위자)

117) 판례도 「산업안전보건법」상의 결과적 가중범과 유사한 위험운전치사상죄와 「교통사고처리특례법」 위반죄(업무상과실치사상죄)의 관계를 법조경합 관계로 판시하고 있다(대판 2008.12.11, 2008도9182). 판결에서 '흡수관계'라는 표현을 사용하고 있지만, 그 내용으로 보면 '특별관계'에 해당한다.

118) 각 죄에 정한 형이 무기징역이나 무기금고 이외의 다른 종류의 형인 때에는 병과한다(형법 제38조 제1항 제3호). 병과해야 할 경우는 각 죄에 정한 형이 이종인 경우뿐만 아니라 각 죄 중 일죄에 대하여 이종의 형을 병과할 것으로 규정한 때에도 적용되므로(대판 1955.6.10, 4287형상210), 「중대재해처벌법」 제6조 제1항, 제10조 제1항에 따라 징역과 벌금을 병과하는 경우에는 병과주의가 적용된다.

119) 법조경합 중에서도 특별관계에 해당한다.

120) 상해치사죄(형법 제259조)가 상해죄(형법 제260조)와 과실치사죄(형법 제267조)에 대해서 법조경합의 특별관계에 있는 것[배종대, 《형법총론(제17판)》, 홍문사, 2023, 552쪽; 손동권 · 김재윤, 《새로운 형법총론》, 율곡출판사, 2011, 635쪽; 이재상 · 장영민 · 강동범, 《형법총론(제11판)》, 2022, 554쪽; 이주원, 《형법총론(제3판)》, 박영사, 2024, 447쪽; 임웅 · 김성규 · 박성민, 《형법총론(제14정판)》, 법문사, 2024, 628-629쪽 등]과 동일한 구조다.

13.2 중대재해처벌법과 산업안전보건법 등 사업장 안전보건관계법의 관계

「중대재해처벌법」이 「산업안전보건법」 등 사업장 안전보건관계법과의 관계에서 특별법 또는 신법의 위치에 있어 우선적으로 적용되는지가 문제될 수 있다.

일반적으로 특별법이 일반법에 우선하고[121] 신법이 구법에 우선한다는 원칙은 동일한 형식의 성문법규인 법률이 상호 모순·저촉되는 경우에 적용된다. 이때 법률이 상호 모순·저촉되는지 여부는 법률의 입법목적, 규정사항 및 적용범위 등을 종합적으로 검토하여 판단하여야 한다.[122]

이 판단기준에 따르면, 「중대재해처벌법」과 「산업안전보건법」 등 사업장 안전보건관계법은 전체적으로 볼 때 입법목적(취지), 입법연혁, 규정사항(내용) 및 적용범위(보호 대상) 등을 달리하여 서로 모순·저촉되는 관계에 있다고 볼 수 없다. 즉, 어느 법이 다른 법에 우선적 효력을 가진다고 해석할 수 없다.

다만, 「산업안전보건법」상의 안전보건조치의무와 「중대재해처벌법」상의 안전보건확보의무 중에는 부분적으로 동일하거나 유사한 내용이 있어 양 법이 서로 모순·저촉되는 관계에 있다고 볼 수 있는 여지도 있다.[123]

---

121) 법률 그 자체에도 일반과 특별의 관계가 있듯이 동일 법률 내에서 구성요건 사이에서도 마찬가지다.

122) 대판 2016.11.25, 2014도14166; 대판 1989.9.12, 88누6856 등 참조.

123) 「중대재해처벌법」의 의무이행주체가 불명확하여 일부 사항(조항)에 대해선 「중대재해처벌법」의 의무이행주체와 「산업안전보건법」 등 사업장 안전보건관계법, 특히 「산업안전보건법」의 의무이행주체가 착종되거나 양자 간에 혼선이 발생하는 경우가 발견된다. 예를 들면, 산업안전보건법령상의 일정한 안전보건조치 이행의무(안전보건관리체제 구축·운영, 안전보건교육, 안전인증, 안전검사 등의 의무)가 근로관계에 있는 수급인의 의무인지, 아니면 도급인의 의무인지에 대해 산업안전보건법령은 수급인의 의무로 규정하고 있고, 중대재해처벌법령은 장소에 대한 지배·운영·관리(법 제4조: 실질적으로 지배·운영·관리하는 사업 또는

요컨대, 「중대재해처벌법」과 「산업안전보건법」 등 사업장 안전보건관계법이 상호 간에 다분히 중복되는 부분이 있더라도 그리고 경영책임자에 한정하더라도, 「산업안전보건법」 등 사업장 안전보건관계법에 대하여 「중대재해처벌법」이 특별법 내지 신법으로 우선적으로 적용되어 「산업안전보건법」 등 사업장 안전보건관계법의 적용이 배제되게 된다고 볼 수는 없다.

한편, 「중대재해처벌법」과 「산업안전보건법」 등 사업장 안전보건관계법은 의무내용에 일부 동일하거나 유사한 부분이 있기는 하지만(특히 중대재해처벌법과 산업안전보건법 간), 전체적으로 볼 때 입법취지, 규정내용(체계, 의무주체 및 구체적 내용), 적용범위 등을 엄연히 달리하는 별개의 법으로서 양 법 위반죄(중대재해처벌법 위반죄와 산업안전보건법 등 사업장 안전보건관계법 위반죄)가 모두 성립하는 경우, 양 죄는 실체적 경합관계[124]에 있다고 보아야 할 것이다.[125), 126)]

사업장, 법 제5조: 시설, 장비, 장소 등에 대하여 실질적으로 지배·운영·관리하는 책임이 있는 경우)를 중심으로 도급인의 의무인 것처럼 규정하고 있다. 중대산업재해의 경우에 한정하여 보면, 양 법령의 궁극적 입법목적이 동일하고, 이 특정사항에 대해서는 양 법령의 규정사항(대상)과 적용범위 등도 유사한 점을 감안할 때, 특정 조치의무에 대한 양 법령의 규정은 상호 모순·저촉되는 관계에 있다고 할 수 있다. 이는 형벌법규의 명확성의 원칙에 위배된다고 볼 수 있다. 한편, 「중대재해처벌법」을 형식논리적으로 해석하면, 도급인은 수급인의 인사(인력), 예산, 기획 등 핵심적인 부분·기능에 대해서까지 구체적으로 관여 또는 개입하는 것을 넘어 수급인의 근로자에 대해 수급인을 대신하여 직접적인 안전보건조치를 해야 하는 바, 이는 수급인의 직업수행의 자유의 일부인 영업의 자유를 본질적으로 침해하고 수급의 자율성을 송두리째 부정하는 결과를 초래하는 것으로 이어지며 「헌법」의 원칙인 과잉금지의 원칙(비례의 원칙)에 위반되는 문제를 야기한다. 「헌법」의 원칙을 위반하는 문제 외에, 현실에서는 사외하청(외주사)의 경우 수급인이 도급인보다 큰 경우도 얼마든지 있을 수 있는바, 즉 중소기업이 상대적으로 규모가 더 큰 외부업체에 도급을 맡기는 경우도 적지 않은바, 이러한 현실을 고려할 때 「중대재해처벌법」상 도급인의 의무를 형식논리적으로 해석하는 것은 현실적인 준수 가능성도 없거니와 산재예방 실효성도 거두기 어려운 문제를 초래한다. 이러한 위헌 소지 등의 문제를 다소나마 해결하기 위해서는 도급인에게 그 지위와 역할에 걸맞은 의무만 부과되어 있는 것으로 도급인의 의무범위를 좁게 해석하는 것이 필요하다.

124) 판례는 도로교통법 위반(음주운전)죄와 음주로 인한 「특정범죄가중처벌 등에 관한 법률」 위반(위험운전치사상)죄의 관계에 대해, 양 죄는 입법취지와 보호법익

「산업안전보건법」 등 사업장 안전보건관계법(화재의 예방 및 안전관리에 관한 법률, 건설기술진흥법, 교육시설 등의 안전 및 유지관리 등에 관한 법률, 화학물질관리법, 연구실 안전환경 조성에 관한 법률 등)[127]은 위반행위자와 사업주(법인, 개인)를 처벌하는 구조로 되어 있다.

「산업안전보건법」 등 사업장 안전보건관계법은 중대재해 발생 여부와 관계없이 안전보건기준 위반만으로 처벌하는 규정을 다수 두고 있지만, 안전보건기준 위반으로 사망사고 등 중대한 결과가 발생한 경우에는 가중처벌하는 규정도 아울러 두고 있는 경우가 많다(결과적 가중범).

「산업안전보건법」 등 사업장 안전보건관계법에서 이미 결과적 가중범을 두고 있음에도 불구하고, 「중대재해처벌법」은 이들 법보다 법정형을 한층 가중하여 처벌하도록 규정하고 있다. 가중처벌하는 근거

및 적용영역을 달리하는 별개의 범죄이므로, 양 죄가 모두 성립하는 경우 두 죄는 실체적 경합 관계에 있다고 판단한 바 있다(대판 2008.11.13, 2008도7143).

125) 「중대재해처벌법」에 「산업안전보건법」과 일부 동일하거나 유사한 내용이 규정되어 있는 부분(중대재해처벌법의 안전보건관리체계와 산업안전보건법의 안전보건관리체제)도 있지만, 「산업안전보건법」상의 안전보건관리체제에 대한 위반은 형벌이 아닌 과태료를 부과하는 것으로 되어 있으므로, 설령 1개의 행위로 인정되더라도 수개의 '죄(범죄)'에는 해당될 수 없어 「중대재해처벌법」 위반죄와 「산업안전보건법」 위반죄(결과적 가중범 해당 여부를 불문한다)는 상상적 경합 관계가 될 수 없다.

126) 「중대재해처벌법」 판결들에서 「중대재해처벌법」 위반죄와 근로자 사망에 따른 「산업안전보건법」 위반죄가 모두 근로자의 생명이라는 동일한 보호법익을 보호하고 있고, 의무 위반행위 각각이 피해자의 사망이라는 결과 발생으로 향해 있는 일련의 행위라는 점에서 규범적으로 '동일하고 단일한' 행위라고 평가할 수 있다는 이유로 양 법의 관계를 상상적 경합 관계로 본 것은 두 죄의 죄수관계에 관한 법리를 오해한 잘못된 판단이다. 즉, 양 법의 의무내용에 일부 동일하거나 유사한 부분이 있기는 하지만, 양 법은 전체적으로 체계, 의무주체 및 구체적 의무내용이 엄연히 달라 양 법의 위반행위를 동일하고 단일한 행위라고 볼 수 있는 여지가 없기 때문이다. 만약 양 법의 위반행위를 동일하고 단일한 행위라고 본다면, 「중대재해처벌법」은 「산업안전보건법」과 전면적으로 중복되는 위헌적인 법률이라는 점이 명백해지게 된다.

127) 형벌규정을 두고 있는 사업장 안전보건관계법은 좁게 잡아도 30여 개에 이른다.

가 불법성이 높아서라고 한다면 동일하거나 유사한 위반행위 유형이 이들 법에서는 왜 훨씬 낮은 수준으로 처벌(상대적으로 낮은 형사처벌 또는 과태료[128])되고 있는지 법리적으로 설명하기 어렵다.

「중대재해처벌법」이 외양상으로 중벌주의를 바탕으로 한 결과적 가중범 구조를 취하고 있지만, 이 법에서 규정하고 있는 기본행위에 해당하는 안전보건확보의무 위반에 대해 형벌규정을 두고 있지 않고, 게다가 이 기본행위(안전보건확보의무 위반)의 죄질 또는 사회유해성이 예컨대 「산업안전보건법」상의 결과적 가중범 규정의 기본행위[제38조(안전조치), 제39조(보건조치) 및 제63조(도급인의 안전조치 및 보건조치) 위반]의 그것보다 동일하거나 오히려 약함에도 불구하고 중한 형사처벌을 규정하고 있는 점은 「중대재해처벌법」의 정당성(헌법상 과잉금지의 원칙)에 심각한 균열을 내고 있다.

한편, 안전보건조치 위반에 대한 형사처벌은 과실범도 처벌한다는 특별한 규정을 두고 있지 않는 한 고의범(대부분 미필적 고의범)이다.

중대한 결과가 발생한 경우에는 사업장 안전보건관계법 외에 「형법」상의 업무상과실치사상죄가 동시에 적용되는 경우가 일반적이다. 업무상과실치사상죄는 직책과 관계없이 관계되는 자 모두가 처벌될 수 있다(공범이 성립하기도 한다).[129] 업무상과실치사상죄는 사망 또는 부상이라는 결과 발생 시에만 성립하고 과실범(주의의무 위반)이다.

「중대재해처벌법」 제정에 따라, 기업 등 조직에서 중대재해가 발생하면 경영책임자는 종전대로 「산업안전보건법」 등 사업장 안전보건관계법 위반죄와 업무상과실치사상죄로 처벌될 수 있을 뿐만 아니라,

---

128) 예를 들면, 재해 재발 방지대책의 미수립이라는 동일한 위반행위가 「중대재해처벌법」에서는 가중(형사)처벌 대상이지만, 「산업안전보건법」에서는 중대재해가 발생하더라도 가중(형사)처벌 대상은커녕 일반 형사처벌 대상도 아닌 과태료 부과 대상으로 되어 있다.

129) 물론 「산업안전보건법」, 「중대재해처벌법」도 공범이 얼마든지 성립할 수 있다. 다만, 「산업안전보건법」, 「중대재해처벌법」 실무에서는 공범으로 기소되거나 처벌되는 사례는 지금까지 극히 드물었거나 없었고, 이 점은 앞으로도 크게 달라지지 않을 것 같다.

이들 죄와 실체적 경합 또는 법조경합 관계에 있는 「중대재해처벌법」 위반죄로도 처벌될 수 있다.

조직의 경영책임자 외에 조직의 다른 구성원, 나아가 협력사의 관계자도 「중대재해처벌법」 각 조에서 규정하고 있는 사항을 준수하지 않아 종사자를 중대재해에 이르게 한 경우, 「중대재해처벌법」으로는 처벌되지 않더라도 업무상과실치사상죄의 책임이 물어질 수 있음에 유의해야 한다. 「중대재해처벌법」에서 규정하고 있는 경영책임자의 안전보건확보의무 중 그 이행을 위해 필요하거나 그 이행과 관련된 사항은 내용에 따라서는 「중대재해처벌법」상의 보조자에 해당하는 자[자사(自社) 관리감독자, 관계수급인 등]에 대해 그가 이행해야 하는 (업무상과실치사상죄에서의) 업무상 주의의무의 근거로 포섭될 수 있기 때문이다.[130] 즉, 조직의 경영책임자 외의 구성원과 협력사 관계자도 「중대재해처벌법」에서 정하고 있는 의무 중 업무상과실치사상죄의 업무상 주의의무의 근거가 될 수 있는 사항에 대해서는 이를 준수해야 하는 것으로 해석될 수 있기 때문이다.

「중대재해처벌법」 위반죄와 「산업안전보건법」 위반죄는 구성요건이 다르므로 사망에 이르게 했는지에 관계없이 양자는 실체적 경합 관계(동일인이 수 개의 행위로 수 개의 죄를 실현한 경우)에 있고, 법정형이 더 중한 「중대재해처벌법」으로 처벌하되(가중주의), 장기 또는 다액에 그 2분의 1까지 가중한다.[131], [132]

130) 업무상 주의의무의 2차적인 근거로서 행위 당시의 사정에 비추어 조리(條理)상 발생하는 구체적인 주의의무까지도 고려되기 때문이다.

131) 「중대재해처벌법」 위반죄와 「산업안전보건법」 위반죄에 정한 형은 사형 또는 무기징역이나 무기금고 이외의 같은 종류의 형이므로, 이런 경우에는 가장 무거운 죄에 정한 장기 또는 다액에 그 2분의 1까지 가중하되, 각 죄에 정한 형의 장기 또는 다액을 합산한 형기 또는 액수를 초과할 수 없다(형법 제38조 제1항 제2호). 이때 징역과 금고는 같은 종류의 형으로 간주하여 징역형으로 처벌하고(형법 제38조 제2항), 유기의 자유형을 가중하는 때에는 50년을 넘지 못한다(제42조 단서).

132) 각 죄에 정한 형이 무기징역이나 무기금고 이외의 다른 종류의 형인 때에는 병과한다(형법 제38조 제1항 제3호). 병과해야 할 경우는 각 죄에 정한 형이 이종인 경우뿐만 아니라 각 죄 중 일죄에 대하여 이종의 형을 병과할 것으로 규정한 때에도

한편, 「중대재해처벌법」 위반죄는 그 입법 취지와 문언에 비추어 볼 때 업무상과실치사상죄의 특례를 규정하여 경영책임자를 가중처벌함으로써 노무를 제공하는 자의 생명보호라는 개인적 법익을 보호하기 위한 것이므로, 그 죄가 성립되는 때에는 업무상과실치사상죄는 그 죄에 흡수되어 별죄를 구성하지 아니한다고 볼 것이다.[133] 즉, 「중대재해처벌법」 위반죄의 구성요건이 업무상과실치사상죄의 구성요건을 이미 포함하고 있으므로(배척하므로), 양 죄는 법조경합 관계[134]에 있다고 할 수 있고, 「중대재해처벌법」 위반죄만 적용되고 업무상과실치사상죄의 적용은 배제된다.

사망재해가 발생하였다고 가정하면, 「중대재해처벌법」상의 경영책임자(제2조 제9호)와 「산업안전보건법」상의 안전보건관리책임자(제15조)가 다른 경우에는(본사와 공장이 분리되어 있는 대기업이 전형적인 예이다) 경영책임자에 대해선 「중대재해처벌법」 위반죄가, 안전보건관리책임자에 대해선 「산업안전보건법」상의 결과적 가중범과 「형법」상의 업무상과실치사죄가 문제될 가능성이 높고, 「중대재해처벌법」상의 경영책임자와 「산업안전보건법」상의 안전보건관리책임자가 동일한 경우엔(대부분의 중소기업이 해당된다) 그는 「중대재해처벌법」 위반죄, 「산업안전보건법」상의 결과적 가중범, 「형법」상의 업무상과실치사죄가 모두 문제될 수 있다.

적용되므로(대판 1955.6.10, 4287형상210), 「중대재해처벌법」 제6조 제1항, 제10조 제1항에 따라 징역과 벌금을 병과하는 경우에는 병과주의가 적용된다.

133) 대판 2008.12.11, 2008도9182 참조.

134) 법조경합 중에서도 특별관계에 해당한다.

제4장

산재보상과 법

1. 서설

우리나라에서 산업재해가 발생한 경우 그 구제를 얻기 위한 제도에는 「근로기준법」상의 재해보상제도, 「산재보험법」상의 산재보험제도, 「민법」상의 손해배상청구의 세 가지가 있다.

「근로기준법」상의 재해보상제도는 사용자 자신이 직접 보상의무를 부담하는 것으로서 산재보상의 초기 형태이다. 그러나 현재는 사용자의 책임을 사회화한 「산재보험법」의 산재보험제도의 발전에 의해 산재보상의 주요부분은 산재보험제도가 담당하고 있다. 이 두 가지를 총칭하여 산재보상제도라고 부른다.

「근로기준법」상의 재해보상금액, 「산재보험법」상의 산재보험급여의 한도를 넘는 손해에 대해서는, 사용자는 「민법」상의 손해배상책임이 면제되지 않고, 피재근로자 또는 유족은 사용자에 대하여 「민법」상의 손해배상청구를 할 수 있다. 이것을 산재보상제도와 손해배상제도의 병존주의라고 부른다.[1)]

비교법적으로 보면, 산재보상제도와 손해배상제도의 병존주의는 보편적인 입법정책은 아니고, 산재보상을 받을 수 있는 경우에는 「민법」상의 손해배상청구를 제한하고 있는 국가가 적지 않지만, 우리나라에서는 산재보상과 민사손해배상의 쌍방을 청구하는 것이 가능한 것으로 되어 있는 점에서 특징적이라고 할 수 있다.

1.1 산재보상제도의 성격과 특징

시민법하에서 사용자의 산업재해에 대한 보상은 근로자가 사용자에 대하여 손해배상책임을 추궁하는 것에 의해서만 실현될 수 있었다. 이

1) 병존주의의 기반은 산재보상제도가 산업재해에 의해 근로자에게 발생한 전체 손해 중 일부분을 간이·신속하게 보상하는 제도로서 출발하고 그 후에 보상내용이 질적으로 개선되었음에도 불구하고, 그것이 「민법」상의 손해배상범위를 망라하고 있지 않은 것에 있다.

책임추궁에서는 과실책임의 원칙에 따라 피재자인 근로자 또는 그 유족은 사용자의 불법행위의 성립[고의 또는 과실(주의의무 위반)의 존재, 위법행위의 존재, 손해(재해)의 발생, 위법행위와 손해의 발생 간의 인과관계의 존재]을 주장·입증하여야 한다. 만약 그 재해가 동료근로자를 포함한 제3자 행위에 의한 경우에는 당해 제3자가 사용자의 대리인의 지위에 있고, 당해 행위가 사용자의 업무수행상 이루어졌다는 것의 입증이 필요하다. 나아가 피용자인 근로자 또는 유족은 현실적으로 입은 손해를 입증하여야 한다. 이에 추가하여 피재근로자 자신에게 과실(예컨대, 안전보호구의 미착용)이 있으면 과실상계에 의해 배상액은 감액된다.

그러나 각국에서는 이와 같은 과실책임의 원칙은 점차 경감되어 마침내 과실책임의 원칙 그 자체를 폐기하는 새로운 제도를 성립하기에 이른다. 산업재해는 기업의 영리활동에 수반하는 위험의 현실화인 이상, 즉 근로계약에 근거하여 사업주의 지배하에 있는 상태에 수반하는 위험이 현실화하여 발생한 것인 이상, 기업활동에 의해 이익을 얻고 있는 사용자가 부담하여야 한다고 생각되어 시민법이론에 의한 처리를 수정할 필요성이 인식되기에 이른다. 이렇게 하여 입법화된 것이 산재보상제도이고, 노동법에 의한 시민법이론의 수정의 특징적 장면(場面)의 하나이다.

많은 국가에서 사용자의 산재보상책임을 집단적으로 전보(塡補)하는 책임보험제도로 출발한 산재보상제도는 산재보험제도에 의해 더 발전적인 것이 된다. 이것은 국가(정부)가 보험제도를 관장(운영)하고, 사용자를 미리 국가가 운영하는 이 보험에 의무로서 집단적으로 가입토록 하여 보험료를 납부하게 하고, 사용자의 근로자에 대한 산재보상책임을 보험료에 의해 조성되는 기금으로 전보하는 제도이다.

많은 선진국에서 산재보험은 적용범위, 보험사고, 급부내용, 재원 등에 있어서 책임보험제도의 영역을 넘어 사회보장제도의 일환으로서의 발전을 이루고 있다.

가. 무과실책임

산재보상제도의 첫 번째 특징은 과실책임주의를 수정하여 사용자의 과실 유무를 묻지 않고 보상책임을 지게 하는 무과실책임을 정하고 있다. 「근로기준법」 제78조, 제80조, 제82조, 제83조의 규정에서 알 수 있듯이 근로자가 재해보상을 받기 위한 요건은 근로자가 업무상 부상을 입거나 질병에 걸리거나 또는 사망한 것뿐이다. 「산재보험법」 역시 제37조에서 업무상의 재해 인정기준에서 근로자가 산재보상을 받기 위한 요건으로 업무상의 사유로 부상·질병 또는 장해가 발생하거나 사망한 것만을 규정하고 있다. 두 법 모두 근로자 보호를 위하여 사용자의 무과실책임을 설정하고 있는 것이다.

나. 보상액의 정률화

산재보상제도의 두 번째 특징은 요양급여[2]를 제외하고는 보상액을 평균임금을 기초로 하여 정률적으로 정하고 있는 점이다. 즉, 고용과정에서 고용에 기인하여 발생한 사고에 의한 부상·질병·사망, 업무상질병에 대해 사용자는 근로자에게 당연히 일정률로 산정되는 금액의 보상을 하여야 하는 것으로 되어 있다. 이에 따라 피재근로자 또는 유족은 산업재해에 의해 생긴 손해액의 입증을 하지 않고 정률의 보상을 받는 것이 가능하다. 그리고 과실상계(채무불이행의 경우는 민법 제396조, 불법행위의 경우는 제763조)에 의한 보상액의 감액도 없다.[3]

그러나 산재보상에는 정신적 손해에 대한 보상 등은 포함되어 있지 않다. 이것이 산재민사소송에 의한 손해배상청구를 인정하여야 할 이유 중의 하나이다.

---

2) 요양급여는 제43조 제1항에 따른 산재보험 의료기관에서 요양을 하게 한다. 다만, 부득이한 경우에는 요양을 갈음하여 요양비를 지급할 수 있다(산재보험법 제40조 제2항).

3) 판례 역시 「근로기준법」상의 재해보상책임에는 법률에 특별한 규정이 없는 한 과실책임의 원칙과 과실상계의 이론이 적용되지 않는다는 입장을 취하고 있다(대판 1983.4.12, 82다카1702 등). 다만, 「근로기준법」 제81조에 의하면, 휴업보상과 장해보상의 경우 근로자의 중대한 과실로 부상 또는 질병에 걸리고 그 과실에 대하여 노동위원회의 인정을 받는 조건으로 사용자는 그 보상책임을 면할 수 있다.

다. 근로기준법상의 재해보상제도와 산재보험법의 병존

「근로기준법」상의 재해보상제도는 이와 같이 사용자의 산업재해에 대한 시민법이론을 수정한 것이지만, 어디까지나 사용자 자신의 보상책임을 정한 것이다. 「근로기준법」상 벌칙은 규정되어 있지만, 사용자가 임의로 그 보상책임을 다하지 않는 경우 근로자는 민사소송을 제기할 필요가 있다. 그러나 공장의 폭발사고 등을 상기하면 알 수 있듯이, 산재에 의해 사용자 자신이 막대한 피해를 입는 경우도 적지 않고, 사용자에게 충분한 자력이 없는 경우 보상책임을 다하지 못할 우려가 있다.

그래서 산재보상책임을 보험원리로 사회화하고 사용자집단의 보험료 갹출에 의해 산재보상의 실효성을 담보하는 산재보험제도가 마련된 것이다. 「근로기준법」은 제8장에서 요양보상, 휴업보상, 장해보상, 유족보상, 장의비의 5종의 재해보상을 정하고 있는데, 3일 이내의 요양보상 및 휴업보상을 제외하고는(산재보험법의 요양급여, 휴업급여는 4일 이상의 요양 또는 휴업을 요하는 재해에 대해서만 지급한다),[4] 모두 다 동일 사유에 대해 「산재보험법」이 좀 더 유리한 급여를 정하고 있다. 이들 산재보험급여가 이루어져야 할 경우, 사용자는 「근로기준법」상의 재해보상책임을 면제받기 때문에, 오늘날 「근로기준법」상의 재해보상책임이 문제가 되는 것은 「산재보험법」이 적용되고 있지 않은 극히 드문 영역으로 한정되어 있다.

1.2 근로기준법상의 재해보상

시민법의 원칙에 따르면, 근로자가 업무를 수행하다가 부상을 입거나 사망하는 등 재해를 당한 경우에 구제 내지 보호를 받으려면 사용자에 대하여 손해배상책임을 묻는 방법밖에 없다. 이 책임은 과실책임의 원칙에 따르기 때문에 피해근로자나 그 유족은 사용자의 고의 또는 과실

---

4) 「산재보험법」 제40조(요양급여) 제3항, 제52조(휴업급여).

의 존재 및 그것과 재해 사이에 인과관계의 존재를 입증해야 한다. 또한 피재근로자 등은 현실적으로 입은 손해액을 입증해야 하며, 피재근로자에게도 과실이 있으면 과실상계에 따라 배상액은 그만큼 감액된다. 게다가 손해배상을 구하는 민사소송에 들어갈 비용과 시간 등은 피재근로자와 유족으로서는 감당하기 어려운 부담이 된다. 생산조직의 기계화·대규모화·위험화에 따라 근로자의 재해는 빈번히 일어나지만, 이러한 난점 때문에 피해근로자 및 그 가족은 생존을 위협받게 되었다. 따라서 이들의 생존권 보호를 위해서는 기업활동으로 이익을 받는 사용자가 기업활동에 수반하는 손해도 보상해야 한다는 목소리가 나오면서 과실책임의 원칙은 점차 완화·수정되어 마침내 무과실책임을 인정하는 새로운 보상제도가 도입되었다. 「근로기준법」의 재해보상제도(근로기준법 제78조 내지 제92조)가 그것이다.

1.3 산재보험법

재해보상제도가 마련되어 있더라도 사용자(사업주)[5]가 재해보상의 책임을 다할 현실적 능력이나 의욕이 부족하면 근로자는 보상을 받기가 어렵게 된다. 이 문제를 해결하기 위하여 재해보상책임의 위험을 가진 모든 사용자를 공적 보험에 가입시키고 특정 사용자의 근로자에게 재해가 발생하면 보험사업자가 사용자를 대신하여 신속하고 확실하게 재해보상을 갈음하는 보험급여를 지급하는 제도가 필요하다. 그 제도가 바로 「산재보험법」이다.

「산재보험법」의 중요한 목적은 보험사업을 통하여 근로자의 업무상 재해를 신속하고 공정하게 보상하고, 재해근로자의 재활 및 사회복귀를 촉진하기 위한 보험시설을 설치·운영하는 데 있다(제1조). 보험

5) 「산재보험법」에서는 의무주체로 '사업주'라는 용어를 사용하고 있지만, 이하에서는 「근로기준법」, 「민법」에서 사용하고 있는 '사용자'와의 표현상의 일관성을 위하여 '사용자'라는 표현을 사용하기로 한다.

사업은 고용노동부장관이 관장하되(제2조), 근로복지공단이 고용노동부장관의 위탁을 받아 보험사업을 수행한다(제10조).

「산재보험법」은 근로자를 사용하는 모든 사업 또는 사업장(이하 '사업'이라 한다)에 적용하며, 다만 위험률·규모 및 장소 등을 고려하여 시행령으로 정하는 사업에는 적용하지 않는다(제6조). 「근로기준법」, 「산업안전보건법」과 달리 상시 근로자 5명 미만인 사업에도 일부 업종[6]을 제외하고는 전면 적용된다.

산재보험에서 보험관계의 성립과 소멸, 보험료의 납부와 징수 등을 별도로 규율하는 「고용보험 및 산업재해보상보험의 보험료징수 등에 관한 법률」(이하 '보험료징수법'이라 한다)에 따르면, 「산재보험법」 적용사업의 사업주는 당연히 산재보험의 가입자가 되고, 적용 제외 사업의 사업주는 근로복지공단의 승인을 받아 산재보험에 가입할 수 있다(보험료징수법 제5조 제3항·제4항). 이와 같이 산재보험은 당연가입을 원칙으로 하면서 임의가입을 예외적으로 허용하고 있다. 한편, 산재보험사업에 드는 비용을 충당하기 위하여 가입자로부터 보험료를 징수한다(보험료징수법 제13조 제1항).

1.4 근로기준법상의 재해보상과 산재보험법의 관계

「산재보험법」이 적용되는 사업에서 사업주는 산재보험의 당연가입자가 되고 재해를 당한 근로자 또는 그 유족(수급권자)은 「산재보험법」에 따라 보험급여를 받을 수 있게 된다. 수급권자가 이 법에 따라 보험급여를 받았거나 받을 수 있으면 보험가입자는 동일한 사유에 대하여 「근로기준법」에 따른 재해보상책임이 면제된다(산재보험법 제80조 제1항).

그렇지만 「근로기준법」상의 재해보상이 여전히 의미를 가지는 측

6) 농업, 임업(벌목업은 제외), 어업 및 수렵업 중 법인이 아닌 자의 사업(산재보험법 시행령 제2조 제1항 제6호).

면도 있다. 예컨대 산재보험의 적용 사업이 아니고 임의가입도 하지 않은 사업의 경우에 근로자의 재해보상은 「근로기준법」에 따라 이루어질 수밖에 없다. 산재보험에 가입한 사업의 경우라도 3일 이내의 요양급여나 휴업급여는 지급되지 않으므로, 이 부분은 「근로기준법」에 따른 요양보상이나 휴업보상으로 해결될 수밖에 없다. 또한 「산재보험법」상 평균임금에는 상한선(최고 보상기준 금액)이 있고(산재보험법 제36조 제7항) 장의비의 경우에도 상한선이 있어(산재보험법 제71조) 평균임금이 높은 근로자의 경우 「근로기준법」에 따른 보상이 더 유리할 수 있다.

그러나 「산재보험법」은 오랜 세월 그 적용의 범위를 단계적으로 확대하여 이제는 일부 사업을 제외하고는 「근로기준법」상의 재해보상 규정이 적용되는 상시 4명 이하의 근로자를 사용하는 영세기업까지 포함하여 사실상 전면 적용되고 있는 점,[7] 「산재보험법」에 따른 보험급여가 「근로기준법」에 따른 재해보상보다 재해근로자에게 전반적으로 유리하다는 점, 「근로기준법」상의 근로자가 아닌 자도 일정한 범위에서는 「산재보험법」상 근로자로 보아 보험급여를 지급하는 특례를 두고 있는 점,[8] 「근로기준법」상의 재해보상책임을 확보한다는 차원에서 한 걸음 더 나아가 사회보장으로서의 성격을 강화해 왔다는 점 등에 비추어 「근로기준법」의 재해보상 규정은 현실적으로 그 의미가 크

---

7) 「산재보험법」이 처음 시행된 1964년에는 상시 500명 이상을 사용하는 광업과 제조업에만 적용했으나 점차 그 범위를 확대해 왔다.

8) 그 특례는 ① 시행령으로 정하는 중소기업 사업주(근로자를 사용하지 않는 자 포함)로서 근로복지공단의 승인을 받아 산재보험에 가입한 자(산재보험법 제124조 제1항), ② 특수형태근로종사자, 즉 계약의 형식에 관계없이 근로자와 유사하게 노무를 제공함에도 「근로기준법」 등이 적용되지 않아 업무상의 재해로부터 보호할 필요가 있는 자로서 주로 하나의 사업에 그 운영에 필요한 노무를 상시적으로 제공하고 보수를 받아 생활하고 또 노무를 제공할 때 타인을 사용하지 않는 자 중에서 시행령으로 정하는 직종에 종사하는 자(산재보험법 제125조 제1항), ③ 「산재보험법」이 적용되는 사업에서 현장실습을 하고 있는 학생 및 직업훈련생 중 고용노동부장관이 정하는 자(산재보험법 제123조 제1항), ④ 근로자가 아닌 자로서 국민기초생활 보장법에 따른 자활급여 수급자 중 고용노동부장관이 정하여 고시하는 사업에 종사하는 자(산재보험법 126조 제1항)이다.

게 줄었다고 볼 수 있다.

따라서 산재보상에 관해서는 「근로기준법」이 아니라 「산재보험법」을 중심으로 살펴보는 것이 적절하다고 보아, 이하에서는 「산재보험법」에 의한 산재보상제도에 대해 설명하는 것으로 한다.

2. 업무상 재해

근로자에게 부상 · 질병 · 사망의 재해가 발생한 경우 「산재보험법」상의 보험급여의 대상이 되는지 여부는 그 재해가 업무상 재해인지, 업무 외 재해인지 여부에 달려 있다. 업무상 재해로 인정되면, 두터운 산재보험급여가 지급되고, 안전배려의무 위반의 민사손해배상과 달리 과실상계에 의해 손해배상액의 조정이 이루어지는 것도 없다. 이에 반해 업무상 재해로 인정되지 않으면, 그 요양, 휴업 등에 대해 산재보상과 비교하여 훨씬 적은 금액의 건강보험에 의한 급여 외에는 이루어지지 않는다.

2.1 업무상 재해의 개념

「산재보험법」은 업무상 재해를 "업무상의 사유에 따른 근로자의 부상 · 질병 · 장해 또는 사망"이라고 정의하고 있다(제5조 제1호).[9] 이 정의에 따르면, 업무상 재해는 '업무에 기인하여' 발생하는 재해라는 의미 이상의 것은 아니다. 즉, 업무상 재해에서 '업무상'이란 '업무기인성'을 의미한다고 할 수 있다. 다만, '업무기인성'의 '제1차적 판단기준'(요건)으로 '업무수행성'이 활용된다. 이러한 입장에 따라 업무상 재

9) 「근로기준법」은 '업무상 재해'에 관하여 정의규정을 두고 있지 않다.

해 여부의 판단을 '업무수행성'과 '업무기인성'이라는 2단계로 나누어 정식화하는 것이 일반적이다. 이 판단방법은 업무상 사고에 대해서는 잘 들어맞는다. 그러나 후술하듯이 업무상 질병에서 업무수행성 요건은 경미하거나 제로여도 무방하다.

가. 업무수행성

'업무수행성'이란, 근로자가 '현실적으로 업무를 수행하는 중'이라는 좁은 의미가 아니라, 근로자가 '사용자의 지배하에 있는 중'이라는 것을 의미한다고 해석된다. 이로써 현실적 업무수행이 없는 휴게시간·통근·행사(행사 준비를 포함한다) 중의 재해도 사용자의 지배하에 있으면 업무상 재해로 인정받을 수 있게 된다.[10]

판례는 업무수행성과 관련하여 "사용자의 지배 또는 관리하에서 이루어지는 당해 근로자의 업무수행 및 그에 수반되는 통상적인 활동과정에서 재해의 원인이 발생한 것"[11](밑줄은 필자), "사업주의 지배, 관리하에서 당해 근로업무의 수행 또는 그에 수반되는 통상적인 활동을 하는 과정에서……"[12](밑줄은 필자), "사업주의 지배·관리하에서 당해 근로업무의 수행 또는 그에 수반되는 통상적인 활동을 하는 과정에서……"[13](밑줄은 필자) 또는 "업무상의 재해로 인정되기 위하여는……사업주의 지배관리하에 있다고 볼 수 있는 경우가 아니어서는 안 된다."[14](밑줄은 필자)라고 판시하는 등 업무수행성에 대해 다소 다르게 표현하고 있는바,[15] 표현상의 미묘한 차이는 있지만 업무수행

---

10) 「산재보험법」 제37조에서는 '지배관리하에'(제1항 제1호 마목), '지배관리하에서'(제1항 제3호 가목)라고 표현하고 있다.

11) 대판 1993.1.19, 92누13073 등.

12) 대판 1996.2.9, 95누16769 등.

13) 대판 2010.4.29, 2010두184; 대판 2007.9.28, 2005두12572(전원합의체); 대판 1995.9.15, 95누6946 등.

14) 대판 1993.5.11, 92누16805 등.

15) 일부 판례(대판 1995.9.15, 95누6946; 대판 1996.2.9, 95누16769 등)에서는 '지배 또는 관리하에 있다'라는 표현과 '지배·관리하에 있다'라는 표현이 혼재되어 있다.

성의 의미를 일관되게 넓은 의미로 이해하고 있다.

업무수행성이 인정되는 경우는 다음과 같은 네 가지 유형으로 대별할 수 있다.

첫째, 사용자의 지배하에 있고 관리하에 있으며, 업무에 종사하고 있는 경우이다. 여기에는 사업장 내에서 작업에 종사하고 있는 경우뿐만 아니라, 작업에 통상 수반되는 일시적인 업무이탈 중의 행위[용변, 음수(飮水) 등의 생리적인 필요행위]도 포함된다.

둘째, 사용자의 지배하에 있고 관리하에 있지만, 업무에 종사하고 있지 않은 경우이다. 사업장 내에서 휴식 중 또는 작업 시작 전 및 작업 종료 후의 사업장 내에서의 행동 등이 이것에 해당한다.

셋째, 사용자의 지배하에 있지만, 그 관리를 벗어나 업무에 종사하고 있는 경우이다. 예를 들면, 출장 중(교통기관, 숙박장소에서의 시간을 포함한다) 용무, 연수수강 또는 파견작업 중의 재해, 화물·여객 등의 운송업무, 그 외에 사업장 밖에서 용무에 종사하고 있는 경우 등이다.

넷째, 사용자의 지배하에 있지만, 그 관리를 벗어나 업무에 종사하고 있지 않은 경우이다. 사업주가 제공한 교통수단이나 그에 준하는 교통수단을 이용한 출퇴근 또는 회사가 주관하는 운동회, 야유회, 회식 등의 행사에 참가하는 행위가 이것에 해당한다.

이와 같이 업무수행성이 인정되기 위해서는 근로자가 최소한 사용자의 지배하에는 있어야 하지만, 반드시 관리하에도 있어야 하는 것은 아니다. 따라서 업무수행성의 요건(판단기준)으로 「산재보험법」(제37조 제1항 제1호 마목 및 제3호 가목)에서 규정하고 있는 '지배관리'라는 표현과 많은 판례에서 사용하고 있는 '지배 또는 관리', '지배, 관리' 또는 '지배·관리', '지배관리'라는 표현은, 지배 '그리고' 관리의 의미가 아니라, '지배'는 필수적 요건으로 하면서 '관리'는 보충적 또는 선택적 요건에 불과한 의미로 해석하는 것이 타당하다.

그러나 2018년 1월 1일부터 사업주가 출퇴근용으로 제공한 교통수단이나 그에 준하는 교통수단(사업주가 제공한 것으로 볼 수 있는 교통수단)을 이용하는 등 사업주의 지배·관리하에서[16] 출퇴근하던 중에 발생한 사고[17] 외에, 사업주의 지배·관리하에 있다고 볼 수 없는 통상적인 경로와 방법으로 출퇴근하는 중에 발생한 사고도 업무상 재해로 인정됨에 따라(산재보험법 제37조 제1항 제3호), 출퇴근재해에서는 업무수행성이 업무상 재해의 필수적인 요건이라고 볼 수 없게 되었다.

나. 업무기인성

'업무기인성'이란, 발생한 부상·질병·사망이 업무 내지 업무수행에 내재·수반하는 위험이 현실화한 것이라고 경험칙상 인정될 수 있는 것, 바꾸어 말하면 발생한 부상·질병·사망이 업무 내지 업무수행과 상당인과관계를 가지는 것을 말한다.

업무기인성은 업무수행성에서 파생된 것이다. 따라서 업무상 재해인지 여부의 1차적 판단기준은 업무수행성이다. 원칙적으로 업무수행성이 없으면 업무기인성은 성립하지 않는다. 업무수행성이 있더라도 다시 업무기인성의 판단이 필요하고 업무기인성이 없으면 업무상 재해가 되지 않는다. 이와 같이 업무상 재해가 되려면 '원칙적으로' 업무수행성과 업무기인성을 모두 갖추어야 하는 것이다. 그러나 재해의 종류에 따라서 판단의 중점은 다를 수 있다. 사고성 재해(부상이나 사고사)의 경우는 업무수행성의 충족 여부에 논의가 집중되고, 사고(재해)에 의하지 않는 업무상 질병의 경우는 업무기인성의 충족 여부가 중요시되고 업무수행성은 문제되지 않는 경우가 많다.[18]

16) 산재보험법 제37조에는 '지배관리하에서'라고 표현되어 있다.

17) 이것에 해당하기 위해서는 두 가지 요건(사업주가 출퇴근용으로 제공한 교통수단이나 사업주가 제공한 것으로 볼 수 있는 교통수단을 이용하던 중에 사고가 발생하였을 것, 출퇴근용으로 이용한 교통수단의 관리 또는 이용권이 근로자 측의 전속적 권한에 속하지 아니하였을 것)이 필요하다(산재보험법 시행령 제35조 제1항).

18) 업무상 질병의 경우, 업무수행성 판단은 유용하지 않고 사실상 전적으로 업무기인성에 의해 판단하는 경우가 많다. 즉, 업무수행성은 업무상 질병에 대해서는 불가결한 기준이라고 할 수 없다.

다. 소결

우리나라 「산재보험법」의 모법에 해당하는 일본 「노동재해보상보험법」에 대한 일본 후생노동성의 행정해석에 따르면, '업무상'이란 당해 부상 · 질병 · 사망의 '업무기인성'을 의미하고, '업무수행성'은 업무기인성을 판단하기 위한 '1차적 판단기준'에 불과하다. 우리나라의 「산재보험법」의 정의규정에서 '업무상' 재해를 단순히 '업무상의 사유에 따른' 재해라고 규정한 것은 이 견해에 따른 것이라 볼 수 있다.

'업무상' 여부는 원칙적으로 업무기인성과 업무수행성의 상관관계에 의해 판단되어야 하지만, 재해의 종류에 따라서는 업무기인성의 요건이 충족되고 있는 경우에는 업무수행성의 요건은 경미하더라도 무방하고, 경우에 따라서는 영(zero)이라도 상관없다. 확실히 업무상이란 업무에 기인한다는 의미일 뿐 그 이상은 아니고, 근로자의 당해 부상 · 질병 · 사망이 노무에의 종사와 상당인과관계를 가지고 있는지 여부라고 할 수 있다. 따라서 업무수행성은 업무와 재해의 인과관계의 판단에 있어 1차적 판단기준이 되기는 하지만, 모든 재해에 대해서 요구되는 불가결한 기준, 즉 독립적 요건이라고 할 수는 없다.

2.2 업무상 재해의 판단

「산재보험법」은 어떠한 경우에 업무상 재해로 인정되는지에 관한 기본적인 기준을 정하고, 시행령에서는 법의 위임에 따라 구체적인 기준을 정하고 있다(법 37조 제1항 · 제3항, 시행령 제27조 내지 제36조). 근로자에게 발생하는 수많은 재해에 대하여 업무상 재해에 해당하는지 여부를 신속 · 공평하게 판단하고 근로자의 입증책임도 줄이기 위한 것이다.

업무상 재해는 사고 등의 이상(異常)한 사건(event)에 의해, 즉 이상한 사건이 원인이 되어 부상을 입거나 사망한 경우(사고성 상병)와 통상의 노동과정(작업상태) 자체에서 질병에 이환되거나 사망한 경우

(비사고성 질병)로 대별된다. 이하에서는 법령으로 정한 인정기준을 중심으로 업무상 재해가 어떤 경우에 인정되는지를 재해의 유형에 따라 살펴보기로 한다.

가. 업무상 사고

근로자가 다음 중 어느 하나에 해당하는 사유로 부상이 발생하거나 사망하면 업무상 사고로 본다(산재보험법 제37조 제1항 제1호 참조).

① 근로자가 근로계약에 따른 업무나 그에 따르는 행위를 하던 중 발생한 사고
② 사업주가 제공한 시설물 등을 이용하던 중 그 시설물 등의 결함이나 관리소홀로 발생한 사고
③ 사업주가 주관하거나 사업주의 지시에 따라 참여한 행사나 행사준비 중에 발생한 사고
④ 휴게시간 중 사업주의 지배관리하에 있다고 볼 수 있는 행위로 발생한 사고
⑤ 그 밖에 업무와 관련하여 발생한 사고

①~④의 사항은 '업무수행성'이 인정되는 사고를 예시적으로 열거한 것이라고 할 수 있다.

산재보험법 제37조 제1항 단서에 의하면, 업무상 사고로 발생한 재해라도 업무와 재해 사이에 상당인과관계가 없는 경우에는 업무상 재해로 보지 않는다. 이는 업무수행성이 충족되더라도 업무기인성이 없으면 업무상 재해가 되지 않는다는 것을 확인한 규정이다. 판례에 따르면, 상당인과관계는 반드시 의학적·자연과학적으로 명백히 증명되어야 하는 것은 아니고, 근로자의 취업 당시의 건강상태, 발병경위, 질병의 내용, 치료의 경과 등 제반 사정을 고려할 때 업무와 재해 발생 사이에 상당인과관계가 있다고 추단(推斷)되는 경우에도 그 입증이 있다고 보아야 하고,[19] 또는 업무와 사망 사이의 상당인과관계의 증명을

위해서는 반드시 의학적 감정을 요하는 것은 아니며, 제반 사정을 고려할 때 업무와 사망 사이에 상당인관계가 있다는 개연성이 증명되면 족하다.[20]

이와 같은 법원의 판단의 배경에는, 업무상 재해 여부 판정의 본질은 해당 사안이 산재보상제도를 적용하여 구제할 만한 것인가 아닌가를 결정하는 것으로서, 본래 의학적 원인을 규명하는 것을 목적으로 하는 의학적 판정이 아니고 규범적 판단이라는 전제가 깔려 있다. 즉, 판례는 업무상 재해 여부의 규범적 판단을 함에 있어서 의학적 지식을 필요로 하고 업무상 재해 인정이 의학적 지식과 모순되지 않는 것이 요청되지만, 그 인과관계 유무는 반드시 의학적 · 자연과학적으로 명백히 증명되어야 하는 것이 아니라, 법적 · 규범적 관점에서 상당인과관계의 유무로써 판단되어야 한다는 입장이다.[21]

근로자의 업무와 재해 사이의 상당인과관계는 원칙적으로 그 존재를 주장하는 근로자 쪽에서 입증하여야 한다.

(1) 사업장 내 업무수행 중의 재해

근로자가 사업장 안에서 i) 근로계약에 따른 본래의 업무를 하는 행위, ii) 그 과정에서 용변 · 보행 등 필요적 부수행위를 하던 중 발생한 부상 · 사망은 업무상 재해로 본다(산재보험법 제37조 제1항 제1호 가목, 시행령 제27조 제1항).

(2) 사업장 내 업무시간 외의 재해

사업장은 사용자가 지배 · 관리하는 장소이므로 근로자가 사업장 안에 있는 동안에 본래의 업무가 아닌 행위를 하더라도 근로자의 사업장 체류를 요구 · 용인하는 취지에 부합하는 행위를 하는 이상 업무수행성

---

19) 대판 2004.4.9, 2003두12530; 대판 2000.5.12, 99두11424; 대판 1997.2.28, 96누14833; 대판 1994.6.28, 94누2565 등.

20) 대판 1992.6.9, 선고 91누13656; 대판 1992.5.12, 91누10022 등.

21) 대판 2021.9.9, 2017두45933(전원합의체); 대판 2011.6.9, 2011두3944 등.

이 인정된다.

휴게시간 중에 용변 · 보행 · 이동, 업무 재개를 위한 준비 · 휴식(짧은 수면포함) · 적절한 운동이나 사생활 활동의 경우는 '사업주의 지배 · 관리 아래 있다고 볼 수 있는 행위(산재보험법 제37조 제1항 제1호 마목)'로서 그러한 행위를[22] 하던 중 발생한 부상 · 사망은 업무상 재해로 인정된다. 그러나 노동조합 대의원들끼리 구내 운동장에서 친선경기를 하는 경우에는[23] 업무상 재해로 인정되지 않는다.

업무 시작 전이나 종료 후의 시간에 업무를 준비 또는 마무리하거나,[24] 천재지변 · 화재 등 사업장 내의 돌발적 사고에 따른 긴급피난 · 구조 등의 행위(산재보험법 시행령 제27조 제1항)를 하던 중 또는 출퇴근을 위하여 사업장 구내에서 이동하거나 잠시 체류하던 중 발생한 부상 · 사망도 업무상 재해로 인정된다. 그러나 장시간의 적극적 사생활 활동, 방화 · 재물손괴 · 절도 등의 범죄행위, 시설의 집단적 점거 등의 경우에는 업무상 재해로 인정되지 않는다.

(3) 사업장 밖 업무수행 중의 재해

근로자가 사용자의 지시에 따라 사업장 밖의 지정된 장소에서 업무를 수행하거나 출장지를 왕복 이동하는 등 업무수행에 필요한 행위를 하던 중에 발생한 부상 · 사망은 업무상 재해로 보며, 다만 사용자의 구체적 지시에 위반한 행위나 과도한 사생활 활동을 하는 경우 또는 통상적인 경로를 이탈한 경우에는 그렇지 않다(산재보험법 37조 제1항 제1호 가목, 시행령 제27조 제2항).

출장근무의 경우는 출장지로 떠난 때부터 업무를 마치고 귀환할 때까지 근로자가 사용자의 지배 아래 있다. 따라서 업무수행은 물론 출

22) 대판 2000.4.25, 2000다2023(구내매점에 간식을 사기 위하여 제품 하치장을 통과)

23) 대판 1996.8.23, 95누14663.

24) 대판 2009.10.15, 2009두10246(지속적인 육체노동이 요구되는 업무에 종사하는 자가 근무시간 전에 체력단련 운동); 대판 1996.10.11, 96누9034(다음 날의 작업준비를 위해 도구를 운반).

장지 왕복 이동, 그 업무수행에 필요한 숙박·회식 등 모든 행위에 업무수행성이 인정된다. 그러나 사용자의 구체적 지시를 위반한 업무수행, 통상의 경로를 이탈한 왕복 이동, 과도한 사생활 활동에 대하여는 업무수행성이 인정되지 않는다.

업무의 성질상 업무수행 장소가 정해져 있지 않은 근로자가 최초로 업무수행 장소에 도착하여 업무를 시작한 때부터 최후로 업무를 완수한 후 퇴근하기 전까지 발생한 부상·사망은 업무상 재해로 본다(산재보험법 37조 제1항 제1호 가목, 시행령 제27조 제3항). 수시로 장소를 옮겨가며 업무수행을 하도록 예정되어 있는 만큼 업무수행 도중의 이동행위 등에 대해서도 업무수행성이 인정되는 것이다.

(4) 사업장 밖 업무시간 외의 재해

근로자가 사업장 밖에서 업무 외 행위를 하는 중에 재해가 발생한 경우에는 일반적으로는 업무상 재해로 인정되지 않는다. 그러나 몇 가지 예외가 있다.

사용자가 제공하는 시설물(장비·차량 포함) 등의 결함이나 관리소홀로 근로자가 이것을 이용하던 중 발생한 부상·사망은 업무상 재해로 보며, 다만 사용자의 구체적 지시를 위반하여 이용하거나 그 시설물 등에 대한 관리·이용권이 근로자에게 전속되어 있는 경우는 그렇지 않다(산재보험법 37조 제1항 제1호 나목, 시행령 제28조).

종전에는 사용자가 출퇴근용으로 제공한(관리·이용권이 근로자에게 전속된 경우는 제외) 교통수단이나 이에 준하는 교통수단을 이용하여 출퇴근하던 중 발생한 부상·사망만 업무상 재해로 보고[구(舊) 산재보험법 37조 제1항 제1호 다목 및 시행령 제29조],[25] 통상의 교통수

---

25) 이 규정은 공무원의 경우와 달리 통상 교통수단으로 출퇴근하던 중에 발생한 재해를 업무상의 재해에서 제외하고 있었다. 헌재 2013.9.26, 2011헌바271·2012헌가16은 이 규정이 헌법에 위반되지 않는다고 보았지만, 헌재 2016.9.29, 2014헌바254는 앞의 결정을 뒤엎고 이 규정을 헌법에 위반한다고 보았다. 이에 대한 자세한 내용은 후술한다.

단(도보나 대중교통 또는 자가용차 등을 이용)으로 출퇴근하는 경우에는 출퇴근 방법과 경로의 선택이 근로자에게 맡겨져 있다는 점에서 근로자가 선택한 출퇴근 방법과 경로가 통상적이라 하더라도 업무상 재해로 인정되지 않았다.[26] 그러나 「산재보험법」 개정으로 인해 2018년 1월 1일부터는 출퇴근재해 관련 산재보험 보상범위가 확대되어 출퇴근 수단에 관계없이 통상적인 경로와 방법으로 출퇴근하는 중 발생한 사고도 업무상 재해로 인정되게 되었다.

사용자가 주관하거나 근로자의 참가를 지시·승인 또는 조장(참가시간을 근로시간으로 인정하거나 행사비용을 지원하는 등)[27]하는 행사에 근로자가 참가하거나 그 준비를 하던 중에 발생한 부상·사망은 업무상 재해로 본다(산재보험법 제37조 제1항 제1호 라목, 시행령 제30조). 그러나 근로자들이 친목도모를 위하여 임의로 사업장 밖에서 하는 친목행사[28] 또는 노동조합 간부가 단결 과시를 위해 주관하는 체육대회[29] 등의 경우에는 업무상 재해로 인정되지 않는다.

나. 업무상 질병

근로자가 다음 어느 하나에 해당하는 사유로 질병에 걸리거나 사망하면 업무상 질병으로 본다고 규정하고 있다(산재보험법 제37조 제1항 제2호 참조).

① 업무수행 과정에서 물리적 인자·화학물질·분진·병원체·신체에 부담을 주는 업무 등 근로자의 건강에 장해를 일으킬 수 있는

---

26) 대판 2007.9.28, 2005두12572(전원합의체)(근로자가 선택한 통근 방법과 경로가 통상적인 경우에는 업무상의 재해로 인정된다고 보는 소수 반대의견이 있다); 대판 1996.2.9, 95누16769.

27) 대판 1997.8.29, 97누7271(회사의 적극적인 지원 아래 열린 낚시모임).

28) 대판 1992.10.9, 92누11107(근로자들이 회사 소유의 버스만 제공받고 소요비용은 각출하여 마련한 친목행사); 대판 1995.5.26, 94다60509(사용자가 주관한 정례회식이 끝난 후에 근로자들이 여흥을 즐기기 위한 모임).

29) 대판 1997.3.28, 96누16179.

요인(건강유해요인)을 취급하거나 이에 노출되어 발생한 질병
② 업무상 부상이 원인이 되어 발생한 질병
③ 「근로기준법」 제76조의2에 따른 직장 내 괴롭힘, 고객의 폭언 등으로 인한 업무상 정신적 스트레스가 원인이 되어 발생한 질병
④ 그 밖에 업무와 관련하여 발생한 질병

그런데 업무와 재해 사이에 상당인과관계가 없으면 업무상 재해로 보지 않는 것은 업무상 질병에도 적용된다(산재보험법 제37조 제1항 단서 참조). 업무상 질병 중에서 업무와의 관련성이 많이 문제되는 것은 직업병 등 비재해성 질병이다. 이것들은 상당 기간 동안 서서히 진행되거나, 즉 잠복기를 거쳐 발생하는 경우도 있고, 근로자의 기존의 다른 질병과 겹쳐서 발생하는 경우도 있다. 이 때문에 근로자의 질병(그 악화도 포함)이 업무수행과정에서 건강유해요인을 취급하거나 그에 노출되어 발생한 것인지(인과관계 유무)에 관한 판단은 어려운 문제이다.

(1) 업무상 질병의 열거

업무상 질병은 그 특성상 의학적인 지식 · 경험이 없으면 업무기인성을 입증하는 것이 곤란한 경우가 많기 때문에, 「근로기준법」 제78조 제2항에 따른 「동법 시행령」 별표 5(제44조 제1항 관련)는 업무상 질병의 범위를 자세히 정하고 있다. 따라서 업무상 질병의 범위는 「근로기준법」에 정한 내용을 기본적 기준으로 한다.

이것은 의학적 지견(知見)으로 보아 업무에 동반하는 유해인자에 의해 발증할 개연성이 높은 질병을 구체적으로 예시하고 있는 것으로서, 당해 질병을 발증(發症)시키기에 족한 조건하에서 업무에 종사하여 온 근로자가 당해 질병에 이환된 경우에는 업무상 재해의 인정상 특단의 반증이 없는 한 이것을 업무에 기인하는 질병으로 취급하는 것이라고 할 수 있다. 이 의미에서 이 규정은 업무상 질병에서 업무기인성

의 입증부담(인과관계의 증명부담)을 경감시키는 기능을 가지고 있는 것이지만, 근로자가 이환된 질병이 위 규정에서 말하는 질병이라는 것 자체의 입증까지를 불필요한 것으로 하는 것은 아니다. 다만, 일반적으로는 어떤 질병에 특징적인 증상이 존재하는 것이 입증되면 그것으로부터 당해 질병에의 이환이 추인되는 경우도 적지 않을 것이다. 요컨대, 예시 질병에 대해서도 '질병을 발증(發症)시키기에 족한 조건하에서 업무에 종사한 것'과 이것에 의해 '당해 질병에 이환되었다는 것'은 보상을 청구하는 원고 측에서 입증하여야 할 것이다.

「산재보험법 시행령」 제34조 제1항에 따르면, 근로자가 「근로기준법 시행령」 별표 5(제44조 제1항 관련)의 업무상 질병의 범위에 속하는 질병에 걸린 경우, 다음의 요건 모두에 해당하면, '업무수행 과정에서 물리적 인자(因子), 화학물질, 분진, 병원체, 신체에 부담을 주는 업무 등 근로자의 건강에 장해를 일으킬 수 있는 요인을 취급하거나 그에 노출되어 발생한 질병(법 제37조 제1항 제2호 가목에 따른 업무상 질병)'으로 본다. ① 근로자가 업무수행 과정에서 유해·위험요인을 취급하거나 유해·위험요인에 노출된 경력이 있을 것, ② 유해·위험요인을 취급하거나 유해·위험요인에 노출되는 업무시간, 그 업무에 종사한 기간 및 업무 환경 등에 비추어 볼 때 근로자의 질병을 유발할 수 있다고 인정될 것, ③ 근로자가 유해·위험요인에 노출되거나 유해·위험요인을 취급한 것이 원인이 되어 그 질병이 발생하였다고 의학적으로 인정될 것.

「산재보험법 시행령」 제34조 제2항에 따르면, 업무상 부상을 입은 근로자에게 발생한 질병이 다음의 요건 모두에 해당하면, '업무상 부상이 원인이 되어 발생한 질병(산재보험법 제37조 제1항 제2호 나목에 따른 업무상 질병)'으로 본다. ① 업무상 부상과 질병 사이의 인과관계가 의학적으로 인정될 것, ② 기초질환 또는 기존 질병이 자연발생적으로 나타난 증상이 아닐 것.

그리고 「산재보험법 시행령」 별표 3(제34조 제3항 관련)에서는 업무상 질병(진폐증은 제외한다)에 대한 구체적인 인정기준(요건)을 예시적으로 규정하고 있다.

이를 발췌 · 요약하면, ① 업무와 관련한 돌발적인 긴장 · 공포, 단기간 동안의 업무상 부담 증가, 만성적인 과중한 업무로 발병된 뇌실질내 출혈이나 심근경색증 등, ② 신체부담작업으로 반복동작이 많거나 무리한 힘을 가해야 하는 업무 등으로 발병하거나 악화된 근골격계질환, ③ 밀가루 · 니켈에 노출되어 발생한 천식, 크롬에 2년 이상 노출되어 발생한 비중격 궤양 · 천공, ④ 톨루엔 · 납 · 수은에 노출되어 발생한 중추신경계장해, 업무와 관련하여 정신적 충격을 유발할 수 있는 사건으로 발생한 외상 후 스트레스 장애, ⑤ 벤젠 · 납에 노출되어 발생한 빈혈, ⑥ 시멘트 · 톨루엔 · 유리섬유 · 자외선에 노출되어 발생한 접촉성피부염, 불산 · 염기에 노출되어 발생한 화학적 화상, 한랭한 장소의 업무로 발생한 동상, ⑦ 자외선에 노출되어 발생한 피질 백내장, 크롬에 노출되어 발생한 결막염, 소정의 조건을 충족하는 소음성 난청, ⑧ 트리클로로에틸렌에 노출되어 발생한 독성 간염(그 노출 업무에 종사하지 않게 된 후 3개월 이내만), 염화비닐에 노출되어 발생한 간경변, ⑨ 보건의료시설 종사자에게 발생한 간염 · 결핵, ⑩ 석면에 10년 이상 노출되어 발생한 폐암, 포름알데히드에 노출되어 발생한 백혈병, 전리방사선에 노출되어 발생한 급성중독, ⑪ 일시적으로 다량의 염화비닐 · 수은 · 불산에 노출되어 발생한 급성중독, ⑫ 고기압 · 저기압에 노출되어 발생한 감압병, 덥고 뜨거운 장소의 업무로 발생한 일사병 · 열사병 등이다.

한편, 암석, 금속, 유리섬유 등을 취급하는 작업 등 「산재보험법 시행규칙」으로 정하는 분진작업에 종사하여 걸린 진폐증도 업무상 질병으로 본다(산재보험법 제91조의2).

(2) 열거되지 않은 '업무로 기인한 것이 명확한 질병'

법령에 구체적으로 열거된 질병 이외의 질병이라도 업무로 인하여 발생한 것이라면 '그 밖에 업무와 관련하여 발생한 질병(제37조 제1항 제2호 라목)'으로서 업무상 질병으로 인정된다. 이 점에 대해서는 「산재보험법 시행령」 별표 3 제13호에서 "제1호부터 제12호까지에서 규정된 발병요건을 충족하지 못하였거나, 제1호부터 제12호까지에서 규정된 질병이 아니더라도 근로자의 질병과 업무와의 상당인과관계가 인정되는 경우에는 해당 질병을 업무상 질병으로 본다."고 명시적으로 규정하고 있다.[30] 문제는 업무와 질병 사이에 상당인과관계가 존재하느냐에 있다. 예컨대, 고혈압, 고지혈증, 당뇨병, 간염 등 기초질환이 있는 근로자가 업무수행 과정에서 과로나 스트레스가 작용하여 그 질환이 악화된(이로 인하여 종종 사망) 경우 업무와 질병 사이의 인과관계의 판단이 문제 된다.

(3) 업무상 질병에서의 업무수행성과 업무기인성

업무상 질병, 특히 사고를 원인으로 하지 않는 비재해성 질병의 경우는 장기간 유해요인의 영향을 받는 업무에 근로한 후에 발증하게 되므로, 발병을 시간적·장소적으로 특정할 수 없고, 설령 특정할 수 있다 하더라도 그 발병이 업무와 어떠한 관련을 가지는가에 관하여 발병한 때와 장소는 중요한 판단요소가 아니기 때문에, 전술한 대로 업무수행성은 법적으로 거의 의미가 없다.[31] 즉, 비재해성 질병의 경우 시간적·장소적 요소에 착안한 업무수행성의 기준은 의미를 가지지 못하는 경우가 많다.

예를 들면, 뇌심혈관질환이나 허혈성 심장질환의 경우 업무를 마친 후 회식석상이나 귀가 도중 또는 퇴근 후 집에서 취침 중이나 목욕 도

---

30) 대판 2014.6.12, 2012두24214 또한 「산재보험법 시행령」 제34조 제3항 및 별표 3이 규정하고 있는 '업무상 질병에 대한 구체적인 인정기준(제1호부터 제12호)'은 한정적인 규정이 아니라 예시적인 규정이라고 판시하고 있다.

31) 예컨대, 벤젠 사용으로 인한 급성 골수성 백혈병이 직장에서 발생하였는가, 가정에서 일어났는가 하는 것은 업무상 재해의 인정 여부에 있어서는 중요한 문제가 아니다. 중요한 것은 벤젠 등에 어느 기간 동안 어느 정도로 노출되었는가 하는 업무기인성이다.

중 갑자기 발생하는 경우가 많은데, 이러한 경우 업무수행성이 있다고 보기 어려워 업무상 재해로 인정함에 있어 의문이 있을 수 있지만, 판례는 재해가 업무와 직접 관련이 없는 기존의 질병이라 하더라도 그것이 업무와 관련하여 발생한 사고 등으로 말미암아 더욱 악화되거나 그 증상이 비로소 발현된 것이라면 업무와 인과관계가 존재한다고 할 것이고, 그와 같이 업무상의 과로가 그 원인이 된 이상 그 발병 및 사망장소가 사업장 밖이었고 업무수행 중에 발병, 사망한 것이 아니라고 할지라도 업무상의 재해로 보아야 한다고 판시하고 있다.[32)]

업무상 질병에 있어서의 업무기인성이란 당해 질병이 당해 업무로 인하여 발생하였다고 인정되는 관계를 말하는데, 어떠한 경우에 업무기인성이 인정되는가에 관해서는 업무상 사고와 마찬가지로 상당인과관계가 있어야 한다는 것이 「산재보험법」(제37조 제1항) 및 통설·판례의 입장이다. 판례는, 업무상 재해가 되기 위해서는 업무와 질병 사이에 인과관계가 있어야 하는 것이지만, 이 경우 질병의 주된 원인이 업무수행과 직접 관계가 없더라도 업무상의 과로나 스트레스 등이 질병의 주된 원인과 겹쳐서 질병이 유발 또는 악화된 경우에는 인과관계가 있다고 보아야 하고, 또한 평소에 정상적인 근무가 가능한 기초 질병이나 기존 질병이 업무상의 과로 또는 스트레스 등이 원인이 되어 자연적인 진행 속도 이상으로 급격하게 악화된 경우도 포함된다고 판시함으로써[33)] 상당인과관계설을 취하고 있다.

업무와 사망 사이의 인과관계 유무는 보통 평균인이 아니라 해당 근로자의 건강과 신체조건을 기준으로 판단해야 한다.[34), 35)]

---

32) 대판 1991.10.22, 91누4571.

33) 대판 2003.11.14, 2003두5501; 대판 1998.12.8, 98두12642; 대판 1997.8.29, 97누7530; 1997.5.28, 97누10 등.

34) 대판 2017.8.29, 2015두3867; 대판 2012.3.15, 2011두24644; 대판 2011.6.9, 2011두3944; 대판 2005.11.10, 2005두8009; 대판 2004.9.3, 2003두12912; 대판 2004.4.9, 2003두12530; 대판 2001.7.27, 2000두4538; 대판 1999.1.26, 98두10103; 대판 1992.5.12, 91누10466; 대판 1991.9.10, 91누5433 등.

35) 「산재보험법 시행령」 제34조 제4항에서 "공단은 근로자의 업무상 질병 또는 업무상

근로자가 자살한 경우에도 자살의 원인이 된 우울증 등 정신질환이 업무에 기인한 것인지는 근로자의 건강과 신체조건 등을 기준으로 판단하게 되지만, 당해 근로자가 업무상 스트레스 등으로 인한 정신질환으로 자살에 이를 수밖에 없었는지는 사회평균인의 입장에서 제반 사정을 종합적으로 고려하여 판단해야 한다.[36]

근로자가 업무로 인하여 질병이 발생하거나 업무상 과로나 스트레스가 그 질병의 주된 발생원인에 겹쳐서 질병이 유발 또는 악화되고, 그러한 질병으로 인하여 심신상실 내지 정신착란의 상태 또는 정상적인 인식능력이나 행위선택능력, 정신적 억제력이 현저히 저하된 정신장애 상태에 빠져 자살에 이르게 된 것이라고 추단할 수 있을 때에는 업무와 사망 사이에 상당인과관계가 있다고 할 수 있는데, 그와 같은 상당인과관계를 인정하기 위하여는 자살자의 질병 내지 후유증상의 정도, 그 질병의 일반적 증상, 요양기간, 회복가능성 유무, 연령, 신체적·심리적 상황, 자살자를 에워싸고 있는 주위상황, 자살에 이르게 된 경위 등을 종합적으로 고려해야 한다.[37]

다. 상당인과관계

업무와 재해 발생 사이에는 인과관계가 있어야 하는바, 그 인과관계 유무는 전술한 바와 같이 반드시 의학적·자연과학적으로 명백히 증명되어야 하는 것이 아니라, 법적·규범적 관점에서 '상당인과관계'의 유무로서 판단되어야 한다.[38] 즉, 업무수행 중(사용자의 지배·관리 아래 있던 중) 발생한 재해라 하더라도 업무와 재해 사이에 상당인과관계가 없는 경우에는 업무상 재해가 되지 않는다.

질병에 따른 사망의 인정 여부를 판정할 때에는 그 근로자의 성별, 연령, 건강 정도 및 체질 등을 고려하여야 한다."고 규정하고 있는 것도 같은 맥락이라고 할 수 있다.

36) 대판 2012.3.15, 2011두24644.

37) 대판 2014.11.13, 2012두17070; 대판 2011.6.9, 2011두3944, 대판 2008.3.13, 2007두2029 등.

38) 대판 2021.9.9, 2017두45933(전원합의체); 대판 2011.6.9, 2011두3944 등.

근로자의 과실(중대한 과실을 포함한다)로 재해가 발생했다 하여 업무와 재해 사이의 상당인과관계가 부인되는 것은 아니다. 그러나 근로자 자신의 고의·자해행위나 범죄행위가 원인이 되어 발생한 부상·질병·장해 또는 사망은 업무상 재해로 인정되지 않는다(산재보험법 제37조 제2항 본문). 다만, 그 부상·질병·장해 또는 사망이 정상적인 인식능력 등이 뚜렷하게 낮아진 상태에서 한 행위로 발생한 경우로서 다음 어느 하나에 해당하는 사유가 있으면 업무상 재해로 본다(산재보험법 제37조 제2항, 시행령 제36조). 자해행위의 원인이 되는 정신적 이상상태가 업무와 관련되기 때문이다.

① 업무상의 사유로 발생한 정신질환으로 치료를 받았거나 받고 있는 사람이 정신적 이상상태에서 자해행위를 한 경우
② 업무상의 재해로 요양 중인 사람이 그 업무상의 재해로 인한 정신적 이상상태에서 자해행위를 한 경우
③ 그 밖에 업무상의 사유로 인한 정신적 이상상태에서 자해행위를 하였다는 상당인과관계가 인정되는 경우

근로자가 업무상 부상·질병으로 요양을 하던 중에 그 요양과 관련하여 의료사고 등으로 발생한 업무상 부상·사망은 업무상 재해로 본다(산재보험법 시행령 32조). 업무 외 상병을 치료하던 중이었다면 그렇지 않다.

제3자가 특정 근로자에게 가해행위를 하여 재해가 발생한 경우에는 일반적으로 업무와 재해 사이의 상당인과관계는 없고 당사자들의 사사로운 문제로 취급될 뿐이다. 그러나 제3자의 가해행위를 유발할 수 있는 성질의 업무를 담당하는 근로자에 대하여 제3자가 가해행위를 하여 발생한 부상·사망은 업무상 재해로 본다(산재보험법 시행령 제33조).

천재지변이나 외부적 작용에 의한 돌발적 사고(항공기 추락, 인근 공장의 화재·폭발 등)로 근로자의 재해가 발생했다 하더라도 업무수행 중 또는 사용자의 지배·관리 아래 있던 중인 이상 업무와 재해 사이의 상당인과관계는 부인되지 않는다(산재보험법 시행령 제31조).

라. 입증책임

판례는 업무상의 재해로 인정되기 위해서는 업무와 재해 발생 사이에 상당인과관계가 존재하여야 하고, 이 경우 인과관계에 관한 입증책임은 원칙적으로 이를 주장하는 측(근로자 측)에 있다. 입증책임과 관련하여 확립된 판례의 법리는 주로 질병을 중심으로 전개된바, 인과관계는 반드시 의학적·자연과학적으로 명백히 입증되어야 하는 것이 아니라, 근로자의 취직 당시의 건강상태, 기존 질병의 유무, 종사한 업무의 성질 및 근무환경 등 제반 사정에 비추어 업무와 질병 사이에 상당인과관계가 있다고 추단되면 그 입증이 있다고 보아야 하고, 업무와 질병 사이의 상당인과관계의 증명을 위해서는 반드시 의학적 감정을 요하는 것은 아니며, 제반 사정을 고려할 때 업무와 질병 사이에 상당인과관계가 있다는 개연성이 증명되면 족하다는 입장을 취하고 있다.[39]

최근 판례[40]에서는 지금까지의 입증책임의 기준을 좀 더 구체화하여 "인과관계는 반드시 의학적·자연과학적으로 명백히 증명되어야 하는 것은 아니고 법적·규범적 관점에서 상당인과관계가 인정되면 증명이 있다고 보아야 하며, 산업재해의 발생원인에 관한 직접적인 증거가 없더라도 근로자의 취업 당시 건강상태, 질병의 원인, 작업장에 발병원인이 될 만한 물질이 있었는지, 발병원인물질이 있는 작업장에서 근무한 기간 등의 여러 사정을 고려하여 경험칙과 사회통념에 따라 합리적인 추론을 통하여 인과관계를 인정할 수 있다."고 판시하였고, 나아가 "첨단산업분야에서 유해화학물질로 인한 질병에 대해 산업재해보상보험으로 근로자를 보호할 현실적·규범적 이유가 있는 점, 산업재해보상보험제도의 목적과 기능 등을 종합적으로 고려할 때, 근로

---

39) 대판 2016.8.30, 2014두12185; 대판 2004.4.9, 2003두12530; 대판 2000. 5.12, 99두11424; 대판 1997.2.28, 선고 96누14883; 대판 1997.2.28, 96누14883; 대판 1994.6.28, 94누2565; 대판 1992.6.9, 91누13656; 대판 1992.5.12, 91누10022 등.
40) 대판 2017.8.29, 2015두3867.

자에게 발병한 질병이 이른바 '희귀질환' 또는 첨단산업현장에서 새롭게 발생하는 유형의 질환에 해당하고 그에 관한 연구결과가 충분하지 않아 발병원인으로 의심되는 요소들과 근로자의 질병 사이에 인과관계를 명확하게 규명하는 것이 현재의 의학과 자연과학 수준에서 곤란하더라도 그것만으로 인과관계를 쉽사리 부정할 수 없다. 특히, 희귀질환의 평균 유병률이나 연령별 평균 유병률에 비해 특정 산업 종사자 군(群)이나 특정 사업장에서 그 질환의 발병률 또는 일정 연령대의 발병률이 높거나, 사업주의 협조 거부 또는 관련 행정청의 조사 거부나 지연 등으로 그 질환에 영향을 미칠 수 있는 작업환경상 유해요소들의 종류와 노출 정도를 구체적으로 특정할 수 없었다는 등의 특별한 사정이 인정된다면, 이는 상당인과관계를 인정하는 단계에서 근로자에게 유리한 간접사실로 고려할 수 있다. 나아가 작업환경에 여러 유해물질이나 유해요소가 존재하는 경우 개별 유해요인들이 특정 질환의 발병이나 악화에 복합적·누적적으로 작용할 가능성을 간과해서는 안 된다."고 판시함으로써, 근로자 측의 입증책임 완화에 대해 한층 전향적인 자세를 취하는 한편,[41] 사업주 측과 관련 행정기관이 공정에서 취급하는 유해화학물질 정보가 영업비밀이라며 공개를 거부해 원고의 입증이 곤란해진 특별한 사정을 근로자 측에게 유리한 간접사실로 고려하고 있다.

위와 같은 법원의 판단의 배경에는, 전술한 바와 같이 업무상 재해 여부 판정의 본질은 과연 해당 사안이 산재보상제도를 적용하여 구제할 만한 것인지 여부를 결정하는 것이기 때문에, 의학상의 원인을 규명하는 것을 목적으로 하는 의학적 판정이 아니고 법률적 판단이라는 전제가 깔려 있다. 즉, 업무상 재해 여부의 법률적 판단을 함에 있어서

41) 지금까지의 근로복지공단이나 일부 하급심에서는 질병의 경우 작업장의 유해요인 하나하나마다 위험 정도를 판단하고, 각각 기준치 이하라면 인과관계를 인정하지 않은 예가 많았다. 이 사건의 1·2심도 "이씨가 유해화학물질에 노출됐고 업무 스트레스도 상당할 수 있지만, 개별 유해요인들의 위험 및 노출 정도가 높지 않아 업무와 질병 사이의 상당인과관계를 인정하기 어렵다."며 원고패소 판결했다.

의학상의 지식을 필요로 하고 업무상 재해 인정이 의학상의 지식과 모순되지 않는 것이 요청되지만, 업무상 재해의 원인이 과학적으로 엄격히 증명되는 것(의학적 판정)을 필요로 하지는 않는 것이고, 따라서 어떤 재해의 발생 및 악화에 대한 업무상 재해 여부를 판단함에 있어 그 인과관계를 판단함에 있어서도 이들 사이의 인과관계가 의학상의 지식과 모순되지 않는지 여부를 판정함에 중점을 두고 있는 것이다.

마. 출퇴근 재해

2018년 1월 1일 「산재보험법」 개정 전까지는 출퇴근 중 발생한 사고의 업무상 재해 인정과 관련하여 사업주가 제공한 교통수단이나 그에 준하는 교통수단을 이용하는 등 사업주의 지배관리하에서 발생한 사고만이 업무상 재해로 인정되었다. 이에 따라 공무원·교사·군인 등의 경우 통상적인 경로와 방법으로 출퇴근 중 발생한 사고도 업무상 재해로 인정받고 있는 것(공무원연금법에 따른 급여지급 대상으로 보호받고 있는 것)과 형평성의 문제가 지속적으로 제기되어 왔다.

이런 가운데 사업주의 지배관리 아래 출퇴근하다가 발생한 사고만 업무상 재해로 인정하는 「산재보험법」 해당 조항[구(舊) 산재보험법 제37조 제1항 제1호 다목]에 대해 제기된 위헌소원에서 헌법재판소는 동 조항이 평등원칙에 위배된다고 결정[42]함에 따라, 2017년 10월 24일 「산재보험법」이 개정(2018년 1월 1일 시행)되어 출퇴근이 새롭게 정의되고(제5조 제8호) 출퇴근 재해가 업무상 재해의 한 유형으로 신설(제37조 제1항 제3호)되는 한편, 사업주가 제공한 교통수단이나 그에 준하는 교통수단을 이용하는 등 사업주의 지배관리하에서 출퇴근 중 발생한 사고 외에, 그 밖의 통상적인 경로와 방법으로 출퇴근 중 발

42) 헌재 2016.9.29, 2014헌바254. "도보나 자기 소유 교통수단 또는 대중교통수단 등을 이용하여 출퇴근하는 산재보험 가입 근로자는 사업주가 제공하거나 그에 준하는 교통수단을 이용하여 출퇴근하는 산재보험 가입 근로자와 같은 근로자인데도 사업주의 지배관리 아래 있다고 볼 수 없는 통상적 경로와 방법으로 출퇴근하던 중에 발생한 재해를 업무상 재해로 인정받지 못한다는 점에서 차별취급이 존재한다."

생한 사고[43]도 업무상 재해로 명시적으로 인정되게 되었다.

이 경우 전자에 해당하기 위해서는, i) 사업주가 출퇴근용으로 제공한 교통수단이나 사업주가 제공한 것으로 볼 수 있는 교통수단을 이용하던 중에 사고가 발생하였을 것, ii) 출퇴근용으로 이용한 교통수단의 관리 또는 이용권이 근로자 측의 전속적 권한에 속하지 아니하였을 것이라는 두 가지 요건이 필요하다(산재보험법 시행령 제35조 제1항).

후자에 있어 출퇴근 경로 일탈 또는 중단이 있는 경우에는, 해당 일탈 또는 중단 중의 사고 및 그 후의 이동 중의 사고에 대하여는 출퇴근 재해로 보지 아니한다. 다만, 일탈 또는 중단이 일상생활에 필요한 행위로서 시행령(제35조 제2항)으로 정하는 사유(1. 일상생활에 필요한 용품을 구입하는 행위, 2. 「고등교육법」 제2조에 따른 학교 또는 「직업교육훈련 촉진법」 제2조에 따른 직업교육훈련기관에서 직업능력 개발향상에 기여할 수 있는 교육이나 훈련 등을 받는 행위, 3. 선거권이나 국민투표권의 행사, 4. 근로자가 사실상 보호하고 있는 아동 또는 장애인을 보육기관 또는 교육기관에 데려다주거나 해당 기관으로부터 데려오는 행위, 5. 의료기관 또는 보건소에서 질병의 치료나 예방을 목적으로 진료를 받는 행위, 6. 근로자의 돌봄이 필요한 가족 중 의료기관 등에서 요양 중인 가족을 돌보는 행위, 7. 제1호부터 제6호까지의 규정에 준하는 행위로서 고용노동부장관이 일상생활에 필요한 행위라고 인정하는 행위)가 있는 경우에는 출퇴근 재해로 본다(산재보험법 제37조 제3항).

그리고 본인의 주거지에 업무에 사용하는 자동차 등의 차고지를 보유하고 있는 경우에는, 출퇴근 재해가 발생할 가능성이 없는 점을 고

---

43) 다만, 본인의 주거지에 업무에 사용하는 자동차 등의 차고지를 보유하고 있는 경우에는 출퇴근 재해가 발생할 가능성이 없는 점을 고려하여 근로자를 사용하고 있지 아니한 산업재해보상보험 가입자 중 수요응답형 여객자동차운송사업, 개인택시운송사업, 배송 업무 등에 종사하는 사람이 본인의 주거지에 업무에 사용하는 자동차 등의 차고지를 보유하고 있는 경우는 출퇴근 재해 적용 제외 대상으로 한다(산재보험법 제37조 제4항 및 시행령 제35조의2).

려하여, 근로자를 사용하고 있지 아니한 산업재해보상보험 가입자 중 수요응답형 여객자동차운송사업, 개인택시운송사업, 배송업무에 종사하는 사람이 본인의 주거지에 업무에 사용하는 자동차 등의 차고지를 보유하고 있는 경우는 출퇴근 재해 적용에서 제외된다(산재보험법 제37조 제4항 및 시행령 제35조의2).

3. 재해보상의 종류와 내용

3.1 요양급여 · 간병급여 및 요양보상

가. 산재보험법(요양급여 · 간병급여)

(1) 요양급여

근로자가 업무상의 사유로 부상을 당하거나 질병에 걸린 경우에는 요양급여를 지급한다(산재보험법 제40조 제1항). 그러나 부상 또는 질병이 3일 이내의 요양으로 치유될 수 있으면 요양급여를 지급하지 않는다(산재보험법 제40조 제3항).

의족의 파손도 부상으로 볼 것인지 여부에 관하여 판례는 부상의 대상인 신체는 생래적 신체로 한정되지 않고 장애자의 신체를 기능적 · 물리적 · 실질적으로 대체하는 의족 등의 장치도 포함하는 것이라고 하여 이를 긍정적으로 해석하고 있다.[44]

요양급여의 범위는 ① 진찰 및 검사, ② 약제 또는 진료재료와 의지(義肢), 그 밖의 보조기의 지급, ③ 처치 · 수술, 그 밖의 치료, ④ 재활치료, ⑤ 입원, ⑥ 간호 및 간병, ⑦ 이송, ⑧ 그 밖에 시행규칙으로 정하는 사항으로 한다(산재보험법 제40조 제4항).

---

44) 대판 2014.7.10, 2012두2099.

요양급여는 소정의 산재보험 의료기관에서 요양을 하게 하며, 다만 부득이한 경우에는 요양을 갈음하여 요양비를 지급할 수 있다(산재보험법 제40조 제2항). 재해를 입은 근로자가 무료로 산재보험 의료기관에서 요양하는 것을 원칙으로 하고 본인이 부담한 요양비용을 현금으로 지급하는 것은 예외적인 경우로 한정한다는 것이다.

근로복지공단 산하 의료기관과 의료법상의 상급종합병원은 당연히 산재보험 의료기관으로서 요양을 담당하며, 그 밖에 의료법상의 의료기관과 지역보건법상의 보건소는 소정의 기준에 해당하여 근로복지공단이 지정한 경우에 요양을 담당한다(산재보험법 제43조 제1항). 그러나 재해근로자가 인력과 시설이 우수한 상급종합병원의 요양을 받으려면 응급환자이거나 그 밖에 부득이한 사유가 있는 경우를 제외하고는 그렇게 할 필요가 있다는 의학적 소견이 있어야 한다(산재보험법 제40조 제6항).

(2) 간병급여

요양급여를 받은 자 중 치유[45] 후 의학적으로 상시 또는 수시로 간병이 필요하여 실제로 간병을 받는 자에게는 시행령으로 정하는 바에 따라 간병급여를 지급한다(산재보험법 제61조). 요양 중의 간병과 달리 업무상의 부상 또는 질병 그 자체는 치유되었지만, 거동이 어렵다든가 하여 간병이 필요한 경우에 지급되는 것이다.

나. 근로기준법(요양보상)

근로자가 업무상 부상 또는 질병에 걸리면 사용자는 그 비용으로 필요한 요양을 하거나 필요한 요양비를 부담해야 한다(근로기준법 제78조 제1항, 위반 시 제110조의 벌칙 부과).

「산재보험법」상 요양급여의 경우와 달리 3일 이내의 요양으로 치유

---

45) '치유'란 부상 또는 질병이 완치되거나 치료의 효과를 더 이상 기대할 수 없고 그 증상이 고정된 상태에 이르게 된 것을 말한다(산재보험법 제5조 제4호).

될 수 있는 부상·질병에 대해서도 사용자는 요양보상을 해야 한다. 요양보상은 휴업보상이나 장해보상과는 달리 근로자에게 중대한 과실이 있었더라도 전액 지급해야 한다.[46]

3.2 휴업급여·상병보상연금 및 휴업보상·일시보상

가. 산재보험법(휴업급여·상병보상연금)

(1) 휴업급여

업무상 사유로 부상을 당하거나 질병에 걸린 근로자에게는 요양으로 취업하지 못한 기간 중 1일에 평균임금[47]의 70%에 상당하는 금액의 휴업급여를 지급한다(산재보험법 제52조 본문).[48] 업무상 부상·질병의 요양을 위하여 휴업한 기간 동안 근로자가 임금을 받지 못하지만 생계는 유지할 수 있도록 하려는 것이다. 그러나 취업하지 못한 기간이 3일 이내이면 휴업급여를 지급하지 않는다(산재보험법 제52조 단서).

'요양으로 취업하지 못한 기간'이란 근로자가 업무상 재해로 요양

---

46) 대판 2008.11.27, 2008다40847.

47) 휴업급여·장해급여 등 보험급여를 산정할 때의 '평균임금'은 「근로기준법」에 따른 평균임금을 말한다(산재보험법 제5조 제2호 본문). 그러나 재해 발생 후 1년이 지나거나 근로자가 60세가 된 경우에는 일정하게 평균임금을 증감하고(산재보험법 제36조 제3항). 근로형태가 특이하거나 진폐 등 특수한 직업병에 걸린 경우에는 평균임금을 다른 방법으로 산정한다(산재보험법 제36조 제5항, 제6항). 그리고 평균임금은 전체 근로자의 임금 평균액의 1.8배를 최고액으로 하고 50%를 최저액으로 하며, 다만 휴업급여 및 상병보상연금을 산정할 때에는 최저액을 적용하지 않는다(산재보험법 제36조 제7항).

48) 업무상 질병인 진폐에 걸린 근로자(진폐근로자)에 대해서는 휴업급여, 장해급여, 상병보상연금을 갈음하여 진폐보상연금을 지급하는 특례가 적용된다(산재보험법 제35조 제1항 단서, 제91조의3 제1항). 진폐보상연금은 진폐장해연금과 기초연금을 합산한 금액으로 하되, 진폐장해연금은 진폐장해등급에 따라 평균임금의 일정 일수분으로 정해진 금액으로 하고, 기초연금은 최저금액의 60%에 365를 곱한 금액으로 한다(산재보험법 제91조의3 제2항). 진폐근로자의 생활 안정을 기하고 요양의 장기화를 방지하기 위한 것이다. 진폐에 걸린 후 요양이나 휴업을 하지 않은 근로자에게도 지급된다는 점에서 휴업급여나 장해급여 등과 다르다.

을 하느라고 근로를 제공할 수 없어 임금을 받지 못한 기간을 의미하는 것이라고 해석되므로, 근로자가 의료기관에서 업무상 부상을 치료받는 기간뿐만 아니라 자기 집에서 요양을 하느라고 취업하지 못한 기간도 포함된다.[49] 업무상의 부상·질병이 근로자의 중대한 과실로 발생한 경우에도 「근로기준법」에서와 같은 보상 제외 규정이 없으므로 휴업급여는 지급해야 한다.

1일당 휴업급여 지급액이 전체 근로자의 임금 평균액의 40% 이하인 저소득 근로자에게는 평균임금의 90%를 1일당 휴업급여 지급액으로 하되, 적어도 최저임금법에 따른 최저임금액(시간급 최저임금액의 8시간분)이 되어야 한다(산재보험법 제54조).

휴업급여를 받는 근로자가 61세가 되면 그 이후의 휴업급여는 원칙적으로 연령에 따라 일정한 비율로 감액한 금액을 지급한다(산재보험법 제55조).

(2) 상병보상연금

요양급여를 받는 근로자가 요양을 시작한 지 2년이 지난 날 이후에 i) 그 부상이나 질병이 치유되지 않는 상태이고, ii) 그 부상이나 질병에 따른 중증요양상태[50]의 정도가 일정한 폐질등급 기준에 해당하며, iii) 요양으로 인하여 취업하지 못한 경우에는, 휴업급여 대신 중증요양상태등급(1급~3급)에 따라 평균임금의 일정 일수분(제1급: 329일분, 제2급: 291일분, 제3급: 257일분)에 해당하는 상병보상연금을 지급한다(산재보험법 제66조).[51] 이는 좀처럼 완치되지 않는 폐질로 요양과 휴업이 장기화되는 근로자의 장기적 생계안정을 기하려는 것이다.

49) 대판 1989. 6. 27, 88누2205.

50) '중증요양상태'란 업무상의 부상 또는 질병에 따른 정신적 또는 육체적 훼손으로 노동능력이 상실되거나 감소된 상태로서 그 부상 또는 질병이 치유되지 않은 상태를 말한다(산재보험법 제5조 제6호).

51) 진폐근로자에 대해서는 상병보상연금을 갈음하여 진폐보상연금을 지급하는 특례가 적용된다(산재보험법 제36조 제1항 단서, 제91조의3 제1항).

상병보상연금을 산정할 때 평균임금이 최저임금액의 70%보다 적은 저소득 근로자에게는 최저임금액의 70%에 해당하는 금액을 평균임금으로 보며, 이에 따라 산정한 상병보상연금의 1일분은 적어도 그 근로자의 1일당 휴업급여 지급액이 되어야 한다(산재보험법 제67조).

상병보상연금도 61세 이후에는 연령에 따라 일정한 비율로 감액한 금액을 지급한다(산재보험법 제68조).

나. 근로기준법(휴업보상 · 일시보상)

(1) 휴업보상

사용자는 업무상의 질병 · 부상으로 요양하고 있는 근로자에게 그 근로자의 요양 중 평균임금(휴업보상을 받을 기간 내에 임금의 일부를 지급한 경우에는 평균임금에서 그 지급받은 임금을 뺀 금액)[52]의 60%에 해당하는 휴업보상을 지급해야 한다(근로기준법 제79조, 위반 시 제110조의 벌칙 부과).

「산재보험법」상 휴업급여의 경우와 달리 요양으로 취업하지 못한 기간이 3일 이내인 경우에도 사용자는 휴업보상을 지급해야 한다.

그러나 근로자가 중대한 과실로 업무상의 부상 또는 질병에 걸리고,[53] 사용자가 그 과실에 대하여 노동위원회의 인정을 받으면 휴업보상을 하지 않아도 된다(근로기준법 제81조).

---

52) 휴업보상 · 장해보상 등 재해보상금(요양보상 제외)을 산정할 때 적용할 평균임금은 그 근로자가 소속한 사업 또는 사업장에서 같은 직종의 근로자에게 지급된 통상임금의 1명당 1개월 평균액이 그 부상 또는 질병이 발생한 달에 지급된 평균액보다 5% 이상 변동된 경우에는 그 비율에 따라 인상되거나 인하된 금액으로 한다(근로기준법 시행령 제5조 제1항).

53) 재해보상의 본질이 사용자의 지배 아래 있는 위험이 현실화된 것을 보상한다는 점에서 근로자의 '중대한 과실'을 이유로 보상책임을 면제하는 것은 반드시 타당한 것은 아니다. 중대한 과실보다 심각하다고 할 수 있는 (근로자의) '고의'에 따른 재해에 대해서는 보상책임이 면제되는지에 관하여 아무런 규정이 없다는 점에서도 그렇다고 보아야 할 것이다.

(2) 일시보상

요양보상을 받는 근로자가 요양을 시작한 지 2년이 지나도 부상 또는 질병이 완치되지 않는 경우에는 사용자는 그 근로자에게 평균임금 1,340일분의 일시 보상을 하여 그 후의 「근로기준법」에 따른 모든 보상책임을 면할 수 있다(근로기준법 제84조). 사용자가 한꺼번에 상당한 금액을 지급함으로써 그 후의 요양보상, 휴업보상 등 모든 재해보상책임을 면제받을 수 있게 한 것이다.

3.3 장해급여 · 직업재활급여 및 장해보상

가. 산재보험법(장해급여 · 직업재활급여)

(1) 장해급여

업무상의 사유로 부상을 당하거나 질병에 걸려 치유된 후 신체 등에 장해[54]가 있는 근로자에게는 장해급여를 지급한다(산재보험법 제57조 제1항).[55] 신체 등의 장해에 따른 노동능력의 감소 · 상실로 근로자가 장래 임금 수입을 얻을 이익이 상실 · 감소된 것 등의 손해를 어느 정도 보전하려는 것이다.

장해급여는 장해등급(1급~14급)에 따라 평균임금의 일정한 일수분으로 정해진 장해보상연금(적게는 7급의 138일, 많게는 1급의 329일분) 또는 장해보상일시금(적게는 14급의 55일분, 많게는 1급의 1,474일분)으로 하되, 그 장해등급의 기준은 시행령으로 정한다(산재보험법 제57조 제2항).

장해보상연금 또는 장해보상일시금은 수급권자의 선택에 따라 지급하며, 다만 노동력을 완전히 상실한 근로자에게는 장해보상연금을

54) '장해'란 부상 또는 질병이 치유되었으나 정신적 또는 육체적 훼손으로 인하여 노동능력이 손실되거나 감소된 상태를 말한다(산재보험법 제5조 제5항).

55) 진폐근로자에 대해서는 장해급여를 갈음하여 진폐보상연금을 지급하는 특례가 적용된다(산재보험법 제36조 제1항 단서, 제91조의3 제1항).

지급하고, 외국인으로서 외국에서 거주하는 근로자에게는 장해보상 일시금을 지급한다(산재보험법 제57조 제3항). 장해보상연금은 수급권자가 신청하면 그 연금의 일정한 기간에 대한 부분을 미리 지급할 수 있다(산재보험법 제57조 제1항).

업무상의 부상·질병이 근로자의 중대한 과실로 발생한 경우에도 「근로기준법」에서와 같은 보상 제외 규정이 없으므로 장해급여는 지급해야 한다.

(2) 직업재활급여

장해급여(또는 진폐보상연금)를 받았거나 받을 것이 명백한 자로서 시행령으로 정하는 자(장해급여자) 중 취업을 위하여 직업훈련이 필요한 자에게는 직업훈련에 드는 비용과 직업훈련수당을 지급하고, 원래의 직장에 복귀한 장해급여자에게 사업주가 고용을 유지하거나 직장적응훈련 또는 재활운동을 실시하는 경우에는 지원금을 지급한다(산재보험법 제72조 제1항). 업무상의 재해로 장해를 입은 근로자가 직장이나 사회에 원활하게 복귀할 수 있도록 촉진하려는 것이다.

나. 근로기준법(장해보상)

근로자가 업무상 부상 또는 질병에 걸리고, 완치된 후 신체에 장해가 있으면 사용자는 평균임금에 장해등급(1급~14급)에 따른 일정 일수(적게는 14급의 50일, 많게는 1급의 1,340일)를 곱하여 얻은 금액[56]을 장해보상으로 지급해야 한다(근로기준법 제80조 제1항, 위반 시 제110조의 벌칙 부과). 장해보상을 할 신체장해 등급의 결정 기준은 시행령으로 정한다(근로기준법 제80조 제3항).

---

56) 이미 신체에 장해가 있는 자가 부상 또는 질병으로 같은 부위에 장해가 더 심해진 경우에 그 장해에 대한 장해보상 금액은 장해 정도가 더 심해진 장해등급에 해당하는 장해보상의 일수에서 기존 장해등급에 해당하는 장해보상의 일수를 뺀 일수에 보상청구사유 발생 당시의 평균임금을 곱하여 산정한 금액으로 한다(근로기준법 제80조 제2항).

다만, 근로자가 중대한 과실로 업무상의 부상 또는 질병에 걸리고, 사용자가 그 과실에 대하여 노동위원회의 인정을 받으면 장해보상을 하지 않아도 된다(근로기준법 제81조).

3.4 유족급여 및 유족보상

가. 산재보험법상의 유족급여

근로자가 업무상의 사유로 사망한 경우에는 그 유족에게 유족급여를 지급한다(산재보험법 제62조 제1항).[57] 근로자가 사망하여[58] 장래 임금 수입을 얻을 이익이 상실된 것 등의 손해를 일정 부분 전보(塡補)하여 그 유족의 생계유지에 도움을 주도록 하려는 것이다.

(1) 지급 형태

유족급여는 유족보상연금이나 유족보상일시금으로 하되, 연금은 1년분 평균임금의 47%에 상당하는 금액에 연금 수급권자 및 근로자가 사망할 당시 생계를 같이 하던 연금 수급자격자 1명당 1년분 평균임금의 5%에 상당하는 금액의 합산액(1년분 평균임금의 20% 한도)을 가산한 금액으로 하며, 일시금은 평균임금의 1,300일분으로 한다(산재보험법 제62조 제2항 전단 별표 3).

유족급여는 유족의 장기적인 생활안정을 위하여 연금으로 지급함을 원칙으로 한다. 즉, 유족보상일시금은 근로자가 사망할 당시 유족

57) 진폐근로자의 유족에게는 유족급여를 갈음하여 진폐유족연금을 지급하는 특례가 적용된다(산재보험법 제36조 제1항 단서, 제91조의4 제1항). 일시금으로는 지급하지 않는다는 의미이다. 진폐유족연금은 사망 당시 진폐근로자에게 지급하고 있거나 지급하기로 결정된 진폐보상연금과 같은 금액으로 하되, 유족보상연금을 초과할 수 없다(산재보험법 제91조의4 제2항).

58) 사고가 발생한 선박 또는 항공기에 있던 근로자의 생사가 밝혀지지 않거나 항행 중인 선박 또는 항공기에 있던 근로자가 행방불명 또는 그 밖의 사유로 생사가 밝혀지지 않으면 시행령으로 정하는 바에 따라 사망한 것으로 추정한다(산재보험법 제39조 제1항).

보상연금 수급자격자가 없는 경우에 지급한다(산재보험법 제62조 제2항 후단). 그러나 유족보상연금의 수급자격자가 원하면 유족보상일시금의 50%에 상당하는 금액을 일시금으로 지급하고, 유족보상연금은 50%를 감액하여 지급한다(산재보험법 제62조 제3항).

(2) 연금의 수급자격

유족[59]이라 하여 모두 유족보상연금 수급자격이 있는 것은 아니다. 유족보상연금[60] 수급자격자는 근로자가 사망할 당시 생계를 같이 하던 유족(사망 당시 외국인으로서 외국에 거주하던 유족 제외) 중에서 ① 배우자, ② 부모 또는 조부모로서 각각 60세 이상인 자, ③ 자녀(사망 당시 태아였다가 출생한 경우에는 그때부터 장래에 향하여 사망 당시 생계를 같이 하던 유족으로 본다. 이하 같음) 또는 손자녀로서 각각 19세 미만인 자, ④ 형제자매로서 19세 미만이거나 60세 이상인 자, ⑤ 그 밖의 유족으로서 시행규칙으로 정하는 장애등급 이상에 해당하는 장애인으로서 한정된다(산재보험법 제63조 제1항, 제2항).

유족보상연금 수급자격자 중 유족보상연금을 받을 권리의 순위는 배우자 · 자녀 · 부모 · 손자녀 · 조부모 및 형제자매의 순서로 한다(산재보험법 제63조 제3항).

유족보상연금 수급권자가 사망하는 등 소정의 사유에 해당하여 그 자격을 잃거나 3개월 이상 행방불명인 경우 유족보상연금은 같은 순위자에게, 같은 순위자가 없으면 다음 순위자에게 지급한다(산재보험법 제64조).

(3) 일시금 · 수급권의 순위

유족보상일시금을 지급하는 경우 유족 간의 수급권의 순위는 ① 근로

59) '유족'이란 사망한 자의 배우자(사실상 혼인 관계에 있는 자를 포함) · 자녀 · 부모 · 손자녀 · 조부모 또는 형제자매를 말한다(산재보험법 제5조 제3항).

60) 유족의 범위 및 순위, 자격 상실과 지급 정지 등에 관한 규정(산재보험법 제63조, 제64조)은 진폐유족연금에 대해서도 준용한다(산재보험법 제91조의4 제4항).

자가 사망할 당시 생계를 같이 하던 배우자 · 자녀 · 부모(양부모, 실부모의 순, 이하 같음) · 손자녀 및 조부모(양부모의 부모, 실부모의 부모 또는 부모의 양부모, 부모의 실부모의 순, 이하 같음), ② 근로자가 사망할 당시 생계를 같이 하지 않던 배우자 · 자녀 · 부모 · 손자녀 및 조부모 또는 근로자가 사망할 당시 생계를 같이 하던 형제자매의 순서로 하되 각 번호 안에서는 적은 순서에 따르며, 같은 순위의 수급권자가 2명 이상이면 그 유족에게 똑같이 나누어 지급한다(산재보험법 제65조 제1항, 제2항).

수급권자의 유족이 사망한 경우 그 보험급여는 같은 순위자가 있으면 같은 순위자에게, 같은 순위자가 없으면 다음 순위자에게 지급한다(산재보험법 제65조 제3항). 그러나 근로자가 이러한 순위를 무시하고 유언으로 보험급여를 받을 유족을 지정하면 그 지정에 따른다(산재보험법 제65조 제4항).

나. 근로기준법상의 유족보상

근로자가 업무상 사망한 경우에는 사용자는 근로자가 사망한 후 지체 없이 평균임금 1,000일분의 유족보상을 그 유족에게 지급해야 한다(근로기준법 제82조 제1항, 위반 시 제110조의 벌칙 부과). 유족의 범위, 유족보상의 순위 및 보상을 받기로 확정된 자가 사망한 경우의 유족보상의 순위는 시행령으로 정한다(근로기준법 제82조 제2항).[61]

3.5 장의비

「산재보험법」에 따르면 근로자가 업무상의 사유로 사망한 경우에는 평균임금 120일분의 장의비를 그 장제를 지낸 유족에게 지급하며, 다

61) 시행령에서 유족보상을 지급받을 유족의 범위와 유족보상의 순위 등을 자세히 규정하고 있는데(근로기준법 시행령 제48조 내지 제50조), 그 실질적인 내용은 「산재보험법」상 유족보상일시금 수급권에 대한 그것과 같다.

만 장제를 지낼 유족이 없거나 그 밖에 부득이한 사유로 유족이 아닌 자가 장제를 지낸 경우에는 평균임금의 120일분의 범위에서 실제 드는 비용을 그 장제를 지낸 자에게 지급한다(산재보험법 제71조 제1항). 장의비는 시행령으로 정하는 바에 따라 고용노동부장관이 고시하는 최고 금액과 최저 금액의 범위에 들어야 한다(산재보험법 제71조 제2항).

「근로기준법」에 따르면 근로자가 업무상 사망한 경우에는 사용자는 근로자가 사망한 후 지체 없이 평균임금 90일분의 장의비를 지급해야 한다(근로기준법 제83조, 위반 시 제110조의 벌칙 부과). 장의비는 반드시 사망한 근로자의 유족에게 지급해야 하는 것은 아니고, 실제 장례를 치르고 그 경비를 부담하는 자에게 지급할 수도 있다.[62)]

4. 재해보상의 실시

4.1 재해보상의 절차

가. 산재보험법상의 보험급여 지급절차[63)]

「산재보험법」상의 보험급여는 보험급여를 받을 수 있는 자(이하 '수급권자'라 약칭)의 청구에 따라 지급한다(산재보험법 제36조 제2항). 따라서 보험급여를 받으려는 자는 근로복지공단에 그 지급을 청구 또는 신청해야 한다. 요양급여 신청의 경우, 근로자를 진료한 산재보험 의료기관이 그 근로자의 동의를 얻어 요양급여 신청을 대행할 수 있다(산재보험법 제41조).

62) 대판 1994.11.18, 93다3592.

63) 진폐에 관해서는 요양급여 등의 청구, 진폐의 진단, 진폐심사회의 심사, 진폐판정 및 보험급여 결정의 순으로 특례적 절차가 마련되어 있다(산재보험법 제91조의5 내지 제91조의8).

요양급여 신청을 한 자는 근로복지공단의 결정이 있기까지는 「국민건강보험법」에 따른 요양급여 또는 「의료급여법」에 따른 의료급여를 받을 수 있고, 그 과정에서 납부한 본인 부담금은 요양급여 결정이 난 뒤에 근로복지공단에 청구할 수 있다(산재보험법 제42조).

보험급여를 받을 권리는 3년간 행사하지 않으면 시효로 소멸하며(산재보험법 제112조 제1항), 보험급여의 청구로 소멸시효는 중단된다(산재보험법 제113조). 따라서 보험급여의 청구는 보험급여를 받을 권리가 발생한 때, 즉 업무상 재해가 발생한 때부터 3년 이내에 해야 하고, 그 3년이 지나면 할 수 없게 된다.

사업주는 보험급여를 받을 자가 사고로 보험급여의 청구 등의 절차를 따르기 곤란하면 이를 도와야 하고, 보험급여를 받는 데에 필요한 증명을 요구하면 부득이한 사유가 없는 이상 그 증명을 해야 한다. 사업주의 행방불명, 그 밖의 부득이한 사유로 증명이 불가능하면 그 증명을 생략할 수 있다(산재보험법 제116조).

근로복지공단은 보험급여의 신청에 대하여 업무상 재해로 인정되는지 여부, 어떤 종류의 보험급여를 어떤 내용으로 지급할 것인지 등을 결정하게 된다. 이 경우 업무상 질병의 인정 여부는 업무상질병판정위원회가 심의 · 결정한다(산재보험법 제38조). 업무상 부상 · 장해 · 사망과 달리 업무상 질병의 인정 여부는 미묘한 판단을 요하는 경우가 있기 때문에 전문가로 구성된 위원회의 판정에 맡긴 것이다.

근로복지공단은 보험급여 신청에 대하여 보험급여를 지급하기로 결정하면 그날부터 14일 이내에 지급해야 한다(산재보험법 제82조).

보험급여의 수급권자가 사망한 경우에 그 수급권자에게 지급해야 할 보험급여로서 아직 지급되지 않은 보험급여가 있으면, 그 유족(유족급여의 경우에는 그 유족급여를 받을 수 있는 다른 유족)의 청구에 따라 그 보험급여를 지급한다(산재보험법 제81조 제1항).

나. 근로기준법상의 재해보상절차

재해보상을 받을 권리는 3년 동안 행사하지 않으면 시효로 소멸하므로(근로기준법 제92조), 재해가 발생한 날부터 3년 이내에 사용자에게 청구해야 한다.

요양보상 및 휴업보상은 매월 1회 이상 해야 하고(근로기준법 시행령 제46조),[64] 장해보상은 근로자의 부상 또는 질병이 완치된 후 지체없이 해야 한다(근로기준법 시행령 제51조 제1항). 한편, 장해보상과 유족보상 및 일시보상은 사용자가 지급 능력이 있는 것을 증명하고 보상을 받는 자의 동의를 받으면 1년에 걸쳐 분할 보상을 할 수 있다(근로기준법 제85조).

사용자는 재해보상에 관한 중요한 서류를 재해보상이 끝나거나[65] 재해보상 청구권이 시효로 소멸되기 전에 폐기하여서는 아니 된다(근로기준법 제91조, 위반 시 제116조의 제2항의 과태료 부과).

4.2 재해보상에 대한 이의절차

가. 산재보험법상 보험급여에 대한 이의절차

근로복지공단의 보험급여 결정에 불복하는 자는 그 결정이 있음을 안 날부터 90일 이내에 근로복지공단에 심사 청구를 할 수 있다(산재보험법 제103조 제1항, 제3항).[66] 근로복지공단은 60일 이내에 산재보험심사위원회의 심의를 거쳐 심사 청구에 대한 결정을 해야 한다(산재보험법 제105조 제1항). 심사 청구에 대한 결정에 불복하는 자는 그 결정을 안 날부터 90일 이내에 고용노동부 산재보험재심사위원회에 재

64) 요양보상은 적어도 그 달의 말일까지는 지급해야 하며, 그렇지 않으면 그때부터 벌칙이 적용된다(대판 1992.2.11, 91도 2913).

65) 「근로기준법」 제91조(서류의 보존)의 '끝나지 않거나'는 문맥으로 볼 때 '끝나거나'의 오류 표현이다.

66) 그 대신 보험급여 결정에 대해서는 행정심판을 제기할 수 없다(산재보험법 제103조 제5항).

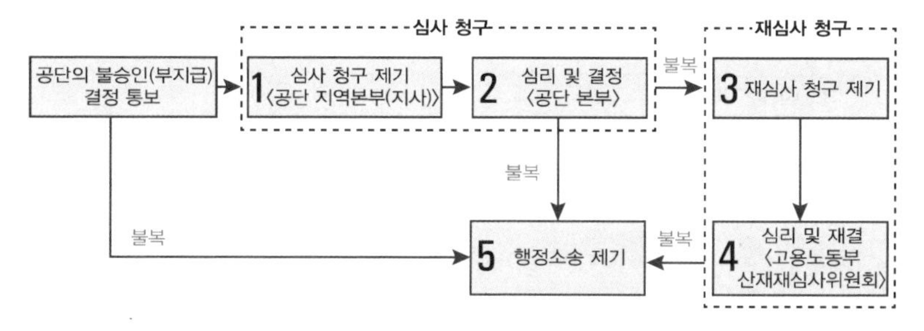

보험급여 결정 등에 대한 행정구제 절차도

심사 청구를 할 수 있다(산재보험법 제106조 제1항, 제3항). 다만, 업무상질병판정위원회[67]의 심의를 거친 보험급여에 관한 결정에 불복하는 자는 심사 청구를 하지 않고 결정이 있음을 안 날부터 90일 이내에 재심사 청구를 제기할 수 있다(산재보험법 제106조 제1항, 제3항).

심사 청구 및 재심사 청구의 제기는 시효의 중단에 관하여 「민법」상 재판상의 청구로 본다(산재보험법 제111조 제1항).

재심사 청구에 대한 고용노동부 산재보험재심사위원회의 재결은 근로복지공단을 기속하며(산재보험법 제109조 제2항), 재심사 청구에 대한 재결은 행정소송법을 적용할 때 행정심판에 대한 재결로 본다(산재보험법 제111조 제2항). 따라서 재결에 대하여 불복하는 자는 행정심판을 따로 거칠 필요 없이 근로복지공단을 상대로 재결의 취소를 구하는 행정소송(취소소송)을 제기할 수 있다.

나. 근로기준법상 재해보상에 대한 이의절차

업무상 부상·질병·사망의 인정, 요양의 방법, 보상금액의 결정, 그 밖에 보상의 실시에 관하여 이의가 있는 자는 고용노동부장관에게 심사나 중재를 청구할 수 있다(근로기준법 제88조 제1항). 고용노동부장관이 1개월 이내에 심사나 중재를 하지 않는 경우 또는 심사나 중재의 결과에 불복하는 경우에는 노동위원회에 심사나 중재를 청구할 수 있다

67) 업무상 질병의 인정 여부를 심의하기 위하여 근로복지공단 소속기관에 업무상질병판정위원회를 둔다(산재보험법 제38조 제1항).

(근로기준법 제89조 제1항).

이러한 심사·중재는 관계자의 권리·의무에 영향을 주는 행정처분이 아니라 단순히 권고적 성질을 갖는 행위에 불과하므로, 심사·중재의 결과에 불복이 있는 경우 사용자를 상대로 민사소송을 제기할 수는 있지만[68] 행정소송을 제기할 수는 없다[69]고 해석된다.[70]

4.3 재해보상 권리의 보호

가. 보상받을 권리의 보호

「산재보험법」상의 보험급여를 받을 근로자의 권리는 퇴직해도 소멸하지 않는다(산재보험법 제88조 제1항). 근로자가 퇴직했다 하더라도 재직 중에 발생한 질병·부상이 완치될 때까지 요양급여·휴업급여 등을 지급해야 한다는 당연한 이치를 규정한 것이다.[71] 퇴직에는 사직·해고·계약기간 만료 등 노동관계 종료의 모든 사유가 포함된다.

「산재보험법」상의 보험급여를 받을 권리는 양도 또는 압류하거나 담보로 제공할 수 없다(산재보험법 제88조 제2항). 이는 보험급여를 받을 권리가 제3자의 지배나 영향을 받지 않도록 보호하려는 것이다. 「근로기준법」의 경우에도 재해보상을 받을 권리는 퇴직 때문에 변경되지 않고 양도 또는 압류하지 못한다(근로기준법 제86조).

나. 도급사업 재해의 특별보호

(1) 산재보험법

건설업 등 시행령으로 정하는 사업(건설업)[72]이 여러 차례의 도급에

68) 대판 1977.9.13, 77다 807.

69) 대판 1995.3.28, 94누10443.

70) 심사·중재가 권고적 성질을 갖는 데 불과하기 때문에 거의 활용되지 않고 있다. 이 제도를 폐지하거나 구속력 있는 절차로 개편할 필요가 있다.

71) 판례는 퇴직 후 새로 발생한 질병도 근로계약관계 존속 중에 그 원인이 있다고 인정되면 산재보험급여의 수급권을 인정하고 있다(대판 1992.5.12, 91누10466).

따라 이루어지는 경우에는 원수급인을 사업주로 보며,[73] 다만 시행령으로 정하는 바에 따라 근로복지공단의 승인을 받으면 하수급인을 사업주로 본다(보험료징수법 제9조). 하수급인의 근로자의 업무상 재해에 대해서도 보험급여가 지급되어야 하는데, 하수급인은 대체로 산재보험료를 납부할 능력이 부족한 점을 고려하여 하수급인에게 영향을 미치는 원수급인을 사용자로 보는 것을 원칙으로 한 것이다.

따라서 원수급인이 산재보험의 당연가입자가 되어 하수급인 근로자까지 고용한 것으로 보아 보험료를 납부해야 하고, 하수급인의 근로자에게 업무상의 재해가 발생하면 하수급인의 보험가입 여부와 관계없이 보험급여를 받을 수 있게 되는 것이다.

(2) 근로기준법

사업이 여러 차례의 도급에 따라 이루어지는 경우의 재해보상에 대해서는 원수급인을 사용자로 본다(근로기준법 제90조 제1항). 하수급인의 근로자에게 업무상 재해가 발생한 경우에 재해보상은 지급능력이 없는 하수급인이 아니라 원수급인이 떠맡아야 한다는 것이다.

그러나 원수급인이 서면상 계약으로 하수급인에게 보상을 담당하게 한 경우에는 그 수급인도 사용자로 보며, 다만 2명 이상의 하수급인이 똑같은 사업에 대하여 중복하여 보상을 담당하게 하지는 못한다(근로기준법 제90조 제2항). '수급인도 사용자로 보므로' 보상을 담당하기로 계약을 맺은 하수급인도 원수급인과 함께 재해보상에 관하여 연대책임을 진다. 이 경우 하수급인에게 보상을 담당하게 한 원수급인이 보상의 청구를 받으면, 그 하수급인이 파산의 신고를 받거나 행방이 알려지지 않는 경우를 제외하고는 그 하수급인에게 우선 최고(독촉)할 것을 청구할 수 있다(근로기준법 제90조 제3항).

---

72) '건설업 등 시행령으로 정하는 사업'이란 건설업을 말한다(산재보험법 시행령 제7조 제1항).

73) 현재 2004.10.28, 2003헌바70은 원수급인을 사업주로 보아 보험료를 징수한다는 취지의 규정이 헌법에 위반되지 않는다고 보고 있다.

5. 산재보상과 손해배상

「근로기준법」의 재해보상이나 「산재보험법」의 산재보험의 대상이 되면, 피재자는 사용자나 제3자에게 고의·과실이 없더라도 평균임금을 기준으로 하여 정률화된 금액을 상대적으로 간편·신속하게 지급받을 수 있다. 그러나 그 보상액이 산업재해에 의해 입은 현실적인 손해를 완전히 전보(塡補)하는 것은 아니다. 따라서 산업재해가 사용자나 제3자의 고의 또는 과실로 발생한 경우에는 재해보상이나 산재보험에 의해 전보되지 않는 손해에 대해 「민법」상의 손해배상청구소송을 제기하는 것이 가능하다. 이와 같이 산재보상과 민사상의 손해배상을 함께 인정하는 입장을 산재보상과 손해배상의 '병존주의'라고 한다.[74] 비교법적으로는 당연한 것은 아니고, 미국의 많은 주, 독일, 프랑스 등은 산업재해에 대하여 산재보상을 받을 수 있는 경우에는 「민법」상의 손해배상을 제기할 수 없다.

5.1 사용자의 고의·과실에 의한 재해

가. 손해배상책임

근로자에게 재해가 발생한 경우에 피재근로자 또는 유족이 사용자에게 「민법」상의 손해배상책임을 묻는 법적 구성은 네 가지가 있다. 첫째는 「민법」상의 일반 불법행위책임(민법 제750조)이고, 둘째는 사용자책임(민법 제756조)[75]이다. 셋째는 공작물의 설치 또는 보존의

74) 외국의 입법례 중에는 재해보상을 받을 수 있는 경우에 사용자에 대한 「민법」상의 손해배상청구를 허용하지 않는 경우(독일, 프랑스, 미국의 많은 주)가 있고 근로자에게 재해보상과 손해배상의 어느 한쪽을 선택케 하는 경우(1948년까지의 영국)도 있다.

75) 사용자책임은 특수 불법행위책임의 하나이다. 사용자책임은 과실을 소극적 요건으로 규정함으로써 과실책임의 원칙(제750조)에서 크게 벗어나지 않으면서 위험책임에 대한 요청도 수용하는 절충적인 입장(중간책임)을 취하였다. 사용자의 과

하자로 인한 점유자, 소유자의 책임(민법 제758조)[76]이다. 그리고 넷째는 근로계약관계의 안전배려의무 위반이라는 채무불이행책임(민법 제390조)이다.

우리나라의 경우 과거에는 근로자에 대한 사용자의 민사책임을 묻는 경우 불법행위책임을 근거로 하는 것이 일반적이었다. 그러나 최근에 와서는 안전배려의무 위반, 즉 채무불이행의 책임을 기초로 손해배상청구를 하는 것이 일반적이다. 이 안전배려의무는 근로계약에 수반하는 신의칙상(민법 제2조)의 부수적 의무로서, 사용자에게 안전배려의무 또는 보호의무가 있다는 점에 대해서는 학설, 판례상 다툼이 없다.

실을 적극적 성립요건으로 요구하지는 않지만, "사용자가 피용자의 선임 및 그 사무감독에 상당한 주의를 한 때 또는 상당한 주의를 하여도 손해가 있을 경우에는" 책임이 성립하지 않는다고 함으로써(민법 제756조 제1항 후단) 과실의 부존재를 면책사유로 규정하고 있다. 사용자책임은 논리적으로는 선임·감독상의 주의의무 위반이라는 과실책임의 구성을 취하면서 '과실에 관한 입증책임의 전환'(과실의 입증책임이 피해자에게 부과되지 않고 사용자에게 전환된다) 및 '면책사유에 관한 규범적 판단'(통상 선임·감독의무는 가해행위와 관련해서 그 의무의 해태 여부가 구체적으로 판단되지 않는 것이 보통이고 사용자에게 책임을 귀속시키기 위한 근거로서 작용할 뿐이다)을 통해 위험책임적 효과를 꾀할 수 있게 구성되어 있다(이은영, 《채권각론(제5판)》, 박영사, 2005, 849-850쪽).

76) 공작물책임 역시 특수 불법행위책임의 하나이다. 공작물책임은 '고의·과실에 의한 가해행위'를 매개로 하지 않는다는 점에서 과실을 귀책근거로 하는 일반불법행위로부터 독립된 '위험책임'의 체계에 속한다. 공작물책임은 1차 책임과 2차 책임으로 구성된다. 1차 책임은 공작물의 점유자가 지는데, 1차 책임자인 점유자는 손해의 방지에 필요한 주의를 다하였음을 입증하여 책임을 면할 수 있다. 점유자가 면책된 경우 피해자는 2차 책임자인 공작물의 소유자로부터 배상받을 수 있다. 1차 책임인 공작물 점유자책임은 손해 방지에 필요한 주의의무의 해태로 인한 과실책임(정확히는 중간책임)으로 구성되어 있으나, 2차 책임인 공작물 소유자책임은 주의의무 해태(과실)와 관련 없는 순수한 위험책임(면책 항변이 인정되지 않는 절대적 무과실책임)으로 구성되어 있다. 결국 피해자의 입장에서는 하자에 관하여 점유자나 소유자의 고의, 과실이 있는가는 문제되지 않는다. 하자의 존재에 관한 입증책임은 피해자가 지는 것이 불법행위법의 일반원칙이지만, 학설·판례는 공작물로 인하여 손해가 발생한 경우에는 공작물의 하자 있음이 추정된다고 함으로써 입증책임을 공작물 점유자 또는 공작물 소유자에게 전환시킨다(이은영, 《채권각론(제5판)》, 박영사, 2005, 875-877쪽). 다만, 공작물에서 발생한 사고라도 그것이 공작물의 통상의 용법에 따르지 아니한 이례적인 행동의 결과로 발생한 사고라면, 특별한 사정이 없는 한 공작물의 설치·보존자에게 그러한 사고에까지 대비하여야 할 방호조치의무가 있다고 할 수는 없다(대판 1998.1.23, 97다25118).

그런데 재판실무에서는 불법행위 구성에 있어서도 불법행위법상의 주의의무를 안전배려의무와 동일한 내용으로 구성하는 경향이 보인다.[77] 그리고 판례는 불법행위에 의한 손해배상청구와 채무불이행에 기한 손해배상청구는 양립할 수 있으며, 피해자(또는 채권자)는 그의 선택에 따라 가해자(또는 채무자)에 대하여 불법행위책임을 묻거나 채무불이행책임[계약책임(안전배려의무 위반책임)]을 물을 수 있다는 입장(청구권경합설)이다.[78] 실제로 최근의 많은 사건에서는 안전배려의무 위반과 불법행위 쌍방이 경합적으로 주장된다.

아래에서는 손해배상책임의 가장 많은 부분을 차지하는 채무불이행책임을 묻는 근거가 되는 안전배려의무 위반에 (따른 손해배상책임) 대해 살펴보기로 한다.

나. 안전배려의무 위반에 따른 손해배상책임

판례에 의하면, 근로계약 당사자의 권리 · 의무와 관련하여 사용자는 근로계약을 체결함으로써 "근로자가 노무를 제공하는 과정에서 생명, 신체, 건강을 해치는 일이 없도록 인적 · 물적 환경을 정비하는 등 필요한 조치를 강구할 의무", 즉 안전배려의무[79]를 진다. 이 의무는 근로자의 직장에서의 안전과 건강을 확보하기 위해 충분히 배려해야 할 채무이지만, 안전과 건강 그 자체(결과)를 책임지는 채무(특정 결과를 실현하는 의무)라고까지는 할 수 없으며, 그 목표를 위하여 여러 조치(수단)를 강구할 채무(주의 깊게 최선을 다하여 행위할 의무)라고 보아야 할 것이고, 재해가 발생하였다는 사실만으로 책임을 지는 채무는 아니다.

---

77) 대판 2004.7.22, 2003다20183; 대판 2000.3.10, 99다60115; 대판 1989.8.8, 88다카33190 등.

78) 대판 1994.11.11, 94다22446; 대판 1989.4.11, 88다카11428 등.

79) 판례에 따라서는 안전배려의무 대신에 보호의무라는 용어를 사용하기도 한다(대판 1997.4.25, 96다53086; 대구고법 2011.6.29, 2010나9475; 광주지방법원 순천지원 2013.9.30, 2013고단954 등).

안전배려의무의 내용을 특정하는 데 있어서는 산업안전보건법규 등에 규정된 사용자의 의무가 채용되는 경우가 많다. 이들 법규에 규정되어 있는 의무 중 많은 것은 근로자의 안전확보를 위한 것이고, 이것을 준수하고 있으면 재해의 많은 부분을 회피할 수 있기 때문에, 안전배려의무의 내용이 될 수 있다. 그러나 이들 법규가 정하는 의무의 내용은 행정단속을 통하여 일반적으로 적용되는 것을 예정한 획일적인 것이고, 개별 사안에서의 안전배려의무의 내용과는 일치하지 않는 경우가 있다. 예를 들면, 법령상의 의무를 준수하고 있어도, 상황에 따라서는 좀 더 고도의 배려조치가 필요한 경우가 있을 수 있다.

한편, 안전배려의무 위반을 이유로 사용자에게 손해배상책임을 인정하기 위해서는 그 사고가 피용자의 업무와 관련성이 있을 뿐만 아니라 그 사고가 통상 발생할 수 있다고 하는 것이 예측되거나 예측할 수 있는 경우(즉, 예측가능성이 있는 경우)라야 할 것이고, 그 예측가능성은 사고가 발생한 때와 장소, 가해자의 분별능력, 가해자의 성행, 가해자와 피해자의 관계, 기타 여러 사정을 고려하여 판단하여야 할 것이다.[80]

다. 손해배상청구의 요건

근로자가 사용자의 안전배려의무 위반(채무불이행)으로 인한 손해배상책임을 묻기 위해서는 안전배려의무의 내용을 특정하고 그 위반(불이행)의 사실을 주장(입증)하여야 한다. 단, 근로자 측은 사실의 상세한 정보, 기술적인 사실을 용이하게 알 수 없는 경우가 많으므로, 원고측이 특정하여야 할 안전배려의무의 내용(주장사실)은 어느 정도 추상적인 것으로도 족하다고 생각하여야 할 것이다. 더 상세한 사실은 간접사실로서 간접반증의 법리를 이용하거나 사용자의 귀책사유의 문제로 취급하는 등 공평한 해결을 도모하는 것이 타당하다고 생각된다. 즉, 원고가 입수 가능한 자료를 토대로 안전배려의무 위반을 추인하게 하는 간접사실을 증명하면, 이것에 대해 피고가 더 상세한 간접

80) 대판 2006.9.28, 2004다44506; 대판 2001.7.27, 99다56734.

사실에 의한 반증을 하는 것을 요한다고 보아야 할 것이다. 그리고 재해가 불가항력(천재지변 등)과 같은 사유 등 사용자의 귀책사유(고의, 과실)가 아닌 사유에 의해 발생한 것의 입증책임은 사용자에게 있다. 즉, 사용자는 그에게 귀책사유가 없음을 입증하여야 한다.

안전배려의무는 기본적으로 근로계약상의 의무이기 때문에 노무제공자가 사용자와 사용(근로)관계에 있지 않은 경우에는 안전배려의무도 존속하지 않는다. 이러한 경우에는 재해 발생에 대하여 채무불이행책임(민법 제390조)이 아니라 일반 불법행위책임(민법 제750조)을 지게 된다. 그리고 공작물(기계 · 설비, 제조물) 자체의 설치 · 보존상의 하자(결함)에 의하여 재해가 발생한 경우에는 점유자 또는 소유자가 피재자와 사용관계에 있지 않더라도 그에게 공작물책임(민법 제758조 제1항)[81]이 물어질 수 있다. 또 타인을 사용하여 어느 사무에 종사하게 한 자로서 사용관계에 있는 피용자가 그 사무집행에 관하여 제3자에게 재해를 발생시킨 경우에는 사용자책임(민법 제756조)[82]을 진다.

산업재해에 대하여 안전배려의무 위반 또는 불법행위를 이유로 사용자에게 손해배상청구를 행하는 소송(민사소송)에서는, 먼저 당해 부상, 질병 또는 사망이 근로자의 업무 종사와 상당인과관계가 존재하는 것이 요건이 된다. 산재보험급부를 위한 업무상 인정에서는 이 상당인과관계에 해당하는 '업무기인성'의 유무가 문제가 되는데, 산재민사소송에서도 상당인과관계의 유무가 주요한 쟁점이 되는 경우가 많다. 특히 업무기인성의 판정이 곤란한 질병이 산재민사소송에 등장

81) 대판 2010.2.11, 2008다61615; 대판 1999.2.23, 97다12082. 공작물에 대한 점유자 책임은 점유자가 손해의 방지에 필요에 주의를 다한 것을 증명함으로써 면책되는(무과실의 증명책임), 소위 과실의 증명책임이 (점유자로) 전환된 중간적 책임이고, 공작물에 대한 소유자의 책임은 무과실책임이다(대판 2018.8.1, 2015다246810).

82) 사용자책임 역시 사용자 또는 대리감독자가 피용자의 선임 및 그 사무감독에 상당한 주의를 한 때 또는 상당한 주의를 하여도 손해가 있을 경우에는 그 책임을 면할 수 있는(무과실의 증명책임), 소위 과실의 증명책임이 (사용자 또는 대리감독자로) 전환된 중간적 책임이지만, 실무상 사용자의 면책사유에 대한 증명을 받아들이지 않음으로써 무과실책임에 가깝게 해석되고 있다.

하는 사건에서 그러하다. 단, 산재민사소송의 경우에는 상당인과관계가 긍정되더라도 안전배려의무 위반(채무불이행책임) 또는 주의의무 위반(불법행위책임)의 존재가 또 하나의 요건이 된다.

한편, 산재보상에 있어서는 업무상 재해에 해당하면 100%의 보상·산재보험급여가 이루어지고, 부정되면 일체의 보상·산재보험급여가 이루어지지 않는다. 이것에 대해 산재민사소송의 경우 업무와 손해발생의 인과관계가 긍정되어도 본인의 잘못, 기초질환 등이 과실상계에 의해 고려되어 손해액의 조정이 가능하다. 이 때문에 산재민사소송에서의 업무와 발증(發症)의 인과관계의 인정은 산업재해의 업무기인성보다 약간 완화하여 인정하고 손해액의 산정의 장면에서 과실상계를 적용하여 균형을 취하는 경향이 보인다.

라. 사용자의 항변

안전배려의무 위반 또는 불법행위의 주장에 대한 사용자의 항변으로서는, 먼저 의무위반에 대해 귀책사유가 없다는 주장이 있을 수 있다. 문제가 되고 있는 사고, 질병 또는 사망에 대하여 (결과 발생) 예견가능성이 없었던 것, 예견가능성이 있었다고 하더라고 사회통념상 상당한 조치[(결과 발생) 회피조치]를 취하고 있었던 것 등이 그 예이다.

손해배상청구권의 소멸시효도 항변사유가 된다. 안전배려의무의 소멸시효는 10년이고(민법 제162조 제1항), 불법행위의 소멸시효는 3년이다(민법 제766조 제1항).[83] 안전배려의무의 소멸시효 기산점은 손해배상청구권을 행사할 수 있는 때이고(민법 제166조 제1항),[84] 불법행위의 소멸시효 기산점은 그 손해 및 가해자를 안 날이다(민법 제766조 제1항).

---

83) 불법행위로 인한 손해배상청구권의 소멸시효는 그 손해 및 가해자를 안 날로부터 3년 또는 불법행위를 한 날로부터 10년이지만, 피해자가 피해를 당하게 되면 손해 및 가해자를 알 수 없는 경우가 거의 없기 때문에, 불법행위의 소멸시효는 3년으로 이해하는 것이 좋다.

84) 구체적으로는 손해가 발생한 때가 기산점이 된다.

나아가, 피재근로자에게 과실이 있는 때에는 사용자는 과실상계[85] (민법 제396조)의 항변도 생각할 수 있다. 대법원은 소음성난청의 산업재해 사안에서 굴진(掘進)광부인 원고가 자신의 안전과 건강을 위하여 피고 회사에 안전한 귀마개 등의 보호구 지급을 요구하여 착용에 만전을 기하고 지급이 없을 때에는 스스로 대용품을 마련해서라도 착용하여야 하며, 신체에 이상이 있을 때에는 정밀검사를 받아보는 등의 방법으로 이를 확인하고, 피고 회사에 작업의 전환이나 작업시간의 단축을 요구하는 등의 조치를 취하지 아니한 잘못을 인정하고 이에 터 잡아 60%의 과실상계를 인정한 적이 있다.[86] 또한 사출기에서 이물질을 제거하려다 손목 골절 등의 재해를 입은 파견근로자가 사용사업주의 안전배려의무를 이유로 손해배상을 청구한 사건에서 당해 근로자 또한 안전장치가 제대로 작동되는지를 확인하는 등의 안전조치를 소홀히 한 잘못이 있다고 하여 30%의 과실상계를 한 사례도 있다.[87]

마. 보험급여·재해보상과 손해배상의 관계[88]

(1) 중복 전보의 회피

동일한 사유에 대하여 수급권자가 산재보험급여를 받으면 보험가입자인 사용자는 그 금액의 한도에서 손해배상의 책임을 면한다(산재보험법 제80조 제2항). 보험급여를 받은 수급권자는 사용자에 대한 손해배상채권에서 그 받은 금액을 공제한 후 나머지만 받을 수 있다는 의미이다. 그런데 근로자가 업무상 사유로 사망하고 유족급여의 수급권자와 손해배상채권(사망한 근로자의 일실수입 상당)의 상속인이 다른

---

85) 근로자가 자신의 안전의무(주의의무)를 이행하지 않거나 불충분하게 이행한 것이 산업재해 발생의 한 원인으로 작용한 경우, 산업재해로 인하여 발생한 손해액에서 근로자의 과실(주의의무 위반) 부분을 공제하고 배상을 하게 되는데, 이를 근로자 과실상계라고 한다.

86) 대판 1989.8.8, 88다카33190.

87) 대구고법 2011.6.29, 2010나9475.

88) 이 부분은 주로 임종률·김홍영, 《노동법(제21판)》, 박영사, 2024, 508-510쪽을 참조하였다.

경우에(예: 수급권자는 배우자이고 상속인은 배우자와 자녀) 유족급여의 공제를 어떻게 해야 하는지 문제된다. 판례는 이 경우에 유족급여를 받지 않은 상속인은 위 법규에 불구하고 손해배상채권을 가지므로, 손해배상채권은 모두 상속인들에게 상속되고, 유족급여의 공제는 수급권자의 손해배상채권에서만 할 수 있다고 한다.[89]

수급권자가 동일한 사유로 산재보험급여에 상당하는 손해배상을 받으면, 그 금액을 시행령으로 정하는 방법에 따라 환산한 금액의 한도 안에서 산재보험급여는 지급하지 아니한다(산재보험법 제80조 제3항).[90] 또한 수급권자가 동일한 사유에 대하여 「민법」이나 그 밖의 법령에 따라 「근로기준법」의 재해보상에 상당한 금품을 받으면, 그 가액의 한도에서 사용자는 보상의 책임을 면한다(근로기준법 제87조). 이와 같이 병존주의 아래서도 산재보험급여 또는 재해보상과 「민법」상의 손해배상의 중복 전보는 허용되지 않는다.

물론 산재보험이나 재해보상을 지급받으면서 「민법」상의 손해배상청구권을 포기한다는 내용의 합의가 있는 경우에 이는 유효하고 사용자는 이에 따라 손해배상책임을 면한다.[91] 다만 그 합의가 착오 또는 사기 · 강박에 따른 경우에는 이를 취소할 수 있고 합의의 내용이 사회질서(민법 제103조)에 위반하거나 불공정하면 무효가 된다. 정신적 손해에 대한 위자료는 산재보험이나 재해보상의 범위에 속하는 것이 아니기 때문에 산재보험이나 재해보상을 지급받았다 하여 사용자가 그 배상책임을 면할 수 없다.[92]

---

89) 대판(전합) 2009.5.21, 2008다13104(이로써 유족급여의 공제 후 손해배상채권이 상속된다는 취지의 종전 판례는 변경).

90) 보험가입자가 소속 근로자의 업무상의 재해에 관하여 이 법에 따른 보험급여의 지급 사유와 동일한 사유로 「민법」이나 그 밖의 법령에 따라 보험급여에 상당하는 금품을 수급권자에게 미리 지급한 경우로서 그 금품이 보험급여에 대체하여 지급한 것으로 인정되는 경우 보험가입자는 시행령으로 정하는 바에 따라 그 수급권자의 보험급여를 받을 권리를 대위한다(산재보험법 제89조).

91) 대판 1992.12.22, 91누6368.

92) 대판 1990.2.23, 89다카22487; 대판 1985.5.14, 85누12 등.

(2) 손해배상 대체급여

재해를 입은 근로자 등은 산재보험급여에 만족하지 않고 손해배상을 청구할 수 있지만 이를 위하여 민사소송을 제기하는 경우 피해자는 물론 사용자도 상당한 비용을 치르게 된다. 이를 고려하여 「산재보험법」은 손해배상의 문제를 간편하게 해결하기 위한 제도를 도입하였다. 즉, 보험가입자인 사업주의 고의·과실로 발생한 업무상의 재해로 근로자가 소정의 장해등급에 해당하는 장해를 입거나 사망한 경우에 근로자나 수급권자가 사업주와 합의한 후 「민법」상 손해배상청구를 갈음하여 청구하면 장해급여(또는 진폐보상연금)나 유족급여(또는 진폐유족연금) 외에 시행령으로 정하는 장해특별급여나 유족특별급여를 지급할 수 있다(산재보험법 제78조 제1항, 제79조 제1항).

이들 특별급여의 청구는 손해배상청구를 갈음하는 것이다. 따라서 수급권자가 특별급여를 받으면 같은 사유에 대하여 보험가입자에게 「민법」이나 그 밖의 법령에 따른 손해배상의 청구를 할 수 없다(산재보험법 제78조 제2항, 제79조 제2항).[93]

5.2 제3자의 고의·과실에 의한 재해

① 제3자의 고의·과실로 업무상 재해가 발생한 경우, 피해자는 근로복지공단에서 「산재보험법」상의 산재보험급여를 받거나[94]

---

93) 이들 특별급여는 보험재정에서 지급하는 보험급여의 일종이 아니라(산재보험법 제36조 제1항) 손해배상 문제를 간편하게 해결하기 위하여 근로복지공단이 임시적으로 편의를 제공하는 것으로서, 근로복지공단은 수급권자에게 지급한 특별급여 전액을 보험가입자로부터 징수한다(산재보험법 제78조 제2항, 제79조 제2항).

94) 근로복지공단이 제3자의 행위에 따른 재해로 보험급여를 지급한 경우에는 그 급여액의 한도 안에서 급여를 받은 자의 제3자에 대한 손해배상청구권을 대위(代位)한다(산재보험법 제87조 제1항). 다만, 보험가입자인 2 이상의 사업주가 같은 장소에서 하나의 사업을 분할하여 각각 행하다가(예컨대, 사업주가 사업의 일부를 도급을 주어 같은 사업장에서 사업주의 근로자와 수급인의 근로자가 작업을 하도록 한 경우) 그중 사업주를 달리하는 근로자의 행위로 재해가 발생하면 근로복지공단은 당해 근로자에게 구상권을 행사할 수 없다(산재보험법 제87조 제1항 단서).

사용자로부터 「근로기준법」상의 재해보상을 받을 수 있다.[95)]

② 이 밖에 고의·과실에 대한 민사상의 손해배상책임이 문제되는데 가해자인 제3자가 동일한 사용자에게 고용된 근로자인가, 아니면 그 밖의 제3자인가에 따라 책임의 주체 및 손해배상의 근거가 달라진다.

업무상 재해가 동일한 사용자에게 고용된 다른 근로자(동료근로자)의 고의·과실로 발생한 경우, 피해근로자는 가해근로자에게 불법행위로 인한 손해배상책임(민법 제750조)을, 사용자에 대해서는 사용자책임(민법 제756조)을 물을 수 있다. 다만, 사용자에게는 면책가능성이 주어져 있다(민법 제756조 제1항 단서). 그리고 사용자는 가해근로자에게 구상권(민법 제756조 제3항)을 행사할 수 있으나, 일정한 제한을 받고 있다.[96)]

사용자가 근로자에 대하여 안전배려의무를 이행하는 데 있어 지휘·감독의 지위에 있는 상위 근로자는 사업장 내의 다른 근로자에 대해 이행보조자의 지위에 있는바, 이행보조자인 상위 근로자의 고의·과실로 재해가 발생한 때에는 그 고의·과실은 사용자의 고의·과실로 볼 수 있으므로 피재근로자에 대하여 사용자 자신의 채무불이행책임이 발생한다(민법 제391조). 이때에는 사용자에게 면책가능성이 없다.[97)]

95) 사용자가 재해보상을 한 경우에는 그 가액의 한도 안에서 제3자에 대하여 근로자의 손해배상청구권을 대위할 수 있다(민법 제399조).

96) 일반적으로 사용자가 피용자의 업무수행과 관련하여 행하여진 불법행위로 인하여 직접 손해를 입었거나 그 피해자인 제3자에게 사용자로서의 손해배상책임을 부담한 결과로 손해를 입게 된 경우에 있어서, 사용자는 그 사업의 성격과 규모, 시설의 현황, 피용자의 업무내용과 근로조건 및 근무태도, 가해행위의 발생원인과 성격, 가해행위의 예방이나 손실의 분산에 관한 사용자의 배려의 정도, 기타 제반 사정에 비추어 손해의 공평한 분담이라는 견지에서 신의칙상 상당하다고 인정되는 한도 내에서만 피용자에 대하여 손해배상을 청구하거나 그 구상권을 행사할 수 있다(대판 1996.4.9, 95다52611).

97) 김형배, 《노동법(제27판)》, 박영사, 2021, 643쪽 참조.

업무상의 재해가 동료근로자가 아닌 일반 제3자의 행위로 발생한 경우(예컨대, 제3자의 교통사고나 강도행위로 피해를 입은 경우)에는 「산재보험법」상의 산재보험급여 또는 「근로기준법」상의 재해보상과는 별도로 가해자인 제3자에 대하여 불법행위로 인한 손해배상을 청구할 수 있다(민법 제750조).

이 경우에도 중복 전보는 허용되지 않는다. 따라서 제3자는 피해자가 근로복지공단에서 받은 산재보험급여 또는 사용자에게서 받은 재해보상금의 한도에서 손해배상책임을 면하게 될 것이다. 거꾸로 피해자가 제3자로부터 손해배상을 받은 경우에는, 사용자는 그 금액의 한도에서 재해보상책임을 면한다고 해석되고, 근로복지공단은 그 손해배상액을 시행령으로 정하는 방법에 따라 환산한 금액의 한도에서 산재보험급여를 지급하지 않는다(산재보험법 제87조 제2항).

6. 추가보상

오늘날 건설업을 비롯한 일부 기업에서는 단체협약, 취업규칙에 의해 업무상 재해에 대해 법정 산재보험급여에 추가하여 보상을 하는 제도가 보급되어 있다. 그리고 보험회사는 이 추가보상을 책임보험화하고 있다.

추가보상제도는 통상은 피재근로자, 유족에게 산업재해의 보상에 대해 플러스알파(+α)의 급부를 하는 취지(법정 보상의 부족을 보충하기 위해 그것에 일정한 보상을 추가하는 취지)이므로, 추가보상의 지불은 원칙적으로 사용자의 산재보상책임, 산재보험급여에 영향을 주어서는 안 된다. 즉, 사용자의 산재보상책임, 산재보험급여에서 공제 등의 조정은 하지 않는 것이 원칙이다.

이에 반해, 추가보상과 손해배상의 관계에 대해서는, 일반적으로 사용자는 추가보상을 하는 것에 의해 그 가액의 한도에서 동일한 사유에 대해 피재근로자 또는 유족에 대해 부담하는 손해배상책임을 면하고, 제3자 행위 재해의 경우에는 피재근로자 또는 유족이 제3자에 대해 가지는 손해배상청구권을 대위(代位) 취득한다고 해석하여야 한다. 추가보상은 원칙적으로 그 한도에서 사용자의 손해배상책임에 영향을 미쳐야 한다.

따라서 단체협약, 취업규칙에 사용자의 손해배상책임은 추가보상을 한 범위에서 이행된 것이라고 정해지는 경우, 이 규정(조항)이 보상액을 넘는 손해에 대해 일절 배상청구를 할 수 없다는 취지로 해석되는 것은 타당하지 않다. 이러한 취지가 명시적으로 규정된 조항 또는 손해배상청구권 포기조항이 두어져 있는 경우로서 추가보상액이 불공정하게 저액인 경우에는, 해당 조항은 공서양속(公序良俗) 위반(민법 제103조)[98]으로 무효가 될 수 있다.

---

98) 「민법」 제103조(반사회질서의 법률행위) 선량한 풍속 기타 사회질서에 위반한 사항을 내용으로 하는 법률행위는 무효로 한다.

제5장

안전문화와 규칙

1. 사고보고문화 조성과 제재

1.1 사고보고시스템과 사고조사

가. 항공업계의 사고보고시스템과 사고조사

항공업계에 있어서 근대적인 사고(incident)[1]보고시스템은 미국 유나이티드항공(United Airlines)이 1973년에 사내(社內) 제도로 구축한 것을 그 시초로 하고 있다. 그 이전의 보고시스템에는 면책성이나 익명성이 보장되지 않았기 때문에, 특히 미국과 같은 소송사회에서는 징계를 포함한 불이익을 두려워해 사고보고시스템은 유효하게 기능하고 있지 않았었다.

항공사의 사고보고시스템은 "위반자의 처벌이 아니라 사고의 진실 그 자체를 아는 것"을 목적으로 내걸고 도입된 것이다. 그 정보수집은 인터뷰 형식으로 행해졌다. 인터뷰 방법 등의 전문적 강습을 받은 담당 인터뷰어는 사고에 관계된 승무원으로부터 청취한 보고내용을 익명성과 보안(security)이 보장된 기록장치에 전화녹음을 하고, 그 녹음이 종료된 시점에서 조사에 사용한 모든 메모나 테이프 등을 해당 승무원의 눈앞에서 소거하는 배려를 하였다. 이 자동기록장치는 동 회사의 운항부문 내에 시정되고 보관되며, 개인정보는 일체 포함하지 않는 것으로 되어 있었다.

이 시스템의 개념과 운영방법은 동 회사의 노사 간의 신뢰 아래 생겼고, 발족 다음 해에는 바로 사고예방에 공헌하는 사고보고서를 입수하여 사내에 전달할 수 있었다. 그 정보는 즉시 미국연방항공국(FAA)에도 전달되었지만, 타사의 승무원에게까지 신속하게 전달되는 방법은 결여되어 있었기 때문에 6주 후에 같은 지점에서 아주 유사한 원인

---

1) incident의 의미에 대해서는 엄밀한 의견의 일치는 없지만, 일반적으로 아차사고(near miss, near hit, close call)를 포함하여 외부(행정기관 등)에 보고하거나 내부조사를 할 만한 가치가 있는 사상(event)을 의미한다. incident 중에서 부상, 질병을 수반하는 것은 accident로 불리기도 한다.

으로 TWA사 514편이 공항 바로 앞에 있는 산에 추락해 승무원 7명을 포함한 92명 전원이 사망하는 사고가 발생하였다(TWA사 Round Hill 사고, 1974년 12월).

겨우 6주 전의 사고보고를 다른 항공회사의 사고예방에 활용할 수 없었던 것이 판명되었기 때문에, FAA는 직접 비(非)징계적인 사고보고시스템을 구축하는 것을 선언하였다. 그러나 항공회사의 감독관청인 FAA가 직접 운영하는 사고보고시스템에 대해서는 항공회사, 항공관계자 등으로부터 신뢰를 얻을 수 없었다. FAA에 사고를 보고하면 처벌 받을 수 있다고 우려하였기 때문이다. 그래서 FAA는 1975년에 제3자 중립기관으로서 NASA에 사고보고시스템의 운영을 위탁(의뢰)하였다. 이렇게 하여 NASA가 항공업계로부터 자율적으로 제출된 사고보고의 집적, 처리, 연구 및 해석을 하는 미국 항공안전보고시스템(ASRS)이 1976년 4월 발족되었다. NASA의 ASRS는 주로 미국의 항공관계자(승객이나 외국의 항공관계자도 보고할 수 있다)를 대상으로 사고사례 보고를 수집하는데, 매월 6,000건 이상의 보고를 받고 있고, 2012년 말까지 100만 건 이상을 보고받았다.[2)]

ASRS의 분석관으로는 각 기종의 면허를 가진 조종사, 항공관제관, 객실승무원 및 정비사 등의 전문가가 참가하고, 미국 전역에서의 사고보고의 집적과 분석이 비밀준수의무의 엄수 아래에서 행해지고 있다. 발족 이래 지금까지 수령한 보고에서 그 익명성이 침범된 사례는 단 한 번도 존재하지 않는다.

ASRS에 있어서 데이터의 집적과 분석결과는 월간(CALLBACK), 계간(DIRECTLINE) 등의 뉴스레터로서 운항관계자에게 공개될 뿐만이 아니라, 관심을 가지고 있는 일반시민이나 매스컴, 연구자, 그 외 정부기관 등으로의 데이터 검색서비스로서 폭넓게 정보공개가 이루어지고 있다. 30년의 실적을 자랑하는 ASRS는 현재 인터넷상의 액세

2) http://asrs.arc.nasa.gov/. ASRS는 전 세계의 항공계 보고시스템에서 가장 성공하였다고 평가받고 있다.

스도 가능하게 되어 있고, 그 이념과 면책을 첫머리에 내걸은 홈페이지에서는 월간·계간, 뉴스레터의 다양한 통계 데이터, 테마별 안전대책 등을 입수할 수 있도록 되어 있다.

또한 ASRS에서는 항공업계에서 긴급성이 인정되는 특정 연구테마의 경우, 리포트 제출자에 대해서 다시 질문·조사를 의뢰하는 연구시스템도 존재하고 있다. 이제까지 항공기의 '후방난류', '지상충돌', '예기치 못한 기체의 전복' 등의 테마가 조사되어 왔지만, 물론 정보원의 비밀준수를 엄격하게 지키고 사고재발 예방이라는 숭고한 목적만으로 사용되는 것은 말할 필요도 없다. 이러한 비(非)징계적 사고보고시스템은 영국, 캐나다, 오스트레일리아, 유럽, 뉴질랜드 등에도 확립되어 있다.

이러한 사고보고시스템은 '사고조사'로부터는 독립한 것이다. 미국에서의 항공사고조사는 NASA가 아니라 국가교통안전위원회(NTSB)가 담당하고 있다. NTSB란 항공, 철도, 고속도로, 선박, 파이프라인 등의 사고조사를 행하는 (연방의회의 예산을 토대로 한) 독립연방기관이고, 교통업계의 감독관청인 미국교통부로부터는 완전하게 독립되어 있는 기관이다. NTSB는 1967년 이래 2023년 11월까지 15만 건 이상의 항공사고, 1만 2,000건 이상의 육상교통사고 등을 조사하여 왔고,[3] 2,500개 이상의 기관(recipient)에 대해 1만 5,400건 이상의 권고(항공 5,850건, 철도 2,583건, 고속도로 2,753건, 선박 2,628건, 파이프라인 1,397건, 복합수송 236건)를 하였으며,[4] 80% 이상이라는 매우 높은 권고 수용률을 보이고 있다.[5] 물론 미국에 있어서도 테러리즘이나 약제남용 등 명백한 범죄성이 존재하는 경우에는, 미국연방검찰국(FBI)을 비롯한 관할 수사당국의 대상이 되는 것은 말할 필요도 없다.[6]

---

3) 안전기준의 준수뿐만 아니라 안전기준 자체의 적절성에 대해서도 검토·권고가 이루어진다.

4) https://www.ntsb.gov/investigation/pages/safety-recommentations.aspx.

5) NTSB, Safety Recommendations Statistical Information.

6) 이하는 주로 篠原一彦, 《医療のための安全学入門 — 事例で学ぶヒューマンファクター》, 丸善出版, 2005, pp. 135-139를 참조하였다.

NTSB의 분야별 안전권고 건수(1967~2010년 2월 16일)

분야	권고 건수	종료된 건수	권고 수용률(%)
항공	5,024	3,808	82.44
철도	2,133	1,724	83.69
고속도로	2,187	1,445	87.34
선박	2,345	2,044	74.61
파이프라인	1,243	1,043	86.16
복합수송	234	188	74.2
총계	13,166	10,257	82.22

출처: NTSB, Safety Recommendations Statistical Information.

나. 시카고조약의 사고조사 철학

사고조사는 재발방지를 위한 것이라는 사고방식은 국제조약에서도 철저히 관철되고 있다. 제2차 세계대전 후 국제민간항공의 발전을 지향하는 국제민간항공조약(통칭 '시카고조약')을 토대로 설립된 유엔의 전문기관인 국제민간항공기구(International Civil Aviation Organization: ICAO)[7]는 항공안전의 향상을 위해서는 사고조사에 관한 국제기준이 필요하다고 판단하여 국제민간항공조약 제13부속서(annex) '항공기 재해·사고조사(Aircraft Accident and Incident Investigation)'를 제정하였다(1976년 4월 발효). 이에 따르면, 책임소재 추궁을 목적으로 하는 형사절차와 재해·사고조사를 명확히 구별하고,[8] 재해·사고조사과정에서 입수한 진술, 교신정보, 개인정보 등은 특별한 경우[9]를 제외하고는 재해·사고조사 이외의 목적으로 이용하는 것이 금지된다. 보호 대상으로는 '조사당국의 조사과정에서 얻어진 모든 진술', '항공기의 운항에 관여해 온 자들 간의 교신내용', '사고관계자에 관한 의학적 또는 개인적 정보', '조종실 음성기록장치의

7) 2013년 말 현재 191개국이 가입되어 있으며, 우리나라는 ICAO에 1952년 11월 11일 가입하였다.

8) 재해·사고조사의 유일한 목적은 재해·사고의 방지이어야 한다. 비난을 가하거나 책임을 지우는 것이 이 활동의 목적은 아니다(조문 3.1).

9) 관계당국이 공개의 장점이 그 부작용보다 더 크다고 결정하는 경우.

음성 및 해석기록', '비행 레코더 정보 등의 정보 분석과정에서 표현된 의견' 등의 정보를 설정하고 있다(조문 5.12). 이것은 재해 · 사고조사의 목적이 당사자의 처벌이 아닌 재발의 방지라는 점을 명확하게 제시한 것이다.

사고를 일으킨 승무원을 처벌하여 처벌에 대한 공포를 줌으로써 사고를 예방할 수 있다는 사고방식을 '징계주의'라고 하는데, 징계주의만으로는 사고예방대책으로 유효하지 않다는 것은 예전부터 해운업계에서도 지적되어 왔다. 사고재발을 방지하기 위해서는 원인조사에 무게를 두어야 한다는 '원인탐구주의'로 해운업계가 변화한 것은 1912년 '타이타닉호 사고'가 그 계기가 되었다고 말해지고 있다. 타이타닉호의 사고조사보고서에는 "사고해역에서 유빙의 존재를 예기하는 것이 곤란했던 점도 있고, 선장에게는 확실히 착오는 있었지만 비난할 만하지는 않다."라고 하여, 재발예방대책으로서 "기밀성(氣密性)의 둥근창 설치나 승무원 · 승객 수에 알맞은 구명보트의 설치의무"를 권고하였다. 이와 같이 '징계주의'에서 '원인탐구주의'로의 대전환은 세계 각국에서 항공을 비롯한 많은 산업영역에서 받아들여지고 있고, 그러한 흐름 속에서 ICAO의 시카고조약 제13부속서에도 '원인탐구주의'의 철학이 채용된 것이다.

1.2 사고보고문화 조성[10)]

일반적으로 사고(incident)보고 프로그램이 성공적으로 운영되기 위해서는, 즉 사고보고가 적극적으로 이루어지도록 하기 위해서는 사고보고의 양과 질 쌍방을 결정하는 중요한 요인으로서 다음과 같은 다섯 가지 요인이 충족될 필요가 있다.

① 징계처분 면책 – (실행) 가능한 한(as far as it is practicable)

---

10) 이하는 주로 J. Reason, *Managing the risks of organizational accidents*, Ashgate, 1997, pp. 197-202를 참조하였다.

② 비밀성 또는 비식별(확인)성[11)]

③ 보고를 수집·분석하는 부문과 징계처분, 제재를 하는 부문의 분리

④ 보고자에의 신속하고 유용하며 이용(접근)할 수 있고 알기 쉬운 피드백

⑤ 보고의 용이성

①~③은 신뢰 분위기를 조성하는 데 불가결한 것이고, ④, ⑤는 사람들로 하여금 보고를 잘 하도록 동기부여하기 위하여 필요한 것이다. 오리어리(M. O'Leary)와 차펠(S. L. Chappell)은 그 필요성을 다음과 같이 설명한다.

> 사고를 일으킨 오류를 밝히는 데 효과적인 어떠한 사고보고 프로그램도 보고자의 신뢰를 얻는 것을 최우선으로 하고 있다. 이것은 보고자 자신의 에러를 솔직하게 보고하도록 하는 경우에 더욱 중요하다. 이와 같은 신뢰관계가 없으면, 보고가 선별적이 되고, 특히 중요한 인적 요인 정보가 아마도 보고되지 않게 될 것이다. 잠재적인 보고자가 안전조직을 신뢰하지 않는 최악의 경우에는 전혀 보고되지 않을 수도 있다. 신뢰는 바로 얻어지지 않는다. 보고시스템이 보고자의 우려를 잘 헤아린다는 것이 밝혀지기 전에는 개인들은 보고를 주저할 것이다. 보고 프로그램을 성공시키기 위해서는 신뢰가 가장 중요한 토대이고, 오랜 기간 성공적으로 운영되어 왔다고 하여도 신뢰는 적극적으로 보호되어야 한다. (보고가 의무가 아닌데도[12)]) 보고한 것의 결과로 징계받는 보고자가 한 명이라도 생기면,[13)] 신뢰는 무너지고 유용한 보고의 흐름이 중단될 수 있다.[14)]

---

11) 비밀성 또는 비식별성 보장은 보고자가 원할 경우에 조직의 제도적 방침으로 보장되어야 한다는 의미다. 보고자 본인이 신분을 공개해도 무방하다고 생각하면 신분을 밝힐(기명으로 할) 수 있음은 물론이다.

12) 아차사고 보고가 대표적인 예에 해당한다.

13) 위반이 심각하다면 보고를 하더라도 보고한 것 때문이 아니라 위반한 것 때문에 징계조치가 내려질 수 있음은 물론이다. 이 경우에도 보고를 하면 징계조치로부터 최소한 부분적 면책을 받을 수 있다는 점을 미리 밝혀 놓을 필요가 있다.

보고시스템에 대한 논리적 근거는 에러·사고를 유발하는 국소적(작업현장) 및 조직적 요인에 관한 유효한 피드백이 개인을 비난하는 것보다 훨씬 중요하다는 점이다. 따라서 보고를 이유로 정보제공자와 그의 동료가 징계조치를 받는 것으로부터 가능한 한 보호하는 것이 필수적이다. 그러나 그 보호(면책)에는 한계가 있을 것이다. 이 한계에 대해서는, NASA의 ASRS과 관련하여 발행된 '징계처분 면제증서(Waiver of Disciplinary Action)'에 가장 명확하게 정의되어 있다. 아래 서술은, 면책개념이 사고보고서를 작성하는 조종사에게 어떻게 적용되는가를 설명하는 FAA의 권고안내서(Advisory Circular: AC No. 00-46C)에서 발췌한 내용이다.

> FAA는 연방항공규제법 위반과 관련된 사고(incident) 또는 사건(occurrence)에 관하여 NASA에 보고를 하는 것이 건설적인 접근방식을 나타내는 것이라고 평가한다. 이와 같은 접근방식은 장래의 위반을 방지하는 경향이 있다. 그러므로 위반사실이 확인되더라도, 다음과 같은 경우에는 과태료(civil penalty)나 면허정지와 같은 제재를 면할 것이다.
>
> ① 위반이 부주의에 의한 것이고 고의에 의한 것이 아닐 것
> ② 위반이 형사범죄, 재해(accident) 또는 … 자격 또는 역량의 결여와 관계가 없을 것
> ③ 발생일 이전 5년간 연방항공규제법에 위반하여 FAA로부터 제재를 받은 적이 없을 것
> ④ 위반 후 10일 이내에 ASRS에 따라 NASA에 사고 또는 사건 보고서를 작성하여 통보하였다고 입증할 것[15]

---

14) M. O'Leary and S. L. Chappell, "Confidential incident reporting systems create vital awareness of safety problems", *ICAO journal*, 51, 1996, p. 11.

15) S. L. Chappell, "Aviation Safety Reporting System: program overview" in *Report of the Seventh ICAO Flight Safety and Human Factors Regional Seminar*, Addis Ababa, Ethiopia, 18-21 October 1994, pp. 312-353.

영국항공안전정보시스템(British Airways Safety Information System: BASIS)은 여러 가지 보고방식을 커버하도록 수년에 걸쳐 확대되어 왔다. 모든 승무원은 항공안전보고서(Air Safety Reports: ASR)를 이용하여 안전성에 관련된 사건을 보고하도록 요구되고 있다. ASR은 익명은 아니다. ASR에 의한 보고를 촉진하기 위하여 영국항공승무원지침(British Airways Flight Crew Order)에서는 다음과 같이 서술하고 있다.

> 항공안전에 영향을 미치는 사건을 보고하더라도, 영국항공(British Airways)은 통상적으로 이에 대해 징계처분을 하지 않는다. 회사의 판단으로 훈련과 경험을 쌓은 상당히 신중한 종업원이라면 행하지 않았거나 감수하지 않았을 드문 경우에 한하여, 영국항공은 징계처분의 착수를 고려할 것이다.[16)]

이 방식 또한 원활하게 작동되고 있는 것 같다. 이 성공은 두 가지 통계에 의해 뒷받침되고 있다. 첫째, ASR의 보고율은 발족 당시인 1990년과 1995년 사이에 3배 이상 증가하였다. 둘째, 중대한 고위험 범주로 분류되는 보고의 합계가 1993년 상반기와 1995년 상반기 사이에 2/3로 감소하였다.

BASIS의 또 하나의 중요한 요소는 1992년에 제정된 영국항공의 '비공개 인적요인 보고 프로그램(Confidential Human Factors Reporting Programme)'이다. ASR이 양호한 기술정보, 절차정보를 제공하였지만, 인적 요인의 문제에 좀 더 감도가 높은 정보채널의 필요성이 인지되었다. 현재 ASR을 보고하는 각 조종사는 사고와 관련된 인적 요인에 대한 비공개 설문조사에 답하도록 요구되고 있다. 설문조사에 답할지 여부는 자유이다. 영국항공의 안전담당부서의 책임자는 초판의 머리말에 다음과 같은 서약을 하였다.

16) J. A. Passmore, "Air Safety Report Form", *Flight Deck*, Spring 1995, pp. 3-4.

여러분들이 제공한 정보는 안전담당부서에 의해 기밀로 취급되고, 자료가 처리된 후에 이 설문지는 바로 폐기될 것이라는 것을 절대적으로 보증한다. 이 프로그램은 우리 부서만 접근할 수 있다.

운영 첫해에 인적요인 보고 프로그램에는 550건의 유용한 보고가 이루어졌다. 보고서에서 제기된 문제는 경영층에 정기적으로 전달되었지만, 보고의 익명성을 유지하기 위하여 사건으로부터 중요한 안전문제를 분리하기 위한 많은 주의가 기울어졌다.

BASIS로의 또 하나의 중요한 입력정보는 '특이사건 검색 및 중요분석(Special Event Search and Master Analysis)'으로부터 입수된다. 이것은 영국항공의 여러 항공기종의 비행자료기록기(Flight Data Recorder: FDR)를 직접 모니터링함으로써 보고의 필요성을 생략하고자 하는 것인데, 동시에 승무원의 익명성을 철저히 보장하고 있다. 각 비행별 FDR은 안전표준에서 일탈하였다고 여겨지는 사건에 대해 조사된다. 모든 사건은 BASIS 데이터베이스에 등록되고, 더 중요한 사건은 기술관리자와 조종사 조합대표 간의 월례회의에서 논의된다. 만약 사건이 매우 중대하다고 판단되면, 조합대표는 당해 승무원과 그 문제에 대하여 논의하도록 되어 있는데, 이 단계에서도 경영층에게 신분이 알려지지 않는다.

한편, NASA의 ASRS 스태프가 보고를 받으면, 이것은 다음과 같은 방법으로 처리되는데, 보고자의 익명을 보장하기 위하여 많은 배려가 이루어진다.

- 최초의 분석에서 사고, 범죄행위와 연관된 보고 또는 '안전과 무관한 내용'으로 분류되는 보고는 제외한다.
- 보고가 암호화되고 보고자도 익명화된다. 이 단계에서 보고자에게 보고의 수리(受理)와 익명화된 사실을 전화로 연락한다.
- 내용 체크 후에 정보는 ASRS의 데이터베이스에 등록되고 원래의 보고는 폐기된다.

비밀을 보장하는 가장 확실한 방법은 보고 자체를 익명으로 하는 것이다. 그러나 오리어리와 챠펠이 지적하였듯이, 이것은 항상 가능한 것은 아니고 바람직하지도 않다.[17] 완전히 익명으로 하는 것의 중요한 문제점은 다음과 같다.

- 분석자가 의문을 해결하고 싶어도 보고자에게 연락을 할 수 없다.
- 일부 관리자는 익명 보고를 불만을 품은 말썽꾼의 짓이라고 일축할 가능성이 높다.
- 작은 회사에서는 익명을 보장하는 것이 사실상 불가능하다.

오리어리와 챠펠이 내린 결론은 다음과 같다. ASRS와 같이 나중에 보고자의 소속, 성명 등을 삭제하는 것이 아마도 비밀을 유지하기에 가장 현실적인 방안이다. 국가 차원에서 완전히 비식별화(de-identification)한다는 것은 당사자의 성명뿐만 아니라 날짜, 시간, 편명, 항공회사명도 제거하는 것을 의미한다. 비식별화의 기준은 모든 잠재적 보고자에게 알려지고 이해되어야 한다.

신뢰 구축을 위한 또 하나의 중요한 방안은 보고를 접수하는 조직을 규제기관과 고용주인 회사로부터 독립시키는 것이다. ASRS의 경우와 같이 이상적으로는 보고시스템의 분석자가 잠재적 보고자에 대해 법률적인 권한 또는 운영상의 권한을 가져서는 안 된다. 대학과 같은 이해관계가 없는 제3자에 의해 운영되는 보고시스템은 보고자의 신뢰를 얻는 데 도움이 된다. 만약 BASIS과 같이 보고시스템이 회사의 내부에 있다면, 보고의 접수부서가 운영관리(operational management)와는 완전히 독립되어 있는 것으로 인식되게 함으로써 비밀성에 대한 필요한 보장을 제공하여야 한다.

신뢰의 결여(또는 상실) 외에, (보고자의 입장에서) 유용한 결과(피드백)를 얻지 못하고 있다고 느끼는 것보다 사건보고를 위축시키는 것

17) M. O'Leary and S. L. Chappell, "Confidential incident reporting systems create vital awareness of safety problems", *ICAO journal*, 51, 1996, pp. 11-13.

은 없을 것이다. ASRS와 BASIS 둘 다 자신들의 각 집단에 유의미한 정보를 신속하게 피드백하는 것에 많은 중점을 두고 있다. 만약 ASRS의 보고가 항행지원(navigation aid)장치의 결함, 혼란을 야기하는 절차서, 부정확한 차트 등과 같은 잠재적 위험상황을 기술하고 있으면, 관계당국이 문제를 조사하고 필요한 시정조치를 취할 수 있도록 경고 메시지가 관계당국에 즉시 보내진다(전술한 바와 같이, ASRS는 자체적으로 법적 또는 운영상의 권한을 가지고 있지 않다). 1976년에 이 프로그램이 시작된 이래, ASRS팀에 의해 약 1,700건의 경고 보고 및 통고(정보제공)가 이루어졌다. 1994년에 경고 보고와 통고에 대한 조치율은 65%이었다.

마지막으로 고려하여야 할 요소는 보고의 용이성이다. 응답자가 보고서를 작성할 것으로 기대되는 상황이 매우 중요한 것처럼, 보고양식 또는 설문지의 양식, 길이, 내용도 매우 중요하다. 프라이버시 보호와 수월한 회신방식이 보고를 촉진하는 매우 중요한 동기가 된다. 뒤집어 말하면, 그것이 없으면 장해가 될 수 있다.

> 보고양식이 길고 회답에 긴 시간이 걸리면, 보고자는 노력하여 보고하려고 하지 않을 가능성이 있다. 만약 보고양식이 너무 짧으면 사고에 관한 필요한 정보를 얻기 어렵다. 일반적으로 질문을 구체적으로 하면 할수록 설문지를 작성하는 것은 더 쉽다. 그러나 제공되는 정보는 질문의 선택에 의해 제한받을 것이다. 보고자의 인식, 판단, 결정 및 행위에 대해 좀 더 자유로운 의견을 구하는 질문은 이 제한을 받지 않고 보고자에게 이야기의 전용(全容)을 말하는 좋은 기회를 제공할 것이다. 이 방법이 사고에 관한 모든 정보를 수집하는 데는 효과적이지만, 시간이 오래 걸리고 통상적으로 보고시스템 내의 더 많은 분석적 자원을 필요로 한다.[18]

---

18) M. O'Leary and S. L. Chappell, "Confidential incident reporting systems create vital awareness of safety problems", *ICAO journal*, 51, 1996, p. 12.

조직목적과 잠재적 보고자 모두에게 가장 잘 맞는 양식을 생각해 낼 수 있으려면 어느 정도의 시행착오적 학습을 거치는 것이 필요할 수 있다.

2. 공정문화 조성과 제재[19)]

완전한 공정문화(just culture) 조성은 거의 확실히 달성 불가능한 이상론이다. 그러나 대다수의 조직 구성원들이 정의가 대체로 구현될 것이라는 믿음을 공유하는 조직은 가능성의 범위 내에 있다. 먼저 이하의 두 가지는 확실하다. 첫째, 그 원인, 환경에 관계없이 에러를 포함한 모든 불안전행동을 제재하는 것은 수긍할 수 없다. 둘째, 조직사고에 기여하였거나 기여할 수 있는 모든 행위에 대하여 제재를 면하는 것 또한 마찬가지로 수긍할 수 없다. 위험한 기술의 파국적인 고장으로 이끄는 상황적이고 체계적인 요인에 중점을 두어 왔지만, 다른 한편으로는 비교적 드물게나마 사고가 특정 개인의 터무니없이 무모하거나 태만한, 또는 악의를 띤 행동의 결과로서 일어날 수 있는 것을 인정하지 않는 것은 어리석다. 어려운 점은 좀처럼 발생하지 않는 정말 나쁜 행동과 비난이 적절하지도 유익하지도 않은 대부분의 불안전행동을 구분하는 것에 있다. 공정문화를 조성하기 위한 전제조건은 허용할 수 있는 행위와 허용할 수 없는 행위 간에 선을 긋기 위한 합의된 일련의 원칙이다.

모든 인간의 행동은 다음 세 가지 요소를 포함하고 있다.

- 당면 목표와 그것을 달성하기 위해 필요한 행동을 구체화하는 '의도'. 이 경우 목표 관련 행위는 전적으로 자동적(무의식적)이거나 습관적인 것은 아니다.

19) J. Reason, *Managing the Risks of Organizational Accidents*, Ashgate, 1997, pp. 205-213 참조.

- 이 의도에 의해 유발되는 '행위'. 이 행위는 행동계획에 따르는 경우도 있지만 그렇지 않은 경우도 있다.
- 이들 행위의 '결과'. 바람직한 목표를 달성할 수도 그렇지 않을 수도 있다. 이런 점에서 볼 때 행위가 성공하는 경우도 있지만 실패로 끝나는 경우도 있다.

성공은 의도한 행동이 당면한 목표를 달성하였는지 여부에 의해서만 결정되지만, 성공하였다고 하여 항상 올바르다는 것을 의미하는 것은 아니다. 성공한 행동이 올바르지 않을 수도 있다. 즉, 성공한 행동이 일부분의 목적을 달성할 수는 있지만, 무모하거나(reckless) 부주의한 행동일 수 있다.

법률에서는 무모한 행위를 하는 사람은 의도적이고 정당화될 수 없는 위험(예상할 수 있는 위험으로서 확실하지는 않지만 나쁜 결과에 이를 가능성이 높은 위험)을 무릅쓰는 사람을 의미한다. 그러나 스미스(J. C. Smith)와 호간(B. Hogan)은 다음과 같이 지적하고 있다.

> 항공기의 조종사, 수술을 하는 외과의, 서커스의 줄타기 기획자 등은 모두 그들의 행위가 사망을 초래할 수도 있다는 것을 예상하고 있을 것이다. 그러나 그 리스크가 정당화될 수 없는 것이 아니면 그들에 대해 무모하다고 말해서는 안 된다. 당해 리스크가 이치에 맞는지 여부는 예측한 폐해의 발생가능성뿐만 아니라 관련된 행동의 사회적 가치에도 달려 있다.[20]

한편, 과실(negligence)은 '합리적이고 신중한' 사람이라면 예견하고 피하였을 결과를 일으킨 것과 관련된다. 사람은 일정한 상황에 대하여 부주의할 수 있다. 즉, "합리적인 사람이라면 어떤 상황의 존재를 인식하고 부주의하게 행동하는 것을 피하였을 것이지만, 어떤 사람은 그러한 상황에서 부주의한 행동을 한다."[21] 예를 들면, X가 총에 총알

---

20) J. C. Smith and B. Hogan, *Criminal Law*, 3rd ed., Butterworths, 1975, p. 45.
21) J. C. Smith and B. Hogan, *Criminal Law*, 3rd ed., Butterworths, 1975, pp. 45-46.

이 장전되지 않았다고 믿으면서 총을 들고 Y를 겨누어 방아쇠를 당겼다. 만약 합리적인 사람은 총알이 아마도 장전되어 있었을 거라고 인식하고 그렇게 행동하는 것을 피하였을 거라면, X는 상황에 대하여 부주의하게 행위를 한 것이 된다. 만약 총에 총알이 장전되어 Y를 죽였다면, X는 결과에 대하여 과실이 있었던 것이 된다. 법정에서 검사는 그 사람이 그 행위 시에 어떤 정신상태에 있었는지를 증명할 필요는 없다. 특정 행동이 어떤 특정 상황에서 실행된 것을 증명하는 것만으로 충분하다. 과실은 역사적으로 「형법」의 개념이라기보다도 「민법」의 개념이고,[22] 무모함(recklessness)[23]보다 비난가능성(유책성)의 정도가 훨씬 가볍다.

위험한 기술의 운영에 관련된 사람들은 종종 그들의 훈련 이수에 따른 책임부담 및 인간 오류와 관련된 큰 위험부담을 추가적으로 지는 것으로 여겨진다. 예를 들면, 1978년 테일러(Alidair v. Taylor) 사건에서 데닝(Lord Denning)은 다음과 같이 판결을 내렸다.

> 요구되는 전문적 기술의 정도가 매우 높고 그 높은 기준에서 아주 조금만 벗어나도 그로 인한 잠재적 결과가 매우 심각한 작업이 있다. 이와 같은 높은 기준에 따라 이행하는 것을 실패한 것은 해고의 정당한 이유가 된다.

'모두를 처벌'하는(너무도 냉혹한) 이 판결은 여러 측면에서 불만족스럽다. 에러를 조장하는 상황적 요인뿐만 아니라 에러가 도처에 존재하는 것을 무시하고 있다. 또한 인간 오류의 다양성과 인간 오류와 관련된 심리적 배경의 차이를 고려하지 않고 있다. 이러한 판단을 밀고 나가 비상식적인 결론에 도달하면, 위험기술 분야에서 안전상 중요한

---

22) 형법에서 과실범은 "과실로 인하여"라는 표현을 사용하는 등 처벌을 명시하고 있는 경우에만 예외적으로 가벌적이고, 처벌하는 경우에도 그 형벌이 고의범에 비하여 현저하게 낮게 법정되어 있다.

23) 무모함(recklessness)은 대륙법계 형법에서의 '미필적 고의'와 '인식 있는 과실'에 해당한다. 영미법계 형법에서는 미필적 고의와 인식 있는 과실을 구별하지 않고 이들을 무모함으로 통합하여 과실과 고의 사이에 위치하는 것으로 본다.

일을 수행하는 모든 항공기 조종사, 제어실 운전원 등은 잘못을 저지르기 쉽기 때문에, 언젠가는 데닝의 '엄격한 기준'을 불가피하게 충족하지 못하여 모두 해고될 것이다. 현명하고 저명한 판사라 할지라도 항상 옳은 것은 아니다.

훨씬 더 적절한 가이드라인(지침)은 존스톤(Neil Johnston)의 '치환(대체) 테스트(substitution test)'이다.[24] 이 테스트는 가장 우수한 사람이라도 최악의 에러를 저지를 수 있다는 원리에 근거하고 있다. 우리가 어떤 특정인의 불안전행동이 연루된 재해(accident) 또는 중대한 사고(serious incident)에 직면하였을 때, 다음과 같은 정신 테스트를 하는 것이 바람직하다. 당사자를 동일한 활동분야에서 동등한 자격과 경험을 가진 다른 사람으로 치환한다. 그리고 나서 다음과 같은 질문을 한다. "사건이 어떻게 전개되었는지와 실제 상황에서 당사자들에 의해 어떻게 인지되었는지를 고려할 때, 새롭게 치환된 개인이 다르게 행동하였을 가능성이 있는가?' 만약 대답이 '아마 아닐 것이다(동일하

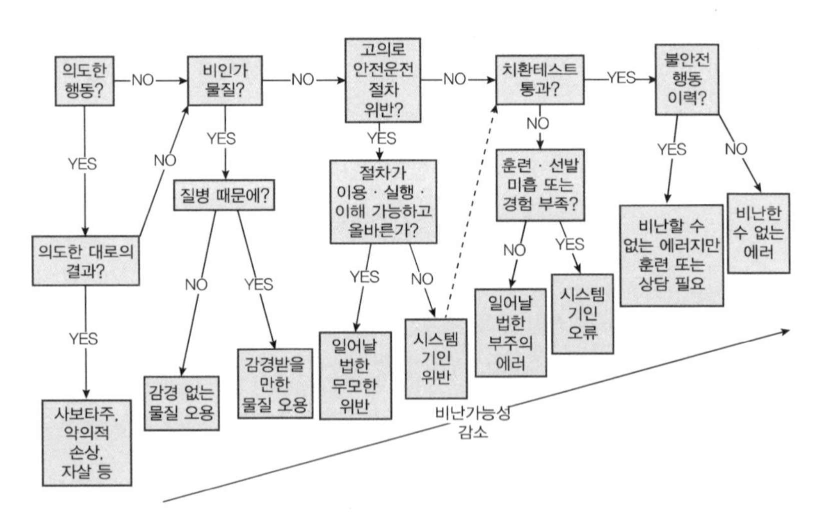

불안전행동의 비난가능성을 결정하기 위한 의사결정 나무

24) N. Johnston, "Do blame and punishment have a role in organizational risk management?", *Flight Deck*, Spring 1995, pp. 33-36.

게 행동할 것이다)'라고 할 경우, 존스톤에 의하면, "당사자를 비난하는 것은 시스템적 결함을 모호하게 하고 희생자 중 한 명을 비난하는 것 외에는 아무런 역할도 하지 않는다." 치환 테스트의 유용한 추가사항은 당사자의 동료들에게 물어보는 것이다. 즉, "그 당시에 지배적이었던 상황을 상정하여 동일하거나 유사한 형태의 불안전행동을 저지르지 않았을 것이라고 확신하는가?"라고 물었을 때 또다시 답변이 "아마 아닐 것이다."이면, 비난은 적절하지 않은 것이다.

불안전행동에 동반하는 비난가능성(유책성)을 구별하기 위한 간단한 결정나무(decision tree)를 위의 그림으로 제시한다. 여기에서 조사대상 행동이 나쁜 결과를 가까스로 피한 사고 또는 중대한 사건에 관여하였다고 가정한다. 조직사고에서는 많은 여러 불안전행동이 존재할 가능성이 있고, 결정나무는 이런 불안전행동 각각에 별도로 적용하도록 되어 있다. 여기에서 우리들의 관심은 사고의 경위(sequence)의 여러 시점에서 한 명 또는 다른 사람들에 의해 저질러진 각각의 불안전행동에 있다.

중요한 문제는 의도와 관련된 것이다. 만약 '행위'와 '결과' 쌍방이 의도된 것이라면, 그것은 범죄의 영역에 속할 가능성이 높고, 따라서 아마도 조직 내부에서 다룰 범위를 벗어날 것이다. 의도하지 않은 '행동'은 (행위)착오(slip)[25]와 망각(lapse)이라고 일컫는 것으로서, 일반적으로 에러 중에서 책임(비난)의 정도가 가장 낮다. 한편, 의도하지 않은 '결과'는 착각(mistake)[26]과 위반(violation)을 포함한다.[27]

위반에 관한 질문을 제외하고는 결정나무는 여러 가지 에러유형을 동일하게 취급한다. mistake에 관한 질문은 위의 그림에서 제시하고 있는 바와 같다. slip과 lapse에 관한 질문은 slip 또는 lapse가 발생하였을 때 당사자가 무엇을 하고 있었는지에 대한 것이다. 만약 당사자가

25) 계획(의도)은 적절했지만 행위가 계획(의도)대로 실시되지 않은 것이다.

26) 행위가 계획(의도)과 정확하게 합치되지만, 부적절한 행위가 계획(의도)된 것이다.

27) mistake와 violation 모두 '행위'를 의도한 것이지 (행위에 의한) 나쁜 '결과(재해)'를 의도한 것은 아니다.

그 시점에서 알고 있으면서 안전작업절차(safe operating procedures)를 위반하였다면, 그 결과로 발생하는 에러는 더 비난받아야 한다. 왜냐하면 위반하는 것이 에러를 일으킬 확률과 나쁜 결과가 발생할 기회 둘 다를 증가시킨다는 것을 인식했어야 하기 때문이다.

'비인가 물질(substance)'에 대한 질문은 불안전행동을 하였을 때 업무수행에 역기능을 초래하는 알코올이나 약물의 영향하에 있었는지 여부를 알아보기 위한 것이다. 비인가 물질의 복용은 통상 자발적인 행위이므로, 그의 연루(involvement)는 높은 정도의 비난가능성을 나타낸다. 1975년 케냐 나이로비 공항으로 강하 중에 보잉 747기의 부조종사가 관제탑의 지시를 잘못 들었다. '7 5 0 0' 대신에 '5 0 0 0'으로 들어 5000피트에서 수평을 유지하도록 자동항법장치를 세팅하고 말았다. 불행하게도, 비행기는 유난히 고지에 있는 비행장보다 약 300피트(91.5m) 낮게 날고 있어 접지 모드로 들어가고 있었다. 비행기가 구름을 뚫고 나왔을 때, 조종사들은 고작 200피트(약 61m) 남짓 아래에 지면이 있다는 것을 알게 되었다. 기장의 신속한 행동으로 보잉 '점보' 제트기 최초의 대참사가 될 뻔했던 것을 막을 수 있었다. 나중에 알고 보니, 부조종사가 인도에서 휴가를 보내던 중에 대형촌충에 감염되어 졸림과 메스꺼움 등의 부작용이 있는 비인가 약을 복용한 적이 있었다. 질병 때문에 비인가 약(medication)을 복용한 것은 명백히 비난받을 만하지만, '쾌락 목적'을 위해 약물(drug) 또는 알코올을 섭취한 것보다는 비난가능성이 적다. 앞의 그림에서는 '감경받을 만한 물질 오용'으로 분류된다. 물론 감경의 정도는 개별상황에 따라 다르다.

규칙을 따르지 않는 것이 거의 무의식적인(자동적인) 작업방식으로 되어 있는 경우(일상적인 지름길인 경우에 종종 발생한다)를 제외하고는, 위반은 규칙을 어기거나 편리하도록 바꾸는 사람에 의해 이루어지는 의식적인 결정을 포함한다. 그러나 행위는 의도적이지만 일어날 수 있는 나쁜 결과는 의도한 것은 아니라는 점에서, 행위와 결과 쌍방 모두 의도한 것인 사보타주(sabotage)[28)]와는 대비된다. 대부분의 위반은 의도 측면에서 악의적인 것은 아니기 때문에, 비난받을 만한 정도는 관련 절차의 질(quality)과 이용가능성에 크게 의존할 것이다. 이것은 상황에 따라 다를 수 있다. 위반자의 동료들로 구성된 '배심원'에 의해 절차의 질과 이용가능성에 하자가 있는 것으로 판단된다면, 문제는 개인보다도 시스템 쪽에 있는 것이다. 그러나 양호한 절차가 쉽게 이용될 수 있는데도 의도적으로 위반한 경우에는, 그 행동이 법률적인 의미에서 무모하였는지 여부에 대하여 질문이 있어야 한다. 그러한 행위는 '필요한' 위반, 즉 관련된 절차서가 잘못되어 있거나 부적절하거나 또는 작동될 수 없는 경우에 일이 되게 하기 위해 필요한 비준수행위(non-compliant action)[29]보다는 확실히 비난가능성이 크다.

일어날 법한 물질 오용과 의도적인 비준수의 문제가 일단락되면, 존스톤의 치환 테스트를 적용하는 것이 적절할 것 같다.[30] 문제는 상당히 간단하다. 완전히 동일하거나 매우 유사한 상황에서, 꽤 의욕적이고 동등한 능력과 대등한 자격을 가지고 있는 자가 동일한 종류의 에러를 일으킬 수 있었을까?(일으켰을까?) 만약 동료 '배심원'의 대답이 '예'이면, 그 에러는 아마도 비난할 여지가 없을 것이다. 만약 답이 '아니요'이면 그 사람의 훈련, 선발(배치) 또는 경험에 시스템 기인 결함(system-induced deficiencies)이 있었는지 여부를 따져 보아야 한다. 만약 그러한 잠재적 상황이 확인되지 않으면, 부주의에 의한 에러(negligent error) 가능성을 고려해야 한다. 만약 그러한 잠재적 상황이 발견되면, 불안전행동은 대부분 비난할 여지가 없는 시스템 기인 에러(system-induced error)일 가능성이 있다.

일상적인 slip, lapse를 일으키는 경향은 사람에 따라 많이 그리고 한결같이 다르다. 예를 들면, 어떤 사람은 다른 사람보다 훨씬 더 방심상

28) 노동자가 일터에서 일을 하면서 일부러 작업능률을 저해시켜 사용자에게 손해를 주는 행위.

29) 의도적으로 따르지 않는 행위.

30) 이와 같은 치환테스트는 시스템 기인 위반(system-induced violation)의 비난가능성을 판단하는 데에도 확실히 일정한 역할을 한다.

태일 수 있다. 만약 문제의 사람이 과거에 불안전행동을 한 이력이 있으면, 금번의 특정 상황에서 저지른 에러에 반드시 과실이 있다고는 할 수 없지만, 이것은 교정훈련의 필요성 또는 "회사 내의 다른 일을 맡는다면 모두에게 도움이 되지 않을까요?"와 같은 류의 커리어 상담의 필요성을 나타낸다. 방심상태는 능력 또는 지능과 전혀 관계가 없지만, 조종사, 제어실 운전원에게는 특히 도움이 되지 않는 특성이다.

앞의 그림에서 허용 가능한 행동과 허용 가능하지 않은 행동 간의 구분선은 어디에 그어져야 할까? 가장 명백한 지점은 물질 오용의 두 범주 사이일 것이다. 악의적 손상, 알코올 또는 약물의 위험한 사용은 전적으로 허용할 수 없는 것이고, 어쩌면 조직보다는 법원에서 아주 강한 제재를 받아야 한다. '감경받을 만한 물질 오용', '일어날 법한 부주의 에러'사이는 주의 깊은 판단이 필요한 회색지대이다. 나머지 범주는 여기에서 고려하지 않은 심각한 요인이 관여하지 않는 한 비난할 여지가 없다고 생각해야 한다. 경험에 의하면, 대부분의 불안전행동(약 90% 이상)은 비난할 여지가 없는 범주에 해당한다.

비난받아 마땅하다고 생각되는 불안전행동을 한 일부 개인들에 대해서는 어떻게 대처하여야 할까? 이것은 관련된 조직의 문제이지만, 여기에서는 제재의 가치 등에 대해 언급하기로 한다.

다음 그림은 작업현장에서 보상과 제재가 미치는 영향에 대하여 심리학자들이 알고 있는 것을 단순화하여 제시하고 있다.[31] 여기에서 문제가 되는 것은 바람직한 행동의 가능성을 증가시키고, 바람직하지 않은 행동의 기회를 감소시키기 위한 '당근과 채찍' 효과이다. 보상이 행동을 변화시키는 가장 강력한 수단이지만, 시간적으로도 장소적으로도 보상은 바람직한 행동에 대해 가깝게 주어질 때만 효과적이다. 그리고 지연된(늦은) 제재는 부정적 영향을 미친다. 즉, 일반적으로 지연

31) J. M. George, "Asymmetrical effects of rewards and punishment : the case of social loafing". Journal of Occupational and Organizational Psychology, 68, 1995, pp. 327-328.

	즉각적	지연적
보상	긍정적 영향	분명치 않은 영향
제재	분명치 않은 영향	부정적 영향

작업현장에서 보상과 제재가 행동변화에 미치는 영향

된 제재는 행동의 개선으로 연결되지 않고, 제재받는 사람과 제재받을 수 있는 사람 모두에게 반감(분노)을 생기게 할 수 있다. '분명치 않은 영향'이라고 쓰인 칸은 각각의 경우에 현장에 반대되는 힘이 있다는 것을 의미하므로, 결과는 불확실하다.

하지만 어처구니없는 불안전행동을 저지르는 소수의 사람을 제재하는 것이 바람직하다고 강하게 주장하는 다른 요인이 있다. 대부분의 조직에서 제일선에서 일하는 사람들은 누가 '무모한 자'인지와 상습적 규칙위반자인지를 매우 잘 알고 있다. 그들이 매일 제재를 피하는 것을 보는 것은 도덕심의 저하 또는 규율시스템의 신뢰성 저하로 연결된다. 그들이 '마땅히 받아야 할 벌'을 받는 것을 보는 것은 사람에게 만족감을 줄 뿐만 아니라 허용 가능한 행동경계가 어디인지에 대한 인식을 강화하는 데 기여하기도 한다. 게다가 제3자(외부인)만이 유일한 잠재적 희생자가 아니다. 정당한 해고는 위반자의 동료들도 보호한다. 그가 저지르는 반복적인 무모함과 태만으로 인해, 아마도 동료들이 다른 잠재적 희생자보다 위험에 처해질 가능성이 더 높다. 그런 사람들이 떠나게 되면, 작업환경이 더 안전한 곳이 될 뿐만 아니라 작업자들에게 조직문화가 공정하다고 인식하도록 하는 데에도 도움이 된다. 정의는 양방향으로 기능을 한다. 소수의 사람에 대한 엄한 제재는 무고한 다수를 보호할 수 있다.

3. 규칙의 제정과 운영

규칙(규정, 매뉴얼)에 반하는 행위가 규칙의 위반이 되는데, 규칙을 정하는 이유는 규칙을 위반하는 행위를 방지하는 데 있다. 현장을 개선하고 나면, 그 다음에는 작업규칙, 규정, 작업절차, 매뉴얼, 설명서 등의 규칙을 만들 필요가 있다. 규칙은 속인적(屬人的)인, 즉 사람에 의한 잘못을 배제하기 위하여 존재하는 것으로서, 규칙을 따르면 안전하고 효과적이며 능률적인 작업이 가능하여야 할 것이다.

규칙을 위반하는 것은 작업장에서의 많은 사고와 부상의 중요한 원인이다. 위험한 기계의 가드를 임의적으로 제거하거나 과속하는 것 등은 명백히 사고의 위험을 증대시킨다. 보건상의 위험도 규칙위반에 의해 증가된다. 예를 들면, 시끄러운 작업장에서 귀마개 착용에 관한 현장규칙을 위반하는 근로자는 청각장애의 위험을 증가시킨다. 왜 사람들이 규칙을 위반하는가에 대한 지식은 우리가 위반에 기인하는 잠재적 위험을 평가하고 이 위험을 효과적으로 관리하는 방안을 개발하는 데 도움을 줄 수 있다.

규칙준수에 대한 접근방법은 개인으로만 향할 것이 아니라, 규칙의 내용 및 교육 등 규칙준수의 배경적 요인과 함께 검토되는 것이 바람직하다.

3.1 규칙의 현장수용성 제고

규칙을 제·개정할 때에는 이하 내용을 검토하고 배려할 필요가 있다. 배려하지 않으면 지켜지기는커녕 규칙의 제·개정자에 대한 불신으로도 연결될 수 있다.

가. 합리성

기계·설비 등이 변경되었음에도 예전의 규칙이 그대로 잔존하고 있는 경우에는 규칙 자체에 그것을 준수할 합리적인 이유가 없게 된다. 이러한 상황에서 그것을 준수하게 하는 것은 불합리하고 비윤리적인 것이 된다.

나. 실행가능성[32]

아무리 안전상 바람직하더라도 실행 불가능한 규칙은 '빛 좋은 개살구'에 불과하다. 안전규칙이라 하더라도 현장에서의 실행가능성이 보증되어야 한다.

2011년 8월 17일, 일본에서 실제 발생한 사고를 예로 들어 설명한다. 급류를 타고 즐기는 뱃놀이에서 12세 미만의 어린이에게는 구명동의(life jacket) 착용의무규정이 있었는데, 이를 착용하게 하는 것은 사공의 책임으로 되어 있었다. 어린이들은 전복하였을 때 익사의 우려가 있기 때문이다. 그러나 이전부터 사공은 이 규정을 준수하지 않아 왔다. 어느 날 배가 전복하여 구명동의를 착용하고 있지 않았던 어린이가 익사하였다. 이 사고를 사공의 안전규칙 위반으로만 끝내도 괜찮은 것일까?

사공의 변명은 이렇다. "어린이는 키가 작아 뱃전에서 얼굴 정도만 나온다. 아주 두터운 구명동의를 착용한 채로 뙤약볕 밑에서 배를 타고 있으면, 배 안으로는 바람도 들어오지 않아 열사병에 걸리고 만다." 사공은 보안요원인 동시에 영업직원이다. "안전을 위하여 열사병에 걸려도 좋으니 구명동의를 착용하기 바랍니다."라고 말할 수는 없을 것이다.

구명동의의 착용을 철저히 하고자 하였다면, 열사병대책(예컨대, 얇고 시원한 구명동의의 공급)을 회사 측이 강구하였어야 한다. 즉, 안전규정이라 하더라도 현장에서의 실행가능성을 보증하여야 한다. 그 보증을 하지 않고 규정만을 현장에 밀어붙이면, 현장에서 지켜지지 않

32) 小松原明哲, 《安全人間工学の理論と技術 ―ヒューマンエラーの防止と現場力の向上》, 丸善出版, 2016, p. 53 이하 참조.

고 관리 측에 대한 불신으로 연결된다.

다. 작업부담(workload)

규칙이 현장에서 실행 가능하더라도 규칙을 준수하는 것이 '귀찮거나 번거로우면' 생략될 잠재성을 가지게 된다. 귀찮거나 번거롭다는 것은 시간, 노력, 돈이 든다는 것이다. 길이 화단을 끼고 있을 경우 화단의 귀퉁이를 질러서 지름길이 만들어지는 경우가 많다. 많은 사람이 상습적으로 지름길을 반복하여 지나감으로써 샛길이 만들어지게 된다. 이면(裏面) 규칙(매뉴얼)은 이 같은 상태의 것을 말한다. 이면 규칙(매뉴얼)이 정규 규칙(매뉴얼)을 대체하고 있는 상태이다. 이것을 바꾸는 것은 쉽지 않다.

그러나 가령 샛길이 바른 길(정규 규칙)이면 일부러 포장로를 우회하여 걷는 사람(즉, 규칙을 위반하는 사람)이 생길 가능성은 극히 낮다. 정규 규칙(매뉴얼)이 귀찮지 않기 때문이다. 즉, 규칙(매뉴얼)을 제정하는 경우에는 규칙준수의 부담이 적고 귀찮지 않은 내용으로 정하는 것이 바람직하다.

라. 통상의 노력에 의한 달성가능성

합리적인 규칙이라 하더라도 통상의 노력에 의해 달성할 수 없으면, 그것을 준수하게 하는 것은 곤란하다. 관리자는 규칙의 실행가능성에 대해 평가할 필요가 있다. 규칙이 통상의 노력으로 달성할 수 없는 사례로 다음 두 가지를 생각할 수 있다.

① 경제적 · 시간적 비용이 과다하게 드는 경우: 예를 들면, 건너편으로 가려고 하는데 횡단보도가 너무 멀리 있는 경우 횡단보도가 없는 길로 무단횡단하게 된다.

② 환경적으로 무리가 있는 경우: 예를 들면, 작업지시는 구두가 아니라 문서로 하라고 하는 규칙(실수를 생각하면 합리적인 규칙)

은 평소에는 실행할 수 있어도 긴급상황에서는 실행이 곤란하게 된다.

마. 상상되는 일과 실제로 이루어지는 일

홀나겔(Erik Hollnagel)은 WAI(Work As Imagined, 상상되는 일)와 WAD(Work As Done, 실제로 이루어지는 일)라는 개념을 사용하여 규칙의 현실과의 괴리에 대한 문제를 지적하였다. 그가 말하는 WAI란 현장은 아마 그럴 것이라고 상상(기대)하고 또 그렇게 되어야 하는 것으로 생각하여 정해진 것이다. 그러나 WAI는 종종 현장 실정에 맞지 않는다, 작업부담이 높다, 능률이 떨어진다 등의 이유로 현장에서 무시되거나 변경되어 버린다. 그 결과가 WAD이다. WAI와는 다른 WAD가 이루어져 사고가 일어나면 많은 경우 현장의 태만·생략·날림 등으로 간주되는 경향이 있지만, 현장에서 뭔가 효과적으로 일을 처리하려고 한 결과라고 말할 수 있는 부분도 있다. 이렇게 생각하면, 규칙위반은 규칙 제정의 실패로 인하여 야기될 가능성도 있다는 점을 염두에 둘 필요가 있다.[33)]

3.2 규칙의 기술방법

가. 상황에 맞는 기술

상황이 다양하게 변화하는 중의 조작규칙(매뉴얼)은 일정한 표준을 정하고, 상황에 맞는 조정은 오퍼레이터에 맡기는 수밖에 없다.

자동차의 운전이 그렇다. 예를 들면, "교통의 흐름에 맞는 운전을 한다.", "도로폭이 동일한 도로의 교차로에서는 서행 또는 일시정지를 하고 좌우 차와의 우선관계를 판단한다."라고 말하는 수밖에 없고, 이에 대한 상황을 세밀하게 조건 구분하여 기술하는 것은 불가능에 가깝다.

---

33) E. Hollnagel, *Safety-I and Safety-II: The Past and Future of Safety Management*, CRC Press, 2014, pp. 40-41, 121-122 참조.

가령 기술할 수 있다고 하더라도 그 모든 것을 사전에 기억해 두는 것은 불가능하고, 검색성을 상당히 높이지 않으면 현장에서의 신속한 운용은 불가능하다.

이와 같이 상황이 변화하는 경우의 운용규칙(매뉴얼)은 일차적으로 표준작업절차(Standard Operation Procedure: SOP)로서 정하고, 상황의 변동에 대해서는 훈련과 경험을 쌓은 오퍼레이터가 표준작업절차를 참고하여 탄력적으로 대응하는 수밖에 없게 된다.

나. 규칙 이용자에 적합한 기술

절차를 확실하게 실행하게 하기 위한 규칙(매뉴얼)은 대상자의 당해 작업에 대한 이해도 또는 습숙도(習熟度)를 생각할 필요가 있다.

초심자라면 동작 레벨로 세세하게 기술(記述)할 필요가 있지만, 숙련자인 경우는 세세하게 기술하면 번거롭고 오히려 참조되지 않는 일도 생긴다. 숙련자인 경우는 중요항목의 체크포인트, 행하여야 할 절차의 올바른 순서가 제시되는 것만으로 충분하다. 즉, 핵심적 내용 중심으로 기술해도 무방하다. 반면, 초심자의 경우에는 기술 정도가 세세하지 않은 규칙(매뉴얼)을 주게 되면 어떻게 조작하여야 할지 모르게 되고 부적절한 조작을 초래할 가능성이 높다.

다. 기술 순서

절차를 확실하게 이행하게 하기 위한 규칙(매뉴얼)에서는 그 절차에 따라 기술한다. 그림으로 나타낼 수 있는 것은 그림으로 설명한다.

예

- 안(案) 1: 개방하기 전에는 압력계 지시수치가 제로인지를 확인한다. 확인 전에는 밸브를 폐쇄한다. – 절차에 따르지 않아 밸브의 폐쇄를 깜박 잊는 일이 발생하여 사고로 연결될 가능성이 있다.

- 안(案) 2: ① 밸브를 폐쇄한다. ② 압력계 지시수치의 제로를 확인한다. ③ 개방한다. – 절차에 따르고 있으므로 바람직하다.
- 안(案) 3: 도해(圖解) – 당해 기기에 대한 조작 · 대응을 직관적으로 파악할 수 있도록 기술하면 더욱 바람직하다.

3.3 규칙의 관리

가. 현장이 지켜야 할 매뉴얼 수의 확인

고객과의 제일선에서 업무에 임하는 스태프에게 다음과 같은 일이 종종 문제가 된다. 본점의 안전보건부문은 안전규칙(매뉴얼)을 만들고, 고객만족(Customer Satisfaction: CS)부문은 접객규칙(매뉴얼)을 만들고, 영업부문은 판매촉진규칙(매뉴얼)을 만들고, 법무부문은 규범준수규칙(매뉴얼)을 만드는 등 각 부문이 서로 연계 · 조율하지 않고 각각의 입장에서만 이상적인 규칙(매뉴얼)을 현장에 시달하는 경우가 있다. 게다가 그 내용, 표현 등이 서로 어긋나는 경우가 있고, 그 결과 현장에서는 어떤 규칙(매뉴얼)을 우선하여야 할지 혼란스럽고 안전이 뒤로 밀려 버리는 경우가 있다.

현장에 몇 개의 규칙(매뉴얼)이 시달되어 있는지, 그리고 그것이 동시에 달성 가능한 것인지를 평가하고 규칙(매뉴얼) 간의 우선성을 정리하지 않으면, 현장은 목소리가 큰 부서의 매뉴얼, 눈앞의 고객요구에 대응하기 위한 규칙(매뉴얼)을 즉흥적으로 따르게 되어 버린다.

나. 규칙 제정 시 현장 작업자의 참가

규칙(매뉴얼) 제정 시 현장 작업자를 참여시키는 것이 바람직하다. 이것은 현장의 실정이 반영되고 제정 프로세스에 현장 작업자가 참가함으로써, 당사자들의 책임감, 주인의식 및 준수의식이 높아지고 수동적 의식이 약해지기 때문이다.

다. 규칙 관리기준의 제정

규칙(매뉴얼)의 재검토기한, 개폐(改廢)절차를 정한다. 작업, 기자재가 갱신되거나 폐지되더라도 규칙(매뉴얼)이 예전 것 그대로 잔존되어 있는 것을 피하기 위해서이다. 잔존되어 있으면 새로운 업무에서 구(舊)규칙(매뉴얼)이 참조되고, 생각지 않은 에러, 규칙위반을 초래하게 된다. 요컨대, 규칙(매뉴얼)의 판(版) 관리가 필요하다.

3.4 규칙의 교육과 지도

지금까지의 절차에 의해 현장에서 실행 가능한 규칙(매뉴얼)이 제정(개정)되면, 이것을 현장에 철저히 주지시켜야 한다.

주지 철저의 수단은, 규칙(매뉴얼)이 발행(개정)되었다는 사실만을 주지시키고 내용의 확인은 자학자습(自學自習)시키거나, 지도하는 사람(instructor)의 대면지도에 의해 훈련을 철저히 시키는 등 규칙의 내용, 습득의 난이도 등에 따라 결정한다. 어느 방법으로 하든, 먼저 대상자에게 규칙(매뉴얼)의 제정(개정) 자체를 '알리고', 그 다음에 대상자가 '할 수 있도록 하는' 방법(프로그램)을 생각한다.

규칙(매뉴얼)을 지도하는 경우는, '이해(납득) 지도'가 중요하다. 이것은 규칙(매뉴얼)의 준수의식으로 연결된다. 특히, 실시하는 데 있어 '귀찮은' 규칙(매뉴얼)일수록 중요하다.

이해(납득) 지도란 이유를 설명하고 납득시키는 것이다. 규칙(매뉴얼)에는 무언가의 존재이유가 있고, 이것을 준수하지 않는 경우에는 뭔가의 문제(사고, 트러블)가 발생할 가능성이 높다. 이유와 함께 가르침을 받음으로써 준수하려고 하는 의식이 높아진다. 그리고 사고, 트러블 등을 설명할 때에는, 자기 자신에게 구체적으로 어떤 피해가 생기는지를 강조하고 설명하는 '공포환기'가 바람직하다고 말해진다.

참고 JCO 임계사고[34]

분말우라늄을 초산에 용해하여 액체우라늄연료를 제조하는 공정에서 임계(핵물질은 일정량이 1개소에 집적되면 반응해 버린다)에 이르지 않도록 형상이 정해진(키가 크고 내경이 좁은) 저탑(貯塔, cylindrical tank)을 이용하도록 규정되어 있었다.

그러나 작업성이 현저하게 나쁘다는 이유로 작업의 효율화를 도모하기 위해 사고 전날부터는 냉각수로 둘러싸인 땅딸막한(키가 작고 내경이 넓은) 형상의, 임계에 이르기 매우 쉬운 구조인 침전조(沈殿槽)를 이용한 결과로 임계가 발생하여 3명의 작업원이 피폭되어 2명이 사망하였다.

정규매뉴얼은 묵수하여야 하는 것이었지만, 작업원들에게는 이 매뉴얼의 준수이유가 세심하게 가르쳐지지 않았다. 이들이 정규매뉴얼의 준수이유를 충분히 이해하고 있었더라면 아무리 작업성이 나쁘더라도 정규매뉴얼을 준수하였을 것이다.

참고 안전기본동작의 납득

많은 사업장에서는 이미 위험예지활동, 체크리스트, 사전점검, 안전당번, 지적확인, 5S(4S) 등의 안전활동을 통해 안전기본동작에 만전을 기하기 위해 그 나름대로 노력하고 있다.

그런데 안전기본동작에 해당하는 것을 단순히 "정해진 규칙이니까 철저히 실시할 것!"이라는 식으로 지도하면 오래 지속되기 어렵다. 이들 기본동작에도 실시하는 이유가 있는 것이고, 그 이유를 납득(이해)시키는 것을 통해 세간에서 말하는 '혼'이 들어간 기본동작의 철저로 연결될 수 있다.

34) 1999년 9월 30일 일본 이바라키현(茨城県) 나카군(那珂郡) 도카이무라(東海村)에 있는 주식회사 JCO사의 핵연료가공시설에서 발생한 원자력사고(임계사고)이다. 일본에서 처음으로 사고피폭에 의한 사망자가 발생한 사고로서, 지근거리에서 중성자선에 피폭된 작업원 3명 중 2명이 사망하고 1명이 중증이 된 외에 667명의 피폭자를 발생시켰다.

4. 규칙위반의 기초

4.1 규칙이란[35]

규칙에는 법규범과 사회규범이 있다. 양자가 추구하는 목적은 사회의 질서유지라는 점에서 동일하다. 사회규범에는 기업, 학교, 정당, 종교단체 등 성문(成文)의 사회규범뿐만 아니라, 도덕 · 윤리 · 습속에 속하는 불문(不文)의 사회규범이 있다. 전자의 예로는 기업의 인사규정, 징계규정, 안전규칙 등이 있고, 후자의 예로는 의복규칙(상가, 혼례), 언어사용규칙(경어의 사용), 약속에 대한 규칙, 가정규범 등 무수한 규범을 들 수 있다.

이러한 사회규범이 존재하지 않을 경우에 발생할 혼돈상황을 상상해 보면, 이들의 사회질서유지(사회통제) 기능이 법규범에 못지않음을 알 수 있다.

가. 법규범과 사회규범의 공통점

양자는 규범 자체 외에 제재와 절차가 있다는 점에서 공통적이다.

(1) 제재

법규범에는 「민법」의 손해배상, 「행정법」의 행정벌 그리고 「형법」의 형벌이 있다. 사회규범에는 기업, 학교, 정당, 단체의 강제조치뿐만 아니라, 불문의 사회규범에 대한 제재로서 비난 · 조소, 부모의 잠정적 애정 박탈(가정규범 위반), 교류 단절(약속 위반) 등이 있다.

(2) 절차

법규범에는 각각의 소송절차가 있다(민사소송, 행정소송, 형사소송).

35) 배종대, 《형법총론(제17판)》, 홍문사, 2023, 29-30쪽 참조.

성문 사회규범에도 역시 각각 징계절차가 있고(예컨대, 대학의 징계위원회 결정에 따른 징계조치), 불문 사회규범에도 절차는 존재한다, 후자의 예로는, 가정에서 부모의 처벌권한, 일정 시간이 경과한 후에는 처벌하지 않는 것(시효), 위반자에 대한 소명기회 부여, 동일행위에 대한 중복처벌 금지(일사부재리 원칙) 등이 있다.

나. 법규범과 사회규범의 차이점

(1) 제재수단의 차이

법규범은 사회규범보다 강력한 제재수단이 있다. 법규범의 담당기관은 국가이고, 국가권력(형벌권력)은 법규범위반에 대해 광범위한 제재권한을 가지고 있다. 이에 반해, 사회규범은 담당기관이 정당·학교·노동조합·회사·가정 또는 일정한 집단의 특정 또는 불특정 상대방이 된다. 그 제재수단과 효과는 일반적으로 법규범에 비해 약하다. 다양한 담당기관의 존재는 사회규범을 집행하는 여러 하부기관이 사회질서 유지를 위해서 수행해야 할 사회통제의 몫이 개별적으로 있다는 것을 의미한다. 이러한 기관이 자기에게 할당된 몫을 다하지 못할 때 비로소 국가기관이 개입하여 더욱 강력한 제재수단으로 질서를 바로잡게 된다. 사회규범에 의한 질서유지가 충분히 이루어지고 있는 영역에 법규범이 개입하는 것은 목적과 수단의 부적합을 만들어 냄으로써 국가 스스로 자기모순에 빠지는 결과를 초래한다.[36)]

(2) 정형화 정도의 차이

법규범과 사회규범은 정형화 정도에서도 차이가 있다. 이것은 담당기관, 제재수단 등의 차이에서 나오는 필연적 결과다. 법규범에 의한 사회통제는 규범, 제재 그리고 절차의 모든 단계에서 국가가 부과하는

---

36) 빈대 한 마리 잡기 위해 초가삼간 태우거나(우리 속담), 참새 한 마리 잡기 위해 대포를 쏘는 것(서양 속담)은 전형적인 반비례의 보기다. 이것은 곧 비이성과 비합리를 나타내는 말이다.

강력한 제재를 수반하기 때문에, 사회규범의 그것보다 고도로 정형화되어 실시되고 또한 그래야 한다. 법규범은 예견가능성, 이행가능성 및 고도의 신뢰성 등이 있어야 한다. 그러나 사회규범 위반에 대한 반작용은 상대적으로 주관적일 수 있고(예컨대, 자식의 일탈행위에 대한 부모의 제재), 개괄적인 예측만 가능한 경우가 적지 않다(예컨대, 부모의 제재 당시 심적 상태에 따른 제재 수준).

4.2 위반 대상 규칙의 종류

가. 구분방식 - 1

위반의 대상이 되는 안전 관련 규칙은 대체로 다음과 같은 네 종류로 유형화할 수 있다.

① 규칙으로 정하는 것에 물리적 이유가 존재하고, 그것을 준수하지 않으면 사고로 직결될 수 있는 규칙이다. 예를 들면, 기기의 운용한계가 있다.

② 사고의 발생확률을 낮추기 위한 규칙이다. 자동차의 속도제한을 그 예로 들 수 있다. 정해진 속도를 초과하면 사고의 발생확률이 높아지기 때문에 규칙으로 설정되어 있다.

③ 복무규율로 정해져 있는 것으로서 준수하지 않으면 사고로 이어질 수도 있는 규칙이다. 예컨대, 정리·정돈·청소·청결, 복장, 흡연장소 지정에 관한 규칙이 있다.

④ 명문화되어 있지 않지만, 상식상 그렇게 하는 것이 기대되고 있는 규칙이다. 예를 들면, 난간 위에 걸터앉지 않는다, 계단에서 뛰어내려 가지 않는다는 규칙이 있다.

위 네 가지 모두 이를 준수하지 않으면 여러 문제가 발생한다. 실제의 규칙위반 사안에서는 이들 중 복수의 규칙이 관계하고 있는 경우도 많다. 예를 들면, 법규제를 위반하여 산업재해가 발생하였는데 이를 은폐한 사건에서, 법규제를 준수하지 않은 것은 ① 또는 ②의 규칙에, 산업재해 발생사실이 외부에 알려지지 않도록 은폐한 것은 ③ 또는 ④의 규칙에 반하는 것이라고 할 수 있다.

나. 구분방식 – 2[37)]

안전 관련 규칙은 다음과 같은 유형으로 구분할 수도 있다. 규칙 제정자는 그 규칙의 성격, 환언하면 묵수(墨守),[38)] 준수, 권장 중 어느 것에 해당하는지를 확실히 하고 현장에 명시적으로 알릴 필요가 있다.

(1) 기술규정

기술시스템의 처리절차 등 무언가의 물리학적 이유에 의해 정해진 규칙이다. 그것에 반하는 취급을 하면 확실히 사고가 발생한다. 따라서 묵수가 요구된다.

예

- 희황산(稀黃酸)을 제조하는 경우, 물에 농황산(濃黃酸)을 조금씩 교반하면서 천천히 넣어야 한다. 그렇지 않으면, 수화열(水和熱)[39)]에 의해 갑자기 폭발하듯이 격렬하게 끓어오르게 된다.

(2) 안전작업절차

만일의 경우에 대비하여 정해진 규칙이다. 배경에 공학적 이유가 있고 묵수를 하여야만 하는 것은 기술규정과 동일하다. 단, '만일의 경우'가 아니라면 사고는 발생하지 않는다. 이 때문에 '만일의 경우'가 적으면 규칙의 존재, 의의 등이 잊혀져 생략되는 경우가 있다.

---

37) 小松原明哲, 《安全人間工学の理論と技術 ―ヒューマンエラーの防止と現場力の向上》, 丸善出版, 2016, pp. 51-52 참조.

38) 제 의견이나 생각, 또는 옛날 습관 따위를 굳게 지킴을 이르는 말로서, 예컨대 반드시 지켜야 할 중요한 규칙(golden rule)이 그 대상에 해당한다.

39) 1몰의 분자나 이온이 수화될 때 방출되는 열량.

예

- 파이프라인의 플랜지를 떼어 내는 경우에는 탈압(脫壓) 확인을 하고 나서 플랜지 볼트를 풀어야 한다. 잔압이 있으면 내용물이 비산하지만, 없으면 비산하지 않는다.
- 전기공사 전에는 반드시 검전(檢電, voltage detection)을 하여야 한다. 누전차단기가 내려가 있지 않으면 전류가 흘러 감전되지만, 내려가 있으면 전류가 흐르지 않아 검전하지 않아도 감전사고에 이르지 않는다.
- 자동차 승차 중에는 안전띠를 착용하여야 한다. 안전띠를 착용하고 있지 않으면 충돌하였을 때 큰 부상을 입지만, 충돌하지 않으면 착용을 태만히 하고 있어도 문제는 생기지 않는다.

(3) 안전기본동작

체크리스트의 사용, 지적(指摘)확인, 복창 등 안전에 관련되는 기본동작, 기본절차를 가리키는 것으로서, 심리학 등의 인간특성적 의미가 있는 규칙, 또는 손씻기규칙, 위생규칙 등 역학적(疫學的)·생물학적 의미가 있는 규칙이 이것에 해당한다. 이것들을 준수하는 것을 통해 에러, 문제의 발생확률을 확실하게 낮출 수 있다.

(4) 표준규칙

경리(經理)처리절차, 도로교통법 등 조직, 사회의 혼란을 피하기 위해 정해진 규칙이다. 준수할 필요가 있지만, 상황에 따라 임기응변으로 예외적인 처리를 하는 것이 오히려 안전에 기여하는 경우도 있다.

예

- 자동차 운전 중에는 후방에서 긴급차량이 접근하여 오는 경우에는 도로의 우측 가장자리로 피하여 진로를 양보하는 것이 정해져 있다. 그러나 일방통행으로 된 도로에서 우측 가장자리로 피하는 것이 긴급차량의 통행에 지장이 있는 때에는 좌측 가장자리로 피

하는 것이 바람직하다.

규칙은 표준화되어 있지 않으면 혼란을 초래한다. 차량이 우측통행인지 좌측통행인지는 어느 쪽으로 정해도 되지만, 지역에 따라 다르면 2개 이상의 지역에 걸쳐 통행하는 경우에는 착각을 하여 사고를 일으키게 된다.

(5) 권장 · 정석(定石)

고객대응매뉴얼 등 대인업무에서의 권장, 또는 실패를 피하기 위한 교훈이 매뉴얼화된 것이다. 참고는 되지만, 그대로 하면 경우에 따라서는 '매뉴얼 바보'라고 불리게 된다.

4.3 규칙위반이란

규칙위반(violation)은 사람이 고의로 일으킨, 규칙에 반하는 행위이다. 일반적으로 휴먼에러라고 말하는 행위와는 그 발생메커니즘을 달리하기 때문에 휴먼에러와 별도로 그 발생메커니즘을 검토할 필요가 있다.

리즌(James Reason)은 의도한 행위(intended action)로서 착각(mistake)과 위반(violation)을 제시하고 있다. mistake와 violation은 행위목표는 적절하지만 실행 시에 발생하는 의도하지 않은 행위(unintended action)로서의 (행위)착오(slip), 망각(lapse)과는 달리, 행위목표 자체가 부적절한 행위라는 의미를 가지고 있다. 이 중 mistake는 '의도치 않게' 부적절한 목표를 설정한 유형을 상정한 것이다. 의도치 않게 목표가 부적절했다는 관점에서 말하면, 행위가 임박했을 때에 복수의 선택지가 있고, 자신의 지식, 경험에 기초하여 성실한 태도로 선택한 선택지가 추후에 부적절했던 것으로 밝혀진 에러도 mistake라고 할 수 있다. 의사의 오진에 의한 치료도 mistake에 해당한다.

이에 반해, violation은 목표가 부적절하다는 것을 '인식'하면서 저지른 것이라고 이해되고 있다. 여기에서 말하는 인식은 막연한 불안감, 죄악감을 느낀 정도라 하더라도 무방한데, violation은 그 마음을 누르고 일부러 행위를 한 것이고, 무언가의 동기(motive)가 존재하고 있다. 즉, 그것은 명확한 의식으로는 올라와 있지 않을지 모르지만, '의도적으로' 일으킨 것이다. 따라서 violation을 한 본인에게 왜 하였는지를 캐어물으면 "지금까지는 괜찮았기 때문에 이번에도 괜찮을 거라고 생각했다.", "급했다." 등 각자 자신을 정당화(옹호)하는 그 나름대로의 이유를 말한다. 이유를 말할 수 있다는 점이 slip, lapse, mistake와는 다르다.[40]

형사법적인 표현으로 말하면, slip, lapse, mistake는 '인식 없는 과실'[41]에 해당하는 것으로서 행위자 본인에 대해 형사책임을 추궁하더라도 문제 해결(재발 방지)이 잘 되지 않는 유형이다. 반면, violation은 '고의'[42] 또는 '인식 있는 과실'[43]에 상당하는 것인데, 업무를 담당하는 자로서 경솔하다(careless)는 비난을 면할 수 없게 되어, 사회적 · 법적으로 지탄을 받을 가능성이 있다. 결국 violation은 휴먼에러의 일반적인 유형인 slip, lapse, mistake와는 상당히 이질적이고, 따라서 대책의 접근방법도 다를 수밖에 없다.

종업원들의 생략행위 등의 violation 때문에 고민하는 사업장이 적지 않고, 산업재해 은폐, 안전보건자료의 조작 등 고의성이 강한 violation도 매스컴에서 종종 보도되고 있다. 그러나 우리나라에서 지금까지 violation에 대한 논의와 연구는 피상적이거나 단편적이었고, 체계적이고 심층적으로는 이루어지지 않아 왔다.

---

40) J. Reason, *Human Error*, Cambridge University Press, 1990, pp. 9-10, 196-197.

41) 결과발생가능성에 대한 '(의지적)태도' 이전에 결과발생가능성을 '(지적)인식(예견)'조차 하지 못한 경우이다.

42) 전술한 바와 같이 형사법에서 고의는 확정적 고의와 미필적 고의로 구분된다.

43) 미필적 고의에서는 결과발생가능성을 인식하였으나 결과가 발생해도 할 수 없는 것으로 받아들이는 긍정적 태도[결과가 발생해도 좋다(괜찮다)라고 감수하는 소극적 긍정의 태도]가 보이는 반면에, 인식 있는 과실에서는 결과발생가능성을 인식하였으나 발생하지 아니할 것으로 믿는 부정적 태도(결과발생가능성에 대한 부정적 태도)가 보인다.

여기에서는 규칙의 violation(규칙위반)을 기본적으로 개인이 고의로 일으킨 규칙에 반하는 행위[44]라고 이해하고, 규칙의 종류와 함께 규칙위반의 유형, 특징 및 억지방안을 설명하기로 한다.

고용만족도(종업원만족도)가 매우 낮은 경우에, 자신이 제조하고 있는 제품을 고의로 망가뜨리는 행위(식품이면 고의로 이물질을 넣는 행위), 회사의 비밀사항을 고의로 누설하는 행위 등이 발견되는 경우가 종종 있는데, 이것은 규칙위반이라고 해도 '확정적 고의'에 의한 위반에 해당하는 것으로서 다른 규칙위반과는 동렬로는 논할 수 없기 때문에 여기에서는 제외하기로 한다.

4.4 규칙위반의 유형[45]

규칙위반을 위반이 이루어지는 형태를 기준으로 유형화하면 대략 다음과 같이 구분할 수 있다.

가. 생략 행위

목적 행위의 앞 행위에 해당하는 것이 생략되는 것을 말한다. 건널목의 일시정지 무시가 그 예이다. 목적 행위는 건널목의 반대편으로 가는 것이고, 그 앞 행위로서의 '일시정지'가 생략된다. 앞 행위의 비용을 줄이고 목적을 빨리 달성하고 싶은 마음에 발생하는 것이다. 비용은 시간, 노력, 돈 등 행위에 관련되는 자원의 양을 가리킨다.

그러나 앞 행위에 자원(비용)이 소요된다고 하여 무조건 생략되는 것은 아니다. 작업의 목적 행위에 소요되는 자원을 초과하는 자원이 앞 행위를 하는 데 소요되는 경우에 생략될 가능성이 높아진다. 예를 들면, 천장 형광등을 교체하기 위해 각립비계를 이용하여야 할 경우,

44) 형사법적으로는 대체로 '미필적 고의'에 해당할 것이다.

45) 이 부분은 주로 小松原明哲, 《ヒューマンエラー(第3版)》, 丸善出版, 2019, pp. 77-80에서 아이디어를 얻었다.

각립비계를 가지러 먼 곳에까지 가야 한다면(앞 행위를 위해 자원이 많이 소요된다), 단 하나의 형광등을 교체(목적 행위에 소요되는 자원이 적다)하기 위해 각립비계를 가지러 가지 않고 주변의 의자나 책상 등이 대용되기 쉽다. 그러나 가까운 곳에 각립비계가 있으면(앞 행위를 위해 자원이 적게 소요된다), 각립비계를 이용할 것이다. 그리고 먼 곳에 수납되어 있더라도 상당수의 형광등을 교체하는 것이면(목적 행위에 소요되는 자원이 많다), 역시 각립비계를 준비할 것이라고 생각된다.

작업 전체에 허용되는 시간이 부족할 때에도 앞 행위는 생략된다. 형광등의 예로 말하면, 다수의 형광등을 교체하더라도 시간이 부족할 때에는 각립비계를 꺼내러 가지 않을 것이다. 목적 행위, 즉 형광등의 교체는 생략할 수 없기 때문에, 앞 행위를 생략하는 방법 외에는 시간을 절약할 수 없기 때문이다.

나. 절차의 변경 행위

목적 행위에 많은 노력이 필요한 경우에 노력이 덜 드는 절차로 바꾸는 것을 가리킨다. 즉, 목적을 달성할 수 있다면 수고가 덜 소요되는 방법을 찾는 것을 말한다. 1999년 일본에서 발생한 JCO 임계사고[46]에 이른 경위는 그 전형적인 예라고 할 수 있다.

이러한 행위는 창의적인 생각을 하는 등 의욕이 높은 경우에 일어나기도 한다. 이 태도 자체는 나쁜 것이 아닐 수도 있지만, 절차의 변경 시

46) 1999년 9월 일본 이바라키현(茨城県) 도카이무라(東海村)에 위치하고 있던 핵연료 재처리 가공회사인 일본 핵연료컨버전(JCO)사에서 발생한 일본 최초의 방사능 누출 임계사고로서 2명의 사망자, 1명의 중상자 외 667명의 피폭자를 발생시켰다. 임계는 우라늄이나 플루토늄 등의 핵연료에서 일어나는 핵분열 반응으로 중성자가 발생, 그 중성자끼리 충돌해 주위의 핵연료도 연쇄적으로 분열하여 반응이 계속되는 상태를 말한다. 임계사고는 이런 임계상황이 제어불능 상태에 빠져 일어난다. 임계사고는 핵분열성 물질이 예기치 못한 원인에 의해 제어불능인 상태로 임계량(또는 임계의 크기)을 넘어서 임계초과상태가 되어 일어나는 사고로서 시설의 기계적 손상 및 작업자 방사선 피폭을 가져올 가능성이 있다.

위험성 평가 등의 정규 절차를 거치지 않은 생략에 문제가 있다고 생각된다.

다. 임시방편적 행위

창고에 보관하여야 할 물품을 우선 비상계단에 두는 것이 이에 해당한다. 이것은 올바른 절차를 밟기 위한 비용이 크기 때문에, 임시방편으로 실시한 것이라고 해석되고, 생략의 일종이라고 할 수도 있다. 나중에 정규 절차를 밟는다고 생각하면서 그만 뒤로 미루고, 결국은 상태화되기 쉽다.

라. 비용절감 행위

고장이 나거나 고장이 날 가능성이 있는 기계·기구 등을 수리하지 않고 사용하거나 사용기한이 지난 것 등 폐기하여야 할 것을 계속하여 이용하거나 성능이 떨어지는 제품을 사용하는 등 아깝다고 생각하여 또는 비용을 줄이기 위해 법령에 미달되는 선택을 하는 것을 가리킨다.

공장에서 내용 연수가 지난 기계를 그대로 사용하는 것, 사용하고 버린 기계·기구 등을 재사용하는 것, 식품공장에서 유통기한이 지난 식재료를 이용하는 것, 법규제에 미달되는 재료를 사용하는 것이 대표적인 예에 해당한다.

수리·폐기·사용비용을 삭감할 수 있고 기계·기구 등을 저렴하게 이용하거나 폐기품을 재이용하는 등의 이익이 동기부여가 되고 있다. 비용의식 과잉에 의한 위반이라고 할 수 있다.

마. 선의·호의적 행위

자신보다 후배, 하급자 등에게 기회, 편의를 제공해 주려고 금지사항을 직접 행하거나 용인하는 것이 선의·호의의 행동에 해당한다. 운전면허가 없는 후배에게 운전을 한 번 하게 하는 선배의 행위, 흡연이 금지된 장소에서 편의를 제공하는 차원에서 부하직원의 흡연을 용인하는 행위가 이에 해당하는 예이다.

분담해서 작업을 하고 있는데 자신의 작업만 늦어지고 있는 경우에 다른 사람에게 폐를 끼치고 싶지 않아 서두르면서 절차를 생략해 버리는 행위(생산직 사원이 업무가 밀려 서두를 때), 업무에 익숙하지 않은 관리직 사원이 그 수행에 일정한 자격 또는 교육이 필요한 생산직 업무를 일시적으로 도와주는 행위도 선의·호의에서 비롯된 위반이라고 할 수 있다.

이러한 경우의 동기는 다른 사람에게 피해를 주고 싶지 않은 마음 또는 다른 사람에게 호의를 베풀겠다는 마음에 있을 것이다.

바. 위험감수 행위

위험을 수반하기 때문에 금지되어 있는 행위는 그 위험 자체가 스릴을 주는 경우도 있는데, 이 스릴을 좇아 금지행위를 무릅쓰는 행위는 위험감수(risk taking)의 일종이다. 자동차를 규정 속도를 훨씬 넘겨 운전하는 행위가 이에 해당한다.

사. 반발 행위

개인에게 맡겨지고 있던 작업방법을 조직 내에서 기준화하였을 때, 지금까지 자신이 하던 것과 다른 방법으로 작업절차의 표준화가 이루어진 경우에, 반발심이 작용하여 정해진 표준을 지키지 않는 일이 숙련자(베테랑)에게서 많이 발견된다. 많은 경우 표준화된 방법 쪽이 합리적이라는 것은 본인도 알고 있지만, 그 표준화의 결정과정에 참여할 수 없었던 것이 불만으로 드러나는 것이다. 준수하도록 설득을 해도 옹고집을 부릴 뿐이어서 관리자가 고민하는 경우가 많다.

이러한 경우에는 그 사람에게 그 고집하는 방법이 표준화되도록 정규절차를 통해 신청할 것을 안내하거나 지도하는 것이 바람직하다. 이를 통해 참여의식이 자극되고 합리성의 객관적 설명을 스스로 하지 않으면 안 되며 본인 주장의 문제점을 스스로 인식하게 될 수 있다.

그러나 검토한 결과, 그 사람의 작업방법 쪽이 합리적인 것으로 밝혀지면 해당 규칙을 개정하여야 할 것이다. 그와 같은 대응 이전에, 규칙을 표준화할 때에는 결정프로세스를 투명화하고 관계자(규칙을 준수하여야 하는 자)에게 어떤 형태로든 참여기회를 주는 것이 필요하다.

아. 무관심

시스템에 문제가 있음에도 불구하고 담당이 아니라고 하여 누구도 조치하지 않거나, 타인의 에러 또는 위반을 알고 있음에도 불구하고 말하지 않고 그대로 묵인 또는 방치하는 경우가 종종 있다. "지시받은 것만 하면 된다.", "지시받지 않은 것은 하지 않아도 된다.", "누군가 다른 사람이 조치하거나 지적하겠지." 등과 같은 태도에 기인한다고 생각된다.

이와 같은 방관자 행위는 일종의 무관심으로서 규칙을 적극적으로 위반하는 것은 아니다. 방관자 효과(bystander effect)는 1964년에 뉴욕에서 발생한 부녀 살인사건을 계기로 주목받은 것으로서 피해자의 이름을 따서 제노비스 신드롬(Genovese syndrome)[47]이라고도 한다. 이 사건[48]은 심야에 괴한한테 습격당한 여성을 목격하면서도 누구 하나 구조도, 경찰에 통보도 하지 않았던 사건으로서, 주변에 사람이 많을수록 (자신이 아니더라도 "누군가 도와주겠지"라는 생각에) 책임감이 분산돼 개인이 느끼는 책임감이 적어지거나 다른 사람이 돕지 않는 것을 보고 대수롭지 않은 상황이겠거니 판단하는 오류에 빠져 도와주지 않고 방관하게 되는 심리현상에 기인한 것으로 분석되고 있다.[49],[50]

---

47) '구경꾼 효과'라고 하기도 한다.

48) 이 사건은 목격자 수, 반응 등이 사실과 다른 것으로 나중에 밝혀졌지만, 그렇다고 해서 이 사건이 방관자 효과의 사례로서 지니고 있는 가치까지 잃을 정도는 아니라고 판단된다.

49) 우리나라에서도 한국판 '제노비스 사건'이라고 할 만한 사건이 2022년 5월 11일에 발생하였다. 이 날 오전 6시경 서울의 한 아파트 입구에서 60대 남성이 필로폰 성분을 투약한 40대 중국 국적의 남성한테 1분 만에 '묻지마 살인'을 당했다. 가해자는 맞은편에서 걸어오던 피해자에게 갑자기 발길질을 하더니, 도로 경계석으로 피해자 얼굴을 내리쳤다. 피가 분출하는 등 출혈이 심했지만 목격자들은 아무도 가해자를 말리지도, 피해자를 구조하지도 않았다. 아파트 입구 맞은편 가게에 있는 폐쇄

방관자 효과는 사회심리학자 존 달리(John Darley)와 빕 라탄(Bibb Latané)이 1968년에 실시한 한 학생이 간질 발작을 일으키는 상황을 연출한 실험을 통해서도 증명되었는데, 일부러 꾸민 긴급상황에서 개인이 구조 또는 개입하는 선택은 목격자 수에 의해 영향을 받는 것으로 나타났다. 혼자 있을 때는 실험 참가자의 85%가 도움을 주었고, 다른 사람과 같이 있을 때는 참가자의 62%가 도움을 주었으며, 4명이 있을 때는 31%만이 도움을 주는 것으로 나타났다.[51)]

방관자 효과는 상호교류가 없거나 서로에게 무관심한 집단에서 발생할 가능성이 크다. 사업장에서도 파견, 도급 등 고용형태가 다양화되고 있는 상황에서 상호 간에 관계를 피하는 풍토가 존재하면, 다른 회사·부서 직원의 부적절행위, 다른 회사·부서의 관리하에 있는 기계 등의 고장을 등한시하는 사태도 발생할 수 있다. 회사, 직제, 고용형태를 넘어 서로 다른 사람의 안전에 관심을 갖는 의식과 태도가 필요하다.

4.5 규칙위반의 요인

규칙은 많은 요인에 의해 위반된다. 앞에서 제시한 규칙위반의 유형을 상세히 고찰하면, 규칙위반의 몇 가지 요인을 이끌어낼 수 있다.

가. 규칙위반의 동기 존재

규칙위반은 반드시 동기가 있다. 이 동기는 이익(benefit)감정이라고 하는 틀(frame)로 묶을 수 있다. 이익은 규칙위반행위에 의해 이익 자

회로(CC)TV에 찍힌 목격자만 54명이었다. 인력알선업체 등으로 출근을 서두르거나 산책을 나온 주민이 대부분이었다고 한다. 중국 국적 거주자가 많은 이 지역은 평소에도 새벽에 누워 있는 취객이 많았다고 한다.

50) L. R. Samuel, "The Genovese Syndrome", Psychology Today, 2014. Available from: URL:http://www.psychologytoday.com/blog/psychology-yesterday/ 201401/the-genovese-syndrom.

51) “Bystander effect”, Wikipedia; “Diffusion of responsibility”, Wikipedia.

체가 증진되는 경우와 비용이 줄어드는 경우가 있다.

'생략', '절차의 변경', '임시방편'은 비용이 줄어드는 예라고 할 수 있다. '무관심'도 신경을 쓰지 않는다는 점에서 비용이 줄어든다고 할 수 있다.

홀나겔은 인간은 효율성(상황의 수요를 충족하기 위하여 너무 많은 노력을 기울이지 않고 행동하려고 하는 것= 너무 늦지 않게 일을 하거나 조치를 취하는 것)과 완전성[옳은 행동(조치)을 선택하고 행동을 올바른 방법으로 하기 위하여 최선을 다하려고 하는 것=상황이 정확하게 이해되고 조치가 목적에 적합하도록 하는 것]이 저울에 달아지는 상황에 직면하게 되면 효율성을 선택하는 경우가 많다는 것을 지적하고, 이것을 ETTO(Efficiency-Thoroughness Trade- Off: 효율성과 완전성의 역관계)[52] 원리라고 설명한다. 위의 위반유형은 이 원리로 설명될 수 있다.

'비용절감', '선의·호의', '위험감수', '반발'은 이익이 증진되는 예이다. 반발은 직접 눈에 보이는 이익은 없지만 자신의 방법을 주장하는 것으로 자존심을 지킬 수 있는 점이 이익에 해당한다고 할 수 있다.

참고 효율성과 완전성의 역관계(ETTO)[53]

효율성이 지배하면, 적절하지 않은 상태에서 행동(조치)이 실행되거나 행동 자체가 잘못된 행동이어서 제어가 상실될 수 있다. 완전성이 지배하면, 행동이 타이밍을 놓쳐 너무 늦어질 수 있다. 어느 하나에 지나치게 치우치는 경우 모두 성공보다는 실패가 발생할 가능성이 높다. 업무수행이 성공하고 제어가 유지되기 위해서는 효율성과 완전성 간에 균형이 취해져야 한다.

52) E. Hollnagel, *The ETTO Principle: Efficiency-Thoroughness Trade-Off: Why Things That Go Right Sometimes Go Wrong*, CRC Press, 2009, p. 14.

53) E. Hollnagel, *Barriers and Accident Prevention*, Routledge, 2016, pp. 152-155; E. Hollnagel, *The ETTO Principle: Efficiency-Thoroughness Trade-Off: Why Things That Go Right Sometimes Go Wrong*, CRC Press, 2009, pp. 14, 35-36 참조.

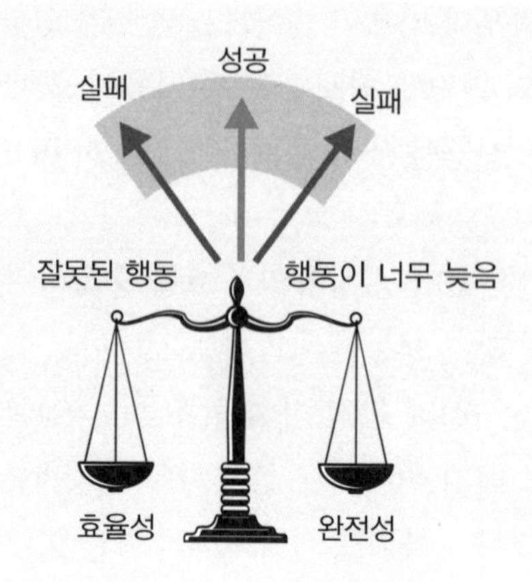

효율성과 완전성 간의 균형

사람들은 작업 중이든 여가 중이든 일상활동에서 늘상 효율성과 완전성 사이에서 선택을 한다. 두 가지를 동시에 충족하는 것이 상당히 어렵기 때문이다. 생산성 또는 성과에 대한 요구가 높으면, 생산성 목표가 충족될 때까지는 완전성이 희생될 수 있다. 안전에 대한 요구가 높으면 안전 목표가 충족될 때까지는 효율성이 희생될 수 있다.

홀나겔(Erik Hollnagel)은 효율성과 완전성 간에는 역관계(Efficiency–Thoroughness Trade–Off: ETTO)가 존재하는데, 사람들은 작업을 할 때 다음과 같은 말을 하면서 효율성을 선택하고 마는 경우가 많다고 지적한다. 효율성이 선택됨으로써 일이 잘 되어가는 경우도 적지 않지만, 때로는 계획한 것이 예상과 어긋나 사고가 발생하기도 한다.

- OK로 보인다: "문제없어. 자세히 볼 필요 없을 거야. 물론 내가 책임을 진다." 재빠른 판단이 시스템의 상태와 조건에 대한 보다 철저한 판단을 대신한다.
- 실제로는 중요하지 않다: "이상하게 보이긴 하지만, 그 결과는 실제로는 심각하지 않을 거야." 징후에 대응하여 행동하기 위한 역치가 일시적으로 상승한다.
- 평상시 괜찮았어, 지금은 확인할 필요 없어: "작업을 시작해. 항상 괜찮았어." 생산목표에 맞추기 위하여 확인이 생략된다.
- 나중에 누군가 확인하겠지: "지금은 이 단계를 생략해도 돼. 나중에 누군가 확인할 거야." 나중에 이루어질 거라는 가정하에서 시간압박 때문에 확인이 종종 생략된다.

- 전에 누군가가 확인했다: "지금은 이 단계를 생략해도 돼. 이미 누군가가 확인했어." 이미 끝났다고 하는 가정하에서 시간압박 때문에 확인이 종종 생략된다.
- 실행할 방법이 생각나지 않는다: "가르쳐 주는 사람이 없어. 스스로 답을 찾는 것은 시간이 너무 걸려." 실행할 방법을 모른다, 찾는 것이 귀찮다는 이유로 절차가 생략된다. 이것은 종종 훈련, 작업조직이 기준 이하라는 것을 나타낸다.
- 시간과 자원이 부족해, 나중에 하자: "작업을 계속해. 이것은 나중에 처리할 수 있어.", "지금 하고 있는 것을 끝내.", "지금은 그걸 하고 있을 시간이 없어." 현재 할당되어 있는 작업에서 본질적이라고 생각되지 않는 일, 활동은 연기된다.
- 저번에 점검하였을 때는 잘 되었어: "지금 그걸 테스트할 필요는 없어.", "저번에 한 것으로 충분해.", "저번에 그걸 사용하였을 때 잘 되었어." 종종 희망적인 관측에 근거하여 선행 경험을 참조하는 것으로 확인을 대신한다.
- 걱정하지 마, 확실히 안전해, 아무것도 안 일어날 거야: "내가 보장한다, OK야." 사실에 근거하지 않고 권위, 경험 등에 의해 잘못된 안전감각이 서서히 스며든다.

나. 착각

운용한계 등의 규칙에는 일반적으로 안전여유가 포함되어 있고, 따라서 다소의 무리를 하여도(규칙을 조금 어기더라도) 바로 사고로 연결되는 경우는 드물다. 그리고 제한속도를 초과하여 자동차 운전을 하더라도 사고확률은 증가할지언정 바로 사고가 일어나는 것은 아니다. 이 때문에 베테랑 등 안전여유의 정도를 알고 있는 자, 자신의 기량으로 사고확률을 컨트롤할 수 있다고 생각하는 자, 자신의 스킬은 잠재적인 위험을 극복할 수 있다고 믿는 자는 그렇지 않은 자에 비해 규칙위반을 일으키기 쉽다. 즉, 착각(illusion)[54]이 규칙 위반의 동기로 작동하기

54) illusion은 우리말로는 mistake와 동일하게 착각으로 번역되지만, 설정한 목표가 의도치 않게 잘못된 (휴먼에러의 한 유형인) mistake와는 성격이 다름에 유의할 필요가 있다.

도 한다.

규칙위반과 관련된 착각에는 높은 위험의 상황이 초래하는 결과를 스스로 컨트롤할 수 있다고 과대평가하는 감정인 '컨트롤의 착각', 스스로의 위반이 좋지 않은 결과로 연결될 가능성을 과소평가하거나 자신의 스킬은 항상 잠재적인 위험을 극복할 수 있다고 믿는 감정인 '불사신의 착각', 자신의 스킬이 타인보다 높다고 평가하거나 위반자가 자신의 위반 경향이 타인보다 심하지 않다고 생각하는 감정인 '우월의 착각' 등이 있다.[55]

초심자는 기량이 부족하기 때문에 컨트롤의 착각에 의한 규칙위반은 일어나기 어렵다. 그러나 상황에 익숙해짐에 따라 컨트롤의 착각이 생기고, 이에 따라 규칙위반을 일으키게 될 가능성이 있다. 한편, 예컨대 젊은 남성은 자동차 운전을 할 때, 잠재적으로 위험한 상황에서 일할 때 등의 상황에서 자기 자신이 타인의 좋지 않은 행동의 희생자가 될 가능성이 있다고 잘 생각하지 않는 불사신의 착각에 빠지는 경향이 있다.

다. 억지감정의 미작동

위반행위에 대한 동기가 존재하고 컨트롤의 착각이 존재하더라도, 패널티가 부과된다고 예견되면, 이것이 억지(inhibition)감정[56]으로 작용하여 위반행위에 이르는 것을 저지하는 역할을 할 것이다. 후술하는 '깨진 유리창 이론'은 경미한 규칙위반이더라도 간과하지 않고 (높은 확률로) 지적함으로써 패널티가 확실히 부과된다는 것을 인지하게 하여 억지감정을 갖게 하는 것이 필요하다고 주장하는 이론이다.[57] 타자로부터의 비난, 징계, 징벌뿐만 아니라, 도덕관, 규칙을 어기는 것에 대한 죄악감, 뒤가 켕김 등의 감정도 억지감정을 생기게 하는 데 큰 효과

55) J. Reason, *The Human Contribution: Unsafe Acts, Accidents and Heroic Recoveries*, CRC Press, 2008, pp. 56-57.

56) 억지감정에 대해서는 바로 뒤에서 보다 자세히 설명한다.

57) 깨진 유리창 이론에 대한 상세한 내용은 후술한다.

를 가질 것이다. 반대로 이러한 것들이 제대로 기능하지 않으면 억지감정이 생기지 않아 규칙위반이 발생하게 될 것이다.

라. 조직풍토의 영향

규칙위반은 의도한 행위이기 때문에, 그 의도를 장려·칭찬, 용인, 묵인하는 타자의 태도, 상급자의 자세, 직장·회사의 방침이 있으면, 규칙위반은 촉진된다. 중대사고의 상당수에서는 안전규칙 경시 분위기의 만연이 그 원인으로 종종 지적되고 있다. 반대로, 조직, 상급자가 규칙준수의 태도를 가지고 있으면 그것이 억지감정으로 작용하는 것은 상상하기 어렵지 않다.

마. 규칙위반의 학습성

규칙위반에 성공하면 무언가의 이익을 얻는다. 따라서 한 번 성공하면 다음에도 이익을 찾아 반복하게 되고, 죄악감과 같은 억지감정이 될 수 있는 감정도 약해지면서 습관화되기 쉽다. 급기야는 새삼스럽게 표면화할(문제 삼을) 수도 없는 상황이 되고, 규칙위반이 상태화되어 버린다.

바. 소결

이상에서 설명한 규칙위반의 요인을 고려할 때, 규칙위반을 방지하기 위해서는 위반의 동기(이익감정), 착각 등을 줄이는 것과 위반의 억지감정을 강화하거나 위반을 어렵게 하는 조직풍토를 조성하는 것이 다 함께 필요하다.

4.6 규칙위반의 억지

규칙위반을 억지하기 위해서는 수범자의 태도를 변용시켜 수범자에게 형성되는 의도에 대하여 일정한 조치를 하는 것이 기본이다. 그리고 그에 앞서 관리자는 현장(규칙을 준수해야 할 자)에 대하여 규칙의 타당성을 보증하는 것이 필요하다.

가. 규칙 개정구조의 마련

규칙에 합리적인 이유가 없는 경우, 비용이 높아 실행 곤란한 경우, 또는 좀 더 비용이 낮은 규칙을 현장이 찾아낸 경우 등에는 규칙이 전향적으로 개정되어야 한다. 그런데 그것을 현장의 판단에만 맡기는 것은 바람직하지 않다. 그렇게 되면 규칙 운영이 서서히 형해되거나 유명무실하게 되어 버릴 수 있으므로, 규칙을 개정하는 구조(절차)가 마련되어 있어야 한다. 그러나 개정절차가 너무 번잡하면 올바른 개정절차를 밟는 행위의 동기를 저해하고 승인절차의 생략(누락)을 초래한다. 개정절차는 통상의 노력으로 달성 가능하여야 한다.

나. 교육훈련

수범자의 태도를 바꾸고자 할 때는 규칙을 수범자에게 올바르게 전달하고 그것을 준수하는 방법에 관한 교육훈련을 우선적으로 행할 필요가 있다. 순서로 볼 때, 수범자의 태도변용은 그 다음에 요구하여야 할 사항이라고 할 수 있다.[58]

다. 규칙위반 방지를 위한 태도변용

규칙위반을 단념하도록 하고 규칙을 준수하게 하기 위한 태도변용의 방법에 대하여 설명한다.

(1) 위반동기, 착각의 저감

규칙위반을 줄이기 위해서는, i) 규칙위반을 하였을 때 얻어지는 이익이 생각만큼 크지 않다는 점, 규칙위반으로 감수하여야 하는 비용이

58) 물론 교육훈련의 일환으로 태도변용을 위한 태도교육도 실시될 필요가 있다.

크다는 점을 정량적으로 설명하거나, ii) 착각(illusion)을 줄이는 위험 예지훈련을 실시하는 것 등도 규칙위반의 억지를 위한 효과적인 방법이라고 생각된다.

(2) 억지감정의 증대

(가) 이유의 명시

규칙의 존재이유(의의)를 알고 있으면, 이것은 규칙위반의 억지감정으로 작용할 것이라고 기대할 수 있다. 앞에서 살펴본 일본 JCO 임계사고의 경우에는 현장작업원들이 임계에 관한 핵물리를 잘 알고 있지 못하였다는 것이 지적되고 있다. 만약 임계에 대해 숙지하고 있었다면 규칙과 다른 행위를 하지 않았을 것이라는 점은 용이하게 상상할 수 있다. 기업 등 조직 구성원들이 규칙의 존재이유를 제대로 알고 있지 못하거나 피상적으로만 알고 있으면, 규칙준수의식이 떨어질 뿐만 아니라 달라진 상황에서의 규칙의 적용능력(응용력)도 낮아질 수밖에 없다.

한편, 조직 구성원들에게 규칙의 존재이유(의의) 중에는 사회적 이유(의의)도 있다는 것을 설명할 필요가 있다. 신뢰는 전문성과 성실성으로 구성되어 있다고 말해진다. 따라서 기술(전문성)상의 문제는 없다고 하더라도(안전은 유지되더라도), 규칙의 준수에 대해 성실성을 의심 받아 사회로부터 신뢰를 얻지 못하는(안심을 줄 수 없는) 경우가 있다. 리스크가 높은 조직에서는 설령 사내규칙이 안전에 관련되지 않은 것이라 하더라도, 이를 지키지 않는 것이 사회로부터의 의심(불안)을 초래할 수 있다는 점을 구성원들에게 인식하게 할 필요가 있다.

(나) 규범의식의 고양

「형법」의 시각에 따르면 업무를 담당하는 자에게는 주의의무가 부과된다. 주의의무는 법적으로 위법한 결과의 발생을 인식 · 예견하여야 할 '결과예견의무'와 예견한 결과의 회피를 위하여 필요한 조치를 하여야 할 '결과회피의무' 두 가지로 구성된다. 진지하게 결과 발생을 예견하고 그것에 근거하여 결과 발생을 회피하는 노력을 다하지 않고 위법한 결과를 발생시킨 경우에는 과실범(업무상과실치사상죄 등)이 된다. 업무자에게는 일반인에 비하여 특히 무거운 주의의무가 부과된다. 조직에서는 각 업무자에게 재해예방을 위한 주의의무를 다해야 한다는 규범의식을 다양한 방법을 통해 지속적으로 고양시킬 필요가 있다.

(3) 태도변용 모델

(가) 깨진 유리창 이론

'깨진 유리창 이론(Broken Windows Theory)'은 1990년대에 미국 뉴욕시에서 치안회복을 위하여 경찰이 실제 이용한 이론(치안회복모델)이다. 즉, 중대범죄는 갑자기 일어나는 것이 아니고 폐를 끼치는 행위 등이 에스컬레이션되어 발생하는 경향이 있기 때문에, 경미한 단계에서 의연한 태도를 취하여야 한다는 것이다.[59)]

이 이론에 따르면, 건물의 유리창이 깨진 채 방치되면 누구도 관리하지 않는다고 생각되어 낙서, 쓰레기 불법투기, 불량의 온상이 되고 경미한 범죄가 발생하기 시작한다. 일반주민은 불안하여 그곳에 가지 않게 되고, 한층 질서가 문란해져 흉악범죄가 다발하게 된다. 즉, 폐를 끼치는 행위, 경미한 범죄를 묵과하면, 그것이 에스컬레이션되어 흉악범죄에 이르게 되기 때문에, 경찰은 질서를 어지럽히는 대수롭지 않은 행위부터 단속하고 지역주민도 이것에 협력함으로써 치안이 회복될 수 있다는 방범이론이다.

깨진 유리창 이론을 응용하여 생각하면, 직장에서도 중대한 위반에는 작은 위반이라는 전조가 있는 경우가 많고, 직장의 규칙위반을 경미한 단계에서 개입해 나가지 않으면 위반이 상습화되고 직장풍토가 문란해지기 마련이다. 이는 깨진 유리창 이론이 직장의 규칙위반에도 적용될 수 있는 부분이 많다는 것을 시사한다. DuPont사가 개발하여 실시하는 STOP(Safety Training Observation Program: 안전훈련관찰

---

59) G. L. Kelling, Catherine M. Coles, *Fixing Broken Windows: Restoring Order And Reducing Crime In Our Communities,* Free Press, 1996. 참조.

프로그램)[60]도 작은 규칙위반 단계에서 조치를 취한다는 점에서는 깨진 유리창 이론과 통하는 것이라고 할 수 있다.

요컨대, 깨진 유리창 이론에 따르면, 직장에서의 '작은(사소한)' 위반이라도 조기에 그 원인이 위반 당사자에게 있는지, 작업규칙 등에 있는지를 파악하여 성실하게 대책을 강구하는 것이 중요하다.

(나) 인지 부조화 이론

인지 부조화 이론(cognitive dissonance theory)[61]은 1957년에 미국의 사회심리학자 페스팅거(Leon Festinger)가 주장한 이론으로서, 개인이 가진 신념, 생각, 태도(이하 '태도'라 한다)와 행동 사이의 부조화가 유발하는 심리적 불편함을 해소하기 위한 태도나 행동의 변화를 설명하는 이론이다. 우리는 태도와 행동의 일관성을 유지하고자 하는 근본적인 동기를 지니고 있어서, 인지적 부조화를 경험하면[62] 이를 해소하기 위해 자신의 태도나 행동을 변화시킴으로써 심리적 불편감을 해결하고 자신에 대한 일관성을 유지하려고 한다.[63]

---

60) 안전관리(활동) 프로그램의 하나로서 i) 개인별 자체연구(individual self-study), ii) 현장 적용 활동, iii) 그룹 미팅이라는 세 가지 접근을 특징으로 한다. STOP에는 다양한 프로그램이 있지만, 그중에서도 관리감독자에 의한 작업자 관찰 프로그램과 동료 간 상호감시(주의환기) 프로그램이 대표적이다(DuPont, "Safety Training Observation Program Overview", 2016. Available from: URL:http://www. training. dupont.com/ content/pdf/dupont-stop/ stop-overview_factsheet. pdf).

61) 인지적 불협화(不協和) 이론이라고도 한다.

62) 예를 들어, '나는 똑똑하다'고 자신에 대한 태도를 가지고 있는 학생이 모의고사에서 형편없는 시험성적을 받으면, 저조한 점수는 일관된 자신에 대한 태도와 상충하고, 결국 자신의 행동(형편없는 시험성적)과 태도('나는 똑똑하다') 사이에 부조화가 발생하게 된다.

63) 페스팅거에 의하면, 부조화[불일치]를 줄이려는 노력은 i) 부조화를 일으키는 요인의 중요성 여부, ii) 그 요인에 대해서 가지는 개인의 영향력 정도, iii) 부조화에 개입될 수 있는 보상 등 세 가지 요인에 의해 결정된다. 즉, 부조화를 일으키는 요인이 매우 중요한 것인지 덜 중요한 것인지에 따라 부조화를 줄이려는 노력은 그것에 비례하여 노력하게 되며, 또 부조화를 일으키는 요인이 자기능력으로는 어쩔 수 없는 불가항력적인 것이기 때문에 생겨난 부조화라면 이를 감소시키는 노력도 자연히 적어진다는 것이다. 또한 높은 보상이 뒤따르는 부조화의 경우, 부조화로 인한 심리적 불안감은 상대적으로 낮아져 그것을 줄이기 위한 노력도 적게 이루어진다는 것

인지 부조화 이론에 따르면, 규칙위반자로 하여금 규칙을 준수하는 (규칙위반을 하지 않는) 것의 의의, 이익을 생각하게 하고 규칙위반자 자신의 입으로 이를 설명하게 하는 것이 효과적이다. 규칙을 준수하지 않고 있는 현 실태를 지적하고 당사자로 하여금 이 모순을 인식하게 하는 것이다. 자존심이 높은 사람일수록 이 차이는 불쾌하게 느껴지므로 (부조화), 해소하고 싶은 마음이 규칙준수에 대한 동기부여가 될 것으로 기대된다.

조직에서는 수범자가 "규칙위반을 하면 조직의 이익이 증가한다[이익으로의 전화(轉化)].", "다른 사람들도 다 하고 있다(타자로의 전화).", "자신은 다르다(착각으로의 전화)." 등 위반을 합리화하지 않도록(구실을 주지 않도록) 사전에 조치를 해놓을 필요가 있다.

(다) 자기효력감 이론[64)]

자신이 어떤 결과(임무)를 달성하기 위해 필요한 행동을 잘 수행할 수 있다고 생각하는 확신(결과달성에 성공할 수 있다는 믿음)을 '자기효력(효능)감(self efficacy)'이라고 한다. 즉, 어떤 행동을 할 수 있다거나 그 행동을 수행할 때 장해가 되고 있는 것을 극복할 수 있다고 자신감을 갖는 것이 자기효력감이다. 캐나다-미국 인지심리학자 반두라(Albert Bandura)가 제창한 이론[65)]으로서 자기효력감이 강할수록 실제로 그 행동을 잘 수행하는 경향이 있다. 반두라는 행동의 선행요인을 어떤 결과를 얻을 것인지라고 하는 '결과 기대(outcome expectancy)'와 자신이 할 수 있을 것인지라고 하는 효력에 대한 기대로 구별하고, 후자를 '효력 기대(efficacy expectancy)'라고 불렀다. 인지된 효력 기대가 자기효력감이다.

이다(김영종 외, 《행정학》, 법문사, 1997, 473쪽).

64) 이하는 주로 A. Bandura, *Self-Efficacy: the Exercise of Control*, Freeman, 1997; 畑栄一・土井由利子編, 《行動科学—健康づくりのための理論と応用(改訂第2版)》, 南江堂, 2009, pp. 15-17을 참조하였다.

65) A. Bandura, *Self-Efficacy: the Exercise of Control*, Freeman, 1997.

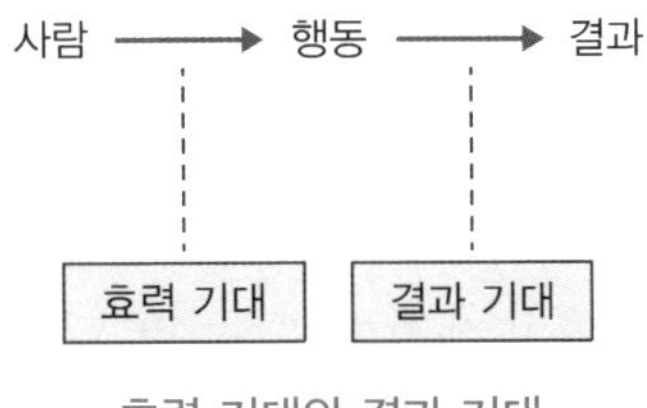

효력 기대와 결과 기대

자기효력감을 비근한 행동의 예로 설명하면 다음과 같다. 어떤 사람이 건강 확보라고 하는 '결과'를 위하여 '주 3회 조깅을 한다'고 하는 행동을 하기로 한다. 행동은 '조깅하는 것에 의해 건강이 확보된다'고 하는 '결과 기대'와 '주 3회 조깅을 할 수 있다'고 하는 '효력 기대'를 갖게 된다. 효력 기대의 인지, 즉 자기효력감은 실제 행동을 잘 예측하는 중요한 변수이다. 또 다른 예로, 금연의 유지에서는 흡연을 유혹하는 상황에서 자신이 어느 정도 그것을 참을 수 있을까 하는 자기효력감이 금연의 성패를 좌우한다고 한다. 즉, 자기효력감이 높은 사람일수록 금연을 유지할 가능성이 커질 것이다.

반두라는 다음 네 가지 요인이 자기효력감에 영향을 미친다고 말하고 있다.

① 성공체험: 강한 인내심과 끈기 있는 노력에 의해 장해를 극복한 체험을 가진 적이 있음
② 대리체험: 예컨대 자신과 동일하게 노력하는 사람이 성공하는 모습을 본 적이 있음
③ 사회적 설득: 주변사람으로부터 자신에 대해 긍정적 평가를 받은 적이 있음
④ 생리적·정서적 상태: 신체상태를 향상시키고 스트레스, 부정적인 감정경향을 감소시킨 적이 있음

또한 자기효력감은 다음과 같은 네 가지 과정, 즉 인지적 과정, 동기부여 과정, 정서적 과정, 선택 과정을 갖고 있다.

① 인지적 과정: 자기효력감이 높은 사람은 자신의 목표를 설정하고 그것을 성공적으로 달성할 수 있음
② 동기부여 과정: 자기효력감이 높은 사람은 실패한 경우에 자신의 노력이 부족하였다고 생각하고, 좀 더 노력하는 것으로 목표를 달성하려고 함
③ 정서적 과정: 자기효력감이 높은 사람은 자신에 대한 위협을 잘 처리할 수 있음
④ 선택 과정: 자기효력감이 높은 사람은 곤란한 일을 도전으로 생각하고 그것에 대응함

이와 같이 인지와 행동 사이에서 자기효력감은 중요한 역할을 하고 있다.

자기효력감 이론에 따르면, 규칙준수의 작은 목표를 세우도록 하고 그것을 달성한 경우 이에 대해 확실하게 칭찬하는 것이 효과적이다. 그 칭찬이 자기효력감으로 연결되고 더 커다란 목표로 도전하는 의욕을 생기게 한다. 이를 반복함으로써 "자신은 다른 사람의 모범이 되고 있다."고 하는 생각을 자극하고, 이를 통해 규칙의 준수를 유도할 수 있다.[66)]

규칙위반에 대한 대응으로서 어떤 규칙준수에 대해 칭찬하여야 할지, 어떤 규칙위반에 대해 나무라야 할지의 문제가 많은 논란이 되고

---

66) 자기효력감이 강한 것이 항상 바람직한 것은 아니다. 위험한 자동차운전, 약물남용 등 부적절한 행동을 하는 데 있어 자기효력감이 강한 경우도 생각할 수 있다. 예를 들면, "아무리 스피드를 올리더라도 사고를 일으키지 않고 운전할 수 있다."고 하는 자기효력감은 큰 사고를 일으킬 위험성이 높다. 한편, 자기효력감에는 구체적인 목표가 있다. 자동차운전으로 설명하면, 교통법규를 준수하는 효력감, 위험한 상황을 회피하는 효력감 등이 적절한 자기효력감으로 제시된다. 그리고 자기효력감 이론은 기본적으로 '기대-가치모델(expectancy-value model)'이다. '기대'로서의 자기효력감뿐만 아니라 안전을 중요하게 생각한다고 하는 '가치'도 동일하게 높여 나가야 한다. '기대'와 '가치'가 함께 높아지는 것으로 적절한 보호행동이 실현된다. 또한 자기효력감은 전술한 네 가지 요인(성공체험, 대리체험, 사회적 설득, 생리적·감정적 상태)에 작용하는 것을 통해 높아지는 것을 기대할 수 있다. 예를 들면, 자신과 동일한 상황에 있는 사람의 성공례를 보여주는 것, 주변 사람이 적극적으로 지원하는 것 등이다.

있다. 우리는 인지 부조화 이론과 자기효력감 이론으로부터 하나의 힌트를 얻을 수 있다.

비난하는 것은 자존심의 저해 자극이 된다. 자신이 스스로 세운 행동목표를 행하고 있지 않은 것을 지적하는 것이면, 인지 부조화의 자극이 되고 준수에 대한 동기부여가 된다. 그러나 규칙을 일방적으로 밀어붙이면서 이를 준수하지 않고 있다고 비난(행동목표를 세우고 있지 않은 것을 비난)하거나 본보기로 제재하게 되면, 본인의 의욕을 약화시켜 관리자에 대한 반감을 초래하게 된다.

한편, 규칙준수자에게는 정(正)의 대가를 제공하는 것이 중요하다. 특히 지금까지 규칙위반을 반복하던 자가 조금이라도 준수를 하였을 경우 이에 대해 격려하면 효과적이다. 이것이 자기효력감의 자극이 되고 준수행동의 계속으로 연결된다. 정의 대가는 금전보다도 칭찬 등을 통해 누군가로부터 "인정받고 있다."는 감정을 갖도록 하는 것이 더 효과적이다.

4.7 규칙준수시스템의 구축

규칙을 위반하는 근저의 동기에는 비용을 낮추고 이익을 올린다고 하는 인간의 본질적인 행동경향이 존재하고 있다. 이 행동경향은 현장개선, 나아가 발명의 원천이 되기도 하는 것으로서 그것 자체로 나쁜 것은 아니다. 따라서 특히 사업장에서는 무작정 규칙을 준수하라고 강요할 것이 아니라, 더 좋은 방법은 없는지에 대한 아이디어 제안을 유도하면서 규칙준수시스템을 만들고 이것이 올바르게 기능하게 할 필요가 있다. 물론 운용한계와 같이 개정할 수 없는 규칙도 있을 수 있는데, 이 경우에는 그 이유를 명시하는 등 효과적인 규칙준수 방안을 마련하는 것이 필요하다.

규칙준수시스템이 올바르게 기능하도록 하기 위해서는 외부로부터의 감시도 중요하다. 이것은 이익을 최우선시하는 풍토에 기업 전체가 물들면, 사회적으로 부적절한 규칙개정임에도, 조직 내에서는 적절하다고 판단될 수 있기 때문이다. 그렇게 되면 조직 내에서는 적절한 행위이고 규칙위반이 아닐 수 있지만, 사회적으로는 규칙위반인 모순된 상태가 된다. 기업 불상사가 발생하는 많은 사례들은 이러한 패턴이지 않을까 싶다. 외부감시는 이 모순을 인식하게 하는 계기가 될 수 있다. 그러나 외부감시를 하더라도 조직 구성원이 도덕적 가치, 집단죄악감을 가지고 있지 않으면, 외부감시에 대하여 정보를 은닉하는 조직적 위반행위에 이를 수 있는 점도 고려하여야 한다.

규칙위반의 문제는 태도라고 하는 마음가짐과의 관계도 깊기 때문에 정신론적·관념론적인 측면을 적지 않게 가지고 있다. 따라서 규칙위반에 대한 대응이 개인의 의욕을 감퇴시키는 것 없이 올바르게 기능하고 개인의 의욕과 창의를 끌어낼 수 있도록, 조직의 특성에 적합한 효과적인 규칙준수시스템을 구축·운영하는 것이 중요하다.

5. 규칙위반의 메커니즘과 대응

5.1 규칙위반의 모델

실행 가능한 규칙(매뉴얼)을 제정하고 주지시키며 이해할 수 있게끔 지도를 하더라도 규칙위반이 발생하는 경우가 있다. 이 경우는 조기의 개입이 필요하게 된다. 규칙위반은 한 번 성공하면, 준수하지 않아도 괜찮다고 하는 자신감(자기효력감)이 생겨 준수하지 않았다고 하는 죄악감이 무디어지고 상습화하기 때문이다.

규칙위반은 규칙을 준수하는 것의 이익(준수하지 않는 경우에 초래되는 불이익)으로 이루어진 '억지감정'과 준수하지 않고 다른 것을 한 경우의 이익으로 이루어진 '이익감정' 간의 비교형량의 문제가 된다.[67] 시소(seesaw)의 한쪽에는 규칙위반의 '이익감정'이 올려져 있고, 다른 한쪽에는 규칙위반에 대한 '억지감정'이 올려져 있다. 이익감정이 무거우면 규칙위반이 이루어지고, 억지감정이 무거우면 규칙위반이 이루어지지 않는다.

이익감정은 규칙을 준수하지 않음으로써 시간·자원의 절약(삭감) 등의 이익을 얻을 수 있다는 생각, 규칙이 존재하는 이유의 몰이해, 귀찮은 것에 말려들어가고 싶지 않은 마음, 비밀을 보고 싶은 마음 등에 의하여 생성된다. 억지감정은 규칙위반이 발각되었을 때 예상되는 외적 패널티(비난, 징계, 징벌 등), 비준수 시 내적 패널티(죄악감, 도덕감 등), 사고의 중대성 등의 불이익과 규칙 존재이유의 납득, 규칙을 준수할 때 얻어질 거라고 기대되는 이익 등에 의해 생성된다. 한편, 규칙위반에는 통상적으로 규칙 비준수의 성공경험에 따른 '자기효력감("이 정도의 위반이라면 괜찮을 것이다.", "발각되지 않을 것이다.", "나라면 할 수 있다.", "전에도 괜찮았다." 등)'도 작용한다.[68]

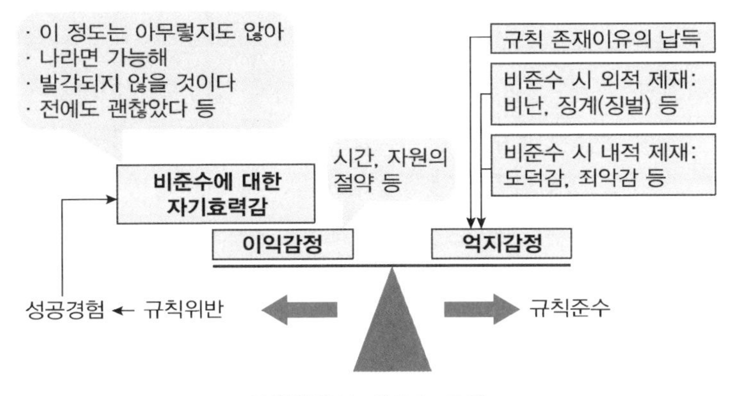

규칙위반의 기본구조모델

67) 小松原明哲, 《安全人間工学の理論と技術 ―ヒューマンエラーの防止と現場力の向上》, 丸善出版, 2016, pp. 61.

68) 小松原明哲, 《ヒューマンエラー(第3版)》, 丸善出版, 2019, p. 80 참조.

5.2 규칙위반의 동기

사람들은 정해진 규칙을 왜 위반하는 것일까. 규칙위반의 동기로 일반적으로 제시되는 것에는 다음과 같은 것이 있다. 이 중 대부분은 많은 경험을 쌓은 베테랑에게서도 종종 발견된다.

① 자기현시(顯示) · 호기심: 신인(新人), 이성(異性)에 대하여 멋진 모습을 보이기 위하여 규칙과는 다른 위험한 방법으로 하거나, 스릴을 맛보거나 호기심을 충족시키려고 무모한 방법을 사용하는 것(risk taking)과 같은 경우이다.[69] 자신의 완력을 시험해 보려고 일부러 위험한 일을 하거나, 색다른 곳에서 한가할 때 "만지지 마시오", "들어가지 마시오" 등이라고 쓰여 있는데도 호기심의 작동에 의한 위반행위를 하는 것 등이 이에 해당한다.[70]

② 불만(반발심): 규칙 제정 프로세스에 참가할 수 없었을 때 또는 오랫동안 자신의 방법으로 문제없이 해 왔는데 그것과는 다른 방법이 정해졌을 때, 반발심이나 불만 등이 생겨 굳이 자신의 방법을 고집하는 것과 같은 경우이다.

③ 효율: 기계 · 설비 트러블 발생 시에 기계 · 설비를 정지시켜야 하는데(정규의 방법) 서둘러 손을 대 조정을 해버리는 것과 같은 경우이다. 잘 되면 문제는 발생하지 않는다. 정규의 방법보다 효율이 좋다고 생각하여 주저 없이 해버리곤 한다. 올바른 방법에 포함되어 있는 여유도(용장도, redundancy)를 알고 있기 때문에, 규칙을 정한 본인이나 베테랑이 오히려 잘 저지르는 경향이 있다. 그리고 규정상의 절차에 따라 작업을 하다가는 시간 내에 작업을 완료하지 못할 거라고 생각하여 절차를 위반하는 경우도 이

---

69) 小松原明哲, 《安全人間工学の理論と技術 ―ヒューマンエラーの防止と現場力向上》, 丸善出版, 2016, p. 61.

70) 어느 한 전력회사에서 중앙제어실에 근무하던 작업자가 호기심에서 비상 버튼을 누르는 바람에 회사 전체의 전원이 꺼지는 일이 발생한 적이 있다.

에 해당한다. 상태가 이상한 기계 · 설비 등을 자신이 정지하면 귀찮은 보고서를 작성해야 하기 때문에 그대로 계속해서 사용하는 것도 효율의식에 기인하는 위반이라고 할 수 있다.

④ 선의 · 호의: 자신이 담당하는 작업이 지체되었을 때, 또는 기계에 문제가 생겨 정규 절차를 밟으면 많은 시간이 소요되는 경우에, 다음 공정, 다음 교대조 또는 고객에 폐를 끼치지 않으려고 정규 규칙을 무시하여 대응하는 것과 같은 경우이다.

⑤ 불이익감(感): 이상 시에 설비를 정지할 권한을 가지고 있는 사람이 긍정오류(false positive, 이상하지 않은데 이상하다고 판단하는 경우)[71]로 인해 설비를 잘못 정지시켰을 때, 나중에 '소심하다'는 소리를 듣거나 시말서를 작성하거나 징계를 받을 수 있는 경우에는 불이익에 대한 불안감 때문에 안전조치를 하지 않는 위반이 발생할 수 있다.

참고 **선의 · 호의에 의한 위반이 참사를 초래한 사례 – "아빠 움직여도 돼요?" 기장의 호의적 행동이 낳은 비극적인 비행 사고[72] –**

1994년 3월 23일, 항공 역사상 가장 어이없고 비극적인 '비행기 추락 사고'가 발생했다. 사고의 직접적인 원인은 '조종석에 앉았던 사람'에 있었다. 기장이 자신의 두 자녀를 조종석에 앉힌 게 추락사고의 원인이었던 것. '아에로플로트 593편 추락 사고'로 비행기에 타고 있던 승객 63명과 승무원 12명은 전원 비명횡사했다. 도대체 기장은 왜 자녀를 조종석에 앉혔던 것일까. 그리고 아이의 어떤 행동이 비극적인 참사를 만들어 냈던 것일까.

러시아 최대 항공사인 국영 아에로플로트 593편(에어버스 310)엔 세 명의 조종사가 탑승해 있었다. 바로 빅토르 다닐로프(Andrey Viktorovich Danilov) 기장, 야로슬라보 쿠드린스키(Yaroslav Vladimirovich Kudrinsky)

71) 이것의 반대는 부정오류(false negative, 이상하지 않다고 생각하였는데 이상한 경우)이다.

72) 김도연 기자, 서울경제, 2022.5.31.

기장, 이고르 피스카레프(Igor Vasilyevich Piskaryov) 부기장이다. 이처럼 세 명의 조종사가 한 비행기에 탑승한 이유는 비행 시간이 '13시간 39분'에 달하는 장거리 비행이었기에 다닐로프와 쿠드린스키가 나눠서 조종하기로 한 것이다. 다닐로프가 러시아 모스크바 셰레메티에보 국제공항에서 모스크바를 벗어나기 전까지 조종하면 모스크바 이후부터는 쿠드린스키가 조종해 홍콩 카이탁 국제공항에 도착하는 일정이었다.

이륙한 지 약 4시간 만에 비행기는 모스크바 구간을 벗어나 노보쿠즈네츠크 상공에 도착했다. 다닐로프는 조종간을 쿠드린스키에게 넘겨준 뒤 휴식을 취하러 객실로 이동했다. 쿠드린스키와 피스카레프가 조종실을 지키고 있을 무렵, 쿠드린스키의 두 자녀인 12살 딸 야나(Yana)와 16살 아들 엘다(Eldar)가 조종실을 방문했다. 쿠드린스키는 가족 간의 첫 해외여행을 계획해 자녀와 함께 비행기에 탑승한 것이었다. 자녀가 조종실에 들어가고 싶다는 의향을 비치자 쿠드린스키는 "자동비행 중이니 잠깐은 괜찮지 않을까?"라는 안일한 생각으로 외부인의 출입을 허락한다. 조종실은 외부인의 출입이 엄격하게 금지돼 있어 쿠드린스키의 행동은 엄연한 불법이었다.

쿠드린스키는 먼저 야나를 왼쪽 조종석에 앉혔다. 야나는 조종간을 잡고 이리저리 움직이며 마치 조종사가 된 듯한 느낌을 받았다. 그럼에도 비행기는 자동비행 중이었으므로 실제로 비행기를 제어할 수는 없었다. 그저 체험만 할 뿐이었다. 이후 엘다도 왼쪽 조종석에 앉아 야나처럼 조종간을 잡고 움직이기 시작했다. 그런데 엘다는 야나보다 4살이나 많았고 남자 아이였기 때문에 힘이 셌다. 그래서 엘다가 조종간을 잡고 이리저리 흔들자 자동조종장치는 그만 풀려버리고 말았다. 당시 아에로플로트 593편의 기종인 에어버스 310의 자동조종장치는 수십 초 이상 일정한 힘을 가하면 일부 시스템이 해제돼 수동 제어로 전환되는 장치였다.

엘다가 조종간을 잡은 뒤 비행기가 항로를 이탈하자 곧바로 무음 경고등에 빨간불이 들어 왔다. 하지만 기장과 부기장은 전혀 눈치채지 못했다. 쿠드린스키와 피스카레프는 각각 8940시간, 5885시간 이상을 비행한 노련한 조종사였지만 줄곧 조종해 왔던 소련제 비행기는 경고음이 탑재돼 있어 경고등의 존재를 미처 몰랐던 것이다.

초기대응을 하지 못해 비행기는 점차 오른쪽으로 기울기 시작했다. 기장과 부기장이 문제를 발견했을 땐 이미 기체가 180도 뒤집힌 상태였다. 혼란스러운 두 조종사는 9초 동안 계기판을 멍하니 바라봤다. 뒤늦게 정신을 차렸을 땐 이미 기체가 45도 각도에서 90도 각도로 기울어진 상태였다. 골든타임을 놓친 593편은 양력이 급격하게 떨어지는 실속 상태에 빠진다. 두 사람의 안간힘도 상황을 뒤집긴 어려웠다. 결국 아에로플로트 593편은 이륙한지 약 4시간 30분 만에 러시아 케메로보주 쿠즈네츠크 알라타우산맥의 언덕에 추락했다.

사고 직후 당시 조종을 누가 맡았느냐를 두고 논쟁이 벌어졌다. 아에로플로트 항공사는 사고 직후 아이들이 조종석에 타고 있었다는 사실을 부인했다. 하지만 그로부터 6달 뒤인 1994년 9월 28일, 잡지사 오보즈레바텔(Obozrevatel)이 비행기록장치 내용을 발표하자 항공사는 해당 사실을 인정했다.

규정을 어긴 기장의 무책임한 행동으로 한껏 부푼 마음을 안고 비행기에 탄 승객들은 단 몇 시간만에 희생자가 됐다. 하지만 책임을 물어야 할 인물이 모두 세상을 떠났으니 피해자의 가족들은 누구에게도 그 책임을 물을 수조차 없게 됐다.

이와는 별개로 사고 브리핑 당시 '조종석이 하늘을 바라보고 있는 상태에서 조종사가 조종간에서 손을 놓았다면 항공기가 실속 상태에서 회복해 정상 운행을 했을 가능성이 있다'는 발표가 나와 안타까움을 자아내기도 했다. 조종실에 있던 두 조종사 중 한 명이라도 정신을 제대로 차렸다면 충분히 수많은 생명들을 살릴 수 있었던 것.

'아에로플로트 593편 추락사고'는 2017년 10대 소년이 비행 중인 알제리 항공 여객기 조종석에 앉아 조종 장치를 조작한 사건, 2020년 ITX 청춘 열차 기관사의 가족이 운전실에 들어가 6개 역을 운행한 사건 등 유사한 사건이 발생할 때마다 재조명되고 있다.

5.3 규칙위반의 특징

규칙위반은 휴먼에러와는 다른 독특한 특징을 가지고 있다. 이를 소개하면 다음과 같다.

① 이유를 말할 수 있다. 위반은 의도적이기 때문에 나중에 위반을 한 사람에게 왜 그러한 행동을 했느냐고 물어보면, "지금까지 괜찮았기 때문에 이번에도 괜찮을 거라고 생각했다", "급했다", "아깝다고 생각했다" 등으로 저마다 자신을 정당화하는 이유를 말한다. 이유를 말할 수 있다는 점이 (행위)착오(slip), 망각

(lapse), 착각(mistake) 등 휴먼에러와 크게 다르다.

② 위반에는 사람의 마음이 배후요인으로 크게 영향을 미친다. 이 마음은 "작업은 편하게 쉽게 재빠르게 하자", "비용을 들이지 않고 하자"와 같은 '지름길 심리/합리성 심리'와 "좋은 평가를 받고 싶다", "호감을 얻고 싶다", "좋은 점을 보여주고 싶다" 등과 같은 '대인관계 심리'로 정리할 수 있다. 실제의 위반은 양자가 섞여 생기는 경우가 많을 것이다. 예를 들면, 기계가 트러블을 일으켰을 때, 전원을 끄고 나서 수리하는 것이 정해져 있어도, 그대로 작업을 하다가 산업재해를 일으키는 경우가 있다. 이것은 "전원을 끄는 것이 귀찮다", "전원을 끄지 않고 조치할 수 있으면 좋은 모습을 보일 수 있다" 등과 같은 심리가 뒤섞여 있다고 생각한다.

③ 위반은 사람 성격의 영향을 받는다. 전술한 대로 사람의 마음이 위반에 큰 영향을 미치고, 마음은 그 사람의 성격으로부터도 영향을 받으므로, 삼단논법적으로 성격이 간접적인 위반의 영향요인이 되기도 한다. 교통사고에서도 자기현시욕과 충동성이 강한 사람일수록 폭주족의 가해사고를 일으키는 경향이 있고, 한편으로 선량하고 신중한 사람일수록 지나치게 양보·신중운전을 하는 바람에 충돌하는 사고의 원인을 제공하거나 추돌되는 피해사고를 당할 수 있다.

5.4 규칙위반의 종류

규칙위반은 앞에서 설명한 것처럼(제5장 4.4) 위반이 이루어지는 형태에 따라 분류할 수도 있지만, 이하에서 설명하는 바와 같이 위반의 성질에 따라 구분할 수도 있다.

위반은 여러 가지 이유에 의해 저질러진다. 따라서 위반의 유형에 대해서는 여러 가지 구분이 제시될 수 있다. 이 경우 규칙위반이라고 하더라도 시스템 손상[인적 손상(재해)을 포함한다]을 입히려고 하는 악의적인 사보타주(sabotage)[73] 등의 행위는 대다수의 사고 시나리오 범위에서 벗어난다. 다시 말해서, 안전분야에서 대부분의 규칙위반은 시스템 손상이 목적은 아닌(악의는 없는) 규칙위반이다. 그중에서 가장 관심이 높은 규칙위반은 무언가의 의도성을 가지고 있지만 시스템 손상이 목적은 아닌 규칙위반, 즉 의도적이지만 악의는 없는 규칙위반이다. 실수로 인한(erroneous violation) = 잘못된 정보에 의한 위반 또는 의도하지 않은(비의도적) 위반(unintended violation)은 일반적으로 '에러'의 범주로 분류된다. 이하에서는 규칙위반의 분류에 대해 그간 제시된 이론을 토대로 예시적으로 제시하되,[74] 다만 위반에 대해 전반적으로 살펴본다는 의미에서 의도하지 않은 위반도 위반의 범주에 포함하여 설명하는 것으로 한다.

가. 일상적 위반(routine violation)

어떤 일을 하려고 할 때에 절차를 줄여 손쉬운 방법으로 해버리는 위반으로서 습관적으로 발생하는(일상적으로 보이는) 위반이다. 규칙 · 절차위반이 작업집단 내에서 작업의 통상적인 방법이 되어 버린 경우이다. 예컨대 2개의 작업 관련 지점 사이에서 가장 힘이 들지 않는 길을 택하는 것이다. 즉, 경비, 노력을 줄여 가장 손쉬운 방법을 택하는 것이다. 이러한 지름길행동은 개인의 습관화된 행동패턴이 될 수 있는데, 규칙위반에 대해 좀처럼 제재를 하지 않거나 준수하여도 거의 보상을 받지 않는 경우에 특히 심하다. 일상적 위반은 필요한 것보다 멀게 보이는 길

73) 사보타주는 우리나라에서는 태업의 의미로 많이 사용되고 있지만, 원래 뜻은 사업활동을 방해하거나 생산시설 등을 파괴하는 행위를 의미한다.

74) J. Reason, *Human Error*, Cambridge University Press, pp. 195-196; J. Reason, *Managing the Risks of Organizational Accidents*, Ashgate, 1997, pp. 72-73; R. B. Whittingham, *The Blame machine*, Routledge, 2015, pp. 36-37; P. T. W. Hudson, W. L. G. Verschuur, R. Lawton, D. Parker and J. Reason, *Bending the Rules Ⅱ: Why do people break rules or Fail to follow procedures? and What can you do about it?*, Universiteit Leiden, 1998, pp. 20-21; Health and Safety Executive, *Reducing Error and Influencing Behavior*, 2nd ed., HSE Books, 1999, pp. 16-17 참조.

을 가도록 하는 엉성한(clumsy) 절차에 의해 유발되기도 한다. 일상적 위반과 관련하여 잘 알려져 있지 않은 또 다른 이유는 규칙은 '어기라고 만들어진' 것이기 때문에 위반하는 것이라는 비뚤어진 생각이다.

일상적 위반은 다음과 같은 요인에 기인하여 발생한다.

- 시간과 에너지를 절약하기 위하여 생략하고자 하는 마음
- 규칙이 너무 제약적(restrictive)이라는 인식
- 규칙이 잘못되어 있고 부적절하거나 이행하기 어렵다는 믿음[75)]
- 규칙에 대한 집행(단속)의 부족
- 규칙위반이 일상적으로 저질러지는 곳에서 일을 수행함에 따라 규칙위반이 올바른 작업수행방법이 아니라는 것에 대한 인식 부족

나. 최적화하기 위한 위반(optimizing violation)

모니터링 작업과 같은 장시간의 단조로운 업무 등에서 기분을 전환하거나 따분함을 없애기 위하여 흥미 본위로 금지행위를 하거나 스릴을 즐기는 행동을 취하는 위반을 가리킨다. 최적화하기 위한 위반은 지루함의 해소, 호기심이나 즐거움·흥분(위험을 감수함으로써) 충족 등을 위해 업무상황을 최적화하려는(흥미진진하게 하거나 재미있게 하려는) 등 동기에 기인하여 발생한다.

이 위반은 인간의 행동이 얼마나 많은 동기를 가지고 있고, 그중 일부는 작업 목적과는 전혀 관계가 없는 것이라는 사실을 반영한다.

예를 들면, 운전자의 기능적 목표는 A에서 B로 이동하는 것인데, 그 과정에서 운전자는 스피드를 즐기거나 공격적 본능을 충족시키기 위해 속도위반을 하는 것과 같이 기능적인 목표가 아닌 다른 목표를 충족시키려는 경향이 개인 행동패턴의 일부가 될 수 있다. 이것은 젊은 남성 운전자와 같은 특정 연령그룹의 특징이기도 하다. 또 다른 예로, 리조트 기계실에서 아르바이트를 하던 대학생이 업무시간 중에 가동 중

---

75) 물론 이 믿음은 정당화되기도 한다.

인 풀리와 V벨트 사이에 검지손가락을 집어넣은 행동을 한 적이 있는데,[76] 이는 따분함을 없애거나 호기심을 충족하고자 하는(또는 둘 다를 해결하고자 하는) 욕구를 달성하기 위해 저지른 위반 행동에 해당한다. 그리고 조용한 장거리 비행 중에 지루하고 피곤해진 조종사가 "이 버튼을 누르면 어떻게 되는지 보자."며 버튼을 누르는 행동을 하는 것도 최적화하기 위한 위반의 일종이다.

다. 의도하지 않은 위반(unintentional violation)

절차가 복잡하거나 애매하여 혼란 또는 오해에 의해 저지르거나, 규칙 자체 또는 상황을 잘 알지 못하여 저지르는 위반을 말한다. 의도하지 않은 위반은 위반을 의도한 것은 아니고 의도가 부적절하였을 뿐이기 때문에 휴먼에러의 일종인 착각(mistake)이라고도 할 수 있다. 위반의 개념을 의도가 부적절하다는 것을 알면서 의도적으로 한 부적절한 행위라고 보면, 의도하지 않은 위반은 위반의 범주에 해당하지 않을 것이다.

라. 상황적 위반(situational violation)

시간적 압박, 작업부하에 비해 불충분한 직원수, 지도·감독의 부족, 업무에 필요한 자원(도구, 자재 등)의 부적합·부족, 극심한 기온상태(고열, 한냉) 등 업무(환경)에 기인하는 압박(부담)으로 인해 발생하는 위반을 말한다.[77]

상황적 위반은 작업상황과 절차 간의 미스매치로부터 촉발되고, 통상적으로 작업자가 위반을 저지르지 않는 것을 어렵게 하는 현장, 도구 또는 장치에 대한 조직적 또는 환경적 요인에 기인한다. 즉, 상황적 위반은 문제가 작업자보다는 조직 또는 환경에 있어 그 문제의 결과라고 할 수 있는 경우가 많다. 한편, 특별한 상황에서는 규칙을 준수하는 것

---

76) 이 행동으로 아르바이트 대학생은 검지손가락 끝마디 부분이 잘리는 재해를 입었다.
77) 안전대가 지급되었지만 안전대 고리를 체결할 마땅한 부착설비가 없는 경우에는 고소작업 시 안전대를 착용하라는 규칙을 지킬 수 없을 것이다.

이 매우 곤란하거나, 직원들이 그 상황에서는 규칙이 불안전하다고 생각할 수 있다. 즉, 이 위반은 흔히 특별한 상황에서 발생하거나, 통상적 규칙은 적용될 수 없어 위반될 수 있다고 생각되는 경우에 발생한다.

위험성 평가는 이러한 위반에 대한 잠재성을 찾아내는 데 도움을 줄 수 있다. 자유로운 커뮤니케이션을 통해 업무에 기인하는 압박(부담)에 대한 보고를 장려하는 것 또한 도움이 될 것이다.

마. 필요한 위반(necessary violation)

필요한 위반은 긴급 시 등 통상과는 다른 특정 상황에서 규칙에서 일탈하지 않으면(즉, 규칙을 준수하면) 일을 행할 수 없어, 불가피하게 다른 방법을 취할 수밖에 없을 때의 위반을 말한다.

바. 예외적 위반(exceptional violation)

예외적 위반은 광범위하고 다양한 국소적(local) 조건의 산물이기 때문에 명확하게 구체화되지 않는다. 그리고 예외적 위반은 드물게 발생하고 어떤 일이 잘못되었을 때에만 발생한다. 상황적 위반의 일종이라고도 할 수 있다. 새로운 문제를 해결하기 위해, 당사자가 위험을 무릅쓰게 될 것을 알면서도 규칙을 위반할 필요가 있다고 생각하는 경우이다. 이익이 위험보다 클 것이라고 잘못 생각하는 경향과 관련이 있다. 예외적 위반은 그 결정이 거의 확실히 잘못 이루어진 것이라고 할 수 있다.

예외적 위반의 예는 체르노빌 원자력발전소 사고에서 찾을 수 있다. 체르노빌 원자력발전소 사고 발생 전에 일련의 테스트가 수행되고 있었다. 오퍼레이터의 실수로 위험할 정도로 원자로 출력이 낮아졌을 때, 이 테스트는 포기되어야 했다. 그런데 오퍼레이터와 엔지니어들은 테스트 계획을 완료하기 위하여 잘 알지도 못하고 점점 불안정해지는 상황에서도 계속해서 임시변통으로 일 처리를 하고 말았다.[78)]

---

78) 체르노빌과 제브뤼헤(Zeebrugge) 사고는 '시스템 딜레마'라고도 불릴 수 있는 상황, 즉 작업자가 아무리 좋은 의도를 가지고 있어도 규칙위반을 피할 수 없도록 하

위 규칙위반들, 특히 일상적인 위반은 우리들 자신도 크든 작든 어딘가에서 경험을 한 적이 있고, 그리고 위반을 한 본인이 악질이었다고까지 할 수 있는 경우는 매우 드물다. 즉, 위반은 인간의 본성 그 자체에 항상 잠재하는 것이라고 할 수 있다. 그렇다고 하더라도, 안전보건의 측면에서 역시 위반은 곤란한 것이고 어떻게든 억제되어야 한다.

참고 위반을 증가시키는 설계요인

- 어색하거나 불편하거나 또는 힘이 많이 드는 작업자세
- 과도하게 거북하거나 지루하거나 느린 제어 또는 장비
- 작동(운전)·유지 자세를 취하거나 해제할 때의 곤란
- 반응이 지나치게 느려 보이는 장비, 소프트웨어
- 명확한 커뮤니케이션을 방해하는 큰 소음
- 기계·기기의 잦은 잘못된 경보
- 신뢰할 수 없다고 여겨지는 기계·기기
- 읽기 어렵거나 상황에 맞지 않는 절차
- 착용하기 어렵거나 불편한 개인보호구
- 열악한 환경, 예컨대 분진, 고열 또는 한냉

5.5 규칙위반에 대한 대응

가. 개요

규칙위반은 조기에 개입하지 않으면 상태화(常態化)되어 버린다. 이 개입은 교육적일 필요가 있다. 즉, 규칙 자체에 무리가 있거나, 올바르게 교육받지 않은 등의 이유가 있을 수 있고, 어쩔 수 없이 위반을 하는 경우도 있기 때문이다. 관리감독자에게는 그 이유를 현장과 함께 명확히 밝혀 해결하려고 하는 자세가 요구된다.

또한 꾸짖는 것도 필요한데, 꾸짖는 것이 징벌을 가하는 것은 아니다.

는 특정 업무 또는 조업 환경의 중요성을 시사한다(j. Reason, *Human Error*, Cambridge University Press, 1990, p. 196).

규칙이 올바르게 가르쳐졌음에도 불구하고 그것을 지키지 않았다고 하는 '약속 위반'을 꾸짖는 것이고, "당신의 안전을 생각하여 꾸짖는 것이다."라는 태도가 바람직하다. 현장규칙을 설명할(가르칠) 때에는, 일방적으로 전달하는 것이 아니라 질문, 이견 등이 없는지를 확인한 후에 당사자(들)로부터 "그것을 지키겠다."고 하는 언질을 받는 것이 바람직하다.

또한 규칙을 운용하는 과정에서 현장의 실정과 규칙의 세부적인 내용이 맞지 않은 것을 발견한 때에는 주저 없이 개선안을 제안하도록 하고, 실제로 제안이 있는 경우에는 그것을 진지하게 검토하고 수용하든 수용하지 않든(수용할 수 없으면 그 사유와 함께) 검토결과를 피드백하는 것도 필요하다.

귀찮은 규칙을 준수하고 있는 경우일수록 "수고한다.", "훌륭하다."라고 칭찬하는 것도 필요하다. 이것이 승인감(조직에서 관심을 가지고 있다는 안심감)으로 연결되고, 계속적인 준수의식으로도 연결된다.

조직문화 및 경영목표 · 우선순위는 안전보건에 관한 규칙위반 여부에 영향을 줄 수 있다. 안전보건에 대한 잘못된 메시지가 받아들여지면 규칙위반이 조장될 수 있다. 경영진으로부터의 가시적인 커뮤니케이션의 부족은 아무래도 안전보건에 관한 규칙위반을 눈감아 주는 것으로 비춰질 수 있다. 관리자와 감독자는 안전보건에 대한 긍정적인 메시지를 보낼 필요가 있다.

한편, 규칙위반을 감소시키는 것은 개인에 대한 제재적인 조치를 취하는 것보다 훨씬 많은 것을 필요로 한다. 직무와 장비의 설계, 절차, 교육훈련을 포함한 더 효과적인 조치가 다양하게 있다. 그리고 개인의 태도 · 동기 및 직무 · 조직의 설계 특징에 주의를 기울이는 것은 위반을 감소시키는 데 도움을 줄 것이다.

이하에서는 앞에서 설명한 규칙위반의 종류별로 위반을 감소시킬 수 있는 방안을 제시하고자 한다.[79)]

---

79) 이하의 내용은 Health and Safety Executive, *Reducing Error and Influencing Behavior*, 2nd ed., HSE Books, 1999, pp. 16-17을 참조하였다.

나. 일상적 위반

- 일상적 모니터링 등에 의해 위반이 발견될 기회를 증가시키는 조치를 취하라.
- 불필요한 규칙이 있는지 검토하라.
- 규칙과 절차가 적절하고 실행가능한 것이 되도록 하라.
- 규칙 또는 절차의 배후에 있는 이유와 그것들의 적절성을 설명하라.
- 생략행위의 가능성에 영향을 미치는 설계요인을 개선하라.
- 수용도를 높이기 위하여 규칙을 설계할 때 작업자를 참여시켜라.

다. 최적화하기 위한 위반

- 안전보건교육을 지속적으로 실시하라.
- 적절한 지도·감독을 실시하라.
- 직무를 재설계하라.
- (작업에) 제한적이라고 생각되는 규칙은 검토·조정하라.

라. 의도하지 않은 위반

- 규칙 또는 절차를 명확히 하라.
- 인식 및 교육훈련을 강화하여 작업자가 제·개정된 규칙 또는 절차를 충분히 주지하도록 하라.

마. 상황적 위반

- 작업환경을 개선하라.
- 적절한 지도감독을 실시하라.
- 작업설계와 작업계획을 개선하라.
- 위험성 평가를 실시하라.
- 커뮤니케이션 활성화를 유해위험요인 보고 시스템을 강화하라.
- 긍정적인 안전문화를 조성하라.

바. 예외적 위반[80]

- 비정상적 상황 및 긴급상황에 대해 더 많은 훈련을 제공하라.
- 위험성 평가를 실시할 때 위반의 가능성에 대해 생각하라.
- 새로운 상황에서 종업원에게 빨리 행동하도록 하는 시간적 압박을 완화하도록 하라.
- '방지조치'가 예외적 위반이 재해를 초래하는 것을 예방하는 데 적절한지를 확인하라.

5.6 규칙준수의 촉진

산업현장에서는 규칙위반, 특히 베테랑에 의한 규칙위반대책 때문에 골머리를 앓고 있는 곳이 적지 않다. 이렇다 할 만한 유효한 대책을 취하는 것이 생각만큼 쉽지 않기 때문이다. 한 사람 한 사람의 '마음'까지가 배후에 놓여 있기 때문에, 지식부족 때와 같이 "이러한 규칙이 있습니다. 이 규칙을 습득하여 반드시 따르기 바랍니다."와 같은 지식교육으로는 해결하기 어렵다.

규칙위반은 위반이라는 선택을 함으로써 무언가의 이익을 얻을 수 있다고 생각하기 때문에 행해진다. 규칙위반을 하려는 동기[규칙위반의 이익(촉진)감정]에는 비용삭감, 칭찬·감사의 말, 귀찮은 것에 휘말리고 싶지 않다, 비밀을 보고 싶다 등 여러 가지가 있을 수 있다. 규칙위반을 하더라도 괜찮다, 발각되지 않는다, 자신이라면 잘할 수 있다 등의 컨트롤의 착각이 동기로 작용하는 경우도 적지 않다.

한편, 규칙위반이 발각되었을 때 예견되는 제재, 규칙위반으로 발생할 수 있는 사고의 예상 피해, 죄악감, 규칙을 준수할 때 얻어진다고 기대되는 이익 등은 규칙위반의 억지감정으로 작용한다.

이들 2개의 감정이 시소에 올라가 있어 이익감정이 무거우면 규칙

80) 앞에서 설명한 필요한 위반에 대해서는 특별히 대응방안이라 할 만한 것이 없다.

위반이 이루어지고, 억지감정이 무거우면 규칙위반이 이루어지지 않을 것이다. 그리고 한번 규칙위반을 성공하면 그것은 이익감정을 강화하는 쪽으로 작용한다.

이것을 토대로 규칙준수 촉진대책을 어떻게 하여야 할까, 즉 시소를 어떻게 억지감정으로 기울어지게 할까를 생각할 필요가 있다. 이익감

규칙준수를 촉진하는 방법

방법	내용
위반결과와 행동 대비	'위반을 하면 어떻게 될까'라고 하는 결말과 '자신이 평상시 하고 있는 행동'을 대비시켜 자신의 행동을 뒤돌아보도록 하여 스스로 반성하게 한다.
인지 부조화 이론	규칙의 의의, 중요성, 자신의 이상을 생각하게 한 후에 그룹 토론, 카운슬링 등에서 의식적으로 그 사람의 평소 행동과의 차이를 지적하여 부조화(불쾌감, 불편함 등)를 느끼게 한다. 그 부조화 느낌은 그 차이를 메우는 행동을 촉진한다.
집단분위기	전원이 동일한 의식을 가지고 있는 집단 중에 한 사람만이 다른 의식을 가지고 있는 경우, 그자의 마음은 편치 않다. 그래서 규칙준수태도가 낮은 작업자를 그것이 높은 부서에 집어넣음으로써 주변의 분위기가 자신의 것으로 자연스럽게 스며들도록 한다. 그 반대도 가능하다고 할 수 있지만, 규칙준수태도가 낮은 부서를 개조하려고 규칙준수태도가 좋은 한 사람만을 그곳에 보내는 경우에는, 어느샌가 그 사람의 의욕, 준수태도가 상실되어 버릴 수 있다.
결의 표명	조회, 소집단활동 회의를 통해서 또는 전원이 연초에 자신의 결의를 종이에 써 전원이 게시하는 방식 등으로 전 직원 앞에서 자신의 결의를 표명하도록 한다. 이를 통해 표명한 결의를 어기는 것에 심리적으로 저항감을 느끼고 결의에 구속되는 행동을 하게 된다.
단계적 의뢰법	처음에는 충분히 달성할 수 있는 작은 규칙준수의 목표를 내걸도록 하고, 그것을 실행하면 확실하게 칭찬을 한다. 다음으로 좀 더 큰 목표를 세우도록 하여 그것을 달성하면 또 칭찬을 하는 것을 반복함으로써, 서서히 더 넓은 영역에 걸쳐 규칙준수의 행동이 취해지도록 한다. 시간이 걸리지만, 자신감이 없는 작업자나 안전의식, 의욕이 낮은 작업자에 대해 효과적이라고 평가되고 있다.

정을 가볍게 하거나 억지감정을 무겁게 하는 쪽 중 어느 쪽으로 할 것인가? 어느 쪽이 효과적인가는 사안별로 달라 일률적으로 말할 수 없지만, 근본적으로는 규칙의 존재이유를 설명하고 이의 준수를 설득함으로써 이를 납득하고 준수 태도를 갖추어 실행하도록 하는 것이 필요하다.

사회심리학에서는 KSAB라고 하는 모델이 있다. KSAB의 각 단계를 밟으면서 규칙준수를 행동으로 정착시키는 것까지 나아가도록 할 필요가 있다. K, S, A, B는 다음과 같다.

- K(knowledge) **규칙을 알고 있다**: 규칙을 이유와 함께 알도록 한다.
- S(skill) **스킬을 가지고 있다**: 규칙을 실행하기 위한 기술, 기량을 몸에 지니도록 한다.
- A(attitude) **적극적인 태도를 갖는다**: 규칙을 준수하겠다는 태도(마음)를 갖도록 한다.
- B(behavior) **행동할 수 있다**: KSA의 결과로서 규칙을 준수하는 행동이 가능하도록 한다.[81)]

규칙준수를 촉진하기 위해서는 'A(태도)'의 육성이 중요하다. 사회심리학에서는 앞의 표와 같은 방법(규칙준수를 촉진하는 방법)을 제안하고 있다.

5.7 규칙위반과 관리감독자의 책무

가. 위반자에 대한 관리감독자의 자세

관리감독자의 입장에서는 만약 규칙위반을 하고 있는 작업자가 있는 경우에는 이것을 묵과해서는 안 된다. 단, 느닷없이 비난하는 것이 아니라 교육적·상담적으로 접근할 필요가 있다. DuPont사가 실시하고 있는

81) 小松原明哲, 《ヒューマンエラー(第3版)》, 九善出版, 2019, pp. 83-84.

관리감독자용 안전훈련관찰 프로그램(STOP)은 이것에 상당하는 것이다. 작업자가 무언가 규칙위반하는 것을 발견하면, 관리감독자는 "이것을 준수하지 않으면 어떻게 되는지를 함께 생각해 보자", "무언가 문제가 있어 규칙이 지켜지지 않았을 테니 함께 개선책을 생각해 보자"는 식의 카운셀링적인 태도로 위반자에게 접근한다.

관리감독자가 규칙위반을 적발하는 태도이면 면종복배(面從腹背)가 되고, 직장의 분위기가 나빠져 버린다. 그러나 위반이 악질적인 것, 몇 번 말했는데도 고쳐지지 않는 것, 누구의 눈으로 보아도 나쁜 행동에 대해서는 역시 제재를 함으로써 더 이상 하지 않도록 하는 태도가 필요하고, 이것을 교육·상담 운운하면서 애매한 것으로 끝내면 다른 사람의 사기가 상실되어 버린다. 구체적인 방법이 어려운 문제인데, 먼저 본인에게 규칙준수를 서약하도록 하고, 그럼에도 그 후에 부적절한 행동을 하면, 처음에는 교육적·상담적으로 접근하고, 상당히 악질적인 것, 상습적인 것에 대해서는 의연한 태도를 취해야 한다. 그렇지 않으면 조직풍토가 문란해져 간다. 한편, 규칙을 준수하고 있는 사람에게는 "감사합니다.", "훌륭합니다."와 같은 칭찬하는 태도로 다가가는 것도 중요하다. 이것은 규칙위반의 억지감정으로 작동하고 좋은 조직풍토로 연결되어 간다.

참고 자기 자신에게 설명하게 한다

규칙을 알려주더라도 제구실을 못하는 경우가 적지 않다. 위에서 규칙을 일방적으로 가르치는 것만으로는 좀처럼 지켜지지 않는다. 규칙의 존재이유, 만약 그 규칙·절차를 지키지 않으면 어떤 문제가 생기고, 그 문제가 자기 자신에게 어떻게 영향을 미치는지를 자신의 입으로 설명하게 하는 것이 필요하다. 그리고 "나는 그것을 준수하겠습니다."라고 모든 사람의 앞에서 선언하게 하는 방식을 취하지 않으면 좀처럼 본인이 그런 마음이 되지 않을 수 있다.

어떤 버스 회사에서는 사장이 조회시간에 교통규칙의 준수를 강조해서 말해도 좀처럼 교통위반이 줄어들지 않자, 조회시간에 운전사를 지명하여 "오늘 당신은 어떤 교통법규를 준수할 것인가"라고 묻고 그 이유도 함께 답변하도록 하였다. 만약 준수하지 않으면 어떻게 되는지까지를 질문하였다. 사고가 발생하면 부상자가 나오고, 부상자에게는 가족이 있을 것이며, 사고를 낸 본인을 평생 원망할 것이다. 자신은 해고되고, 교도소에 갈 수도 있고, 그렇게 되면 처자식은 경제적으로 쪼들리게 되는 등 자신과 가족에게 많은 고통으로 연결되는 부분까지 본인의 입으로 직접 설명하게 하였다. 그리고 조회에 참여한 모든 직원 앞에서 "오늘은 일시정지를 준수하겠다." 등을 말하게 한 후, 그것을 종이에 써 지참하게 하였다. 이 활동을 지속적으로 한 결과, 교통위반이 상당히 줄어드는 효과를 보았다고 한다.

나. 사회와의 연계 고려

안전규정에는 일반적으로 안전여유가 포함되어 있으므로, 조금 일탈하여도 안전이 바로 위협받는 일은 적다. 이 때문에 기술에 정통한 베테랑은 규정을 유연하게 운용하는 느낌으로 작업을 수행하는 경우가 있다. 그러나 이것이 사내규정이라 하더라도, 그것이 지켜지지 않는다면 사회로부터의 불신을 초래할 수 있다. 회사 내의 일부 사람이 사내규정을 준수하지 않는 것이 발견되면, 한 가지 일을 보면 다른 모든 일도 짐작할 수 있다고 생각되어, 그 사람들뿐만 아니라 회사 전체가 사회로부터 신뢰를 잃게 된다. 즉, 사내규정이라 하더라도 한번 정해지면 그것은 사회적 존재가 될 수 있다는 점을 현장도 관리감독자도 깊이 인식하여야 한다.

다. 규칙의 정당성에 대한 지속적 검토

준수할 수 없는 규칙, 준수하는 의미가 없는 규칙을 현장에 강요하면서 "준수하지 않는 당신이 나쁘다", "교육을 하여야 한다"와 같은 식으로 접근하는 것은 본말전도라고 해도 과언이 아니다. 관리감독자는 규칙이 다음에 해당하지 않는지, 즉 규칙의 합리성, 타당성을 항상 생각할 필요가 있다.

(1) '인간의 특성'을 모르는 규칙

잔디밭에 '들어가지 말 것'이라는 팻말을 세워놓고 있는 공원이 있지만, 팻말이 있는 곳에 잔디밭을 가로지르는 샛길이 생겨나 있는 경우가 많다. 이때 잔디밭에 들어간 사람을 붙잡아 "들어가면 안 됩니다."라고 지적을 하더라도 그 사람은 진정으로 받아들이지 않을 것이다. 사람은 지름길을 좋아한다. 이것은 사람의 '특성'이다. 하물며 샛길이 나 있을 정도로 상습자가 있는데 자신만이 붙잡히면 진심으로 뉘우치는 마음을 갖지는 않을 것이다. 관리감독자는 이와 같은 것을 생각하고 나서, 지름길을 만들더라도 그다지 문제가 없을 것 같으면 잔디밭을 가로지르도록 하는 것이 좋다. 즉, 팻말을 뽑고 길을 만들어주는 것이 좋을 것이다.

한편, 이 지름길(잔디밭을 가로지르는 샛길)을 만드는 것이 무언가의 이유로 실제로 곤란하다고 하면, 왜 그러한지 그 이유를 알려주고 게시하며, 나아가 지름길이 가능하지 않도록 철망 등으로 울타리를 만드는 등의 물리적인 수단을 강구하여야 한다. 그럼에도 불구하고 지름길을 원하는 것이 사람의 특성이므로 언제든지 울타리가 부서질 수도 있다는 점을 염두에 두어야 한다.

(2) 합리적 이유가 없는 규칙

합리적 이유가 없는 규칙에 대해 지키자고 운운하더라도 이것은 난센스이다. 합리적인 이유가 발견되지 않는 규칙, 필요성이 없게 된 규칙, 작업상황에 맞지 않게 된 규칙이 없는지를 관리 측은 수시로 확인하고 그 규칙의 개폐 필요성 여부를 생각하여야 한다.

(3) 처음부터 준수할 수 없는 규칙

"과연 준수할 수 있는 규칙인가?"라고 하는 근본적인 질문을 던져볼 필요가 있다. 규칙을 만들면 모두가 준수할 것이라고 생각하는 사람이 종종 있지만, 큰 착각이다. 처음부터 준수할 수 없거나 준수될 리가 없는 규칙에 대해서는, 그것을 준수하지 않는다고 하여 교육적인 지도를 하거나 확실히 준수하자고 결의표명을 하게 하더라도 당해 규칙의 준수를 기대할 수 없다.

(4) 판단기준이 없는 규칙

준수할 때의 판단기준이 명확한지 여부도 생각할 필요가 있다. 예를 들면, "필요 이상으로 가열하지 마시오. 가열에 의해 발화하는 경우가 있습니다."라고 쓰여 있는 경우, 이 '필요'를 어떻게 받아들일지는 사람에 따라 다르다. 명확한 기준을 제시하지 않고 현장에 맡기는 식의 규칙·기준을 시달하면서 그것을 지키라고 하면 현장은 곤혹스럽게 생각한다.

참고 위반과 안전문화

위반은 조직의 안전풍토가 어지럽혀져 있을 때 발생하기 쉽다고 말해진다. 특히 현장의 사기가 약해져 있을 때, 기업이 비용 최우선의 풍토에 물들어져 있을 때에는, 자연스럽게 필요한 안전확인을 하지 않거나 안전규칙을 준수하지 않게 되고, 급기야 큰 사고를 일으키게 된다.

식품 원산지 위장사건, 사업장의 중대사고 은폐, 검사기록 조작 등의 사건도 일종의 규칙위반인데, 비용삭감의 최우선, 기업윤리의 결여 등이 주된 원인이 되어 발생한 것이라고 생각한다. 이러한 사건으로 인해, 회사는 사회로부터 신뢰를 잃고 기업 존속에 심대한 타격을 입게 되는 사태도 발견된다. 이것들은 특정 개인의 위반이 계기가 되었다고는 하지만, 조직 전체의 풍토에 기인하고, 조직에 파멸적인 타격을 주는 것이라는 점에서 조직에러(organizational error), 조직사고(organizational accident)라고도 말해진다.

이상에서 살펴본 바와 같이 '위반'에 대한 대책에서는 관리 측이 다하여야 할 역할이 크다고 생각된다. 규칙을 준수하도록 하는 교육, 지도와 아울러, 그 규칙은 고치거나 폐지할 수 없는 것인지, 좀 더 효율적으로 만들 수 없는지, 필요한 인원은 갖추어져 있는지, 납기는 무리가 없는지 등을 생각할 필요가 있다. 그렇지만 규칙의 개편을 현장에 맡겨서는 안 되고, 관리 측이 정확히 평가하고 개편을 승인해야 한다. 그렇지 않으면 조금씩 모든 규칙이 현장의 편의대로 고쳐져 수습이 어렵게 된다. 규칙위반을 갑자기 심하게 야단치는 것은 좋지 않고, 위반자의 목소리에 귀를 기울이는 것도 필요하다. 변명에도 일리가 있을 수 있다. 즉, 변명으로부터 생각해야 할 점이 있을지도 모른다. 결국, 규칙 제·개정을 승인하는 것도 지켜지게 하는 것도 관리 측의 책무라고 생각하여야 한다.

6. 누가 규칙을 위반하는가[82)]

위반이란 정해 놓은 규칙, 매너 등을 지키지 않는 유형의 불안전행동이며, 규칙(규정)위반이라고도 한다. 초심자보다 오히려 이제 막 일에 익숙하게 된 '어중간한 베테랑'이 많이 일으키는 경향이 있다.

6.1 초심자가 일으키는 위반

어떤 공장에서 맨홀에 들어가 있는 사람을 위에서 들여다보고 있을 때 손에 들고 있던 공구를 떨어뜨려 밑에 있던 사람을 다치게 한 사고가 있었다. 식품공장에서는 식품라인을 물끄러미 살펴보고 있을 때 머리핀이 떨어져 소동이 벌어진 적이 있었다(이물질 혼입사고). 중요한 점은 아래에 중요한 뭔가가 있을 때에는 그 위에서 떨어질 수 있는 것을 갖고 있어서는 안 된다는 것이다.

---

82) 이하는 주로 小松原明哲, 《ヒューマンエラー(第2版)》, 九善出版, 2008, p. 71 이하를 참조하였다.

이러한 것은 직장의 상식, 기본동작의 하나라고 할 수 있다. 이것이 작업규칙으로 되어 있는 사업장도 있을 것이다. 그러나 사업장에서는 상식, 기본동작, 규칙으로 되어 있더라도 신입사원은 모르기 때문에 '상식을 모른다', '기본이 되어 있지 않다', '규칙을 모르고 있다' 등과 같은 이야기를 듣게 될 불안전행동을 저지르고 만다. 이것은 모르는 것에 의한 지식부족에 의한 휴먼에러[정확하게는 mistake(착각)]라고도 할 수 있다. "요즘 젊은 사람들은…"이라고 하는 말은 예전부터 있었다. 자신들의 안전, 제품의 안전을 지키기 위한 기본동작, 규칙은 신입사원이라 하더라도 망설임 없이 지도하여야 한다. 방치하게 되면 "이렇게 해도 괜찮은 걸"이라고 하는 생각이 만연하게 되고 직장의 규율도 느슨해진다.

가. 아직 익숙하지 않다

신입사원의 경우 기본사항을 숙련기반행동(skill-based behavior)으로서 무의식적으로 할 수 있는 데까지 이르지 못하고 있다. 본인도 노력할 필요가 있고, 주위의 사람도 초심자가 하지 못하고 있으면 그 자리에서 말할 필요가 있다. 다만, 주된 작업에 집중하고 있어 기본사항에까지 주의가 미치지 못하고 있는 경우, 어설프게 주의를 주면 오히려 위험하므로 주된 작업의 직후에 주의를 준다. 기본사항 습득이라고 하면 근성론, 정신론으로 오해되는 경우도 있지만, 그것과는 다르다. 일은 놀이가 아니므로 준수되어야 할 것은 준수하도록 하지 않으면 안 된다. 직장의 기본사항은 그다지 시간이 걸리는 것은 아니고, 1개월만 하면 몸에 익혀진다. 기본사항 습득은 입사 직후에 하는 것이 중요하다. 나중에 기본사항을 가르치려고 하면 반발심을 불러일으키는 경우도 있기 때문이다.

나. 부끄럽다

예를 들면, "좋아!"라고 하는 지적호칭, 아침 체조 후에 "금일도 안전

작업으로 최선을!" 등과 같은 구호, "안전!"이라고 하는 인사방법 등 동작, 소리를 동반하는 행동은 신입사원의 경우 부끄러워서 하지 못하는 경우가 있다. 그러나 이것도 숙련기반행동으로 가능해지도록 본인도 주위도 노력하는 것이 필요하다. 이러한 것은 위반의 의도가 매우 약하여 위반이라고 분류하기 어려운 측면이 있지만, 결과적으로 규칙을 준수하지 않는 것이므로 위반으로 분류할 수 있다.

참고 직장매너와 작업규칙

각각의 사업장에서는 업무상의 매너가 많이 있다. 예를 들면, 먹으면서 일하지 않는다, 이어폰으로 음악을 들으면서 일하지 않는다, 직장에 개인적 물품을 갖고 들어오지 않는다, 귀걸이를 하지 않는다, 머리는 짧게 한다 등이다. 이것들은 직장의 매너로서 일일이 작업규칙으로 정하지 않는 사업장이 많지만, 외국인근로자 중에서는 이와 같은 한국적인 상식이 통용되지 않는 경우도 있으므로, 작업규칙으로 정할 필요가 있다. 그리고 우리나라에서도 최근의 젊은 사람들은 풍속이 예전과 같지 않으므로, 규칙으로 제정할 필요가 있을 수도 있다. 단, 이들 매너에 합리적 근거가 있는지 여부는 관리 측이 생각하여야 할 하나의 포인트이다. 합리적 이유 없는 규칙을 막연하고 추상적 설명으로 밀어붙이면 반발을 초래하는 경우도 있다.

6.2 베테랑이 일으키는 위반

베테랑이 일으키는 위반은 초심자보다 오히려 많다. 게다가 '의도적'이며 '고의'라고 하는 점이 초심자가 일으키는 위반과 다르고, 불안전행동의 다른 유형인 휴먼에러와도 크게 다르다.

고의라든가 위반이라고 하면 상당히 악질적인 느낌이 들지만, 반드시 대단한 것만은 아니다. 규칙이든 매너든 충분히 알고 있고, 그것을 지키지 않으면 안 된다고 하는 것도 알고 있지만, 괜찮을 거라는 마음으로 지키지 않는 것이 많다. "경솔하다는 비난을 면할 수 없다."는 말을 듣는 경솔행위에 해당하는 것도 적지 않다.

가. 위험불감증에 의한 생략

안전상태가 오랫동안 계속되면 점점 규칙을 지키지 않게 되는 경우도 있다. 맹수가 항상 얌전하니까 괜찮을 거라고 생각하고 일일이 우리 안의 내실(內室)을 잠그지 않는 경우가 있다. 그런데 돌연 맹수가 달려드는 일도 있을 수 있다. 또한 시골의 건널목을 멈추지 않고 그냥 통과하는 경우도 있다. 그러나 그때 열차가 오지 않을 확률이 낮을 뿐이지 제로인 것은 아니다.

어떤 유원지의 관람차에서는 최후로 전원을 내리는 것은 도어를 개방한 곤돌라가 일주(一周)하고 돌아온 후에 한다, 일주하는 동안에는 손님을 태우지 않는다 등의 규칙이 있다. 그러나 담당자가 갑자기 전원을 내리는 사고가 있었다. 겨울의 해질녘이어서 손님이 적은 시간이다, 일주를 기다리는 데 20분 가깝게 걸린다, 기다리는 것이 귀찮다, 집에 빨리 돌아가고 싶다 등의 배후심리가 작용하여 관람차 담당자가 규칙을 어기고 전원을 내려버리는 일이 있었다. 그런데 몇 명인가의 손님이 타고 있어 곤돌라에 한동안 갇혀 있게 되었다. 본인은 해서는 안 되는 일이라는 것을 알고 있었지만, 괜찮을 거라고 합리화시켜 버린 것이다. 이 같은 일은 아마도 금번이 처음이 아니고 지금까지 여러 번 동일한 생략을 해왔을 것이라고 생각된다. 또한 이와 같은 위반은 초심자가 아니라 업무에 익숙한 사람이 하는 경향이 있다.

나. 번거로운 절차의 생략

작업절차가 번거로워서 생략이 되는 경우도 있다. 비근한 예로 사무실 안의 낮은 천장 형광등을 1개만 교체할 때 각립비계를 사용하지 않고 의자를 사용하는 등의 경험이 있을 것이다. 각립비계가 바로 근처에 있으면 사용하겠다고 생각하지만, 멀리 있는 창고에서 각립비계를 꺼내 와야 하면 번거롭다고 생각하게 된다. 그러나 의자 등으로는 손이 쉽게 닿지 않는 높은 곳의 형광등을 여러 개 교체하게 되면 아마도 각립비계를 준비할 것이다.

작업의 주된 부분에 비교하여 준비, 뒤처리 쪽에 많은 수고와 시간 등을 들여야 하는 경우, 그 준비 또는 뒤처리가 생략되어 버릴 가능성이 높다. 인간은 본질적으로 편리함을 추구한다. 목적을 달성할 때에 시간, 노력, 비용을 들이고 싶지 않은 것이다. "잠깐이니까"라고 생각하고 자동차를 불법주차하는 것도 같은 심리이다. 앞에서 설명한 JCO 임계사고(1999)에서도 저탑을 사용하는 작업이 상당히 번거롭다고 생각하여 좀 더 편하고 능률적인 방법으로 흘러가 버리고 말았다.

6.3 공통으로 일으키는 위반

업무량에 비해 작업자수가 충분하지 않거나 작업시간이 부족하거나 납기가 촉박할 때에는, 바쁘거나 서두르기 때문에 초심자든 베테랑이든 관계없이 위반이 발생할 가능성이 높다. 바쁘거나 서두르더라도 어느 정도는 긴장과 노력으로 감당할 수 있을 수도 있지만, 절대적으로 시간이 부족하면, 많은 경우 먼저 검사, 확인 등의 절차가 누락되고, 그래도 시간을 맞추지 못하면 바로 발각되지 않을 부분, 눈에 잘 보이지 않는 부분의 누락이 이루어진다.

어떤 빌라 건축공사에서는 항타(抗打) 절차의 누락이 있었는데, 수년 후에 빌라가 기울어져 발각되었다. 어떤 비계 조립공사에서는 비계공이 작업발판을 지지물에 연결(고정)시키는 절차를 누락하여 작업자가 추락하는 사고가 발생하기도 하였다. 이 외에도 경험, 숙련 정도에 관계없이 일으키는 위반으로는 다음과 같은 것이 있다.

① 내용 연한이 지난 기계 · 설비, 사용하다 남은 용구, 유통기한이 지난 식품 등을 아깝다고 생각하여 규정에서 금지하고 있음에도 재이용하는 것으로서 '지나친 비용의식'에 의한 위반이라고 할 수 있다.

② 상태가 이상한 기계 · 설비를 정지할 권한을 가지고 있지만 거짓 양성(위양성, false positive)[83]으로 정지한 경우에, 나중에 '겁쟁이' 소리를 들을 수도 있고, 또는 견책을 받거나 시말서를 작성할 수도 있어, 해당 기계 · 설비를 그대로 사용해 버리는 일이 발생할 수 있다. 이것은 '주위의 시선' 또는 '징계 불안감' 때문에 규정대로 하지 않는 위반에 해당한다.

83) 실제로는 이상하지 않은데도 이상하다고 판정하는 것을 의미한다. 이것의 반대말로, 이상하지 않다고 생각했는데 실제로는 이상한 경우는 거짓 음성(위음성, false negative)이라고 한다.

제6장

제조물책임법

1. 제조물책임법이란

1.1 개요

「제조물책임법」(이하 'PL법'이라 한다)은 제품의 사용자가 안전상 결함 있는 제품에 의해 생명 · 신체 또는 재산에 손해(그 제조물에 대하여만 발생한 손해는 제외한다)를 입은 경우의 구제를 위해 제정된 법률이다. 「PL법」 시행일 이후에 기업의 손을 떠난 제품(완성품뿐만 아니라 부품 · 재료도 포함된다)의 결함에 의해 사람의 생명 · 신체 또는 재산에 관련되는 피해가 발생한 경우 기업은 과실의 유무를 묻지 않고 책임을 진다.

제조물책임제도가 도입됨으로써 재판 이외의 장(場)에 있어서도 「PL법」이 분쟁해결의 규범으로 기능함으로써 해결수준이 안정화되고 분쟁이 신속하게 해결될 것으로 기대되는 한편, 사업자, 소비자 쌍방의 의식이 향상되고 제품의 안전성 확보에 대한 기업의 노력이 촉진되고 제조업자 등이 한층 소비자의 안전성에 대한 수요에 부응하여 제품을 제조하게 되어 좀 더 안전한 제품이 공급되는 것으로 연결될 것이라고 기대되었다. 나아가 「PL법」이 국민생활의 안전 향상과 국민경제의 건전한 발전으로 연결될 것으로 기대되었다.

「PL법」은 대중소비를 위하여 매스컴에 광고를 하는 상품뿐만 아니라 중공업의 기계에 대해서도 적용된다. 「PL법」의 은혜가 생각대로 베풀어지고 있는지, 특히 생산설비를 취급하는 작업자에게 도움이 되고 있는지 여부를 검증할 필요가 있다.

「PL법」 시행을 계기로 피해자가 「PL법」에 의해 적극적으로 구제를 요구하게 되었지만, 피해자가 패소하는 경우도 적지 않다. 큰 이유는, 피해자의 입증부담을 경감하는 것을 목적으로 도입된 「PL법」하에서도, 여전히 피해자 측에 큰 부담을 부과하는 '입증책임'에 있다. 결함과 손해사고 사이의 인과관계를 증명하는 것이 피해자에게 있어 벽이 되어 가로막고 있는 것이다. 「PL법」을 제정할 때에는 「PL법」에 의해 피해자의 입증책임이 상당히 완화될 것으로 기대되었지만, 지금에 와서는 기대만큼 완화된 것은 아니라는 느낌이 든다. 그러나 「PL법」 시행에 수반하는 매스컴의 영향에 의해 피해자의 권리의식이 높아지고 적극적으로 구제를 요구하게 된 것은 의심의 여지가 없다. 자동차 사고의 예로 알 수 있듯이, 설령 피해자의 승리로 귀착되지는 않았더라도 제조업자가 전향적으로 화해에 응하게 된 것은 「PL법」의 성과라고 할 수 있다.

1.2 제조물책임의 근거

새로운 민사책임의 유형으로서 제조물책임을 부과하는 제도를 도입하는 데 있어서는 새로운 책임을 부과하는 것의 타당성, 근거가 필요하게 된다. 제조물책임이라고 하는 무과실책임에 근거한 책임의 근거로 일반적으로 다음과 같은 세 가지 사고방식이 있다.

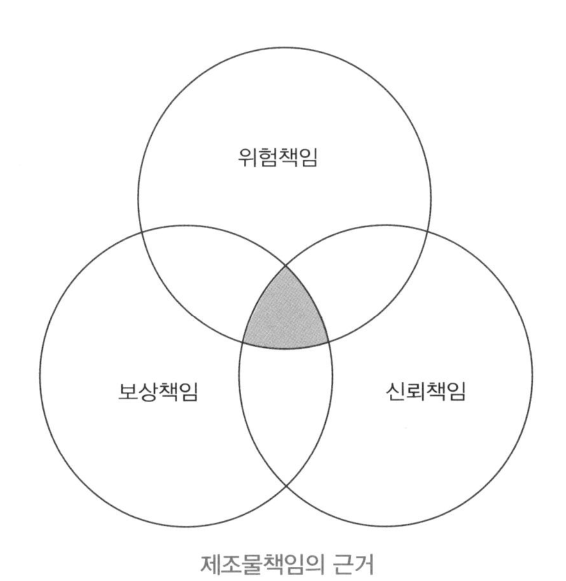

제조물책임의 근거

가. 위험책임

제조업자는 소비자와 비교하여 안전성이 결여된 제품의 위험에 관한 정보를 수집 · 입수하기 쉽고(정보수집능력의 격차), 위험을 컨트롤하는 것이 가능한 입장에 있다(위험회피능력의 격차). 따라서 제품의 위험이 현실화되고 사고가 발생한 경우에는 과실의 유무를 불문하고 손해배상책임을 지는 것이 적절하다고 여겨진다. 이것을 '위험책임'이라고 한다.

대량생산되고 있는 제품 중에서 불가피하게 발생하는 불량품에 대해 제조업자에게 과실이 없어도 책임을 과하는 것이 위험책임의 전형적인 경우이다. 또한 제조업자가 제품의 위험을 만들어 낸 것이 아닌 경우에도 과실의 유무를 불문하고 책임을 부과하는 것이 무과실책임주의에 근거한 위험책임의 사고방식이다. 따라서 제조업자가 제품을 제조하기 이전부터 이미 원재료, 부품 등에 존재하고 있던 위험에 대해서도, 제조업자는 스스로 위험을 만들어 냈는지 여부에 관계없이 책임을 지게 된다. 하지만 제품에 따라서는 유통시키는 시점에서 제품에 내재하고 있던 위험, 잠재하고 있던 위험을 제조업자가 당시의 최고수준의 지식을 가지고 있어도 알(발견할) 수 없는 경우를 생각할 수 있다. 이러한 경우에 대해, 「PL법」에서는 제조업자에게 위험이 현실화하고 피해를 발생시킨 것에 대해 무과실책임을 부과하는 것을 원칙으로 하면서도 정책적인 관점에서 일정한 요건 하에 면책하는 규정을 두고 있다(제4조 제1항).

나. 보상책임

제품의 대량생산 · 대량판매에 의해 큰 이익을 얻고 있는 자는 제품의 결함에 의해 책임을 지는 리스크를 미리 예견하고 보험 등의 수단을 통해 분산 또는 회피할 수 있는 입장에 있다. 따라서 이익추구행위에 기인하여 소비자에게 피해를 준 경우에는 과실의 유무에 관계없이 책임을 지는 것이 적절하다고 생각하는 접근방법이 있다. 이것을 '보상책임'이라고 한다.

대량생산·대량소비의 제품에 대한 보상책임은 결함이 있는 제품에 의한 손해를 사회적으로 공평하게 분담하는 견지에서 매우 타당하다고 할 수 있다. 본법에서는 제조업자의 사업규모의 차이에 의해 제조물책임을 면하는 것은 없다는 피해구제의 관점에서 개인경영자 등 소규모사업자는 소비자에 가까운 측면을 가지고 있지만 원칙적으로 책임을 면할 수 없는 것으로 해석된다. 단, 많은 중소영세사업자는 대량생산·대량판매에 의해 반드시 큰 이익을 얻고 있다고는 할 수 없어 숙제가 없다고는 할 수 없다.

다. 신뢰책임

제조업자는 제품의 품질, 안전성에 대한 소비자의 신뢰에 반하여 결함이 있는 제품을 유통시켜서는 안 된다. 따라서 안전성이 결여된 제품에 의해 소비자에게 피해를 준 경우에는 과실의 유무를 불문하고 책임을 부과하는 것이 적절하다. 이것을 '신뢰책임'이라고 한다.

일반적으로 사업자는 광고 등에 의해 제조·판매하는 제품의 품질, 안전성에 대해 적극적으로 정보를 제공하고 선전활동을 하고 있다. 소비자는 사업자로부터의 정보제공, 선전활동에 접하여 제품정보를 입수하고, 제품의 품질·안전성을 신뢰하고 사용·소비하고 있다고 할 수 있다. 제조업자는 제품에 대해 자신이 만든 소비자·사용자의 신뢰에 반하여 피해를 발생시킨 경우에는 과실의 유무에 관계없이 책임을 져야 한다고 하는 것이 신뢰책임의 사고방식이다.

라. 소결 – 제조물책임의 3기둥

위험책임, 보상책임, 신뢰책임이라고 하는 제조물책임의 근거가 되는 세 가지의 사고방식은 무과실책임주의의 타당성을 기초지우는 이론으로 제시되었다. 하나의 구체적인 사례에서 제조자에게 무과실책임을 부과하는 것이 적절한지 여부를 판단하는 데 있어서 세 가지의 근거를 모두 충족하는 것이 필요한 것은 아니다.

그러나 세 가지의 근거는 상호 간에 배타적인 것은 아니다. 책임주체에 무과실책임을 부과하는 것의 타당성을 검토할 때에는, 세 가지 근거 각각에 비추어 검토하고, 무과실책임을 부과하는 설득력 있는 이유가 될 수 있는지를 검증하는 것이 요구된다.

1.3 PL법의 제정배경

우리나라에서는 무언가 안전상의 결함이 있는 제품에 의해 부상 등을 입은 경우, 피해자가 그 제품의 제조업자를 상대로 소송하여 이기는 것은 용이하지 않아, 울며 겨자 먹기로 참는 경우도 적지 않았다. 이것은 관장하는 법률이 그와 같이 되어 있었기 때문이다. 부상 등을 입은 이상, 제품에 무언가의 결함이 있었거나, 사용자가 잘못 사용하였거나 둘 중의 어느 하나를 생각할 수 있지만, 제품의 결함에 의한 경우는 그 배경에 제품을 만든 제조업자의 과실(설계자가 깜박 안전계수를 착각하는 등 인간의 행위와 관련되어 있다)이 있을 것이다. 「PL법」 시행 이전의 법률에서는 피해자가 제조업자의 과실을 증명하여야 했다(과실책임주의). 그러나 제조업자가 자료를 가지고 있고, 그 정보를 내놓지 않는 상태에서 피해자가 할 수 있는 것은 "이 제품의 이 부분에 결함이 있어 부상을 입었다."는 단계까지이고, 제조업자의 과실을 밝혀내는 것은 지난한 일이었다. 그래서 대부분의 소송에서 피해자가 패소하였다. 제조업자에게 너무 유리하였던 것이다.

이러한 배경하에서 선진외국에서는 제조물책임에 관한 입법이 이루어지게 되었다. 일찍이 미국에서는 1960년대부터 제품에 결함이 있으면 제조업자의 과실 유무를 묻지 않고 손해배상책임이 발생한다는 판례가 나오게 되었다[엄격책임주의 또는 무과실책임주의].[1] 유럽에

---

1) 엄격책임하에서도, (원고가 과실을 입증할 필요는 없지만) 피고가 제조물의 결함이 원고의 행동에 기인한 것이고 제조물에 기인한 것이 아니라고 주장할 수 있는 경우에는, 피고는 과실이 없다는 항변을 할 수 있다. 엄격책임은 상당한 주의(due diligence)가 입증되면 면책되는 경우도 있다는 점에서 절대책임과 구별되기도 한다.

서는 1985년 EU지침(directive)의 제정을 계기로 17개국이 제품의 객관적 성상(性狀)인 '결함'을 요건으로 하여 엄격책임에 입각한 손해배상책임을 입법하기에 이르렀고, 일본에서도 1995년에 과실을 묻지 않고 손해배상책임을 부과하는 제조물책임법을 제정하였다. 우리나라에서도 늦었지만 상기와 같은 불균형을 시정하고 국제적인 흐름에 맞춰 2002년 7월부터 PL법이 시행되었다.

PL이란 Product Liability(제조물책임)이고, 제조업자가 통상 예견할 수 있는 안전성을 결하는 제품을 만들고, 이를 통해 신체적인 상해 또는 재산상의 손실이 발생한 경우, 제조업자는 피해자에 대해 배상책임을 진다고 하는 법리이다. 이것에 의해 피해자는 결함 및 그 결함에 의해 사고(손해)가 발생한 것만을 증명하면 제조업자에 대해 손해배상청구가 가능하게 되고, 피해자의 입증책임 또한 상당부분 완화될 것으로 기대되었다.

1.4 PL법의 목적

본법은 제조물책임의 도입을 통해 재판 쟁점의 명확화, 재판 수준의 평준화라는 재판에 미치는 영향은 물론, 기업, 소비자 쌍방의 제품의 안전성에 대한 의식의 변화와 노력의 충실, 재판 밖에서의 클레임 처리의 원활화, 나아가서는 국제적 흐름과 조화를 이루는 제도의 확립이라고 하는 효과를 지향하고 있다.

1.5 PL법의 구성요소

가. 결함

결함은 제조물책임의 기본적인 책임요건이다. 본법에서는 결함 개념의 명확화 요청에 따라 결함에 대해 해당 제조물에 제조상·설계상 또는 표시상의 결함이 있거나 그 밖에 통상적으로 기대할 수 있는 안전성이 결여되어 있는 것이라고 정의하면서, 결함을 유형화하여 법률요건을 정하고 있다(제2조 제2호). 이러한 결함의 개념은 주로 재판규범으로서 기능하게 되지만 제조업자와 소비자에게 행위규범으로서도 기능하게 된다. 결함에 대한 개념으로부터 다음 두 가지를 생각할 수 있다.

첫째, 결함은 그 법문으로부터 '안전성'에 착목하는 개념이다. 결함은 광의의 하자(민법 제580조의 매도인의 하자담보책임)에 포함되지만, 안전성과 관계가 없는 성능, 품질의 하자 등(에 의해 발생한 손해)은 본법의 대상이 아니다.

둘째, 본법이 결함의 판단에 있어 문제로 하는 안전성은 '통상적으로 기대할 수 있는' 안전성, 즉 절대적인 안전성이 아니라 '통상적으로 기대할 수 있다'고 평가되는 상대적인 안전성을 의미한다. 다시 말해서 제조물이 본법의 취지에 비추어 평가되는 '통상 기대할 만한' 정도의 안정성을 결여한 때에는 그 제조물에는 결함이 있다고 해석된다.

(1) 결함의 유형

결함이란 종합적인 의미에서 안전성을 결여하고 있는 상태이고, 사용자 이외의 제3자를 포함한 사람의 생명, 신체 또는 재산을 침해할 우려가 있는 상태를 가리키는 것을 명시한 것이다. 따라서 본법의 결함의 정의는 ① 제조물이 설계대로 제조·가공되지 않아 안전성을 결한 경우(제조상의 결함), ② 설계단계에서 충분히 안전성을 배려하지 않았기 때문에 제조물이 안전성을 결하는 결과가 된 경우(설계상의 결함), ③ 유용성 또는 효용성과의 관계에서 제거할 수 없는 위험성이 존재하는 제조물에 대하여 위험성 발현에 의한 사고를 소비자 측에서 방지하는 데 적절한 정보를 제조자가 제공하지 않은 경우(표시상의 결함), 그리고 이러한 전통적인 결함의 유형 외에 ④ 기타 통상적으로 기대할 수 있는 안전성이 결여되어 있는 경우(기타의 결함)라고 정의되어 있다.

(2) 결함 판단의 기준 시점

결함 판단의 기준 시점과 관련해서는, 제조업자가 제조, 가공, 수입 또는 일정한 표시를 행한 결함 있는 제조물을 인도한 시점(제조업자의 지배를 벗어난 시점)에서 그 결함(통상 있어야 할 안전성의 결여)이 존재하였는지가 필요하고, 그 시점을 기준으로 하여 통상 있어야 할 안전성을 결여하고 있다고 판단되는 것이 필요하다.

그리고 피해자가 제조업자의 책임을 추궁하고 손해배상을 요구하는 경우, 기본적으로 제품의 어디에 결함이 있었는지를 명확히 할 필요가 있다. 단, 그 특정의 정도는 제품의 특성을 고려하여 사회통념상 결함의 존재에 대하여 납득할 수 있는 정도의 주장·입장으로 충분하다고 생각된다.

(3) 판단요소

결함이란 제조물에 관한 제반 사정을 종합적으로 고려하여 판단되는 개념이다. 결함의 존부(存否)를 판단할 때는 구체적으로는 당해 제조물의 특성으로서 제조물 자체가 가지는 고유의 사정, 즉 제조물의 표시(사고를 방지하기 위한 표시 등), 제조물의 유용성·효용성(위험과의 비교형량), 가격 대 효과(같은 가격대의 제조물의 안전성의 수준 또는 합리적인 가격에 의한 대체설계), 피해 발생의 개연성과 그 정도, 제조물의 통상적인 사용기간·내용(耐用)기간 등과 제조물이 인도되는 시점의 사회에서 요청되는 안전성의 정도, 기술적 실현가능성 등이 고려된다.

실제의 재판실무에서는 개개의 사안에 따라 비중을 달리하면서 각각의 요소가 종합적으로 감안되어 결함의 판단이 이루어지게 된다.

나. 사고

「PL법」 제3조(제조물책임) 제1항에 의하면, "제조업자는 제조물의 결함으로 생명·신체 또는 재산에 손해(그 제조물에 대하여만 발생한 손해는 제외한다)를 입은 자에게 그 손해를 배상하여야 한다."

여기에서 주목하여야 할 내용은 그 어디에도 제조업자의 과실이나 고의라는 문구가 없다는 점이다. 제조업자의 고의·과실에 관계없이 제조물에 결함이 있어 소비자가 그 결함으로 인하여 생명, 신체 또는 재산상의 피해를 입었다고 한다면 그 손해를 배상하여야 한다. 요컨대, 「PL법」에 있어서는 제조업자의 고의·과실을 묻지 아니하고 결함을 책임요건으로 하여 제조업자에게 강한 책임을 지우는 무과실책임 원칙을 수용하고 있다.

「PL법」의 제정·시행 이전에는 제조업자가 공급한 제조물의 결함으로 소비자가 생명, 신체 또는 재산상의 손해를 입었을 경우에 그것은 주로 「민법」상의 불법행위책임, 채무불이행책임, 하자담보책임[2] 등으로 제조업자와 소비자 사이의 갈등이나 분쟁을 해결하여 왔다. 그러나 이러한 민사책임체계로는 소비자의 피해를 구제하는 데 한계가 노정되었다.

첫째, 채무불이행책임의 경우 직접 피해자와 계약관계가 없는 제조업자에게 책임을 묻기가 어렵다는 문제가 있고, 하자담보책임의 경우 무과실책임이기는 하지만 제조물의 결함으로 발생하는 손해인 확대손해에 대해서는 청구가 불가능하다.

둘째, 불법행위책임의 경우 피해자는 가해자의 고의·과실 등 책임요건을 입증해야 하는데, 현대의 제품생산은 그 제조공정이 고도화·복잡화되어 있고 그 정보는 제조업자 측이 대부분 가지고 있기 때문에 실제 소비자의 입장에서 이를 입증하기란 매우 어려운 일이다. 그 결과 일반 불법행위의 과실책임으로는 제조업자의 고의·과실의 입증을 둘러싸고 소송에서 다툼이 심하여 시간과 비용이 많이 든다는 문제가 발생한다.

셋째, 판례는 제조물책임법의 제정 전에도 엄격책임으로의 접근을

2) 매매 기타의 유상계약(有償契約)에 있어서 그 목적물에 하자가 있을 때에 일정한 요건 하에 매도인 등 인도자(引渡者)가 부담하는 담보책임을 말한다.

도모하고 있었지만 고의·과실이 요건인 이상 소비자 측은 그 입증에 노력하고 제조업자 측도 반증에 힘쓰지 않을 수 없게 되어 고의·과실이라는 쟁점을 둘러싸고 소비자와 제조업자 그리고 법원은 많은 수고와 시간을 들여야 했다.

「PL법」이 무과실책임을 채택한 이유는 다음과 같다.

① 제품에 대한 정보가 어두운 소비자에게 제조과정 등에 과실이 있다는 점을 입증하도록 하는 것은 불가능을 강요하는 것과 다름이 없다.
② 제조업자는 그 사업체로부터 위험을 만들어 냄과 동시에 이것을 판매해 이익을 얻고 있으며, 또 보험에 들거나 혹은 배상비용을 미리 가격에 포함시켜 손해를 회피하거나 분산시킬 수 있기 때문에 소비자보다 좀 더 유리한 위치에 있다.
③ 제조업자는 소비자에 비해 안전성이 결여된 제품이 지니고 있는 위험성에 관한 정보를 입수하기 쉽고 그 결함의 발생을 일반적으로 통제하기 쉬운 입장에 놓여 있다.
④ 제조업자는 제조물의 제조·판매에 의해 이익을 얻고 있다. 따라서 그로부터 생긴 손실도 부담하는 것이 사회적 공평의 견지에서 요구된다(위험책임).
⑤ 제조업자는 제조물의 제조·판매에 의해 이익을 얻고 있다. 따라서 사회적 활동에 의해 이익을 얻고 있는 자로부터 생긴 손실도 당연히 부담하는 것이 사회적 공평의 견지에서 요구된다(보상책임).
⑥ 제조업자는 자기의 제조물 품질에 대해 적극적으로 판촉·홍보하고 있고, 그것에 의해 소비자 측에게는 제조물이 안전하다는 기대가 일반적으로 형성되어 있다. 그래서 소비자의 안전성에 관한 기대가 어긋나 제조물의 결함으로 인해 소비자에게 피해가 발생하게 되면 소비자에 대하여 제조물 안전성의 기대를 형성시킨 제조업자에게 책임을 부담하게 하는 것이 적절하다(신뢰책임).

그리고 무과실책임을 채택한 정책적 근거는 다음과 같다.

① 책임요건을 '과실'로부터 '결함'으로 전환하는 것에 의해 「PL법」 제정 시까지 진전되어 온 재판실무의 생각을 실체법에 도입하는 한편, 제조업자의 주의의무의 수준과 관련된 비일관성을 최소화하고 그 법적 안전성을 높일 수 있다.

② 제조업자의 책임을 좀 더 강화함으로써 제품의 안전성 향상에 도움이 된다. 즉, 제조업자에게 무과실책임을 부과함으로써 제조업자가 제품의 안전성 향상에 힘쓰도록 하는 동기를 부여한다.

③ 제조물에 대하여 책임을 강화한다는 것은 현대사회의 윤리 관념에 의하여도 지지를 받고 있다. 불가피하게 일정한 위험을 수반하는 제품의 제조·공급은 그 위험으로부터 생기는 손실을 보상한다는 것을 조건으로 하여야만 비로소 사회적으로 허용되며 그러한 보상의 준비 없는 제조·공급행위는 사회적으로 용납될 수 없다.

④ 과실책임주의의 우회를 피할 수 있다. 구제의 필요성이 인정되면 피고가 상당히 주의를 다하였다는 증명에도 불구하고 피고에게 고도의 주의의무를 부과하는 것에 의해 무리하게 피고의 과실을 인정하는 과실책임 법리의 우회를 피할 수 있다.

민법(불법행위)과 PL법의 차이

구분	민법	PL법
책임요건	• 제조업자의 고의 또는 과실	• 제조물의 결함 [엄격(무과실)책임]
입증범위	• 제조업자의 고의 또는 과실 • 고의 또는 과실과 손해발생의 인과관계	• 제조물의 결함 • 결함과 손해발생의 인과관계
소멸시효	• 불법행위를 한 날로부터 10년 • 손해 및 가해자를 안 날로부터 3년	• 제조물 공급일로부터 10년 • 손해 및 손해배상책임을 지는 자를 안 날로부터 3년

다. 손해배상책임

(1) 개요

「PL법」 제3조(제조물책임) 제1항에 의하면, "제조업자는 제조물의 결함으로 생명·신체 또는 재산에 손해(그 제조물에 대하여만 발생한 손해는 제외한다)를 입은 자에게 그 손해를 배상하여야 한다."

「PL법」은 「민법」 제750조의 불법행위책임에서의 책임요건인 '고의 또는 과실' 대신에 '결함'으로 대체한 것으로서, 제조업자의 고의나 과실에 관계없이 결함제조물로 인한 손해를 입은 사람이 있다고 한다면 해당 제조물의 제조업자는 고의나 과실에 관계없이 손해를 입은 소비자에게 당해 제조물 외의 손해(생명, 신체, 재산)를 배상하여야 하는 것을 주된 내용으로 하고 있다.

그리고 제조물에 기인하는 손해에 대한 배상책임을 제조업자에 대하여 추궁하기 위해서는 제조물의 결함에 의해 당해 손해가 발생하였다고 하는 결함과 손해발생 간의 인과관계가 존재하여야 한다.

(2) 손해배상의 범위

결함이 있는 제조물에만 손해가 발생하고 이른바 확대손해(인적 손해 또는 결함 있는 제조물 자체의 손해 외의 물적 손해)가 발생하지 않은 경우의 제조물 자체의 손해는 손해배상의 대상으로 하지 않는다. 가령 확대손해가 발생하지 않은 경우에는, 결함 있는 제조물 자체의 손해 및 결함에는 이르지 않았지만 품질상의 하자가 있는 데 지나지 않는 경우와의 구별이 실제로는 용이하지 않고 품질상의 하자에 관한 악질적인 클레임의 다발에 의한 폐해가 생길 우려도 있는 점을 감안하여, 당해 결함제품 자체의 손해는 하자담보책임, 채무불이행책임에 의한 구제에 맡기고 본법의 적용 대상에서는 제외하고 있다.

그러나 확대손해가 발생한 경우에는, 가령 확대책임은 결함책임에 의해, 결함제품 자체의 손해는 계약책임에 의해 처리하게 되면, 청구

손해의 종류와 내용

손해의 종류	손해의 내용
인적 손해	생명 · 신체에 대한 침해에 의해 생긴 손해이며, 치료비와 사망, 상해에 의한 일실이익 등의 손해와 정신적 손해(위자료)가 여기에 포함된다.
물적 손해	결함 자체의 손해와 결함제품 이외의 손해가 있다. 이중 결함제품 자체에 대한 손해는 「PL법」 입법 취지에 따라 적용되지 않는다.
경제적 손실	생명 · 신체에 대한 손상과 유체물의 물리적인 손괴의 형태로 나타나지 않은 재산상의 손해를 말한다.

의 상대방, 주장 · 입증의 대상이 되는 책임요건 등이 각각 다르게 되고 피해자의 부담이 과다하게 될 우려가 있기 때문에 제조물 자체의 손해도 배상의 대상이 되는 것이 상당하다.

일반적으로 「PL법」에서 손해의 종류는 크게 세 가지로 나누어 볼 수 있는데, 이들은 별개로 존재하는 것이 아니라 서로 유기적으로 관계되어 있다.

본법에 의한 보호법익은 사람의 생명, 신체 또는 재산이다. 이 경우의 사람에는 자연인뿐만 아니라 법인도 포함된다. 이 때문에 제품사고의 피해자가 사업자인 경우 또는 피해의 대상이 사업용 재산인 경우에도 상당인과관계가 존재하는 범위에서 사업자에게 생긴 손해 또는 사업용 재산에 생긴 손해도 배상의 대상이 된다. 따라서 제조물이 제대로 작동하지 않아 예상이익을 올릴 수 없게 되었거나 제조물에 결함이 없었다면 획득할 수 있었던 이익도 손해배상의 대상이 된다. 그러나 타인의 생명, 신체 또는 재산을 침해하는 것 없이 정신적 손해만이 발생한 경우에는 원칙적으로 본법에 근거한 배상청구권은 발생하지 않는다.

한편, 「PL법」은 "…그 손해를 배상하여야 한다."라고 규정하고 있을 뿐 배상하여야 할 손해의 범위나 배상한도에 대해서는 규정하고 있지 않다. 이는 완전한 배상을 지향하겠다는 의미라고 할 수 있다.

(3) 징벌적 손해배상제

제조물 결함에 대한 우리 법원의 손해배상액이 일반상식 등에 비추어 적정한 수준에 미치지 못하여 피해자를 제대로 보호하지 못하고 있고, 소액다수의 소비자 피해를 발생시키는 악의적 가해행위의 경우 불법행위에 따른 제조업자의 이익은 막대한 반면, 개별 소비자의 피해는 소액에 불과하여 제조업자의 악의적인 불법행위가 계속되는 등 도덕적 해이가 발생하고 있다는 인식이 확산되어 왔다.[3)]

이에 정부에서는 2017년 4월 18일 「PL법」을 개정하여(시행 2018년 4월 19일) 제조업자의 악의적 불법행위에 대해 징벌을 하고 장래 유사한 행위에 대한 억지력을 강화하는 한편, 피해자에게는 실질적인 보상이 가능하도록 하기 위해 다음과 같은 내용으로 징벌적 손해배상제를 도입하였다.

제조업자가 제조물의 결함을 알면서도 그 결함에 대하여 필요한 조치를 취하지 아니한 결과로 생명 또는 신체에 중대한 손해를 입은 자가 있는 경우에는 그자에게 발생한 손해의 3배를 넘지 아니하는 범위에서 배상책임을 진다. 이 경우 법원은 배상액을 정할 때 다음 각 호의 사항을 고려하여야 한다(법 제3조 제2항).

1. 고의성의 정도
2. 해당 제조물의 결함으로 인하여 발생한 손해의 정도
3. 해당 제조물의 공급으로 인하여 제조업자가 취득한 경제적 이익
4. 해당 제조물의 결함으로 인하여 제조업자가 형사처벌 또는 행정처분을 받은 경우 그 형사처벌 또는 행정처분의 정도
5. 해당 제조물의 공급이 지속된 기간 및 공급 규모
6. 제조업자의 재산상태
7. 제조업자가 피해구제를 위하여 노력한 정도

3) 특히 가습기 살균제 사고가 징벌적 손해배상제 도입의 결정적인 계기로 작용하였다.

(4) 면책특약의 제한

「PL법」 제6조(면책특약의 제한)에 의하면, "이 법에 따른 손해배상책임을 배제하거나 제한하는 특약(特約)은 무효로 한다. 다만, 자신의 영업에 이용하기 위하여 제조물을 공급받은 자가 자신의 영업용 재산에 발생한 손해에 관하여 그와 같은 특약을 체결한 경우에는 그러하지 아니하다."라고 규정하고 있다.

본 조항은 제조업자의 개인 소비자로서의 피해자에 대한 사전 면책이나 손해배상을 정하는 특약을 방지하기 위한 취지로서 제조업자와 소비자가 제품매매계약을 할 때 제품을 공급하는 공급자인 제조업자가 제품을 공급받는 자인 소비자에게 매매계약된 제품의 결함으로 인하여 미래에 사고가 발생할 경우 공급자인 제조업자의 배상책임을 배제하거나 제한하는 특약은 무효로 한다는 의미이다.

이것은 제품을 사용하는 매수인인 소비자를 보호하는 데 그 목적이 있다. 여기에 해당하는 특약은 개별약정이나 약관에 의한 경우를 포함한다. 만약 그렇지 않고 제조자에게 유리한 특약이 자유롭게 이루어지도록 허용된다면 오늘날 대량거래가 대부분 약관에 의하여 거래가 이루어지고 있는 현실에 비추어 소비자의 이익은 심대하게 침해당하게 될 것이다.

이 규정에서 제한되는 특약은 제조업자와 소비자 사이의 계약관계를 말하며, 제조업자와 도매 · 소매업자 간 또는 제조업자 간(완성품 제조업자와 부품 제조업자 간)에 책임 분배를 거래계약 안에 미리 약정해 두는 것까지 제한하는 것은 아니다. 통상 사업자 사이에는 소비자와는 달리 상호간의 지위가 대등하다고 보기 때문인 것으로 이해된다.

나아가, 자기의 제조물책임에 대해 면책특약을 달았다고 하더라도 그 효력은 자기의 직접적인 거래의 상대방에게만 미칠 뿐이고 제조물이 인도된 모든 자에게 미치는 것은 아니다. 그리고 사전에 제조자의 손해배상책임을 제한하거나 면제하는 뜻의 내용이 제품의 표시, 취급설명서 등에 기재되어 있고, 그 효력이 상대방과의 사이에서 문제가 되는 경우, 이 특약은 공서양속에 반하는 것으로서 무효(민법 제103조)[4]라고 해석되는 경우가 많다(적어도 인적 손해에 관한 면책특약에 대해서는 공서양속 위반을 이유로 일률적으로 무효가 된다고 해석된다).

본법은 현행 「민법」에 근거한 하자담보책임, 채무불이행책임, 불법행위책임 등을 배제하는 것은 아니고, 각각의 요건을 충족하고 있는 한, 피해자는 선택적으로 각각의 책임에 근거한 배상을 청구할 수 있다.

(5) 입증책임

「PL법」에 있어서 제조업자의 제조물책임이 인정되기 위해서는 제조물의 결함에 의해 피해자의 손해가 야기되었다는 점, 즉 결함과 손해의 사실적인 인과관계 존재가 전제조건이다.

소비자는 ① 제조물에 결함이 존재한다는 사실, ② 손해의 발생, ③ 결함과 손해발생 사이에 인과관계가 존재한다는 사실을 입증하여야만 손해배상을 받을 수 있다. 그러나 제조물에 의한 피해에 대해 손해배상청구소송을 제기하는 피해자(소비자) 측에서 해당 제조물이 결함을 가지고 있음을 그리고 그 결함과 사고의 인과관계의 존재를 입증한다는 것은 매우 어려운 일이다.

제조물책임소송에 있어 인과관계는 제조물책임의 성질을 어떻게 파악하느냐에 관계없이 소비자인 원고가 그 입증책임을 부담해야 한다는 점에는 의문의 여지가 없으나, 오늘날과 같이 고도의 기술로 복잡한 제조공정을 거쳐 대량으로 제조되는 경제체제하에서 소비자는 제조물의 제조과정에 대한 지식을 알지 못하며, 제조과정에 대한 정보가 제조업자에게 독점되어 있어서 전문적인 지식, 조사능력이나 정보를 거의 가지고 있지 않은 소비자로서는 제조물의 결함이나 인과관계의 존재를 입증하는 것은 매우 곤란하다.

---

4) 제103조(반사회질서의 법률행위) 선량한 풍속 기타 사회질서에 위반한 사항을 내용으로 하는 법률행위는 무효로 한다.

더욱이 제조물이 제조자의 지배하에 있을 때에는 제품의 결함이 없었지만 해당 제조물이 시장에 출하된 이후 상당한 기간이 지남에 따라 제조물의 재질 등에 변화가 일어나 결함이 발생할 수 있다. 그리고 결함의 직접적인 발생원인이 제조자와 소비자 중간의 유통과정(특히 판매자)일 수도 있다.

따라서 일반적인 입증책임의 분배의 원칙을 고수하여 피해자에게 입증토록 하는 것은 입증책임이 분배의 기본이념인 공평의 정신에 어긋난다고 할 수 있다. 소송에 있어서 승패는 언제나 입증에 전적으로 달려 있다고 해도 과언이 아니며, 이러한 입증책임을 지고 있는 당사자는 항상 패소의 위험을 안고 있는 것이다.

현대의 상품경제구조하에서 전문적이고 기술적인 부분을 소비자가 입증하기란 매우 곤란함을 고려하여 입증책임의 전환이나 입증책임의 경감이라는 방법을 통해서 실질적인 공평을 기하려는 노력이 이루어져 왔다는 점을 상기하면, 제품 관련 사고에 의한 소비자의 피해구제에 관하여 공평의 견지에서 소비자와 제조자 각자의 증명능력에 따라 증명책임의 균형을 맞출 필요가 있으며, 피해자의 신속한 구제라는 취지에서 소비자의 입증에 관한 부담의 경감을 어떠한 형태로든 구체화하는 것이 필요하다.

우리나라의 경우 판례에서 제품의 결함 및 그 결함과 손해의 발생 사이의 인과관계 입증 시 '사실상의 추정'[5]을 활용하는 방식으로 피해자(소비자)의 입증책임의 부담을 경감하고 있다.[6] 제조물책임에 관한 입증책임의 분배의 원칙을 설시한 대표적인 판례를 소개하면 다음과 같다. "고도의 기술이 집약되어 대량으로 생산되는 제품의 결함을 이

5) 법관이 자유심증(自由心證)의 과정에서 이른바 징빙(徵憑)에 의하여 주요 사실을 추측하는 것, 즉 전제사실로부터 다른 사실을 추정하는 것을 말한다. 예를 들면, 수술 후에 환자의 증상이 악화된 사실로 미루어 보아 의사의 과실을 추정하는 것 등이다. 사실상 추정된 사실은 증명을 요하지 않는다. 그러나 사실상 추정된 사실에 대하여도 반증이 허용되며, 반증에 의하여 의심이 생긴 때에는 증명을 필요로 한다.

6) 대판 2006.3.10, 2005다31361; 대판 2004.3.12, 2003다16771.

유로 그 제조업자에게 손해배상책임을 지우는 경우 그 제품의 생산과정은 전문가인 제조업자만이 알 수 있어서 그 제품에 어떠한 결함이 존재하였는지, 그 결함으로 인하여 손해가 발생한 것인지 여부는 일반인으로서는 밝힐 수 없는 특수성이 있어서 소비자 측이 제품의 결함 및 그 결함과 손해의 발생과의 사이의 인과관계를 과학적·기술적으로 입증한다는 것은 지극히 어려우므로 그 제품이 정상적으로 사용되는 상태에서 사고가 발생한 경우 소비자 측에서 그 사고가 제조업자의 배타적 지배하에 있는 영역에서 발생하였다는 점과 그 사고가 어떤 자의 과실 없이는 통상 발생하지 않는다고 하는 사정을 증명하면, 제조업자 측에서 그 사고가 제품의 결함이 아닌 다른 원인으로 말미암아 발생한 것임을 입증하지 못하는 이상 그 제품에게 결함이 존재하며 그 결함으로 말미암아 사고가 발생하였다고 추정하여 손해배상책임을 지울 수 있도록 입증책임을 완화하는 것이 손해의 공평한 부담을 그 지도원리로 하는 손해배상제도의 이상에 맞다."[7]

이러한 대법원 판례의 취지를 반영하여, 현행 「PL법」(제3조의2)은 피해자가 i) 해당 제조물이 정상적으로 사용되는 상태에서 피해자의 손해가 발생하였다는 사실, ii) 피해자의 손해가 제조업자의 실질적인 지배영역에 속한 원인으로부터 초래되었다는 사실, iii) 피해자의 손해가 해당 제조물의 결함 없이는 통상적으로 발생하지 아니한다는 사실을 증명한 경우에는, 제조물을 공급할 당시 해당 제조물에 결함이 있었고, 그 제조물의 결함으로 인하여 손해가 발생한 것으로 추정하도록 하여 소비자의 입증책임을 경감하고 있다.

---

7) 대판 2004.3.12, 2003다16771.

2. 제조업자(책임자)

「PL법」에 있어서 손해배상 주체인 제조업자는 누구이며 구체적으로 어디까지가 본법의 제조업자 범주에 포함되느냐는 책임자 범위의 확정 또한 「PL법」을 이해하는 과정에서 매우 중요하다.

제품의 제조과정과 판매과정에서 많은 사람들이 개입되는데, 제조업자와 기타 관련자(예: 판매업자)를 상대로 손해배상청구를 할 경우 제조업자에게는 제조물책임(무과실책임)이 적용되고 기타 관련자에게는 현행과 같은 과실책임이 적용된다면 결국 적용법리의 불합리한 이원화, 제조자 도산 시 소비자 보호가 어렵게 된다.

「PL법」 제2조 제3호에서는 '제조업자'를 가. 제조물의 제조·가공 또는 수입을 업(業)으로 하는 자, 나. 제조물에 성명·상호·상표 또는 그 밖에 식별(識別) 가능한 기호 등을 사용하여 자신을 가목의 자로 표시한 자 또는 가목의 자로 오인(誤認)하게 할 수 있는 표시를 한 자라고 규정하고 있다.

위 가목에 근거한 책임주체의 범위는 입법 후의 제품의 제조·판매의 실태 변화에 유연하게 대응할 수 있도록 입법 시에 명확하게 하지 않고 향후의 해석에 맡겨졌다. 따라서 본 규정의 해석에 있어서는 제품의 개발단계, 제조·가공단계, 판매단계에서의 사업자 관여의 형태가 복잡·다양화하는 변화에 따라 신뢰책임, 위험책임, 보상책임이라는 본법의 책임근거를 감안하면서 제조물책임의 책임주체를 타당한 범위로 획정하는 것이 기대되고 있다.

일반적으로 다른 회사 브랜드 제품에는 제조위탁자(판매업자)가 수탁제조된 제품에 자사 브랜드를 표시하여 판매하는 프라이빗 브랜드(Private Brand: PB) 제품[8])과 수탁제조자가 상대방 브랜드 표시를 하여

8) 일반적으로 제조업자가 설정한 브랜드인 NB(National Brand)에 대응되는 개념으로 소매업자 및 도매업자 등 판매업자가 설정한 브랜드를 의미한다. PB의 기원은 1920년경 미국에서 체인 오퍼레이션(chain operation)에 기초를 둔 소매업의 대규모화가 진

제조위탁자에게 납품하는 OEM(Original Equipment Manufacturing) 제품이 있다.

프라이빗 브랜드 제품, OEM 제품에 결함이 있고 제품의 최종소비자에게 피해가 발생한 경우, 현실적으로 제조하는 수탁제조자 외에 제조에 관여하지 않은 제조위탁자는 본법의 책임주체가 될까. 최종소비자는 제품브랜드 등이 표시되어 있는 사업자의 제품이라는 것을 신뢰하여 사용·소비하기 때문에 신뢰책임, 보상책임의 관점에서 위탁제조한 사업자는 결함책임을 져야 할 것으로 생각된다. 이 같은 관점에서 보면, 프라이빗 브랜드 제품 등 이른바 자주기획상품을 제조위탁·판매하는 사업자는 책임주체가 되는 경우가 많을 것이다.

그리고 본법 제3조 제3항에서는 "피해자가 제조물의 제조업자를 알 수 없는 경우에 그 제조물을 영리 목적으로 판매·대여 등의 방법으로 공급한 자는 제1항에 따른 손해를 배상하여야 한다. 다만, 피해자 또는 법정대리인의 요청을 받고 상당한 기간 내에 그 제조업자 또는 공급한 자를 그 피해자 또는 그 법정대리인에게 고지(告知)한 때에는 그러하지 아니하다."고 규정하여, 문제의 제조물의 제조업자를 알 수 없을 때에는 판매·대여 등의 목적으로 공급한 자, 즉 판매·유통업자도 제조업자의 범위에 귀속될 수 있음을 표명하고 있다.

이것은 제조물책임을 1차적으로 지는 자는 결함제품의 제조자이지만, 현대 고도의 산업사회에서는 제품 생산 및 유통과정이 대단히 복잡하기 때문에 소비자로 하여금 제품의 제조자에게만 책임을 추궁하도록 한다면 제대로 소비자 피해를 구제할 수 없는 경우가 적지 않게 되므로 결함제품으로 인한 피해를 신속하고 간편하게 구제하기 위해 책임자부담의 범위를 확대한 것이다.

구체적으로 완성품의 제조업자와 완성품의 원재료, 부품의 제조업자 그리고 제조물을 수입한 자를 알 수 없는 경우에는 제조물을 직접

행됨에 따라 판매력이 강화된 소매업자가 시장 지배력을 강화해 가려고 하는 과점적 대규모 제조업자에 대항하기 위해 자신의 상표를 만들어 사용한 데서 비롯된 것이다.

제조하지 않았더라도 그 제조물에 성명, 상호, 상표, 기타 식별 가능한 기호 등을 부착하여 제조업자로 표시하였거나 제조업자로 오인하게 할 수 있는 표시를 한 자는 제조업자에 포함된다.

3. 제조물의 범위

「PL법」은 제조물의 결함에 의한 생명, 신체 또는 재산에 피해가 생긴 경우 제조업자 등의 책임에 관하여 규정하고 있는 것이므로, 사고를 일으킨 제품이 본법에서 말하는 제조물에 해당하는 것이 본법 적용의 가장 중요한 요건의 하나이다.

본법에서는 제2조 제1호에서 '제조물'이란 "제조되거나 가공된 동산(다른 동산이나 부동산의 일부를 구성하는 경우를 포함한다)을 말한다."고 규정하여 부동산(토지 및 그 정착물)[9] 및 제조·가공되지 않은 동산을 제외하였다.

3.1 동산

「민법」상 물건은 부동산과 동산으로 나뉜다. 「민법」에서 동산에 대해서는 "부동산 이외의 물건은 동산이다."(민법 제99조 제2항)라고 규정되어 있고, 물건에 대해서는 "본법에서 물건이라 함은 유체물 및 전기 기타 관리할 수 있는 자연력을 말한다."(민법 제98조)라고 정의하고 있다.

그러므로 본법의 제조물은 ① 「민법」상 동산, ② 다른 동산이나 부동산의 일부를 구성하게 된 동산을 말한다. 즉 「민법」에 의하면, 건물

9) 토지 및 그 정착물은 부동산이다(민법 제99조 제1항).

의 차양이나 덧문, 문짝, 조명기구 등은 독립된 동산이나 부동산인 건물의 일부로 취급되는 것으로서 본법의 제조물에 해당될 수 있다. 그리고 목재의 경우 수목의 단계에서는 토지의 정착물로 부동산으로 취급되는 것이지만, 벌채되어 어린이 완구용 블록 등으로 가공된 경우에는 동산으로서 제조물에 해당하게 된다. 전기 · 가스는 관리할 수 있는 자연력으로서 동산에 준하는 것이므로 제조물에 포함된다. 예컨대, 전기의 경우 110V, 220V 전압 표시 등이 잘못 이루어진 경우와 같이 주로 표시상 결함이 문제될 수 있다.

3.2 제조 · 가공

가. 제조의 정의

여기에서 '제조'란 '원재료에 인공을 가해 새로운 물품을 만들어 내는 것'으로서, 생산보다는 좁은 개념이고, 이른바 제2차 산업에 관련된 생산행위를 가리키며, 1차 산품의 산출, 서비스의 제공에는 사용되지 않는다.

최근에는 제품의 제조공급망(supply chain)의 복잡화 · 국제화가 심화되고 제조에 관한 일련의 공정 중 최종제품의 납품을 받아 검사(검품), 보관, 표시를 하는 사업자 등이 나타나고 있다. 이러한 사업자에 대해서는, 검사 · 검품 이하의 공정이 제품의 안전에 관련될 수 있다 하더라도 사회통념에 비추어 '새로운 제조물을 만들어 낸 것'이라고 평가되는 경우는 예외적일 것이라고 생각된다.

나. 가공의 정의

'가공'이란 '원재료나 다른 제조물에 그 본질을 유지하면서 새로운 속성을 부가하거나 그 가치를 더한 것'을 말한다. 가공 여부의 판단은 구체적으로 개별사안에서 당해 제조물에 가해진 행위 등의 여러 사정을 고려한 후에 사회통념에 비추어 판단되어야 한다.

예를 들면, 한라산의 지하수는 그 단계에서는 제조 · 가공된 것이 아니지만, 여기에 어떠한 살균처리를 하고 용기에 넣어서 제품으로 출하한 경우에는 제조·가공된 것이라고 볼 수 있다. 그리고 혈액성분제제(製劑) 등의 경우 사람으로부터 채취한 혈액은 그것을 제공한 자에 의해 제조·가공된 것이라고 할 수 없지만, 그것에 보존액, 항(抗)응공제 등을 첨가하여 비닐 팩에 넣어 보존·관리할 수 있는 물건이 된 경우에는 가공에 해당한다.

일단 유통된 물건이 이후 회수되어서 수선, 개조, 개량 등에 의해 다시 유통된 경우에는 가공에 해당한다(이른바 재생품). 예를 들면, 중고 자전거가 자원봉사자 등에 의해 수선·가공되어서 재이용된 경우 가공자가 제조업자에 해당되는지 여부의 문제가 있지만, 그 자전거 자체는 재생품으로서 제조품에 해당한다. 그러나 단순히 수리하는 것은 물품 그 자체에 대해 새로운 가치, 속성을 추가하는 것이 아니므로 가공에 해당하지 않는다고 해석된다.

(1) 자연산물의 가공과 미가공

일반적으로는 자연산물에 인위적 공작이 가해진 경우에 어느 단계에서 가공되어 본법의 대상이 되는지는 개별 사례에 따라 사회통념에 따라 판단된다. 예를 들면, 가열, 조미, 절임, 분말화, 착즙(搾汁) 등은 가공에 해당하고, 반면 단순한 절단, 냉동, 냉장, 건조 등은 가공에 해당하지 않는다고 해석된다.

여기에서 마트 등에서 판매되는 포장생선식품은 모두 미가공의 자연산물이라고 생각되는지가 문제가 될 수 있다. 포장을 하여 상품화하는 공정에서 무언가의 인위적 공작이 가해져 상품으로서의 새로운 속성 또는 새로운 가치가 얻어졌다고 해석되는 경우에는 가공에 해당한다고 보아야 할 것이다.

(2) 수리·개조 등

공업적으로 제조되는 제조물에 추가적으로 인위적 공작을 가하는 수리, 수선, 정비 등은 본래 의미에서의 제조, 가공과 유사한 개념이다.

수리 등은 그 물(物)이 원래 가지고 있는 본래의 성능을 유지하고 회복하는 작용을 하는 것이라고 할 수 있다. 이러한 점에서 수리 등은 인위적 공작이더라도 물품에 새로운 속성 · 가치를 부가하는 것이 아닌 한 본법의 가공에 해당하지 않는다고 해석된다.

수리 시에 상품교환이 이루어지는 경우가 있다. 단순히 오래된 상품을 새로운 것으로 교환하는 것만으로는 새로운 속성 · 가치를 더하는 것이 아니므로 본법의 가공에 해당하지 않는다고 해석된다. 이에 반해, 오래된 부품을 제거하고 좀 더 성능이 좋은 부품으로 교환한 경우에는 새로운 속성 또는 새로운 가치를 부가한 것으로서 가공에 해당한다고 해석할 수 있다. 또한 대규모 수리, 설계 시에 예정된 안전성을 변경하는 것과 같은 안전성의 중요부분에 관한 수리 등도 가공에 해당한다고 생각된다.

한편, 개조 및 개량은 일반적으로 인위적 공작에 의해 제품에 새로운 속성 · 가치를 더하는 것이라고 평가할 수 있어 본법에서 말하는 가공에 해당한다고 해석된다.

(3) 설치 · 조립 등

제조물의 점검, 정비, 설치가 본법에서 말하는 가공에 해당하는가에 대해서는 제조물이 원래 가지고 있던 성질에 새로운 속성 · 가치를 더하고 있는지가 판단의 기준이 된다. 단순한 설치는 제품 그 자체에 대해 새로운 속성 · 가치를 더하는 것은 아니기 때문에 가공에는 해당하지 않는다고 해석된다.

조립은 본법에서 말하는 가공에 해당할까. 일반적으로는 조립에 의해 새로운 속성을 제품에 부가하고 있는지 여부가 판단기준이 된다. 부품을 꾸린 제품을 납품받아 부품의 집합을 조립하여 제품화한 경우, 부품의 집합이 가지는 속성에 새로운 속성을 부가하고 있는지 여부의 관점에서 가공에 해당하는지 여부가 검토되어야 할 것이다.

3.3 중고품

중고품이더라도 제조 또는 가공된 동산에 해당하는 이상 제조물이 된다. 제조업자가 그 제조물을 인도한 때에는 결함이 있고, 그 결함과 손해 사이에 상당인과관계가 있는 경우에는 제조업자는 책임을 진다.

일반적으로 중고품으로 유통되고 있는 물품은 제조업자가 인도한 후 사용되어 그 사용 중에 취급, 개조·수리 등이 행해진 등의 사정이 개재하는 사례가 자주 보인다. 그리고 중고품 취급자가 행한 가공, 보관상황 등의 사정이 개재하는 경우도 있을 수 있다. 이러한 인도 후의 여러 가지 사정에 입각하여 인도 시의 결함과 손해 사이에 상당인과관계가 있는 경우에 제조업자는 제조물책임을 지게 된다.

중고품에 대해서는 제조자의 인도부터 손해발생 사이에 개재하는 구체적인 사정은 여러 가지이다. 예컨대, 제조업자가 인도한 후 A에 사용되고, A로부터 중고품 취급자를 경유하는 것 없이 B에 인도된 후, B가 사용하고 있는 동안에 피해가 발생한 경우를 생각해 보자. 기본적으로는 인도 시의 결함과 손해 간에 상당인과관계가 있는 한, 제품의 속성을 변경하는 것과 같은 사정이 개재되어 있지 않는 경우에는, 인도 시의 결함과 손해의 인과관계는 차단되지 않는다고 할 수 있다.

3.4 판단시기

본법의 적용대상이 되는 제조물인지 여부는 책임주체별로 각 유통에 놓은 시점에서 판단한다. 피해 발생 시에는 부동산의 일부이더라도 그 제조업자가 공급한 시점에서 동산이었다면 이는 "부동산의 일부를 구성하는 경우를 포함한 제조 또는 가공된 동산(제2조 제1호)"으로 본법의 적용대상이다.

4. 민법의 준용

「PL법」 제8조에서는 본법의 현행 「민법」과의 관계에 대하여 규정하고 있다. 즉, 본법은 과실책임주의에 입각한 「민법」의 불법행위책임제도에 추가하여, 새롭게 결함을 책임원인으로 하는 불법행위법제의 하나인 PL법제를 도입하는 것으로서 「민법」의 불법행위법제의 특칙이 되는 것이며, 본법에 특단의 정함이 없는 사항에 대해서는 「민법」의 규정이 적용되는 것을 명시하고 있다. 그 하나의 적용례로서 과실상계(민법 제396조, 제763조)를 들 수 있다.

과실상계는 가해자 측에 전면적으로 손해배상책임을 지게 하는 것이 공평하지 않은 사정이 피해자 측에 있는 경우에 손해배상액을 감액하는 제도로, 배상되어야 할 손해액을 정할 때 피해자의 과실을 고려하는 것이다.

결함 있는 제품에 의해 손해가 발생한 경우, 완성품과 부품의 제조업자와 같이 복수의 책임주체가 존재하는 경우가 있고, 손해가 제조업자 이외의 행위에도 기인하여 발생 또는 확대되는 경우가 있는데, 두 경우 모두 복수의 책임주체가 피해자에 대해 연대하여 배상책임을 지게 된다. 이러한 경우 그 책임주체 간에 손해에 대한 각자의 기여도에 따라 부담부분이 결정되게 된다. 복수의 책임주체 중 피해자에 대해 손해배상의무를 이행한 자는 자기의 부담부분을 초과하는 부분에 대해 다른 책임주체에 대하여 구상권을 취득하게 된다.

5. 행정상 안전규제와 결함 판단

본법은 제품사고가 발생한 경우의 피해구제를 위한 규칙을 정하는 것이고, 행정상의 제품안전규제를 대체하는 것은 아니며, 상호보완적 관계에 있는 것이라고 자리매김할 수 있다.

제품안전규제는 제품사고방지를 목적으로 물품의 제조·판매를 할 때 충족하여야 할 최저기준을 정한 단속규정임과 동시에 기업의 제품안전대책, 소비자의 구입·사용에 관한 평가 가이드라인으로서의 의미를 갖고 있다. 따라서 안전규제의 적합·부적합은 규제대상제품의 사고에 관련된 손해배상소송 시의 결함 판단에서 중요한 고려사항의 하나가 되고 있고, 안전규제에 관련된 기술적 수준을 합리적으로 정하는 것에 의해 소비자, 사업자 쌍방에 있어서 결함 판단의 예견가능성, 안전성을 높이는 데 기여하는 것이라고 생각된다.

6. 면책사유·제한

6.1 면책사유

제조물책임은 면책 항변이 인정되지 않는 절대적 무과실책임은 아니기 때문에 제조물에 결함이 있는 경우에도 일정한 사유에 해당하고 제조업자가 이를 입증할 때에는 제조업자는 제조물책임에 따른 손해배상책임을 면할 수 있다.

이때 일정한 사유는 제조물책임법 제4조(면책사유) 제1항 각 호에 귀속되는 이유를 뜻한다. 하지만 본 조항이 제조물책임법 제3조(제조물책임)에 의해 제조업자가 손해배상책임을 부담할 경우에 당해 제조업자가 일정한 사유를 입증함으로써 제3조에 규정하는 배상책임을 면한다 할지라도 「민법」, 기타 법률에 의해 발생한 손해배상책임에 대해서까지 효력이 미치는 것은 아니다.

면책사유는 면책을 주장하는 자(제조업자)가 입증하여야 한다. 면책 사유를 각 호별로 분석해 보면 다음과 같다.

1. 제조업자가 해당 제조물을 공급하지 아니하였다는 사실(제4조 제1항 제1호)

이는 제조업자가 당해 제조물을 인도하지 않은 경우에는 면책이 될 수 있다는 내용이다. 예를 들면, 판매를 위해 제품을 생산하였지만 아직 시장에 유통되기 전 제조업자의 창고에 보관 중인 상태에서 결함제조물에 의해 종업원이 부상을 입었다고 하면 제조업자는 제조물책임을 부담하지 않는다.

그러나 제품으로서 이미 유통되어 사용된 결함부품 또는 결함원료에 의해 피해가 발생한 경우에는 당해 종업원은 결함부품 또는 결함원료의 제조업자에 대하여 제조물책임을 물을 수 있다.

2. 제조업자가 해당 제조물을 공급한 당시의 과학·기술 수준으로는 결함의 존재를 발견할 수 없었다는 사실(제4조 제1항 제2호)

제조물을 유통시킨 시점에 있어서 과학·기술지식의 수준으로는 그 제조물에 내재하는 결함을 발견하는 것이 불가능한 위험을 '개발위험'이라고 한다. 제조업자에게 개발위험에 대해서까지 제조물책임을 부과하면, 기술개발, 연구개발의욕 등을 위축시켜 국민경제의 건전한 발전, 소비자를 포함한 사회전체의 이익을 저해할 수 있는 점을 고려하여, 제2호에서는 제조업자가 제조물의 결함이 개발위험이라는 것을 증명한 때에는 면책하는 것을 정하고 있다. 본 호는 항변규정이고 '개발위험의 항변'이라고 불린다.

개발위험의 항변이 인정되기 위해서는 i) 제품을 유통시킨 시점에서의 "과학 또는 기술 수준으로는", ii) "당해 제조물의 결함의 존재를 발견할 수 없었다는 사실"을 필요로 한다.

요건의 i)은 공급 시점에서 '입수 가능한 최고의 과학·기술지식'으로서 '영향을 받을 정도로 확립된 지식'이라고 해석된다.[10] 구체적으

10) 이 문제는 미국에서는 'state of the art'의 문제로서 논해지고 있다.

로는 공식적으로 간행된 문헌에 기재가 있는 등 열람할 수 있는 정보이면 모두 포함된다고 해석된다. 그러므로 개별적인 제조업자의 수준이나 업계의 평균적인 수준을 말하는 것이 아니다. 특히 제품개발의 기초가 되는 과학·기술의 지식이 이미 개별 기업이나 국가의 울타리를 넘어 세계적 규모로 보급되고 있는 현상에 비추어 세계 최고수준의 과학기술이라 풀이될 수 있을 것이다. 개별 제조업자가 인식할 수 없었다고 하는 주관적인 판단이 아니라 발견할 수 없었다고 객관적으로 판단되는 것이 필요하다고 해석된다.

3. 제조물의 결함이 제조업자가 해당 제조물을 공급한 당시의 법령에서 정하는 기준을 준수함으로써 발생하였다는 사실(제4조 제1항 제3호)

본 규정이 적용되는 것은 제조자의 법적 강제기준 준수의 항변으로서 법적인 강제기준 그 자체가 문제가 있어서 이 기준에 따르지 않으면 법적으로 위법이 되며, 따라서 이 기준에 따라 제조 또는 가공하게 되어 그로 인해 결함이 내재된 제조물이 된 경우라고 할 수 있다. 이 조항은 제조자가 당해 제조물의 결함이 법령에 의한 기준을 준수할 수밖에 없었음에도 불구하고 그로 인해 발생된 손해를 부담하는 것은 부당하기 때문에 인정되는 면책사유이다.

그러나 비록 법령에 의한 경우라도 그것이 최소한의 기준으로서의 의미를 가지는 경우, 제조업자는 자신이 제조하는 제품의 안전성을 확보하기 위해 좀 더 강화된 기준에 의할 수 있었을 것이므로 법령의 기준을 면책사유로 주장할 수 없을 것으로 판단된다. 즉, 본 규정의 면책이 인정되려면, ① 법령의 준수가 강제적일 것, ② 법령의 기준이 최저기준이 아닐 것 등의 요건이 전제되어야 한다.

만약 제조물책임 소송에서 본 조항에 따라 제조업자의 면책이 인정될 경우에 피해자는 기준의 제정권자인 국가를 상대로 국가배상법상 손해배상청구권을 가지게 되는 것으로 이해하여야 할 것이다.

4. 원재료나 부품의 경우에는 그 원재료나 부품을 사용한 제조물 제조업자의 설계 또는 제작에 관한 지시로 인하여 결함이 발생하였다는 사실(제4조 제1항 제4호)

부품·원재료라 하더라도 그것에 결함이 있고, 이로 인해 손해가 발생하였다면, 부품·원재료 제조업자와 완성품 제조업자는 연대하여 제조물책임을 부담하게 될 것이다.

본 규정은 부품·원재료의 제조업자와 완성품의 제조업자의 사회경제적인 관계에 착목한 것이다. 완성품 제조업자가 대기업 또는 대형유통업체이고, 부품·원재료의 제조업자가 중소기업인 경우, 부품·원재료 제조업자가 그 제조물을 부품·원재료로 하는 제조물의 제조업자의 설계 또는 제작에 관한 지시에 따르지 않을 수 없었음에도, 부품·원재료의 제조업자에게 그 결함으로 인한 책임을 묻는 것은 형평에 어긋난다고 보아야 할 것이다.

6.2 면책제한

이상과 같은 면책사유가 존재하여도 제조업자 또는 보충적으로 책임을 지게 되는 공급업자가 제조물을 공급한 후에 그 제조물에 결함이 존재한다는 사실을 알거나 알 수 있었음에도 그 결함으로 인한 손해의 발생을 방지하기 위한 적절한 조치를 하지 아니한 경우에는 「제조물책임법」 제4조 제1항 제2호부터 제4호까지의 규정에 따른 면책을 주장할 수 없다(제조물책임법 제4조 제2항).

이 규정은 i) 그 기간을 제한하지 않고 있고, 특히 ii) 결함의 존재를 알게 된 경우뿐만 아니라 알 수 있었을 때, 즉 과실로 알지 못한 경우에도 면책사유를 주장할 수 없다고 정하고 있다.

여기에서 손해의 발생을 방지하기 위한 적절한 조치에는 우선 결함의 존재를 주지시키고 이에 대처하는 방법을 알리는 것 등이 생각될 수 있다. 경우에 따라서는 소비자기본법, 기타 관련 법령에서 규정하고 있는 소위 리콜(recall)을 통하여 무상수리, 교환 등의 조치를 하는 것도 포함될 것이다.

7. 제조업자의 변화

제조업자의 PL대책은 소송대책뿐만 아니라 제품 자체의 안전화를 도모하는 제품안전대책이 중요하다. 본래 제품안전대책은 「PL법」의 유무에 관계없이 이행하여야 하는 과제였다. 회사방침, 판례, 국제규격, 신기술 등 여러 각도에서 제품안전이 요구되어 왔었다. 그런 상황에서 「PL법」이 출현하여 어떠한 변화를 가져 왔을까.

「PL법」에 의해 제조업자의 제품안전대책이 가속화되고, 특히 표시가 좋아진 것은 모두가 인정하는 바이다. 제조업자가 지금까지 소극적이었던 잠재된 위험성에 대해서도 표시하도록 된 것은 큰 성과이다.

기계분야에서는 어떠할까. 기계 제조업자는 국내용 기계의 설계에 있어서도 「PL법」을 의식하게 된 것은 확실하다. 모(某) 회사에서 동일 제품을 우리나라제의 기계와 CE마크가 부착된 EU제의 기계를 사용하여 제조하고 있었는데, 우리나라제의 기계에서 사망사고가 발생하였다. 조사결과 당해 기계에 결함이 있었다는 것을 알 수 있었다. 그래서 그 기업은 우리나라제의 기계 대신에 EU제의 기계를 도입하였다. 「PL법」이 안전성의 보증이 없는 기계를 몰아냈다(crowd out)고 할 수 있다.

기계 제조업자가 종래보다 조심하는 것은 수출용 기계이다. 특히 미국에서는 PL소송이 빈발하고 있다. 그리고 EU(1990년경에 EU각국에서 시행)에서는 「PL법」이 적용되는 외에 EU지침에 위반한 기계 제조업자는 블랙리스트에 올라가 시장에서 배척된다고 한다.

8. 제품안전과 산업안전

8.1 개요

제품안전은 제품을 사용하고 있을 때 소비자 또는 그 주변 사람이 신체적인 상해 또는 재산상의 손실을 입지 않은 상태라고 생각할 수 있다. 가전제품, 자동차, 의료기기, 화장품 등 소비재가 폭넓게 그 대상이 된다. 생산용 기계도 당연히 포함되지만 실무에서는 그다지 다루어지지 않고 있다.

제품안전을 달성하기 위해 소비자기본법 등 여러 법률, 규격, 규제가 있고, 그리고 안전공학, 신뢰성공학, 품질관리 등 여러 기술이 활용된다. PL사고는 안전하지 않은 제품을 사용함으로써 발생한다. 예를 들면, 하자 있는 가전제품에 의해 화재가 발생하여 집이 소실되고, 집주인도 화상을 입은 경우이다.

한편, 산업안전은 근로자의 안전과 건강이 확보되고 쾌적한 작업환경이 조성되어 있는 상태라고 할 수 있다. 「산업안전보건법」의 준수와 안전배려의무의 이행 등을 통해 달성될 수 있다.

제품안전과 산업안전은 겹치는 부분이 있고, 작업장에서 사용되는 제품이 안전할수록 산업재해가 감소한다. 즉, 제품안전은 산업안전에 기여하는 것이다.

8.2 PL사고와 산업재해

「PL법」은 기업에서의 관리자의 평상시 업무와 밀접한 관계가 있다. 작업현장에는 기계, 부품, 원재료(동산)가 있기 때문에 이들 결함에 의해 부상을 입은 경우 「PL법」은 작업현장의 근로자에도 적용된다.

종래부터 부상을 입은 작업자의 보상은 대부분의 사례에서 산재보험이 적용되었다. 기업에 따라서는 산재보험 외에 민간보험, 특별일시

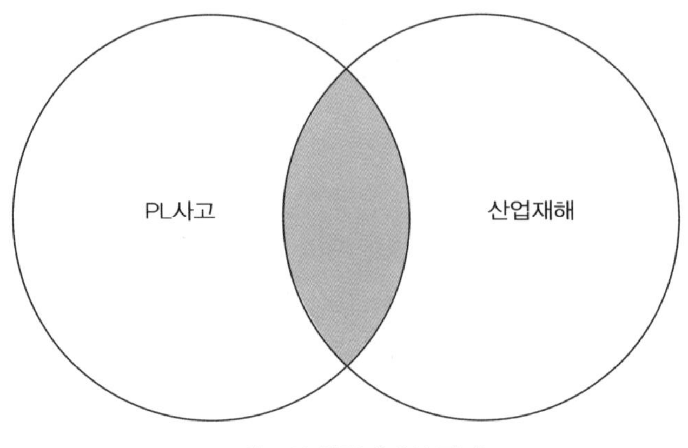

PL사고와 산업재해의 관계

금이 추가된다. 여기에 「PL법」이 추가되면서 피해자의 보상은 더욱 두텁게 된 것으로 보이는데 실제에서는 어떨까.

PL사고는 '제품의 안전상의 결함'에 기인하여 부상, 물적 피해가 발생하는 것이고, 산업재해는 업무를 수행하다가 업무가 원인이 되어 부상 · 질병, 사망이 발생하는 것이다.

이 정의에 따르면, 결함 있는 기계를 사용하여 가정에서 집안 목공일을 하다가 부상을 입으면 PL사고가 되고, 그 기계를 작업현장에 설치작업을 하다가 부상을 입으면 PL사고임과 동시에 산업재해가 된다.

PL사고는 제품의 결함에 한정되지만, 산업재해는 사용기계의 결함 외에 작업자의 잘못된 작업방법, 불안전행동 등 여러 가지 이유에 의해 발생한다.

8.3 제품결함에 의한 재해의 처리

여기에서 문제가 되는 것은 PL사고와 산업재해가 중첩되는 경우이다. 결함 있는 제품에 의해 부상을 입은 경우, 작업자(피해자)는 제조업자(PL법), 사업주(안전배려의무, 불법행위법), 국가(산재보험법)에 배상 · 보상청구권을 가지지만, 이들 청구권을 어디에서 어떻게 사용하면 좋을까. 「PL법」은 작업현장의 산업재해에도 적용되지만, 일반사업주는 「PL법」을 소비자의 보호법 정도로 생각하고 이 사실을 잘 모르고 있는 것 같다. 이것은 제품결함에 의해 산업재해가 발생한 경우, 제조물책임과 사용자(사업주)의 안전관리책임이 경합하고 PL로 하기 어려운 사정이 있기 때문이다.

제품 제조업자는 안전대책으로서 취급설명서, 경고표지에 의해 위험성을 사업주 측에 알리지만, 취급설명서, 경고표지에 표시상의 결함이 있어 작업자가 부상을 입으면 「PL법」이 적용된다.

한편, 사업주는 작업자에 대해 안전과 건강을 확보하면서 작업하게 할 의무가 있다. 만일 결함 있는 취급설명서, 경고표지로 작업을 하게 하여 작업자가 부상을 입은 경우 어떻게 될까. 제품 제조업자에게도 책임이 있고 사업주에게도 책임이 있다고 판단될 가능성이 크다. 사업주는 행정기관으로부터 "설령 취급설명서가 미흡하였다고 하더라도 왜 결함이 있는 제품을 작업자에게 사용하게 하였는가."라고 추궁을 당하면, "이것은 제품 탓이다."라고 자신 있게 말할 수 없을 것이다.

어떤 건설업체가 콘크리트 제품을 인양하여 설치하는 작업을 하고 있었다. 인양한 제품이 2개로 쪼개지는 바람에 작업자가 이것에 맞아 사망하는 사고가 발생하였다. 이 사고는 아래와 같은 여러 이유로 「PL법」에 의한 배상청구가 이루어지지 않았다.

지방고용노동관서는 재해의 원인에 대해 종래의 산업안전의 관점에서 「산업안전보건법」 위반 여부만을 조사하다 보니 제품결함에 대해서는 지적을 하지 않고 "인양방법이 잘못되었다."는 것만을 지적하였다. 일반경찰의 조사에서는 콘크리트 제품 속에 철근이 충분히 들어가지 않고 용접도 불완전하여 콘크리트 제품이 쪼개졌다고 보고 제품결함에 의한 사고라고 보았지만, 유족 측은 이를 나중에서야 알 수 있었기 때문에 사고 직후(회사 측과 합의 전)에는 PL이라고 주장하기가 현실적으로 어려웠다.

하청업체의 입장에서는 PL로 처리하면 다른 제품도 결함이 있는 것으로 나타나 지금까지 설치하였던 것을 모두 교체하여야 하는 문제가 발생할 수 있다. 이렇게 되면 공사가 지연되게 되고 하청업체 스스로 무덤을 파는 행위가 될 수 있다.

원청업체의 입장에서는 작업장에서 산업재해가 발생하였을 때 빨리 피해자 측과 협의하여 보상·배상을 원만하게 처리하지 않으면 잔여공사에 지장이 발생하고 사법처리과정에서 불리하게 작용할 것을 우려하는 분위기가 있다. PL을 주장할 시간적 여유가 없다고 생각하는 것이다.

8.4 PL법에 대한 이해의 제고

기업(사업장)에서 사망사고가 발생한 경우에 기업 측으로부터 사망사고의 발생원인 중 하나로 "기계의 안전장치가 작동하지 않았다."라는 사실이 보고되거나 제시되면, 근로감독관은 사고현장을 조사하여 기계에 원래 안전상 문제가 있었는지, 기계를 유지보수하지 않은 것인지, 작업자가 잘못 사용한 것인지 등에 대한 조사를 실시할 것이다. 여기에서 기계의 결함이 결정적인 원인이라고 판명되면, 피해자 유족은 「PL법」으로 제조업자에게 손해배상청구를 할 수 있다. 우선적으로 산재보험급여가 지불되는 경우라 하더라도 근로복지공단은 제조업자에게 구상하는 것도 가능하다. 그런데 이제까지 산업재해가 "제품결함에 기인한다."고 보고된 적은 전무하다시피 하다. 산업재해 중에는 PL을 물을 수 있는 경우도 상당히 포함되어 있을 것이라고 생각되지만, 위에서 말한 이유 때문에 이러한 사고들에 대해서도 「PL법」의 취지와 달리 PL에 근거한 배상청구가 이루어지지 않고 산재보험으로만 처리되고 있다. 제조업자는 작업자가 기계결함에 의해 사망을 하거나 부상을 입었더라도 산재보험으로 보상받을 수 있다고 생각하기 때문에, 작업자에 대해서는 PL 리스크를 2차적이라고 판단할 가능성이 높다.

한편, 사망사고가 가장 많이 발생하는 건설업의 경우 원청업체의 관점에서는 트러블을 일으키지 않고 원만하게 조속히 끝내고 싶어 하기 때문에 산재보험, 근재보험[11] 등으로 해결하기를 원한다. 가급적 많은 보상액을 용이하게 받고 싶어 하는 피해자(유족)의 입장에서도 PL이 산재보험보다 배상을 받는 것이 확실하지 않는 등 배상의 장벽이 상대적으로 높다.

「PL법」이 작업현장에서 실제 활용되기 위해서는 행정기관도 사용자도 근로자도 PL에 대한 인식을 제고할 필요가 있다. 산재보험에서는 위자료 등이 나오지 않기 때문에, 사례에 따라서는 PL에 의한 배상이 작업자에게 종래의 처리방식보다 유리한 보상해결의 길이 될 수 있다. 그리고 사용자가 제품결함에 의한 재해로 인해 피재자 측에게 산재보험급여에 추가하여 손해배상을 한 경우, 사용자는 그 책임의 비율에 따라 제조업자에게 구상하는 것도 가능하다. 이러한 점을 고려하여, 기업의 사용자·근로자, 행정기관은 「산재보험법」, 「산업안전보건법」 뿐만 아니라 「PL법」에 대해서도 그 취지와 내용에 대한 이해를 심화할 필요가 있다.

11) 근로자재해보장책임보험의 축약어로서, 회사 측에서 근로자가 재해를 당하여 회사에 손해배상청구를 할 경우에 대비해서 가입하는 보험이다.

1. 국내 문헌

- 김영종 외, 《행정학》, 법문사, 1997.
- 김일수 · 서보학, 《새로쓴 형법총론(제13판)》, 박영사, 2018.
- 김택현 역, 《역사란 무엇인가》, 까치, 2015(Edward Hallett Carr, What Is History?, Vintage, 1967).
- 김형배, 《노동법(제27판)》, 박영사, 2021.
- 배종대, 《형법각론(제14판)》, 홍문사, 2023.
- 배종대, 《형법총론(제17판)》, 홍문사, 2023.
- 서울중앙지방법원, 《손해배상소송실무(교통 · 산재)》, 사법발전대단, 2017.
- 손동권 · 김재윤, 《새로운 형법총론》, 율곡출판사, 2011.
- 신동운, 《형법총론(제15판)》, 법문사, 2023.
- 오영근 · 노수환, 《형법총론(제7판)》, 박영사, 2024.
- 윤용석, 〈위험책임론〉, 《법학연구》 제31권 제1호, 부산대학교 법학연구소, 1989.
- 이병태 외, 《법률용어사전(2021년판)》, 법문북스, 2021.
- 이상돈, 《형법강론(제4판)》, 박영사, 2023.
- 이은영, 《채권각론(제5판)》, 박영사, 2005.
- 이재상 · 장영민 · 강동범, 《형법총론(제11판)》, 박영사, 2022.
- 이주원, 《형법총론(제3판)》, 박영사, 2024.
- 임웅 · 김성규 · 박성민, 《형법총론(제14정판)》, 법문사, 2024.
- 임웅 · 이현정 · 박성민, 《형법각론(제14정판)》, 법문사, 2024.
- 임종률 · 김홍영, 《노동법(제21판)》, 박영사, 2024.
- 정수일, 《실크로드》, 창비, 2013.
- 정진우, 《산업안전관리론 – 이론과 실제 – (개정5판)》, 중앙경제, 2023.

• 정진우, 《산업안전보건법론》, 한국학술정보, 2014.
• 정진우, 〈산업안전보건법의 한계와 민간기준의 활용에 관한 연구〉, 《한국산업위생학회지》, 제24권 제2호, 2014.
• 정진우, 《안전심리(4판)》, 교문사, 2023.
• 정혜경 역, 《우연을 길들이다: 통계는 어떻게 우연을 과학으로 만들었는가?》, 바다출판사, 2012(Ian Hacking, *The Taming of Chance*, Cambridge University Press, 1990).
• 조규창, 《로마형법》, 고려대학교 출판부, 1998.
• 홍성태 역, 《위험사회: 새로운 근대(성)를 향하여》, 새물결, 2006 (U. Beck, *Risikogesellshaft; Auf dem Weg in eine andere Moderne*, Suhrkamp, 1986).

2. 일본 문헌

• 阿部泰隆, 《行政法解釈学〈1〉 実質的法治国家を創造する変革の法理論》, 有斐閣, 2008.
• 畑栄一·土井由利子編, 《行動科学—健康づくりのための理論と応用(改訂第2版)》, 南江堂, 2009.
• 浦川道太郎, 「無過失損害賠償責任」, 星野英一編, 《民法講座(6) 事務管理·不当利得·不法行為》, 有斐閣, 1985.
• 大槻春彦訳(D. Hume), 《人性論〈1〉》, 岩波書店, 1948.
• 大槻春彦訳(D. Hume), 《人性論〈3〉》, 岩波書店, 1951.
• 小西由浩, 「新しいリスクとしての犯罪」, 《犯罪社会学研究》 31号, 2006.
• 小林憲太郎, 《刑法的帰責—フィナリスムス·客観的帰属論·結果無価値論》, 弘文堂, 2007.
• 小松原明哲, 《安全人間工学の理論と技術 —ヒューマンエラーの防止と現場力の向上》, 丸善出版, 2016.
• 小松原明哲, 《ヒューマンエラー(第3版)》, 丸善出版, 2019.
• 小山剛, 「法治国家における自由と安全」, 《高田敏先生古稀記念論集》, 法律文化社, 2007.
• 金尚均, 「刑法の変容とオウム裁判」, 《法律時報》 76巻9号, 2004.

• 潮見佳男, 「化学物質過敏症と民事過失」, 棚瀬孝雄編, 《市民社会と責任》, 有斐閣, 2007.
• 篠原一彦, 《医療のための安全学入門—事例で学ぶヒューマンファクター》, 丸善, 2005.
• 鉄道安全推進会議編, 《鉄道事故の再発防止を求めて—日米英の事故調査制度の研究》, 日本経済評論社, 1998.
• 橘木俊詔 · 長谷部恭男 · 今田高俊 · 益永茂樹編, 《リスク学とは何か》, 岩波書店, 2013.
• 曽根威彦, 《刑法総論(第4版)》, 弘文堂, 2008.
• 中山竜一, 「保険社会」の誕生 —フ-コ-的視座から見た福祉国家と社会的正義」, 《法哲学年報》 1994号, 有斐閣, 1994.
• 中山元訳, 《道徳の系譜学》, 光文社, 2009.
• 西田典之, 《刑法総論(第3版)》, 弘文堂, 2019.
• 橋本佳幸, 《責任法の多元的構造—不作為不法行為 · 危険責任をめぐって》, 有斐閣, 2006.
• 樋口亮介, 「法人処罰と刑法理論」, 《刑法雑誌》 46巻2号, 2007.
• 藤木英雄, 《刑法講義総論》, 弘文堂, 1975.
• 藤岡典夫, 《環境リスク管理の法原則: 予防原則と比例原則を中心に》, 早稲田大学出版部, 2015.
• 吉沢正(監修), 《OHSAS 18001 · 18002 労働安全衛生マネジメントシステム(増補版)》, 日本規格協会, 2004.
• 我妻 · 有泉亨 · 川井健, 《民法2 債権法(第三版)》 勁草書房, 2009.

3. 구미 문헌

• A. Bandura, *Self-Efficacy: The Exercise of Control*, Freeman, 1997.
• A. Giddens, "Risk and Responsibility", *Modern Law Review*, 62(1), 1999.
• A. Giddens, *The Consequence of Modernity*, Cambridge, 1990.
• A. T. Nichting, "OSHA REFORM: An examination of third party audits", *Chi.-Kent L. Rev.,* 75, 1999.
• C. R. Sunstein, *Laws of Fear: Beyond the Precautionary Principle*, Cambridge University Press, 2005.

- Commission of the European Communities, *Communication from the Commission on the Precaution*, COM(2001) 1 final, 2000.
- Council of the European Union. COUNCIL RESOLUTION of 7 May 1985 on a newapproach to technical harmonization and standards(85/C 136/01), 1985. Available from: URL:http://www. rejtechnical.com/images/Documents/New_Approach_Resolution_ 85_C136_01.mht.
- Dupont, “Safety Training Observation Program Overview”, 2016. Available from: URL:http://www.training.dupont.com/content/pdf/dupont-stop/stop-overview_factsheet.pdf.
- E. Hilgendorf, “Strafrechtliche Produzentenhaftung” in der *Risi- kogesell-schaft*, Duncker & Humblot, 1993.
- E. Hollnagel, Barriers and Accident Prevention, Routledge, 2016; E. Hollnagel, *The ETTO Principle: Efficiency-Thoroughness Trade-Off: Why Things That Go Right Sometimes Go Wrong*, CRC Press, 2009.
- E. Hollnagel, *Safety-I and Safety-II: The Past and Future of Safety Management*, CRC Press, 2014.
- E. Hollnagel, *The ETTO Principle: Efficiency-Thoroughness Trade-Off: Why Things That Go Right Sometimes Go Wrong*, CRC Press, 2009.
- G. L. Kelling, Catherine M. Coles, *Fixing Broken Windows: Restoring Order And Reducing Crime In Our Communities*, Free Press, 1998.
- Health and Safety Executive, *Reducing Error and Influencing Behavior*, 2nd ed., HSE Books, 1999.
- H. W. Heinrich, D. Petersen and N. Ross, *Industrial Preven- tion: a safe-ty management approach*, 5th ed., McGrow-Hill, 1980.
- ILO, Guidelines on occupational safety and health management sys-tems(ILO-OSH 2001), 2001.
- ISO & IEC, Conformity assessment-Requirements for bodies providing audit and certification of management systems (ISO/IEC 17021), 2nd ed., 2011.
- J. A. Passmore, “Air Safety report form”, *Flight Deck*, Spring 1995.
- J. C. Smith and B. Hogan, *Criminal Law*, 3rd ed., Butterworths, 1975.

- J. M. George, "Asymmetrical effects of rewards and punishment: the case of social loafing", Journal of Occupational and Organizational Psychology, 68, 1995, pp. 327-328.
- J. Reason, *Human Error*, Cambridge University Press, 1990.
- J. Reason, *Managing the Risks of Organizational Accidents*, Ashgate, 1997.
- J. Reason, *The Human Contribution: Unsafe Acts, Accidents and Heroic Recoveries*, CRC Press, 2008.
- J. Steele, *Risk and Legal Theory*, Hart Publishing, 2004.
- J. L. Coleman, *Risks and Wrongs*, Cambridge, 1992.
- K. Vicente, *The Human Factor: Revolutionizing the Way People Live with Technology*, Routledge, 2006.
- K. Zweigert and H. Kötz, *Introduction to Comparative Law*, 3rd ed., Oxford University Press, 1998.
- L. R. Samuel, "The Genovese Syndrome", Psychology Today, 2014. Available from: URL:http://www.psychologytoday. com/blog/psychology-yesterday/201401/the-genovese-syndrom.
- L. Krüger, L. J. Daston(Editor) and M. Heidelberger(eds.), *The Probabilistic Revolution*, vol. 1, A Bradford Book, 1990.
- M. O'Leary and S. L. Chappell, "Confidential incident reporting systems reporting systems create vital awareness of safety problems", *ICAO journal*, 51, 1996.
- N. A. Gunningham, "Towards effective and efficient enforcement of occupational health and safety regulation: two paths to enlightenment", *Comp. Lab. L. & Pol'y J*, 19, 1998.
- N. Luhmann, *Soziologie des Risikos*, Walter De Gruyter, 1991.
- N. Johnston, "Do blame and punishment have a role in organizational risk management?", *Flight Deck*, Spring 1995.
- OHSAS Project Group, OHSAS 18001:2007 Occupational health and safety management systems – Requirements, 2007.

- OHSAS Project Group, OHSAS 18002:2008 Occupational health and safety management systems – Guidelines for the implementation of OHSAS 18001: 2007, 2008.
- P. O'Mally, "Risk, Power and Crime Prevention", Economy and Soceity, 21, 1992.
- P. T. W. Hudson, W. L. G. Verschuur, R. Lawton, D. Parker and J. Reason, *Bending the Rules Ⅱ: Why do people break rules or Fail to follow procedures? and What can you do about it?*, Universiteit Leiden, 1998.
- P. W. J. Bartrip, *Workman's Compensation in Twentieth Centry Britain*, Avebury, 1987.
- R. A. Susan, "Tort Law in the Regulatory State" in Peter Shuck(ed.), *Tort Law and the Public Interest: Competition, Innovation and Consumer Welfare*, W. W. Norton & Company, 1991.
- R. Alexander, "Europäische Techniknormen im Lichte des Gemeinschaftsrechts", *DVBI*, 1996, 47(8).
- R. A. Posner, *Catastrophe: Risk and Response*, Oxford University Press, 2004.
- R. B. Whittingham, *The Blame Machine*, Routledge, 2015.
- S. Dekker, *Just Culture: Balancing Safety and Accountability*, 2nd ed., CRC Press, 2012.
- S. L. Chappell, "Aviation Safety Reporting System: program overview" in *Report of the Seventh ICAO Flight Safety and Human Factors Regional Seminar*, Addis Ababa, Ethiopia, 18-21 October, 1994.
- U. Beck, *Gegengifte, Die organisierte Unverantwortlichkeit,* Suhrkamp Verlag, 1988.
- U. Beck, *Risikogesellshaft; Auf dem Weg in eine andere Moderne*, Suhrkamp, 1986.

ㄱ

ㅅ

ㅇ

ㅈ

ㅊ

ㅋ

ㅌ

ㅍ

ㅎ

기타

3판

안전과 법

안전관리의 법적 접근

초판 1쇄 발행 2019년 7월 31일
2판 1쇄 발행 2022년 6월 30일
3판 1쇄 발행 2024년 8월 28일

지은이 정진우
펴낸이 류원식
펴낸곳 **교문사**

편집팀장 성혜진 | **표지디자인** 신나리 | **본문편집** 디자인이투이

주소 10881, 경기도 파주시 문발로 116
대표전화 031-955-6111 | **팩스** 031-955-0955
홈페이지 www.gyomoon.com | **이메일** genie@gyomoon.com
등록번호 1968.10.28. 제406-2006-000035호

ISBN 978-89-363-2601-2(93530)
정가 32,000원

• 저자와의 협의하에 인지를 생략합니다.
• 잘못된 책은 바꿔 드립니다.

• 불법복사는 지적 재산을 훔치는 범죄행위입니다.
• 저작권법 제136조의 제1항에 따라 위반자는 5년 이하의 징역 또는
5천만 원 이하의 벌금에 처하거나 이를 병과할 수 있습니다.